# 천안함의
# 과학 블랙박스를 열다

# 천안함의
# 과학 블랙박스를 열다

오철우 지음

동아시아

# 서문

　사회적인 관심이 쏠리는 사건사고의 진상을 파악하는 데 "과학/기술", "전문가"가 투입되지만 "객관적이고 과학적인" 조사결과가 사회적 논란과 갈등을 푸는 데 무력한 모습을 보이는 경우를 우리는 간혹 본다. 때로는 논란과 의문을 해소하겠다는 과학적 조사의 결과 자체가 새로운 논란을 불러일으키기도 한다. 천안함 침몰사건에 관한 공식 조사결과도 이와 비슷했다.

　2010년 3월 26일 한밤중에 서해 북방한계선 부근 해상에서 대한민국 해군의 초계함인 천안함(PCC-772)이 침몰해 해군 장병 40명이 사망하고 6명이 실종한 참사가 발생했다. 다국적 민군 합동조사단JIG이 구성되었다. 합조단은 5월 20일 '1번 어뢰'를 비롯해 여러 과학적 증거를 제시하며 '북한 어뢰의 공격에 의한 침몰'이라는 결론을 발표했다. 그러나 이후에 여러 여론조사 결과에서도 나타났듯이, 합조단의 발표는 기대만큼 신뢰를 받지 못했으며 오히려 증거를 둘러싼 논란을 불러일으켰다. 침몰원인을 설명하는 합조단의 '공식 시나리오'는 이에 대항하는 시나리오들과 대항적 증거들의 도전을 받아야 했다. 왜 대규모의 전문가 인력과 장비를 동원한 "과학적 조사" 활동을 거쳐 제시된 결과물은 폭넓은 신뢰를 받지 못한 걸까?

나는 대학원 박사과정 졸업논문으로 천안함 침몰원인을 둘러싸고 벌어진 그간의 증거 논쟁을 정리하는 작업을 했고, 그동안 여러 분의 격려와 도움을 받아 부족하지만 논문 작업을 올해 초 마칠 수 있었다. 출판사의 도움을 받아 그 학위논문을 고치고 다듬어 펴낸 것이 이 책이다. 2014년 봄, 이 주제의 연구를 시작할 때의 마음은 우리 사회가 홍역을 치르고도 이제는 그저 잊혀져 가는 논쟁의 궤적을 기록으로 남겨보자는 단순한 것이었다. 그러나 논쟁의 현장에 한발씩 접근하면서 어려운 벽을 자주 만났다. 시뮬레이션, 흡착물질, 지진파 같은 복잡하고도 이질적이며 난해한 지식과 전문용어에 둘러싸여 헤매다 보면, 우리 사회를 떠들썩하게 했던 논쟁의 핵심이 과연 무엇이었는지도 가늠하기 힘든 지경이었다. 게다가 논쟁은 정치적이고 군사적이고 과학적이었다. 그런 논쟁의 얽히고설킨 실타래에서 어느 부분을 붙잡아야 할지 모르는 막막함을 느껴야 했다.

그만큼 천안함 논쟁의 전경과 미로를 보는 일은 누구에게나 쉽지 않은 일이었다. 그러니 한 사람의 작업으로 우리가 겪은 천안함 논쟁이 무엇이었는지를 일목요연하게 정리하기는 사실상 불가능하다. 우리 사회가 겪은, 그리고 겪고 있는 천안함 논쟁은 앞으로 더 많은 이들의 연구 작업에 의해서 더 다양한 측면에서 더 세밀하게 논의될 수 있을 것이다. 그런 점에서 이 책은 우리가 겪은 논쟁을 개략적으로 이해하면서 그런 후속 작업을 기다리는 징검다리의 기록물로 읽히길 기대한다.

조사와 연구 작업을 하면서, 그리고 최근에 몇몇 자리에서 국내 과학기술인들과 함께 이 주제를 함께 이야기하면서, 다음 몇 가지를 좀 더 깊게 생각할 기회를 얻었다. 이 서문은, 그런 토론을 거치며 생각을 정리해 과학기술인단체 '변화를 꿈꾸는 과학기술인 네트워크ESC'의 온라인 연재에 기고했던 글을 다든 것이다.

우리는 사회적 논쟁 속에서 과학/기술이 거론되는 경우를 점점 더 자주 경험하고 있다. 사실 우리가 마주한 논쟁에서 과학 쟁점이 중심인지 사회 쟁점이 중심인지를 딱 부러지게 가리기 어려운 경우도 적잖다. 과학/기술이 차지하는 자리는 논쟁의 성격에 따라 다르기 때문이며, 과학/기술의 요소와 사회적 요소는 논쟁에서 복잡하게 얽혀 있기 때문일 것이다. 어떤 경우에는 논쟁 참여자들이 논증 전략으로 알게 모르게 과학의 문제를 부각하거나 축소해 결과적으로 쟁점 이동을 일으키기도 한다. 그런 사례의 하나로 자주 거론되는 2008년 이른바 '광우병' 논쟁에서는, 더 큰 틀인 미국산 쇠고기 수입협정 파동에서 비롯한 논쟁이 '광우병의 발병 확률' 또는 '확률적 위험'에 관한 과학적 성격의 쟁점으로 축소되는 과정을 볼 수 있었다. 미래의 확률적 위험, 잠재적 위험에 한 사회가 어떻게 인식하고 대응할 것인지에 관한 문제는 정책적 문제에서 과학적 문제로 옮아갔다. 유전자변형 작물을 둘러싸고 다양한 층위의 더 큰 논쟁에서도 여러 경우에 사회적인 문화나 정책의 문제가 안전성에 관한 과학적 실험의 문제로 축소되는 경우를 종종 볼 수 있다.

천안함 침몰원인 논쟁에서 과학/기술은 이와는 다른 성격의 역할을 했다. 그 쟁점은 단 한 번 일어나 재현할 길 없는 과거의 사건을 일정한 증거물을 근거로 삼아 추적하여 그 사건을 재구성하는 법과학$^{forensic sciences}$ 성격의 문제에 있었다. 천안함 논쟁에서 사용된 과학/기술은 침몰과 관련한 단서들에서 증거를 식별해내고 이런저런 증거를 종합해 과거 사건의 그림을 그리는 시나리오를 만들어냈다. 미래의 위험이 어떠하며 얼마나 될지를 다루는 과학적 결과물에 대한 평가의 경쟁이 아니라, 제시된 공적 조사결과가 적절한 증거를 식별해내어 적절한 시나리오를 제시했는지를 따지는 일종의 법과학적 성격의 경쟁이었다. 증거는 천안함 침몰원인 논쟁에서 매우 중요한 요소이며, 그것이 어떻게 실험실에서 식별되고 측정되고 분석되고 해석되었는지는 중요한 쟁점이 되었다.

이런 논쟁에 나타나는 과학 활동의 중요한 특징 중 하나는 증거의 분석과 해석이 공적 조사기구의 울타리 바깥에서는 수행하기 어렵다는 점이다. 실험의 방법이 공유된다면 지구촌 저편의 실험실에서 행한 실험결과가 이름도 얼굴도 모르는 반대편의 다른 실험실 연구자에 의해 재현될 수 있는 일반적인 과학 활동과 달리, 증거를 다루는 법과학적 성격의 과학 활동에서 증거물 자체가 공유되지 않는다면 조사기구 바깥에서 그 결과를 엄밀한 의미에서 재현하기가 어렵기 때문이다. 그러므로 법과학적 증거 논쟁에서는 증거물이 어떻게 수집되고 어떤 실행의 절차와 방법을 통해 분석되었는지 그 과정의 정보를 투명하게 공개하는 것이 조사결과의 설득력을 높이는 길이기도 하다. 실제로 이런 점은 흔히 법정에서 치열한 증거 공방의 대상이 된다.

복잡하고 난해하게 전개된 천안함 '과학 논쟁'에서도 이런 과학 실행의 공방을 살펴볼 수 있었다. 증거물이 곧 어떤 특정 시나리오와 연계되는지에 관심을 두지 않더라도, 합조단의 조사결과 보고서에 담긴 여러 증거 논증들이 과학 실행의 측면에서 볼 때 논란의 여지를 지니고 있었음이 '과학 논쟁'을 통해 나타났다.

'결정적 증거'로 제시된 '1번 어뢰'는 과연 설계도와 실측 비교되어 제대로 보고서에 기록되었는가, 5월 20일의 조사결과 발표 이후에 '1번' 글씨 연소 논쟁이 벌어지자 뒤늦게 해명이 제시되었는데 이런 문제는 왜 발표 전에 공적 조사기구 내에서 분석되지 못했는가, 흡착물질 분석과정에서 일반 실험실의 실행을 좇아 시료에서 습기를 제거하는 준비작업을 왜 합조단 과학자들은 따르지 않았는가, 또는 흡착물질 성분분석 데이터에 나타난 산소는 합조단이 밝힌 습기가 아니라 다른 의미를 가리키는 것은 아닌가, 흡착물질 시료를 얻기 위한 알루미늄 폭약 폭발 실험을 설계하면서 '잡음신호'가 될 수 있는 알루미늄 판재를 왜 폭발실험용 수조의 덮개로 썼는가, 지진파는 수중폭발 사건에서 중요한 분석 데이터인데 왜 합조단에서는 지진파 분석을 수행하지 않았는가, 폭약량과 폭발수심을 찾는 시뮬레이션 작업에 필요한 값인 버블 주기는 왜 지진파가 아닌 공중음파에서 구해졌는가 등등. 과학적 데이터, 계산식, 그래프, 시뮬레이션 영상, 분석장비에 관한 과학적인 설명으로 가득한 합조단의 과학적 조사결과 보고서에 대해, 과학 실행에 관한 이런 의문들은 제기될 만한 것이었다.

과거 사건을 추적하는 증거물에 관한 '과학 논쟁'에서는 불가피하게 분과 지식의 전문성과 저마다 독특한 연구실험실 문화가 중요하게 부각될 수밖에 없으며, 그래서 그 논쟁은 해당 분야의 전문가를 중심으로 전개되었다. 침몰원인으로 제시된 증거물이 논쟁의 무대에서 중요할 수밖에 없고 그 증거가 적절히 분석되고 해석되었는지는 논쟁에서 중심 자리에 놓이게 되었다. 그것이 전문가사회에서 전반적으로 동의될 수 있을 정도로 수행되었는지는 그 결과물을 평가하는 데에 중요하기 때문이다. 그러므로 증거물이 제대로 생산되었는지 그 과정을 보여주는 '과학 실행'의 문제는 중요한 쟁점이 될 수밖에 없었다.

우리는 지구촌 과학 뉴스를 통해 과학계에서 과학자들 간에 벌어지는 논쟁도 종종 지켜보곤 한다. 연구자는 연구실험실에서 수행한 여러 작업의 산물을 정리하여 하나의 일관된 논증을 담은 논문을 발표한다. 그러나 발표된 논문이 이미 학계에서 동의된 과학적 사실을 담고 있는 것은 아니다. 학계에서 관심 대상이 되는 논문에는 사후검증의 비평이 뒤따른다. 이론적인 검증도 있고 실험적인 검증도 있을 것이다. 호평도 있고 허점을 짚어내는 비판도 있게 마련이다. 더 많은 관심을 받는 연구물일수록, 사후검증과 비평에는 더 많은 과학자들이 더 많은 시간비용을 감수하고서 참여한다. 때로는 사후검증 과정을 거치며 애초 논문의 많은 내용이 수정되거나, 심할 경우에 문제의 논문은 철회되기도 한다. 이는 자연스러운 과학 활동의 과정이다. 당연히 발표된 논문은 이런 과정을 거치며 더 많은 동의를 얻을수록, 그 연구결과는 점차 '과학적 사실'로 굳어진다. 사후검증과 비평은 학계에서 과학적 사실을 만들고 공유해가는 정상적인 과정이다.

마찬가지로 크나큰 사회적 관심을 받는 사건사고의 조사결과가 과학적 보고서로 제시된다면, 당연히 보고서에 담긴 과학적 분석방법을 다루는 해당 분야의 전문가가 그 결과물을 살피고 비평할 수 있다. 과학적 조사결과는 발표되는 순간에 곧바로 "사실"로서 선언되는 것이 아니라 폭넓은 동의가 전제될 때에 관련 전문가 사회에서 과학적 사실로 받아들여질 수 있기 때문이다. 그렇기에 천안함 침몰사건에 관한 조사결과 보고서는 당연히 발표 이후에 비평의 대상이 될 수 있었다. 이렇게 본다면, 천안함 조사결과를 둘러싸고 벌어진 '과학 논쟁'은 제시된 과학적 사실을 사후검증 하는 자연스러운 과정으로 이해할 수 있다. 공적 조사기구의 보고서는 충실하게 작성되었는가? 보고서에 담긴 시료 분석 과정과 해석, 선체 파손 시뮬레이션의 수행과 해석, '1번 어뢰'의 상태에 대한 관찰/분석과 해석, 지진파와 버블 주기에 대한 해석은 논란의 여지를 될수록 없앤 명증한 방법을 사용했는가, 과학계에서 일반적으로 동의하는 적절한 과학 실행을 거쳤는가?

천안함 조사결과 보고서는 발표 이후에 왜 반론에 부딪혔을까? 조사결과 보고서를 둘러싼 논란의 배경에는 합조단 조사기구의 인적 구성에 대한 불신이 자리 잡고 있었던 것으로 보인다. '객관성'과 '투명성'을 강조해 다국적이고 민과 군이 참여하는 형식으로 구성된 다국적 민군 합동조사단의 참여 인사는 사실상 대부분 군 인사나 주변 인물, 또는 국립 또는 정부출연 연구소의 전문가들로 구성되었다. 또한 조사기간도 짧아 침몰사건 이후 55일 만에, "결정적 증거"인 '1번 어뢰'를 발견한 지 5일 만에, 조사결과가 공식 발표되었다. 이런 점들은 조사결과 보고서의 내용이 발표 이후의 반론에 치밀하게 대응할 수 있는 여유를 갖추지 못하게 하는 요인이 되었다. 어쩌면 합조단의 조사결과 보고서는 별도의 독립적인 전문가들로 구성되는 일종의 '검토 위원회'를 거쳐 미진한 부분을 보강하는 과정을 밟은 뒤에 발표되는 것이 나았을 것이다. 합조단의 발표 이후에 각 분야의 소수 과학자들이 참여한 '과학 논쟁'이 벌어진 것은 결국에 이런 사후검증의 과정이라고 볼 수 있다.

과학적 사실은 누군가가 선언함으로써 확인되고 구축되는 것이 아니기에, 과학적 사실을 찾아가는 과정에서 사후검증은 자연스러운 것임이 다시 강조되어야 한다. 어느 과학자가 자신의 발견에 근거를 두어 내린 새로운 결론(과학적 사실)을 발표했을 때에, 그런 결론에 이르게 된 과정에 의문과 비판을 제기하는 것은 '음해'인가? 아니면 과학 활동에서 자연스러운 과정인가? 공적 조사 기구가 과학적 방법을 사용해서 제시한 결론을 발표했을 때에, 그런 결론에 이르게 된 과정에 의문과 비판을 제기하는 것은 '음해'인가? 아니면 사회적 관심이 큰 사안에서 어떤 결론을 찾아가는 자연스러운 과정인가? 의문과 비판을 받은 과학자는 이에 해명하고 더욱 설득력 있는 데이터와 자료를 제시하여 자기 결론을 방어하고, 그럼으로써 자기 주장에 대한 더 넓은 동의를 얻어가는 과학 활동을 벌여야 한다. 그러면서 그 결론은 과학적 사실로서 굳어질 것이다.

지금까지 논쟁은 무엇을 남겼을까? 천안함 침몰원인을 둘러싼 '과학 논쟁'은, 소수 과학자의 참여로 불거진 논쟁이 없었더라면, 알지 못한 채 지나쳤을 조사결과 보고서의 이면을 보여주는 중요한 계기가 되었다. 한국사회의 과학자들이 천안함 논쟁에 소극적이며 과학의 사회적 책임을 다하지 못했다는 비판도 있지만, 긍정적인 눈으로 돌아본다면 주요한 쟁점마다 소수 과학자들의 참여가 저마다 중요하게 역할을 했음을 알 수 있다. 더 많은 과학자들이 자유롭게 자기 견해를 제시하여 '과학적 사실'로 나아가는 마당이 마련되지 못한 것은 아쉬운 일이다. 그러나 한편으로는 증거물을 보유하고 해석의 권한을 지닌 합조단의 울타리 바깥에 있던 개인 과학자들이, 특히나 분단체제에서 사는 개인 과학자들이 개인의 목소리를 내기는 쉽지 않았을 상황도 이해될 수 있다. 여러 분야의 전문 지식을 소통할 수 있으면서 과학의 사회적 책임에 응답할 수 있는 과학기술인단체가 있었다면 개인 과학자들의 참여는 훨씬 더 폭넓고 자유롭게 이루어졌을 것이다.

지난 천안함 '과학 논쟁'을 통해 무엇이 과학적 사실이며 궁극적으로 유일한 진실인지를 알기는 어려웠다. 이미 굳어진 시나리오 중심의 편 가르기는 어떤 과학적 주장을 제기하더라도 손쉽게 어느 특정의 시나리오 안으로 편입되어 지지를 받거나 비판을 받곤 했다. 더욱이 난해한 용어와 과학기술 지식들은 우리 사회의 관심이 다가서기에는 복잡한 미로이자 높은 벽이었다. 시나리오의 심판자가 되어 사건의 전모를 파악할 수 있으리라는 믿음은 논쟁을 이끄는 동력이었지만 폭넓은 논쟁을 만드는 데에는 장애가 될 수 있다.

이런 점에서 '무엇이 진실인가'를 묻기에 앞서 '진실을 찾아가는 과정은 어떠해야 하는가'에 관심을 쏟을 때, 천안함 침몰원인을 둘러싼 논쟁과 갈등을 푸는 데 어떤 실마리를 찾을 수 있지 않을까 하는 생각을 조심스럽게 해본다. 무엇이 논란의 쟁점이 되는지를 공유하고, 그 쟁점을 푸는 과정을 어떻게 구성할지에 좀 더 구체적인 관심을 기울일 필요가 있다. 예컨대 사후검증 결과의 한계와 의미도 동의할 수 있는 검증의 과정에 누가 어떻게 참여할지, 또 그것은 누가 어떻게 결정할 수 있을지에 관한 관심과 논의도 필요하지 않을까 한다. 국방부나 옛 합조단도 이런 과정에 진지한 관심을 갖고서 열린 논쟁과 검증에 참여할 수 있어야 한다. 극심한 사회적 갈등의 상흔을 남기고서, 있는 듯 없는 듯이 잠복한 천안함 조사결과 논란은 언젠가 어떤 식으로건 풀어야 하지 않겠는가.

부족한 학위논문을 마치고, 다시 그것을 책으로 펴내기까지 많은 분들의 도움이 있었기에 여기에 깊은 감사의 마음을 남긴다. 이 주제의 연구를 격려해주시고 부족한 연구자의 학위논문을 그나마 형식을 갖춘 논문이 될 수 있게 가르침을 주신 홍성욱 지도교수님께 감사드린다. 논문 심사과정에서 여러 가지 모자란 점을 보태고 고칠 수 있도록, 복잡한 논쟁을 더 큰 틀에서 바라볼 수 있도록 가르쳐주신 서이종 서울대 사회학과 교수님, 임종태 서울대 화학부 교수(과학사 및 과학철학협동과정), 최무영 서울대 물리학과 교수님, 그리고 김환석 국민대 사회학과 교수님께 감사드린다. 직장일과 학업을 병행할 수 있도록 뒤에서 지켜준 아내 이정숙과 늘 기쁨을 주는 딸에게 고마움을 전한다. 처음 이 분야의 공부를 할 수 있도록 격려해주신 김영식 교수님, 협동과정의 여러 교수님들께, 그리고 논문 초고를 읽고서 값진 비평을 해준 협동과정의 여러 학형들께 감사드린다. 사건과 논쟁을 바라보는 눈을 가르쳐주신 신문사의 많은 선배들께, 학업을 격려해주신 신문사의 선후배 동료들께 감사드린다. 특별한 감사를 드려야 할 분들은 이 책에서 다룬 논쟁 자료와 인터뷰 자료를 제공해주신 분들이다. 이런 자료가 없었다면 이 주제의 연구는 문턱을 넘어 몇 걸음 나아가기 힘들었을 것이다. 인터뷰에서 값진 말씀을 해주신 김소구 한국지진연구소 소장, 박중성 기계설계사, 송태호 한국과학기술원KAIST 기계공학과 교수, 신상철 서프라이즈 대표, 안수명 재미 원로 공학자, 양판석 캐나다 매니토바대학교 지질학과 분석실장, 윤종성 전 합동조사단 과학수사분과장(현 성신여자대학교 교양교육대학 교수), 이강훈 변호사, 이승헌 미국 버지니아대학교 물리학과 교수, 이희일 한국지질자원연구원 책임연구원, 정기영 안동대학교 지구환경과학과 교수, 그리고 익명을 전제로 인터뷰에 응해주신 물리학 교수 두 분께 감사드린다. 안수명 박사, 신상철 대표, 이강훈 변호사는 많은 자료 도움을 주셨다. 이 밖에도 더 많은 분들이 부족한 사람의 학업과 연구에 힘을 주셨다. 동아시아 출판사의 도움이 없었다면 이 책이 세상에 나오기는 어려웠을 것이다. 더 많은 독자를 만날 수 있도록 필자를 지원해주신 출판사의 한성봉 대표와 편집부 박소현 선생께 감사드린다. 과학/기술이 중요하게 관련되는 사회적, 정치적 논쟁에서 과학자들이 전문지식을 적절하고 자유롭게 개진하며, 그럼으로써 토론하고 논쟁하고, 그럼으로써 더 넓은 동의와 합의를 찾아가는 합리적인 소통이 존중되는 사회를 바라면서, 그리고 이 책보다 논쟁 자체와 논쟁 참여자들께 더 많은 관심이 기울여지기를 바라면서, 다시 한 번 많은 분들께 감사드린다.

2016년 10월
오 철 우

| 차례 |

# 1장

○○○○○○○○○○○○

# 천안함
# '과학 논쟁'
# 어떻게 기록할 것인가?

□

　천안함 침몰사건의 참사가 일어난 지 7년 가까운 시간이 지났다. 해군 장병 46명의 희생자를 낸 군함 침몰사건은 한국사회에 큰 충격을 안겨주었다. 그 여파는 참사의 충격 외에도 침몰원인을 둘러싼 극심한 간극의 논쟁을 통해 사회적 갈등으로 이어졌다. 국방부는 사건발생 직후 다국적 민군 합동조사단(이하 합조단)을 구성하여 짧은 기간의 조사활동을 벌였으며 합조단은 사건이 발생한 지 55일이 지난 2010년 5월 20일, 여러 증거물과 함께 '북한 잠수정이 쏜 어뢰의 수중폭발로 인해 천안함이 침몰했다'는 요지의 조사결과를 공식 발표했다. 합조단의 분석자료에는 침몰해역에서 수거한 선체의 파손형상, 사건 해역에서 찾은 어뢰 추진동력장치 부품(이른바 '1번 어뢰'), 그것이 북한 어뢰임을 입증하는 북한 무기의 설계도면, 선체와 어뢰 그리고 폭발실험에서 수거한 동일한 '백색 흡착물질', 사건 당시에 기록된 지진파와 공중음파, 수중폭발의 컴퓨터 시뮬레이션의 해석 결과들이 담겼다. 합조단의 최종 보고서인 『천안함 피격 사건 합동조사결과 보고서』(이하 『합동조사결과 보고서』)는 많은 분량에 걸쳐 과학적 조사와 분석의 결과물을 보여주었다.

'과학적 분석'과 '결정적 증거'를 통해 제시된 합조단의 조사결과는 정부의 강경한 대북 조처(5·24 조처)로 이어졌으며, 국제사회에서는 북한을 규탄하거나 한국정부를 지지하는 여러 나라의 성명서로 이어졌다. 그러나 조사결과에 대한 반응은 합조단의 '과학적 조사'가 이루어낸 결과에 비하면 그만큼 명료하지는 않았다. 유엔 안전보장이사회는 천안함 공격 행위를 규탄하면서도 공격 주체를 명시하지 않은 '의장 성명'을 내는 데 그쳤다. 러시아 정부의 공식 발표는 없었지만 한국을 방문했던 러시아 조사단이 '어뢰 아닌 기뢰(함정이 접근하거나 접촉할 때 폭발하도록 물속에 설치한 수중무기)의 수중폭발'로 결론을 내렸다는 보도가 뒤따랐다. 특히나 소수 과학자들의 전문가적 해석과 개별적인 연구결과는 합조단 조사결과에 대한 의문 또는 의혹 제기에 힘을 실어주며 논쟁을 더욱 촉발했다. 해외의 한인 과학자와 국내 은퇴 과학자를 중심으로 증거에 대한 의문이 제기되었으며 합조단의 결론과는 다른 사건 시나리오들이 제시되었다. 이들의 주장은 과학학술지에 정식 논문으로 발표되며 제기된 것이었기에 더 큰 주목을 받았다. 이들은 합조단이 '1번 어뢰'가 천안함을 공격한 무기임을 입증하는 증거로 제시한 '백색 흡착물질'의 분석 데이터에 의문을 제기하는 논문을 발표했으며, 국외 과학자들과 공동 연구로 지진파를 분석해 얻은 폭발량을 근거로 북한 어뢰가 아니라 오래 전에 설치했다가 버려둔 해군 기뢰가 수중폭발을 일으켰을 가능성을 주장하는 논문을 발표했다. 다른 이들은 지진파를 분석해 잠수함 충돌이 침몰의 원인일 가능성이 있다는 논문을 발표했다. 합조단의 결론을 뒷받침하는 과학 논문도 학술지에 발표되었다. 수거된 어뢰에 쓰인 '1번' 글씨가 수중폭발 때 타지 않았을 리 없기에 '1번 어뢰'의 증거자격이 의심스럽다는 의문이 제기되자, 순간적인 버블을 일으키는 수중폭발의 환경에서는 그것이 타지 않을 가능성이 충분함을 입증하는 논문이 발표되었다. 과학적 연구를 통해서 여러 의문이 제기되었으나 논쟁이 종결의 국면을 향해 나아가기는 어려웠다. 쟁점 자체를 이해하는 데 전문지식이 필요한 데다 2010년 6월 말 합조단 해체 이후에는 책임 있는 논쟁 주체도 찾기 어려운 상황이 되었기 때문이다.

그렇다고 논쟁적 상황이 해소된 것도 아니었다. 서울대학교 통일평화연구원이 2010년 7월에 전국 성인 남녀 1,200명을 대상으로 한 일대일 면접조사에서 천안함 침몰사건에 대한 정부 발표를 신뢰한다는 응답은 32.5%에 머물렀으며 신뢰하지 않는다는 응답이 35.7%, 반반이라는 응답이 31.7%였다(조선일보 2010-9-8: 4). 이듬해인 2011년 7월에 같은 기관이 전국 성인 1,201명을 대상으로 조사한 결과에서도 정부 발표를 신뢰한다는 응답은 33.6%, 신뢰하지 않는다는 응답은 35.1%, 모르겠다는 응답은 31.3%로 나타나 비슷한 분포를 보여주었다(프레시안 2011-9-21). 천안함 사건 5주기를 맞아 국내 인터넷방송매체인 《뉴스타파》가 2015년 3월 여론조사기업에 의뢰해 전국 500명을 대상으로 실시한 조사결과에서는 정부의 천안함 조사를 신뢰하지 않는다는 응답(47.2%)이 신뢰한다는 응답(39.2%)보다 오차범위 내에서 많은 것으로 나타났다(뉴스타파 2015-3-25). 합조단의 '과학적 조사' 결과에 대한 신뢰는 대체로 낮았으며 이와 관련한 논쟁적 상황은 진전하거나 해소되지 않은 채 사회 갈등의 잠재적 요인으로 남아 지속되었다.

이 책에서는 천안함 침몰사건의 합조단 조사결과를 둘러싸고 벌어진 '과학 논쟁'의 전개, 그리고 그 성격과 구조를 정리하고자 한다. 여기에서 "과학 논쟁 scientific debates"이라는 표현은, 넓은 의미에서 사회 논쟁에 담긴 과학적 요소들에 관한 논쟁이라는 의미도 담고자 하지만, 좁게는 과학자들이 실험, 해석, 출판, 토론이라는 일상적 과학 실행의 형식과 절차를 통해 전개한 논쟁이라는 의미를 강조하여 담기 위해 사용되었다. 천안함 침몰원인을 둘러싼 논쟁이 사회적 논쟁의 장에서 펼쳐졌으며 논쟁 참여자도 소수 과학자뿐 아니라 다른 분야의 학자, 정치인, 매체, 시민 등으로 폭넓었는데도 '과학사회논쟁'이라는 기존 용어(서이종 2005) 대신에 '과학 논쟁'라는 표현을 선택한 것은, 소수 과학자들이 참여한 논쟁이 거시적인 장에 중요한 영향을 끼쳤으며 이들의 논쟁 참여가 학술적 연구와 논문 출판이라는 일반적 과학 실행을 축으로 삼아 이뤄졌다는 특징을 반영하기 위함이다. 이와 함께 그 논쟁이 마무리되지 않고서 진행 중이라는 점, 그리고 천안함 침몰사건을 둘러싼 거시적이고 복합적인 논쟁들이 '과학 논쟁'으로 환원되는 것은 아니라는 점에서, 이 책에서 다루는 논쟁을 상대화한다는 의미를 담아 따옴표를 붙인 '과학 논쟁'이라고 표기하고자 한다. 또한 합조단의 조사활동은 선체 내충격 연구, 컴퓨터 시뮬레이션, 수중폭발 연구과 같은 법과학이나 공학 쪽에 가까워 공학과 과학의 경계가 뚜렷하지 않은 것으로 보이지만, 이 책에서는 과학과 공학의 연구실과 실험실에서 유사하게 행해지는 일반적인 실행들을 통칭하는 의미로서 '과학 활동' '과학 실행'이라는 용어를 사용했다.

### 연구 주제와 물음들

책에서는 다음과 같은 주제를 다루고자 한다. 첫째, 천안함 침몰원인을 둘러싸고 전개된 과학적 증거논쟁을 자세히 추적함으로써 그 쟁점이 무엇이었는지를 정리한다. 천안함 선체의 파손형상, 폭발량과 폭발수심을 찾는 컴퓨터 시뮬레이션, 사건 해역에서 수거된 어뢰 추진동력장치, 그리고 선체, 어뢰, 폭발실험 수조에서 얻은 '백색 흡착물질', 지진파와 공중음파가 이 책에서 중요한 연구 대상이 된다. 둘째, 합조단과 과학자, 또는 과학자와 과학자 간에 벌어진 복잡하고도 난해한 논쟁의 과정을 살피면서 한국사회에 놓인 그 논쟁의 공론장이 어떠한 모습이었는지를 되짚어보고자 한다. 더 큰 논쟁의 장에 가려져 있었거나 잘 보이지 않았던 사람들과 증거물, 분석장비의 이야기를 함께 다룸으로써 천안함 과학 논쟁이 더 큰 논쟁의 장에 어떻게 놓여 있었는지를 살피는 데 도움을 얻고자 한다. 셋째, 이 책에서는 현대 사회에서 문제 해결의 중요한 도구로 흔히 인식되는 과학과 공학의 실행이 천안함 논쟁에서 논란을 종결에 이르게 하지 못한 채 논쟁의 원인이 되어 논쟁을 지속시키는 구조와 배경을 살펴보고자 한다. 여기에서는 한국사회의 국지적 특성이 함께 논의될 수 있다. 합조단의 '과학적 조사' 결과 보고서가 합리적인 논쟁 '종결'로 나아가는 데 사실상 실패한 요인을 살핌으로써, 과학 활동 또는 과학 실행이 법과학적 성격의 사회적 논쟁을 푸는 데 좀 더 실효적으로 참여할 수 있는 길을 모색해본다.

이런 연구 주제를 물음의 형식으로 다시 정리하면 다음과 같다.

1. 천안함 '과학 논쟁'에서는 어뢰폭발설, 좌초 후 기뢰 폭발설, 좌초 후 잠수함 충돌설과 같은 경쟁적인 사건 시나리오들이 등장했는데, '과학적 조사'와 '결정적 증거'를 바탕으로 합조단이 제시한 공식 설명은 왜 그대로 폭넓게 동의를 받지 못했는가? 하나의 '진실' 혹은 '실체'를 찾으려는 과학적 분석의 결론은 왜 여러 갈래로 갈라졌는가? 이런 물음은 '사실', '증거', '시나리오'에 대한 해석 유연성과 그 구성성이 어떠한 것인지에 대한 탐색이다. 증거와 증거의 관계, 증거와 시나리오의 관계는 어떠한가? 특정한 시공간에 일어난 과거 사건을 추적하는 법과학적 성격의 '과학 논쟁'에서 증거는 핵심적 역할을 하는데, 천안함 침몰사건의 경우에는 왜 충분한 증거 발견 이전에 이미 시나리오가 상황을 지배할 수 있었을까? 이는 시나리오의 구성에서 법과학 성격의 '과학 활동'이 어떠한 역할을 했는지에 대한 탐색이다.

2. 흔히 과학은 문제 풀이의 훌륭한 지적 도구로 인식되지만 현실의 논쟁

에서는 왜 해법을 제시하지 못하는 일이 많은가? 천안함 '과학 논쟁'에서 과학은 왜 논쟁적 상황을 해소하는 데 충분한 역할을 하지 못했을까? 이 물음은 '과학 논쟁'에서 과학이 어떻게 사용되었는지에 관한 탐색이며, 또한 증거를 중심으로 하는 법과학적 논쟁에서 과학이 어떻게 사용되어야 하는지에 관한 탐색이다.

3. '분단체제 한국에서 일어난 군함 침몰사건'은 '과학 논쟁'에 영향을 주었는가? 영향을 주었다면 그것은 어떠한 것인가? 이는 과학이 사용되는 방식에서 한국사회의 국지적 맥락이 끼치는 영향이 무엇인지에 관한 탐색이다.

4. 천안함 '과학 논쟁'의 연구는 논쟁적 상황을 해소하는 데 기여할 수 있는가? 사회적 맥락에서 일어나는 과학/기술 논쟁과 민주주의의 관계라는 측면에서, 이 논쟁 연구는 어떤 시사점을 줄 수 있는가? '과학/기술과 민주주의'의 의제는 그동안 대체로 전문가지식과 생활지식의 동등성, 대중 참여에 의한 지식 생산, 과학/기술과 관련한 의사결정 과정의 참여민주주의와 같은 주제로 다루어졌다. 그러나 천안함 침몰사건 논쟁은 '과학/기술과 민주주의'의 의제와 밀접한 성격을 지니면서도 이런 기존 논의의 틀로는 충분히 설명되지 않는 측면을 지니고 있다. 이 물음은 천안함 '과학 논쟁'의 논쟁적 갈등을 해소하는, 즉 논쟁의 종결로 나아가는 길의 실마리를 찾을 수 있을지에 관한 탐색이다.

### 진행 중인 증거논쟁

진행 중인 증거 중심 논쟁을 다룰 때 중요하게 고려해야 할 점이 있다. 이 책의 연구는 '천안함 침몰사건의 진실이 무엇인가'의 물음에 대한 답을 찾는 것을 목표로 두고 있지 않다. '과학 논쟁'에서 어떠한 주장이 천안함 침몰사건의 '진실'에 더 가까운지 그 우열을 판단하는 것도 연구의 목적이 아니다. 그린 목적의 연구는 몇 가지 이유로 한계를 지닐 수밖에 없다. 첫째, 논쟁의 무대에 나와 있는 현재의 과학적 논증들은 향후 우리가 아직은 모르는 어떤 결정적 증거가 출현할 때 지금과는 다른 논쟁 국면으로 나아갈 수 있기 때문이다. 예컨대 각각의 시나리오에서 중심적인 역할을 하는 어떤 증거는 분석과 해석 방법을 달리할 때 현재 제시된 증거의 지위를 상실하거나 약화될 수 있다. 또한 새로운 증거가 출현해 현재의 중심적 증거가 현재 지지하는 시나리오에서 떨어져 나오거나, 혹은 예상할 수 없는 다른 상황이 나타나 '과학 논쟁'의 쟁점이 다른 성격으로 바뀔 가능성을 배제할 수도 없다. 현재의 논쟁을 바탕으로 논쟁의 미래를 완벽하게 예측하기는 어려우며 특하나 그것이 과거 사건을 구성하는 증거들에 관한 논쟁일 때 그 어려움은 더욱 클 것이다. 둘째, 합조단의 '과학 활동'이 적절하지 않았더라도, 그래서 합조단의 조사활동을 담은 텍스트인 『천안함 피격 사건 합동조사결과 보고서』가 내적으로 완결적이지 못하더라도, 이런 문제가 합조단 조사활동에 대한 신뢰에 영향을 줄지언정 천안함 침몰사건의 '진실' 또는 '실체'와 논리적으로 직결되는 것은 아니기 때문이다. 합조단 조사활동을 둘러싼 논쟁, 그리고 사건의 '진실'을 추적하는 논쟁, 이 둘은 별개로 다루어질 수 있다.

그렇다면 논란이 진행 중인 천안함 침몰사건의 증거논쟁에서 논쟁적인 증거를 다루는 연구는 늘 잠정적일 수밖에 없는 것일까? 논쟁이 전개되면서, 또는 새로운 증거가 출현하면서, 증거와 시나리오의 구성에 변동이 생겨 논쟁이 새로운 성격의 국면으로 나아간다면, 그 변동에 휩쓸려 사라질 운명인 현재의 논쟁을 찬찬히 정리하려는 연구는 향후에 그 의미를 모두 잃어버릴 수 있는, 그렇기에 지극히 불안정하며 잠정적일 수밖에 없는 그런 것일까? 이러한 물음은 진행 중인 천안함 '과학 논쟁'을 현재 어떻게 기록하고 어떻게 다루어야 하는지에 관한 문제이기도 하다. 이 책의 연구는 현재 진행 중인 천안함 '과학 논쟁'의 성격과 구조를 살피는 것이, 한계가 있음에도 가치 있는 연구 작업이라는 믿음에서 출발했다. 그 이유는 다음과 같다. 무엇보다 천안함 논쟁의 과정 자체는 한국사회가 경험했던 현실의 기록이었으며, 여전히 그 논쟁의 영향이 사회적 갈등의 잠재적 요인으로 현존하기 때문이다. 미래에 전개될 논쟁의 상황이 어떠할지 알 수 없더라도 논쟁이 지나온 과정을 살피는 작업은 사회적 갈등의 한복판에 있는 '과학 논쟁'을 한국사회가 어떻게 다루었는지를 기록하고 정리하고 돌아보는 가치 있는 일이 될 것이다.

## 몇 가지 이론과 개념의 틀

이 책의 연구는 증거물과 '사건 실체'의 시나리오를 중심으로 복잡하게 진행되어온 천안함 침몰원인 논쟁과 관련하여 흩어져 있는 갖가지 자료를 한데 모으고, 그 '과학 논쟁'의 전개 과정을 쟁점별로 정리한다는 것을 일차적인 목표로 삼고 있다. 특히 증거와 시나리오는 중요하게 다루어졌다. 합동조사단의 조사활동과 보고서, 미디어의 보도, 온라인 공간의 논쟁, 그리고 개별 과학자들이 행한 학술적 연구와 발표에서 증거는 매우 중요한 위치를 차지했으며 사건 실체를 추론하는 시나리오의 경쟁은 논쟁의 동력이 되었다. 사건과 관련하여 수집된 사실 조각들은 선별되고 분석되어 증거의 목록에 등록되었으며, 이 증거들의 연결망은 한 갈래의 일관된 시나리오를 생성했다. 뒤이어 시나리오를 구성하는 증거를 신뢰할 수 있느냐, 증거는 시나리오에 순응하느냐 저항하느냐의 논쟁이 이어졌다. 그러므로 우리는 천안함 '과학 논쟁'의 이해에 접근하고자 할 때, '증거' 또는 '사실'의 문제가 어떤 성격을 지니며, 그것을 어떻게 다룰 것이냐에 세심한 관심을 기울여야 한다.

우리는 과학/기술과 사회의 상호관계를 살피며 여러 유형의 논쟁을 다루는 과학기술학Science and Technology Studies-STS의 해석과 분석 틀에서 큰 도움을 얻을 수 있다. 한국사회라는 국지적 맥락에서 진행되는 천안함 논쟁에서 과학과 기술이 어떻게 인식되었으며 어떻게 사용되었는지를 살필 때에 그 논쟁의 성격과 구조를 이해하는 데 좀 더 가까이 접근할 수 있을 것이다. 과학/기술이 관련된 논쟁을 다루는 과학기술학의 기본적인 분석과 해석 틀은 몇 가지로 유형화할 수 있는데, 마틴과 리처즈(Martin and Richards 1995)는 과학 논쟁의 과정과 성격을 이해하려는 분석의 도구를 다음 네 가지로 정리한 바 있다. 첫째 무엇이 과학적 사실인지를 따지며 그것에 토대를 두어 과학 논쟁의 전개 과정을 살피는 실증주의적 접근방법, 둘째 정부와 기업, 시민단체, 전문가 같은 집단이 '정치적 시장'에서 벌이는 갈등과 타협에 초점을 두는 집단정치학적 접근방법, 셋째 지식과 기술의 결과물이 과학 외부의 영향을 받아 구성된다는 점을 부각하는 구성주의적 접근방법, 넷째 개별 행위자들보다는 계급, 제도, 성차 같은 기성의 사회 구조가 논쟁의 해석에서 중요함을 강조하는 사회구조주의적 접근방법이 그것들이다. 이 책이 천안함 '과학 논쟁'의 성격과 구조를 탐색하면서 선택한 접근방법의 이론적 배경은 다음의 몇 가지로 간추릴 수 있다.

## 과학적 사실, 블랙박스

과거 사건의 실체를 현재에 구성하는 특정 시나리오 안에서 '증거'는 한 갈래의 해석만을 허용하는 견고한 '사실'의 지위를 지닌다. 증거의 가치가 견고할 때 시나리오는 과거의 사건을 설명하는 '사실'과도 같은 지위를 얻는다. 그런데 증거와 시나리오가 사실상 '사실'로서 제시되는데도 그 증거와 시나리오의 사실성은 공격을 받을 수 있으며 법정 논쟁과 사회적 논쟁을 일으킬 수 있다. 논쟁에 휩싸인 '사실'은 왜, 어떻게 논란의 여지를 지니게 되는가? 어떤 논쟁을 이해하기 위해서는 '사실' 안에서 어떤 요인이 논쟁을 불러일으키는지를 살펴야 하는데, 여기에서 '사실'은 '구성된 그것'으로 이해될 때에 비로소 우리는 현실에서 전개되는 그 논쟁의 성격과 구조를 이해할 수 있게 된다. 특히 '사실'이 만들어지는 과정에 대해 자세하게 관찰하고 분석하는 '경험적 연구'는 이런 접근 방법에서 중요하다.

이 책은 천안함 '과학 논쟁'에서 제기된 여러 주장을 될수록 상세하게 이해하면서 논쟁을 불러일으키는 쟁점의 핵심이 무엇인지를 추적하고자 했다. 증거물의 형상과 상태, 컴퓨터 시뮬레이션 작업의 과정, 시료 분석의 절차와 과정, 모의실험과 유사재현 실험의 설계와 실행, 수치 연산의 과정과 이론적 해석, 분석 장치의 작동 원리 등에 될수록 가깝게 접근하고자 함으로써, 다시 말해 실험과 연구 현장에서 이루어졌을 구체적인 과학 실행을 이해하고자 함으로써 논쟁의 중심을 이루는 것이 무엇인지 이해하고자 했는데, 이는 기존 과학기술학 연구의 한 흐름인 '경험적 연구'의 전통과 맥을 함께하는 것이다. 여기에서는 그런 경험적 연구의 방법들 가운데 특히 이 책의 연구에 영향을 주었거나 그것과 유사함을 지닌다고 여겨지는 두 가지 접근방법을 정리하고서, 뒤이어 이 책의 접근방법이 이 두 가지와 다른 점도 간략하게 덧붙이고자 한다. 두 가지 접근방법은 논쟁 당사자들을 대칭적으로 다루는 경험적 연구를 강조한 해리 콜린스Harry M. Collins의 '상대주의의 경험적 프로그램Empirical Programme of Relativism·EPOR'과, 논쟁 연구에서 '사실물matter of fact'의 구성에 참여하는 인간행위자뿐 아니라 비인간행위자non-human actor에도 주목할 것을 주장한 브뤼노 라투르Bruno Latour의 행위자연결망이론Actor Network Theory·ANT이다.

과학지식사회학의 한 방법으로서 콜린스가 제시한 '상대주의의 경험적 프로그램EPOR은 과학적 요소가 다루어지는 논쟁을 이해하는 데 좋은 접근의 틀이 될 수 있다. 콜린스는 영국 에든버러 학파의 '스트롱 프로그램Strong Program'[1]의 영향을 받으면서도 과학적 상대주의를 다루는 경험적 연구 프로그램을 제창했는데, 그 접근방법은 세 단계를 거쳐 수행된다. 첫째 불확실성 또는 과소결정underdetermination이 내재된 과학 논쟁에서 한 가지 현상이나 실험 데이터를 두고서도 여러 해석이 제시될 수 있음, 즉 '해석 유연성'이 존재함을 드러내며, 둘째 이렇게 끝없이 되풀이될 수 있는 과학 논쟁이 종결되는 것은 논리와 이성과 같은 과학 내적 요인이 아니라 과학자사회의 사회적 요인에서도 영향을 받는다는 논쟁 종결의 메커니즘을 보여주고, 마지막으로 이런 논쟁 종결 메커니즘을 더 넓은 사회의 맥락으로 확장하여 보여주는 것이 그 단계들이다(Collins 1981; 핀치, 바이커 1999: 53-55). 콜린스는 스트롱 프로그램이 제시한 연구 프로그램의 네 가지 원칙 가운데 '공평성'과 '대칭성'의 원칙을 따르는 EPOR의 접근방법을 보여주었다. 이런 접근은 실험 현장에 대해 세밀하게 경험적인 관찰을 행하면서도 논쟁 당사자 중에 누가 더 옳은지에 관해 직접 판단을 제시하지 않는 방식을 통해 나타났다. 예를 들어 1970년대에 중력파 검출 실험과

---

1 과학지식사회학(Sociology of Scientific Knowledge·SSK)의 '스트롱 프로그램'은 외부 맥락과 무관한 것으로 여겨지는 객관적인 과학 지식에 대한 연구에서도 엄정한 과학적 연구원칙을 견지한다면 그것에 대해 사회학적 설명을 할 수 있음을 보여주고자 했다. 배리 반스(Barry Barnes), 스티븐 섀핀(Steven Shapin)과 더불어 스트롱 프로그램을 이끌었던 데이비드 블루어(David Bloor)는 1976년 저술 『지식과 사회의 상(Knowledge and Social Imagery)』에서, 이들이 속한 에든버러 학파의 과학지식사회학이 어떤 문제의식에서 출발해 어떤 접근법에 의지하고자 했는지, 무엇을 지향하고자 했는지를 보여주고자 했다. 블루어는 이 책에서 지식과 사회의 상은 떼어놓고 생각할 수 없을 정도로 긴밀하게 결속되어 있으며, 따라서 과학 지식을 바라볼 때에도 그 안에서 사회적 요소는 크건 작건 발견된다고 주장했다. 그는 스트롱 프로그램에서 지식의 상태를 제대로 설명하기 위해 지켜져야 하는 네 가지 연구원칙을 제시했다. 그것은 (1)인과성(과학지식사회학은 믿음이나 지식 상태를 낳은 조건과 관련하여 인과적이어야 한다. 물론 사회적 원인과 더불어 다른 유형의 원인도 존재할 것이다), (2)공평성(과학지식사회학은 참과 거짓, 합리성 혹은 비합리성, 성공 혹은 실패에 대하여 공평해야 한다), (3)대칭성(설명 양식에서 대칭적이어야 한다), (4)성찰성(과학지식사회학의 설명 형태는 사회학 자체에도 적용할 수 있어야 한다)이 그것들이다(블루어 2000).

관련하여 중력복사 대량방출 현상의 존재를 관측했다는 주장을 둘러싸고 과학자들 사이에 논쟁이 전개되었는데, 콜린스는 이 논쟁 연구에서 '그런 현상이 존재하지 않는다'라는 결론으로 논쟁이 종결에 이르는 과정이 명시적인 과학적 방법론이나 과학적 합리성의 알고리즘, 또는 순수하게 인지적인 요인에 의해 지배되었기보다는 실험 결과 해석의 모호성과 불완전한 개별 반증의 점진적 누적과 집합에 의해, 또한 다른 사회적 요인에 의해 영향을 받았음을 보여주었다(Collin 2011: 84-86; Collins 1981).

콜린스는 논쟁의 종결 이후에 나타난 과학의 모습보다는 종결에 이르는 그 '과정'에 주목했는데, 실험 장비와 실험 계획과 수행의 현장을 자세히 관찰하고, 그것을 "과학의 실제 작동들을 그저 경험주의적으로 보여주기simple empirical exhibition"의 방식으로 서술하는 방법을 강조했다(Collin 2011: 83-108). 그가 제시한 "병 속의 배a ship in the bottle"라는 은유는 그가 주장하는 과학사회학의 접근 방법을 잘 보여준다. 여기에서 배는 과학적 발견scientific finding을, 병은 타당성validity을 의미하는데, 그러므로 병 속의 배는 이미 타당성을 획득해 안정화한 과학의 모습을 은유한다. 콜린스는 배(과학적 발견)가 병(타당성) 속으로 들어가는 메커니즘을 이해하기 위해서는, 배가 병 속에 들어가기까지 그 과정, 즉 진행 중인 과학 논쟁을 자세히 살펴야 한다고 강조한다. 그렇게 함으로써 우리는 배가 본래 병 속에 있었다는 인식에서 벗어나, 과학자들이 행하는 모든 것들이 '조합되어assembled' 이루어진 것임을 이해할 수 있다는 것이다(Collins 1981: 44-45; Collins 1992, 5-6).

그러나 콜린스가 강조했던 접근방법 중에서 방법론적 중립성 또는 대칭적 연구는 이후 여러 논란을 일으켰다. 진리주장이 대립하는 논쟁에 대해 연구하면서 논쟁 분석자는 정말 말처럼 '중립성'을 견지할 수 있을까? 이것은 현재 진행 중인 논쟁을 연구하는 연구자에게 더욱 진지한 물음이 된다. 논쟁 분석자가 아무리 중립적 방법론을 사용하고서 연구결과물의 중립성을 주장한다고 해도 종종 논쟁 당사자들에 의해 한 편의 지지자로 여겨질 수 있기에 '방법론적 중립성'이 신화일 뿐이라는 스콧, 리처즈, 마틴(Scott, Richards, and Martin 1990)의 비판은 진지하게 경청할 만한 가치를 지닌다.[2] 스콧 등의 과감한 문제제기 이후에 논쟁 분석자의 자세와 접근방법을 두고서 벌어진 콜린스(Collins, 1991)와 마틴 등(Martin et al., 1991)의 공방적 논의는 당대의 과학적 논쟁을 분석하는 연구자의 적절한 자세가 무엇인지를 판단하는 게 쉽지 않은 문제임을 보여주었다.[3] 그렇더라도 이런 논의는 논쟁 연구자들한테 논쟁 연구에서 유익한 접근방법이 무엇인지를 다시 한 번 생각하게 하는 계기를 제공한다. 콜린스와 마틴 등의 공방은 대칭적 방법론의 중립성에 대한 지나친 믿음이나 의존을 경계해야 하지만, 논쟁 분석의 단계에서 '논쟁의 포로captives of controversy'로 포획됨을 경계하면서 논쟁 당사자들의 목소리를 분석 작업에 될수록 충분히 담으려는 균형의 태도도 필요함을 보여준다. 그러므로 이 책의 논쟁 연구도 방법론적 중립성을 견지했다고 강하게 주장할 수는 없으나, 그렇더라도 연구 과정에서 논쟁 당사자들의 목소리를 여건의 한계 내에서 될수록 충분히 듣고자 노력

2  세 저자는 불소화 논쟁, 비타민 C와 암 논쟁 등에 관한 자신들의 연구 경험을 바탕으로, 콜린스가 내세우는 '대칭적 중립성'의 방법론을 비판하며 다음과 같은 주장을 제기했다. (1)당대 논쟁에 대한 사회학적 연구는 '실재물(realities)'을 구성하려는 치열한 싸움에서 하나의 자원(resource)으로 여겨지며 연구자는 사실상 논쟁 참여자가 된다, (2)대칭적 분석의 방법론은 거의 언제나 과학적 신뢰나 인지적 권위가 약한 쪽에 유용한 것이 되어 결국에 비대칭성, 비중립성으로 귀착된다, (3)논쟁 연구자는 자신이 의도하지 않더라도 논쟁 과정을 눈에 띄게 변화시킬 수 있다. 이들은 대칭적 분석의 중립성에 대한 믿음이 환상이라고 비판했다.

3  스콧 등의 비판에 대해, 콜린스는 "누구나 자기 연구가 세상에 비대칭적 영향을 줄 수 있음을 인정하면서도 또한 방법론적으로 중립적이고자 한다", "분석적 감성(analytic sensitivities)이 연구에 부적절한 방식으로 영향을 끼치도록 허용해서는 안 된다"라며, 중립성은 방법론적 규범(methodological prescription)임을 다시 강조했다(Collins 1991). 원 논문의 세 저자는 콜린스의 반박에 대해 어떤 방법론을 선택하느냐가 논쟁 연구에 영향을 끼친다는 점, 수많은 사회적 요인이 방법론의 발전, 응용, 선택에 영향을 끼친다는 점을 들어 방법론적 규범으로 제시되는 중립성은 허상이라고 주장했다(Martin, Richards, and Scott 1991).

했음을 밝힐 수는 있다. 이 책에서 논쟁 분석자는 한복판에 놓인 합조단의 조사결과물을 에워싸고서 논쟁하는 논쟁자들 그리고 또한 그 논쟁의 무대에 함께 올라온 갖가지 증거물과 분석장비, 데이터, 시뮬레이션과 같은 여러 과학적 요소들의 목소리에 귀 기울이며 '과학 논쟁'의 과정을 관찰하고자 한다.

이와 더불어 과학 실행의 과정을 살핌으로써 '과학적 사실'의 이해에 접근하고자 했던 라투르의 접근방법은 논쟁 연구에서 유용한 틀이 될 수 있다. 과학기술학의 어떤 분석 틀을 사용하더라도, 논쟁 연구에서는 당연하게도 논쟁을 일으키거나 논쟁에 참여하는 행위자$_{actor}$가 가장 손쉬운 관찰·분석 대상이 된다. 행위자로는 먼저 개인 또는 집단의 인간행위자가 관찰 대상으로 다루어진다. 누가, 왜, 어떻게 논쟁에 참여하는지는 논쟁을 이해하는 데 기본적이고도 중요한 관찰 대상이다. 그러나 증거를 둘러싸고 전개된 천안함 '과학 논쟁'을 살피고자 할 때에, 증거라는 비인간행위자는 논쟁을 구성하는 또 다른 행위자로서 주목되어야 한다. 라투르는 실험실의 '과학적 사실'의 생산과 공고화 과정을 인간행위자들뿐 아니라 비인간행위자들도 참여하는 협상과 동맹, 배신과 해체, 즉 혼종적인 연결망의 구성과 변동으로 이해할 때, 신화가 아닌 현실의 과학 활동을 이해할 수 있다고 주장했다. 실험실의 '과학적 사실'은 사실 자연물 또는 자연현상은 물론이고 실험실과 연구실의 분석장비, 데이터, 도표, 과학 실행의 표준 같은 비인간행위자들과 실험실 안팎의 인간행위자들 간에 이루어지는 '이질적 행위자들의 혼종적 연결망' 그것으로 이해된다. 비인간행위자인 자연물은 자연의 대변자$_{spokesperson}$인 과학자에 의해서 실험실의 분석자료로 변환되며(기입, inscription), 새로운 의미를 얻으며(번역, translation), 비로소 연결망의 일원이 된다(등록, registration)(Latour 1987; 홍성욱 2010: 15-

35). [4] 증거논쟁 연구에서 '경험적 연구'의 접근을 통해 비인간행위자에 주목한 다는 것은 다음의 몇 가지 맥락에서 특히나 중요하다.

첫째, 비인간행위자에 대한 주목은 논쟁의 참여자를 인간행위자로만 바라볼 때에는 자세히 볼 수 없는 증거의 작인$_{agency}$을 살필 수 있다. 이를 통해 어떤 증거가 시나리오에 쉽게 순응하여 인간행위자와 비교적 견고한 동맹을 이루며, 어떤 증거가 두 가지의 시나리오에 걸쳐 있어 언제든지 배신할 수 있으며, 또 어떤 증거가 특정 시나리오에 저항하는 모습들을 볼 수 있다. 비인간행위자에 주목하기는, 천안함의 선체 파손형상, 절단면의 특성, 스크루 프로펠러의 휜 형상, 수거된 어뢰 추진체 부품, 거기에 잉크로 쓰인 '1번' 글씨, 관측소에 포착된 지진파와 공중음파 데이터, 백색 흡착물질과 그 성분 분석 데이터, 컴퓨터 시뮬레이션의 결과물 등으로 이어지는 목록 안의 증거들이 저마다 다른 성격의 비인간행위자로서 어떻게 인간행위자들의 조사, 분석, 판단에 영향을 끼쳤는지에 대해 어쩌면 놓칠 수 있는 관심을 지속적으로 환기시켜준다. 어뢰 추진체 부품을 수거하기 위해서 특수 제작된 쌍끌이 어선의 촘촘한 어망, 수많

---

**4** 라투르는 그의 주요 이론인 '행위자연결망 이론(Actor Network Theory ·ANT)'을 1987년 저술 『Science in Action』에서 체계적으로 정리해 제시했다. 결과물로서 사실과 지식을 바라보는 게 아니라 사실과 지식이 구성되는 과정에 주목한다는 점에서는 스트롱 프로그램의 사회구성주의(Social Constructivism)와 비슷하지만 스트롱 프로그램이 과학지식의 형성과 과학 논쟁을 설명하면서 '사회적 요소'를 부각하여 강조하는 데 비해, 행위자연결망 이론은 인간행위자와 비인간행위자의 구분을 두지 않음으로써 과학과 사회에 뚜렷한 구분이 없음을 강조하기에 사회구성주의와 다른 '구성주의'로 불린다. 라투르는 그의 책에서 기성 과학기술학의 방법을 개량하는 것이 아니라 아예 새로운 과학기술학의 방법론을 제시하려는 듯이 기입, 번역, 등록, 연결망, 의무통과점 같은 낯선 용어와 개념을 끌어들여 새로운 연구방법의 원칙을 제시하고자 했다. 대략적으로 그가 그리는 방법론은, 사실이나 진리주장을 이미 고정된 결과물로서 받아들여서는 안 되며 그것들이 만들어지는 과정을 될수록 깊숙이 들여다보아야만 사실과 진리주장을 제대로 볼 수 있다는 것이다. 또한 그 방법론은 사회학의 단위로서 설명되는 행위자를 인간과 인간사회에 국한하지 말고 비인간행위자에도 눈을 돌려, 인간과 비인간행위자 동맹의 실제 모습을 볼 수 있어야 한다고 강조한다. 거기에서 우리는 인간/비인간, 과학/사회, 실험실 안/밖을 이질적인 행위자들의 연결망으로 이해할 수 있다.

은 계산과 모델링, 그리고 컴퓨터 시뮬레이션 코드와 그 해석들, 실험실의 엑스선회절 분석기, 에너지확산 분광기, 그리고 지진파, 공중음파 데이터들을 분석하는 이론과 계산식은 사건 조사과정과 그 이후의 논쟁에서 저마다 독특한 성격을 지닌 행위자로서 주목되어야 한다.

둘째, 비인간행위자에 주목하기는 인간행위자가 행한 역할을 좀 더 분명하게 드러낼 수 있다. "자신 너머에 있는 다른 무엇을 지목할 수 있는point beyond themselves"(Schum, 1994: 18; Anderson, Schum, and Twining 2005: 13) 사물들의 목소리는, 그 대변자인 인간행위자를 통해서만 들을 수 있다. 전문가 과학자는 사물이 '말을 하게' 하거나 도구를 통하여 '증언하게' 한다(라투르 2011: 146-147). 증거를 둘러싼 과학 논쟁에서 과학 활동을 수행하는 인간행위자는 증거물의 대변자이며, 실험실로 옮겨진 자연Nature에 대한 실험과 번역translation은 인간행위자의 고유한 활동이다. 비인간행위자에 주목할 때 이런 번역은 실제적인 '과정'으로서 이해될 수 있다.

셋째, 비인간행위자를 주목하는 것은 당연한 사실로서 제시되는 '사실물'도 그 이전 단계에서 인간행위자와 비인간행위자가 참여하는 과정을 거쳐 혼종적 연결망으로서 구성된 것임을 인식하게 하는 데 중요하다. 라투르는 그 자체로 객관적이며 투명하며 명증하여 의견이나 주장과는 다른 차원에서 놓인 그런 '사실물'은 존재하지 않으며, 실제 '사실물'이라는 것은 여러 요소들의 '조합/집합assembly'이라고 주장한다. 그런 집합으로서 '사실물'은 실제로는 인간행위자와 비인간행위자의 요소들이 혼합된 '우려물matter of concern'임을 말해준다 (Latour 2004; 라투르 2011). 그러므로 라투르가 강조했듯이, '사실물'의 구성성을 이해한다는 것은 그것을 구성하는 여러 요소의 조합을 바라보는 것이다. 예컨대, 합조단이 제시한 "백색 흡착물질은 비결정질 알루미늄 산화물이다"라는 '사실물'을 다음과 같은 여러 요소들의 조합으로 인식하는 것이다. 그것은 실험 행위자들의 시료 준비와 분석 장치의 조작, 분석의 실행, 그리고 데이터의 해석과 판단 등의 요소들과 과정이 조합된 것이며, 또한 에너지확산 분광기, 엑스선회절 분석기와 여타의 관측실험 장비들, 그리고 시료 그 자체의 요소들과 과정이 조합된 것으로 바라볼 수 있다. 논쟁 연구에서, 특히 증거가 중심이 되는 논쟁에 대한 연구에서 '사실물'을 그 '조합'의 구조와 과정으로 다시 돌아본다는 것은 인간행위자와 더불어 비인간행위자에도 의식적으로 주목해야만 가능하다. 이렇게 할 때, 혼종적 조합의 맥락과 과정이 봉합되어 보이지 않은 채 '이미 만들어진 과학ready-made science'으로 남은 과학의 '블랙박스black box'를 다시 열어 인간행위자와 비인간행위자의 혼종적 연결망을 다시 관찰할 수 있다(Latour 1987: 2-17).

그러나 이 책의 연구에서 행위자연결망이론의 주요한 방법론이 본격적으로 사용된 것은 아니다. 무엇보다 행위자연결망이론의 방법론으로서 널리 알려진 미셸 칼롱Michel Callon의 '번역의 사회학'과 '번역의 네 단계'라는 분석 틀(칼롱 2010; 칼롱, 로 1987)[5]을 비롯하여, 행위자연결망의 구조와 변화를 살피는 분석 방법들이 국내의 여러 다른 연구들에서 사용된 바 있으나 이 책의 연구에서는 사용되지 않았다. 그 이유는 다음과 같다. 이 책의 주요 목적이 흩어진 여러 자료를 한데 모아 천안함 '과학 논쟁'의 전개 과정과 쟁점을 정리하며 논쟁의 성격과 구조를 살피는 데 있으며, 사회학적 이론 모형을 적용하여 분석하

---

[5] 『번역의 사회학의 몇 가지 요소-가리비와 생브리외 만의 어부들 길들이기』라는 제목의 논문에서, 칼롱은 가리비, 어부, 과학자들 사이에서 새로운 가리비 양식방법이 구성되는 과정을 '번역의 네 단계'라는 분석 틀을 통해서 보여주었다. 그가 제시한 번역의 네 단계는 (1)문제제기 (2)관심 끌기 (3)등록하기 (4)동맹군 동원하기이다. 칼롱 등은 영국 공군의 전술 공격·정찰기 개발 프로젝트(TSR.2)를 다룬 다른 연구에서 포괄적 연결망, 국소적 연결망, 의무통과지점이라는 분석 틀을 중심으로 거대 프로젝트의 등장, 추진, 실패의 과정을 분석했다(칼롱, 로 1987).

는 데에는 훨씬 더 많은 시간과 노력이 필요하기 때문이다. 또한 천안함 침몰 사건을 둘러싼 논쟁은 참여자, 주제, 영향의 범위가 복잡하고 넓기 때문에 특정한 이론 모형을 적용하여 해석하는 것은 더 많은 후속 연구들이 있어야 가능할 것으로 여겨진다. 이런 점에서 볼 때, 이 책의 연구가 라투르의 행위자연결망이론에서 도움을 얻어 특별히 주목하는 바는 비인간행위자를 바라보는 인식 틀, 그리고 '사실물'의 구성을 추적하는 경험적 연구의 접근 태도일 것이다. '자연Nature'과 '사회Society'라는 이분법을 낳은 근대적 '대분할Great Divide' 이후의 시대에, 양극의 중간/중심에 실재하면서도 주목받지 못했던 비인간행위자이자 혼종적 존재에 주목하면서(라투르 2009), 증거 중심의 논쟁 과정을 추적한다면 '자연'과 '사회'의 혼종적 관계를 이해하는 데 도움을 얻을 수 있을 것이다.

실제로 행해지는 과학의 모습에 주목하는 과학기술학의 경험적 연구는 여러 실험실 연구나 논쟁 연구에서 다루어졌다(Latour and Woolgar 1979; Knorr-Cetina 1981; Shapin and Schaffer 1985). 라투르와 콜린스가 강조했듯이, 실제적인 과학의 모습을 이해하려면 과학 실행이나 논쟁의 과정이 봉합되어 사라지고 난 뒤의 '블랙박스' 또는 '병 속에 든 배'를 바라보는 게 아니라 거기에 이르게 된 '과정'을 다시 되짚어 보아야 한다. 과학기술학의 기존 연구들은 과학이 순수하게 진공에 놓여 있지 않으며 작은 과학자사회 또는 더 큰 사회의 사회적 요인과 영향을 주고받으며 또한 사회적 맥락 속에서 인식될 때에 현실 과학의 자연스런 모습을 더 잘 이해할 수 있음을 보여준다. 그러나 앞에서 살펴본 경험적 접근방법들에서도 보았듯이, 사회적 맥락 속의 과학이 어떠한 모습인지 포착하는 데에는 역설적이게도 '과학적인 것'에 주목하는 접근방법이 도움을 줄 수 있다. '과학적인 것'이 구성되는 과정에 주목할 때, 그리고 과학의 장에서 비인간행위자와 인간행위자가 동맹을 맺는 과정에 주목할 때, 그래서 당연히 과학의 내재적 논리에 의해 정당화되었다고 여겨지는 것들이 과학 외적 요소에 의해서도 정당화되고 강화되는 모습을 발견할 때, 우리는 그 '과학적인 것'이 '사회적인 것' 또는 '정치적인 것' 같은 다른 요소에 의해 강화되고 뒷받침되어 '블랙박스' 안으로 봉합됨을 이해할 수 있다. 이 책에서는 천안함 '과학 논쟁'에서 다루어진 '과학적인 것'이 만들어지고 논의되는 과정에 주목함으로써, 논쟁을 인간행위자들의 이해관계 대립과 갈등으로 바라보는 관점에서는 볼 수 없었던 '과학적인 것', 그것의 성격을 이해하는 데 접근하고자 한다.

## 증거와 시나리오

사건현장, 용의자, 증거 간의 관계, 증거와 증거의 관계, 증거와 추론의 관계, 증거와 시나리오의 관계, 그리고 증거가 시나리오의 구성에 참여하는 과정, 증거가 추론을 만들어내는 과정을 살펴보는 데에는 증거 분석과 관련한 여러 이론적 논의가 도움을 줄 것이다. 증거론 학자인 테런스 앤더슨Terence Anderson 등의 증거 분석 이론에 의하면, 증거는 일상생활은 물론이고 역사학자, 수사관, 법률가, 의학자, 정보분석자 등의 여러 활동 영역에서 과거에 무엇이 일어났으며 미래에 무엇이 일어날지에 관하여 추론과 판단을 할 때 그 근거로서 제시된다(Anderson, Schum, and Twining 2005: xvii, 이하 논의의 많은 부분은 증거의 생성과 성격에 관해 논한 2장, 46-77쪽을 참조했다). 진실truth은 이런 증거의 조합combination을 바탕으로 이야기된다. 그런데 무엇이 어떻게 증거가 되는가? 증거는 과거에 일어난 사건을 사실로서 어떻게 입증하는가?

먼저, 증거 이론 연구자들은 증거의 성격을 이해하기 위해서 '증거'와 '사실'이라는 용어를 신중하게 구분해야 한다고 말한다. 증거 분석 이론이 필요한 이유도, 증거 자체가 곧바로 사실을 의미하는 것이 아니기에 입증을 구하는 명제가 증거에 의해 뒷받침되는지를 판단하기 위해서는 증거의 성격과 자격, 지위를 살피는 작업이 선행되어야 하기 때문이다. 논증과 법정 증거를 연구하는 증거론 학자 데이비드 셤David Schum은 "우리는 어떤 사건에 관하여 다양한 종류의 증거를 얻을 수 있지만 만일 이 증거가 조금이라도 결정적이지 못하다면 inconclusive, 우리는 이 증거가 이 사건의 사실적인 발생 또는 진실을 수반한다고 말할 수 없다. 달리 말하면, 어떤 사건에 관한 증거와 이 사건의 실제적인 발생은 동일한 것이 아니다"라고 강조했다. 예컨대 아무개가 사건현장에 있는 장면이 담긴 사진 증거나 그 장면을 목격한 증언이 제시된다고 해서, 그런 장면이 곧바로 사실임을 의미하는 것이 아니며 사진의 진본성이나 목격 증언의 신뢰성을 따지는 증거 분석이 뒤따라야 한다(Schum 1994: 18; Anderson, Schum, and Twining 2005: 60)

둘째, 증거를 획득하는 사실 조사와 증거 분석의 과정에서는 귀납 추론, 연역 추론과 더불어 가설적 추론abductive reasoning이 혼합적으로 사용되며 특히 가설적 추론의 역할이 중요하게 사용된다는 점을 주목해야 한다. 제한된 단서와 증거에서는 얻을 수 없는 "상상적이며 창의적인 생각"은 전에 없던 새로운 증거를 찾아나가는 가설적 추론의 방식으로서 강조된다. 기존 증거의 범위 안에서 이루어지는 연역이나 귀납 추론에서는 새로운 증거의 발견이 원리적으로 불가능하기 때문이다. 새로운 증거를 찾아나서는 사실 조사는 "역동적인 과정"으로 이해된다(Anderson, Schum, and Twining 2005: 55-58). 현재 확보된 증거에서 새로운 가설을 세우고 새로운 가설을 만족시키는 새로운 증거를 찾다가 다른 증거가 발견되면, 가설은 입증되거나 수정되거나 폐기되며 또 다른 가설을 세워 새로운 증거를 찾아가는 계기가 된다.

증거 조사와 분석에 사용되는 이런 추론 방식은, 미국 철학자 찰스 샌더스 퍼스(Charles Sanders Pierce: 1839-1914)가 제시한 '가설 추론'의 이론에

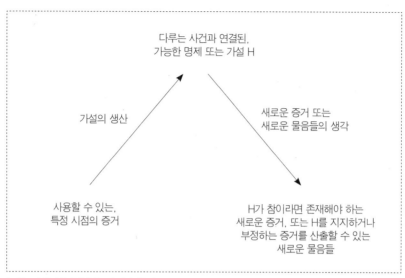

다루는 사건과 연결된,
가능한 명제 또는 가설 H

가설의 생산

새로운 증거 또는
새로운 물음들의 생각

사용할 수 있는,
특정 시점의 증거

H가 참이라면 존재해야 하는
새로운 증거, 또는 H를 지지하거나
부정하는 증거를 산출할 수 있는
새로운 물음들

[그림 1-1] 증거와 가설적 추론의 관계. (출처: Anderson, Schum, and Twining 2005: 57) [필자의 번역]

서 가져온 것이다. 퍼스는 서로 다른 요소들이 합해져 "섬광처럼" 생겨나는 새로운 사유의 추론 방식을 제시했는데, 그것은 "놀라운 사실 E1이 관찰된다 / 가설 H가 참이라면 E1은 당연한 것이다 / 그러므로 H가 참일 수 있다고 생각할 이유가 존재한다"라는 추론 방식에 기반을 둔다(Anderson, Schum, and Twining 2005: 57에서 재인용). 이것에 기반을 둘 때, 사실 조사의 과정에서 다음과 같은 추론도 용인된다.

> 만일 H가 사실이라면, 하나 이상의 사실들 E2, E3, E4가 존재해야 한다.
> H가 참이라고 가정하자
> 그러면 하나 이상의 사실 E2, E3, E4가 존재한다고 믿을 만한 이유는 존재한다.

이런 가설적 추론은 실제로 새로운 증거를 획득하며 사실을 확인하는 과정에서 새로운 발견을 이루는 데 도움을 주는 효용성을 지닌다. 천안함 침몰 원인을 둘러싸고 전개된 증거논쟁에서 사건 초기의 언론보도나 전문가 의견, 그리고 합조단의 조사과정에서 이런 가설적 추론이 많이 행해졌음은 쉽게 볼 수 있는데, 이는 단서나 증거가 부족한 초기 단계에서 새로운 증거나 사실을 찾아가는 과정에 자연스럽게 등장하는 조사 또는 수사 기법상의 추론 방식이었다.

셋째, 증거와 사실의 자격은 그것들이 발견되는 순간에 얻어지는 것이 아니라 가설과 추론을 동반하는 사실 조사과정에서 수집되고 분석되며 획득된다는, 즉 증거와 사실은 구성의 과정을 거친다는 점도 주목되어야 한다. 수많은 단서 가운데, 과거의 사건을 보여주는 연관된 증거들은 식별되어 사건의 시나리오를 구성하고 입증하는 증거로 사용된다. 이런 정상적인 과정으로 볼 때, 합조단의 조사과정에서 수집되고 분석되고 선별되어 조사결과 발표에서 주요하게 제시된 증거들은 수집된 증거물의 총합이 아니며 결론을 뒷받침하는 주요한 증거로서 가치를 지니는 것들의 집합 또는 연결망이다.

여기에서 배제되거나 미흡하게 다루어진 다른 사실 조각들은 논쟁적인 대항 시나리오에서 그 결론을 뒷받침하는 증거로 사용되기도 했다. 이렇게 볼 때, 천안함 침몰원인을 둘러싼 논쟁에서 합조단의 북한 어뢰폭발 시나리오와 이에 대항하는 다른 시나리오들은 수많은 사실 조각들 가운데 주요한 증거를 서로 다르게 구성하거나 다르게 해석하면서 서로 다른 증거의 연결망을 구성한 것으로 이해할 수 있다. 증거논쟁은 서로 다른 시나리오 안에서 제시된 증거의 신뢰성과 연관성을 따지는 논쟁이었으며, 다른 한편에서 보면 자기 시나리오 안의 증거 연결망을 강화하거나 상대 시나리오의 증거 연결망을 약화시키는 경쟁으로도 바라볼 수 있다.

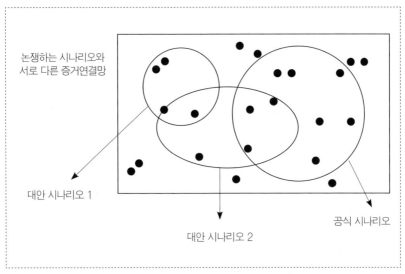

[그림 1–2] 증거와 시나리오의 구성. (참조 Anderson, Schum, and Twining 2005: 59).

또한 증거 분석 이론의 관점에서, 입증하려는 명제와 그 증거 간의 관계를 살펴보면 일반적인 구조를 볼 수 있는데, 입증하려는 최종명제는 하위명제들로 구성되며 다시 하위명제들은 증거와 가설의 연결link을 구축하는 일반화의 논증을 거쳐 입증된다. 물체, 시료, 도표 같은 물질증거와 증언증거, 그리고 사건을 직접 보여주는 직접증거와 보조증거라는 다른 성격의 증거들이 증거의 '신뢰성credibility'과 '연관성relevance'을 입증하는 데 사용된다.

증거의 자격을 얻는 과정, 그리고 증거를 통해 과거 사건을 복원하는 명제(시나리오)의 입증 과정에는 불가피하게 인간적인 요소가 개입하며, 이 때문에 증거 분석 이론은 특히나 증거의 신뢰성과 연관성을 평가하는 데 주의를 기울여야 한다고 강조한다. 앤더슨 등은 사실 논증에서 사용되는 '일반화'와 '이야기story'가 유용한 쓰임새를 지닌다는 점도 강조하지만 그 위험성도 경계했는데(Anderson, Schum, and Twining 2005: ch. 10, 262-288), 이는 제시된 증거의 신뢰성과 연관성이 곧바로 보증받는 것이 아니라 논증과 설득, 동의를 거쳐 획득되는 과정의 산물임을 보여준다. 증거와 가설을 연결하는 '일반화' 논증은 언명되지 않은 채 암묵적으로도 일어날 수 있는 것이며, 과학적인 전문지식이라 할지라도 그것에 대한 신뢰성은 다양할 수 있고 사회집단 내 편견에 의지할 수도 있으므로 필요한 입증 과정을 생략하는 일반화 논증은 위험하며 경계의 대상이 되어야 한다는 것이다. 사건에 관한 이야기는 사건을 이해하고 사실 조사활동을 전개하는 데 유익한 도움을 줄 수 있지만, 이것도 역시 논리보다 심리에 호소할 가능성이 있으며 논증의 틈새를 메우는 데 사용될 수 있으므로 증거 분석과 판단에서 세심하게 다루어져야 한다. 증거 이론은 증거의 신뢰성과 연관성 논쟁에 많은 부분이 집중된 천안함 침몰원인의 '과학 논쟁'에서 증거가 어떻게 다루어졌으며, 결정적인 증거와 이를 뒷받침하는 보조증거의 연결 관계, 시나리오에 순응하는 증거와 이에 저항하는 증거가 어떤 모습으로 나타났는지, 그래서 증거와 시나리오의 연결망 구조 안에서 논쟁의 진원지는 어디였는지를 들여다보는 데 유익한 분석의 도구가 될 수 있다.

이와 더불어, 법적 증거를 생산하는 법과학forensic sciences의 성격, 그리고 법과과학의 관계에 관한 논의는 이 책에서 천안함 "과학 논쟁"에 나타난 법과학적 증거논쟁의 성격을 살피는 대목에서 다루어질 것이다. 사건을 일으킨 행위자(인간행위자이건 비인간행위자이건)를 지목하는 증거를 찾는 과정에서 중요한 도구가 되는 법과학은 연구의 목적과 연구 결과물의 사용에서 일반 과학과는 또 다른 성격을 지니며 이 때문에 과학 실행에서도 다른 면모를 보여준다. 법과학에서 유일한unique 원인 행위자와 그 시나리오를 입증하는 데 필요한 증거를 채집하고 목록화하며 입증하는 과정은 중요한 활동이 된다.

## 과학, 정치, 이데올로기

군함인 천안함의 침몰원인을 둘러싼 '과학 논쟁'은 남북한이 군사적으로 대치하는 분단체제의 한국사회에서 전개되었다. 다음 장에서 살펴보겠지만 구체적 증거가 나오기도 전인 사건 초기에 미디어와 정치권을 중심으로 북한 연루설의 특정한 시나리오가 상당히 구체화할 수 있었던 데에는 천안함 사건 논쟁이 한국사회의 이런 국지적 맥락에 놓여 있기 때문이었다. 그러나 주목할 점은 이와 동시에 '과학적이고 객관적인' 침몰원인 조사가 무척 강조되었다는 점이다. 이런 두 가지의 상황, 즉 분단체제와 국가안보가 부각되는 상황에서 정치적 요소를 배제하겠다는 의지를 강조하는 다국적 민군 합동조사단이 출범하여 '과학적 조사'를 수행한 상황이 겹쳐 나타났다는 점은 천안함 '과학 논쟁'을 이해하고자 할 때 '과학적인 것'은 물론이고 '정치적인 것'에도 주목해야 하는 이유를 제공한다. 분단체제와 그 이데올로기는 천안함 '과학 논쟁'에 영향을 끼쳤는가? 그렇다면 그것은 어떠한 성격의 영향인가?

'이데올로기'의 의미는 정치학부터 문화 연구까지 다양한 관심과 맥락에서 정의되고 사용되지만, 대체로 집단이나 공동체 또는 사회에서 집단적이고 무의식적으로 동의되는 '세계관' 또는 '사물을 바라보는 특정한 관점'으로 이해된다. 또한 그 일반적인 속성으로서 지배체제를 강화하는 '허위의식', 과학이나 도덕, 양식 같은 다른 모습을 통해서 자신을 감추는 은폐성, 그리고 구체적인 총체성을 볼 수 없게 하는 부분성 등이 비판적으로 다루어졌다(김광현 2010: 1장; 르불 1994).[6] 비판이론가로 불리는 철학자 슬라보예 지젝Slavoj Žižek은 '떠도는

---

6 르불은 이데올로기의 특징을 다섯 가지로 정리했다(21-26쪽). (1)당파적 생각(이데올로기는 필경 당파적이다) (2)집단적 생각(이데올로기는 항상 집단적이다) (3)은폐적 생각(이데올로기는 필연적으로 은폐적이다)

기표'와 '매듭' 또는 '누빔점'의 개입으로 이데올로기의 구성을 설명하는데, 지젝에 따르면 "이데올로기의 공간은 풀려 있는 요소들인 '떠도는 기표들'로 구성"되고 "'누빔'은 총체화를 수행하며 이 과정을 통해 자유롭게 부유하는 이데올로기적인 요소들을 고정시키게 된다. 다시 말해 누빔을 통해 요소들은 의미의 구조화된 네트워크의 일부가 된다"(지젝 2002). 이런 지적은 이데올로기가 부유하는 요소들을 특정 의미로 재배열하는 '누빔점'으로서 작동함을 강조한 것인데, 마찬가지로 르불은 이데올로기가 일상적 언어 표현들까지도 그 의미를 다르게 만드는 "맥락"이라고 제시했다 르불 1994: 13-14). 넓은 의미에서 보면, 이데올로기는 우리의 경험에 일정한 의미를 부여해 그것을 인식하게 해주는 일정한 틀인 "프레임$_{frame/framework}$", "해석의 도해$_{schemata\ of\ interpretation}$"로도 이해될 수 있다(Goffman 1974: 21-24).

이 책에서 과학적인 것과 사회적/정치적인 것의 관계를 바라보는 인식의 틀은, 자연과 사회의 이분법을 비판한 라투르의 관점에서 많은 도움을 얻었다. 라투르는 비인간 존재인 자연과 인간 존재인 문화(사회)를 존재론적으로 이분화하는 이른바 '정화$_{purification}$' 작업에 의해서 '근대성'이 구축되었으나, 그것은 허위이며 실제로는 현실의 근대 세계가 자연과 문화의 혼합, 즉 하이브리드를 무수히 만들어내며 성장했다는 모순을 보여준다고 비판했다(라투르 2009). 근대인은 자연과 사회가 대분할된 세계에서 비로소 자신이 근대인이 되었다고 인식했으며, 근대적인 합리성을 내세운 많은 비판이론과 비판적 기획들도 역

---

(4)합리적 생각(그러나 모든 이데올로기는 스스로가 합리적이라고 주장한다) (5)권력에 봉사하는 생각(권력의 행사를 정당화하고 그것의 존재를 정당화하는 기능을 지닌다). 그는 이데올로기의 은폐성과 관련해 다음과 같이 말했다(22쪽). "[이데올로기는] 그것이 오류임을 보여주는 사실들이나 적대자들의 합당한 이유를 감춰야 할 뿐만 아니라, 무엇보다도 자신의 본색을 감춰야 한다. […] 이런 이유로 이데올로기는 항상 그 자신의 모습이 아닌 다른 것, 예컨대 과학, 양식, 자명성, 도덕, 사실 등의 모습을 지닌다."

시 자연과 사회 각자의 고유한 '초월성'과 '내재성'의 분할에 기반을 두고 있으나(라투르 2009: 104), 이런 인식은 결국에 무수한 혼종이 존재하는 현실의 실제 세상과는 동떨어져 모순으로 귀착된다는 것이다.

현실의 세계에서 '구획Démarcation'은 불안정하며 또한 사실상 불가능하지만, 근대적 이분법에 기초한 과학과 정치는 이런 '구획'에 의지하여 둘 간의 실제적인 관계를 감춘다. 라투르는 기후변화 논쟁의 사례를 언급하면서 정치가들은 전문가들의 등 뒤에 숨고 전문가들은 과학과 정치의 구획이 허물어지는 부분을 숨기면서 학자들을 대중의 정념과 이해관계로부터 보호하고자 필사적이라고 묘사하면서 과학과 정치의 불안정한 구획의 현실을 지적했다(라투르 2011: 180-188). 라투르는 자연과 사회, 과학과 정치의 구획이 사라져 분할되지 않은 인식의 틀, 달리 말해 근대주의의 모순을 넘는 인식의 틀로서 '코스모그램 cosmogramms'을 제안하는데, 그것은 실제 삶의 모습 속에서 특정한 문화를 통해 결합되는 모든 존재의 배열인 코스모스cosmos(공통세계), 즉 "신, 영, 천체, 나아가 식물, 동물, 동족, 도구, 의례까지" 그 모든 존재를 포함하여 사유하는 인식 틀이다(라투르 2011: 134-135).

다른 글에서 라투르는 이런 인식의 틀을 독일어 조어인 '사물정치Dingpolitik'라는 개념으로 설명했다(Latour 2005: 14-41). 그가 '객체object'와 구분하여 사용하는 말인 '사물Ding'은 인간행위자와 비인간행위자의 혼종적 조합assembly('의회'라는 이중적 의미를 지닌다)을 담고 있는데, 그것은 논란의 여지가 없으며 매개물 없이 투명한 것처럼 여겨지는 '객체' 또는 '사실물'이 실은 매개되고 혼종적인 '사물' 또는 '우려물'임을 의미한다. 그러므로 그는 '현실정치Realpolitik'를 넘어서서 인간행위자와 비인간행위자를 모두 다 '대표/표상representation'하는 사물정치의 의회가 열려야 한다고 주장한다. 이런 그의 주장은 나중에 허위로 밝혀진 이라크 대량살상 무기에 관한 미국 내무장관의 보고를 안건으로 논의한 유엔 안전보장이사회의 '의회'를 비판한 데에서 좀 더 분명하게 나타났다. 의회에는 세심한 조정을 거쳐서 적법한 연사와 청중이 참석했다 해도 그 의회의 대표성은 사실상 절반에 그칠 뿐인데, 왜냐하면 의회에서 제시된 대량살상 무기라는 '사실물'이 결국에 허위로 드러난 데에서 볼 수 있듯이 비인간행위자, 즉 관심의 대상물이 무엇인지, 제시된 사실이 어떠한 것인지와 관련해서는 제대로 '표상'이 이루어지지 않았기 때문이었다. 라투르는 근대주의의 한계를 넘어서서, 자연과 사회라는 구분된 지대를 정화하거나 분할하지 않으며 자연과 문화의 하이브리드를 있는 그대로 바라보아 비인간행위자에도 주목할 수 있는 새로운 정치 모형을 제시했다(김환석 2011). 자연과 사회/정치, 비인간행위자와 인간행위자의 지대를 구획하지 않으면서 혼종적 존재를 바라보려는 그의 인식 틀은 앞에서 논의한 '경험적 접근'과도 일맥상통한다.

이와 함께 이 책에서는 과학 활동이 과거 사건의 실체를 둘러싸고 심각한 간극을 드러내는 사회적 논쟁과 갈등을 푸는 데 어떻게 기여할 수 있는지의 문제를 과학 활동과 민주주의의 규범적 모형에 관한 로버트 머튼Robert K. Merton과 위르겐 하버마스Jürgen Habermas의 논의를 빌려와 7장에서 다루었다. '다원성'의 보장과 '공동지평'의 구축은 갈등의 조정에서 중요한 관심사이다(이진우 1993: 제9장, 258-296). 이 책에서 논의하는 규범적이며 이상적인 모형은 국지적인 논쟁의 실제 사례를 설명하는 데에 분명한 한계를 지니지만, 현실 논쟁의 사례가 규범적 모형에서 얼마나 어떻게 벗어나 있는지를 돌아보는 계기가 된다는 점에서는 합리적 논쟁 종결의 길을 모색하는 데 도움이 될 것이다.

### 과학 실행

천안함 '과학 논쟁'에서는 유체역학, 지진학, 열역학, 선박공학과 컴퓨터 시뮬레이션 같은 분과학문의 전문지식과 실험 장비를 다루는 숙련 기술과 관련한 논의가 자주 등장했다. 또한 과학자사회에서 일반적으로 행해지는 데이터의 생산, 모형과 계산, 결과의 해석, 논문의 작성, 동료심사를 거친 논문의 출판과 같은 과학 활동이 두드러지게 관심의 대상이 되었다. 그러므로 실험실에서 데이터를 생산하고 분석과 해석을 거쳐 과학적 사실을 생산하는 일련의 과학 실행에 대한 이해는 이 논쟁의 연구에서 필요하다. 특히나 다국적 민군 합동조사단이 강조하여 밝혔듯이, 천안함 침몰원인에 대한 조사활동의 결과물에는 많은 부분이 '과학적 조사와 분석'으로 채워졌다. 그러므로 합조단 조사활동과 보고서를 둘러싼 '과학 논쟁'을 이해하려면 합조단의 '과학 활동'이 어떻게 이루어졌는지를 살펴보아야 한다.

과학 실행scientific practices에 대한 과학기술학 연구는 사실, 이론, 지식과 같은 '과학의 생산물'에 일차적 관심을 기울이는 이전의 접근방법들과는 달리 1980년대 이후에 연구 현장에서 실제로 행해지는 과학 실행과 그 과학 문화에 관심의 초점을 맞추는 분야로서 성장했다(Pickering 1992). 장비와 도구를 이용해 자연을 다루는 개입하기intervention나 행위doing는 사실과 이론의 표상하기representation 또는 지식knowing과는 다른 '고유한 생명력'을 지니는 것으로 이해되었다(해킹 2005). 실험실 현장에 대한 참여 관찰은 실험의 종결이 이론·도구·실행의 문제에서 선택지의 범위를 좁히고 대안의 설명을 좁힘으로써 이루어진다는 점(Galison 1987), 실험실의 일상에는 고유한 합리성이 늘 존재하는 게 아니라 과학자가 상황적 우연성과 우연한 맥락에도 의존하며 실험실 바깥의 이해관계에 얽히기도 하고(Knorr-Cetina 1981: 33-48), 실험 장비에서 산출된 많은 데이터를 바탕으로 과학 논문이라는 산물이 만들어지기까지 인간과 비인간행위자들 간에 수많은 협상의 과정이 이루어진다는 점(Latour 1987: 21-62) 등을 보여준 기존의 여러 과학기술학 연구는 실험실에서 실제로 작동하는 과학이 실험실 밖의 결과물로 나타날 때와 달리 복잡다단한 것임을 말해주었다.

실험실의 과학 활동은 다양한 요소로 구성된다. 일반적으로 과학 연구 활동은 풀어야 할 문제의 설정, 문헌 조사, 가설 설정, 실험 또는 검증의 설계, 데이터의 수집과 기록, 데이터의 분석과 해석, 연구 결과 발표와 확산으로 구성되는데(Shamoo and Resnik 2003: 26-39; 해킹 2005), 크게 보아 과학자들이 일상적으로 행하는 과학 실행은 탐구 대상인 자연세계와 개별 과학자 간에 '발견'을 매개로 이루어지는 대화이며 또한 개별 과학자와 과학자사회 간에 '신뢰성'을 매개로 이루어지는 대화로 이해할 수 있다(Grinnell 2009: 1-6). 실험실의 실행과 관련해서, 과학철학자 해킹은 실험하기에서 두드러지는 열다섯 가지 요소를 관념idea, 사물thing, 부호mark라는 세 범주로 나누어 제시한 바 있다(Hacking 1992). 해킹에 의하면, 실험실 실행은 '관념'의 범주에 드는 질문, 배경지식, 체계적 학설, 주제가설, 장치 모델링과, '사물'의 범주에 드는 실험표적target, 표적변형 수단source of modification, 검출기, 기타 도구, 데이터 생성기, 그리고 "부호"의 범주에 드는 데이터, 데이터 평가, 데이터 정리, 데이터 분석, 해석이라는 여러 요소가 '상호적합mutual adjustment'을 이룰 때 '자기-입증적인self-vindicating' 안정적인 과학으로 나아갈 수 있다. 실험실 실행의 다양한 요소에 관심을 기울일 때, 우리는 과학자들의 실제적인 과학 실행과 과학 문화가 단일성이 아니라 다면성을 지님을 이해할 수 있다.

합조단의 조사활동과 보고서, 그리고 '과학 논쟁'에서는 다양한 과학 실행들을 쉽게 볼 수 있다. 실험실의 분석장비와 관련한 숙련 기술과 암묵지, 데이터의 작성과 해석, 컴퓨터 시뮬레이션에 관한 논의가 이 논쟁에서 한 축을 이루었다. 특히나 '백색 흡착물질'과 지진파와 관련해서는 '과학적 사실'을 생산하는 과학 실행이 적절했는지가 쟁점의 하나였기에, 과학 활동과 실행에 대한 관심은 이 책의 5장~6장에서 중요하게 다루어질 것이다. 천안함 '과학 논쟁'에 접근하기 위해서는 전문적인 과학 실행과 과학 문화를 이해하는 작업이 선행되어야 하는데, 이를 위해 여기에서는 열역학, 지진파 분석, 수중폭발 연구, 컴퓨터 시뮬레이션을 다루는 대학교의 일반 교재와 관련 자료, 그리고 유사한 주제를 다룬 여러 과학 논문을 참조했다. 엑스선 회절XRD과 에너지 분광EDS 분석 같은 실험실 기기의 조작과 분석방법을 이해하는 데에는 여러 대학교나 연구기관들이 정리하여 인터넷에 공유한 '실험 매뉴얼'을 참조했다.

## 책에서 다룬 자료들, 책의 구성

이 책에서는 문헌 분석, 인터뷰, 현지 관찰의 방법론을 상호보완적으로 사용해서 천안함 '과학 논쟁'을 분석했다. 여기에서 다룬 일차 문헌자료에는 다음과 같은 것들이 포함된다. 먼저, 국방부가 발간한 다국적 민군 합동조사단의 『천안함 피격 사건 합동조사결과 보고서』, 그리고 국방부가 인터넷 웹사이트에 공개했던 당시 기자회견 발표문과 언론 브리핑 속기록 자료가 주요하게 다루어졌다. '과학 논쟁'의 내용을 이해하는 데에는 소수 과학자들이 학술 논문, 일반 서적, 매체 기고문 등을 통해 발표한 논쟁적 주장들이 도움이 되었다. 합조단 조사위원으로 참여한 과학자들의 조사활동과 관련해서는, 합조단과 국방부 활동에 의문을 제기하다가 피소된 신상철(합조단 민간위원)의 명예훼손 사건의 재판에 출석한 합조단 조사위원과 논쟁 참여 과학자들의 증언 기록은 합조단 조사활동의 상황을 이해하는 데 값진 도움을 주었다. 또한 당연히, 당시에 쏟아진 각종 언론매체의 보도와 칼럼 자료가 중요한 참고 자료가 되었는데, 특히 초기 논쟁 전개의 흐름과 상황을 이해하는 데에는 2010년 3월 27일~5월 21일 기간에 나온 6개 전국 일간신문의 보도 전량을 살펴보는 것이 도움이 되었다. 대한민국 국회의 본회의와 국방위원회의 회의 속기록 자료는 당시에 정치의 장에서 이루어진 논의를 이해하는 데 도움을 주었다. 익명의 온라인 공간에서 나타난 직설적이고 치열한 논란은 생물학연구정보센터BRIC를 비롯해 몇몇 온라인 커뮤니티 토론방의 게시물들에서 볼 수 있었다. 국제사회와 외교의 장에서 천안함 침몰사건이 어떻게 비추어지는지를 살피는 데에는 인터넷 사이트에 공개된 유엔 공식 문서와 해외 언론매체의 보도 등이 도움이 되었다. 시민단체와 언론단체도 당시에 증거논쟁과 관련하여 자체 분석자료를 발표했는데 이 역시 논쟁을 이해하는 데 참조 자료로 사용되었다. 재미 기업인이자 원로 공학자인 안수명이 미국정부를 상대로 제기한 정보공개 청구 소송에서 승소함에 따라, 미국정부가 공개한 다국적 민군 합조단의 미해군 조사팀 대표 토머스 에클스Thomas Eccles의 개인 서신 등 자료가 이 연구에서 값지게 활용되었다.

또한 필자는 합조단 조사위원, 논쟁 참여 과학자와 블로거, 변호사 등을 인터뷰했다. 대부분의 인터뷰는 대면으로 1시간 30분~2시간 30분에 걸쳐 진행되었으며 녹취록의 일부가 책에 인용되었다. 그중 한 명의 인터뷰는 수기 메모로 기록되었으며 두 명의 인터뷰는 전자우편을 통해 진행되었다(인터뷰 대상자의 목록은 책 뒤쪽의 참고문헌 정보에서 실었다). 인터뷰에서는 문헌자료를 통해서는 파악하기 힘든 논쟁 참여자들 또는 비참여자들의 인식과 태도를 엿볼 수 있었다. 이와 함께 논쟁의 이해에 도움이 될 만한 경험을 위하여 해군 제2함대의 천안함 전시물 관람(2015년 2월 27일, 경기 평택), 국립과학수사연구원의 법과학 단기연수 프로그램 참여(2015년 4월 28~30일, 강원 원주), 에너지확산 분광 실험실 방문(2015년 8월 7일. 경북 안동 안동대학교), 신상철 명예훼손 피소 사건의 공판 방청(2015년 7월 22일, 11월 13일, 11월 23일, 서울중앙지방법원)과 같은 현장 경험을 했다. 인터뷰자료와 현장 경험은 문헌자료에 잘 드러나

지 않았던 사실들의 연결 관계를 확인하고 이해하는 데 도움을 주었다.

천안함 침몰원인 논쟁을 다룬 선행 연구들과 비교할 때 이 연구는 몇 가지 점에서 나름의 의미를 지닐 수 있다. 첫째, 이 연구에서는 선행 연구들에서 본격적으로 다루어지지 않은 '과학 논쟁'의 실제 내용을 될수록 가까이 접근하여 이해하고자 했다. 물론 그것은 논쟁에서 대립하는 과학적 진리주장들 가운데 무엇이 더 나은지를 평가하기 위함은 아니며, 쟁점을 이루는 지점이 구체적으로 어디인지, 그리고 그것이 논쟁의 성격과 어떤 관계가 있는지, 논쟁에서 다루어지는 과학 활동 또는 과학 실행은 어떠한 모습이었는지 등을 파악하기 위함이다. 천안함 '과학 논쟁'과 관련하여 산재해 있는 일차적 자료를 책이라는 하나의 논증적 서술 체계 안에 한데 모으는 작업이야말로 이 연구에서 이루고자 하는 성과일 것이다. 둘째, 논쟁 참여자의 대면 인터뷰와 증언 자료를 될수록 풍부하게 다루어 공식 자료와 보도물에서는 쉽게 볼 수 없는 논쟁 관련자들의 육성에 주목하며 증거 또는 과학적 사실의 생성과정을 추적하고자 했다는 점도 이 연구의 새로운 시도가 될 것이다. 셋째, 증거를 중심으로 한 '과학 논쟁'의 성격을 이해하기 위해 현실의 사건 조사과정에서 주요하게 다루어지는 법과학과 증거 이론에 관한 기존 연구를 활용했다.

이 책의 구성은 다음과 같다.

다음 장인 2장에서는 천안함 '과학 논쟁'을 본격적으로 다루기에 앞서 논쟁의 전체 상황이 어떠했는지를 개관한다. 여기에서는 침몰사건 발생일인 2010년 3월 26일부터 합조단의 조사결과 발표일인 2010년 5월 20일 직후까지 나타난 논쟁의 전개 과정을 다루는데, 이를 통해 침몰원인을 둘러싼 초기 논쟁의 혼란스러운 상황이 합조단의 구성과 조사활동을 거쳐 하나의 '공식 시나리오'라는 잠정적 종결로 나아가는 과정을 볼 수 있다. 주요한 논쟁의 장을 언론매체, 국방부와 합조단, 국회와 국제사회라는 세 갈래로 나누어 각각의 장에서 일어난 논쟁의 특징과 동력을 정리해보았다.

3~6장은 '북한 어뢰의 공격에 의한 천안함 침몰'이라는 합조단의 조사결과를 입증하는 증거들을 중심으로 전개된 '과학 논쟁들'을 주제별로 나누어 살펴본다. 먼저 3장은 천안함의 파손형상과 컴퓨터 시뮬레이션의 쟁점을 다룬다. 함수(군함의 앞쪽 부분)와 함미(군함의 뒤쪽 부분)의 처참한 파손형상이 사건 초기에 시나리오를 추론하는 데 어떤 역할을 했는지 살펴본다. 여기에서는 절단면의 파손형상이 천안함 침몰원인을 추론하는 데 매우 중요한 역할을 했음을 볼 수 있다. 또한 이때에 사용된 과학적 방법론이 컴퓨터 시뮬레이션이었음에 주목하여 시뮬레이션 작업의 성격과 기능에 관한 기존 논의를 정리하고 그것이 실제의 조사활동에서는 어떻게 다루어졌는지를 살펴본다.

4장은 '결정적 증거'로서 제시된 어뢰 추진동력장치 부품을 둘러싸고서 가장 치열하게 전개된 논쟁을 다룬다. '1번' 글씨가 쓰인 어뢰 추진동력장치('1번 어뢰')가 사건의 시나리오에서 어떠한 역할을 하는지, 어떠한 보조증거에 의해 그 증거능력을 유지하는지 등을 증거 분석 이론을 통해 이해해 본다. 이와 함께 '1번 어뢰'를 둘러싸고 제기된 갖가지 의혹 또는 의문의 성격을 살피면서 부각된 의문과 소홀히 다루어진 의문을 함께 다룸으로써 '1번 어뢰' 논쟁의 관심사가 불균등하게 나타났을 가능성을 탐색한다. 또한 '1번 어뢰' 논쟁에서 가장 크게 주목을 받은 '1번' 글씨 연소 논쟁을 되짚으면서 과학자들 사이에서 다른 결론에 도달한 이유와 이 부분 논쟁이 전체 논쟁에서 지니는 의미를 이해해보고자 한다.

5장은 실험, 데이터, 해석을 중심으로 전개된 '백색 흡착물질' 논쟁을 다룬다. 선체와 '1번 어뢰', 그리고 모의폭발 실험에서 나온 세 가지 백색 물질이 서로 어떤 역할의 관계로 연결되어 있는지 살펴보고, 왜 '백색 흡착물질' 논쟁이 합조단의 과학 실행 적절성 문제로 나아가게 되었는지를 이해하고자 한다. 합조단의 결론에 의문을 제기하는 소수 과학자들은 합조단의 실험과 분석 실행이 일반적인 과학 활동에서 이루어지는 실행과는 상당히 다르다는 문제를 제기했는데, 사실 이 쟁점이 '백색 흡착물질 논쟁'의 기저를 이루는 것임을 이 장에서 살펴볼 수 있다.

6장은 사건의 흔적인 지진파 신호를 둘러싼 논쟁을 주로 다룬다. 선박 침몰 때에 지진파가 관측된다면 그 지진파는 사건의 원인을 추적하는 데에 중요한 단서로 사용되는데, 천안함 침몰사건에서는 지진파가 법지진학의 방법론으로 볼 때에 어떻게 다루어졌는지를 되짚어본다. 2장에서 다룬 컴퓨터 시뮬레이션의 쟁점이 여기에서 지진파를 중심으로 다시 논의된다.

7장에서는 천안함 '과학 논쟁'이 과거 사건의 시나리오를 구성하려는 법과학적 논쟁의 성격, 그리고 합조단의 과학 실행이 적절했는지를 따지는 일반적 과학 논쟁의 성격을 함께 지닌다는 점에서, '법정의 장'과 '과학 공론의 장'이라는 은유적인 두 가지 인식의 틀을 설정하고서 논쟁의 성격을 되짚어본다. 여기에서는 논쟁의 참여자와 비참여자들을 대상으로 한 인터뷰자료가 많이 활용되었다. 남북 분단체제는 논쟁의 참여자에 어떤 영향을 끼쳤는지, 다른 과학자들의 논쟁 참여는 왜 어려웠는지, 시나리오 중심의 논쟁은 어떠한 역할을 했는지, 진전하지도 해소되지도 않은 채 사회적 갈등으로 잠복한 천안함 침몰원인 논란이 논쟁 종결로 나아가게 하는 데 필요한 것은 무엇일지 등이 이 장의 관심사이다. 8장에서는 이 책의 내용을 정리하며 이 논쟁 연구의 의미와 한계를 되돌아본다.

∘∘∘∘∘∘∘∘∘∘∘∘∘

# 2장

# 천안함 논쟁의 전개.
# 그 과학적, 군사적,
# 정치적 측면

□

　　2010년 3월 26일 밤 9시 22분께, 서해 백령도 부근 해상에서 대한민국 해군 제2함대 소속의 1200톤 급 초계함인 'PCC-772 천안'(천안함)이 침몰해 58명이 구조되었으나 40명이 사망하고 6명이 실종하는 사건이 발생했다. 지정학적으로 남북 대치의 민감한 공간인 북방한계선, 즉 NLLNorthern Limit Line 부근에서 일어난 한밤중의 군함 침몰사건은 국내는 물론 국제사회에도 큰 충격으로 받아들여졌다. 해상 침몰사건은 다국적 민군 합동조사단Joint Investigation Group·JIG을 중심으로 한 '과학적 조사'의 공간으로 옮겨져, 그 침몰원인이 여러 민군 조사위원들이 참여한 가운데 분석되었다.

　　합조단은 사건발생 55일 뒤인 5월 20일에 북한 잠수함이 발사한 어뢰의 비접촉 수중폭발이 천안함 침몰의 원인이라는 조사결과를 발표했다. 북한이 침몰사건을 일으킨 행위자로 지목된 이후, 논란은 국내와 국제 정치의 무대로 옮겨졌다. 남북 간에는 극도의 냉전적 분위기가 형성되었다. 정부와 합조단과 국회, 언론매체라는 공식 무대와는 별개로 온라인 공간과 사회단체를 중심으로 한 공론장에서는 진정되지 않은 논란이 지속되었다. 무엇이 사건의 원인을 입증하는 '결정적 증거'인지, 제시된 증거는 유효한 것인지를 둘러싼 증거논쟁이 논란의 중심에 있었다.

이 장에서는 증거물을 중심으로 천안함 사건 논쟁의 이해에 접근하기에 앞서서 그 논쟁의 배경을 개관하면서, 언론매체, 합조단, 국회, 국제무대라는 여러 장場에 나타난 논쟁의 특징을 살펴본다. 천안함 사건 논쟁에서는 무엇이 '사실'인지를 따지는 '과학적 조사'도 중요했지만, 무엇이 가치 있는 정보이며 국가안보에 중요한지를 따지는 '군사적 판단', 그리고 국내외 권력의 변동에 민감하게 반응하여 대응해야 하는 '정치적 고려' 또한 사건을 둘러싼 여러 행위자들한테 중요하게 작용했다. 여기에서는 이런 점을 다양한 특성으로 반영하는 논쟁의 장으로서, 사건 경험에 의미를 부여하는 사회적 인식의 틀이 된 미디어의 장, 침몰사건을 수습하고 침몰원인을 찾는 주체였던 국방부와 합동조사단의 장, 정치 상황의 변화를 예측하고 대응해야 했던 국회와 외교무대의 장, 그리고 이런 공식적인 논쟁의 장에서 벗어나 있으면서도 실질적으로 논쟁의 추동력이 되었던 온라인 공간의 토론장과 합조단 바깥 과학자 집단의 장을 나누어 살피고자 한다.

앞으로 살펴보겠지만 과학적 조사, 군사적 판단, 정치적 고려가 각각 어느하나의 장에서만 주요하게 나타난 것은 아니었으나 증거를 중심에 놓고서 각 장을 바라볼 때에 상이한 특징이 드러날 것이다. 예컨대 증거물에 대한 과학적 판단에 가장 민감하게 반응해 움직였던 장은 사건 조사의 주체인 합조단과 그 조사결과를 검증하거나 대안의 시나리오를 구축하려 한 비공식 공론의 장이었다. 증거물에 대한 판단에 바탕을 두되 후속 행위들을 결정하고 고려해야 하는 정치적 판단에 대해서는 국회와 외교무대의 장이 민감하게 반응했음을 볼 수 있다. 군사적 기밀주의의 유지를 위해 대응했던 군은 군사적 판단에 매우 충실한 행위를 보여주었다.

## 언론보도와 시나리오 경쟁

뉴스의 직접 생산자는 미디어이지만 뉴스 담론은 언론인, 정보원, 청중이 개입하는 사회적, 인지적 과정이다. 그러므로 특정한 이슈를 다루는 뉴스에 담긴 정향적인 '프레임frame'을 중심으로 바라본다면, 그 이슈가 한 사회 안에서 어떻게 다루어지고 인식되는지를 이해하는 데 도움을 얻을 수 있다. 프레임은 해석의 틀로서 새로운 정보를 분류하는 데 사용하는 사회 공유의 범주체제이며(브라이언트 & 올리버 2010: 2장; Goffman 1974: 21-24), 그것은 언론인과 청중이 "공유하는 집단 기억의 부분이자 꾸러미part and parcel of their shared collective memory"이며 문화의 일부로서, 사회구성주의적인 인식의 틀로 이해된다(Van Gorp 2007: 73). "그러므로 프레임 짜기framing는 뉴스 담론을 구성하고 처리하는 전략으로서, 또는 그 담론 자체의 특성으로서 연구될 수 있다"(Pan & Kosicki 1993: 57). 엔트먼에 의하면, 프레임은 기본적으로 선택selection 및 부각salience과 관련된다. 즉, "프레임을 만든다는 것은 인지된 실재에서 일부 측면들을 선택하여 소통의 텍스트에서 더욱 두드러지게 만든다는 것이다. 그것은 특정한 문제의 정의problem definition, 인과적 해석, 도덕적 평가, 그리고/또는 처리방안 제시를 도모하는 방식으로 이루어진다"(Entman 1993: 52).

이 절에서는 프레임 분석에서 다루는 정보의 선택, 부각, 배제, 그리고 언어, 은유, 이미지 같은 요소에 주목하되, 천안함 침몰원인을 추론하는 시나리오와 그 구성 요소인 증거에 초점을 두면서 프레임의 성격을 살펴보고자 한다. 특히 프레임 짜기의 과정을 이해하기 위해서는 초기에 나타난 프레임 경쟁frame contest의 상황이 중요하므로, 사건발생일부터 합조단의 최종 조사결과 발표일까지 그 기간에 천안함 침몰원인을 설명하는 여러 시나리오가 등장하여 경합하는 과정에 주목하고자 한다. 그럼으로써 우리는 언론매체가 천안함 논쟁에서 행위자로서 어떤 역할을 했는지를 되짚어볼 수 있다. 이를 위해 이 절에서는 천안함 침몰사건의 다음날인 3월 27일부터 민군 합동조사단의 조사결과 발표가 있고난 다음날인 5월 21일까지 발행된 6개 전국 일간 신문(경향신문, 동아일보, 조선일보, 중앙일보, 한겨레, 한국일보)의 관련 뉴스 전체를 대상으로 시나리오와 증거가 뉴스 담론에서 어떻게 사용되었는지를 살펴볼 것이다.

### 부족한 증거, 경쟁하는 시나리오

이 시기에 발행된 6개 신문의 보도 경향은 크게 몇 갈래로 나눌 수 있는데, 첫째 천안함 침몰원인에 관한 추론, 둘째 생존자 구조와 실종자 수색의 진행상황, 셋째 침몰사건이 향후에 남북관계와 국내 정치 환경에 끼칠 영향이 그것들이었다. 이 가운데 사건 초기부터 가장 큰 관심을 끈 것은 침몰원인을 추리하는 사건의 재구성, 즉 시나리오였다. 사건 직후부터 언론매체들은 천안함 침몰원인을 추적하는 갖가지 시나리오를 다루기 시작했다. 사건 바로 다음날 한 신문의 보도에서는 이후에 경쟁적으로 제시될 다양한 시나리오의 목록이 이미 등장했다.

정부는 천안함 침몰원인과 관련, △초계함 내 기관실 등에서의 폭발사고 △북한 어뢰에 의한 피격 △북한이 설치한 기뢰와 충돌 △지형 지물과의 충돌 등 다양한 가능성을 염두에 두고 검토했으나 "내부 폭발 또는 은폐 폭발물과의 충돌 등 두 가지 원인 중 하나일 가능성이 높다"고 잠정 결론을 내린 것으로 알려졌다.

매체들은 정보와 단서가 부족한 상황에서도 여러 군 출신 인사, 과학자와 공학자들, 그리고 백령도 주민을 비롯한 여러 정보원을 인용하여 시나리오를 구체화하는 데 적극적으로 나섰다. 눈에 띄는 점은 사건이 일어난 직후 첫 번째 주간인 3월 27일부터 4월 3일까지 짧은 기간에 천안함 침몰원인을 설명할 수 있는 거의 모든 시나리오가 매체들에 등장했다는 점이다. 정보와 단서가 가장 부족했던 이 시기에 갖가지 시나리오가 폭주한 것은 매체들이 이 사건을 바라보는 해석의 틀로서 프레임을 잡아가던 프레임 경쟁의 시기에 그 경쟁이 주로 침몰원인을 추리하는 시나리오 경쟁의 형태로 나타났음을 보여준다.

이처럼 시나리오 경쟁에서 눈에 띄는 특징은 사건의 원인을 추적하는 데 근거가 될 만한 뚜렷한 증거가 충분하게 제시되지 않은 정보 부족의 상황에서 시나리오를 추리하는 보도가 다양하게 제시되었다는 점이다. 천안함이 함수와 함미가 "두 동간 난 채" 분리되어 침몰했다는 국방부 쪽의 진술, 물기둥은 없었고 화약 냄새도 없었다는 생존자들의 초기 증언, 군 관계자가 사건 직후에 밝힌 "선체 뒤쪽 스크루 부분에 구멍이 뚫려 침몰"했다는 초기 진술, 그리고 한국지질자원연구원과 기상청의 지진관측소에 관측된 지진파, 국방부의 열상감지장비Thermal Observation Device-TOD 영상, 한국해군전술자료체계Korean Navy Tactical Data System-KNTDS 자료가 초기에 등장한 증거의 거의 전부였다. 군의 기록물과 자료는 공개되지 않는 기밀이었으며 다른 증거들도 매우 제한적으로 공개되었다.

'두 동강'은 조사 초기에 침몰의 성격을 추정하게 해주는 가장 중요한 단서였으며 시나리오의 중심 요소였다. 침몰 직전에 엄청난 충격이 있었음을 암시하는 언어 표현인 '두 동강'의 실제 상황이 어떠한 것인지에 관한 정보는 부족한 상황이었지만,[1] 휴간일인 일요일을 지나 사건발생 이후 두 번째로 발행된 월요일치(2015-03-29) 신문들은 전문가들을 인용하여 '두 동강'의 결과를 초래한 침몰원인에 관해 보도했다. 예컨대 기뢰 또는 어뢰는 천안함을 두 동강 낼 수 있는가, 암초충돌은 천안함을 두 동강 낼 수 있는가 하는 물음들이었는데, 이처럼 '두 동강'은 모든 매체에서 침몰원인을 추정하는 데 중요한 단서로 다루어졌다.

기뢰 또는 어뢰 무기의 수중폭발에 의한 버블제트가 거대한 선체를 '두 동강' 낼 수 있다는 시나리오는 초기의 언론보도에서 등장했다. 기뢰 또는 어뢰 무기는 몰래 침투했을 북한 잠수정 또는 반잠수정이 사건현장까지 옮겨왔을 것이라는 추정이 더해졌다. 수중폭발에 의한 버블제트 현상과 이로 인한 선체의 절단을 보여주는 그림과 이를 설명하는 구체적인 시나리오가 처음 등장한 것도 침몰 사고가 난 지 불과 나흘 만인 3월 30일이었다.

1999년 6월 14일 서西 호주 앞바다에서 벌어진 군사 실험은 기뢰나 어뢰가 수천t급의 군함을 얼마나 쉽게 두 동강 낼 수 있는지를 잘 보여준다. 당시 호주 해군 잠수함 판콤호號는 퇴역을 앞둔 2700t급 대잠 호위 구축함 토렌스호를 향해 마크-48 어뢰를 쐈다. 이 실험에서 중요했던 건 파괴력 극대화를 위해 어뢰를 토렌스호에 직접 맞히지 않고 토렌스호 밑바닥을 지날 때 터지게 한 점이다. 어뢰가

---

1 파손 선체를 인양한 이후, 실제 피해상황은 '두 동강'이라는 묘사처럼 단순하지는 않은 것으로 확인되었다. 선체는 함수와 함미, 그리고 상대적으로 작은 규모이지만 가스터빈실이라는 세 덩어리로 나뉘어 파손되었다. '좌초 후 잠수함 충돌설'을 지지하는 이들은 가스터빈실이 떨어져나간 선체 파손형상을 잠수함 충돌로 추론하게 하는 근거로 제시했다. 서울중앙지방법원에서 열린 신상철 피소 사건 공판에서 증인으로 참석한 서재정 (2015년 7월 22일)과 피고인 신문에 나온 신상철(2015년 11월 23일)은 '세 동강'의 파손형상을 들어 이런 주장을 했다.

수중에서 터질 때 발생하는 '버블제트bubble jet(일종의 물대포) 효과'를 보기 위해서였다. 기뢰 역시 수중에서 터지면 똑같은 효과를 낸다. 기뢰나 어뢰가 이번 침몰 사고의 원인이라면 천안함을 두 동강 낸 주범도 버블제트일 가능성이 높다. (조선일보 2010-3-30: 4)

이 기사에는 어뢰의 수중폭발과 버블제트 효과의 시뮬레이션을 보여주는 연속 장면 그림, 그리고 오스트레일리아(호주) 군함의 버블제트 실험을 보여주는 사진들이 함께 실렸다. 기사는 "국내 수중폭발 분야의 권위자인 국책 연구소 소속 A연구원"의 설명을 인용하는 형식으로 작성되었는데, 여기에는 합조단의 최종 조사결과와 비슷한 분석이 비교적 자세하게 실렸다. 예컨대 "폭발 충격 이후 함정이 우현으로 급격히 90도 기울었다는 천안함 생존 장병들의 증언과 관련, A연구원은 '폭발 위치 때문이라기보다는 함정이 두 동강 나면서 무게 중심이 이동한 결과로 보인다'라고 말했다"는 해석은 합조단의 관련 조사 결과와 유사함을 보여주는 것이었다.

그러나 일순간에 배를 '두 동강' 낼 수 있는 사건의 원인은 다른 경쟁적 시나리오인 피로파괴설에 의해서도 설명되었다. 이 시나리오가 등장한 것도 침몰 이후 엿새 만인 4월 1일이었다(경향신문 2010-4-1: 5; 한겨레 2010-4-1: 4). 이를 보도한 신문의 기사는 구조작업을 벌인 잠수부들이 "천안함 함수와 함미 사이의 절단 부분이 마치 칼로 자른 듯이 깨끗하다"라고 했다는 말을 근거로 삼았으며 여기에 전문가의 말을 인용해 피로파괴의 가능성을 부각해 보도했다. 피로파괴fatigue fracture는 노후화한 선박에 균열이 조금씩 누적되다가 외부의 충격이 가해지면 선체가 한 번에 쪼개지는 현상으로 '두 동강' 난 천안함 침몰사건의 정황과 일치하며 천안함이 평소에 노후한 상태였다는 실종자 가족의 전언과 합쳐져 힘을 얻었다. "칼로 자른 듯"이란 표현과 "두 동강 난"이란 표현으로 요약되는 선체 절단면에 대한 묘사가 이 시나리오에서 부각되었다.

폭발설과 비폭발설을 대표하는 이런 시나리오를 포함해, 언론매체가 사건 발생 직후부터 합조단의 발표 이전까지 천안함 침몰원인을 추적하는 능동적인 취재 보도를 통해서 제시한 주요한 시나리오들을 정리하면 [표 2-1]와 같다. 시나리오들은 단순한 해난 사고나 선체 내부의 문제로 야기된 사고부터 북한군으로 지목되는 행위자에 의한 어뢰 또는 기뢰의 수중폭발 사건까지 다양한 가능성을 보여주었다. 내부 폭발설로는, 천안함의 함미 갑판에 고정된 폭뢰나 함정 앞뒤 두 곳에 배치된 76mm 함포의 탄약이 폭발했을 가능성이 제시되었다. 외부 폭발설로는, 어뢰 또는 기뢰의 폭발 가능성이 지목되었는데 이는 북한의 공격 가능성을 담고 있었다. 어뢰폭발 시나리오에는 북한 반잠수정이 침투해 어뢰를 발사한 뒤 사고 현장을 빠져나갔을 가능성이 있었으나 이런 추론을 입증할 증거나 북한군의 동향 정보는 따로 제시되지 않았다(중앙일보 2010-3-29: 4-5). 비폭발설로는 선체의 피로파괴설, 암초충돌설이 초기에 부각되었다. 침몰의 시나리오는 폭발설과 비폭발설로 나눌 수 있었으나, 다른 기준으로는 침몰원인이 무엇이냐에 따라 정치적, 군사적 파장이 달라진다는 관점에서 볼 때에는, 우연한 자연재해 또는 선박의 관리와 운용 부실로 인한 사고냐, 아니면 북한군의 의도적 공격에 의한 피격 사건이냐 하는 시나리오들로 구분할 수도 있었다.

초기에 외부 폭발설 내에서도 여러 갈래의 해석이 경쟁했다. '기뢰'와 '어뢰' 간의 경쟁, 그리고 기뢰의 경우에는 '의도된 공격'과 '불운의 사고' 간의 경쟁이 나타났다. 특히 기뢰 폭발 시나리오의 경우에는 용의자를 분명하게 지목하는 게 간단한 문제가 아님이 곧 드러났다.

전문가들은 사고 지점의 수심이 20~30m로 얕았던 점을 감안할 때 잠수정

〔표 2-1〕 초기 언론보도에서 다루어진 시나리오들

| 분류 | 시나리오 | 사건/사고의 원인과 책임 |
|---|---|---|
| 폭발설 | 기뢰 폭발 | 북한군의 공격. 북한 잠수정이 설치한 감응기뢰 |
| | | 우연한 사고. 한국전쟁 때 북한군이 설치했다가 버려진 기뢰 |
| | | 우연한 사고. 미군 또는 한국 해군이 설치했다가 버려진 기뢰 |
| | 어뢰폭발 | 북한군의 공격. 어뢰의 직접 타격 |
| | | 북한군의 공격. 어뢰의 비접촉 수중폭발 |
| | 탑재 폭약물 폭발 | 우연한 사고 또는 함정 관리 부실 |
| | 기관실 유증기 폭발 | 우연한 사고 또는 함정 관리 부실 |
| | 선체 피로파괴 | 우연한 사고 또는 함정 관리 부실 |
| 비폭발설 | 암초충돌(좌초) | 우연한 사고 또는 항로 관리 부실 |
| | (잠수함 충돌) | 군사훈련 중 사고 (*주로 인터넷 공간에서 다루어졌다) |

(참조: 6개 전국 일간신문)

의 어뢰 공격이라기보다는 기뢰 공격이었을 확률이 높다고 지적했다. 특히 육안이
나 레이더에 들키지 않도록 바다 밑바닥에 가라앉아 기다리고 있다가 적이 나타
나면 스스로 돌진해 폭발하는 감응기뢰influence mine일 공산이 크다는 것이다. (동아
일보 2010-3-29: 2)

　　한나라당 소속 김학송 국회 국방위원장도 이날 해군 2함대를 방문한 뒤 기자
들과 만나 '천안함 침몰원인이 외부 충격 때문이라면 기뢰일 가능성이 가장 높다'
며 '북한이 뿌려 놓은 기뢰가 넘어왔거나 예전에 남한이 설치해놓은 기뢰가 남아
있다 함정과 충돌해 폭발했을 것'이라고 말했다. (한국일보 2010-3-39: 1)

즉 북한이 한국과 미국의 연합군사훈련에 대응해 한국의 초계함이 자주 항해하는 수역에다 미리 기뢰를 부설해 두었을 가능성, 또는 북한이 북한 수역에 뿌려둔 기뢰가 흘러 들어와 폭발했을 가능성뿐 아니라, 한국 해군이 1970년대에 사건현장 부근에 설치했다가 버려둔 기뢰가 폭발했을 가능성까지 제기될 수 있었다(한겨레 2010-4-12: 9).

'버블제트에 의한 비접촉 수중폭발'의 가능성을 사건 직후인 3월 29일부터 일찌감치 제기했던 보수성향의 신문은 폭발의 원천을 우열 없이 기뢰와 어뢰로 나란히 나열하여 제시할 정도로 기뢰와 어뢰를 시나리오 안에서 따로 구분하지 않았다.

> 함정 폭발 전문가 국책연구소 C박사 = "배는 생각보다 굉장히 강건한 구조다. 내부 폭발에 의해 두 동강이 나긴 불가능에 가깝다고 봐도 좋다. 생존 승무원 증언 중에 '화약 냄새가 안 났다'는 것에 주목할 필요가 있다. 이는 기뢰나 어뢰가 선박에 부딪혀 터진 게 아니라 비접촉으로 수중에서 폭발했음을 뒷받침하는 증거다. 특히 어뢰나 기뢰가 터지면 엄청난 버블(거품)이 생기는데, 버블이 팽창·수축하며 깨질 때 발생하는 '버블 제트'라는 힘이 물기둥처럼 배를 강타하게 된다." (조선일보 2010-3-29: 4)

이 신문의 이날 1면 기사의 제목은 "'기뢰 폭발 가능성' 집중 조사"였으며 (조선일보 2010-3-29: 1),[2] 이틀 뒤 "천안함 사고원인 증거와 결론"을 다룬 해설

---

2 기사는 정부의 안보관계장관회의에서 '기뢰에 의한 침몰 가능성'이 다뤄진 것으로 알려졌다고 전했다. "이명박 대통령 주재로 천안함 사고 후 네 번째로 소집된 28일 안보관계장관회의에선 기뢰에 의해 배가 침몰됐을 가능성이 가장 크다고 추정했으나 결론은 내리지 않은 것으로 전해졌다. 정부 관계자는 '배의 후미가 폭발한 뒤 침몰에 이른 정황, 침몰하기 전까지의 선박 내 상황과 인근 해역의 지리적 조건 등을 종합적으로 고려하면 기뢰로 인한 참사일 가능성이 있다'면서 '그러나 배에 대한 직접 조사가 이뤄지기 전까지는 사고원인에 대해 예단하기 어렵다'고 말했다."

기사의 제목은 "밝혀낸 사실, 암초 아닌 '큰 폭발' 후 두 동강 / 밝혀낼 것들, 기뢰 여부 알려면 파편 찾아야"였다(조선일보 2010-3-31: 5). 이처럼 기뢰 또는 어뢰의 수중폭발에 의한 침몰 시나리오는 외부 폭발설 내에서 매우 경쟁적이었으나, 4월 2일 이후에는 어뢰폭발의 가능성이 크게 주목을 받았다. 함수의 절단 부분을 보여주는 열상감지장비TOD의 영상이 추가로 공개되고 국방부 장관이 국회에서 북한 잠수정의 동향 정보를 언급하면서 "어뢰 가능성이 좀 더 실질적"이라고 밝힌 이후에, 폭발설에 주목하던 보수성향 매체들에서 '어뢰'와 '북한 잠수정'이 시나리오 안에서 점차 긴밀하게 연계되어 나타났다(조선일보 2010-4-3: 4).

## 증거 줄다리기와 어뢰 시나리오의 확장

기뢰나 어뢰의 수중폭발 시나리오를 받아들이느냐, 또는 폭발 아닌 다른 원인의 시나리오를 받아들이느냐는 사건발생 첫 주간에 이른바 보수성향의 매체와 진보성향의 매체에서 눈에 띄게 다르게 나타났다. 이런 특징은 새롭게 등장한 증거를 기존 시나리오 안에서 어떻게 설명할 수 있느냐 하는 문제에서도 나타났다. 새로운 증거가 이전에 유력하다고 여겼던 시나리오 안에서 충분히 설명되는가 또는 그 시나리오를 배반하고 오히려 그것에 저항하는가, 또는 경쟁하는 다른 시나리오에 유리한가 불리한가의 문제는 논쟁에 관여한 이들뿐 아니라 언론매체에도 주요한 관심 대상이었다. 이처럼 새로운 증거의 등장에 뒤이어 나타나는 시나리오의 조정 과정을 살펴볼 때 프레임 경쟁의 특징이 관찰되는데, 그것은 새로운 증거가 특정 시나리오를 직접 지시하지 않거나 특정 시나리오의 기존 요소와 긴밀하게 결속되지 않는다면 서로 대립하는 시나리오들에 동시에 수용될 수 있음을 보여준다.

'묘사된 물질적 증거'는 서로 다른 시나리오 사이에서 증거 줄다리기의 대상이 되었다. 먼저, 열상감지장비의 기록 영상이나 인양된 함미와 함수 실물이 나오기 이전까지 시나리오에서 주도적 역할을 했던 표현인 '두 동강'은 사건발생 초기에 폭발설과 비폭발설이라는 매우 다른 시나리오에서 큰 어려움 없이 각각 설명되었다. 기뢰 또는 어뢰의 폭발이 선박을 두 동강 낼 수 있다는 시나리오는 단순화한 설명 그림과 전문가들의 공학 지식을 담아 '두 동강 난' 사건을 설득력 있게 설명해주었다. 그러나 이 시나리오에서 사건을 일으킨 기뢰와 어뢰의 출처를 설명하는 데에는 제약이 있었다. 북한의 잠수함, 잠수정, 반잠수정이 아무런 흔적도 남기지 않고서 침몰 현장까지 침입했다가 감쪽같이 사라질 수 있을까? 초기에 북한군의 별다른 동향을 전하는 다른 군사정보는 없었으며, 이런 의문에 답할 수 있는 증거나 단서도 제시되지 못했다. 그러므로 다른 한편에서 균열이 누적된 노후 선박에 어떤 충격이 가해질 때 피로파괴에 의해 '두 동강'의 사건이 일어날 수 있다는 피로파괴설이나 암초충돌설도 큰 어려움 없이 제시되었다. '두 동강'이라는 '묘사된 물질적 증거'가 곧바로 유일한 시나리오를 구성하지는 못했다.

또 다른 '묘사된 물질적 증거'로서, 구조 활동에 나선 잠수사들이 사건 초기(3월 31일)에 함수와 함미의 절단면이 "매끈하다"라고 전한 목격 증언들이 각 시나리오 안에 매우 다른 의미로 포섭되었다. 한 신문은 "현재 구조작업을 벌이고 있는 잠수부들은 '천안함 함수와 함미 사이의 절단 부분이 마치 칼로 자른 듯 깨끗했다'고 전했다"는 점을 강조하며, 이와 더불어 화재나 화약 냄새가 없었다는 다른 생존자 증언, 백령도 주민한테 별다른 폭발음이 들리지 않았다는 증언 등과 결합해 "건조된 지 20년이 지난 천안함의 용접 부위에 미세한 균열이 누적되다 외부 충격으로 함정이 절단된 듯 두 동강 났을 수 있"다는 피로파괴의 가능성을 보도했다(경향신문 2010-4-1: 5). 반면에 비접촉 수중폭발을 유력한 시나리오를 제시하던 신문은 "칼로 자른 듯 깨끗"한 절단면이 기뢰 또는 어뢰의 수중폭발로 인한 버블제트가 존재했음을 보여주는 근거라고 해석했다(조선일보 2010-4-1: 4; 중앙일보 2010-4-10: 2-3). 사실 "매끈하다", "찢겼다", "뜯겼다" 같은 물질적 상태 묘사는 어떤 추론을 이끌어내는 근거로 쓰기에는 불확실한 측면을 지니고 있었다. 한 신문에는 "절단면 매끈하면 어뢰?? 기뢰 수중폭발…뜯겼다면 충돌 폭발"이라는 제목의 기사도 실렸으나(중앙일보 2010-4-10: 2-3) 실제의 절단면이 그런 묘사로 설명될 수는 없었다. 실제로 함미 인양 직후에는 오히려 절단면이 "너덜너덜한" 모습을 드러내자 그것이 수중폭발의 흔적이라는 보도가 이어졌다.

'묘사된 증거'로서, 4월 7일에 열린 생존 장병들의 기자회견에서 나온 여러 증언도 서로 다른 시나리오에서 선택적으로 다르게 부각되었다. 어뢰 또는 기뢰의 수중폭발설을 주로 보도했던 한 신문은 "귀가 아플 정도의 폭발음이 1~2초 간격으로 두 번 느껴졌"다는 생존자의 증언에 주목해, "첫 번째 쿵 하는 충격음"은 어뢰나 기뢰의 수중폭발 때 발생하는 충격파에 의한 것이며 "그 다음 쾅 하는 폭발음"은 폭발로 가스기체(버블)가 팽창하다가 꺼질 때 분출되는 버블제트에 의한 것이라는 전문가의 해석을 자세하게 보도했다. 이 신문은 생존자들이 암초충돌이나 피로파괴 가능성을 부인했다는 점을 부각하면서 생존자들이 "버블제트에 의한 침몰 가능성"을 뒷받침하는 증언을 했다고 해석했다(조선일보 2010-4-8: 1). 이와 다르게 피로파괴 가능성을 비중 있게 보도했던 신문은 두 차례의 굉음을 들었다는 증언과 더불어 물기둥을 보지 못했고 화약 냄새를 맡지 못했으며 어뢰 신호가 탐지되지 않았다는 생존자들의 다른 증언을 부각하여, "함체에 누적된 균열이 외부 충격을 받아 두 동강 난 사고로 이어졌을 가능성은 남아 있는 상태"라며 피로파괴설을 배제하지 않았다(경향신문 2010-4-8: 3).

〔폭발〕 ← "두 동강" → 〔피로파괴〕

〔수중폭발(버블제트)〕 ← "매끈한 절단면" → 〔피로파괴〕

〔수중폭발(버블제트)〕 ← "화재나 화약 냄새 없었다" → 〔피로파괴〕


여러 갈래의 폭발설과 비폭발설이 새로운 증거를 자신의 시나리오 안으로 끌어들여 새로운 의미를 얻으려는 시나리오 경쟁은 선체의 파손 상태를 '시각적으로 보여주는 물질적 증거'가 등장하면서 눈에 띄는 변화를 보였다. 시나리오의 경쟁적 상황은 줄어들었으며 조정을 거치는 양상이 나타났다. 먼저, 영상물로 기록된 물질적 증거로서 4월 1일에 추가로 공개된 열상감지장비의 영상에서 한밤중에 촬영한 적외선 영상이라 흐릿하기는 했지만 침몰되는 함수의 파손형상이 처음 드러났다. 이어 사실상 조사 주체인 국방부의 김태영 장관이 4월 2일 함수의 파손형상과 관련해 "[침몰원인으로서] 어뢰의 가능성이 더 실질적"이라는 해석을 제시했다. 적외선 촬영 영상에 나타난 함수의 절단 부분은 매끈하지 않은 "C자 모양"으로 파손된 듯이 관찰되었는데, 국방부 장관은 4월 2일 국회 긴급 현안질의에서 한나라당 국회의원의 질의에 답하며 여러 시나리오의 가능성을 열어두면서도 함수 절단면의 "C자형 파손"에 주목해 '어뢰가 직접 타격했을 때 그런 모양이 나올 수 있다'며 선체 파손 상태와 연계해 직격 어뢰의 공격 가능성을 내비쳤다. 국방부 장관이 밝힌 이런 해석은 외부폭발설을 부각하던 매체들한테 크게 주목을 받았으며, 이후에 이 매체들에서는 단순한 '어뢰 타격 가능성'에서 더 나아가 어뢰 무기체계와 무기 운반 수단인 잠수정, 반잠수정, 잠수함에 관해 구체적으로 다루는 보도들이 이어졌다.

그러나 무엇보다도 '직접적인 물질적 증거'가 시나리오의 경쟁에 가장 큰 영향을 끼쳤다. 영상물에 기록된 함수의 형상에 이어 침몰 20일 만인 4월 15일 인양되어 직접 목격된 함미의 파손 상태는 어뢰 또는 기뢰 폭발의 시나리오를 뒷받침하는 강한 물질적 증거로서 부각되었다. 인양 장비에 끌려 수면 밖으로 나온 "참혹한", "너덜너덜한" 함미의 절단면은 강한 공격을 받은 희생자, 드디어 세상에 모습을 드러낸 진실로서 여겨졌다. 내부폭발, 피로파괴, 암초 충돌의 시나리오는 함미의 파손 증거를 쉽게 끌어들이지 못하여 무력하게 비판을 받았으며(조선일보 2010-4-16: 4), 어뢰의 폭발 시나리오를 부각하던 매체들은 함미의 파손 증거를 비접촉 수중폭발에 의한 버블제트의 가능성을 뒷받침하는 강력한 증거로서 다루었다(조선일보 2010-4-16: 5; 중앙일보 2010-4-16: 3). 수중폭발 시나리오에 신중한 태도를 보이던 매체들도 이제 그 가능성을 훨씬 더 비중 있게 보도하기 시작할 정도로(경향신문 2010-4-16: 3; 한겨레 2010-4-16: 5), 그 시각적인 물질 증거의 증거능력은 컸다. 함미 절단면 공개 이후에 어뢰폭발설이 우세해지기 시작하면서, 수동적인 성격의 기뢰에 비해 능동적인 성격의 어뢰가 침몰의 원인으로 부각되었고 공격 주체를 북한으로 지목하며 북한의 어뢰공격 가능성을 집중 부각하는 언론보도도 늘어났다.

'신호로 기입된 물질적 증거'인 지진파와 공중음파 기록도 점차 어뢰폭발 시나리오 안에서 다른 증거들과 연계하여 증거의 연결망을 구성했다. 사건현장 인근 백령도에 있는 한국지질자원연구원과 기상청의 지진관측소에서 각각 잡힌 지진파 기록들은 지각에 진동을 줄 만한 인공지진이 있었음을 보여주는 파형의 특징을 보여주었다. 규모 1.5로 파악된 인공지진의 원인은 대체로 폭발로 여겨졌으나 초기에 그것이 확연하게 제시된 것은 아니었다. 지진파 증거를 다루는 언론매체의 태도는 상이하게 나타났다. 일부 신문은 지진파 파형이 외부 폭발의 가능성을 보여주는 증거로 보이지만 폭발 때 나타나야 하는 다른 흔적이 충분하지 않다는 점, 수중폭발을 암시하는 T파Tertiary Wave의 파형 식별이 쉽지 않다는 기상청 전문가의 견해가 있었다는 점을 들어 '지진파의 원인이 폭발인지 충격인지는 좀 더 분석해 봐야 한다'라며 신중하게 접근했다(한겨레 2010-4-3: 3). 다른 한편에서는 지진파 파형, 특히 T파의 해석을 둘러싸고 불확실성이 남아 있음을 전문가 견해를 통해 전하면서도 외부 폭발 가능성에 무게를 둔 보도도 나왔다(동아일보 2010-4-5: 4). 또한 일부 신문은 규모 1.5의 지진에 해당하는 폭발이 있었으며, 이는 TNT 170~180kg의 폭발력에 해당하고 북한이 보유한 어뢰의 폭발력 범위에도 들어간다'라는 국방부 장관의 국회 발언을 선택적으로 부각하여 어뢰폭발을 유력한 원인으로 보도하기도 했다(중앙일보 2010-4-3: 6).

대체로 지진파 데이터는 그 자체로 사건의 원인을 보여주지 못하며 전문가적 경험을 갖추고 분석 기법을 다룰 수 있는 전문연구자를 통해서 그 '의미'를 드러내는, 즉 전문가를 통해서만 대변되는 증거물이었다. 지진파에 이어 초저주파의 폭발음을 포착한 공중음파도 관측되었음이 알려지면서 공중음파와 지진파는 기뢰 또는 어뢰폭발 시나리오에서 중요한 증거의 연결망 안에 놓이게 되었다. 이 가운데 공중음파는 수중폭발 시나리오에서 지진파에 비해 훨씬 더 중요하게 폭발음을 보여주는 신호로 다루어졌다. 한 신문은 공중음파의 파형을 분석한다면, TNT 260kg 규모의 외부 폭발과 그런 폭발을 일으킨 무기체계로서 북한 중어뢰, 그리고 그것을 운반할 상어급 잠수함까지 추정할 수 있다는 전문가의 견해를 자세하게 보도했다. 함미 인양 이전인 4월 12일에 나온 이 보도는 사실상 '북한 잠수함이 발사한 어뢰의 비접촉 수중폭발'이라는 시나리오를 제시한 것으로서, 함수 인양 이후인 4월 25일 합조단이 밝힌 '어뢰나 기뢰의 비접촉 수중폭발' 시나리오보다 더 구체적인 것이며, 5월 20일에 밝힌 합조단의 최종 조사결과와 유사한 줄거리를 보여주는 것이다.

11일 한국지질자원연구원에 따르면 사건지점에서 177km 떨어진 경기 김포
관측소에선 지난달 26일 밤 9시30분 41초에 5.418Hz, 220km 떨어진 강원도

철원 관측소에서는 밤 9시 32분 53초에 2.532Hz의 음파가 각각 잡혀 당시 강력한 외부 폭발이 있었음을 확인해줬다. 앞서 지진파가 관측된 지 1초 뒤인 밤 9시 21분 59초에 백령도 관측소에서 6.575Hz의 음파가 관측됐다. 특히 이 음파는 약 1.1초 간격으로 2개가 감지돼 "짧은 시간에 폭발음이 두 차례 있었다"는 생존 장병들의 진술을 뒷받침했다.

연구원은 지진파(규모 1.5)로 계산한 폭발력은 TNT 약 180kg, 기뢰 또는 어뢰가 천안함 아래 수심 10m 지점에서 폭발했다는 가정 아래 공중음파 규모로 계산한 폭발력은 TNT 260kg급에 해당한다는 분석을 사건발생 5시간 뒤 군과 국가기관에 보냈던 것으로 나타났다. 수심이 깊어질수록 외부로 전달되는 폭발 위력은 약해지기 때문에 어뢰나 기뢰가 수심 20m에서 폭발했을 경우 폭발력은 TNT 710kg으로 커진다고 연구원측은 밝혔다.

연구원 관계자는 '지진파는 여러 매질媒質을 거쳐 전달되지만 음파는 그렇지 않아 음파를 기준으로 한 추정치가 더 정확할 것'이라고 말했다.

군 전문가들은 이 같은 추정을 토대로 어뢰공격이었다면 경輕어뢰보다 탄두 중량이 큰 중重어뢰였을 것으로 추정하고 있다. 중어뢰는 천안함 같은 1200t급 함정은 물론 7000t급 대형 함정도 단발에 두 동강 낼 수 있다. 북한 반잠수정 등에 탑재되는 경어뢰는 탄두 중량이 50여kg 정도에 불과하다. 반면 상어급 소형 잠수함(300t급)에 탑재되는 구형 533m 중어뢰는 탄두 중량이 최대 300kg대인 것으로 알려졌다. 특히 발사된 뒤 똑바로 목표물을 향해 직진하는 북한 직주直走 어뢰의 탄두 중량은 150~300kg이다.

군 당국은 이에 따라 북한이 공격을 했다면 수심 30m에서도 작전이 가능한 상어급 소형 잠수함을 사용했을 가능성이 큰 것으로 판단하는 것으로 알려졌다.

(조선일보 2010-4-12: 6)

이로써 어뢰폭발 시나리오는 '두 동강', 선체의 파손 상태, 공중음파, 지진파의 증거를 서로 연결하며 증거의 연결망을 강화했다. 이런 흐름은 4월 24일 함수가 인양되고 민군 합조단이 어뢰나 기뢰의 비접촉 수중폭발 가능성이 높다는 조사결과를 발표하면서 더욱 공고화했다[3](경향신문 2010-4-26: 9; 조선일보 2010-4-26: 1; 한겨레 2010-4-26: 1; 한국일보 2010-4-26: 5). (공중음파 분석을 바탕으로 한 이런 견해 또는 주장은 천안함 지진파 논쟁에서 논란의 대상이 되었는데, 이에 관해서는 6장에서 따로 다루고자 한다.)

어뢰폭발 시나리오가 공고화하면서 시나리오 경쟁의 구조에서는 새로운 특징도 엿볼 수 있었다. 시나리오를 '사건을 설명하는 내러티브narrative'로 이해할 때, 어뢰폭발 시나리오 안에서 '북한의 누가 어떤 어뢰 무기체계를 어떻게 사건현장까지 운반해 천안함을 공격했느냐'라는 내러티브의 구체적인 구성요소들이 보수성향 언론매체들에서 탈북자나 군정보원의 전언 형식으로 적극 다루어지기 시작해, '어뢰폭발 시나리오의 구체화'가 나타났다. 다른 한편에서는 대안의 시나리오를 평행으로 전개하거나 구체화하기보다는 이미 공고해지는 어뢰폭발 시나리오에서 다 설명되지 않는 비폭발의 흔적 또는 의문점을 주로 보도하는 경향이 등장하기 시작했다. 그러므로 4월 15일 함미 인양과 4월 24일 함수 인양 이후에 눈에 띄게 등장한 새로운 특징으로서, 어뢰폭발 시나리오에 북한과 관련한 정보를 더해 시나리오의 내러티브를 구체화하는 보도

---

3 다음은 4월 24일의 함수 인양 이후에 합동조사단의 함수 조사결과를 보도한 26일치 신문 보도의 예들이다. 경향신문(9면): "비접촉 폭발물 '어뢰나 기뢰'에 무게 -좌초·피로파괴 가능성 등은 모두 배제/ 물기둥 본 사람 없고 화약 냄새도 없다/ 여전히 풀리지 않는 의문점들 숙제로"; 조선일보(1면): "重어뢰에 의한 버블제트 가장 유력 -천안함 피격 관련 金 국방 밝혀/ 합조단 '수중무기 非접촉 폭발' 잠정결론"; 조선일보(5면): "혐의자는 北 重어뢰…파편 찾는 게 관건"; 한겨레(1면): "'가스터빈실 아래서 수중 비접촉 폭발' -천안함 조사단 잠정결론, 내부폭발·피로파괴 '배제'"; 한국일보(5면): "남은 과제는 '폭발 물질 파편 찾기/ 갈고리로 해저 긁는 '형망어선' 투입/ 샅샅이 훑으려면 한달 정도 걸릴 듯".

(표 2-2) 언론 보도에서 다루어진 증거와 시나리오 (3.26~5.20)

| 시기 | 3월 26일 사건 발생 이후 | 4월 1일 민군 합동조사단 출범 이후 | 4월 15일 함미 인양 이후 | 5월 20일 합조단 결과 발표 |
|---|---|---|---|---|
| 국면 | 다영한 시나리오 경쟁 | 어뢰 시나리오의 확장 | 어뢰 시나리오의 독부화 | 어뢰 시나리오의 공식화 |
| 주요 일지 | 3.26. 천안함 침몰<br>3.28. 이명박 대통령 "한 점 의혹 없도록 다 공개하라" "예단 말라"<br>3.29. 이 국무부 부장관 "전면적 조사 진전되어야 하겠지만 0번 시간에 북한 개입 믿거나 우려할 근거 없다" | 4.1. 민군 합동조사단 구성, 활동 시작<br>4.1. 침몰 중인 함수의 생태 영상 공개 (TOD)<br>4.2. 국방장관 "어뢰 가능성이 더 실제적"<br>4.4. 이 국무부 차관보 "한국 정부의 사고 원인 조사 전적으로 신뢰"<br>4.5. 정부 "천안함 침몰 원인, 함미 쪽 동조사"<br>4.7. 생존 장병 합동 기자회견<br>4.7. 합조단 중간조사 발표, TOD 영상 추가 공개<br>4.7. 대통령, "누구도 부인할 수 없도록 조사"<br>4.8. 국방부 "미국, 영국, 호주, 스웨덴 등 4개국 참여하는 국제조사단 구성" | 4.15. 함미 인양<br>4.15. 대통령 "철저하고 과학적인 검증 통해 국민과 국제사회 신뢰 얻어야"<br>4.16. 합조단 함미 분석 결과 "외부 폭발에 의해 절단되어 침몰한 것으로 보인다"<br>4.17. 국방장관 "국가안보 차원에서 인식"<br>4.20. 대통령 "끝까지 밝혀낼 것, 한치 흐들림 없이 단호 대처"<br>4.24. 함수 인양<br>4.25. 합조단 함수 분석 결과 "정촉보다 비접촉 수중폭발 가능성 크다"<br>5.4. 대통령, 전군 주요지휘관회의 주재 | 5.20. 합조단 최종 조사결과 발표 "천안함, 북한 어뢰 공격으로 침몰" |
| 새로 제시된 증거들 | "두 동강"<br>"선체에 파공" → "선체 절단"(3.29)<br>"북한 잠수정의 이동 동향 없다"<br>생존자 증언 (화약 냄새 없었다, 몸이 수십cm 떠오른 것 같다 등)<br>어망, 주민, 실종자가족 증언<br>열상감지장비(TOD) 영상<br>지진파<br>지형 정보 (조류, 수심) | 함수 절단 부위 "C자 모양" (TOD)<br>지진파 ("규모 1.5 수준 인공지진, TNT 180kg 폭발 규모")<br>공중음파<br>북한 상어급 잠수함 중인 ("1, 2초 간격으로 사고 순간 두 차례 꽝음 '꽝둥 못 봤다')<br>생존자 증언 (꽝 소리 한번인지 진동, 파편 진해) | 함미의 절단면<br>함수의 절단면<br>수거된 파편, 전해물<br>연돌과 절단면에서 화약성분 검출 | '1번 어뢰' 설계도면<br>선체 파손 형상 분석<br>백색 흡착물질<br>북한 어뢰 CHT-02D 설계도면 "연어급 잠수정과 모선이 서해 비파곳 기지 이탈했다 복귀 확인"<br>컴퓨터 시뮬레이션<br>"백령도 조병이 100m 높이의 하얀 빛 물기둥 봤다고 진술" |
| 주요 물음 | 무엇이 천안함을 두 동강 냈나? | 어뢰는 어떻게 공격했나? (무기계와 / 운반수단)<br>vs. 어뢰 공격설은 충분한 설명인가!? | '스모킹 건을 찾아라, 어떻게 대응할 건가? (운반수단)<br>vs. 그래도 남는 의문들 | 어떻게 대응할 건가?<br>vs. 그래도 남는 의문들 |
| 주도 시나리오 | 기뢰, 폭발설. 어뢰 폭발설. 내부 폭발설 (폭뢰/탄약고), 암초설, 충돌설, 피로파괴설 | 어뢰의 직격 또는 비접촉 폭발설 (피로파괴설) | 어뢰의 비접촉 폭발설 (상어급 잠수함 침투) | 북한의 연어급 잠수정이 발사한 중어뢰 CHT-02D가 수중폭발해 침몰 |

의 흐름, 그리고 '그래도 남는 의문' 식으로 어뢰폭발 시나리오에 대항적인 보도의 흐름이 천안함 침몰원인 보도의 두 축을 이루었다.

그러나 합조단이 밝혔듯이 선체의 파손형상이나 공중음파, 지진파의 증거들이 어뢰나 기뢰의 수중폭발 시나리오를 구성한다 해도 어뢰와 기뢰의 수중폭발 양상이 다르지 않아 둘 다 동일한 공중음파, 지진파, 선체 파손형상을 낳을 수 있기에, 기뢰보다 어뢰가 더 선호될 만한 이유를 제시된 증거들에서 곧바로 발견하기는 어려웠다. 사실 사건 초기에 보수성향 매체들이 주목한 외부폭발설에서는 기뢰가 어뢰보다 더 자주 거론되었으며 더 주목을 받았다. 그러다가 4월 2일 국방부 장관이 '직접 타격 어뢰'를 염두에 두고서 "[기뢰보다는] 어뢰의 가능성이 더 실질적"이라고 발언한 이후에 어뢰가 폭발 시나리오에서 더욱 주목받기 시작했는데, 이런 전환은 '물질적 증거' 자체에 의한 것이기보다는 '군사적 정보 분석과 판단'에 의한 것에 가까웠다.

기뢰는 떠다니다가 우연히 천안함에 부딪혔을 경우와 천안함을 노리고 설치했을 두 가지 가능성을 추정해 볼 수 있다. 우선 우리 측은 사건 수역에 기뢰를 설치한 적이 없다는 것이 군 당국의 설명이다. 1950년대 6·25 전쟁 당시 설치했던 기뢰가 바다를 60년간 떠다니다가 천안함을 두 동강 냈을 가능성은 언급할 가치조차 없다는 것이고, 1975년쯤에 백령도 지역에 적의 상륙을 막기 위해 기뢰를 설치했던 적이 있는데 김태영 국방장관은 2일 국회 답변에서 "전기식 뇌관이 모두 제거된 상태에서 폭발 가능성이 없다"고 밝혔다. 북측의 기뢰가 우연히 떠내려왔을 가능성도 조류방향이 남북으로 오락가락하는 만큼 희박하다는 분석이다.

북이나 가상의 적이 천안함을 노리고 의도적으로 설치했을 가능성 역시 너무 '우연에 우연을 기대하는 작전'이라 확률이 적다는 분석이다. 〔…〕 어선을 피해서 천안함만을 노리려면 천안함 특유의 스크루 소리에만 반응하도록 하는 음향 감응형 기뢰가 필요한데 북한이 그 정도 첨단 정보와 기술을 갖췄는지에 대해 정보 당국은 회의적이다. (조선일보 2010-4-5: 6)

군사적 정보 분석과 판단이 없다면 물질적 증거들이 촘촘히 연결되더라도 저절로 어뢰폭발 시나리오를 완성할 수는 없었다. 달리 말해 당시로서는 물질적 증거뿐 아니라 군사적 정보와 판단이라는 다른 요소가 결합해야만 어뢰폭발 시나리오가 구성될 수 있었다.

언론보도에서 시나리오 경쟁은 새로운 증거들이 등장하면서 서로 배척하는 시나리오들 가운데 하나가 확장하고 다른 하나는 쇠퇴하는 양상을 보여주었다. 이는 가정할 수 있는 모든 시나리오들을 하나의 바구니에 넣고서, 새로운 증거들이 등장할 때마다 시나리오와 시나리오, 그리고 시나리오와 증거를 비교하면서 가능성이 낮은 시나리오를 하나씩 바구니에서 배제하며 추론의 범위를 좁혀가는 이른바 '배제의 방식'을 보여주는데, 이런 배제의 방법은 국방부와 민군 합동조사단의 과학수사 기법과 유사한 것이었다.

단서를 바탕으로 사건을 재구성하며 범인을 추적하는 범죄수사의 추리 방식과 같은 모습은 당시 언론보도에서도 볼 수 있었다. 범죄수사의 교과서에서는 수사관들이 가장 자주 쓸 만한 유용한 추리 방식으로 "가설적 추론"의 양식을 제시하고 있다. 가설적 추론은 사건의 단서가 충분하지 않을 때에 단서의 제한에 얽매이지 않고서 비교적 자유롭게 개연성 있는 가설을 세움으로써 연역추론과 귀납추론으로는 생각하지 못했던 사건의 원인을 추론할 수 있다는 장점을 지니는 일종의 "어림짐작"의 추리 기법이다(박노섭 등 2013: 105-106). 가설적 추론은 수사의 범위를 좁혀주며 생각하지 못한 우연적인 사건원인을 추적할 수 있게 해주는 장점을 지니지만, 특정한 방향의 추론으로 나아감으로써 다른 가능성을 소홀히 다루거나 배제할 수 있다는 한계를 함께 지니기 때문에, 그것은 나중에 다시 귀납추론의 입증 과정을 거쳐야 한다. 천안함 침몰사건 초기에 침몰원인을 보여주는 단서가 충분하지 않은 상황에서, 가설적 추론은 언론매체에서 자주 볼 수 있었던 추론 또는 추리의 방식이었다. 특히나 어뢰폭발 시나리오를 부각한 매체들의 언론보도 활동에서 이런 수사 기법의 추론 또는 추리가 적극 사용되었다는 점은 언론매체가 사회적 쟁점을 보도하는 행위자의 역할만이 아니라 사회적 쟁점에 직접 참여하는 행위자의 역할을 강화했음을 보여주는 것으로서 주목할 만하다.

언론매체의 시나리오 경쟁에서는 이른바 보수성향과 진보성향의 언론매체 간에 보도 양식의 차이가 두드러졌다. 보수성향 매체들은 사건 초기부터 "누가 행했는가whodunit; who has done it"의 물음에 주목해 여러 전문가 취재원을 인용하면서 유력한 시나리오를 구축해가는 적극적인 태도를 보여주었다. 이는 '수사망'을 좁혀가는 수사관의 역할과도 유사했다. 진보성향의 매체들은 대체로 특정 시나리오를 부각하는 대신 어뢰폭발 시나리오에서 해명되지 않는 의문을 부각하거나 정보를 충분히 공개하지 않는 국방부의 '비밀주의' 또는 '기밀주의'를 비판하는 모습을 자주 보였다(한겨레 2010-3-31: 4; 경향신문 2010-4-1: 1).

### 전문가 정보원의 인용

언론매체들은 돌발적인 사건이 어디로 흘러갈지 예측하기 어려운 초기 상황에서 그 사건을 바라보는 해석의 틀인 시나리오를 경쟁적으로 제시하고자 했다. 천안함 침몰사건의 경우에 뉴스 보도의 프레임 경쟁은 시나리오 경쟁으로 나타났으며, 여기에서 시나리오의 구성 과정은 수사망을 좁혀가며 사건 용의자로서 인간 또는 비인간행위자를 추적하는 수사와도 유사한 것이었다. 시나리오의 구성에는 주로 전문가 견해를 인용하는 방식이 사용되었다.

언론매체는 전문가의 견해가 필요한 사안을 다룰 때에 그 분야의 전문가를 인용하여 뉴스를 보도한다. 언론학자 에릭 앨비크AlErik Albæk 등은 덴마크의 3개 신문을 대상으로 1961~2001년 시기에 뉴스 보도에서 전문가 인용의 양상이 어떻게 변화했는지를 조사해 분석했다(Albæk et al. 2003). 이들은 연구자를 인용하는 보도가 그동안 크게 증가해왔는데 이런 증가는 연구자가 인용되는 유형이나 목적의 변화와 관련이 있다고 해석했다. 연구자들은 자신이 행한 연구물에 관해 말하는 전문가로서 인용되기보다는 점차 연구기관 바깥에서 생산된 지식, 또는 정치적, 행정적 정책 결정 같은 사안이나 그 밖에 다른 사건들에 관해 견해를 제시하는 전문가로서 인용되는 일이 잦아졌다는 것이다(Albæk et al.2003). 이는 언론보도에서 전문가의 견해가 선택적으로 사용될 수 있음을 보여준다. 다른 측면에서는 전문가를 인용하는 취재기자들이 자신의 뉴스 보도에 필요한 구성요소로서 전문가를 선택적으로 인용하는 적극적 태도를 지닌 것으로 지적되었다(Albæk 2011: 335-348). 국내 사례에서도 전문가 견해의 선택적 인용보도는 쉽게 찾아볼 수 있다. 한 예로서, 2008년 '광우병 논쟁'에서 위험이 정의되고 재정의되는 과정에서 과학자와 언론매체가 행한 역할을 보면, 전문가가 단순한 정보 제공자가 아니라 논쟁의 한 입장을 대변하는 정보원으로 이용되는 경향이 뚜렷했는데 이런 점은 전문가 인용보도의 특징에서도 나타났다(박희제 2011). 이는 한 사회에서 사회적, 정치적 초점이 되는 논쟁이 민감할수록 언론매체의 전문가 인용보도가 선택적일 수 있음을 보여준다.

천안함 침몰사건을 다루는 국내 언론의 보도에서도 사건 초기에 침몰원인을 추론하는 보도에서 전문가 인용은 자주 나타났다. 천안함 침몰 다음날의 보도에서는 취재시간의 부족을 반영하듯 단지 "군 관계자", "정부 관계자", "해군", "군당국"을 취재원으로 인용하는 보도에 그쳤으나, 언론매체들은 점차 독자적으로 선택하여 취재한 전문가들의 의견을 인용하며 사건원인을 추론하는 시나리오를 구체화해 보도하기 시작했다. 다양한 침몰원인의 시나리오가 모색되던 사건 초기에, 언론매체들은 군 출신 인사와 선박공학자, 폭발 전문가 등 다양한 분야의 전문가를 인용하여 보도했다. 특히 선박의 침몰원인을 추론하는 데 단서가 될 만한 증거가 많지 않은 초기 상황에서, 군사적 긴장을 상징하는 서해 북방한계선 부근에서 군함이 "두 동강 나" 침몰한 사건을 다루는 보도이었기에 선박 전문가와 더불어 전·현직 군 출신 인사들이 인용보도에서 "전문가"로 다수 등장하는 특징이 이 시기에 나타났다.

예컨대,《조선일보》가 3월 29일 보도한 사건원인 추정 보도에서 인용된 "군사 및 군함 전문가" 9명 가운데 3명은 전직 해군 사령관 또는 참모총장이었으며, 3명은 선박 제조기업의 전문가, 그리고 대학 교수였다. "익명의 군사 전문가"나 "함정 폭발 전문가 국책연구소 C박사"처럼 소속과 전문 분야까지 익명으로 가려진 전문가도 인용되었다(조선일보 2010-3-39: 4). "전문가들이 본 사고원인"을 다룬《한국일보》의 3월 29일 기사에 인용된 전문가는 전직 해군 참모총장, 사령관, 제독과 더불어 국방 분야 사회단체의 대표와 익명의 물리학자 등 5명으로 군 출신과 익명의 인사가 다수였으며(한국일보 2010-3-29: 3),《동아일보》의 3월 30일치 기사에서 인용된 4명 중 2명은 익명의 해군 출신 인사였다(동아일보 2010-3-30: 5). 침몰 사고가 난 지 닷새 만인 3월 31일《중앙일보》의 보도에서는 언론사가 자체 실시한 '전문가 긴급 설문조사'의 결과가 실렸는데, 여기에는 "전 국방부 장관, 예비역 장성, 교수, 폭발전문가 등 21명"이 참여했다(중앙일보 2010-3-31: 10). 이처럼 사건 초기, 언론매체에 주로 인용된 전문가들은 해군의 상황에 밝은 전·현직 군 관계자들이었으며, 군 출신이 아닌 민간 전문가가 인용되는 경우는 상대적으로 적었다.

새로운 증거가 확보되지 않은 상황에서 3월 30일《조선일보》에는 기뢰 또는 어뢰의 비접촉 수중폭발로 인한 버블제트가 함정을 침몰시켰을 수 있다는 상당히 구체적인 사건의 시나리오가 보도되었는데, 그런 분석은 "국내 수중폭발 분야의 권위자인 국책 연구소 소속 A연구원"이라는 소속과 이름이 가려진 익명의 취재원에서 나왔다(조선일보 2010-3-30, 4면). 이 기사는 '버블제트'의 파괴 효과를 사실상 처음으로 유력하게 다룬 보도였다.

국내 수중폭발 분야의 권위자인 국책 연구소 소속 A연구원은 "절묘한 것은 버블로 인한 공명共鳴·resonance 현상이 파괴력을 몇배 증폭시킨다는 점"이라고 설명했다.

함정에도 고유의 진동 주기가 있으며, 가스 버블이 팽창→수축→팽창→붕괴하는 주기가 이 주기와 비슷하다는 게 A연구원의 설명이다. 이 버블로 인해 함정이 격렬하게 진동하면서 휨 현상이 심해지고 이것이 심각한 균열을 야기한다는 것이다. 기뢰나 어뢰가 수중에서 폭발하면 이처럼 1차 충격파 외에도 버블제트와 공명현상이 더해져 함정을 두 동강 낼 정도의 파괴력이 발생한다.

기뢰나 어뢰의 폭발 위치도 중요한 변수다. 선박 바닥엔 배의 척추에 해당하는 용골keel이 길이 방향으로 지나간다. 이것이 끊어지지 않으면 배가 두 동강 나기가 힘들다. 기뢰나 어뢰가 최대한 배 중앙부 가까이에서 폭발해야 파괴력을 극대화할 수 있다는 얘기가 된다. (조선일보 2010-3-30, 4)

같은 날 《한국일보》에는 실명의 선박 제조기업 전문가들을 인용해 "강한 외부 충격"이 침몰의 원인일 수 있다는 기사가 실렸다. 이 기사에서 "조선업계의 군함 전문가들" 6명은 "대형 어뢰라면 이 정도 충격을 줄 수 있을 것", "하지만 이 경우엔 탐지가 안 된 게 이상하다", "현재로서는 선체 하부의 바깥쪽에서 큰 충격이 가해진 게 침몰로 이어진 것 같다", "하부에 강력한 힘이 가해진 것 같다", "내부 폭발에 의한 침몰 가능성을 배제할 수 없다"라는 식으로 대체로 강력한 외부 충격이 침몰원인일 가능성을 제기했다(한국일보 2010-3-30: 5). 기사에는 1999년 6월 15일 오스트레일리아에서 300kg 폭약의 어뢰가 9,000톤급 구축함의 2~3m 아래에서 폭발해 구축함을 5초 만에 두 동강 내는 실험 장면의 사진이 함께 실렸다. 이 신문에는 기뢰 가능성에 초점을 맞춘 전문가 인용보도도 함께 실렸다. 정부 출연 연구소 소속의 실명 연구자 2명은 "기뢰가 함정 아래 일정 정도 거리에서 폭발하면 순간적으로 커다란 공간이 생기는데, 이때 충격에 의해 함정이 두 동강 날 수 있다", "대부분의 기뢰는 선체가 항해할 때 발생하는 자기장과 음향, 압력 변화 등을 감지해 폭발한다. 최근에는 해저에 있다가 변화가 감지되면 위로 떠올라 선체 가까이에서 폭발하도록 고안된 것도 있다"는 견해가 제시되었다(한국일보 2010-3-30: 6). 《경향신문》은 4월 1일 기사에서 비폭발 시나리오인 피로파괴설을 제기하면서 실명의 선박공학 등 공학 전문가 3명을 인용보도했다(경향신문 2010-4-1: 5).

확인하기 어려운 북한 내부의 정보를 전달하는 취재원은 대부분 익명으로 보도되었다. 주로 "탈북자" 또는 "정부 소식통" 등이 이런 익명의 취재원으로 인용되었다. "한 고위 탈북자", "해군 출신 탈북자", "대남 공작부서 출신의 한 탈북자"로 소개된 취재원을 인용해 보도한 기사에서는 북한의 인간어뢰 부대가 공격했을 가능성이 제시되었다. 사건 당일 무렵에 있었던 북한군의 움직임과 관련한 민감한 정보는 "정부 소식통" 또는 "전문가들"이라는 익명의 정보원을 인용하는 형식으로 보도되었다.

북한의 자살특공대는 공군에선 '불사조', 육군은 '총폭탄', 해군은 '인간어뢰'라고 부른다. 이들은 '죽음'으로 적과 싸우는 훈련을 받는다. 북한은 이 중에서도 '인간어뢰'라 불리는 해상저격여단에 큰 비중을 두고 있다고 한다. 동·서해안에 각각

1개 여단 규모로 운영되는 해상저격부대는 남한에 열세인 해군력을 보완할 수 있는 유일한 수단으로 여겨지기 때문이다. (조선일보 2010-3-30 : 5)

정부 소식통은 30일 "천안함 침몰 사고 이후 미 정찰위성 사진 등을 정밀 분석해본 결과, 백령도에서 50여 km 떨어진 사곶기지에서 잠수정(반잠수정)이 지난 26일을 전후해 며칠간 사라졌다가 다시 기지로 복귀한 것으로 파악된 것으로 안다"고 말했다. 움직임을 보인 잠수정(반잠수정)의 종류와 숫자(규모)에 대해선 확인되지 않았다. (조선일보 2010-3-31 : 1)

다른 무기와 마찬가지로 북한의 어뢰에 대해서도 정확하게 알려진 것은 없다. 하지만 전문가들은 각종 정보를 바탕으로 윤곽 정도는 그리고 있다. [···] 북한은 인간어뢰도 보유하고 있다고 한다. (한국일보 2010-4-3 : 2)

이런 사건원인 추적보도와는 다른 갈래로 사건의 정황에서 충분히 설명되지 않는 의문이나 의혹을 주로 제기했던 언론매체들에서는 어민, 실종자 가족 같은 취재원을 인용해 보도하는 경우가 잦았다.

천안함 침몰 사고 직전, 실종자 가족 가운데 1명이 여자친구와 휴대전화 문자 메시지를 주고받다가 사고 14분 전 갑자기 연락이 두절된 사실이 29일 새롭게 드러났다. 이는 국방부가 공식 발표한 사고 시각인 26일 밤 9시 30분보다 이른 시각에 사고가 일어났을 수도 있음을 보여주는 정황 증거다. (한겨레 2010-3-30 : 1)

언론매체의 전문가 인용보도는 민군 합동조사단이 활동을 시작한 4월 1일 이후에, 특히 4월 15일 함미가 인양되어 합조단의 본격 조사가 시작된 이후에 눈에 띄게 줄었다. 공식 발표 이전에 새로운 증거의 의미를 해석해야 하는 경우를 제외하고, 천안함 사건의 원인과 관련한 보도는 공인된 발표 주체인 국방부와 합조단을 뉴스의 주요한 정보원으로 인용하는 추세를 보였다. 민과 군이 참여하고, 미국, 영국, 오스트레일리아, 스웨덴의 전문가들이 참여하는 공식 조사기구로서 합조단은 '객관적이고 과학적인' 사건 조사의 주체로 점차 상당한 권위를 인정받고 있었다. 그러면서 합조단과 군 바깥의 정보원이나 전문가를 인용하는 보도는 합조단 조사활동에 대한 의문을 보도하는 언론매체에서 상대적으로 더 자주 나타났다.

### '과학적 조사', '군사적 판단', '정치적 고려'

북한이 천안함 침몰에 관련이 있는가 없는가는 모든 이들한테 중요한 물음이 되었다. 암초충돌설과 피로파괴설은 '북한이 연루되지 않은' 천안함 선박의 안전사고라는 전제를 바탕에 깔고 있었으며, 기뢰 또는 어뢰폭발설은 '어떤 식으로건 북한이 연루된' 의도적인 공격임을 바탕에 깔고 있었다. 천안함 침몰원인의 조사활동과 증거논쟁이 당시에 한국사회가 처한 정치적 상황에서 벗어나 전개될 수 없었음은 당시의 정치적 상황을 살펴볼 때 충분히 인식할 수 있다. 한국과 미국, 북한과 중국의 관계는 긴장과 불확실성을 높여주었다. 천안함 사건을 계기로 전시작전권 전환 계획을 연기해야 한다는 목소리도 커졌다. 천안함 조사 과정에서 이루어진 김정일 북한 국방위원장과 후진타오 중국 주석의 정상회담(2010년 5월 5일)은 천안함 사건에 대한 대책을 논의하는 회의로 비추어지면서 국내 언론매체에 집중 조명을 받았으며 북한의 6자회담 복귀 여부는 국제사회에서 중요한 현안이 되었다. 천안함 조사결과와 이에 따른 후속 대처와 관련해, 한국과 미국, 북한과 중국의 움직임은 초미의 관심사가 되었다. 합조단의 조사결과는 지방선거의 선거운동이 공식 시작하는 5월 20일에 발표되어, 천안함 사건은 지방선거 국면에서 '북풍이냐 노풍이냐'라는 매우 정치적인 쟁점의 하나로 빨려 들어갔다. 한국정부는 유엔 안전보장이사회에 북한 제재를 요청했으며 이에 러시아와 중국이 이견을 표명하면서 국제사회에 긴장 국면이 조성되었다. 이처럼 천안함 논쟁에서 적어도 대처나 대응의 문제는 '정치적인 성격'을 띠고 있었음을 언론매체 보도는 자연스럽게 보여주었다.

침몰원인의 조사활동과 관련해, 눈에 띄는 점은 사건 초기부터 '정치적 고려'나 '정치적 계산'에서 벗어나야 사건의 진실을 있는 그대로 밝힐 수 있다는 주장이 어뢰폭발 시나리오에 적극적이었던 보수성향의 매체에서 유난히 자주 등장했다는 것이다.

청와대와 전문가들이 어뢰 가능성을 언급하는 것조차 꺼리는 이유는 1차적으로 이를 뒷받침하는 증거가 뚜렷하지 않다는 이유도 있지만, 그 이후 전개될 사태가 엄청날 수 있다는 정치적 고려 또한 작용한 측면이 있다는 지적이다. 그럼에도 불구하고 김 장관이 국회석상에서 '기뢰·어뢰 중에서도 어뢰 가능성이 더 높다'고 한 것은 '마음먹고' 한 발언으로 보인다. (조선일보 2010-4-3: 3) [밑줄은 필자의 것]

6·25 기뢰설과 1970년대 폭뢰설이 나오는 것을 두고 일각에선 정치적 계산의 결과란 관측을 조심스럽게 제기한다. 국책연구소의 B박사는 사건임을 전제로 "폭발한 것이 우리 것이어도 문제고 북한 것이어도 정부로선 뒷감당이 힘들다"면서 "60년 전 북한 기뢰나 30년 전 폭뢰가 원인이라고 하면 일단 파장을 최소화할 수 있다는 판단이 작용한 게 아닌가 싶다"고 했다. (조선일보 2010-3-31: 8) [밑줄은 필자의 것]

이런 주장이 제기된 배경에는 당시에 정부가 천안함 침몰원인 조사와 관련해 초기에 보였던 모호한 태도가 있었다. 이명박 대통령은 사건 초기에 "객관적이고 과학적인 조사"를 여러 차례 강조하며 북한 관련성에 대해서도 "예단을 가져서는 안 된다"라고 밝혔는데, 북한 연루설에 무게를 두고 있던 이들이 보기에 대통령의 태도는 정치적 부담 때문에 진실을 외면하는 정치적 계산과 정치적 고려의 모습으로 비추어졌다. 한 신문의 사설은 "일각에서는 북의 개입이 확실한데도 정부가 의도적으로 그 가능성을 축소하고 있다고 주장한다. 그런가 하면 친북좌파 세력에서는 군과 보수세력이 억지로 북을 개입시키는 쪽으로 몰아가고 있다는 주장도 나온다"라며, "청와대로서는 [...] 부정적인 영향을 미치는 시나리오를 피하고 싶을 것이다. 그러나 천안함 침몰사건은 국가안보와 직결된 사안으로, 원인규명에 어떠한 정치적 고려도 끼어들 여지는 없다"라는 말로 정치적 고려에서 독립된 진실규명을 강조했다(동아일보 2010-4-5: 35). 이처럼 정치적인 고려와 진실규명은 분리되어야만 하는 그런 관계로 인식되었다.

이런 논증에서는 '군사적 판단'과 '과학적 조사'는 진실을 향해 나란히 나아갈 수 있는 것으로 인식되었다. 비슷한 시기에 비슷한 문제의식을 보여주는 다른 신문의 인터뷰 기사에서, 김장수 전 국방부 장관은 "이번 사건에 대해 제각각 정치적으로 접근하거나 해석하려는 경향이 있는 것 같다"라며 정치적 접근을 경계하면서 "군사적인 부분의 판단은 군에 맡겨야 한다. 사고원인에 대한 조사는 민간이 우월한 부분이 있기 때문에 민간 전문가를 포함해 하는 것이 바람직하다"라고 말해(조선일보 2010-4-5: 6), 사고원인 조사가 "군사적인 부분의 판단"을 주축으로 "민간 전문가"를 포함해 이루어질 수 있다는 인식을 보여주었다. 다음의 인용문도 역시 "군사적 판단"과 "정치적 고려"를 갈등의 관계로 바라보며, 사건의 실체에 접근하는 데에 "군사적 판단"이 중요한 역할을 해야 한다는 인식을 보여준다.

　최근 군 내부에선 "어뢰 피격 가능성이 가장 높다는 것이 군사적 판단인데,
'정치적 고려' 때문에 이런 판단이 왜곡되고 있다"는 불만이 쌓이고 있는 것으로
알려졌다. (조선일보 2010-4-3: 3) [밑줄은 필자의 것]

　국가안보와 '군사적 판단'을 강조하는 이런 인식의 틀은 뒤에서 더 살펴보
겠지만 합조단의 인적 구성에서도 쉽게 찾아볼 수 있다. 합조단은 다국적 민군
조사기구의 형식을 띠었지만 인적 구성에서는 '군사적 판단'을 대변할 수 있는
인력이 다수를 차지했다. 이런 인적 구성은 주축을 이루는 '군사적 판단'과 그
구조에 참여하는 '과학적 조사'가 북방한계선 부근 해상에서 일어난 군함 침
몰사건 진실규명을 위해 쉽게 결합할 수 있는 관계로 인식되었음을 보여준다.
'정치를 배제한 군사적 판단 중심의 과학적 조사활동'이라는 이런 인식을 단순
화해 그림으로 정리하면 다음과 같다([그림 2-1]).

　원인규명에서 '군사적 판단'의 주축과 '과학적 조사'의 참여가 필요하다고
강조하는 인식의 틀에서 보면, 사건원인 시나리오가 실제적 증거나 '과학적인
것'만으로 다 구성되기 어려웠으며 '군사적인 것'과 결합할 때에 비로소 완성될
수 있는 것임을 이해할 수 있다. 천안함 침몰사건을 국가안보의 문제로 규정하
며 북한의 공격 가능성에 무게를 두는 시나리오 보도에서도 '군사적 판단'의
정보와 분석을 적극 인용하는 경향이 뚜렷하게 나타났다. 당시에 '군사적 판
단'을 담은 뉴스들은 대체로 "어뢰의 폭발이 사실이라면…"이라는 가정을 전제
로 제시하며 구성되곤 했는데, 이런 가정에서 출발해 어뢰가 어떤 무기체계인
지, 어뢰를 사건현장까지 실어 나른 운반수단은 무엇이었는지, 북한군의 어느
세력이 어뢰 작전에 참여했는지 등에 관해 익명 취재원들의 정보를 전했다. 한

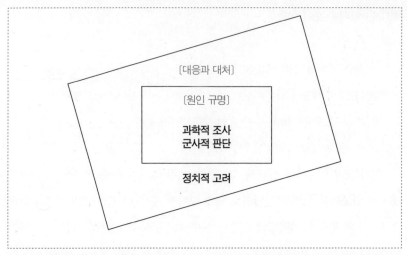

[그림 2-1] 천안함 침몰 사건의 대응에서 "과학적 조사"가 차지하는 자리에 대한 당시 인식의 예. 군사적 판단과 과학적 조사는 결합하여 원인 규명에 참여하나 정치적 요소는 여기에서 배제되어야 한다는 인식을 보여준다. 8장에서는 이런 인식의 틀을 다시 논의하면서 원인 규명의 객관성과 신뢰성을 위해서는 오히려 민주주의라는 정치적 관심과 참여가 필요함을 살펴볼 것이다.

신문은 함미 인양 이전인 4월 7일 보도에서 어뢰나 기뢰의 폭발 가능성이 커지면서 "북한의 공격에 의해 천안함이 침몰했다면 어떤 운반체에 어떤 무기체계가 사용되었을까"에 초점을 맞추어 북한군의 침투 방법과 경로를 다섯 가지 시나리오로 추정하여 보도했다. 그것은 천안함의 이동경로를 미리 파악해 북한 잠수함(정)이 침몰당일 이전에 기뢰를 부설했을 가능성, 북한의 반잠수정이 조류가 빠르지 않을 때에 침투해 '사출형 기뢰'를 부설했을 가능성, 중국 선박을 위장해 사출형 기뢰를 배에 싣고 가다가 백령도 해역에 빠뜨리고 도주했을 가능성, 폭발물을 실은 원격조종 무인선박을 인근의 잠수정 또는 반잠수정에서 조종해 천안함에 충돌시켰을 가능성, 인간어뢰 부대 공작원이 어뢰를 단 수중추진기를 직접 몰고와 천안함에 충돌했을 가능성까지 전하며 매우 구체적인 군사적 상상력을 보여주었다(중앙일보 2010-4-7: 4-5). 다음은 6개 종합 일간 신문들에서 "군 고위 관계자", "군 소식통", "군", "정부 관계자", "정보 당국", "북한 내부 사정에 정통한 소식통" 등의 익명 취재원을 인용하여 보도한 '군사적 판단' 중심의 뉴스들 중 일부이다.

- "北 반잠수정, 수심 20~30m에서 어뢰공격 가능"/ 반잠수정 공격 개념도 (2010-4-1)
- "北, 사거리 15km 호밍어뢰·'자폭용' 인간어뢰 등 보유" (2010-4-3)
- "北, 서해 3곳(남포·해주·비파곶)에 잠수함 기지...백령도 인근 사 곳에 수시 정박" /부제: 北이 천안함 공격했다면, 반잠수정보다 는 '상어급 잠수함'일 가능성 (2010-4-3)
- "군, 어뢰 담은 '캡슐형 기뢰' 추정 -천안함 침몰원인 급부상" /부 제: "바다 속 던져놓으면, 함정 인식 자동발사, 일반 어선으로 위 장, 몰래 설치 가능성도" (2010-4-5)
- "상어급 잠수함 중어뢰 장착...'격침'이라면 지진파 발생 충분 -김 학송 국방위원장 '상어급이 움직였다'"/ 북한 잠수함 기종: 반잠수 정, 잠수정(유고급), 잠수함(로미오급), 잠수함(상어급) (2010-4-6)
- "北잠수정 어뢰라면, 어떻게 접근했을까, 서해바다 'ㄷ'자로 우 회?, 中어선 숨어 NLL 월경?"(2010-4-19)
- "엔진 끈 채 해류 타고와 백령도 좌측서 발사? -북한 잠수함 소 행이라면..." /황해남도 비파곶 기지, 상어급 1~2척 행적 불명 (2010-4-19)
- "'北 인간어뢰 조심하라', 해군 올 초 통보받았다"/ "北 인간어 뢰, 바닷속 자살폭탄" (2010-4-22)
- "백령도 인근엔 잠수정 수십 척 숨긴 지하요새...휴전선·평양·영

변엔 대공포 그물망" (2010-4-23)

- "'북 정찰총국 작전부, 침투용 반잠수정 직접 만든다'" (2010-5-1)
- "근접해서 터지는 중국제 重어뢰 가능성-北 보유 잠수함과 어
  뢰" (2010-5-6).
- "천안함 침몰, '北 정찰총국 소행 확인'" (2010-5-7)

어뢰폭발 시나리오의 내러티브를 완성하려면, 어뢰공격에 이용된 운반수
단의 식별이 필수적이었기에, 운반수단인 반잠수정, 잠수정, 잠수함에 관한 추
리, 그리고 지목된 함정이 사건 당일 무렵에 북한군의 해군기지에서 이동한 군
사정보의 유무는 이런 보도들에서 초점으로 다루어졌다.

## 국방부와 합조단의 조사활동

[…] 그 당시에 저희 해군의 입장에서는 막 배 한 척이, 천안함이 피격을 당해
서 침몰해 있는 상태이고, 그래서 2함대사령관의 판단에서는 "야, 이것은 분명히
적에 의한 도발이 아니냐?" 그래서 우선 적이 어디 이 근처에 있을 것이다, 적이 도
주하는 것을 빨리 차단해야 되겠다, 해서 [속초함에] NLL 쪽으로 신속히 이동을
지시한 겁니다. (김태영 국방부 장관의 답변, 국회 국방위 2010-4-14: 17)

남북한의 군사적 긴장이 높은 서해 해상에서 일어난 해군 초계함의 침몰
사건은 군에 직접적인 충격이었다. 침몰 당시에 군의 대응에서도 볼 수 있듯이,
군은 북한군의 공격 가능성에 대비해 "해상경보 A급" 경보 발령을 내어 비상
태세를 갖추고 사건 당시에 천안함 침몰 현장 부근을 경계하던 속초함이 북상
하는 정체불명의 물체에 사격을 가할 정도로 안보가 위협 받는 위급한 상황으

로 인식하고 있었다(국회 본회의 2010-4-2: 23).[4] 초기대응 이후에, 국가안보와 직결될 수 있는 침몰의 원인은 시급하게 규명해야 할 과제가 되었다.

군과 국방부는 사건 초기에 구조작업의 난관, 여론과 언론 대응의 난관, 그리고 사건원인 파악의 난관을 헤쳐나가야 하는 상황에 놓였다. 민과 군이 참여하며 외국의 군 전문가들이 참여하는 "객관적이고 과학적인" 합동조사단의 구성은 이런 난관을 극복하는 데 기여하는 틀이 되었다. 합조단 구성 이후에 사건 해결의 과정은 안정기에 접어들 수 있었다. 침몰원인규명이라는 역할을 맡은 민군 합조단은 사건원인을 설명하는 공식 시나리오를 작성할 수 있는 유일한 주체가 되었다. 합조단의 활동은 사건현장과 주변의 무수한 사물들에서 증거를 수집하고 선별하며 중심증거와 주변증거를 찾아가는 과정이었다.

### 국방부가 직면한 난관들, '안보 상황' 대 '투명성'

국방부는 사태 초기에 여러 가지 도전에 대응해야 했다. 무엇보다도 서해 도서 백령도 인근 바다의 강한 조류, 그리고 불과 30cm 너머를 보기 힘든 수중의 탁한 시야라는 자연의 악조건 탓에 수색과 구조작업은 당장 크나큰 어려움을 겪어야 했다. 다른 한편으로 국방부는 "국방부 하고 평택, 그 다음에 백령도, 또 병원까지 해서 대충 기자 분들이 550명"(국방부 언론브리핑 2010-4-

---

4 "그래서 지금 말씀하신 대로 그쪽은 부대는 해군과 해병대 그 다음에 공군 이런 부대들이 다 있습니다. 또한 육군에서 증원되어 나가 있는 일부 부대도 같이 있습니다. 그래서 그러한 모든 부대는 해군 2함대 사령관의 통제하에 운영을 하도록 되어 있습니다. 그래서 그날 그쪽 지역 전체가 2함대 사령관의 통제하에, 비록 사건은 바다에서 이루어졌지만 백령도나 거기에 있는 서북 보소에 대한 거기에 있는 모두 부대가 다 비상이 발령되었고, 그래서 백령도에는 전 기계화부대라든가까지 전부 출동 준비를 하고 사격 준비를 한 상태로 되어 있습니다."(김태영 국방부 장관 답변)

1 오후: 12)이나 되는 통제하기 힘든 대규모 취재진을 맞아 "실종자 가족을 위장해 임의 취재한 문제"(국방부 언론브리핑 2010-3-30 오전: 2) 같은 상황에 대응하고, 수시로 터져 나오는 "부정확"하거나 "왜곡"된 보도에 대해 해명하는 데 힘을 기울여야 했다. 또한 사건발생 시각 논란의 사례에서 드러났듯이, 사건발생과 대처 상황에 관한 기초적인 사실의 확인이 제대로 이루어지지 않아 극심한 혼선을 겪어야 했다. 사고 직후부터 국방부는 하루 한두 차례씩 언론사 취재진을 대상으로 언론브리핑 시간을 마련해, 진행상황에 관한 정보를 제공하고 언론보도에 해명했다. 브리핑의 속기록은 국방부의 인터넷 홈페이지에 게재되었다.

빠른 유속과 눈앞을 식별하기 힘든 탁한 수중의 시야 탓에 수중 수색과 구조에 어려움을 겪어야 했던 상황은 사건 초기에 국방부가 직면한 '불투명한 상황'을 보여주는 듯했다.

〈답변〉 (정보작전처장) 거기에 대해서 설명을 드린다면 배가 그냥 단일층으로 된 게 아니거든요. 지하 2층, 3층으로 되어 있습니다. 그런데 거기에 들어가는 것이 전부 문을 열고 들어가는 것이 아니고, 계단을 통해서 전부 들어가야 하거든요. 그럼 제일 밑에까지 들어간다면 그냥 무턱대고 들어가는 것이 아니라 조금 들어가서, 쉽게 얘기하면 우리가 등산할 때 조난당하지 않기 위해서 리본을 걸어놓죠. 그런 식으로 리본을 우리는 걸어놓는 것이 아니라 로프를 계속 묶어가지고 들어갑니다. 그것이 잘 이루어지지 않을 때는 들어가긴 들어갔는데 나오질 못하는 겁니다. 지금 시야도 아주 불량하기 때문에 [···]. (국방부 언론브리핑 2010-3-30 오후: 8)

침몰원인에 대한 언론의 관심은 높아질 대로 높아졌지만 파손된 선체를 인양하지 못한 채로 진행되는 침몰원인 조사활동은 답답한 상황이었다.

〈답변〉(정보작전처장) […] 우리가 쉬운 예를 든다면 '장님 코끼리 만지기'라는, 제가 이런 말씀드려서 굉장히 죄송한데요, 코끼리 만지기라는 말이 있지 않습니까? 보이지 않은 사람들이 코끼리 만지면 무엇인지 모릅니다. 그렇기 때문에 이러한 것들은 완전히 인양이 된 상태에서 우리가 전체적인 것을 봐가면서 원인규명을 하는 것이 가장 정확한 규명이 될 수 있습니다. (국방부 언론브리핑 2010-3-30 오후: 11)

국방부 대변인의 토로에는 충분한 확인 절차 없이 경쟁적으로 보도하는 언론매체에 대한 국방부와 군의 불신이 깊게 배어 있었다.

〈답변〉(대변인) […] 지금 제가 여기에서 말씀드려도 보도가 다 매체가 틀리게 나갑니다. 또 함장이 나와서 말을 해도 그것이 여러 가지로 나갑니다. […] 꼭 군대여서만 그런 것은 아니고, 진실을 감춰야 할 이유도 전혀 없습니다. 사고 난 것이 가장 큰 진실입니다. […] 제발 제가 부탁드리는데, 좀 믿고 그런 시각으로 확인하는 순서를 가져주세요. 의심부터 하지 마시고 […]. (국방부 언론브리핑 2010-3-30 오전: 13-15)

사건발생 초기, 국방부가 상황을 파악하고 전달하는 데 어려움을 겪었으며 또한 이 난관에 충분히 대응하지 못했음은 여러 대목에서 나타났다. 무엇보다 침몰사건이 언제 발생했는지를 말해주는 '사건발생 시각'을 둘러싼 혼선은 국방부의 대처능력에 대한 신뢰를 일찌감치 떨어뜨리는 요인이 되었다. 사건 당일인 3월 26일, 국방부는 합동참모본부에 상황이 처음 보고된 시각인 "오후 9시 45분"을 사건발생 시각으로 발표했다가 다음날인 3월 27일에는 해군 제2함대에 상황이 보고된 시각을 기준으로 삼아 사건발생 시각을 "오후 9시 30분"으로 수정했다. 상황접수 시각이 아니라 사건발생 시각을 보여주는 근거로서 지진파 기록을 이용한 것은 그로부터 며칠이 지난 4월 1일이었다. 국방부는 침몰 당시, 백령도 관측소에서 포착된 지진파 기록의 관측 시각(21시 21분 58초)을 기준으로 삼아 천안함 침몰사건의 발생을 '오후 9시22분'으로 정정했다(국방부 언론브리핑 2010-4-1 오후: 1).

사건발생과 관련해 갖가지 시각 기록들이 제시되었는데, 합동참모본부에 상황이 보고된 시각(21시 45분), 제2함대 상황장교에 구조를 요청한 시각(21시 28분), 제2함대 당직사관에 구조를 요청한 시각(21시 30분), 해경에 구조지원을 요청한 시각(21시 33분), 열상감지장비TOD 녹화개시 시각, 지진파 기록 시각 등처럼 각기 다른 출처에서 나온 여러 기록들 중에서 상황보고 시각과 사건발생 시각을 초기에 구분하여 결정하지 못한 데에서 혼선이 빚어졌다. 이런 혼선은 여러 언론매체들에 국방부의 대처가 "오락가락" 하는 것으로 비추어지게 한 요인이 되었다(한겨레 2010-3-31: 4).

TOD 녹화시각도 수정을 거듭했다. 국방부는 TOD 영상의 녹화개시 시각이 "21시 23분 47초"로 기록되어 있었으나 녹화장비의 시각이 실제보다 "2분 40초" 빠르게 설정되어 실제 시각은 "21시 26분 27초"라고 수정했다(국방부 언론브리핑 2010-4-1 오후: 1). 국방부는 나중에 녹화장비의 시각 설정이 "1분 40초" 빠르게 설정되었다고 다시 수정했다(국방부 언론브리핑 2010-4-8 오후: 17). 또한 이런 기록 외에도 국방부가 발표한 사건발생 시각인 "오후 9시 22분" 이전에 실종 장병들이 가족이나 지인한테 휴대전화를 통해 '비상상황'을 암시했다는 증언, 백령도 주민이 그 시각 이전에 큰 소리를 들었다는 증언 등이 제시되었다. 이 때문에 국방부가 발표한 사건발생 시각 이전에 이미 어떤 비상상황이 발생했을 가능성이 제기되면서 '사건발생 시각'이 "사실fact"로 고정되는 데에는 많은 논란과 혼선을 거듭해야 했다. 4월 7일, 국방부는 지진파 관측 기록과 더불어 해군전술자료처리체계kNTDS에서 천안함의 '자함 위치 신호'의 작동이 21시 21분 57초에 멈춘 점을 근거로 들어 사건발생 시각을 21시 22분으로 재확인했으며, 의문으로 제기된 실종 장병들의 통신 기록을 조사해 사건발생 직전까지 비상상황은 없었음을 확인했다고 해명했다. 이후 사건발생 시각에 관한 논란은 줄어들었다.

사건발생 시각 논란 외에도, 국방부는 언론보도에 수시로 대응해야 했다. 천안함 침몰당일에 구조에 나선 해경 501호 함장이 '3월 26일 21시 34분쯤 해경 상황실로부터 해군 초계함이 백령도 남서쪽 약 1.2마일에서 좌초되고 있으니 신속히 이동하라는 지시를 받았다'라고 밝혀 침몰원인이 '좌초'일 가능성을 시사했다. 이에 국방부는 당시 긴박한 상황에서 그런 표현은 '침몰' 상황을 뜻하는 것이라고 해명했다(중앙일보 2010-4-2: 10). 좌초설은 초기에 유력한 시나리오의 하나로 제기되었는데, 사건이 발생한 해역에서 800m 떨어진 곳에 수중암초가 있다는 백령도 주민의 증언이 방송 뉴스로 보도되었으며, 해경 관계자도 암초가 있을 가능성을 제기하는 상황이었다(미디어오늘 2010-3-31: 5; 경향신문 2010-3-31: 6). 또한 당시에 한국과 미국의 군사연합훈련이 벌어졌다는 점에 비추어 훈련에 참가한 아군함대 사이에서 실수로 빚어진 오폭사고라는 추측도 제기되고 있었다. 일부 언론매체는 기본 정보나 필요한 정보가 제대로 제때 공개되지 않아 미군함대의 오폭설이나 아군함대의 오폭사고 가능성이 제기되는 혼란스러운 상황이 생겨나고 있다고 비판했다(내일신문 2010-3-30: 5; 한겨레 2010-3-31: 3; 중앙선데이 2010-4-4: 5). 국방부와 군의 대응체제가 어느 정도 갖추어지던 즈음인 4월 7일에는, 함수가 침몰한 지점에서 구조작업을 하다가 사망한 한주호 준위가 실제로 임무를 수행하던 곳이 함수 침몰지점과 다른 "제3의 부표"로 표시된 곳이었다는 의문이 한국방송공사kBS

의 보도에서 제기되면서 큰 파장이 일었다(미디어오늘 2010-4-9; 오마이뉴스 2010-4-8).

국방부는 침몰원인과 관련한 갖가지 의문과 의혹에 해명하고 대응해야 했으나, 사건 기본 정보를 거듭 수정하는 모습을 보인 데다 수색과 구조에서 늑장대응을 하고 있다는 비판을 받으면서 여러 의문과 의혹을 해소할 만한 주체로서 신뢰를 얻지 못했다. 특히나 많은 경우, 그런 불신은 군사기밀이라는 이유로 필요한 정보를 공개하지 않는 '기밀주의'에서 비롯했다.

국가안보를 최우선으로 삼으며 규율을 강조하는 군 문화와 정보공개, 투명성을 바라는 사회적 요구 사이의 갈등은 컸다. 그 갈등은 함미 인양을 하루 앞둔 4월 14일 언론 브리핑에서 절단면을 언론사 취재진에 얼마나 어떻게 공개할 것인지를 둘러싸고 벌어진 국방부와 언론사 기자 간의 논란에서 잘 드러났다. 국방부는 인양 작업 중에 드러날 함미의 절단면에 대해 관심이 커지자 애초의 비공개 방침을 바꿔 제한된 취재진에 '300 야드'의 거리 바깥에서 함미 선체를 촬영할 수 있도록 허용하겠다고 이날 브리핑에서 발표했다. 이어 인양 직후에 함미 내부를 수색하는 작업에 민간 전문가나 취재진 없이 군 관계자만 참여하는지를 묻는 기자의 질문에 대해 국방부 대변인은 예민하게 반응하며, 천안함 사고가 "군 관련 사고"이며 "군 자체[로] 해결할 문제"임을 강조했다.

〈질문〉 [···] 그렇다면 군 관계자들만 현장에 있는 것입니까?

〈답변〉 (대변인) 큰 대원칙을 말씀드리겠습니다. 이것은 군 관련 사고이고, 원칙적으로 군의 능력과 기술이 있는 한, 군 자체[로] 해결할 문제입니다. 다만, 제기되고 있는 여러 가지 상황들, 국민적인 관심이나 그런 것을 고려해서 저희들이 조금 더 투명하고 객관성을 보여드리기 위해서 하는 것입니다. (국방부 언론브리핑

2010-4-14 오전: 12)

이날 브리핑에서 국방부 대변인은 당시의 상황을 "전쟁"에 비유하면서, "의혹과 의구심"이 제기되는 상황에서도 "군사기밀"의 중요성을 강조하는 군의 인식을 보여주었다.

〈답변〉 (대변인) 제가 보기에는 죄송한 말씀이지만, 군 작전과 관련해서 이렇게 언론이 깊숙이 들어와 있었던 적은 없었습니다. 어느 전쟁에 나가도, 그렇기 때문에 그런 점을, 그것은 군인이 감추고 그런 문제가 아니라 이런 것은 군의 사기와, 특히 해당희생자들에 대한 여러 가지 문제가 있습니다. 전쟁을 중개방송하면서 할 수가 없다는 것 아니겠습니까? 그런 점을 양해해주시고 우리가 처리를 할때, 희생들에 대한 예우가 될 수 있도록 협조를 해주시기 바랍니다. (국방부 언론브리핑 2010-4-14 오전: 15)

〈답변〉 (대변인) 우선 많은 의혹과 의구심에도 불구하고, 국민 여러분들 그리고 우리 군의 안위와 군사기밀을 지켜야 한다는 점입니다. (국방부 언론브리핑 2010-4-14 오전: 7)

해군 함정의 침몰을 '군의 문제'이자 '작전'의 문제로 바라보는 군의 시선은 침몰사건의 진상에 관해 더 많은 정보와 단서를 요구하는 군 바깥의 시선과 충돌을 빚었다. '군의 사기'와 '국가안보'를 강조한 군의 인식은 정보 공개의 요구에 대한 대응 방식뿐만 아니라 천안함 사건을 군 내부 사건으로 인식하는 군의 시각을 보여주었다.

정보 공개에 소극적인 국방부와 군의 태도는 열상감지장비 영상이 순차적으로 공개된 과정에서도 엿볼 수 있었다. 국방부는 애초에 백령도 초소에서 사건 당시의 상황을 녹화한 이 영상을 확보하고도 그 영상의 존재를 밝히지 않다가 3월 30일 언론보도로 "각종 설이 나도는 사고원인을 과학적으로 규명하는 데 중요한 자료"로서 그 존재가 알려지고 난 뒤(한겨레 2010-3-30: 1), 3월 31일이 되어서야 편집된 영상 일부를 언론에 공개했다. 국방부는 영상의 존재를 밝히지 않은 이유와 관련해 "군의 경계능력이나 또는 정보감시자산"을 밝힐 수는 없기에 공개를 하지 않았던 것이라고 해명했다. 이날 공개된 영상은 함수와 함미가 분리된 이후인 오후 9시 33분부터 56분까지 촬영한 것 중 편집한 1분 20초 분량이었으며, 국방부는 그 이전 상황의 영상은 존재하지 않는다고 밝혔다. 그런데 전반부의 영상이 더 존재하는데도 국방부가 이를 숨겼다는 또 다른 의혹이 보도되었다(경향신문 2010—4-1: 1). 국방부는 "굉장히 군사적으로 제한된 자료"임을 강조하며 함수의 절단면이 좀 더 자세히 드러난 전반부의 9~10분 영상을 추가 공개했다(국방부 언론브리핑 2010-4-1 오후: 34) 이어 4월 7일 민군 합동조사단은 중간 조사결과를 발표하면서 각 초소에서 촬영한 열상감지장비 영상의 자동 저장소인 여단 상황실의 서버에서 영상 파일을 찾았다며 이를 새로 공개했다. 공개된 영상은 천안함이 침몰 직전에 정상 기동하는 장면, 함수와 함미가 분리되어 침몰하는 장면으로 침몰원인에 관한 새로운 단서를 제공하지는 않았다. 열상감지장비 영상이 조금씩 추가로 공개되는 상황에 대해 언론매체에서는 대체로 비판적인 보도가 이어졌다(경향신문 2010-4-8: 1; 문화일보 2010-4-8: 5).

열상감지장비 영상 공개는 본격적인 '군사기밀 공개' 논란으로 이어졌다. 한편에서는 군이 어정쩡한 태도를 보이면서 중요한 군사기밀을 공개해 스스로 국가안보에 위협을 주고 있다는 주장이 군 바깥에서도 제기되었다(동아일보 2010-4-6: 3). 이런 상황은 정보 공개를 둘러싸고 상반된 태도가 존재함을 보여주었다. 다음은 군사기밀의 공개 여부에 대한 분명한 기준과 태도가 필요하다고 주장한 신문의 사설이다.

　　이런 지경에까지 온 1차적 책임은 정부와 군이 중심을 못 잡은 데 있다. 사태 초기부터 어설픈 대응과 과도한 보안으로 국민의 불신을 사자 이를 해소한다는 명분으로 그동안 기밀로 간주했던 사안도 공개하기 시작했다. 그러나 그 방법이 문제였다. 천안함 침몰 과정을 찍은 열상감시장비TOD 공개가 단적인 예다. TOD 의 성능과 우리 군의 운용 능력은 군 정보 당국이 끝까지 공개하길 꺼린 내용이 다. 야간에 북한군과 간첩의 움직임을 추적하는 데 그만큼 유용한 수단은 없었 기 때문이다. 그러나 일부 편집해 공개한 내용에 대해서도 여론의 비판이 지속되 자 결국 TOD 영상 전체를 공개했다. 청와대와 국방부가 긴밀한 협조하에 '어디까 지는 공개한다'는 데 대한 확고한 결심 없이 그저 우왕좌왕했던 것이다. (중앙일보 2010-4-7: 38)

　　다른 한편에서는 정보 공개에 대한 군의 소극적 태도가 비판의 대상이 되 었으며, 사건의 발생 상황을 직접 보여줄 수 있는 교신일지나 항로 기록이 제 한적이나마 공개되어야 한다는 주장이 이어졌다. "정보 공개"와 "투명성"은 사 건 초기부터 사건의 진상을 규명하는 데에 반드시 필요한 조건으로 부각되었 다(한겨레 2010-3-31: 3; 경향신문 2010-4-1: 1; 한겨레 2010-4-7: 4). 국방부와 정부는 침몰원인의 규명을 위해서는 여러 의문과 의혹에 대해 "과학적이고 객 관적인 조사"가 필요하다고 적극 주장했는데, 이에 비해 "군사정보의 공개"에 관해서는 매우 보수적인 태도를 견지했다. 이런 태도는 침몰원인규명의 과제 를 안은 공식 조사기구인 다국적 민군 합조단의 "과학적인 조사" 활동이 군 정 보의 적극적 보호라는 틀 안에서 이루어질 것임을 미리 보여주는 것이었다.

## 다국적 민군 합동조사단의 구성

침몰한 천안함의 선체에 대한 구조와 수색작업이 어느 정도 체계를 잡아가면서 관심의 초점은 침몰원인을 밝히는 조사활동으로 옮아갔다. 천안함 침몰원인을 규명하는 조사활동은 사건 직후에는 국방부 내부조직 차원에서 이루어졌으나, 4월 1일부터는 국방부에 의해 편성된 민군 합동조사단에서 이루어졌다. 합조단의 구성과 활동은 바로 일반에 공개되지 않았으나 국방부의 언론브리핑을 통해 그 소식이 전해졌다. 합조단의 구성 이후에는 국방부와 합조단 간의 역할 분리도 점차 뚜렷해졌다. 국방부는 4월 1일 이후 언론브리핑에서 침몰원인과 관련한 여러 의문들은 '앞으로 합조단이 규명할 문제'라고 거듭 밝히며 이후의 역할이 '인양 작전에 주력하는 국방부'와 '침몰원인을 규명하는 합조단'으로 분리되었음을 강조했다(국방부 언론브리핑 2010-4-1 오후: 20; 2010-4-2 오전: 23-24). 침몰원인규명을 위한 '과학적인 조사'가 합조단의 역할이었다. 이명박 대통령은 "섣부른 예단과 막연한 예측이 아니라 과학적이고 종합적으로 엄정한 사실과 확실한 증거에 의해 원인이 밝혀지도록 할 것"을 거듭 강조했다.

엄정한 사실과 확실한 증거에 의해 원인이 밝혀지도록 정부와 군은 국민들의 이런 심정을 잘 알기에 모든 가능성을 열어놓고 철저히 진상을 규명할 것입니다. 섣부른 예단과 막연한 예측이 아니라 과학적이고 종합적으로 엄정한 사실과 확실한 증거에 의해 원인이 밝혀지도록 할 것입니다. 이미 민·관·군 합동조사단이 현지에서 활동을 벌이고 있습니다. 여러 선진국의 재난사례를 볼 때도 이러한 큰 사고에 대한 원인규명은 속도보다는 정확성이 더 중요합니다. [···] 우리는 우리 국민뿐만 아니라 국제사회가 납득할 수 있도록 제대로 원인을 밝혀야 할 것입니다. 이미 국제적 전문가들에게 협력을 구하고 있습니다. 우리가 이 어려움을 의연하고 당당하게 극복할 때, 세계는 대한민국을 더욱 신뢰하게 될 것입니다. (이명박 대통령 라디오 연설 2010-4-5)

그러나 침몰원인을 설명하는 여러 갈래의 시나리오와 의문, 의혹은 여전히 제기되었으며 국방부의 대처능력에 대한 신뢰가 떨어진 상황에서, 조사활동의 결론이 어떤 식으로 나오더라도 그것이 합리적 결론이라고 쉽게 수용될지는 상당히 불투명한 상황이었다. 이런 분위기에서 국방부의 민군 합조단은 초기에 뚜렷하게 주목을 받지 못했다. 오히려 합조단의 과학적 조사활동이 "신뢰"를 받기 위해서는 "객관성"과 "투명성"의 요건이 강화되어야 한다는 요구들이 이어졌다. 이런 요구에는 합조단의 조사결과가 합조단 밖에서 엄정한 사실과 확실한 증거로 받아들여지려면 먼저 합조단의 구성과 활동에서 객관성과 투명성을 보강해야 한다는 인식이 담겨 있었다. 이 무렵에 신문사설들은 "신뢰", "신망"이 합조단 활동의 성공을 보장하는 데 필요한 요건임을 강조했다.

벌써 야당인 민주당이 제3의 조사단을 운위할 정도로 군이 불신을 받는 상태에서 이들의 조사가 얼마만큼 신뢰를 얻을지 의문이다. 당국은 조사결과가 신뢰를 담보할 수 있도록 민간인 전문가의 참여 비율을 높이는 등 조사단을 보완할 필요가 있다. (경향신문 2010-4-5 : 31)

정부는 이럴 때일수록 자유민주주의의 정통성을 지닌 정부답게 과학적 사실을 근거로 판단하고 당당하게 행동해야 한다. 진실에 입각해 당당하고 치밀하게 대응하는 모습을 보인다면 그것이 오히려 국제사회에 신뢰를 주고 세계 중심국가의 자격을 인정받는 계기가 될 수 있다. (동아일보 2010-4-5 : 35)

〔표 2-3〕 다국적 민군 합동조사단의 편성과 주요 활동

| | 과학수사분과 | 함정구조/관리분과 | 폭발유형분석분과 | 정보분석분과 |
|---|---|---|---|---|
| 참여 인력/기관 | 국방부조사본부 육군수사단 국립과학수사연구소 국방홍보원 외국 전문가 | 합참 해군본부 방위사업청 울산대 충남대 현대/삼성중공업 국방과학연구소 한국기계연구원 한국선급 외국 전문가 | 합참 국방과학연구소 민간전문가 외국전문가 | 정보본부 국립해양조사원 한국해양연구원 |
| | 총 25명 (군7, 민7, 외국11) | 총 22명 (민7, 군5, 외국10) | 총 14명 (민7, 군5, 외국2) | 총 4명 (민2, 군2) |
| 주요 임무 와 활동 | 생존 58명 진술 청취 천안함내 배치도 작성 TOD 영상 분석 승조원 휴대전화 통화 확인 선체 인양 과정 촬영 절단면 사진 채증 CCTV 디지털 포렌식 해역 수거물 분석 함수/함미 채증물 분석 해저수거물 분석 폭약성분 검출 사체 검안 | 피로파괴, 좌초, 충돌 등 비폭발 원인 가능성 분석 선체 기본강도 해석 천안함 복원성 설계기준과 복원 성능 분석 수중폭발 선체 충격 해석 | 내부폭발 가능성 분석 순항/탄도미사일 폭발 가능성 분석 어뢰/기뢰/육상 조종기뢰 수중 폭발 가능성 분석 기타 폭발물 분석 절단면 분석 흡착물질 분석 선체 절단 시뮬레이션 | 해저 장애물과 조류 특성 분석 TOD 분석 북한 도발 가능성 분석 기술정보 분석, 채증 활동 통해 과학수사분과 지원 |
| "결정적 증거" 관련 활동 | 사건 현장 해역에서 어뢰 추진동력 장치 수거 | 폭발유형분과가 도출한 폭발유형으로 3차원 선체 충격 해석 | 비접촉 수중폭발 결론, 무기체계로 어뢰/기뢰 압축, 흡착물질 분석 | 북한 수출무기 정보와 설계도면 확보 |

(참조: 합동조사결과 보고서: 38-42)

조사단에는 일부 민간 전문가들도 들어 있지만, 80%가량이 군 또는 군 관련 연구소 소속이다. 천안함 진상 조사는 국민은 물론이고 이번 사태를 지켜본 국제

사회가 합동조사단의 조사결과를 한 점의 의문 없이 받아들일 수 있도록 중립적이고 국민적 신망을 받는 인물이 위원장을 맡고 최고의 전문성을 갖춘 기술진을 총동원한 '진상조사위'를 구성하는 것이 중요하다. (조선일보 2010-4-6: 39)

또 다른 신문의 사설은 '천안함 참사로 야기된 위기 가운데 가장 심각한 것은 불신의 위기'라고 진단하며 합조단의 '전문성', '공정성', '객관성', '투명성'을 위해 '야당도 참여시키라'고 주장했다(서울신문 2010-4-8: 31). 이처럼 조사 활동의 '객관성'과 '투명성'이 천안함 침몰사건의 후유증을 줄일 핵심적인 요건으로 제시되었다. 정부도 이에 반응을 보이면서 합조단의 인적 구성에서 변화가 생겨났다. 이명박 대통령은 4월 6일 민군 합조단의 책임을 "누구나 신뢰할 수 있는 민간 전문 인사"가 맡는 방안을 검토하라고 지시했으며(한겨레 2010-4-7: 4), 이에 국방부는 민과 군의 공동 조사단장 체제를 추진했다. 국방부는 4월 11일 이미 합조단장으로 위촉된 박정이 합참전력발전본부장(육군 중장)에 이어 공동단장으로 윤덕용 카이스트KAIST 명예교수를 위촉했다고 발표했다. 또한 새로운 합조단은 국제 전문가들도 참여하되 "단순한 보조 역할에 머물지 않도록" 하며 "명실상부한 공동조사"를 하고 "공동보고서"를 내야 하는 기구로 부각되었다(조선일보 2010-4-7: 1). 국방부는 4월 8일 미국, 영국, 오스트레일리아, 스웨덴 등 4개국의 해난사고 전문가들이 참여해 "과학적, 객관적으로 원인을 규명할 것"이라고 밝혔다(중앙일보 2010-4-9: 2). 합조단의 인적 구성에 변화가 생기면서 다국적 민군 합동조사단 내부에서 팀 편재가 과학수사팀, 선체구조조사팀, 폭발유형분석팀을 비롯해 3~4개 팀으로 다시 짜였으며, 이들의 본격 활동은 함미가 인양된 4월 15일 전후에 시작되었다.

〈답변〉 (대변인) […] 이번에 참석하신 외부에서 오신 분들이 많은 분들이 선

체구조, 재료공학 이런 것 하시는 분들입니다. 그래서 아까 말씀드린 대로 과학수
사 하는 팀 하나, 선체구조조사팀 하나, 폭발유형 분석하는 팀 하나, 기타 또 1팀
을 여기에 둘 것인가, 별도 구성할 것인가 그것은 현재 고민 중에 있습니다. 그래
서 적어도 3~4개 정도의 팀으로 구성될 것입니다. 분야별로. 그래서 이것도 외부
에서 온 사람들이 다 도착을 안 해서, 이것은 조금 더 검토를 해서 이번 주 내에
조사단에서 구성되는 대로 제가 하든지 아니면 조사단 대변인이 하든지 말씀드
리도록 하겠습니다. (국방부 언론브리핑 2010-4-12 오후: 7)

4월 1일에 처음 편성된 민군 합조단과 비교해, 재편된 다국적 민군 합조단
에서는 민간 조사위원과 국제 조사팀의 역할이 부각되었다. 국방부와 합조단
은 이런 변화가 '객관성'과 '투명성'의 확장을 보여주는 것이라며 그 의미를 강
조했다.

〈답변〉(합동조사단 대변인) 앞서 말씀드렸듯이, 객관적이고 투명하게 하기
위해서 민간조사단장이 위촉이 됐습니다. 이것은 조사결과에 대해서 공유하면서
조사결과를 판단을 하고, 정리해 나갈 것입니다. 어느 한쪽에서 일방적으로 끌고
가는 것이 아니고, 모든 조사결과를 공유하면서 정확하게 판정을 하겠다는 것입
니다. (국방부 언론브리핑 2010-4-12 오후: 8)

외부 전문가들의 참여에 의해 부각된 "객관성"과 "투명성"은 외부 전문가들의
사고 조사의 경험과 전문지식 못잖게 참여 자체가 절실한 요소였다.

〈질문〉[‥] 우리 한국 측도 폭발원인규명에 참여를 하는 것인지요.
〈답변〉(대변인) 물론 이런 사고원인 조사에 대해서 나라별로 경험이, 노하우

가 쌓인 나라도 있겠죠. 그러나 우리가 수사를 못한다는 뜻은 아닙니다. 다만, 어
떤 객관성 또 향후 이런 문제를 가지고 차후 대비를 하기 위해서 객관성이나 투명
성을 확보하기 위한 부분 때문에 우리가 초청하게 된 것이고요. […]. (국방부 언
론브리핑 2010-4-13 오후: 15)

미국(조사팀장 토머스 에클스 해군 제독), 오스트레일리아(조사팀장 앤소니 파월
Anthony R. Powell 해군 중령), 영국(조사팀장 데이비드 맨리David W. Manley), 스웨덴(조사팀
장 에그니 위드홀름Agne Widholm)의 조사인력이 참여해 함미 인양 무렵에 조직 체
제를 완성한 다국적 민군 합동조사단은 그 인적 구성이 군의 이해관계에서 벗
어난 '민간 참여'의 성격, 한국적 상황의 이해관계에서 벗어난 '다국적'의 성격
을 띠면서 객관성과 투명성을 보강할 수 있었다. 다음과 같은 국회의원의 발언
에서는 믿고서 따라야 하는 '유일한 공적 조사기구'로서 합조단의 권위가 이런
구성 형식에서 비롯한 것임을 엿볼 수 있다.

    김정 위원: […] 이 진상조사를 하는 것은 어디까지나 전문가, 나가서 국제적
    인 그런 전문가들이 모여서 정말로 의혹 없이 철저하게 조사를 해서 발표를 하시
    면 국민은 그것을 믿고 따라가야지 기타 어떠한 사람이나 다른 요인이 개재되어
    서는 안 된다고 생각합니다. (국회 국방위원회 2010-4-14: 55)

    그러나 이후 전개된 논란에서 볼 수 있듯, 합조단 조사기구는 국방부가 강
조했던 정도의 '객관성'과 '투명성'을 구현하기에는 인적 구성의 측면에서 보
더라도 논란에 취약했다. 한 신문사설이 합조단의 이상적인 모범으로 미국의
9·11테러 진상조사기구와 우주왕복선 챌린저호 폭발사건 조사기구를 예로
들면서 다음과 같이 전했지만 이런 기준에서 보면 합조단의 구성은 미흡한 것

일 수밖에 없었다.

　　미국은 9·11 테러 진상조사를 위해 여야 동수同數로 구성된 초당적 위원회
를 만들어 1년 8개월 동안 10개국 1,200명을 조사했고, 이들이 검토한 정부 문
서만 250만 쪽이 넘는다. 현직인 부시 대통령과 체니 부통령, 클린턴 전 대통령과
고어 전 부통령 등 전·현직 정부 고위관리들도 모두 조사했다. 1986년 미국 우주
왕복선 챌린저호 폭발 사건의 경우 우주 항공 분야 전문가가 아닌 윌리엄 로저스
전 국무장관이 위원장을 맡아 로켓부스터에 끼워넣는 부품 결함이란 기술적 원
인과 함께 미 항공우주국NASA에 만연한 관료주의와 의사소통 부족이란 조직적
원인이 사고를 사전에 방지하지 못하도록 막았다는 사실을 밝혀냈다. (조선일보
2010-4-6: 39)

　　무엇보다 국방부에 의해 구성된 합조단은 침몰사건과 직접 관련된 정부
부처인 국방부의 틀 안에 놓여 있었다. 사건 초기, 천안함 침몰사건이 국가안
보의 문제인지, 선박 안전 관리의 문제인지, 또는 다른 어떤 문제인지 알지 못
하는 상황에서, 침몰사건과 직접 관련되어 있는 국방부가 합조단의 구성을 이
끌었다는 점은 '객관적인 조사'에 대한 기대와 신뢰를 떨어뜨리는 한 요인이었
다. 합조단의 인적 구성도 마찬가지이었다. 나중에 국회 천안함 진상조사 특별
위원회 소속 야당 국회의원이 공개한 국방부의 합조단 명단 자료를 보면([표
2-4])(연합뉴스 2010-5-31), '공개성'을 부각시키는 요소인 '민군'이라는 형식에
걸맞지 않게 상당수 조사위원들은 국방부 관련 기관이나 정부출연 연구기관
의 전문가들이었다. 명단 자료를 보면, 외국 조사단을 제외한 민군 합조단 참
여 인사는 모두 49명이었는데(표에 참여 인원수는 47명으로 집계되었으나 49명의
명단이 실렸다), 이 가운데 군인은 22명, 민간인은 27명으로 민간위원이 더 많

〔표 2-4〕 민군 합동조사단 인적 구성(국외 전문가 제외)

| 구분 | | 명단 |
|---|---|---|
| 공동 조사단장(2) | | · 민: 윤덕용(포항공대 자문위원장)<br>· 군: 박정이(합참) |
| 부단장(1) | | · 군: 이치의(합참) |
| 대변인(1) | | · 군: 문병옥(합참) |
| 과학수사<br><br>(14)<br>민:7<br>군:7 | 공동 분과장 | · 민: 정희선(국립과학수사연구소장)<br>· 군: 윤종성(국방부) |
| | 사진/영상 | · 민: 이 중(국과수), 김태형(국방홍보원)<br>· 군: 김옥년, 차재훈(국방부) |
| | 사체검안 | · 민: 김유훈, 김영주(국과수)<br>· 군: 곽병혁, 최민성(국방부) |
| | 증거물 분석 | · 민: 김동환(국과수), 민지숙(국과수)<br>· 군: 양승주, 박성재(국방부) |
| 함정구조/<br>관리<br><br>(12)<br>민:7<br>군:5 | 공동 분과장 | · 민: 조상래(울산대 교수)<br>· 군: 박정수(합참) |
| | 선체강도 | · 민: 김종현(한국선급), 노인식(충남대)<br>· 군: 이웅섭(해군본부) |
| | 선체충격 | · 민: 정정훈(한국기계연구원), 안진우(ADD)<br>· 군: 이재혁(방위사업청) |
| | 함 안정성 | · 민: 박상철(현대중공업), 주영렬(삼성중공업)<br>· 군: 조일생(해군본부) |
| | 함정관리 | · 민: 조상래(울산대 교수)<br>· 군: 김성백(해군본부) |
| 폭발유형<br><br>(13)<br>민:8<br>군:5 | 공동 분과장 | · 민: 이재명(ADD)<br>· 군: 이기봉(합참) |
| | 어뢰 | · 민: 이재명(ADD)<br>· 군: 김기준(합참) |
| | 기뢰 | · 민: 김대영(ADD), 김동형(민간연구소)<br>· 군: 한상철(합참) |
| | 수중유체분석 | · 민: 황을하, 김학준(ADD), 신영식(KAIST)<br>· 군: 김인주(합참) |
| | 기타폭발물 | · 민: 이근득(ADD), 조광현(예비역)<br>· 군: 류상용(합참) |
| 정보분석<br>(4)<br>민:2<br>군:2 | 공동 분과장 | · 민: 김옥수(국립해양조사원)<br>· 군: 손기화(합참) |
| | 정보/해저환경 | · 민: 이용국(한국해양연구원)<br>· 군: 서강흠(합참) |

(출처: 최문순 국회의원실 공개)

은 수를 차지한 것으로 분류되었다. 그러나 '민간'으로 분류된 위원 가운데 8명은 국방과학연구소ADD(7명), 국방홍보원(1명)처럼 국방부 관련 기관 소속이어서 군에서 독립적인 '민간'으로 보기는 어려웠다. 나머지 19명 가운데에도 국립과학수사연구원(6명), 국립해양조사원(1명)처럼 정부기관 소속이 7명이었으며 정부출연 연구소인 한국해양연구원과 기계연구원 소속이 2명이었다. 대학과 민간 기업에서 참여한 위원은 8명이었으며 '예비역' 또는 '민간연구소' 소속으로 참여한 위원은 2명이었다.

이런 인적 구성 탓에 민간 전문가의 참여라는 민군 합조단의 '개방성'은 퇴색했으며, 논란을 일으키는 사회적 쟁점을 다루는 조사기구에서 중요하게 꼽히는 '독립성'의 요건도 크게 기대하기는 어려워졌다. 앞의 사설에서 합조단이 따라야 할 모범으로 거론된 두 사례도 이런 점에서 현실의 합조단과는 상당한 거리가 있는 것이었다. 2001년 미국의 9·11테러 사건에 관해 포괄적 조사를 행한 9·11위원회9·11 Commission는 "의회의 입법화와 조지 부시 대통령의 서명으로 만들어진 독립적이며 초당적인 위원회"였으며(The 9·11 Commission 2004), 1986년 1월 승무원 7명 사망을 초래한 우주왕복선 챌린저 폭발 사건을 조사한 로저스위원회Rogers Commission는 레이건 대통령이 사고원인규명과 대책을 마련하고자 챌린저호와 무관한 인사들로 구성한 '독립적 위원회'였다(The Rogers Commission 1986).

이처럼 객관성과 투명성을 갖춰야 하는 조사기구에 걸맞지 않은 인적 구성의 취약성은 합조단 결성 초기에 잘 알려지지 않았으며, 다국적과 민군 참여의 형식을 갖춘 '다국적 민군 합동조사단'은 혼란스런 추론과 추리, 의문이 제기되던 당시 상황에서 '진상조사의 유일한 공적 주체'로서 출범할 수 있었다. 합조단은 침몰원인규명을 위해 사건현장의 증거 채집, 군사정보 수집, 시나리오 추리를 행하는 조사기구였으며 또한 사건현장의 단서들을 실험실로 가져와 측정·실험·분석·계산·해석을 통해 과학 실행의 결과물을 생산하는 과학 활동의 실험실이었다. 합조단은 네 차례의 중간 기자회견(2010년 4월 7일, 11일, 16일, 25일)과 최종 발표 기자회견(5월 20일)을 하고 6월 9~17일 유엔 안전보장이사회 회의에서 조사결과 설명회를 연 뒤(합동조사결과 보고서: 38), 6월 30일에 공식 활동을 종료했다. 국방부는 합조단의 5월 20일 조사결과 발표 이후 제기된 여러 의문들에 대한 해명과 보완의 내용을 담아 최종 보고서인 『천안함 피격 사건 합동조사결과 보고서』를 9월 중순에 발간했다.

### 조사결과 보고서의 구조, 증거의 목록

합조단의 조사활동을 물화한 결과물인 『합동조사결과 보고서』의 내용을 중심으로 그 활동을 보면, 사건발생 직후에는 생존자 진술과 기록물을 확보하고 확인하는 작업이 이루어졌다. 생존자 58명의 진술을 3월 27일, 28일, 31일과 4월 1일, 네 차례에 걸쳐 들었으며, 4월 2일부터 5일까지 열상감지장비 녹화 기록물을 확인하고, 천안함 승조원들의 휴대전화를 대상으로 사건 당일 오후 5시부터 12시까지 통화한 내역을 조사했다. 함미와 함수 인양 이후에는 선체 절단면과 내부, 외부의 흔적을 사진으로 촬영하고 선체 형상과 흔적을 분석했으며 폐쇄회로텔레비전CCTV의 기록물을 디지털 포렌식의 기법을 사용해 복원했다(합동조사결과 보고서: 38-42).

함미와 함수, 그리고 해저에서 증거물을 채집하는 활동도 벌였는데, 주요한 대상은 "파편으로 의심되는 금속 조각"과 "폭약성분이 흡착될 가능성이 있는 물질"이었다(합동조사결과 보고서: 39-40). 폭약성분을 찾는 분석에서는 화합물 분리 방법인 액체 크로마토그래피-질량분석 기법을 이용해 분석할 물질을 분리하고서 HMX(분자식 $C_4H_8N_8O_8$), RDX($C_3H_6N_6O_6$), TNT($C_6H_2[NO_2]_3CH_3$)

같은 폭약성분을 검출하는 작업을 벌였다. 수거된 금속 조각을 분석하는 데에는 '주사 전자현미경 에너지 분산형 엑스선 분석법'을 사용해 "관련성이 없는 금속은 배제되었고, 어뢰에 사용되는 알루미늄 및 알루미늄 합금 성분으로 판단되는 금속은 계속 검토"하는 작업이 진행되었다. 시체 검안과 부검에는 민군 법의학 요원들이 참여했다.

『합동조사결과 보고서』의 서술구조는 크게 보아, 침몰원인으로 생각할 수 있는 또는 사회적 논쟁의 장에서 제기된 갖가지 시나리오들을 열린 가능성으로 포괄하면서, 채택된 증거들과 비교해 가능성이 낮은 시나리오부터 하나씩 제거하여 '가장 그럴직한most likely' 시나리오로 접근하는 흐름을 보여주었다. 이는 합조단의 조사활동 방식이기도 했다. 재미 공학자인 안수명이 정보공개를 청구해 미국 해군이 공개한 미군 조사팀 대표 토머스 에클스의 자료를 보면, 합조단 해체 이후인 7월 30일 주한미군 합동정보작전센터Joint Intelligence Operations Center-Korea에서 발표된 "대한민국 군함 천안함 침몰 브리핑" 제목의 프레젠테이션 자료(발표자 미상)에서도 이런 조사와 추론의 방식을 엿볼 수 있었다([그림 2-2])(Multi-National Intelligence Support Element, ROK JIG 2010-7-30, 미국 해군 자료, Document 3: 001417-001444). 합조단의 공식 조직은 과학수사분과, 함정구조/관리분과, 폭발유형분석분과, 정보분석분과로 편재되었으나, 발표자는 이런 조직 편재를 단순화해 '작업팀operations team'과 '정보팀intelligence team'으로 분류했다. 자료를 보면, 각 활동의 과제는 작업팀의 경우에 'How'(어떻게 침몰했는가)와 'What'(침몰을 일으킨 원인은 무엇인가)를 밝히는 것이며, 정보팀의 경우에 'Who'(누가 침몰을 일으켰는가)를 밝히는 것으로 요약할 수 있다(그림에서 ②).

자료 발표자는 작업팀의 '최종 보고서final report'가 4월 30일에 완료되었다고 보고했다 (③). 즉, 4월 30일 무렵에 비접촉 수중폭발에 의해 천안함이 침몰했으며(How의 문제), 침몰을 일으킨 것은 어뢰 또는 기뢰(What의 문제)라는 결론이 합조단 내에서 완결되었음을 뜻한다. 작업팀의 분석 과정을 보여주는 다른 페이지의 자료에서는 여러 시나리오들이 '가능성 없음'(NO)으로 표시된 반면에 비접촉 폭발을 시사하는 "용골 아래 어뢰Torpedo Under Keel"와 "계류 감응 기뢰Moored Inflecce Mine"에는 '가능성 있음(YES)'이 표시되었다 (④). 다른 페이지들에서는 '용골 아래 어뢰'의 폭발 가능성에 "가장 그럼직한 원인Most Likely Cause"이라는 평가가, '계류 감응 기뢰'의 폭발 가능성에 '그럼직하지 않은 시나리오Unlikely Scenario'라는 평가가 내려졌다. 이는 작업팀의 조사활동에서 비접촉 수중폭발이라는 How의 문제를 풀더라도 What의 문제에서는 기뢰를 완전하게 배제할 수는 없었던 상황을 보여준다.

발표자료를 보면, Who의 문제를 다루는 정보팀의 최종 보고서는 5월 18일에 완결되었다 (③). 이때는 어뢰 추진동력장치가 수거된 5월 15일에서 사흘이 지난 시기인데, 어뢰 추진동력장치가 정보팀의 과제인 Who의 물음에 대한 답이 되었음을 보여준다. 수거된 어뢰가 북한제이며 사건 당일에 북한 잠수정에 의해 운반되어 발사되었음을 입증하는 데에는 군사적 정보들이 사용되었다(⑤, ⑥). 이처럼 『합동조사결과 보고서』의 서술구조와 7월 30일의 프레젠테이션 자료의 서술구조를 보면, 모두 다 자연스러운 추리 과정이 'How', 'What', 'Who'로 전개되었음을 볼 수 있으며, 이 가운데 'How'와 'What'은 과학수사, 선체구조, 폭발유형분석의 분과들에서 풀어야 했던 물음이자 과제였으며, 'Who'의 문제를 푸는 데에는 정보분과가 주요한 역할을 했을 것임을 엿볼 수 있게 한다.

이런 서술구조에 대한 이해를 바탕으로 증거물은 어떻게 다루어졌는지를 살펴보자. 5월 20일 발표 내용과 9월의 『합동조사결과 보고서』를 보면, 제시된 증거들은 크게 나누어 '결정적 증거'와 이를 뒷받침하는 여러 갈래의 보조

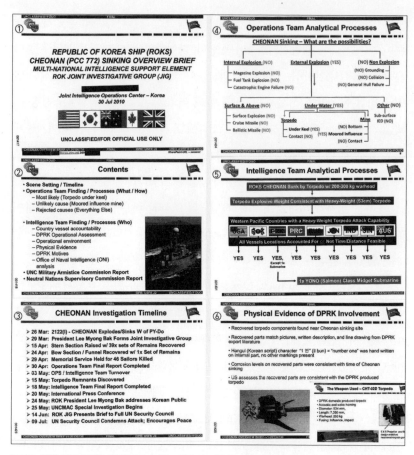

[그림 2–2] 합조단의 천안함 침몰원인 조사결과 브리핑 자료. (출처: Multi–National Intelligence Support Element, ROK JIG 2010)

증거들이었다. '결정적 증거'는 5월 15일에 백령도 부근 해저에서 수거한 어뢰 추진동력장치 부품이었으며, 이것이 '북한제 어뢰'임을 입증하는 증거로는 군 의 정보 파트가 제공한 북한의 수출용 무기소개 자료에 실린 설계도면과 어 뢰 표면에 쓰인 '1번' 글씨였다. 또한 이 '1번 어뢰'가 그 시각, 그 공간에서 천안 함을 공격한 바로 그 무기임을 뒷받침하는 증거로는 어뢰와 선체, 그리고 수조

폭발실험에서 얻은 '백색 흡착물질'의 성분이 동일함을 보여주는 엑스(X)선 회절 분석과 에너지확산 분광EDS 분석의 데이터였다. 그러므로 어뢰 추진체 부품이라는 '실물'과, 그것이 무엇인지를 식별해주는 '설계도면', 그리고 그것이 침몰사건의 현장에 있었음을 말해주는 '백색 흡착물질'이라는 세 가지 증거는 긴밀하게 상호연관의 관계를 이루고 있으며, 세 가지 증거가 동시에 증거력을 입증할 때에 "북한 어뢰 CHT-02D가 천안함을 공격해 침몰시켰으며 그 어뢰의 잔해가 바다에 가라앉았다가 수거되었다"는 사건의 전 과정을 보여주는 문장이 완성될 수 있었다([그림 2-3]).

또한 『합동조사결과 보고서』에서, '1번 어뢰'를 공격 무기로 입증하는 과정에는 천안함 침몰을 일으킨 사건이 어떠한 성격의 것인지를 입증하는 여러 증거들이 제시되었다. 먼저, '비접촉' '수중폭발'이 있었음을 입증하는 가장 중요한 증거는 파손된 선체 자체였다. 동강 난 선체 함미와 함수의 절단면에 남은 파손형상은 침몰을 일으키는 힘의 작용이 어떠했음을 보여주는 것으로 해석되었다. 합조단은 『합동조사결과 보고서』에 선체의 '변형 형태'와 '흔적 분석'의 결과를 자세히 실었다. 선체의 변형 형태는 침몰을 일으킨 충격이 폭발인지 충돌인지, 그리고 그 충격이 외부에서 비롯했는지 내부에서 비롯했는지를 판단하는 데 중요한 근거가 되었다. 절단면에 나타난 힘의 작용은 '거대하며' '순간적인' 것으로 판단되었으며 외부의 힘이 좌현 아랫부분에서 시작해 우현 위쪽으로 향했음을 보여주었다. 얼마나 큰 힘이 얼마나 짧은 시간에 작용했는지를 모사하는 데에는 컴퓨터 시뮬레이션이 사용되었다. 시뮬레이션을 바탕으로, 합조단은 천안함 선체의 파손형태에 이르게 한 충격은 고성능폭약 250kg, 또는 TNT 폭약 360kg이 수심 7m에서 폭발한 경우 천안함의 실제 파손 상태와 정성적으로 매우 유사한 손상결과를 얻을 수 있음을 확인했다(합동조사결과 보고서: 175). 합조단의 결론은 다음과 같다.

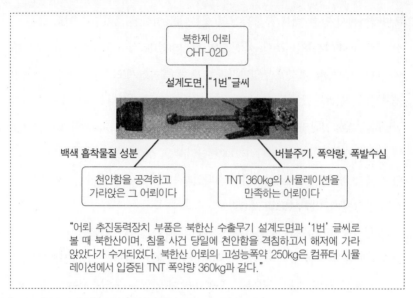

[그림 2–3] '1번 어뢰'의 "결정적 증거" 지위를 뒷받침하는 다른 증거들의 연결 구조.

결론적으로 침몰해역에서 수거된 어뢰 추진동력장치와 선체의 변형형태, 관련자들의 진술내용, 부상자 상태 및 시체 검안, 지진파 및 공중음파 분석, 수중폭발 시뮬레이션, 백령도 근해 조류 분석, 폭약성분 분석, 수거된 어뢰부품들의 분석 결과에 대한 민·군 합동조사단과 다국적 연합정보분석 TF의 의견을 종합해보면, 천안함은 어뢰에 의한 수중폭발로 발생한 충격파와 버블효과에 의해 절단되어 침몰되었고, 폭발 위치는 가스터빈실 중앙으로부터 좌현 3m, 수심 6~9m 정도이며, 무기체계는 북한에서 제조, 사용 중인 고성능폭약 250kg 규모의 CHT-02D 어뢰로 확인되었다. (합동조사결과 보고서: 205)

『합동조사결과 보고서』에는 침몰사건을 보여주는 여러 증거들이 종합되었다([표 2-5]). 여기에서는 사건의 성격과 원인을 결정적으로 보여주는 "결정적 증거"부터 사건의 배경을 이해하는 데 도움이 되는 정보나 정황 증거에 이르기까지 증거의 지위도 다양하게 확정되었다. 자세히 설명할 필요가 있는 증거와 설명할 가치가 없어 보이는 증거가 분류되었다. 합조단이 제시한 증거의 목록과 각 증거의 지위, 그리고 증거 간의 관계는 사건의 시나리오와 밀접하게 연관되었다. 그러나 나중에 살펴보겠지만 증거논쟁의 과정에서 합조단 보고서에는 충분히 설명되지 않은 채 소홀히 다루어졌거나 다루어지지 않은 요소도 꽤 있음이 드러났다.

다국적 민군 합조단의 구성과 활동은 천안함 논쟁에서 혼란스럽게 경쟁하는 다양한 시나리오들 가운데에서, 비접촉 수중폭발에 의한 침몰이라는 시나리오를 과학적 조사결과를 갖춘 공신력 있는 결론으로 확정하는 역할을 했다. 합조단이 실제로는 다양한 민간 전문가의 참여를 보장하지 않았다는 비판도 일었으나, 이명박 정부와 군은 '다국적'과 '민군' 참여의 형식을 부각하며 '모든 가능성을 열어두고 따져보면서 과학적이고 객관적인 증거를 찾아가는 기구'로서 합조단의 권위를 강화했다. 다국적 민군 합동조사단은 천안함 침몰원인을 조사하고 분석하고 판단하여 공식 시나리오를 작성할 수 있는 유일한 공적 조사기구였다. 백령도 해상과 파손된 선체는 합조단이 찾아야 할 증거들이 소리 없이 놓여 있는 사건현장의 공간이었으며, 인력과 장비를 갖춘 실험실은 그 증거들을 가져와 분석하고 검증하면서 한밤중에 발생한 과거의 사건을 추적하며 재구성할 수 있는 진실규명의 공간이었다.

과학기술학자 라투르는 과학적 사실이 실험실에서 생산되기까지 과학자·기기·재료·데이터 간에 벌어지는 협상·타협·배신·동맹의 과정을 자세히 관찰하면서 이런 다양한 과정과 맥락은 제시된 과학적 사실이 기성물로 받아들여질 때에 모두 그 안으로 사라짐으로써 나중에는 보이지 않게 된다고 설명했다. 이런 점에서 그는 과학 활동의 과정과 맥락이 사라져 보이지 않는 '이미 만

[표 2-5] 천안함 침몰 원인 규명의 증거 목록

| 선체 |
|---|
| 선체 파손 상태(전단파괴/취성파괴/디싱의 형상)<br>함수와 함미의 절단면<br>용골의 변형상태<br>소나돔의 상태<br>선체 우현 프로펠러 변형상태 |

| 승조원 |
|---|
| 생존자 58명 진술<br>시체 검안 |

| 수집증거 |
|---|
| 어뢰 추진동력장치<br>지진파와 공중음파<br>수거된 폭약성분 분석<br>선체/어뢰/폭발실험의 백색물질(흡착물질) |

| 컴퓨터 시뮬레이션 |
|---|
| 수중폭발과 선체 내충격 시뮬레이션 |

| 정보 |
|---|
| 백령도 근해 조류<br>북한 수출용 무기 소개자료<br>TOD(열상감지장비) 기록물<br>KNTDS (한국 해군전술지휘통제체제)<br>항적도<br>교신일지 |

(참조: 합동조사결과 보고서)

들어진 과학<sub>ready-made science</sub>'을 '블랙박스'에 비유했다(Latour 1987). 그래서 그 과학의 본래 모습을 보려면 '블랙박스' 안으로 사라진 '진행 중인 과학<sub>science in action</sub>'을 바라볼 수 있어야 한다는 것이다. 2010년 5월 20일 '유일한 공적 조사 주체'인 합조단이 다국적 민군 전문가를 동원해 얻은 천안함 침몰원인의 조사 결과를 발표했을 때 그 결론은 블랙박스화 했다. 합조단의 증거와 시나리오는

'과학적 사실'과도 같은 기성물의 지위를 요구했으며, 논쟁의 여지없이 받아들여지는 유일한 공식 설명official story 또는 공식 시나리오official scenario의 지위를 요구했다.

이전까지 다양하게 제시되어 경쟁하던 시나리오들은 정부와 합조단의 '공식 시나리오'에 의문을 제기하는 '대항 시나리오'의 관계로 재편되었다. 다시 라투르의 설명을 빌리면, 다국적 민군 합조단이 '과학적이고 객관적인' 조사기구를 표방하며 대규모의 인력과 장비를 활용하여 수집, 분석, 해석, 판단해 얻은 결론은 대항 시나리오가 쉽게 접근할 수 없는 '진입장벽'을 높인 것이며, 기성물의 지식이나 과학적 사실을 넘어서려는 대항–실험실counter-laboratory이 치러야 하는 대가price도 그만큼 커졌음을 의미했다(Latour 1987: 79). 공고한 블랙박스의 바깥에는 '비공식', '대항적' 시나리오만이 남았으며, 이후 논쟁은 합조단의 조사결과를 둘러싼 옹호와 반박이라는, 공식적 설명과 대항적 설명이라는 구도에서 전개되었다. 더욱이 합조단은 6월 30일 해체되고 이후에 제기되는 의혹에 대응하는 주체는 국방부가 되어 '과학 논쟁'의 환경은 더욱 나빠졌다. 국방부의 홍보만화인 〈강호룡 기자가 살펴본 천안함 피격사건의 진실〉이 합조단의 증거와 시나리오를 소개하면서 강조했던, "확실한 증거 없이는 기사 함부로 쓰지 마라"라는 대사는 열린 논쟁의 구조가 아니라 진입장벽을 높인 블랙박스의 닫힌 구조를 보여준다(강촌 2010).

## 정치의 장: 국회, 한반도, 유엔

천안함 침몰사건은 정치의 공간에서 원인규명과 대응 방안을 둘러싸고 중요한 논쟁 거리였다. 침몰의 원인이 무엇이냐에 따라 정치적 대응과 위기관리가 달라지기에 침몰원인에 대한 관심은 자연스럽게 정치의 공간에서도 부각되었다. 이 절에서는 정치 공간에서 정치인들의 관심이 어디에 쏠려 있었는지, 그리고 침몰원인의 규명 작업에 대한 태도, 증거물에 대한 태도는 어떠했는지를 살펴보고자 한다. 대체로 정치 공간에서는 원인규명의 과정보다는 사건의 책임이 누구에게 있는지의 문제, 그 책임에 대해 어떠한 후속 대응을 취할 것인가의 문제가 더 큰 관심사였는데, 그렇기 때문에 정치 공간은 물적 증거와 구체적 사실에 대한 관심에서 상대적으로 더 멀리 떨어져 있는 모습을 보여주었다. 국제정치의 무대인 유엔 안전보장이사회는 한국정부와 합조단의 침몰원인 조사결과가 국제정치의 역관계 속에서 어떻게 받아들여질 수 있느냐를 보여주는 공간이었다.

### 국가안보, 용기, 진실

천안함 침몰사건에 대응하는 정치권의 반응과 대응이 어떠했는지는 당시 국회 회의록에서 엿볼 수 있다. 천안함 사건을 다룬 국회 회의 기록으로는 제288회 국회에서 2010년 3월 27일과 29일에 열린 국방위원회, 제289회 국회에서 4월 2일에 열린 본회의와 14일, 19일, 30일에 열린 국방위원회, 그리고 합조단 조사결과 발표 이후에 소집된 제290회와 제291회 국회에서 각각 두 차례씩(5월 24일, 28일과 6월 11일, 25일) 열린 천안함 침몰사건 진상조사특별위원회의 회의록이 있다. 의원들의 육성을 녹취한 회의록은 당시 정치인들이 천안함 사건과 증거 조사에 대해 보였던 태도를 살필 수 있는 자료이다.

국회는 사건발생 다음날인 3월 27일 토요일 오후에 국방위원회를 열어, 실종자 탐색과 구조작업 현황, 초계함 침몰과 군의 초동 대처 경위에 관한 국방부의 보고를 듣고 질의했다. 침몰사건이 나고 18시간 만에 열린 국방위에서 초기 보고는 단편적이었다. "어제 21시 30분경 백령도 서남방 해상에서 임무 수행 중이던 우리 해군 초계함인 천안함이 원인 미상의 사고로 "선저에 파공이 발생했으며 파공으로 침수가 발생하면서" "폭발음이 들림과 동시에 배가 완전히 정전"되었다는 당시 상황에 관한 국방부의 보고가 있었지만(국회 국방위원회 2010-3-27: 2-11), 이런 정보들은 상황을 충분히 전해주지 못했다. 1200t급 함정이 침몰하고 또 58명의 생존자가 있는 사건에서 침몰원인을 "예단할 수 없다"라는 국방부의 답변에, "아직까지도 원인을 모른다는 게 누가 보더라도 이해할 수 있겠습니까", "결국에 사고원인은 내부 폭발 아니면 외부에 의한 충격, 둘 중의 하나입니다. […] 어느 쪽에 무게 실린 평가를, 판단을 못합니까" 하는 의원들의 질타성 질의가 이어졌다(국회 국방위 2010-3-27: 11, 20-21).

앞 절에서 보듯 언론매체들은 증거가 부족한 상황에서도 사건의 원인을 추리하는 시나리오의 생산에 적극적이었는데, 마찬가지로 국회의원들 사이에서도 그런 적극성을 볼 수 있었다. 사건발생 직후에 열린 국방위원회에서는 여러 갈래로 침몰원인을 추정하는 질의가 이어졌다. 이후에 다루어질 침몰원인의 거의 모든 가능성이 2010년 3월 27일과 29일 국방위원회에서 제기되었다. 27일에 의원 질의를 통해서 언급된 가능성으로는, 암초충돌 가능성, 유증기에 의한 연료탱크 폭발 가능성, 탄약이나 화약류의 폭발 가능성, 북한 잠수정이나 반잠수정의 침투 가능성, 이들에 의한 음향기뢰의 설치 가능성, 북한이 군사훈련으로 설치한 기뢰가 떠다니다 폭발했을 가능성, 북한 잠수정이 침투해 어뢰를 발사하고 도주했을 가능성, 공작원 또는 내부인에 의한 테러 가능성까지 갖가지 시나리오가 의원 질의 형식으로 나왔다. 이 가운데 북한의 연루 가능성은 여당 의원을 중심으로 큰 관심사로 다루어졌으며, "만약에 북한이 설치한 어뢰가 떠내려왔든 어떻든 간에 북한의 어떤 소행과 관련이 있다라고 나중에 조사해 가지고 그런 결과가 나오게 되면 그다음 우리 군이 취할 수 있는 어떤 액션이 뭔지 한번 묻고 싶습니다'라는 질의처럼(국회 국방위원회 2010-3-27: 31), 원인규명 이전에 대북 대응책을 묻는 성급한 질의도 사건 직후부터 등장했다.

　증거 이전에 북한의 연루 가능성이 사건 직후부터 제기될 수 있었던 상황을 이해하기 위해서는 긴장과 대립을 지속했던 당시의 남북관계를 살펴보아야 한다. 이명박 정부 출범 2주년을 맞아서 '이명박 정부 2년의 남북관계'를 평가한 한 언론의 보도는 이 기간에 남북관계는 퇴보해 남북 사이에 긴장과 대립이 지속되고 있다고 비판했다. 남북협력 사업은 2007년 188건에서 2009년 23건으로 급감했으며, 북방한계선NLL 해역을 평화협력 지대로 만들자던 '10·4 정상 선언' 합의는 "물거품이 되었다"(한겨레 2010-3-3: 4). 서해에서 군사적 긴장은 높아졌다. 1999년(1차 연평해전)과 2002년(2차 연평해전)에 이어 7년 만인 2009년 11월 10일에 3차 서해교전(대청해전)이 벌어졌다. 3차 서해교전 당시 합동참모본부는 '북한 경비정이 북방한계선을 2.2km 넘어왔으며 경고통신도 무시해 함포로 경고사격 했다'라고 발표했는데 북한 경비정은 "검은 연기가 날 정도로 손상되어 북방한계선을 넘어 북상"한 것으로 전해졌다(한겨레 2009-11-11: 1). 이에 앞서 2008년 7월 금강산 관광객 피격 사망 사건이 발생해 금강산 관광이 중단되었고 이후에도 관광 재개를 둘러싸고 남북 갈등은 지속되었다. 천안함 침몰사건 하루 전인 2010년 3월 25일 북한은 '관광 재개를 하지 않으면 특단의 조치를 취할 것'이라며 금강산지구 내 남측 자산을 동결 또는 몰수하겠다는 강경한 태도를 내비쳤다(조선일보 2010-3-26: 3). 이런 가운데 3월 8일부터는 정례적인 한국-미국 연합 군사훈련인 '키 리졸브Key Resolve'와 야외 기동훈련인 '독수리훈련Foal Eagle'이 실시되었다(한겨레 2010-3-8: 6;

국회 국방위 2010-3-29: 39).[5] 그러나 다른 한편에서는, 한반도를 둘러싼 주요한 국제 현안인 '북핵 6자회담'의 재개 논의가 무르익어 곧 북한의 복귀로 6자회 담이 재개될 것이라는 기대가 나오고 있었다(조선일보 2010-2-24: 8).

특히나 침몰장소는 남북 군사 대치를 상징하는 곳이었다. 북방한계선 부근 의 서해에서 일어난 천안함 침몰사건은 연평해전과 대청해전의 긴장감을 떠올 리게 했다. 대청해전이 있고 두 달여 지난 때이자 침몰사건이 일어나기 두 달 전인 1월 말에는 북한군이 일방적으로 북방한계선 남쪽까지 항행금지 구역으 로 선포하고서 북방한계선 쪽을 향해 함포 사격을 가했으며 이에 한국군도 대 응 사격을 하며 대치하는 일이 벌어졌다(조선일보 2010-2-24: 8). 천안함이 침 몰한 당시 현장 주변에서 경계하던 속초함이 북방한계선 쪽으로 빠르게 북상 하는 미상의 물체를 레이더에서 발견하고서 포 사격을 가했는데 (나중에 국방 부는 미상의 물체가 육지 지역에서도 계속 비행했다는 점으로 볼 때 새 떼였던 것으로 보인다고 밝혔다), 이러한 당시의 대응은 천안함 침몰지점이 남북 군사 대치의 공간임을 환기시켜 주었다.

---

5  3월 29일 국회 국방위원회에서 국방부 장관은 천안함 침몰사건 당시에 한미 합동 군사훈련이 진행 중이었다
   고 답변했다.
   "김무성 위원: 장관, 현재 미국 이지스함과 함께 2010년 한미 합동 독수리훈련을 실시 중에 있습니까?
   국방부장관 김태영: 독수리훈련 진행을 제가 지금 정확하게 확인을 안 했는데 이거는 훈련이 있습니다. 지금
   진행이 대부분 끝난 걸로, 거의 끝나 가는 것으로 알고 있습니다.
   [···]
   김무성 위원: 23일부터 27일까지 미국 이지스함 2척과 한국 이지스함 또 최영함, 윤영하함 등 합동훈련 중이
   었지요?
   국방부장관 김태영: 예.
   김무성 위원: 훈련 중에 사고가 난 거지요? 사고는 그 훈련과의 연관성이 없습니까?
   국방부장관 김태영: 연관성이 없습니다"(국회 국방위 2010-3-29: 39).

국방부장관 김태영: 예, 그건 솔직히 말씀드려서 그 초기 단계에서 저희는 당연히 이거는 저희가 어떤 기습을 받은 것으로 생각을 할 수밖에 없었습니다. 그러니까 한 70%는 기습을 받거나 어떤 공격을 받은 것으로 생각을 했고 30%에 대해서는 그 외의 요인, 가령 여러 가지가 있을 수 있겠습니다마는 좌초를 했거나 또 이런 것도 있을 수 있지만, 그렇지만 저희가 우선적으로 생각했던 것은 그 지역 위치가 또 그런 위치고 하니까⋯⋯

문희상 위원: 예, 백령도 부근이고⋯⋯ [⋯] 물론 또 북에서 복수하겠다고 뭐 보복하겠다고 이런 상황이 있었고⋯⋯

국방부장관 김태영: 그렇습니다. 11월 달에 그런 얘기를 했고⋯⋯

문희상 위원: 실제로 두 번에 걸쳐 해안포 사격이 있었고, 그런 상황에서 그런 일이 벌어졌으니까 그런 판단을 할 수 있겠다라는 생각이 들고요?

국방부장관 김태영: 예, 그렇습니다.(국회 국방위 2010-4-14: 56)

천안함 침몰사건의 충격을 받아들이는 국내의 정치적 상황은 상당히 복잡했다. 당시의 복잡성은 한 의원의 질의에서 읽을 수 있다. 진보 성향의 언론매체는 사건의 원인이 정치적으로 왜곡될 가능성을 경계하고 있었으며, 보수성향의 언론은 북한의 소행임이 드러나도 정치적 판단에 의해 제대로 진실이 발표되지 않을 수 있다는 또 다른 경계의 목소리를 높이고 있던 터였기에, 정부와 정치권은 조사 과정과 사후 대처와 대응에서 쉽지 않은 처지에 놓여 있었다.

유승민 위원: 장관께서도 언론을 다 보실 겁니다만 우리 사회에 지금 진보적인 언론이라고 이렇게 분류가 되는 그런 언론에서는 북한의 소행이라는 이런 이야기를 꺼내는 것 자체를 굉장히 또 '북풍이다' 이렇게 몰아가는 경향이 있고요. 또 다른 한편으로 보수적인 언론이다라고 분류되는 언론에서는 최근에 나오는

칼럼이나 이런 걸 보면 과거에 판문점 도끼 만행, 1·21 사태, 푸에블로호, KAL 858, 여러 과거에 북한이 저지른 테러·만행 이런 걸 죽 이야기를 하면서 '우리가 한 번도 제대로 된 응징·보복을 한 적이 없다' 이런 점을 부각시키면서 이번에도 결국 증거가 나오더라도, 증거가 안 나오면 영구미제 사건이 되어버리는 거고, '증거가 나오더라도 우리는 북한을 응징하지 못한다' 이런 식의 논조를 이미 언론에서 국민들한테 그런 글을 막 쓰고 그게 언론에 막 뜨고 있단 말입니다.(국회 국방위 2010-4-14: 48)

사건 초기부터 북한의 연루 가능성은 보수성향의 언론매체와 여당 소속 의원들에 의해 강하게 제기되었으며 침몰원인과 관련한 국회 질의와 응답에서 줄곧 중요한 의제로 다루어졌다. 합조단의 활동이 본격화한 4월 중순 이전에 군은 침몰원인을 추정하는 데에 "예단을 하지 않는다", "모든 가능성을 열어두고 조사한다"라는 말을 되풀이하며 신중한 태도를 유지하고자 했으며, 이명박 대통령도 군이 이런 태도에서 벗어나지 않도록 견제하는 모습을 보였다. 정부의 신중한 태도가 북한의 연루 가능성을 부정하거나 소홀히 다루는 것으로 비치자, 이에 대한 반발이 일어났다.

유승민 위원: [···] '북한의 도발이 아니다'라고 청와대나 국방부나 군이 계속 강조하는 이유가 뭡니까? 아니기를 바라는 겁니까? 뭡니까?

국방부장관 김태영: 그렇지 않습니다. 저희가 북한의 도발이 아니라고 강조한 바는 없습니다.

유승민 위원: 그러면 안보장관회의를 네 차례나 했는데 '북한이 연계된 그런 증거가 없다. 북한의 소행으로 보기 어렵다. 북한은 특이동향이 없다' 이런 말이 계속 언론에 나오면 국민들은 '아, 이번의 폭발 사건은 북한하고는 별로 관계가 없

나보다' 이렇게 여길 거 아닙니까? (국회 국방위 2010-3-29:24)

이런 질의의 배경에는 남북 군사 대치의 공간에서 군함이 '폭발음'을 내며 '두 동강' 난 채로 침몰한 사건에서 유력한 용의자는 북한일 수밖에 없다는 믿음이 놓여 있었다. 그러므로 진실의 존재에 대한 믿음을 "정치적 계산"으로 회피하지 않으면서 있는 그대로 밝히는 일은 "두려움 없는 용기"로 여겨졌다. 충분한 증거는 없었지만 "정황증거"는 확실한 믿음을 주었다.

> 유승민 위원: […] 국방부가 직접적인 증거를 찾으면 가장 좋겠지만 직접적인 증거가 안 되면 정황증거라는 게 있습니다. […] 그 당시의 가능성을 다 제외해 나가면 남는 가능성을 가지고 정말 축조해서 심의를 해서 판단을 할 때 필요한 정황증거, 이것도 굉장히 중요한 것입니다.
>
> 그래서 아까 제가 초반에 당부 드린 대로 장관이 우리나라에서, 지금 대한민국에서 이 진상규명을 두려움 없이 용기를 가지고 정말 진실대로 밝힐 사람이 저는 몇 명 안 된다고 생각합니다. 장관께서는 그런 역사적인 일을 해 주셔야 된다, 저는 이렇게 말씀드리고요. (국회 국방위 2010-4-14:26)

북방한계선 부근의 바다에서 처참하게 두 동강 난 천안함의 파손된 선체라는 현실을 직시하는 '용기'는 남북관계가 자칫 극도의 긴장과 충돌로 치달을 수 있다는 두려움에 머물지 않으면서, 정황 증거로 볼 때에, 그리고 다른 가능성을 하나하나 제거하고서 남은 가능성으로 판단할 때에 이미 뚜렷하게 드러나고 있는 진실을 있는 그대로 말하는 태도였다. 믿을 수 있는 진실은 저곳에 있고, '용기'는 그 진실을 향해 나아갈 수 있는 태도였다. 두려움 없는 용기는 '국가안보 비상상황'에 두려움 없이 초당적 대처를 강조했던 미국의 9·11테러 사건 당시의 '국가적·국민적 결단'에 비견되었다.

김무성 위원: 이번 사태는 미국의 9·11 사태에 비견될 수 있는 국가안보 비상 상황입니다. 이런 경험을 통해서 정파와 정치적 견해 차이를 넘어서 지금은 대한 민국이 하나가 되는 것이 중요합니다. 침몰원인이 규명이 되면 국가적·국민적 결 단을 요구하는 상황에 직면하게 될 것입니다. 국가적 위기 상황에서 정치권은 정 파의 차이를 넘어서 국민의 선두에 서 가지고 온 나라를 하나로 뭉치게 만들어야 할 것입니다. (국회 국방위 2010-4-19: 28)

'자위권'의 발동도 회피해서는 안 되는 용기 있는 결단의 대상이었다(국회 국방위 2010-4-14). '용기' 있는 태도에서 두려워해야 할 것은 눈앞에 확연해 보 이는 침몰원인이 결정적 물증을 찾지 못해 결국에 '영구미제'로 남아 천안함 침몰사건이 유야무야 되는 무력한 상황이었다.

유승민 위원: […] 제가 가장 두려운 것은 증거도 없고, 원인도 모르고, 언론 의 관심은 갈수록 떨어지고, 국민들은 더 이상 관심이 없고, 미궁에 빠져 가지고 영구미제 사건이 되는 것입니다. (국회 국방위 2010-4-14: 25)

유승민 위원: […] 대통령이 무슨 재판관입니까? 물증을 찾게. 국방부장관이 무슨 재판관입니까? 물증을 찾게. 무슨 물증을 그렇게 따지세요? 기[이미] 두 동 강난 천안함이 있는데, 거기에 대해서 한번 답변해 보십시오. (국회 국방위 2010-4-30: 5-6)

용기 있는 태도를 요구하는 이런 목소리와 비교되는 것으로, 진실은 아직

충분히 알 수 없고 그래서 진실에 다가가기 위해서는 먼저 더 많은 정보, 즉 정보 공개가 필요하다고 요구하는 태도가 있었다. 이런 태도는 주로 야당 의원의 질의에서 나타났다. 그것은 아직 모르는 침몰원인에 대한 직접적 관심보다는 원인 조사 절차와 투명성에 대한 관심이었다. 야당 의원들은 대체로 정보의 투명한 공개와 진상의 규명을 요구했다.

> 이종걸 위원: 제2함대 사령부 교신 기록, 이동 기록, 그리고 파견된 고속정과 초계함에 대한 원본 동영상, 구조에 투입된 일별 장비 일체 목록과 인원 규모, 백령도 레이더기지의 사고 당일 레이더 영상자료, 이것을 꼭 요청합니다. 자료 제출 꼭 들어주시기 바랍니다. 지금 가장 위험한 안보 위기입니다. 국민들이 정부를 불신하는 것입니다. [⋯] 최대 안보위기를 극복하기 위해서 정확한 진상규명이 필요합니다. (국회 본회의 2010-4-2: 22)

> 전병헌 위원: 공개하십시오. 공개를 하면 이 모든 의혹이 해결되는 것입니다. 왜 공개를 안 하고서 의문을 자꾸만 키우고 확대합니까? [⋯] 그래서 어느 쪽이 됐든 이러한 옳지 않은 부정확한 루머와 의혹이 확산되는 것은 적절치 않기 때문에 그런 의혹을 해소하기 위해서라도 4개 본부에 녹화되어 있는 레이더를 공개할 것을 요구합니다. (국회 본회의 2010-4-2: 47-48)

그러나 침몰원인이 무엇이냐, 즉 누구의 책임인가가 초점이 된 정치의 장에서, 북한의 연루 가능성이 유력하게 떠오르는 토론의 장에서, 정보 공개만을 요구하는 것은 북한의 연루 가능성을 회피하는 행동으로 비쳤다. 국가안보 위기가 부각되는 상황에서 '용기'보다 '신중함'을 요구하는 태도가 현실 정치의 장을 주도하기는 어려웠다. 분단체제의 한국사회에서 백령도 부근에서 일어난 군함 침몰사건에 북한이 연루되었을 가능성을 떠올리는 것은 자연스러운 관심이었기에, 안보 위기와 군사기밀이 긴밀히 연계되어 정보 공개를 강하게 반대하는 분위기에서(국회 국방위 2014-4-14),[6] 정보 공개와 신중함을 요구하는 목소리는 무력한 요구의 수준에 머무를 수밖에 없었다.

## 시나리오의 확장

여기에서는 천안함 침몰사건을 대하는 정치의 장에서 일찌감치 북한을 침몰사건을 일으킨 용의자로 지목하는 믿음이 여당 의원 사이에서 강하고 구체적으로 나타났다는 특징을 살펴보고자 한다. 앞에서도 보았듯이 침몰 당시 군의 대처에서 군은 북한군의 공격 가능성을 높게 판단해 이에 대응하는 작전을 펼쳤음을 알 수 있었다. 그러면서도 사건 직후부터 정부와 군은 침몰원인과 관련해 '모든 가능성을 열어두고서 조사'하며 '과학적이며 객관적인' 조사기구를 구성하도록 노력하겠다는 태도를 거듭 강조했다.

> 국방부장관 김태영: 국제사회 내에서 하나의 책임 있는 정부라면 그 책임 있는 정부가 단지 그냥 짐작이나 확실하지 않은 사안을 가지고서 국가의 어떤 의사 결정을 할 수 있으리라고 생각하지 않습니다. 그래서 그런 차원에서 우리가 명확

---

6 제289회 국회 국방위원회(2010년 4월 14일)에서는 군사기밀과 정보공개에 관한 논란이 자주 벌어졌다. 국방부는 정보공개가 안보상황과 연계된 문제임을 강조하며 정보공개의 한계를 밝혔다. "국방부장관 김태영: [...] 그 전파가 가게 될 때는 그것을 암호화해서 가게 됩니다. 그래서 암호화되어서 간 것은 북한도 어떤 암호화된 상태를 캐치할 수 있으리라고, 잡아낼 수 있으리라고 생각합니다. 그런데 우리가 거기에 평문으로 풀어서 된 내용을 내놓게 될 경우에는 소위 그 두 가지만 비교하더라도, 아마 함무라비법전보다 훨씬 더 쉽게 저희 암호 체계를 해독해 낼 것입니다. [...] 저희가 갖고 있는 모든 암호체계가 적에게 완전히 노출되는 그런 상황이 되는 것입니다"(9쪽).

한 증거를 확보하기 위해서 최선의 노력을 다해야 한다고 생각합니다. 그런 바탕 위에서 정확한 평가를 해야 하고 그런 차원에서 지금 저희가 조사단과 민·군 또 거기에다 플러스해서 외국의 조사전문요원들까지 다 포함시키는 그런 의미라고 생각합니다. (국회 국방위 2010-4-14: 25)

국방부 장관은 다른 자리에서도 유보적인 태도를 강조했지만 여당 의원들은 북한 어뢰의 공격 시나리오를 구체화하는 질의를 이어갔다. 인양을 앞둔 함미가 파손된 선체 일부가 모습을 드러내고 그 다음날에 열린 국방위원회에서는 북한 어뢰의 수중폭발이 더욱 믿음직한 시나리오가 되었음을 여당 의원들의 질의에서 쉽게 볼 수 있었다.

이윤성 위원: [···] 일단 2m 이상 인양이 되었고 그 모습이 적나라하게 드러남으로 우리 평상인들도 이렇게 보면 '야, 이거 굉장히 당했구나' 이렇게 생각을 합니다. 그렇지요? [···] 자, 이런 걸로 볼 때 여러 가지, 한 네다섯 개 원인 가운데 하나하나가 지워지기 시작합니다. 그렇지요? 내부폭발, 무슨 암초, 피로에 의한 파괴 이런 게 하나하나 지워지고 이제 나머지가 외부충돌인데 외부충돌 가운데에서 이거 어뢰를 맞은 거냐 아니면 기뢰에 맞은 거냐, 아니면 그밖에 또 신무기에 맞은 거냐, 이런 얘기로 지금 좁혀가고 있는데 장관은 어떻게 생각하십니까? (국회 국방위 2010-4-14: 5)

유승민 위원: 예, 제가 왜 그런 말씀을 굳이 청했느냐 하면, 지금 이 사건이 흘러가는 추세가 제가 보기에는 북한에 의한 어뢰공격의 가능성이 제일 높다 이렇게 저는 판단을 합니다. 예단을 하지 말라는 말을 하도 많이 들어 가지고 이것도 예단이 될지는 모르겠습니다만 [···] 제가 보기에는 북한 잠수함이나 잠수정에 의한 어뢰공격 가능성이 가장 높다 이렇게 생각을 하는데 [···]. (국회 국방위 2010-

4-14: 24)

경쟁하는 여러 시나리오들을 제시된 증거와 비교하며 가능성이 낮은 시나리오부터 하나씩 지워가면서 가장 유력한 사건의 원인에 접근하는 추리의 방식은, 앞에서 합조단의 조사활동이나 언론의 보도에서 보았던 대로 정치인의 시나리오 추론에서도 쉽게 볼 수 있었다. 오히려 그런 추론은 다른 영역에 비해 국회 정치의 장에서 훨씬 더 풍부하고 자유로운 것이었다. 침몰사건발생 7일 뒤에 열린 4월 2일의 본회의에서도 이런 시나리오 추론은 상당히 구체적으로 제시되었다.

김동성 위원: 1200t급 규모의 함정이 암초에 부딪혔을 때에 이 정도, 리히터 1.5 정도의 지진파 발생이 가능합니까?

국방부장관 김태영: 부딪힘을 해 갖고서는 그런 음파가 나오기는 어려울 것으로 판단하고 이것은 그 배가 부서지면서 나오는, 아마 그때 나왔던 폭발음이라고 생각을 합니다.

[…]

김동성 위원: 자, 그럼 지진파 분석에 따르면 분명히 폭발이고, 아까 말씀하신 대로 내부 폭발이나 폭뢰에 의한 것이 아니면 지금 이제 기뢰나 어뢰의 가능성이 남는 건데 어느 쪽 가능성이 더 높다고 보십니까?

국방부장관 김태영: 두 가지 가능성이 다 있습니다마는 어뢰에 의한 가능성이 아마 조금은 더 실제적이 아닌가 생각을 합니다. 그러나 현재 그러한 가능성은 어떤 가능성도 우리가 다 열어 놓고 봐야만 합니다. (국회 본회의 2010-4-2)

보수성향 매체들에서도 기뢰 폭발설과 어뢰폭발설이 경쟁하고, 다시 기뢰

폭발설 안에서도 북한의 의도적 공격 시나리오와 버려진 북한 기뢰의 우연한 폭발 시나리오가 경쟁하던 3월 29일 무렵에 한 의원은 매우 구체적인 두 시나리오의 '가능성'을 비교하며 질의했다.

　　유승민 위원: 자, 좋아요. 그러면 60년 전에 북한이 러시아에서 수입한 그 기뢰가 그 바다에 60년 후에 나타나 가지고 천안함에 충돌했을, 그래서 폭발했을 가능성이 도대체 얼마나 되겠느냐? 거기에 비해서 북한군이 잠수함이나 반잠수정 그런 걸 이용해 가지고 어뢰나 기뢰로 공격했을 가능성…… 백령도 부근의 바다라는 게 북한 옹진반도 쪽에서 보면 북한군도 자기 바로 앞바다 같이, 그냥 안방 같이 상세하게 파악하고 있을 바다입니다. 접적지역 NLL 바로 밑이에요. 그 바다에 북한군이 뭔가 테러나 도발을 하기 위해서 기뢰를 설치했다든지 어뢰로 공격했다든지 그럴 가능성하고 60년 전에 북한이 잃어버렸을지도 모르는 기뢰가 정말 운이 나쁘게 와 가지고 우리 함정에 받쳐 가지고 폭발을 했다, 두 가능성 중에 어느 가능성이 높다고 보십니까? (국회 국방위 2010-3-29: 25)

　　합조단의 구성과 조사활동이 이루어지기 이전에, 제시된 증거가 충분하지 않았던 당시에, 이처럼 여당 의원들의 시나리오가 구체화할 수 있었음은 정치의 장에서 불충분한 증거에 기반을 둔 추론이 적극적으로 행해졌음을 보여준다. 분단체제와 남북 대치의 상황, 북방한계선의 군사적 상황, 그리고 북한군의 동향에 관한 군사적 정황 정보들이 추론에서 중요한 요소로 사용되었다. 언론 보도의 경향에서도 보았던 이런 추론은 남북 대치의 상황에서 자연스럽게 제기될 만한 것이었으나, 증거 발견 이전에 시나리오가 추론을 주도하면서 기존의 믿음을 강화하는 효과를 만들어냈다.
　　수사관의 추리 기법의 하나로 사용되는 가설적 추론은 제한된 증거를 넘어서서 새로운 가능성을 단서와 증거를 찾아가는 기법으로서 효과적일 수 있으나, 다른 한편에서는 수사관에게 선입견을 제공하고 다른 가능성과 증거를 소홀히 다루게 하는 이른바 '터널 비전tunnel vision'의 부정적 효과도 잠재적으로 지닌다. '터널 비전'은 유죄 판결의 오류 가능성을 설명하는 개념으로서, 유죄 입증의 증거를 선별하고 여과하거나 다른 증거를 배제하고 무시하면서 생기는 편향을 의미한다. 핀들리와 스콧은 이런 터널 비전이 "확증 편향confirmation bias, 사후해석 편향hindsight bias, 결과물 편향outcome bias이나 다른 여러 심리학적 현상과 같은 인지적 왜곡"에 의해 불가피하게 생겨나며, 이런 불가피하고도 자연스러운 인간적 경향성은 "제도적 압박" 요인에 의해 증폭될 수 있다고 분석했다 (Findley and Scott 2006: 396-397). 이런 관점에서 보면 제한된 증거보다 훨씬 앞서 나가는 시나리오의 추리는 일관된 시나리오에 대한 믿음을 강화하면서 시나리오 바깥에 있는 증거를 간과, 배제하는 부정적 효과도 일으킬 수 있다. 또한 시나리오 추리에 대한 높은 관심은 조사주체가 내어놓는 조사결과를 판단하는 비평자의 태도보다는 스스로 시나리오를 작성하는 조사자 또는 수사자의 태도를 보여준다.

### 한반도와 국제무대: 지지와 검증

북한이 비핵화와 6자회담 복귀의 기대와 달리 2009년 5월 25일 제2차 핵실험을 강행하여 긴장과 대립의 관계가 고조되면서(조선일보 2009-5-26: 1; 한겨레 2009-5-26: 1), 북한핵 6자회담의 성사 여부가 또 다시 국제사회에서 중요한 관심사로 떠오르던 시기에(조선일보 2010-2-24: 8) 일어난 천안함 침몰사건은 한반도를 둘러싼 국제 외교 무대에서 중대한 변수가 되었다. 당장에 남북관계는 극심한 냉각기에 들어갔다. 이명박 정부는 합조단 발표가 있은 지 나흘 뒤인 5월 24일 대통령의 대국민 담화와 통일·외교·국방부 3부 장관 합동 기자회견을 통해 천안함 침몰사건을 "대한민국을 공격한 북한의 군사도발"로 규정하고서, 개성공단을 제외한 남북 교역·교류 중단, 영유아 지원을 제외한 대북 지원 전면 보류, 즉각 자위권 발동, 대북 심리전 재개, 북한 선박의 우리 해역 운항 불허, 서해상 한국-미국 대잠수함 합동훈련 실시, 핵확산방지구상 PSI에 따른 한반도 역내외 훈련 참여, 천안함 문제의 유엔 안전보장이사회 회부 등을 담은 강경한 대북 조처('5·24 조처')를 발표했다(조선일보 2010-5-25: 1; 경향신문 2010-5-25: 1). 이와 함께 합조단의 조사 기간에는 한국-중국 정상회담, 북한-중국 정상 회담이 잇따라 열리면서 사건의 진상뿐 아니라 이와는 별개로 합조단의 조사결과가 국제사회에 어떻게 받아들여질지도 큰 관심사로 떠올랐다.

5월 20일 합조단이 '북한 어뢰에 의해 천안함이 피격되었다'는 조사결과를 여러 증거물과 함께 발표한 이후에 많은 나라의 정부는 북한을 지목해 비난하거나 또는 북한을 지목하지 않았지만 합조단의 조사결과를 지지하는 성명을 잇달아 발표했다. 가장 먼저, 미국 백악관이 "국제적 조사단의 보고는 증거에 대한 객관적이고 과학적인 검토를 담고 있다. 조사결과 보고는 북한이 이번 공격에 책임이 있다는 결론을 압도적으로 보여준다"며 북한의 공격 행위를 직접 비난했다(The White House 2010-5-17). 미국 하원은 25일 북한 규탄 결의안을 411 대 3으로 통과시켰다(동아일보 2010-5-27: 1). 하토야마 유키오 일본 총리는 24일 북한에 대해 즉시 추가 제재를 검토하겠다고 밝혔다(연합뉴스 2010-5-24; Ministry of Foreign Affairs of Japan 2010-5-27). 유럽연합은 20일 한국 해군 함정 승조원의 죽음을 애도하며 "조사결과는 극히 당혹스러우며 북한의 개입을 보여주는 증거가 특히 그렇다"면서 "무책임한 행위"를 비난하는 성명을 외교안보정책 고위대표의 이름으로 냈다(Europe Union 2010-5-

20). 유럽과 다른 대륙의 20여 나라들은 천안함 침몰사건을 애도하고 합조단 조사결과를 지지했다(동아일보 2010-5-27: 1). 북한 책임론과 관련해서 일부는 북한을 직접 거명하며 비난했으며 일부는 공격 주체를 명시하지 않은 채 공격 행위를 비판했고, 일부는 한반도에서 긴장 완화와 평화적 해결을 강조했다.

7월 9일 유엔 안전보장이사회United Nations Security Council · UNSC의 의장 성명 발표로 천안함 침몰사건의 조사활동은 사실상 마무리되었다. 대북 결의안보다는 낮은 수위인 의장 성명은 6월 4일 한국 유엔대사가 의장한테 보낸 서신(UNSC 2010-6-4)과 6월 8일 북한 유엔대사가 의장 앞으로 보낸 서신(UNSC 2010-6-8)에 답하는 형식으로 나왔다. 11개 문항으로 이루어진 의장 성명은 "대한민국 해군함 천안함을 침몰에 이르게 하여 46명 생명의 비극적 손실을 초래한 2010년 3월 26일의 공격을 개탄deplore한다"면서 희생자와 가족, 대한민국 국민과 정부에 위로의 표현을 전했다. 침몰사건의 책임자로 지목된 북한과 관련해서, 성명은 "5개국이 참여하고 대한민국이 이끈 민군 합동조사단은 조선민주주의인민공화국DPRK이 천안함 침몰에 책임이 있다는 결론을 내렸으며, 안전보장이사회는 합조단이 규명한 것들에 비추어 깊은 우려concern를 표명한다"라며 합조단의 조사결과를 인용하는 형식으로 북한 책임론을 간접적으로 밝혔다. 다음 문항에서 "안전보장이사회는 자국이 이번 사건과 관련이 없다고 진술하는 조선민주주의인민공화국을 비롯하여 다른 관련 당사자들한테서 나오는 반응을 주목한다"라고 부연했으며, 다음 문항에서는 "그러므로 안전보장이사회는 천안함을 침몰하게 한 공격을 비난한다"고 밝혀, 북한의 주장도 의식하면서 행위자가 명시되지 않은 공격 행위를 비난하는 절충의 형식을 보여주었다(UNSC 2010-7-9). 이처럼 안보리 의장 성명에서 비난 대상인 천안함 침몰사건의 공격 주체가 직접 명시되지 않음으로써 합조단 조사결과가 국제사회에서 공인을 받는 데에 온전한 성공을 거두지 못했다는 평을 받았다.

합조단의 조사결과가 그대로 수용되지 못한 것은 안보리 상임이사국인 미국, 영국, 프랑스, 러시아, 중국 가운데 중국과 러시아가 '북한의 어뢰공격'이라는 결론을 지지하지 않으며 의문을 제기했기 때문인 것으로 이해되었다. 특히 러시아는 사건 초기에 외부폭발 시나리오 중 하나였다가 폐기된 기뢰 폭발설이 다시 주목받는 계기를 제공했다. 러시아는 한국정부의 초청에 응하는 형식으로 한국을 방문해 합조단의 조사결과를 직접 살펴보고서 천안함 문제의 유엔 안보리 회부에 대한 자국의 입장을 정하겠다고 밝힌 데 이어 5월 31일부터 6월 7일까지 잠수함과 어뢰 전문가로 이루어진 조사단을 한국에 파견했다(조선일보 2010-6-1: 8). 러시아 조사단이 작성한 보고서는 공개되지 않았으나 7월 27일에 천안함 침몰원인으로 기뢰 폭발 가능성이 러시아 조사단의 보고서에 유력하게 담겼다는 국내 언론보도가 나오면서, 합조단의 조사결과에 다시 의문이 제기되었다.

당시 한 언론매체는 "한국 해군 천안함 침몰원인에 대한 러시아 해군 전문가그룹의 검토 결과 자료"라는 문서를 입수했다고 보도했다(한겨레 2010-7-27: 1). 이 보도를 보면, 러시아 조사단은 함선에 전류가 끊겨 마지막 동영상(CCTV)이 촬영된 시각인 "21시 17분 3초"가 공식 폭발 시각인 "21시 21분 58초"에 앞섰다는 점에서 폭발 직전에 다른 상황이 있었을 가능성, '1번 어뢰'가 부식 상태로 볼 때 6개월 이상 수중에 있었을 가능성, 천안함의 스크루 날개가 참사 전에 손상을 입었을 가능성 등을 들어, "접촉에 의하지 않은 외부의 수중폭발"이 있었음을 확인하면서도 "함선이 해안과 인접한 수심 낮은 해역을 항해하다가 우연히 프로펠러가 그물에 감겼으며, 수심 깊은 해역으로 빠져나오는 동안에 함선 아랫부분이 수뢰(기뢰) 안테나를 건드려 기폭장치를 작동시켜 폭발이 일어났다"는 다른 외부폭발 시나리오를 제시했다고 전했다. 이에 국방부는 보도의 근거가 된 문건이 "정체 불명의 문서"라며 강하게 반박했으며(경향신문 2010-7-28: 5), 주한 러시아대사관은 "러시아는 천안함 사태에 대한 전문가 조사단의 최종 보고서를 한국정부에 전달한 적이 없다"라며 문서의 유출 가능성을 부인했다(한국일보 2010-7-29: 2). 그러나 8월 31일 도널드 그레그 전 주한미국대사는 미국 신문인《뉴욕타임스NYT》에 기고한 글에서, 러시아 보고서의 존재를 시사하는 러시아 고위 관료의 말을 전했다(NYT 2010-8-31). 이처럼 유엔 안보리의 의장 성명으로 합조단의 조사활동과 이에 대한 공식 추인의 과정이 마무리되었으나, 이후에도 침몰원인을 둘러싼 물음은 멈추지 않았으며 비전문가 시민들의 의문 제기에 이어 전문가집단인 과학자 일부에 의한 의문 제기와 '과학 논쟁'이 이어졌다.

한편, 북한은 합조단의 조사결과 발표 당일인 5월 20일에 '천안호 침몰이 우리와 연계되어 있다고 선포한 만큼 그에 대한 물증을 확인하기 위해 국방위원회 검열단을 남조선 현지에 파견할 것'이라며 검열단 파견을 제의했다(한국일보 2010-5-21: 1). 이에 유엔사 군사정전위원회는 '북한군에 천안함 피격 사건을 일으켜 정전협정을 위반한 데 대한 원인을 평가하는 공동평가단을 소집할 것'을 제안했으며, 다시 북한은 현장 답사, 물증 분석, 증언 청취, 자료 수집 등 활동을 하는 20~30명 규모의 검열단 파견을 주장했다(동아일보 2010-7-24: 2). 9월 말에는 남북 군사실무회담이 열렸으나 남한은 북한에 천안함 사태에 대한 시인과 사과, 책임자 처벌 재발 방지 대책을 요구했고, 북한은 검열단 파견을 수용하라고 맞서 회담은 성과 없이 끝났다(한국일보 2010-10-1: 4). 몇 달 뒤 연평도 포격 사건은 모든 논의를 중단시켰다. 11월 23일 북한이 연평도에서 12km 떨어진 기지 2곳에서 기습적으로 쏜 해안포와 곡사포 포탄 100여 발 가운데 수십 발이 서해 연평도 육상에 떨어져 해병대 장병 2명이 숨지고 15명이 중경상을 입는 사태가 발생하면서(한겨레 2010-11-24: 1), 남북관계는 극도의 대립과 긴장 국면으로 빠져들었다.

# 공식 무대 바깥의 공론장에서

전문가집단이 모인 합조단의 조사결과에 의문을 제기하는 또 다른 전문가집단인 일부 과학자들, 그리고 비전문가집단인 시민사회단체와 온라인 미디어 사용자들은 언론·정부와 합조단·국회·외교의 장 바깥에서 천안함 사건 논쟁에 큰 영향을 끼친 공론장의 주체들이었다. 온라인 토론의 공간으로는 정치칼럼 사이트인 '서프라이즈'(http://www.surprise.or.kr)의 '천안함 토론방', 생명과학 온라인 커뮤니티인 '생물학연구정보센터BRIC'(http://bric.postech.ac.kr)의 '과학의 눈으로 바라 본 천안함 사고원인' 토론방, '과학기술인연합SCIENG(http://www.scieng.net)의 회원용 비공개 게시판 등은 사용자들이 주로 익명으로 참여하는 활발한 논쟁의 장이 되었다. 반면에 정치뉴스 인터넷매체인 '조갑제닷컴'(http://www.chogabje.com) 등은 천안함 침몰사건을 일으킨 행위자로 북한을 지목하면서 사건 초기에 신중한 접근을 강조한 정부를 비판했다. 합조단의 결론을 지지하거나 비판하는 여러 익명의 블로거도 온라인 토론방의 논쟁에 활발히 참여했다.

5월 20일 합조단의 조사결과 발표와 정부의 '5·24 대북제재 조처' 발표, 그리고 유엔 안전보장이사회의 의장 성명으로 천안함 사건 논쟁은 형식적으로는 '종결'의 국면으로 나아갔으나, 이후에도 합조단 조사결과에 대한 의문과 의혹은 지속되었다. 합조단 발표 직후인 5월 말부터 미국 버지니아대학교의 물리학과 교수 이승헌과 미국 존스홉킨스대학교 국제관계대학원 교수 서재정은 '결정적 증거'로 제시된 어뢰 추진동력장치의 '1번' 글씨가 수중폭발 순간에 타지 않고 남아 있는 점에 의문을 제기했다. 또한 이승헌은 어뢰추진체가 천안함을 공격한 어뢰임을 입증하는 증거로 제시된 '흡착물질'의 분석 데이터가 조작되었을 가능성을 제기해 '과학적이고 객관적인' 합조단의 조사결과에 도전했다. 몇몇 시민사회단체도 합조단의 조사과정과 그 결과물에 의문을 제기했다. 전국언론노동조합과 한국기자협회, 한국PD연합회가 구성한 '언론3단체 천안함 조사결과 언론보도 검증위원회'(이하 언론검증위)는 국방부가 『합동조사결과 보고서』를 펴낸 지 한 달가량 뒤인 10월 12일 독자적으로 수행한 조사활동의 결과 보고서를 발표했다. 언론검증위는 보고서에서 합조단이 밝힌 '폭발원점'의 위치에 관한 의문, 합조단의 천안함 스크루 분석의 오류, 그리고 특히 캐나다 매니토바대학교 지질학과 분석실장인 양판석에게 의뢰해 얻은 흡착물질 시료 분석결과 등을 제시했다(언론검증위 2010-10-12). 뒤이어 안동대학교 지구환경과학과 교수 정기영이 2곳의 언론사 의뢰를 받아 독자적으로 수행한 '백색 흡착물질' 시료에 대한 분석결과에서도 흡착물질이 수산화물의 일종이라는 결과가 나오면서, 과학수사의 개가로 손꼽힐 정도로 합조단 내에서 자세히 분석된 '백색 흡착물질'의 정체에 관해 의문이 증폭되었다. 시민사회단체인 참여연대도 여러 차례에 걸쳐 의문점과 문제점을 모아 자료를 발표했으며 유엔 안전보장이사회에 이 내용을 서신으로 보냈다(참여연대 2010-5-25; 2010-6-11; 2010-10-21).[7] 이들은 합조단 조사과정과 개별 증거물에 대해, 또는 합조단이 제대로 다루지 않은 증거들에 대해 의문을 제기하며 '진실'과 '진

---

7 참여연대는 합조단의 최종 조사결과 발표(5월 20일) 직후인 5월 25일에, "해명되지 않는 8가지 의문점"과 "조사과정의 6가지 문제점"을 정리해 발표했다. 이 단체는 합조단 조사과정의 문제점으로, 사건 관련 기초자료를 비공개하는 군의 정보통제 문제와 사실상 민간 조사위원이 배제되고 해외조사단의 역할이 공개되지 않은 점 등을 지적했다. 참여연대는 그해 10월 21일 북한 잠수정의 폭에 관한 설명("3.5m", "2.75m", "3.2m"), 어뢰의 부식 정도에 관한 설명("부식 정도가 비슷하다" "판단하기 어렵다"), 스크루 프로펠러 변형의 원인에 대한 설명("해저에 부딪혔기 때문이다" "관성력 때문이다") 등에서 국방부의 말 바꾸기가 잦았다며 그 사례 24가지를 모아 보고서를 냈다. 참여연대는 6월 11일 유엔 안전보장이사회 이사국 15개국, 유엔 사무총장실 등에 합조단과 국방부의 조사에 과한 의문과 문제점을 담은 "천안함 침몰에 관한 참여연대 입장(The PSPD's Stance on the Naval Vessel Cheonan Sinking)" 제목의 문건을 보내 "공공의 신뢰와 평화를 위해 추가적인 조사와 검증이 필요하다"는 견해를 밝혔다.

상'을 위해 정보공개와 재조사를 요구했다.

그러나 그해 11월에 북한군의 선제공격으로 일어난 '연평도 포격 사건'은 천안함 침몰원인에 관한 사회적 논쟁을 급격히 얼어붙게 하는 계기가 되었다(박순성 2013). 여전히 온라인 공간에서는 합조단의 조사결과에 관한 의문과 공방 논란이 벌어졌으나, 천안함 침몰원인에 관한 사회적 논쟁의 분위기는 전반적으로 크게 위축되었다. 그렇다고 논쟁적 상황이 해소된 것도 아니었다. 여러 여론조사결과에서 정부와 합조단의 '결정적 증거'와 '과학적 조사' 결과물에 대한 신뢰는 시간이 지나도 낮은 것으로 나타났다(조선일보 2010-9-8: 4, "'천안함, 정부 조사 믿는다' 10명 중 3명"; 프레시안 2011-9-21, "'그래도 정부의 '천안함 발표' 못 믿겠다' 우세"; 뉴스타파 2015-3-25 "정부 천안함 조사, 47.2%가 불신"). 반면에 질문을 달리해 북한이 천안함을 공격했다고 믿는지를 묻는 여론조사에서는 긍정 응답이 높게 나타났는데(조선일보 2010-6-24: 10, "국민 70% 넘게 '北이 천안함 공격' 지목하는데…"; 조선일보 2010-10-20: 6, "국민 69% '천안함은 北 소행'"; 동아일보 2011-3-24: 5, "국민 80% '천안함 폭침사건은 北 소행'"), 이런 결과는 조사 주체와 질문, 조사방식의 차이를 감안하더라도 북한 연루의 개연성에 대한 사회적 믿음이 높았음을 보여준다.

이런 가운데 논쟁의 장은 이전의 주요 무대였던 언론, 정부와 합조단, 정치, 외교의 장과는 다른 곳에서 형성되었다. 먼저 현실의 법정이 논쟁의 장이 되었다. 정치칼럼 사이트 서프라이즈의 대표이자 민군 합조단에 야당(민주당) 추천 민간위원으로 참여한 신상철은 2010년 6월 김태영 국방부 장관 등의 고소로 검찰 조사를 받고서 그해 8월 정보통신망 이용촉진 및 정보보호 등에 관한 법률 위반(명예훼손) 등 혐의로 기소되었다. 그는 천안함 침몰 과정에 '좌초' 사건이 있었을 가능성을 주장하면서 국방부와 합조단이 침몰원인을 어뢰폭발설로 성급하게 몰아가고 있다고 비판하는 글을 서프라이즈 사이트에 잇따라 게재했다. "합조단이 좌초 가능성과 그 근거를 합리적으로 다루지 않는 모습을 보면서 점점 논쟁에 깊게 참여하게 되었다"(신상철 대면 인터뷰 2015-8-12)라고 말한 그는 이후에도 여러 의문과 근거를 종합해 합조단의 북한 어뢰폭발설을 강하게 부정했으며, 침몰원인을 설명하는 유력한 시나리오로 '좌초 후 잠수함 충돌'을 제시했다. 그는 사건 초기에 '좌초' 상황에 관한 보고가 있었으며(중앙일보 2010-4-2: 10), 희생자 가족이 해군의 설명을 듣고 작전상황 지도에 '최초 좌초' 표시를 했다는 점(프레시안 2010-4-23; 미디어오늘 2012-6-13), 천안함 우현 프로펠러의 휜 형상이 좌초에 의해 생성되었을 가능성이 크다는 점, 백색 흡착물질이 주로 '1번 어뢰'의 알루미늄 재질 부분에 선택적으로 붙어 있어 알루미늄 부식물일 가능성이 있다는 점, '제3의 부표'에 관한 의혹이 해소되지 않은 점(미디어오늘 2010-4-9; 오마이뉴스 2010-4-8), 그리고 함미, 함수, 그리고 가스터빈실로 세 동강 난 파손 상태를 보면 둥근 물체와 충돌한 형상이 나타난다는 점 등에 주목하여 '좌초' 사건이 먼저 발생하고 이후, 충돌로 추정되는 제2차 사건이 일어났을 가능성이 크다는 주장을 폈다(재판 방청 2015-11-23; 신상철 대면 인터뷰 2015-8-12; 신상철 2012).[8]

신상철의 피소로 열린 형사 재판은 공개되지 않았던 합조단 조사활동의 내부를 보여주는 정보 공개의 장이 되었으며 그로 인해 논쟁의 내용이 확장되는 계기가 되었다.[9] 명예훼손 혐의로 기소된 재판의 법률적 쟁점은 '명예훼손 대 표현의 자유'였지만 그 쟁점을 따지기 위해 합조단의 조사활동과 결과물에

---

[8] 이 밖에 폭발설이 부정되는 근거로, 신상철은 화약 냄새가 없었다, 생존자와 사망자에 이비인후과적 손상이 없었다, 절단면 부근에서 발견된 시신에 손상이 없었다, 물기둥 목격이 없었다, 천안함 파손 전체에 있는 형광등이 온전했다, 절단면 부근의 비닐이 녹지 않았다, 물고기의 떼죽음 현상이 없었다, 폭발로 인한 어뢰 파편이 발견되지 않았다는 점 등을 주장했다.

[9] 법무법인 덕수, 도담, 창조, 산하 소속 변호사와 개인 변호사 20명이 변호인단을 구성했다.

대한 전문가 증언은 불가피했다. 공판준비기일 절차를 거쳐 2011년 8월 22일 서울중앙지방법원 서관 524호에서 첫 번째 공판이 열린 이래 2015년 12월 7일 결심까지 40여 차례 열린 공판에는 윤덕용 합조단장과 이근덕, 이재명, 황을하, 김인주, 정정훈, 노인식 등 합조단 조사위원, 그리고 이승헌, 서재정, 정기영, 송태호 등 논쟁 참여 과학자들이 증인으로 출석해 검사와 변호인의 증인 신문에서 자신의 경험과 전문가 견해를 증언했다. 합조단 조사위원들과 과학자들의 증언은 대체로 이전 설명과 주장을 반복하는 것이었으나, 그 배경적 상황을 비교적 상세히 밝힘으로써 합조단의 조사활동과 천안함 사건 논쟁을 이해하는 데 도움을 주었다. 신상철 피소 재판은 극심한 간극을 드러내면서도 제대로 조명을 받지 못하던 사회적 논쟁을 소송절차를 통해 다루는 '법정 안 공론장'의 구실을 했다.[10] 그러나 재판의 진행상황은 언론매체의 주목을 받지 못했으며 거의 유일하게 언론비평매체인《미디어오늘》이 40여 차례 공판 과정을 지속적으로 보도했다.

이와 함께 합조단과 미 해군 조사단의 활동을 보여주는 미 해군 자료의 일부가 2014년에 공개되면서 논쟁의 새로운 원천이 되었다. 자료의 공개는 2012년부터 미 해군에 정보공개를 요구해온 재미 원로 공학자 안수명의 노력에 의해 성사되었다. "어뢰 등 유도무기와 대잠수함전 전문가"인 안수명은 "알루미늄 폭약 전문가"인 김광섭(한겨레 2012-6-23: 4)[11]과 더불어 합조단의 조사결과

---

**10** 재판부는 2016년 1월 25일 기소된 신상철에 징역 8개월, 집행유예 2년을 선고했다. 재판부는 명예훼손으로 공소가 제기된 신상철의 34건 글 가운데 2건만을 유죄로 판단했다. 명예훼손과 표현 자유가 재판에서 중심 쟁점이었으나 재판 과정에서는 합조단 조사결과와 관련한 많은 증언과 논쟁을 다루었는데, 재판부는 판결에서 합조단 쪽의 조사결과와 주장을 대부분 받아들였다. 신상철과 검찰은 1심 판결에 불복해 항소했다.

**11** 재미 원로 공학자인 김광섭은 합조단과 반합조단의 주장을 모두 비판하는 입장을 보여주었다. 예컨대, 그는 비결정성 알루미늄 산화물이 어뢰의 수중폭발로 생성되었거나 생성될 가능성이 있다는 기존 보고가 없다는 점에서 합조단의 결론을 비판했으며, 또한 합조단의 결론을 반박하는 데 쓰인 이승헌의 실험이 폭약을 사용

에 의문을 제기하는 재미 원로 공학자로서 국내 언론을 통해 알려지기 시작했다(한겨레 2012-6-23: 1). 그는 2010년 5월 20일 합조단의 조사결과 발표 이후에 "대잠수함전, 특히 탐지·유도·항법 분야에서 다수의 논문을 발표"한 이 분야 전문가로서 천안함 침몰사건에 관심을 갖게 되었으며(안수명 전자우편 인터뷰 2015-11-12; 안수명 2012), 잠수함에 의한 어뢰의 공격이라는 합조단의 결론에 의문을 품고 미국 정보공개법에 의거해 천안함 사건자료의 공개를 요구하는 활동을 벌여왔다(한겨레 2012-6-23: 3). 그는 2012년 출판한 전자책에서 "나는 천안함이 어떻게 침몰했는지 또는 북한이 관련되었는지를 안다고 주장하지 않는다"라며 대안 시나리오를 제시하지 않으면서도 합조단 조사위원들의 '전문가$_{expert}$' 능력에는 의문을 제기했다. 그는 "[증거로 제시된] 설계도가 디지털 신호 처리과정을 보여주지 않으며 어뢰가 천안함을 탐지하고 추적하며 항해하는 데 필요한 알고리즘을 다루고 있지도 않다"는 데 의문을 품었으며, 특히 "[서해 백령도 부근 해양의] 거친 환경에서는 북한 어뢰 항법시스템의 정확도가 그처럼 무결하게 임무 수행을 하기가 거의 불가능할 정도로 낮았을 게 분명하다. 합조단은 이 문제에 대해 침묵하고 있다", "합조단 보고서가 정말 진실이라면, 북한은 잠수함의 비밀항법$_{stealthiness}$을 운용할 정도로 역사적인 기술적 성취를 이룬 게 틀림없다"라는 주장을 펼치며 서해의 환경적 조건과 북한 잠수함·어뢰의 능력을 중심으로 합조단의 결론에 강한 의문을 표출했다(Ahn 2012[e-Book]).

2014년 9월 안수명은 미국 법정의 정보공개 청구 소송에서 승소해 소송 3

---

하지 않아 실제 바닷속 폭발과 유사하지 않다는 허점을 지닌다고 반박했다. 그는 2012년 4월 말 한국화공학회 총회에서 「천안함 침몰사건: 흡착물과 1번 글씨에 근거한 어뢰설을 검증하기 위한 버블의 온도 계산」이라는 제목으로 이와 관련한 내용을 발표할 예정이었으나 '정치적인 이유' 때문에 발표가 돌연 취소되었다고 주장했다.

년여 만에 합조단 미국 조사팀 대표인 해군 제독 토머스 에클스의 서신과 그가 지니고 있던 관련 자료 일부를 미 해군으로부터 받아냈다. 안수명이 청구한 미 해군의 자료는 많은 부분이 비공개로 분류되어 제외되거나 부분 삭제된 상태에서 공개되었으나, 잘 알려지지 않았던 합조단 활동과 미 해군의 역할에 관해 그나마 일부를 엿볼 수 있게 해주었다. 예컨대 5월 20일 합조단의 조사결과 발표 이후에 '백색 흡착물질' 증거에 대해 미 해군이 확고하게 신뢰하지 않았거나 회의적이었음을 보여주거나 비접촉 수중폭발 시나리오의 결론에 이르는 과정에서 미 해군의 역할이 알려진 것보다 더 적극적이었음을 보여주는 정황 등이 에클스의 서신 자료에서 드러났다.

천안함 사건 논쟁을 지속시킨 동력 중 하나는 이 책의 주제이기도 한 '과학 논쟁'의 장이었다. 과학자들이 참여한 논쟁은 실험·측정·분석·계산의 결과물을 학술논문과 실험 보고서로 발표하는 일반 과학 활동의 절차와 형식을 중심축으로 이루어졌다. 합조단의 조사결과 발표 직후부터 이승헌, 서재정, 양판석과 정기영은 합조단이 제시한 '백색 흡착물질'의 성분 데이터를 두고 합조단과는 다른 분석과 해석의 결론을 제시하며 '과학 논쟁'을 불러일으켰다. 또한 '결정적 증거'인 어뢰 추진동력장치 부품에 쓰인 '1번'이라는 글씨가 고온·고압의 수중폭발을 겪고도 타지 않고 남을 수 있는지에 관한 의문을 둘러싸고 이승헌과 송태호(카이스트 기계공학과 교수)가 중심이 된 '1번' 글씨 연소 논쟁이 이어졌다.

2013년에는 새로운 논쟁의 주제로 지진파가 등장했다. 한양대학교 전 교수이자 민간 연구소(한국지진연구소) 소장인 김소구는 해외 지진파 연구자와 공동으로 수중 핵실험을 감시하며 수중폭발 사건을 조사할 때 중요한 도구가 되는 법지진학 방법론을 사용해 천안함 침몰사건 당시의 지진파 파형을 분석한 논문을 발표했다. 이들은 지진파가 보여주는 폭발량과 폭발수심으로 볼 때 한국 해군이 설치했다가 폐기한 육상조정기뢰LCM가 폭발했을 가능성이 높다는 결론을 제시하며 합조단의 조사결과를 반박했다. 김소구는 2014년까지 3편의 논문을 추가 발표하며 자신의 기존 결론을 재확인하고 보강했다. 지진파 증거는 수중폭발의 존재만을 유일하게 가리키는 것이 아니었다. 2014년에 경성대학교 명예교수인 물리학자 김황수는 천안함 침몰 당시 관측된 지진파에 잠수함이 충돌했을 때에 생길 수 있는 조화 주파수의 파형이 존재한다는 분석결과를 해외 연구자와 공동으로 발표했다(논문 문헌정보는 책 뒤쪽 '참고문헌' 참조).

그러나 전문지식과 용어로 가득 찬 과학논문들은 일반 시민과 언론매체가 쉽게 접근하기 어려운 것이었으며 과학자사회에서 논쟁적 논문들에 관한 관심과 논의가 형성되지 않으면서, '과학 논쟁'은 합조단 해체 이후의 국방부와 개별 과학자 간에 벌어지는 공방의 구도에서 크게 벗어나지 못했다. 소수 과학자들이 실험·분석·해석·계산을 통해 제기한 의문과 논쟁의 쟁점은 사회적 논쟁의 장으로 쉽게 들어서지 못했다. 그렇다 하더라도 이 '과학 논쟁'은 합조단의 조사결과에서 그 설명의 미흡함이 어디에서 비롯하는지, 즉 논란이 시작되는 지점 또는 쟁점이 무엇인지를 보여주면서 천안함 사건 논쟁의 장을 전개하는 주요한 동력이 되었다.


지금까지 천안함 침몰사건 발생부터 합조단의 조사결과 발표 직후까지 언론·정부·합조단·국회·외교의 장에서 전개된 다양한 논쟁의 상황들, 그리고 온라인 공간과 시민사회단체, 과학자사회의 공론장에서 전개된 합조단 발표 이후 논쟁의 상황을 개관했다. 증거를 중심으로 그 전개과정을 돌아보면, 서로 다른 논쟁의 장, 공론의 장에서 증거해석을 다루는 태도는 증거에서 멀리 떨어져 있을수록 줄어드는 것을 살펴볼 수 있었다. 증거해석을 직접 다루지 않는 정치와 언론의 장에서는 증거가 충분하지 않은 시기에도 증거의 제한성에 얽매이지 않고서 시나리오의 구성에 적극적인 태도가 나타났다. 증거물을 수집, 생산하여 풍부하게 보유한 합조단은 새로운 증거해석을 얻으면서 가능성이 희박한 시나리오 후보들을 하나씩 배제하는 방식으로, 공식 시나리오로 나아가는 단계적인 모습을 보여주었다. 사건 현장과 증거, 정보에 대한 배타적 접근권을 지님으로써 풍부한 증거해석을 제시할 수 있는 합조단의 역량은 증거해석이 중심이 되는 과거 사건의 원인 조사활동에서 권위의 원천이 되었다. 합조단은 '과학적이고 객관적인 조사'를 수행하는 조직의 형식으로서 '다국적 민군 전문가들의 합동기구'의 틀을 부각하여, 활동 초기에 공적 조사기구의 권위를 더욱 높였다. 증거해석에 얼마나 직접 접근할 수 있느냐는 천안함 '과학 논쟁'에 참여한 소수 과학자들한테서도 볼 수 있었다. 흡착물질 시료나 지진파 데이터라는 증거에 접근해 이를 직접 분석하며 논쟁에 참여했던 과학자들도 증거 중심의 논쟁에서 중요하고 영향력 있는 행위자로 참여할 수 있었다.

이 밖에 천안함 사건 논쟁의 초기에 나타난 몇 가지 주요한 특징을 다음과 같이 정리할 수 있다. 첫째, 증거와 시나리오의 측면에서 보면 침몰원인을 다루는 태도에서 '시나리오 중심'이 논쟁을 주도했다는 점이 이 시기에 나타났다. 증거가 충분하지 않았던 초기부터 분단체제 한국사회의 서해 북방한계선 부근에서 발생한 군함 침몰사건은 쉽게 북한 연루설과 연계될 수 있었다. 이런 상황에서 가설적 추론을 통한 안보위기 구체화가 증거가 불충분한 초기부터 활발히 이루어졌다. '비접촉 수중폭발에 의한 버블제트'가 침몰원인이라는 추정은 사건발생 사나흘 만에 제시되었다. 여기에는 추리적 가설이 용인되었는데 이런 추론은 결과물을 비평하는 평가자의 관점보다는 수사관의 관점을 보여주는 것이었다. 수사관의 이런 추리 기법은 수사망을 설정하는 데 도움을 주지만 확증 편향과 같은 오류에 빠질 때에는 증거를 선택적으로 부각하거나 배제하는 한계도 드러낼 수 있다. 이후 장들에서 살펴보겠지만 천안함 스크루 프로펠러의 휜 형상이나 '1번 어뢰' 표면의 복잡한 형상, 지진파 데이터처럼 합조단의 조사결과에 비판적인 주장의 원천이 되었던 증거들이 합조단의 조사활동에서 상대적으로 소홀하게 다루어졌다.

둘째, 합조단이 '과학적이고 객관적인' 조사활동을 거쳐 최종 발표로 나아간 과정은 천안함 침몰원인을 둘러싸고 당시에 혼란스럽게 일어난 논쟁적 상황을 수습하는 과정이기도 했다. 합조단을 애초의 국방부 주도에서 민군 합동의 형식으로, 더 나아가 다국적 민군 합동의 형식으로 갖추어간 것은 '객관성'과 '과학 전문성'을 갖춘 합조단 기구의 성격을 강화하고 부각하려는 정부의 의지를 담은 것이었다. 이를 통해서 합조단은 경쟁하는 증거와 시나리오의 혼란을 정리할 수 있는, 유일하고 공식적인 침몰원인규명 활동을 통해 사실상 논쟁의 종결을 공식적으로 선언할 수 있는 권위 있는 전문가그룹으로 부각되었다.

셋째, 그러나 합조단의 '과학적 조사' 활동이 과학적 요소만으로 이루어진 것은 아니었다. 이 장에서 다룬 언론과 정치, 군의 상황에서도 보았듯이, '과학적 조사' 활동은 비공개로 분류된 군 정보와 판단이라는 '군사적 판단'과 긴밀히 결합되었으며, 합조단의 공식 결론은 정치적 후속대응 행위로 이어지면서 '정치적 고려'와 결합할 수밖에 없었다. 합조단의 '과학적 조사'를 통해 생산된 결과물과 그 안의 과학적 요소는 이제 군사적 요소, 정치적 요소와 혼합된 결과물이 되어 과학 실행의 실제 과정을 다시 들여다보기는 더욱 어려운 것이 되었다. 합조단의 조사결과는 발표 이후, 바깥에서는 그 조사활동의 과정을 볼 수 없는 '블랙박스'로 남았으며 과학적 사실의 블랙박스 안에 접근하는 것은 일반적인 과학 논쟁의 경우보다 더욱 어려운 일이 되었다.

3장

◦◦◦◦◦◦◦◦◦◦◦◦

선체 파손형상과
시뮬레이션:
관찰, 표상, 발표

□

    민군 합동조사단은 2010년 5월 20일 조사활동의 결과를 종합하여 천안함이 북한 어뢰의 수중폭발에 의해 피격되었다는 결론을 공식 발표하며 여러 증거물을 제시했다. 이 가운데 파손된 선체와 절단면의 형상은 충돌설이나 좌초설, 피로파괴설 같은 비폭발설로는 쉽게 설명하기 힘든, 수중폭발에 의한 침몰을 보여주는 중요한 증거물로 받아들여졌다. 합조단이 천안함 침몰원인을 '비접촉 수중폭발'로 지목할 수 있었던 주요 근거는 함미와 함수의 선체 파손형상, 특히 절단면의 파손 방향과 양태, 그리고 수중폭발 시뮬레이션을 이용한 선체 충격 해석, 파손 선체의 여러 곳에서 채집한 폭약성분 물질 등이었다. 물론 '1번'이라는 글씨가 쓰인 어뢰 추진동력장치 부품이 '결정적 증거'로 제시되었지만, 이와 더불어 합조단의 최종 보고서는 선체 절단면과 파손형상이 침몰원인을 추론하고 판단하는 데 매우 중요한 구실을 했음을 보여주었다. 선체파손과 침몰의 과정을 시각적으로 확인해준 것은 컴퓨터 연산으로 그것을 표상한 컴퓨터 시뮬레이션이었다. 시뮬레이션 작업은 미국 조사팀과 합조단의 폭발유형분과가 모사의 대상 범위를 압축하고 다시 선체구조분과에서 이를 세부적으로 조정해 구현하는 방식으로 이루어졌다.

이 장에서는 천안함 침몰원인을 조사하는 과정에서 가장 뚜렷한 시각적 요소로 제시된 선체의 파손형상과 흔적을 중심으로 합조단의 관찰과 측정, 그리고 선체 파손형상을 구현한 컴퓨터 시뮬레이션의 실행 작업을 살펴보고 그 과학적 조사활동의 특징을 이해하고자 한다.

## 선체의 파손형상

합조단은 2010년 4월 15일에 천안함의 함수를, 같은 달 24일에 함미를 인양한 이후 절단면 분석, 채집된 물질 성분 분석, 선체 절단 시뮬레이션 연구를 집중해 '어뢰와 기뢰의 무기체계에 의한 비접촉 수중폭발'을 사고원인으로 지목할 수 있었다고 밝혔다.

침몰원인 분석을 위해 선체 인양 전에는 내부폭발 가능성, 즉 탄약고 폭발, 연료탱크 폭발, 디젤엔진 및 가스터빈 폭발 가능성을 정밀분석했다. 선체 인양 후에는 순항(대함)미사일 및 탄도미사일에 의한 수면/수상폭발 가능성, 어뢰, 기뢰, 육상조종기뢰에 의한 수중폭발 가능성 및 기타 급조 폭발물에 의한 침몰 가능성 등을 분석하고, 현장확인 및 조사를 병행했다.

이러한 과정을 통해 사용 가능한 무기체계를 어뢰와 기뢰로 압축했으며, 선체 인양 후 파단면 분석, 흡착물질 분석, 선체절단 시뮬레이션 등을 통해 비접촉 수중폭발에 의해 천안함이 침몰했다는 것을 과학적으로 증명했다. 또한 폭약량과 수심 변화에 따른 다양한 형태의 시뮬레이션을 통해 가장 가능성 있는 폭약량과

폭발 위치를 도출했다. (합동조사결과 보고서: 41)

인양된 함수와 함미의 절단면에 나타난 파손형상은 그 자체로 천안함 침몰의 원인을 추적하는 데 중요한 증거물이었다. 파손의 형상은 얼마의 힘이 어느 방향으로 어떻게 작용했는지를 보여주는 물질적 단서였으며, 합조단은 그 사건발생의 과정을 공학적 시뮬레이션을 통해 구현할 수 있었다. 이런 점에서 선체 인양은 합조단이 비폭발 충격, 내부폭발, 외부폭발의 가능성 가운데 외부폭발로 가능성을 압축하고 이후 분석을 통해 '비접촉 수중폭발'로 침몰 과정을 규명할 수 있게 했던 계기였다고 볼 수 있다.

## 선체의 인양과 반응

국방부는 2010년 4월 15일 함미의 절단면을 그물로 가린 채 인양하는 과정을 먼 거리에서 촬영·취재할 수 있도록 언론사 취재진에 제한적으로 허용했다. 비록 먼 거리에서 포착된 것이었지만 "20일 만에 올라온 '천안함의 진실'"은 "갈기갈기 찢겨진 모양새"를 보여주었으며 천안함 선체를 동강 낸 어뢰폭발의 시나리오에 더욱 무게를 실어주었다(조선일보 2010-4-16: 1; 중앙일보 4-14: 3). 그것은 처참한 희생자victim 모습의 '적나라하게 드러남'이었고 실제 눈으로 '보면', '보니까' 그렇게 목격된 파손형상은 충격적인 것이었다.

이윤성 위원: [···] 일단 2m 이상 인양이 되었고 그 모습이 적나라하게 드러남으로 우리 평상인들도 이렇게 보면 '야, 이거 굉장히 당했구나' 이렇게 생각을 합니다. 그렇지요?
[···] 민간 잠수부들의 얘기도 좌초 선박에 대한 인양은 자기들이 직업적으로

해 왔는데 일단 들어가 보니까 전혀 다른 양상이었다. 침몰되어 있는 상황이. '우리가 봐도 이건 외부에서 한 방 맞은 것 같다. 맞아도 강하게 맞은 것 같다' 이런 얘기로 의견을 모으고 있습니다.

자, 이런 걸로 볼 때 여러 가지, 한 네다섯 개 원인 가운데 하나하나가 지워지기 시작합니다. (국회 국방위원회 2010-4-14: 5)


심대평 위원: [⋯] 엊그제 언론의 보도를 봤는데 1면 톱으로 '오지게 당했다'는 보도가 나왔는데 보셨습니까?

국방부장관 김태영: 예, 신문에서 봤습니다. (국회 국방위원회 2010-4-14: 9)


이와 다른 시각으로, 북한 공격 시나리오 쪽으로 쏠리는 분위기를 경계하는 야당 소속 의원은 드러난 함미 절단면을 '풀어야 할 사항'으로 바라보며 유보적인 태도를 보여주었다.


안규백 위원: [⋯] 절단면은 민관이 집단적 예지와 지혜를 가지고 문제를 풀어야 할 사항인데⋯. (국회 국방위원회 2010-4-14: 19)


그러나 남북한의 군사적 대치 상황을 비롯해 여러 정황 증거들과 결합해 추론할 때에 함미와 함수의 파손 선체는 그 자체가 사건의 전모를 스스로 눈앞에서 보여주는 자명한 증거물이라는 강한 인식은 함미 인양 이후에 여당 소속 의원들 사이에서 자주 나타났다(국회 국방위원회 2010-4-30: 5-6).

함미 인양 다음날인 4월 16일에 열린 국방부의 언론브리핑에서, 합동조사단의 윤덕용 민간조사단장은 "민간 전문가와 미 해군 조사팀을 포함하여 총 38명의 조사관"이 참여한 함미 현장조사의 결과를 발표했다. 그는 함미에 남은 흔적과 파손형상으로 볼 때 내부 폭발, 좌초, 피로파괴에 의한 선체 절단 가능성은 매우 낮다고 평가하면서 "외부폭발의 가능성"을 처음으로 공식 발표했다.

> 천안함의 함미 선체부분을 조사한 결과, 함미 탄약고, 연료탱크, 디젤엔진실에는 손상이 없었고, 가스터빈실에 화재흔적은 없었으며, 전선피복 상태가 양호하고, 선체의 손상형태로 볼 때 내부폭발에 의한 선체절단 가능성은 매우 낮은 것으로 판단했습니다.
>
> 해도·해저 지형도 등을 확인한 결과, 침몰지점에 해저장애물이 없고, 선조에 찢긴 흔적이 없어 좌초에 의한 선체절단 가능성은 희박한 것으로 판단했습니다.
>
> 피로에 의한 파괴의 경우에는 선체 외벽을 이루는 철판이 단순한 형태로 절단되어야 하나, 선체 외벽의 절단면은 크게 변형되어 있었고, 손상된 형태가 매우 복잡하여 피로파괴에 의한 선체절단 가능성도 매우 제한됩니다.
>
> 결론적으로, 선체절단면과 선체 내·외부에 대한 육안 감식결과, 내부폭발보다는 외부폭발의 가능성이 매우 높으나, 최종적인 원인규명을 위해서는 함수를 인양하고 잔해물을 수거한 후에 모든 가능성을 열어두고 세부적으로 분석할 필요가 있다고 판단했습니다. (국방부 언론브리핑 2010-4-16 오전: 3-4)

선체 실물에 남은 파손의 흔적을 전문가들의 관찰과 측정을 통해 확인하는 과정에서 외부폭발설 외에 여러 시나리오의 가능성은 약화되었다. 선체 절단면과 선체 내외부에 대한 육안 감식을 통해 내부폭발설의 가능성은 "매우 낮은 것으로", 좌초설의 가능성은 "희박한 것으로", 피로파괴설의 가능성은 "매우 제한"되는 것으로 판단되었으며, 외부폭발설의 가능성은 "매우 높"은 것으로 평가되었다. 시나리오 경쟁의 측면에서 보면 함미의 인양은 '어뢰 또는 기

[표 3-1] 선체 주요 부분과 인양 일지

| 선체 부분 | 인양일 |
| --- | --- |
| 함미 | 4월 15일 |
| 연돌 | 4월 21일 |
| 함수 | 4월 24일 |
| 하푼 미사일 | 4월 30일 |
| 마스트 | 4월 30일 |
| 발전기 | 5월 7일 |
| 가스터빈 보호덮개 | 5월 7일 |
| 가스터빈 | 5월 18일 |
| 가스터빈실 | 5월 19일 |

(출처: 합동조사결과 보고서: 108-109)

뢰의 접촉 또는 비접촉 폭발'로 요약되는 외부폭발설로 침몰원인의 가능성을 집약하는 계기가 되었다.

선체파손의 형상에서 외부폭발의 가능성을 확인한 조사결과는 천안함 침몰원인을 북한의 공격으로 바라보는 인식과 자연스럽게 연결되어 있었다. 함미가 인양되고 나흘 뒤인 4월 19일에 열린 국회 국방위원회에서 한 의원은 "지금까지 진행된 상황을 정리해보면 […] 기뢰나 어뢰공격이 확실시되는 상황"이라고 정리하면서도, 그런 공격을 보여주는 증거물을 확보하더라도 북한의 소행으로 판정하기 어렵다면 사건이 영구미제로 남을 수 있다고 우려했다(국회 국방위원회 2010-4-19: 8). 이렇게 어뢰 또는 기뢰의 외부폭발설에 무게가 실리면서 북한의 소행을 직접 입증해줄 만한 증거물에 대한 관심도 함께 높아졌다. 선체파손의 처참한 형상은 그 자체로 폭발의 강력한 증거로 받아들여지면서, 구체적인 침몰원인의 규명에 대한 요구와 더불어 현실적인 대북 제재 조처를 강구하라는 요구가 이어졌다. 한 의원은 게임 이론을 거론하면서 "최종적인 승자가 된 전략은 바로 팃포탯tit for tat, 그러니까 '눈에는 눈, 이에는 이' 전략이 최종 승자가 되었"다면서 "결정적인 물증이 나온다[면]…우리가 응징을 해야만 한다"라는 응징론을 주장했다(국회 국방위원회 2010-4-19: 15).

앞 장에서 보았듯이 언론매체에서도 처참하게 파손된 함미 절단면이 드러난 이후 비폭발설은 눈에 띄게 줄었으며, 어뢰 또는 기뢰의 폭발설은 파손된 실물의 시각적 증거를 바탕으로 더욱 힘을 얻었다. 수중폭발의 특징적 현상인 '버블제트'라는 용어는 천안함 침몰원인을 다루는 보도에 자주 등장했는데, 이처럼 함미의 인양은 어뢰 또는 기뢰의 폭발 시나리오를 공고화하는 중요한 계기가 되었다. 기뢰 또는 어뢰의 폭발설을 부각해온 매체들은 북한 잠수함, 잠수정의 동향, 북한의 무기체계를 다루는 보도를 잇달아 전함으로써 북한 책임론과 연계되는 어뢰 또는 기뢰의 비접촉 폭발 시나리오의 내용을 풍부화하는 흐름을 보여주었다.

함미에 이어 함수의 인양 이후에 그 시나리오는 더욱 구체화했다. 4월 24일 함수가 인양되고 다음날 합조단은 "민·군 전문가와 미국 및 호주해군 조사팀을 포함하여 총 43명의 조사관이 참여"해 이루어진 함수 선체에 대한 2차 현장조사의 결과를 발표했다. 함미에 이어 다시 확인된 함수의 증거물들에서는 이제 내부폭발과 좌초, 피로파괴의 가능성이 "없는 것"으로 판단되어 그 가능성들은 침몰원인의 시나리오에서 분명하게 배제되었다. 대신 4월 16일에 "매우 높은" 가능성으로 평가된 외부폭발설은 이제 "비접촉 수중폭발"의 가능성으로 구체화되었다.

천안함의 함수 선체부분을 조사한 결과 탄약고, 연료탱크에 손상이 없었고 전선의 피복상태가 양호하며, 내장재가 불에 탄 흔적이 없는 점으로 보아 내부폭발의 가능성은 없는 것으로 판단했습니다.

선저에 긁힌 흔적이 없고 소나돔 상태가 양호하여 좌초의 가능성은 없는 것으로 확인되었으며 선체 손상형태로 볼 때 절단면이 복잡하게 변형되어 있어 피로파괴 가능성도 없는 것으로 판단했습니다.

특히, 절단면의 찢어진 상태나 안으로 심하게 휘어진 상태를 볼 때 수중폭발 가능성이 높으며, 선체 내·외부에 폭발에 의한 그을음과 열에 의해 녹은 흔적이 전혀 없고, 파공된 부분도 없으므로 비접촉폭발로 판단했습니다.

결론적으로 선체 절단면 및 내·외부 육안검사 결과, 수중폭발로 판단되고, 선체의 변형형태로 볼 때 접촉폭발보다 비접촉폭발 가능성이 크며, 폭발의 위치와 위력은 정밀조사 및 시뮬레이션을 통하여 분석이 가능할 것으로 판단됩니다. (국방부 발표자료 2010-4-25)

이처럼 참사의 희생물인 파손 선체 자체가 보여주는 형상과 흔적은 '사건 당시 상황을 말해주는 증거물'로서 가장 강력한 시각적, 물질적 증거의 지위를 지녔다. 스스로 말하지 못하는 증거물을 대변하는 이들은 합조단의 전문가그룹이었으며 이들은 합조단의 조직 틀 안에서 관찰과 측정, 분석과 해석 활동을 통해 증거의 대변자로서 역할을 수행했다.

### 파손형상과 흔적의 관찰과 측정

천안함PCC-772은 2010년 3월 26일 침몰사건 전까지 22년 동안 운용된, 전장 88.32m에 1200t급인 해군 2함대 소속 초계함이었다. 함상에 하푼유도탄, 미스트랄유도탄, 어뢰, 폭뢰, 소형폭뢰를, 함내에 76mm와 40mm 함포탄을 갖추고서(합동조사결과 보고서: 59), 사고 당일에는 서해 백령도 서방에서 "경비임무를 수행하던 중"이었다. 사건 당일에 천안함은 함미와 함수가 분리된 채 침몰했으며, 가스터빈실과 연돌은 함미와 함수에서 떨어져 나간 상태였다. 침몰원인 조사에서는 파손된 함미와 함수의 절단면, 선박의 '척추'로 불리는 용keel, 그리고 외부 충격을 직접 받은 부위로 여겨지는 가스터빈실 선저와 함안정기stabilizing fins(선박의 좌우 흔들림을 감쇄해 안정적 운항을 돕도록 좌현과 우현에 설치된 장비)의 변형 형태가 사건의 성격을 보여주는 중요한 단서로 여겨졌다. 매우 독특한 모양으로 변형된 천안함 추진부의 우측 프로펠러는 비접촉 수중폭발 사건의 시나리오 안에서 쉽게 해석할 수 없는 까다로운 증거물로 남았다.

인양된 파손 선체들에서는 먼저 증거 수집과 더불어 파손형상에 대한 관찰과 측정 작업이 이루어졌다. 합조단은 2010년 4월 15일 인양된 함미에 57명의 현장조사팀을 보내어 1차 조사를 마친 뒤, 4월 18일 함미 선체에 대한 정밀감식을 실시하고 4월 21일에는 함미 절단면에 대해 3차원 레이저 스캐너 장비를 이용한 스캐닝을 실시했다. 또한 국방품질기술원이 중심이 되어 함미 선체의 손상 부위에 대한 측정을 실시해 손상 위치를 계측하고 변형형상을 조사했다(합동조사결과 보고서: 43). 4월 24일 인양된 함수에 대해서도 마찬가지의 관찰과 측정이 이루어졌다. 내장재와 전선의 상태, 탄약고와 연료탱크의 상태, 선저의 파손 또는 긁힘 여부, 소나돔sonar dome(음향탐지기 소나의 덮개)과 함안정기, 스크루 프로펠러, 그리고 무엇보다 절단면의 파손과 변형형상이 주요한 관찰과 측정의 대상이 되었다.

2010년 9월에 출간된 『합동조사결과 보고서』에 자세히 서술된 선체의 파손 상태를 요약하면 다음과 같았다. 우현에서 보면, 용골과 더불어 선체의 강도를 유지하는 뼈대 구조물인 프레임frame 가운데 72번~85번 프레임에 해당하는 7.8m가량이 떨어져 나갔으며, 좌현에서는 프레임 73번~85번에 해당하는 7.2m가량이 떨어져 나갔다([그림 3-2] 맨 아래 참조)(합동조사결과 보고서: 98-100). 떨어져 나간 부위에 있던 주요 시설물은 가스터빈실이었는데 이는 외부 충격을 가장 크게, 직접 받은 곳이 이곳임을 보여주었다. 파손되어 동강난 선체 부분 중에서 세 번째로 큰 덩이인 가스터빈실은 선저와 우현 부분이 남아 있었으며 그 길이는 8.7m, 폭은 11m, 무게는 30t이었다. 절단은 가스터빈실의 중간 좌현 선저 약 3m 지점에서 일어난 것으로 계측되었다(합동조사결과 보고

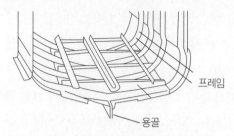

프레임

용골

[그림 3-1] 선체의 기본 골격을 이루는 용골(keel)과 프레임(frame).

서: 110).

선박 바닥의 가운데에 길게 척추처럼 설치된 뼈대인 용골의 변형형상은 중요한 관찰 대상이었다. 천안함의 용골은 함수 선저에서 프레임 55

부분에서 휘기 시작해 절단된 끝 부위인 '프레임 72' 부분에서 136.9cm가 위쪽으로 휘었으며, 함미의 선저에서는 프레임 100 부분에서 시작해 프레임 85 부분까지 51cm가 위쪽으로 휘었다(합동조사결과 보고서: 98). 이는 외부 충격의 강한 힘이 선박 외부의 아랫부분에서 시작해 위쪽으로 작용했음을 보여주는 중요한 근거로 해석되었다.

함수와 함미의 절단면에 나타난 격벽의 변형 상태는 강한 힘의 작용이 어느 방향으로 진행되었는지를 보여주는 단서가 되었다. 절단면에서 볼 때에 좌현 선저에서 바깥쪽으로 약간 밀려 나오고 우현 선저는 거꾸로 약간 밀려들어가 좌우 대칭의 균형이 깨진 모습을 보여주었으며, 특히 함미와 함수 절단면에서 볼 때 주갑판은 눈에 띌 정도로 좌현부에서 들려 올라간 모습을 보여주었다. 합조단은 이런 선체 변형에 대한 관찰과 계측을 바탕으로 "좌현 가스터빈실 하부에서 강력한 비접촉 수중폭발이 발생하여 우현 쪽으로 힘이 전달되면서 선체가 손상된 것으로 분석"했다(합동조사결과 보고서: 102).

함안정기의 독특한 변형 상태는 비접촉 수중폭발의 근거로 제시되었다. 특히 우현의 함안정기보다 좌현의 함안정기에서 아랫면과 좌우의 측면이 찌그러지고 찢어진 이른바 '압력흔pressure marks'이 발견되었다고 합조단은 보고했다. 그것은 강한 압력이 순간적으로 작용할 때 접시의 모양처럼 안쪽으로 눌려 들어

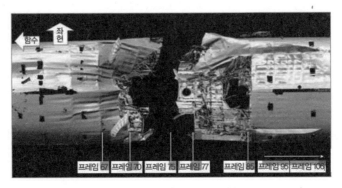

[그림 3-2] 천안함의 구조와 파손형상 (출처: 합동조사결과 보고서: 45, 96, 85)

가는 변형인 '디싱dishing' 현상으로 풀이되었으며, 디싱 변형을 초래한 원인으로는 비접촉 수중폭발이 추론되었다(그런 변형이 노후 선박의 함안정기에서도 나타날 수 있다는 반론도 있었다. 한겨레 2010-9-14: 4). 합조단은 이 밖에 선저에서 "수압흔", "버블흔", 전선의 "절단흔" 등을 찾아내어 이것들이 "수중폭발에 의한 충격파 및 버블효과에 의해 나타난 현상"으로 판단했다(합동조사결과 보고서: 103).

선체의 파손형상과 흔적은 비접촉 수중폭발 시나리오를 구성하는 증거의 연결망에 쉽게 포섭되는 것들이었으나, 이에 쉽게 순응하지 않는 증거도 있었다. 파손 선체 안에 거의 온전한 형태로 남은 형광등은 합조단의 조사결과에 의문을 제기하는 이들에 의해 비폭발 시나리오의 증거로 사용되었다. 특히나 선체 추진부의 오른쪽 스크루에 나타난 프로펠러의 독특하게 휜 형상은 더 많은 설명을 요구하는 것이었으며 때로는 논란을 초래하는 까다로운 증거물이었다. 이에 관해서는 뒤에 다시 다루고자 한다.

### 절단면 분석: 폭발의 방향과 위치 찾기

얼마나 큰 힘이 천안함에 어느 방향으로 어떻게 가해졌는지를 살피는 선체 파손형상에 대한 조사에서 절단면 관찰 분석은 매우 중요했기에 『합동조사결과 보고서』에서도 비폭발과 내부폭발의 시나리오들을 평가하고 판단하여 배제하는 부분에서 상당히 자세하게 다루어졌다(합동조사결과 보고서: 48-93).[1] 참사의 희생물은 누구나 육안으로 관찰할 수 있는 시각적이며 경험적인

---

1 『합동조사결과 보고서』는 2장 「침몰요인 판단 결과」(48-93쪽)에서 천안함 침몰원인을 다루는 여러 시나리오들을 통해 각각 검증하고, 이를 바탕으로 해당 시나리오가 유력한 것인지 아닌지를 판정하는 (7)결론 부분으로 구성해 서술했다. 예를 들어, 충돌설을 검토하면서 합조단은 "충돌로 볼 수 있는 파괴 양식"이나 "인근 해역

증거였고 또한 힘의 작용이 남긴 변형과 흔적을 추적하면 힘의 세기와 작용 방향을 파악할 수 있었기 때문이었다. 즉, "폭발 위치와 방향 설정을 위한 방법으로 가장 확실한 증거물인 선체의 절단면"을 분석하여, 합조단은 선체에 가해진 "힘의 작용점과 지향방향을 결정"할 수 있었다(합동조사결과 보고서: 226).

"가장 확실한 증거물"인 절단면에 대한 조사는 관찰을 통한 분석과 해석 활동이었다. 합조단은 2010년 4월 30일 함미 절단면의 좌현과 우현 지점 세 군데에서 가로 15cm, 세로 15cm 크기의 시편 3개를 잘라내어 표면 파형을 관찰하고, 이후 5월 4일과 10일에는 2차, 3차 현장조사를 벌여 함수와 함미의 선체에 나타난 절단의 방향을 추정했다. 합조단은 함미 절단면의 좌현 지점에서 채취한 시편(2번 시편)의 절단면에서 매우 높은 전단응력이 급격히 작용할 때 나타나는 "전단剪斷 파괴shear fracture"형상이 나타났으며, 우현 지점의 시편(3번 시편) 절단면에서는 응력이 빨리 작용할 때 작은 소성塑性 변형plastic deformation[2]이 발생하면서 '갈매기무늬'가 나타나는 "전형적인 취성脆性 파괴brittle fracture"형상이 관찰되었다고 보고했다. 또 중앙부에 가까운 좌현 지점의 시편(1번 시편)에서는 전단파괴와 취성파괴가 혼재되어 나타났다고 밝혔다. 오랜 동안 반복적인 응력이 작용하거나 응력이 천천히 작용할 때 생기는 "피로파괴fatigue fracture"나 "연성파괴ductile fracture"형상은 절단면에서 관찰되지 않았으며, 이런 결과는 피

에서 사고 당시 활동한 선박" 등이 있는지를 지표로 삼고서, 육안 검사에서 "충돌선의 선수 형상이라고 볼 수 있는 파손형태나 잔해물이 없었다. 오히려 전체적인 손상형태는 선체 하부로부터 큰 힘이 상방향으로 작용한 모양이었다"라는 관찰 결과를 제시했고, "확인 결과 5.5 마일 이내에는 항해 중인 선박이 없었다"는 환경적 조건을 파악했으며, 생존자와 구조 활동 참여자들 사이에서 충돌과 관련한 증언이 나온 바 없다고 요약했다. 합조단은 이런 조사 내용을 바탕으로 "비접촉 수중폭발 시 발생할 수 있는 선저 파손형태와 선저 보강판 패널의 디싱[눌림] 현상이 관찰되어 충돌로 인한 손상 가능성은 배제했다"며 충돌설 배제의 판단을 내렸다.

2 물체의 탄성한도 이상으로 외력이 가해지면 외력이 없어진 뒤에도 물체는 원래 형태로 돌아가지 않고 변형이 남는다. 이런 영구변형을 소성변형이라고 한다.

로파괴 가능성을 배제하는 근거로 제시되었다. 합조단은 "따라서 함미 절단면 좌현 약 3분의 1 부분은 순간적인 외력에 의해서 일시에 전단파괴 된 것으로 추정되며, 함미 절단면 하부 나머지 부분은 인장력에 의한 취성파괴가 발생했고 균열 원점의 위치는 1번 시편 부위로 확인되었다"는 판단을 제시했다(합동조사결과 보고서: 228). '함미 절단면 좌현'은 순간적인 외부 힘이 강력하게 작용해 선체파손이 시작된 지점, 즉 '폭발원점'에 근접한 지점으로 지목되었다.

이어 3개 시편의 미세조직을 전자현미경으로 관찰하는 조사에서는, 함미 절단면 좌현의 시편(2번 시편)에서 다른 시편에 비해 30%가량의 두께 감소와 길이 방향의 늘어짐 현상이 관찰되었다. 또한 탄소함량이 낮은 강철의 경우에 섭씨 723도 이상 고온에서 용융했다가 냉각할 때 나타나는 미세구조 형상이 좌현 2번 시편에서 관찰되지 않은 점을 바탕으로, 합조단은 섭씨 723도 이상의 '열이력'이 없었음을 확인했다. 합조단은 "이는 비접촉 외부폭발에 의한 파괴를 입증하는 근거가 될 수 있"다는 판단을 제시했다. 좌현 2번 시편에서는 또한 두께의 수직 방향으로 빈 공간cavity이 다수 관찰되었는데 이는 "좌현 하부에서의 강력한 충격작용을 입증하는 또 하나의 근거"였다. 즉, 절단면에 대한 육안과 전자현미경 관찰을 통해 합조단은 이런 여러 특징적 흔적들이 "전형적인 버블효과에 의한 파손형태"라는 결론적인 판단을 내렸다.

> 좌현 하단부는 순간적인 충격에 의해 절단되었고(전단파괴), 선저 부위는 짧은 시간에 강한 힘에 의해 찢겨졌으며(취성파괴), 기타 부위는 큰 인장력에 의해 뜯겨진 현상을 보였다. 따라서 천안함은 가스터빈실 좌현 선저 아래 수중에서 발생한 폭발력이 우현 상방향으로 지향되면서 선체가 절단된 형태로서 전형적인 버블효과에 의한 파손형태를 보였다. (합동조사결과 보고서: 72)

절단면의 관찰 분석을 통해 어뢰 피격 가능 범위는 선체 절단의 시작점으로 파악된 좌현 1.9m 지점에서 좌현 4m까지, 그 중간인 3m로 계산되었다.

절단이 시작된 위치는 용골의 좌현 1.9m 지점인 것으로 확인되었다. 따라서 좌현의 선폭 5m를 고려 시, 폭발은 용골 좌현 1.9~5m 사이에서 발생한 것으로 판단했고, 선저 중 어뢰 피격 가능 범위는 용골 기준 1.9~4m의 중앙인 3m 지점으로 판단했다. (합동조사결과 보고서: 233)

『합동조사결과 보고서』에 실린 절단면 시편의 미세 조직 분석결과, 즉 절단면에 작용한 힘의 크기와 방향을 추적함으로써 "비접촉 수중폭발" 가능성을 도출한 분석은 먼저 수행된 선체 형상 관찰과 분석의 결과를 뒷받침하는 증거로서 의미를 지녔다. 합조단의 조사활동과 기자회견의 일정을 종합해보면, 절단면에 대한 관찰과 조사는 2010년 4월 30일에 절단면 시편을 채집하기 시작해 5월 4일과 10일까지 세 차례의 현장조사를 벌이며 진행되었는데, 비접촉 수중폭발과 버블제트 효과의 가능성을 발표한 것은 이런 분석작업보다 훨씬 앞서 함미 인양 다음날인 4월 16일과 함수 인양 당일인 4월 24일의 기자회견에서 이루어졌기 때문이다. 이런 전개과정의 시간순서를 볼 때, 비접촉 수중폭발의 가능성을 도출하는 데에는 절단면 시편 분석에 앞서서 '선체 파손형상' 자체가 중요한 판단의 근거였음을 엿볼 수 있다.

## 컴퓨터 시뮬레이션

절단면을 그와 같은 형상으로 만든 힘이 어떻게 작용했는지를 인과적 추론을 통해 추적함으로써 원인을 도출하는 과정이 절단면 조사와 분석이었다

〔표 3-2〕 천안함 수중폭발 충격 해석 시뮬레이션

| 해석 대상 | 사용된 코드 | 비고 |
|---|---|---|
| 휘핑 해석 프로그램 | UNEDX_WHIP<br>(한국기계연구원에서 힉스[Hicks]의 버블 거동 해석이론과 모드중첩법에 의거해 개발한 프로그램) | 비교를 위해 최종 굽힘모멘트 프로그램으로 ULSAN (울산대에서 스미스[Smith] 이론에 의거해 개발한 프로그램)을 사용 |
| 근접 수중폭발 충격 해석 프로그램 | LS-DYNA Version 971<br>(미국에서 개발된 상용 프로그램) | 계산된 손상과 실제 손상을 비교 검토해, 천안함을 침몰로 이끈 손상 경위를 유추 |

(출처: 합동조사결과 보고서: 141-154, 234)

면, 시뮬레이션 해석은 "계산된 손상과 천안함이 실제로 입은 손상을 비교 검토하여 천안함을 침몰로 이끈 손상 경위를 유추"하는 과정이었다(합동조사결과 보고서: 150). 실제의 파손형상과 시뮬레이션의 해석 결과 간의 일치matching 조건을 찾아나가면서 침몰원인과 과정을 추적하는 것이었다. 『합동조사결과 보고서』의 본문에서 시뮬레이션은 침몰사건의 과정을 재구성해 보여주는 데 큰 역할을 했다. "3장 분야별 세부분석결과"를 다룬 107쪽 분량(95~201쪽) 중에서 3분의 1가량인 36쪽 분량(141~176쪽)이 "수중폭발 선체 충격 해석"을 다루었다. 시뮬레이션 해석에 사용된 코드code 또는 프로그램은 〔표 3-2〕과 같았다.

시뮬레이션은 두 갈래로 진행되었다. 그 하나로서, 먼저 "천안함 침몰원인 조사 분석 초기단계에서는 폭발유형(폭약의 크기·위치)이 한정되지 않아 어떠한 폭발이 함정의 파괴를 일으킬 수 있는지를 빠르게 분석하기 위해" 선체 구조의 휘핑whipping 해석을 실시했다(합동조사결과 보고서: 141). 휘핑은 수중폭발로 생긴 버블이 수축·팽창할 때 선체 중앙이 선수·선미에 비해 급격히 들어올려졌다가hogging 급격히 처지는sagging 현상을 말하며, 휘핑 해석은 함정 설계 때 버블의 팽창과 수축이 선체가 가하는 휘핑의 영향을 해석하고 평가하는 시뮬

〔표 3-3〕 합조단의 시뮬레이션 작업 흐름

| | 미국 조사팀 | 폭발유형 분과 | 선체구조 분과 |
|---|---|---|---|
| 해석 | ① 선체의 3차원 스캐닝 휘핑 해석 선체외판 변형 해석 수중폭발 시뮬레이션 ↓ 결과 TNT 250 ± 50kg, 7m ➡ | ② 미국 팀 해석을 참조한 국소 부위 시뮬레이션 ↓ 결과 5개 해석 조건 제시 -TNT 250kg 6m -TNT 300kg 7m -TNT 360kg 7m -TNT 360kg 8m -TNT 360kg 9m ➡ | 준비작업: 휘핑 해석, 3차원 선체 모델링 ③ 시간제약으로 두 조건 (TNT 360kg 7m, 9m)에 한해 3차원 시뮬레이션 ↓ 결과 TNT 360kg 7m |

(참조: 합동조사결과 보고서, 서울중앙지방법원 공판조서)

레이션 작업을 말한다. 합조단이 행한 시뮬레이션의 다른 하나는 휘핑 시뮬레이션에 뒤이어 수중폭발로 생긴 가스 버블의 팽창과 수축이 천안함 선체에 손상을 입히는 과정을 더욱 구체화하여 상세히 계산해 보여주는 3차원 시뮬레이션이었다.

『합동조사결과 보고서』와 서울중앙지방법원의 공판조서에 의하면, 합조단의 시뮬레이션 작업 과정은 [표 3-3]와 같이 요약할 수 있다. 먼저 미국 조사팀이 선체의 휘핑 해석, 선체 외판 변형 해석, 수중폭발 압력파 해석을 수행했으며 이를 통해서 대략 TNT 250 ± 50kg의 폭약이 수심 7m에서 폭발했을 것으로 추정하는 결과가 얻어졌다. 이런 해석을 참조해 폭발유형 분과에서 보완적인 시뮬레이션을 수행했다. 여기에서 다섯 가지의 해석 조건이 산출되었으며, 이를 근거로 선체구조 분과가 3차원 상세 시뮬레이션 작업을 수행했다.[3]

## 시뮬레이션: 미국 조사팀

어떤 충격이 어떻게 가해져 천안함의 함수와 함미, 가스터빈실의 파손형상을 남겼는지를 해석하는 선체파손 시뮬레이션에서 무작위 조건을 대입해 수행하는 것은 현실적으로 어렵기 때문에, 합조단의 폭발유형분석 분과에서는 본격 시뮬레이션에 앞서 '폭발량과 폭발 위치'의 후보 조건을 찾는 별도의 시뮬레이션을 수행했다. 합조단은 그 분석 과정이 미국팀과 한국팀에 의해 1차와 2차에 걸쳐 별도로 이루어졌다고 보고했다.

> 미국팀은 전문기법을 활용하여 폭발량과 폭발 위치를 판단했고, 한국팀에서는 미국팀과 영국팀의 판단을 근거로 시뮬레이션 분석을 수행했다. (합동조사결과 보고서: 132)

1차 분석을 수행한 미국 조사팀은 "수심은 [···] 디싱의 길이 방향 분포를 고려

---

3 이 시뮬레이션에 사용된 코드 LS-DYNA Version 971은 미국에서 개발된 상용 코드이다. 많은 나라들의 정부 산하 연구소와 민간 연구소들에서 충돌, 폭발 등 고압유체 현상의 해석에 널리 쓰이고 있다. 단시간에 진행되는 현상을 묘사 및 해석하는 프로그램으로 자동차 충돌 실험에서 사용되기도 하며, 또한 다양한 탄두·탄약 설계 및 성능 예측에서도 사용되고 있다 (합동조사결과 보고서: 151, 234)

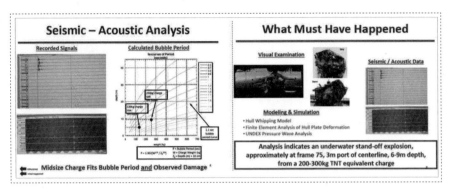

[그림 3-3] 미국 조사팀 대표 에클스의 프레젠테이션 자료. (출처: Eccles 2010-5-27: 4, 8)

해 6~9m로 판단했고, 폭발지점은 가스터빈실 중앙에서 좌현으로 3m 지점
이며, 폭약량은 내충격 분석결과와 버블 주기에 의한 분석결과를 통해 TNT
200~300kg으로 판단했다"(합동조사결과 보고서: 136, 86).[4]

　　미국 조사팀이 시뮬레이션 분석에서 이런 결론을 도출한 근거는 파손된
천안함 선체의 형상, 특히 충격파와 버블 효과에 의해서 생겼을 눌림dishing과 휨
bending의 형상, 그리고 지진파와 공중음파에서 도출된 버블 주기bubble period 1.1초
값이 주된 것이었다. 미국 조사팀의 대표인 에클스가 발표한 프레젠테이션 자
료는 이를 잘 보여주었다(Eccles 2010-5-27). 자료를 보면, 미국 조사팀이 사
용한 선체파손 해석의 도구는 선체 휘핑 모델hull whipping model, 선체 외판 변형 유
한요소 분석finite element analysis of hull plate deformation, 수중폭발 압력파 분석UNDEX pressure wave
analysis이었으며, 이것들은 수중폭발에 의한 선체파손 사건의 분석에 요구되는

---

4　『합동조사결과 보고서』, 86쪽도 참조. "미국 조사팀은 4월 26일 '미합중국 해군 천안함 모델링' 결과를 제시
하면서 선체 용골 밑에서 어뢰가 폭발했을 가능성이 가장 높다고 판단했으며, 가장 가능성 있는 폭발유형으
로는 250kg의 고성능 폭약이 선체 프레임 75번 선체 중심선에서 좌현쪽으로 3m, 깊이 6~9m에서의 폭발을
제시했다."

중심적인 분석과 해석의 도구들이었다([그림 3-3]).

여기에서 눈에 띄는 점은 버블 주기를 '1.1초'로 잡아 시뮬레이션을 수행했다는 점인데, 버블 주기 1.1초는 천안함 침몰 당시 공중음파에 기록된 두 개음파 피크의 시간 간격과 일치한 값이었다. 합조단의 조사결과 보고서를 보면, 1차로 분석한 미국 조사팀은 이런 버블 주기의 값을 바탕으로 "Willis[윌리스] 공식을 적용하여 버블 주기에 해당되는 폭약량과 수심을 분석"했다(합동조사결과 보고서: 133-134). 그런데 폭약량과 수심을 추산할 때 필요한 값인 버블 주기는 공중음파가 아니라 지진파에서 도출한다는 방법론이 그동안 법지진학에서 수중 인공폭발의 원인을 규명하는 기법으로 자리를 잡고 있던 터였기에, 버블 주기 값과 그 산출 방법이 적절했는지는 나중에 지진파를 둘러싼 논쟁에서 중심에 놓이게 되었다. 이에 관해서는 지진파를 다루는 6장에서 자세히 다루고자 한다.

미국 조사팀이 합조단 조사활동의 초기에 선체파손 해석 시뮬레이션에서 주요한 해석 결과를 제시했으며 이것이 합조단의 시뮬레이션과 과학적 조사활동에서 상당한 영향을 주었다는 것은 당시 합조단장의 회고에서도 나타났다.

윤덕용: 또 한 가지 폭발이 있었다는 증거는 레이저 스캔된 함미의 절단면이 버블 모양을 하고 있다는 겁니다. 그래서 에클스 미 해군제독은 인양된 천안함을 딱 보고 버블의 크기와 어디서 터졌다는 것을 추측하더라고요. 어뢰를 발견하기 전에 벌써 인양된 선체모양을 보고 "버블이 여기까지 와서 밀어서 이런 모양이 형성된 거니까 버블의 크기는 이 정도일 것이다"라고 했습니다. 그래서 눌림현상을 정량적으로 분석했습니다. 미국 측 프로그램을 갖고 수중 어느 지점에서 폭발했을 때 어느 정도의 눌림현상이 일어나는지를 시뮬레이션 했습니다. 폭약의 크기, 위치, 조건을 여러 가지로 놓고 시뮬레이션을 해보니까 가장 근접한 조건이 250kg

의 TNT가 수중 6m, 가스터빈실 중앙으로부터 좌현 3m에서 일어났을 때 실제하고 거의 맞습니다. (홍성기 2011: 281-283)

## 시뮬레이션: 합조단 폭발유형 분과

합조단의 설명에 의하면, 한국팀은 미국팀의 초기 해석에 바탕을 두면서 이를 "세부적으로 [추가] 분석"했으며, "어뢰 추진동력장치가 인양되어 추가 증거물로 활용"하고 선체 절단면을 분석해, 미국팀 분석에서 제시된 "폭발 위치를 재확인"했다(합동조사결과 보고서: 136). 그 분석과 해석의 작업 흐름을 보면, 그것은 먼저 폭발유형 분과가 많은 시간이 들어가는 3차원 시뮬레이션에 적용할 폭약량과 폭발수심의 해석 조건을 대략 다섯 가지로 압축해 제시하고, 이것을 넘겨받은 선체구조분과가 그 해석 조건 가운데 무엇이 천안함의 실제 파손 상태와 가장 유사한 결과를 초래하는지를 3차원 시뮬레이션 작업을 수행해 판단하는 과정이었다.

그러나 "시간은 없고, 결과는 빨리 도출"해야 했던 작업은 여유롭지만은 않았다. 분과와 분과 사이에서 작업 공정을 맞추기 위해서는 일정한 시간에 분석과 해석을 끝내야 하는 시간과의 싸움이었다. 폭발유형 분과가 앞으로 본격 시뮬레이션 해석을 수행할 만한 의미 있는 폭약량과 폭발수심의 후보 조건들을 찾는 일도 서둘러 하는 작업이었다. 그것은 매우 단순한 선체 모형을 이용해 선체에 상당한 폭발의 충격을 가할 만한 해석 조건을 찾는 일이었지만 만만찮은 현실적인 어려움도 컸다. 이런 상황은 합조단 폭발유형 분과의 조사위원이었던 황을하(국방과학연구소 연구원)의 증언에서 엿볼 수 있었다.

〔변호인 문, 증인 답〕

답: 그렇습니다. 저희들이 그 당시 시간은 없고, 결과는 빨리 도출하라는 이야기가 있어서 국소부위만 시뮬레이션을 했고, 그것을 전체적인 시뮬레이션을 하는 선체구조분과에 넘겨주어야했기 때문에 그 결과를 요약한 것으로 보입니다.

문: 위 결론의 대부분은 실제 천안함 파단 현상보다는 정도가 약하게 나왔네요.

답: 그것이 천안함과 시뮬레이션 결과를 비교하는 것은 무리가 있다고 봅니다. 저희들은 〔시뮬레이션에서〕 빨리 결과를 도출하기 위해서 〔천안함 선체〕 안에 있는 여러 가지 부자재를 다 뺀 상태에서 순수한 골격만 가지고 용골이나 옆에 있는 힐(Hull)〔선체〕 면이 어떻게 변형이 되는지에 대해서만 한 것입니다. 그러니까 간단하게 그야말로 암산을 해서 이 정도 범위니까 한번 정밀 분석을 해보라고 넘겨준 것으로 생각합니다.

문: 암산해서 간단하게 할 정도로 시간이 없었던 이유가 무엇인가요.

답: 그것은 여기에서 제가 답변하는 것이 부적절한 것으로 생각합니다. 저희들은 국·과장님들로부터 선체분과에서는 시간이 오래 걸리니 빨리빨리 분석을 하여 범위를 축소시켜 선체분과에 넘겨주라는 이야기가 있었습니다.

문: 과학자인 증인의 입장에서는 나와 있는 여러 가지 데이터를 전부 해보는 것이 옳은 것이 아닌가요.

답: 그러기 위해서는 시간이 너무 많이 걸리게 됩니다. (서울중앙지법 황을하 증인조서 2014-10-13: 35-36)

## 시뮬레이션: 합조단 선체구조 분과

선체구조 분과의 조사위원들도 조사활동 초기에, 아주 단순한 선박의 모형을 이용해 수중폭발이 선박에 어떤 영향을 주는지를 빠르게 분석할 수 있는 이른바 휘핑 해석 시뮬레이션을 별도로 진행했다. 휘핑 해석은 폭약량과 폭발위치를 판단하는 폭발유형 분석에서 활용되었다. 휘핑 해석은 매우 간이적인 방식으로 수행되었는데, 당시 이 작업을 수행한 선체구조분과 조사위원이었던 정정훈(한국기계연구원)은 '천안함 명예훼손 재판'에서 다음과 같이 증언했다.

> 처음부터 3차원 해석을 하는 데 시간이 많이 걸렸기 때문에 해석을 할 때 선체를 복잡한 3차원 구조체로 보지 않고 간단한 보[beam]로 보고 어느 정도의 폭약이 터지면 선체가 견딜 수 있는 강도를 가질 수 있는지를 예측했습니다. 그래서 증인[정정훈]이 먼저 2010년 4월 20며칠쯤에 발표를 하였고 이어서 미국 측의 합조단도 본국에서 증인과 유사한 해석을 같이 병행수행해서 나중에 발표했습니다. 1차원 해석을 한 것은 현상을 단순화해서 배로부터 얼마나 떨어진 곳에서 어느 정도 폭약이 터져야 선체가 견딜 수 있는지 그 강도를 알아보기 위한 간이해석이라고 생각하시면 되겠습니다. (서울중앙지법 정정훈 증인조서 2014-4-28 : 35-36)

본격적인 3차원의 선체 손상 시뮬레이션을 수행하기에 앞서 "간이해석"으로 수행한 1차원의 휘핑 시뮬레이션은 버블의 팽창과 수축이 함정의 주요 강도인 종강도longitudinal strength에 끼치는 영향을 해석하기 위한 것이었다. 휘핑 시뮬레이션은 "조사 분석의 초기단계에서 폭발유형이 한정되지 않아 어떠한 폭발이 함의 전반적 파괴를 일으킬 수 있는지를 신속하게 분석하기 위한 것"이었기에(합동조사결과 보고서: 142), 여기에서 선체 구조는 아주 단순하게 표현해 '보beam'로 간주될 수 있었다. 그러므로 휘핑 시뮬레이션은 한계를 지니는 "간이해석"이었다. 특히 함정 설계 때 사용되는 휘핑 해석에서는 근접 수중폭발이 설계 대상의 위협으로 간주되지 않기 때문에 여기에서는 선체에서 비교적 먼 거리에서 폭발이 일어나는 '원거리 비접촉 수중폭발'의 조건을 적용하는 프로그램이 사용되었다. 그것은 충격파에 대한 영향을 배제하고 버블의 팽창과 수축 때 발생하는 버블 펄스의 영향만을 선체에 가하여 해석하는 전용 프로그램이었다(합동조사결과 보고서: 141-142).

휘핑 해석에서는 초기에 범위를 제한하기 힘든 상황이었기에 여러 가지 조건을 대상으로 선체 충격이 해석되었다. 합조단은 천안함 중앙부의 바로 아래 10m, 20m, 30m, 40m 수심에서 TNT 폭약 기준으로 45kg, 100kg, 150kg, 200kg, 250kg, 300kg, 350kg, 400kg이 폭발하는 경우를 가정해 선체 충격을 해석했다(합동조사결과 보고서: 143-145). 합조단의 보고서에는 시뮬레이션의 결과가 자세하게 실렸으며, 이를 바탕으로 "수중폭발 버블의 반복적 팽창, 수축의 맥동운동으로 인한 천안함 주선체의 1차원 보유추 휘핑 해석을 통해 TNT 폭약 100kg 이상이 천안함 중앙부 단면 중앙선 직하의 20m 이내에서 폭발하면 천안함 일부 단면에서는 최종 굽힘 모멘트보다 큰 휘핑 굽힘 모멘트가 발생하고, 이로 인해 주선체 종강도에 기여하는 해당 단면의 길이 방향 부재에 손상이 발생할 수 있음을 확인했"다는 소결론을 제시했다(합동조사결과 보고서: 149).

아주 단순한 1차원 모형에서 선박이 수중폭발로 인한 버블의 팽창, 수축 때 어떻게 들어올려지고 처지는지 그 휘핑을 해석한 데 뒤이어, 천안함 선체의 충격을 3차원으로 모사하는 시뮬레이션 작업이 본격화했다. 그것은 컴퓨터 장비 그리고 시간과 벌이는 싸움이었다. 한 가지 조건의 사례를 시뮬레이션하는 데에만 '16일'이나 걸리는 작업이기 때문이었다. 상당히 오랜 시간에 걸쳐 천안함 선체를 컴퓨터 프로그램 안에 구현하는 '선체 상세 유한요소 모델링' 작업을 거쳐야 하는 3차원 시뮬레이션은 '4월 말'에야 시작되었으며 구체적인 폭약량을 대입해 천안함 선체 충격을 해석하는 작업은 5월에 들어서야 시작되었다.

〔변호사 문, 증인 답〕

문: 시뮬레이션의 사전적 의미는 '현실적으로 실험하기 어려울 때 하는 모의 실험'인데 증인이 이 사건에 대하여 시뮬레이션을 시작한 것이 2010년 4월 말부터라고 했지요.

답: 3차원 시뮬레이션은 그렇습니다.

문: 폭약량이나 북한제 어뢰라는 조건들을 대입하라고 제시받은 때는 언제인가요.

답: 2010년 5월 7일, 8일 넘어서입니다. 사실 시뮬레이션을 할 때 폭약량을 얼마로 넣느냐는 아무 문제가 안 되고 제일 먼저 한 일은 선체를 모델링하는 작업이었는데 그 사건이 굉장히 오래 걸렸습니다.

문: 그러면 폭약량을 언제 대입했나요.

답: 아마 2010년 5월 첫 주 지나고부터일 것입니다. 왜냐하면 그때쯤 되어서 폭발유형분석 분과도 그쪽에 맞는 시뮬레이션을 해서 〔폭약량과 폭발수심〕 범위들을 찾아내고 있었습니다. (서울중앙지법 정정훈 증인조서 2014-4-28: 45-46)

2010년 5월 들어 폭발유형 분과에서 폭약량과 폭발수심의 범위를 좁히는 작업을 진행했고, 이어 선체구조 분과는 3차원 시뮬레이션에 쓸 수 있는 다섯 가지 해석 조건을 넘겨받았다. 특히나 '360kg' 폭약량의 조건이 제공된 것은 어뢰 추진동력장치 부품이 해저에서 수거된 5월 15일 이후, 합조단의 기자회견을 앞두고 있던 때였다고 담당 조사위원은 증언했다.

〔변호인 문, 증인 답〕

문: 처음에 폭약량을 제시받은 것은 언제인가요.

답: 최종적으로 받은 것은 360kg입니다.

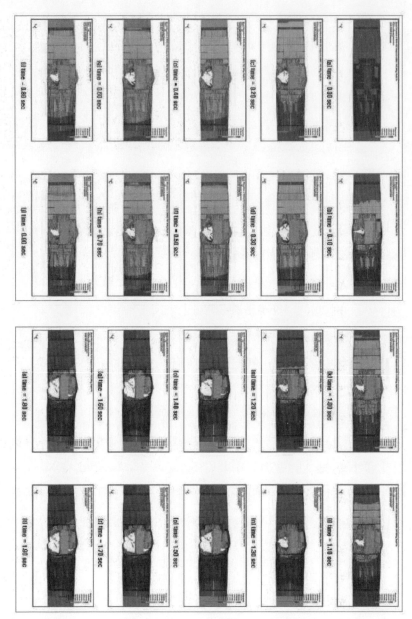

[그림 3-4] 천안함 선체 파손 시뮬레이션의 영상 자료 예. 수중폭발 때의 선체 손상 사건을 2초 시간대까지 시뮬레이션 했다. 선체 파손 형태를 정성적으로 구현했으나 용골의 절단을 완전히 구현하지는 못했다. (출처: 합동조사결과 보고서: 167–168)

문: 폭약량 360kg을 제시받은 것은 언제인가요.

답: 합조단 최종 발표일인 2010. 5. 20. 바로 직전이거나 그랬던 것 같습니다.

문: 북한제 어뢰 추진체를 인양한 것이 2010. 5. 15인데 그 이후에 폭약량을 360kg으로 대입하라고 한 것인가요.

답: 예. 2010. 5. 15 이후일 것입니다. (서울중앙지법 정정훈 증인조서 2014-4-28:46)

폭발유형 분과가 제시한 다섯 가지 해석 조건, 즉 (1)폭약량 TNT 250kg에 폭발수심 6m, (2)TNT 300kg에 7m, (3)TNT 360kg에 7m, (4)TNT 360kg에 8m, (5)TNT 360kg에 9m라는 폭발유형 조건을 모두 다 3차원 시뮬레이션에 넣어 해석하고 검증하기는 현실적으로 어려운 일이었다. 선체구조 분과에서는 이 가운데 360kg 폭약량에 수심 7m 또는 9m라는 (3)과 (5)의 두 가지 해석 조건만을 선택해 작업에 들어갔다([표 3-3] 참조). 합조단 조사위원은 "2가지 조건으로만 시뮬레이션한 것은 한 케이스를 시뮬레이션 하는 데 16일이라는 시간이 걸렸기 때문에 2가지에 집중할 수밖에 없었"다고 말해 당시에 조사 일정이 여유 있는 환경이 아니었음을 시사했다.

답: [···] 하여간 폭발유형분석 분과에서 도출한 2가지 근접 수중폭발 조건은 TNT 360kg로 좌현 3m, 수심 7m, 9m에서 증인[정정훈]의 팀이 시뮬레이션을 수행한 것으로 이 시뮬레이션을 위해서는 물, 선체, 공기를 모두 모델링해야 하는데 300만 개가 넘는 굉장히 복잡한 공학 시뮬레이션이었습니다. 폭약 및 유체 모델은 증인이 어떻게 모델링을 했는지를 보여주는 것이고 특히 선체는 유실부가 가스터빈실이기 때문에 가스터빈은 굉장히 집중적으로 상세하게 모델링을 하였고 손상이 없었던 함미, 함수부로 갈수록 덜 상세하게 모델링을 했는데 내부의 가스터

빈이 찢어져 나가는 것을 구명하기 위해서 장비들과 같이 모델링을 하고 가스터빈과 전기를 [시뮬레이션에] 넣었습니다. (서울중앙지법 정정훈 증인조서 2014-4-28: 17)

선체구조 분과에서는 두 가지 해석 조건 중 하나에서 천안함의 실제 손상 형상과 유사한 결과를 얻을 수 있었다. 천안함의 실제 손상 형상과 크게 다른 해석 조건은 시뮬레이션 작업 도중에 포기되었다. "폭약량 360kg이 수심 9m 에서 폭발한 경우에 대한 해석을 통해 예측된 가스터빈실의 손상 정도가 실제 천안함 손상상태와 비교했을 때 매우 미약하다고 판단되어 이 경우에 대해서는 0.9초까지만 해석을 수행하고 중단했다"(합동조사결과 보고서: 154). 같은 폭약량이 수심 7m에서 폭발한 경우에 대해서만 2초대까지 3차원 시뮬레이션을 수행했다. 시뮬레이션 작업을 바탕으로, 합조단은 TNT 폭약 360kg이 좌현 3m, 수심 7m에서 폭발했을 때 "천안함의 실제 손상상태와 정성적으로 매우 유사한 손상결과를 얻을 수 있음을 확인했다"라고 보고했다(합동조사결과 보고서: 150-151, 175). 여기에서 쓴 "정성적으로 매우 유사한 손상결과"라는 표현은 천안함 파손 상태의 가장 대표적으로 보여주는 '용골의 절단', 즉 '선체의 절단' 형상이 컴퓨터 시뮬레이션에서 완전하게 구현되지는 못했음을 의미하는 것이었다([그림 3-4]).

### '까다로운 형상'인 프로펠러의 시뮬레이션

천안함 스크루 우현 프로펠러의 휜 형상 문제는 침몰원인을 어뢰폭발로 판단하고 있던 합조단도 어뢰폭발 시나리오 안에서 간명하게 설명하기 어려웠던 까다로운 난제였다. 무엇보다 프로펠러가 휜 형상이 독특했다. 프로펠러의 날개 5개는 조막손 모양으로 안쪽으로 휘어져 있었다. 날개의 끝부분에는 약

간의 손상 흔적이 관찰되고 찍힌 흔적이 몇
군데 발견되었다. 또한 따개비와 같은 조개
류가 상당히 많이 붙어 있던 좌현 프로펠러
날개와 달리 우현 날개는 조개류 없이 비교
적 매끈한 상태를 보였다(노인식 2010: 11-
12). 우현의 휜 프로펠러 4개 중 2개는 끝
부분에서 다시 휘어 전체적으로 영문 S자

[그림 3-5] 천안함 우현 프로펠러의 변형형상. (출처:
합동조사결과 보고서: 51)

형상을 하고 있었다. 합조단 선체구조 분과 조사위원으로서 프로펠러의 변형
원인을 주로 분석한 충남대학교 선박해양공학과 교수 노인식은 당시 상황을
다음과 같이 말했다.

> 침몰된 천안함의 함미를 인양한 이후, 가장 눈길을 끈 부분이 바로 프로펠러
> 의 변형형상이었다. 워낙 기묘한 모양으로 휘어져 있었기 때문에 초기에는 민군합
> 동조사단의 전문가들도 전혀 변형원인을 짐작하기 어려웠다. 추진기 날개 변형만
> 으로 천안함의 침몰원인을 직접 추정하기는 곤란하지만 침몰원인과의 연관성 규
> 명은 반드시 이루어져야 했고, 무엇보다도 여러 곳에서 제기된 각종 의혹을 해소
> 하기 위해서는 변형원인에 대한 심층적인 연구가 꼭 필요한 상황이 되었다. (노인
> 식 2010: 11)

우현 프로펠러가 "기묘한 모양으로 휘어"진 이유를 설명하는 합조단의 설
명은 이후에 두 차례의 변화를 겪었다. 민군 합조단의 조사위원이던 신상철의
기억에 의하면, 합조단이 비접촉 어뢰폭발설을 유력한 시나리오로 발표한 이

후인 4월 30일,[5] 평택 2함대에서 열린 합조단 회의에서 미국팀 조사위원은 프로펠러의 휜 형상이 함미가 침몰하면서 해저 바닥에 닿아 생긴 것이라는 해석을 제시했다(신상철 2012: 39-41, 120). 이런 비공식적 해석은 5월 20일 합조단의 공식 기자회견 이후에 '급정지에 의한 회전 관성력이 프로펠러를 휘게 만들었다'는 공식 설명으로 바뀌었다. 국방부는 6월 8일 낸 "한국 기자협회 제기 천안함 의문점 답변자료"에서 다음과 같은 해석을 제시했다.

> ○ 국내외 전문가들의 조사결과 날개 파손이나 표면에 긁힌 흔적이 없는 점으로 보아 좌초 등 충돌로 인한 변형은 아니며, 고속으로 회전하는 프로펠러가 급격한 정지시 날개 면에 작용하는 회전 관성력에 의해 변형이 발생 가능한 것으로 분석되었음.
>
> ○ 국내에서 유사 프로펠러를 활용하여 MSC.DYTRAN 프로그램을 사용한 시뮬레이션 결과 동일한 변형이 발생하는 것을 확인했음.
>
> ※ 프로펠러 재질이 견딜 수 있는 힘 : 400MPa(메가파스칼)
>
> ※ 급작스런 정지시 프로펠러에 작용한 관성력 : 약 700MPa
>
> • 1Pa : 1m² 당 1뉴턴의 힘이 작용할 때의 압력
>
> * 1Pa = 1N/m² = 1(Kg•㎧) / m²
>
> • 1MPa = 106 Pa = 9.8atm
>
> • 제작사 : 가메와KAMEWA社 (국방부 발표자료 2010-6-8)

---

5 합조단이 2010년 7월 무렵에 발표한 자료(이 책 2장의 [그림 2-2])에 의하면, 어뢰폭발설을 가장 유력한 가능성으로 최종 판단한 날은 4월 28일이었다. 프로펠러의 휜 형상이 침몰 때 해저에 부딪혀 생겼으리라는 설명이 제시된 합조단 회의는 이틀 뒤인 4월 30일에 열렸다.

이 해석은 조선공학자 노인식이 5월 20일 합조단의 기자회견 발표가 있고 난 이후에 수행한 컴퓨터 시뮬레이션에서 나온 결과였다.[6] 북한 어뢰에 의한 피격이라는 침몰원인이 공식 발표된 이후에 이루어진 이 시뮬레이션의 결과는 좌초설의 지지자들이 그 근거로 자주 거론하던 프로펠러의 휜 형상이 어떻게 어뢰폭발과 직접 연관될 수 있는지를 입증하는 근거로 제시되었다. 독특하게 휜 형상에 대한 해석에 "급정지 효과"라는 실마리를 제공한 곳은 합조단에 참여한 스웨덴 조사팀이었다.

사실 저희가 천안함 보고서가 마무리될 시점까지 이 프로펠러의 변형원인에 대해서 전혀 짐작을 못 했습니다. 그래서 굉장히 늦게 시작된 상황인데, 거의 보고서가 마무리될 시점에 연락을 받았습니다. 스웨덴조사단에서 이것을 "회전 중 급정지의 가능성이 있다는 연락을 받았다." 그래서 제가 혼자 그때 2 함대 사령부로 급히 올라갔습니다. 올라가서 스웨덴조사단 두 사람하고 같이 제 상황에 대해서 의견을 나누었고요. 그런데 그때까지 나온 상황, 시나리오 중에서 제일 제가 납득할 수 있는 시나리오라고 생각했습니다. 스웨덴조사단이 이제 저희한테 준 메시지가 뭐였느냐면, 처음에 저희가 맨 처음에 프로펠러 변형 자체를, 원형을 갖다가 생

---

6 합조단의 다른 조사위원의 증언에 의하면, 첫 번째 시뮬레이션 분석은 합조단 최종 발표가 있고난 이후인 5월 말에서 6월 초순 경에 이루어졌으며, 이후에 1차 분석 때와는 다른 해석을 적용한 2차 시뮬레이션은 7월 중순 경에 이루어졌다.

[변호인 문, 증인 답]

"문: 처음에 시뮬레이션했을 때는 프로펠러의 변형이 […] 지금 모습과 같지 않다고 했는데, 처음 시뮬레이션은 언제 한 것인가요.

답: 2010. 5. 20. 최종 결과발표가 있었고 2010. 5. 말에서 6. 초경에 시뮬레이션을 했습니다.

문: 그래서 프로펠러에 변형이 일어나지 않자 축 방향에 충격력을 가한 시뮬레이션을 또 한 것이지요.

답: 예. 언론 노조의 발표 이후 2010. 7. 중순경에 시뮬레이션을 또 했습니다" (서울중앙지법 정정훈 증인조서 2014-4-28: 28).

각할 때 주로 프로펠러 자체만 봤습니다. '프로펠러가 어디에 부딪혔느냐'뿐이 도저히 생각할 수 없었는데 '이게 추진축으로 연결해서 엔진룸까지 걸쳐 있구나' 그 생각을 이 사람들이 일깨워 준 겁니다. 그래서 물론 저희가 그 시나리오를 듣고 저희는 바로 시작을 했습니다. (서울중앙지법 노인식 증인조서 2015-6-8: 7-8)

'프로펠러가 무엇과 부딪혔는가'라는 데 초점을 두고 프로펠러 변형의 문제를 풀려던 합조단 조사위원이 보기에, 변형형상의 문제를 추진축의 회전운동과 연결한 스웨덴 조사팀의 해석은 새로웠다. 스웨덴 조사팀은 천안함 프로펠러의 제조회사인 가메와Kamewa의 견해를 전하면서 프로펠러가 정상상태인 100rpm(분당 회전수)으로 회전하다가 급정지할 때 회전 관성력으로 인해 날개 변형이 일어날 수 있다는 해석을 한국 합조단에 알려주었다(노인식 2010: 12). 이에 조사위원 노인식은 "1000분의 수 초 단위의 짧은 시간 내에 회전이 멈추게 되면 프로펠러 날개에 큰 회전관성력이 걸릴 수 있다"라는 점에 착안해, 비선형 유한요소법으로 "유사한 사이즈의 프로펠러"가 구현되는 컴퓨터 시뮬레이션 분석을 수행함으로써 그 변형 가능성을 검토했다(노인식 2010: 12-13). 6월 8일 합조단이 발표자료에 인용한 것은 이 해석의 결과물이었다.

그러나 시뮬레이션의 해석은 만족스러운 것이 아니었으며 이내 비판에 직면했다. 한국기자협회, 한국PD연합회, 전국언론노조가 구성한 기구인 '천안함 조사결과 언론보도 검증위원회'(이하 언론검증위)는 6월 29일에 합조단이 천안함 침몰원인 조사결과 설명회에서 제시한 시뮬레이션의 프로펠러 변형형상이 실제의 변형형상과 큰 차이가 있고 또한 날개 끝부분에 손상 흔적이 발견된다고 지적했다. 또한 프로펠러의 변형형상이 폭발시 급정지에 의한 회전 관성력 때문이라는 합조단의 해석에 의문을 제기했다(한겨레21 2010-7-19: 44-47).

2차 시뮬레이션이 수행된 것은 이런 반박이 있고난 이후인 7월이었다(서울중앙지법 정정훈 증인조서 2014-4-28: 28). 회전 관성력의 요인만으로 실제 변형 형상이 구현되지 않자 노인식은 회전 관성력 외에 추가적인 원인을 찾아나섰다. 그는 파손된 천안함 선체의 우현 감속기어 부근의 추진축 쪽에서 주로 관찰된 '축 밀림' 현상에서 새로운 해석의 실마리를 얻었다.

급정지만으로는 실제 변형형상이 발생하기 어렵다는 사실이 밝혀졌기 때문에 추가적인 변형원인에 대한 검토가 이루어졌다. 함미 인양 이후에 선체에 대한 정밀감식 과정에서 감속기어 부근의 추진축이 함미 방향으로 약 10 cm 정도 빠져나와 있는 현상이 보고되었고 이에 착안하여 폭발 충격에 의해 추진축이 급격히 함미 방향으로 밀리는 상황을 가정했다. (노인식 2010: 13)

작용시간은 수중에서의 고유진동주기와의 상관관계를 고려하여 여러 가지 경우에 대한 계산을 시도했으며 최종적으로 약 0.02초로 결정했다. 속도의 크기는 우현 프로펠러의 추진축이 약 93mm 빠져 나와 있는 손상 보고를 감안하여 속도의 적분치가 약 100mm가 될 수 있도록 peak 치를 10 m/sec로 했다. (노인식 2010: 14)

대략 10cm의 축 밀림을 일으킨 작용 시간이 0.02초인 것으로 결정됨에 따라 속도는 10m/sec로 설정되었다([그림 3-6]의 왼쪽). 이런 조건에서 이루어진 프로펠러 변형 시뮬레이션에서는 1차 시뮬레이션에 비해 훨씬 만족스러운 결과를 확인할 수 있었다. 프로펠러 날개는 안쪽으로 상당히 크게 휘는 변형 형상을 보여주었다 ([그림 3-6] 오른쪽).

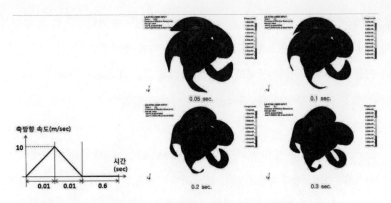

[그림 3-6] 축 방향 충격속도의 변화(왼쪽)와 프로펠러 날개의 변형 과정. (출처: 노인식 2010: 14)

〔검사 문, 증인 답〕

답: 〔…〕 말씀드렸다시피 스웨덴 측에서 제시한 급정지 시나리오로서는 실제 상황하고는 전혀 다른 그런 변형이 발생했기 때문에 저희는 일단 〔급정지〕 시나리오 자체 가능성을 포기했습니다. 그래서 급정지 외에 다른 추가적인 변형원인이 존재할 것으로 생각했고 굉장히 고민을 많이 했습니다. 그래서 저희가 최종적으로 내린 결론은 축 방향 충격력이 작용했을 것으로 생각했고 또 여기에 대한 증거들이 추가로 많이 발견되었기 때문에 저희가 제일 가능성이 큰 시나리오라고 지금도 생각하고 있습니다. 〔…〕 물론 작용시간이 0.01초, 피크에 이르기까지 0.01초를 잡았습니다만, 저것은 제가 임의로 정한 겁니다. 이것을 다양하게 바꿔가면서 전체적인 변형이 10cm가 되도록 다양하게 시간을 바꾸어가면서 계산을 여러 번 했습니다. 〔…〕 작용시간을 변화시켜 가면서 다양하게 해본 결과 0.01초 정도 하중 증가시간이 있는 경우에 상당히 유사한 변형 형태가 나타났기 때문에 유력한 그런 시나리오라고 생각하고 있습니다. (서울중앙지법 노인식 증인조서 2015-6-8:

11-12)<sup>7</sup>

시뮬레이션의 결과물은 어뢰폭발로 인해 축 밀림이 일어날 때 이런 프로펠러 변형이 나타날 수 있음을 보여준 것이었다. 하지만 그렇다고 해서 시뮬레이션을 수행한 연구자도 인정했듯이 프로펠러 변형의 원인을 곧 축 밀림이라고 단정할 수는 없었다 (서울중앙지법 노인식 증인조서 2015-6-8: 44-45).[8] 또한 시뮬레이션에서 프로펠러가 조막손 모양처럼 안쪽으로 굽는 형상은 구현되었으나, 실제의 형상에 나타난 날개 2개의 S자 변형은 구현되지 않았다. S자 변형은 "추측"으로 제시되어야 했다.

---

7 이런 증언은 컴퓨터 시뮬레이션 작업을 수행했던 다른 조사위원의 증언과도 대체로 일치했다. "그래서 이후 축방향 충격력에 의한 변형 가능성에 대해서 고민을 했는데 인양하고 자세히 보니까 감속기어가 굉장히 손상을 많이 입었고 특히 좌현 쪽보다는 우현 쪽 감속기어가 굉장히 축이 많이 밀려나 있어서 화살표 방향으로 축방향 충격력에 의한 정밀 시뮬레이션을 다시 수행했습니다. 결국에 프로펠러의 휨현상은 복합적이겠지만 가장 큰 원인은 급정지한 관성토크보다는 오히려 축방향의 밀림에 의한 힘이라고 생각하고 […]. 좌현 프로펠러의 변형 미발생 원인 고찰은 상대적으로 우현 쪽보다는 좌현 쪽이 덜 밀려나갔다는 것을 확인한 부분이고 결국 우측이 큰 충격력이 추진축으로 전달된 데 반해서 좌현은 유격이 발생함으로써 충격이 덜 전달되었다고 판단을 내렸고 그렇게 최종적으로 발표하게 되었습니다"(서울중앙지법 정정훈 증인조서 2014-4-28).

8 [변호인 문, 증인 답]
문: 그러니까 실제 결과하고 시뮬레이션 결과하고 유사하지요.
답: 예, 그렇습니다.
문: 그런데 이게 실제 형상하고 폭발에 의한 것이라고 한다면 폭발에서 작용한 힘과 같은지 증인의 가정이 다시 한 번 검증이 필요한 것 아닌가요.
답: 그것은 현재 우리 실력으로는 불가능합니다.
문: 그 부분에 대한 검증이 없기 때문에 이 부분에 대한 신뢰도는 상당히 떨어지는 것 아닌가요.
답: 결과만 가지고 이야기할 수 있습니다.
문: 결과와 시뮬레이션값에 상관관계는 어느 정도 증인이 얘기하신 것은 괜찮은데 그 외에 이 사건발생상황, 폭발상황에 의해서 변형되었다는 논리적인 연결고리가 정확히 일치하는 것은 아니지요.
답: 할 수도 있다, 발생할 수 있다는 가능성을 지금 말씀드리는 것입니다.
문: 그러니까 할 수 있다는 것이지, 그것이 이렇게 발생했다는 것은 아니지요.
답: 그렇죠. 필요충분조건은 분명히 아닙니다.

날개 끝단이 2중으로 휘어 있는 현상은 변형 과정에서 날개 끝단이 hub나 이웃 날개에 접촉됨으로써 발생된 2차 변형으로 추측되며 실제 날개에서도 끝단에서의 작은 접촉 손상을 비롯한 이러한 흔적들이 부분적으로 발견되고 있다. (노인식 2011: 14)

이런 시뮬레이션 분석을 종합하여 노인식은 우현 프로펠러의 변형원인이 "추진축으로 전달된 축 밀림, 급정지 등 충격력이 복합적으로 작용한 것으로 판단된다"는 결론을 제시했다(노인식 2011: 15). 이는 사실상 새로운 공식 설명이 되었다. 2차 시뮬레이션의 결과물이 실제 변형형상에 유사하게 접근했으나 우현 프로펠러를 둘러싼 논쟁적 상황은 완화되거나 해소되지 못했다. 이런 데에는 시뮬레이션의 결과물을 생산하고 발표하는 과정에서 논란을 불러일으킬 만한 과학 실행의 몇 가지 문제가 노출되었기 때문이었다.

첫째 합조단 조사위원들도 말했듯이 우현 프로펠러가 기이하게 휜 형상은 함미 인양 이후부터 합조단 내에서도 설명되어야 할 수수께끼로 여겨졌다. 그렇지만 그것은 합조단의 주요한 분석대상에서 벗어나 있었고, 결국에 합조단 내에서 침몰원인이 어뢰폭발설로 모아진 이후에야 뒤늦게 좌초설을 배제하는 설명의 근거로서 분석대상이 되었다. 조사위원한테는 분석을 위한 충분한 시간적 여유가 주어지지 못했다. "그때 아무튼 언론인들 상대로 발표한 날짜가 정해져 있었던 것으로 기억합니다. 그리고 제가 말씀드렸다시피 워낙 프로펠러 쪽은 시뮬레이션이 늦게 시작했습니다"(서울중앙지법 노인식 증인조서 2015-6-8: 24).게다가 합조단은 어뢰폭발설과 프로펠러 변형을 명료하게 연결하는 해석을 쉽게 찾지 못했다. 프로펠러 변형원인을 '급정지에 의한 회전 관성력'에서 찾다가 뒤늦게 '축 밀림과 회전 관성력 등의 복합'을 구현한 새로운 시뮬레이션을 수행했는데 이런 과정은 불신을 키우는 요인이 되었다.

둘째, 프로펠러의 변형원인을 찾는 과정은 좌초설까지도 포함하는 열린 물음에서 시작한 것이 아니었다. 합조단 내에서 좌초설은 몇 가지 이유로 일찌감치 반박되었다. 먼저 좌초했다가 빠져나올 때에 생길 법한 회전방향의 균일한 긁힌 흔적이나 자국이 우현 프로펠러의 날개에서 발견되지 않았고, 천안함의 프로펠러는 후진할 때 역회전하지 않으면서 날개 각도만 조절하는 '가변 피치 프로펠러cpp'이었기에 좌초 지역에서 벗어나려다가 프로펠러가 그런 독특한 형상으로 변형되었을 가능성은 없다는 것이 합조단의 판단이었다(노인식 2011: 12). 그러나 프로펠러 형상 분석작업이 합조단 내에 사실상 어뢰폭발설의 결론이 굳어지고 난 시기에 본격화했다는 점에서 볼 때, 시뮬레이션 작업은 '어뢰폭발이라는 원인'에서 '프로펠러 변형이라는 결과'가 어떻게 초래되었는지를 설명하기 위한 도구적인 과정으로 여겨질 만했다.[9]

셋째 시뮬레이션의 결과와 해석을 『합동조사결과 보고서』에 싣는 방식도 여러 문제를 드러냈다. 매우 복잡한 논란을 지니고 있는 프로펠러의 변형형상에 관한 조사 분석의 결과인데도, 선체파손 시뮬레이션을 36쪽 분량에 걸쳐 매우 상세하게 실은 것과는 대조적으로 프로펠러 변형 시뮬레이션은 좌초설 배제의 근거를 설명하는 대목에서 매우 간략하게 두 문장으로 다루었다.

또한 우현 프로펠러 변형 분석결과 좌초되었을 경우에는 프로펠러 날개가 파손되거나 전체에 걸쳐 긁힌 흔적이 있어야 하나 그러한 손상 없이 5개 날개가 함수방향으로 동일하게 굽어지는 변형이 발생했다. 스웨덴 조사팀은 이와 같은 변형

---

**9** 천안함 프로펠러의 변형형상에 관한 본격 연구는 아니지만, 지진학자 김소구도 지진파 파형을 분석해 '좌초 후 기뢰 폭발설'을 논증하는 논문에서 선박이 가는 모래 지역에 닿았다가 빠져나올 때에 프로펠러의 휨 변형이 일어날 수 있음을 보여주는 간략한 컴퓨터 시뮬레이션 결과를 제시한 바 있다(SG Kim 2013: 429-430).

은 좌초로는 발생할 수 없고, 프로펠러의 급작스런 정지와 추진축의 밀림 등에 따른 관성력에 의해 발생될 수 있는 것으로 분석했다. (합동조사결과 보고서: 51)

더욱이 두 번째 문장에서 합조단은 "스웨덴 조사팀은 […] 분석했다"고 서술해 한국 합조단 조사위원이 수행한 분석과 해석의 결과물을 스웨덴 조사팀의 것으로 잘못 기술했다. 특히나 스웨덴 조사팀이 프로펠러 제조회사의 견해라며 변형원인으로 전한 내용은 '급작스런 정지에 따른 관성력'이었으며 "추진축의 밀림"은 한국 조사위원의 독자적인 해석과 추론을 통해서 제시된 것인데도 이 모든 것이 스웨덴 조사팀의 분석결과로 서술한 것은 합조단의 실제 조사활동과 다른 것이었다.

## 시뮬레이션의 표상과 발표

컴퓨터 시뮬레이션은 1940년대 중반, 컴퓨터의 발명과 몬테 카를로 방법Monte Carlo Method[10]의 발전에 힘입어 수소폭탄 개발을 위한 핵융합 연구에서 시작했다. 그동안 컴퓨터 성능과 기술의 발전과 함께 그 해석과 모델링 기법이 많이 사용되는 과학과 공학 분야에서 중요한 연구 도구로 발전해 왔다 (Goldsman, Nance, and Wilson 2010; Sundberg 2010; 이관수 2002). 과학철학자 로만 프리그와 줄리언 라이스가 정리한 '넓은 의미'의 정의로 보면, 컴퓨

---

[10] "사전에 따르면 몬테 카를로 방법은 '인위적 표본추출 실험을 이용하여 수치적 수학 문제의 해를 어림잡는 기법'이다. 즉 몬테 카를로 방법은 일종의 계산 방법이라고 할 수 있는데, '실험'이라는 표현에서 짐작할 수 있듯이 그것은 통상적인 수치 계산법들과 여러모로 다르다. 몬테 카를로 방법은 문제 상황에 따라 여러 가지 형태로 구현되기 때문에 그것을 이용한 계산이 어떻게 수행되는지 정확히 기술하기는 곤란하다. 하지만 그것은 대체적으로 계산과제에 대응하는 통계적 모형을 만들고, 그 모형에서 가정된 모집단 중 일부만을 무작위로 고른 후, 선택한 표본만을 이용하여 원래 계산과제의 답을 추산하는 방식으로 진행된다. 이때 표본을 무작위로 선택하기 위해 난수亂數,random number를 이용하는 것이 통상적이다"(이관수 2002: 1).

터 시뮬레이션은 "해석학적으로 다루기 어려운 수학과 연관된 어떤 모형을 구성하고, 사용하며, 정당화하는 전체 과정을 말한다"(Frigg and Reiss 2009: 596). 그것은 초기 역사에서 보여주듯이, 미국 맨해튼 프로젝트에 참여한 연구자들이 핵융합 무기를 개발하던 중에 매우 복잡한 핵반응 과정을 이론에 기반을 둔 수학적 해석으로도 풀 수 없으며 그렇다고 거대 규모의 실험을 실제로 수행할 수도 없는, 즉 "이론과 실험이 실패한" 공간에서 생성되었다. 그것은 애초에 여러 이질적인 연구 분야들이 뒤섞여 여러 문화권 언어의 일시적 혼합어인 '피진pidgin language'과 같은 모습으로 태어났으나, '인공 실재artificial reality' 또는 '대안 실재alternative reality'로서 점차 독자적인 학술지, 전문가집단을 구축하면서 1960년대에 이르러 자기 문화권을 지닌 혼합어인 '크레올creole'과 같은 독자적인 분야로 성장했다(Galison 1996).

컴퓨터 시뮬레이션이 과학 활동에서 차지하는 비중이 커지면서, 시뮬레이션이 다루는 가상현실, 그리고 거기에서 나타나는 이론theory, 모형model과 자연nature의 관계가 이전의 과학과는 다른 새로운 철학적 쟁점을 던져주느냐는 과학철학에서도 관심사가 되었다(Frigg and Reiss 2009; Humphreys 2009). 이와 관련한 논쟁의 과정에서, 과학철학자 험프리스는 컴퓨터 시뮬레이션이 지닌 새로운 성격을 다음과 같이 정리했다(Humphreys, 2009). 무엇보다 그는 컴퓨터 기반 과학이 "인식론적 활동epistemological enterprise의 중심에서 인간을 몰아내는 방법을 사용한다"라는 점에서, 그것이 인간의 과학 활동을 주로 다룬 1940년대 이전 과학철학에서는 빠져 있는 새로운 철학적 주제를 던져준다고 강조했다. 그에 의하면 이제는 "우월하고 비인간적인 인식 권위체superor, non-human, epistemic authorities"가 존재하기 때문에 독보적인 인간중심적 인식론은 더 이상 적절한 것이 아니게 되었으며, 그로 인해 '인간중심의 곤경anthropocentric predicament'에 처하게 되었다. 그 곤경은 "인간인 우리의 능력을 초월하는 컴퓨터 기반의 과학적 방법을 우리가 어떻게 이해하고 평가할 수 있는가"의 문제이며, 이는 곧 시뮬레이션의 바탕이 되는 추상 모형에서 그 산출물로 나아가는 컴퓨터 처리과정에 대한 "본질적인 인식 불투명성essential epistemic opacity"의 문제이다. 그로 인해 "인간은 이제 컴퓨터 시뮬레이션의 산출물 또는 컴퓨터 기반 과학의 인공물을 만들어내는 컴퓨터 처리과정의 모든 요소들을 살펴볼 수도 정당화할 수도 없게 되었"다고 그는 말한다. 그러므로 이론·모형 등 여타의 표상 장치들이 실재계real system에 어떻게 적용되는 것인지에 관한 의미론semantics은 컴퓨터 시뮬레이션에서 새롭게 다루어야 하는 주제가 되는 것이다.

시뮬레이션의 가상세계는 실재세계와 어떤 관계를 이루고 있는 걸까? 이론·모형·실재는 시뮬레이션에서 어떤 관계를 맺고 있는 것일까? 과학기술사회학자 셰리 터클Sherry Turkle은 1992년 미국이 핵실험을 금지한 이후, 컴퓨터 시뮬레이션을 이용해 핵실험을 다룬 로렌스 리버모어Lawrence Livermore와 로스 앨러모스Los Alamos 국립연구소 소속 연구자들의 관점에 서서 "가상현실" 또는 "대안현실alternate reality"과 실재의 관계를 보여주었다(Turkle 2009: 71-84). 시뮬레이션은 연구자들을 점점 실재세계에서 멀어지게 한다는 점이나, 예컨대 다 밝혀지지도 않은 생물학적 분자구조를 시뮬레이션으로 완벽하게 표상하는 "멋진 그림"이 "비전문가 청중을 설득하는 데 일상적으로 사용된다"라는 점에서 우려를 자아내기도 한다(Turkle 2009: 76-77). 그렇지만 시뮬레이션은 결국에 실재를 있는 그대로 완벽하게 구현하는 도구라기보다 오히려 오류를 드러냄으로써 연구자한테 실재에 더 다가서게 하는 유용한 도구로서 인식될 수도 있다. 터클의 인터뷰 연구에서 참여한 미국 로스앨러모스 국립연구소의 무기설계 전문가는 시뮬레이션이 참된 실재를 보는 방법이라기보다 "코드와 대화를 나누는engage in a dialogue with code" 방법이라고 말하는데, 이런 표현은 시뮬레이션과 실재가 직접 대응의 관계가 아니며 시뮬레이션이 실재를 이해하는 데 도움을 주는 근사적 연구 도구임을 의미한다. 그래서 시뮬레이션에서 실재세계를 모사하는 데에는 연구자의 기술과 능력이 요구된다. "[시뮬레이션에서] 주요한 기술들 중 하나는 [작업에 사용하는] 코드가 제대로 작동하고 있는지 […] 또는 버그나 실수의 징후가 있는지를 결정하기 위해서 추가로 가동할 수 있는 다른 시뮬레이션들이 무엇인지 식별하는 능력"이다(Turkle 2009: 81-82). 시뮬레이션은 "신뢰할 수 있는 오류 발생 기계a trusted error-making machine"이며 오류가 어떻게 생성되는지를 파악함으로써 연구자는 실재를 이해하는 데로 더 가깝게 나아갈 수 있디는 것이다.

> 매우 높은 수준의 시뮬레이션 사용자들이 보기에, 비평적 태도critical stance란 시뮬레이션을 오류로부터 보호하려는 경계심에 관한 그런 것이 아니다. 그것은 그림자shadows 너머에 있는 형상forms에 우리가 좀 더 가까이 가도록 해주는 그 그림자와 더불어 살아가는 것에 관한 그런 것이다. (Turkle 2009 : 82)

이상의 논의에서 쉽게 도출할 수 있는 시뮬레이션의 특성 중 하나는 여러 가지 이유 또는 한계로 인하여 현실에서는 수행하기 어려운 실험을 컴퓨터의 가상공간에서 대체해 수행할 수 있다는 점이다. 이 장에서 다룬 합조단의 조사활동에 사용된 수중폭발 선체응답 시뮬레이션의 연구도 마찬가지였다. 수중폭발 때 선체가 받을 영향을 예측하고 살피는 시뮬레이션은 본래 "실선충격 시험을 수행하기 위해서는 막대한 비용이 소요되며 시험 특성상 재시험이 거의 불가능하고 환경영향의 최소화를 위한 과도한 과외비용 지출"이 요구되는 실제 선박실험을 대체하여 그 현실적 요구사항의 제약을 극복하는 방법으로서 발전했다(이상갑, 정정훈 2002: 83). 실제 선박 대상의 시험 결과를 시뮬레이션의 결과와 비교하면서 시뮬레이션의 기법을 보완하고 향상시키는 방법을 통해서, 시뮬레이션 기법의 유용성·신뢰성 향상이 이루어졌다.

또한 컴퓨터 시뮬레이션은 연구 주제와 방식에 따라서 "엄청난 시간과 노력이 요구"되고 "현재의 전산기 환경"도 고려해야 하며, 예컨대 "수중폭발 충격하중에 대한 충격응답 시뮬레이션 기술 그 자체는 고도의 비선형 구조동력학 기술 분야"에서 "해석자의 경험 및 숙련도에 크게 의존"하는 작업이 되는 것이다(이상갑, 정정훈 2002: 85, 88). 숙련된 연구자는 시뮬레이션의 설계에서 해석과 모델 방법을 선택해야 하며, 그럼으로써 분명하게 파악된 제한 조건 내에서 최대한으로 실재에 근사하게 접근하는 방법을 찾아나가야 한다. 다음의 논문에 나타나는 "간주", "감안", "고려", "무시", "판단" 같은 어휘는 시뮬레이션의 시행을 준비하는 과정에 숙련된 연구자의 여러 선택들이 개입함을 보여준다.

휘핑응답 해석을 위한 폭발위치는 Fig. 3에 나타낸 것처럼 가장 큰 휘핑응답을 유발시키는 경우인 대상함 중앙단면 직하에서 폭발이 일어나는 경우를 고려했다.

한편, 현재 사용되고 있는 가스구체 거동해석 이론(Hicks 1986)은 가스구체의 맥동운동 2차주기 동안에 대해서만 비교적 정확한 결과를 주는 것으로 알려져 있기 때문에, 본 연구에서도 1차 가스구체 압력파에 의한 충격하중만을 고려했다. 또한, 모든 폭발조건에 대해 계산된 가스구체의 1차 맥동주기가 0.6초 이내임을 감안하여 대상함 선체거도의 휘핑응답 특성을 충분히 파악할 수 있다고 판단되는 2.0초 동안 계산했다. 그리고 모든 해석에 있어서 감쇠로 인한 영향은 무시했다. (권정일, 정정훈, 이상갑 2005 : 633-634)

시뮬레이션 작업에서는 사용할 해석 프로그램도 선택해야 하는데 앞에서 이용한 논문의 사례에서는 특정 계수를 계산하는 데 "한국기계연구원에서 개발한 선체거더 보 유추 진동해석 프로그램인 VIBHUL"이, 휘핑응답 해석에는 "한국기계연구원에서 Timoshenko 보 이론과 모드중첩법에 의거하여 개발한 선체거더 보 유추 휘핑응답 해석 프로그램인 UNDEXWHIP"가, 3차원 유한요소 해석에서는 해석 프로그램으로 "구조물의 수중폭발 충격응답 해석에 널리 사용되고 있는 상용 프로그램의 하나인 LS-DYNA/USA"가 사용되었다. 이처럼 숙련을 거친 전문가의 조건 설정과 선택의 과정이 시뮬레이션 작업에서 필수적인 점을 고려할 때, 앞에서 보았듯이 합조단의 전문가 조사위원이 법정 증언에서 시뮬레이션은 정성적이며 근사적 결과를 구한다고 설명한 것은 컴퓨터 시뮬레이션의 성격을 적절하게 설명한 것이었다.

컴퓨터 시뮬레이션의 결과물이 연구실 바깥에서 발표될 때에는 어떻게 받아들여질까? 컴퓨터 시뮬레이션이 1970년대 이래 법정에서 객관성과 설득력을 갖춘 증거물로서 받아들여져 판결에 영향을 끼치는 사례가 늘면서, 컴퓨터 애니메이션과 컴퓨터 시뮬레이션에 대한 기대와 우려의 논의도 진행되어 왔다(Morande 2007; Bennett, Leibman, and Fetter 1999). 특히 법정에서 증언을 보조하는 설명적 도구로 활용되는 애니메이션과 달리 "수학적 모형, 물리법칙과 여타의 과학 원리들을 적용하여 정보를 분석하며 연산을 수행함으로써 결론을 도출하거나 사건을 재연하도록 프로그램 된 컴퓨터"에 데이터를 입력하여 얻는 시뮬레이션의 결과물은 실질적 증거substantive evidence로도 제시되는데(Morande 2007: 1072-1073), 이 때문에 전문가 증언과 같은 영향력을 지니는 시뮬레이션 증거의 정확성·타당성·신뢰성에 대한 평가는 과학적 증거를 다루는 증거법의 기준에 의거하여 다루어졌다.

미국의 경우에 과학적 증거를 채택할지 그 여부를 따질 때에 사용된 기준으로는 1923년 프라이Frye 사건 판례와 1993년 도버트Daubert 사건 판례가 중요한 영향을 끼쳐왔는데, 프라이 기준을 만족하려면 무엇보다 전문가의 이론과 방법이 관련 과학계에서 일반적 승인general acceptance을 받는 것임이 입증되어야 하며, 재판관의 재량을 허용하는 도버트 기준에서 보면 그 이론이 검증될 수 있는 것인지, 동료심사와 출판의 과정을 거쳤는지, 밝혀진 오류의 비율은 얼마나 되는지, 과학계에서 일반적으로 승인되는지와 같은 몇 가지 기준에서 볼 때 충분한 신뢰성을 갖춘 것으로 평가되어야 한다(Morande 2007: 1120-1121; 김도훈 2010). 이처럼 법정에서 실질증거로 제출된 컴퓨터 시뮬레이션은 사용된 시뮬레이션이 신뢰할 만한 것인지를 입증하는 일종의 '타당성 정당화justification of validity'를 다시 확인하는 과정을 거치며, 그 과정은 법정의 맥락에서 증거의 관련성·타당성·신뢰성이라는 기준을 중심으로 이루어진다.

연구실과 법정 바깥에서 시뮬레이션의 결과물은 또 다른 모습으로 발표된다. 타당성을 정당화해야 하며, 정성적이며 근사적인 구현이라는 성격을 명시해야 하는 시뮬레이션의 결과물은 일반 청중을 대상으로 한 발표의 단계에서는 자연을 표상하는 '그림'으로서 나타난다. 때때로 그것은 멋진 그림이거나 완성된 그림이다. 이미 터클의 연구가 보였듯이, 시뮬레이션에서 얻은 "멋진 그림pretty picture"이 일반 대중한테 연구 내용과 무관하게 그 자체로 생명력을 지니며 시각적 효과를 자아낼 수 있다. 예컨대 시뮬레이션을 통해 미리 완결적 모습으로 제작한 생물학적 분자구조의 멋진 그림이 해당 분자구조에 관해 아직도 진행 중인 연구들이 이미 완결된 것처럼 오해를 불러일으킬 수 있듯이(Turkle 2009: 76-79), 일반 청중을 대상으로 한 발표의 단계에서 시뮬레이션은 표상의 단계와는 또 다른 디지털 시각화 효과를 만들어낼 수 있다. 이런 문제로 인해 컴퓨터로 생성한 애니메이션과 시뮬레이션이 법정에서 증거 또는 논증자료로 제시될 때 판결에 어떤 영향을 끼칠 수 있는지를 다루는 여러 연구와 논의가 이루어져 왔다.

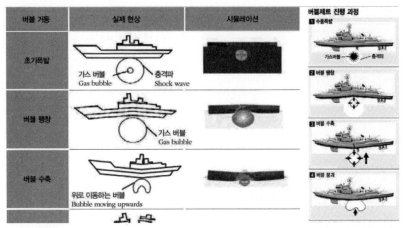

| 버블 거동 | 실제 현상 | 시뮬레이션 | 버블제트 진행 과정 |
|---|---|---|---|
| 초기폭발 | 가스 버블 Gas bubble / 충격파 Shock wave | | ① 수중폭발 가스버블 충격파 |
| 버블 팽창 | 가스 버블 Gas bubble | | ② 버블 팽창 |
| 버블 수축 | 위로 이동하는 버블 Bubble moving upwards | | ③ 버블 수축 / ④ 버블 붕괴 |

[그림 3-7] 합조단 보고서에 실린 버블제트 그림과 시뮬레이션(왼쪽), 일간 신문에 실린 버블제트 그림(오른쪽). 버블제트와 선체 절단 현상은 컴퓨터 시뮬레이션에서는 나타나지 않았으나, 보고서와 언론매체에서는 이를 강조하여 보여준다.

컴퓨터 시뮬레이션의 시각적 결과물은 『합동조사결과 보고서』에서도 침몰원인을 설명하는 데 중요한 과학적 근거로 제시되었다. 보고서의 본문에서 컴퓨터 시뮬레이션을 다룬 "6. 수중폭발 선체 충격 해석"은 36쪽 분량이나 되었으며(합동조사결과 보고서: 141-176), 그 중에서 시뮬레이션의 그림 자료만 18쪽 분량을 차지할 정도로 중요하게 다루어졌다(합동조사결과 보고서: 155-172). 한 가지 눈에 띄는 특징으로, 합조단 조사위원의 증언에서도 보았듯이 합조단의 컴퓨터 시뮬레이션의 실제 작업에서는 '시간 부족으로' 천안함을 동강 낼 정도로 용골을 확연히 절단하는 결과를 얻지 못했지만, 시뮬레이션의 결과는 연구실에서 나와 점차 확산되는 과정에서 단순화하여 '전형적인' 버블제트 충격의 그림으로 바뀌었음을 볼 수 있다는 점이다. 『합동조사결과 보고서』에 실린 그림은 버블제트 없는 "버블제트 충격"을 보여주는데, "시뮬레이션"에서는 용골이 완전히 절단되지 않았으나 두 동강 난 선체를 묘사한 "실제 현상" 그림과 나란히 실려 시뮬레이션 결과는 파손 형상을 구현한 과학적 분석 도구로서 그 의미가 부각되었다([그림 3-7]의 왼쪽)(합동조사결과 보고서: 237). 오른쪽의 그림 둘은 합조단의 조사결과 발표 다음날인 2010년 5월 21일치 일간 신문에 실린 "버블제트" 과정이다. 여기에는 천안함 침몰사건에서는 실제로 관찰되지 않은 '전형적인 버블제트'의 효과가 묘사되어 있다([그림 3-7]의 오른쪽).

또한 국방부가 온라인에 게시한 '천안함 폭발 시뮬레이션 영상'은 주변의 환경과 사건의 진행과정을 실제처럼 모사해 실감을 더한 애니메이션으로 제작되었는데(국방부 동영상 2010-9-13), 실제 컴퓨터 시뮬레이션의 작업 결과에서 선체 절단이 완전하게 구현되지 않았던 것과는 다르게 국방부의 동영상은 버블의 팽창과 수축에 의해 천안함이 동강 나는 과정을 명료하게 보여주었다. 이런 사례들은 컴퓨터 시뮬레이션이 현실에서 수행하기 어려운 실험을 표상하는 근사적 연구 방법이라는 의미 외에 발표의 단계에서는 과감한 단순화를 통해 과학 바깥에서 과학적 논증을 강화하는 '시각적인 디지털 영상자료'로 사용될 수 있음을 보여준다(김수철 2011).

지금까지 처참한 모습으로 인양된 희생자이자 증거물인 함미와 함수에 남은 변형과 흔적의 증거들을 수집하고 관찰하며 분석하여, 사건의 원인과 과정을 추적하고자 한 합조단의 활동을 살펴보았다. 파손형상과 흔적의 증거물은 천안함에 가해진 외부 충격의 크기·성격·방향을 추론하는 데 쓰였으며, 이를 통해 합조단은 어뢰 또는 기뢰가 선저 좌현 아래에서 폭발하여 순간적인 가스 버블의 팽창을 일으켜 선저에 그 흔적과 변형을 남기고서 선체를 동강내었다는 결론을 제시할 수 있었다. '비접촉 수중폭발'은 침몰사건의 성격을 밝히는 가장 중요한 용어로 정식화되었다. 파손의 형상에 남은 거대한 힘 작용의 흔적에 대한 계측·분석·해석의 과정은 비접촉 수중폭발이라는 결론으로 나아갔다. 눌림dishing 현상과 전단파괴의 흔적은 순간적인 거대 압력이 작용했음을 보여주는 가장 유력한 증거였으며, 컴퓨터 시뮬레이션은 특정 폭발량의 어뢰가 특정한 수중지점에서 폭발했을 때 그 결과로서 선체의 파손형상이 나타날 수 있는지를 확인하고 검증하는 수단으로 사용되었다.

이 장에서는 『합동조사결과 보고서』에서 주요하게 제시한 컴퓨터 시뮬레이션의 결과물이 실제로 어떠한 과정을 거쳐 생산되고 제시되었는지를 살펴보았다. 여기에서 새롭게 확인할 수 있었던 것은 당시에 합조단 조사위원들이 직면한 어려움에는 시뮬레이션 과제의 난이도뿐 아니라 부족한 시간과의 싸움도 있었다는 점이다. 컴퓨터 시뮬레이션을 통해 선체파손을 충분히 표상하기 위해서는 연구자의 숙련도와 함께 많은 시간이 불가피하게 요구되는데, 천안함 사건의 조사과정에서 그만큼의 충분한 시간은 주어지지 못했다. 충분하지 않은 시간은 '1번 어뢰'의 발견 이후부터 합조단 조사결과 발표 기자회견까지 매우 짧은 일정의 촉박함에서 기인했으며, 이로 인해 천안함의 선체파손에서 가장 중요한 특징인 용골 절단이 만족스럽게 표상되지 못한 채 컴퓨터 시뮬레이션을 마무리해야 했다.

또한 이 장에서는 불충분한 시뮬레이션의 결과물이 발표 단계에서 다른 의미로 받아들여질 수 있음을 살펴보았다. 선체파손의 컴퓨터 시뮬레이션이 지닌 고유한 특징인 '근사성'과 '정성적 성격'은 발표의 단계에서 드러나지 않으며, 표상의 단계에서 시간 부족으로 인해 초래된 시뮬레이션 결과물의 미완적 성격도 발표의 단계에서는 가려졌다. 그러나 컴퓨터 시뮬레이션은 『합동조사결과 보고서』에서 천안함 조사활동의 과학성을 보여주는 대표적인 상징물로 부각되었다. 이런 컴퓨터 시뮬레이션을 바탕으로 제작된 대중적 삽화와 애니메이션에서는 사건의 전형성typicality을 부각하고 단순명쾌함simplicity을 강조함으로써 실재를 닮은 가상현실 또는 대안현실의 생생함과 명료함은 커진 반면에, 그만큼 실험을 대신하여 예측과 검증의 연구 도구로 사용되는 시뮬레이션의 의미와 한계, 그리고 합조단 시뮬레이션 작업이 당시에 처했던 현실적인 시간 제약과 어려움은 가려졌다.

4장

∘∘∘∘∘∘∘∘∘∘∘

'1번 어뢰':
'결정적 증거'와
계속되는 물음들

❏

　2010년 5월 15일 해저에서 수거되고 5월 20일 합조단 기자회견에서 처음 공개되어 제시되었을 때, 수중폭발의 잔해물인 어뢰부품은 '천안함의 어뢰 피격'이라는 과거 사건을 시각적으로 직접 말해주는 "결정적 증거conclusive/crucial evidence"였다. 어뢰 추진동력장치 부품으로 식별된 '결정적 증거'는 천안함 침몰 직후부터 계속된 논쟁의 방향을 바꾸는 데 중요한 영향을 끼쳤다. 어뢰부품의 발견 이전까지 천안함 침몰원인을 둘러싸고 벌어진 기뢰설·어뢰설·충돌설·좌초설 같은 시나리오의 경쟁은 이제 어뢰폭발이라는 공식 시나리오를 중심 축으로 삼는 그런 논쟁으로 나아가게 되었다. 다른 가능성을 배제하는, 유일한 침몰원인으로서의 북한 어뢰 공격과 수중폭발을 그 자체로 입증해주는 '결정적 증거'를 인정할 수 있는가. 수거된 어뢰부품이 천안함 침몰사건과 동일한 시공간에 존재했던 증거인가를 둘러싸고, 즉 제시된 증거의 연관성과 신뢰성을 둘러싸고 논쟁이 벌어졌다.

여기에서는 어뢰 추진동력장치가 천안함 침몰사건을 재구성하는 데 증거로서 어떤 역할을 했는지 그리고 이것을 둘러싼 논쟁이 어떻게 전개되었는지를 살펴보고자 한다. 대중적 관심사로 떠올랐던 이른바 '1번 글씨 연소 논쟁'도 주요하게 다룰 것이다. 어뢰 추진동력장치에 잉크로 표기된 '1번' 글씨가 어뢰 수중폭발 순간의 고열에도 타지 않은 채 남아 있는 것이 가능한지, 즉 '1번' 글씨가 오히려 어뢰부품의 '결정적 증거' 능력을 부정하는 근거인지 혹은 이것이 자연적 수중폭발 과정을 그대로 보여주는 근거인지를 둘러싼 논쟁의 과정을 조명할 것이다. 또한 이것이 명증한 과학적 설명 도구인 열역학 계산식을 동원한 문제풀이로도 논란이 쉽게 종결되지 못했던 이유를 논쟁의 내적, 외적 성격을 통해 설명해보고자 한다. 더 나아가 어뢰 증거가 매우 다양하고 이질적인 성격의 논쟁과 연결되어 있었으나 실제 논쟁의 관심은 선택적으로 특정한 주제에 쏠리는 비대칭적 양상으로 전개되었으며, 일부의 물음은 제대로 제기되지도 못한 채 관심의 바깥으로 밀려나기도 했음을 살펴볼 것이다. '1번 어뢰'에서 비롯한 다양하고 이질적인 물음 중 관심의 무대에 올려진 것은 대중적 관심사에 의해 선택된 그 일부였다.

## 어뢰 물증의 수색, 분석, 발표

5월 20일, 텔레비전으로 생중계된 다국적 민군 합동조사단의 기자회견장에서 처음 모습을 드러낸 어뢰 추진동력장치 부품(이른바 '1번 어뢰')은 천안함 침몰사건의 전모를 한눈에 보여줄 만한 것이었다. 함미와 함수의 절단면이 사건 당시 강력한 힘의 순간적 작용이 초래한 처참한 희생자victim의 모습이었다면, 해저에서 건져낸 '1번 어뢰'는 끔찍한 수중폭발의 순간을 일으킨 흉측한 가해자perpetrator의 모습이었다. 선체 절단면이 희생을 시각적으로 보여주는 증거였다면, '1번 어뢰'는 범죄를 시각적으로 보여주는 증거였다. 절단면과 어뢰는 그 자체만으로 침몰의 결과와 원인을 퍼즐조각처럼 이어주어 한눈에 보여주는 '시각적 서사'였다.

### "거기에 있는 물증을 찾아라"

어뢰 추진동력장치는 5월 15일에 수거되었지만 천안함을 침몰시킨 북한 어뢰의 잔해를 찾아야 한다는 목소리와 관심은 일찍부터 있었다. 침몰 사고가 난 지 10여 일이 지난 4월 5일 일간신문의 논설위원은 칼럼에서 "만약 천안함이 북한의 어뢰공격을 받은 것이라면 어뢰 파편을 찾아내는 게 가장 중요하다"며 쌍끌이 저인망 어선을 이용해 파편 물증을 찾는 데 총력을 기울여야 한다고 주장했다. 그는 "(그물눈의 크기인) 5.4cm에 대한민국의 진로가 걸려 있"다고 말했다.

> 모든 미스터리mystery 사고가 그러하듯 우선 '가능성 1위 원인'을 입증하는 데 총력을 기울여야 한다. 1946년 영국은 알바니아 영해에서 자국 군함이 침몰하자 바다를 뒤져 독일제 기뢰의 파편 2개를 찾아냈다. 만약 천안함이 북한의 어뢰공격을 받은 것이라면 어뢰 파편을 찾아내는 게 가장 중요하다. 선체의 피격 정황이 아무리 뚜렷해도 파편만한 물증이 없기 때문이다. 바다가 평원이라면 파편은 풀 한 포기다. 기뢰탐지함이나 잠수대원이 갯벌 속에서 그런 파편을 찾아내는 건 거의 불가능할지 모른다. 어민들의 쌍끌이 저인망 어선이 바다 밑을 훑어야 한다. 그물 수백 개가 찢어지더라도 훑고 또 훑어야 한다. 그물눈의 크기는 54mm라고 한다. 그 54cm에 대한민국의 진로가 걸려 있다.(중앙일보 2010-4-5: 34)

사건 규명의 열쇠를 간직한 채 해저 어딘가에 가라앉아 있을 어뢰 또는 기뢰의 파편 또는 잔해에 대한 수색활동에 관심을 나타낸 보도는 침몰 사고 후 얼마 지나지 않은 때부터 나타났다. "군, 기뢰탐색함 통해 어뢰 파편 등 증거 확보했나"(세계일보 2010-4-3: 3), "국방장관 '어뢰공격' 첫 언급…파편 발견이 관건"(국민일보 2010-4-3: 3), "해저에 있을 폭발물 파편 찾는 게 관건"(중앙일보 2010-4-5: 8), "원인 밝혀줄 열쇠 금속파편을 찾아라"(서울신문 2010-4-7: 3)와 같은 제목의 기사들에서 볼 수 있듯이 해저에 있을 물증은 이미 4월 초순에 침몰사건을 풀어줄 열쇠로서 관심의 초점이 되었다. 이와 함께 "바다밑 철제 파편 30여개 위치 확인"(조선일보 2010-4-6: 4), "파편, 해저 10곳 이상서 확인"(동아일보 2010-4-6: 1)과 같은 보도가 이어졌으나, 이런 보도의 기대와는 달리 수거된 파편들은 대부분 침몰원인을 푸는 데 별다른 기여를 하지 못하는 단순 부유물로 판명되었다. 이처럼 '1번 어뢰'는 갑작스럽게 등장한 것이 아니었다. '결정적 증거'에 대한 추론과 기대가 일찍부터 선행했으며 이를 찾으려는 합조단의 수색도 강도를 높이며 지속적으로 이루어졌다.

### "폭발을 일으킨 주범의 잔해"

파편 물증에 대한 관심은 주로 수중폭발 시나리오, 특히 북한 어뢰 또는 기뢰의 폭발설 쪽에서 나왔다. 파편 물증이 "직접적인 물증"으로 지목될 수 있었던 것은 "폭발을 일으킨 주범, 즉 폭발을 일으킨 물체의 잔해"라는 어뢰 또는 기뢰의 폭발 시나리오가 전제되었기 때문이었다. 조선일보는 "수심 45m 바닥에 가라앉은 '물증物證'을 찾아라"라는 문장으로 시작하는 4월 7일 보도에서 천안함 침몰원인을 밝힐 증거로 천안함 선체의 절단면과 폭발의 파편을 물증 후보로 제시했다(조선일보 2010-4-7: 3). 절단면의 경우에는 "이 부분을 조사·분석하면 사고원인을 추정할 수 있지만 이는 간접적인 것일 수밖에 없"는 데 비해서, "폭발을 일으킨 물체의 잔해"는 직접적인 물증의 지위를 얻을 수 있었다. 이 신문의 보도는 "한 무기 전문가"의 견해를 인용해 "어뢰라면 스크루 부분이 남아 있을 수 있다. 몸체 등은 폭발 때 박살나겠지만 어뢰를 추진하는 역할을 하는 스크루 부분은 피해가 적기 때문이다"라며 "크기는 30cm 정도"인 스크루 부품을 유력한 물증 후보로 지목하면서 물증 수색에 대한 기대를 나타냈다. 함미가 인양된 4월 15일의 한 신문사설은 "군은 세계를 뒤져서라도 금속파편을 찾아내는 데 쓰는 최고 성능의 음파탐지기를 구해 물증 찾기에 전력을 기울여야 한다"라며 대대적인 수색을 촉구했다. "바닷속 펄을 샅샅이 뒤져 파편 하나라도 건져내야" 하며(세계일보 2010-4-6: 27), "손톱 크기 정도의 파편이라도 찾아낼 수 있다면" 천안함 함정을 만든 금속과 다를 특수합금의 어뢰와 기뢰의 제작 주체와 시기를 밝혀낼 수 있으리라는 기대도 나오고 있었다(문화일보 2010-4-7: 5).

당시에 찾고자 하는 증거물이 어뢰 또는 기뢰의 파편 또는 부품이었음은 국회 국방위원회의 회의록에서도 쉽게 볼 수 있는 일이었다. 김태영 국방부 장관은 본격적인 수중 잔해물 탐색 작업이 진행되기 시작한 때인 4월 19일의 국회 국방위원회에서 "영구미제가 되지 않고 명확한 원인을 밝혀 낼 수 있도록" 최선을 다해 "[기뢰 또는 어뢰의] 여러 부품을 찾아내는 일이 중요하다"고 말했다.

국방부장관 김태영: [⋯] 그 다음에 지금 말씀하신 대로 현재 현장조사결과는 발표되어 있는 것처럼 어떤 외부 폭발의 가능성이 훨씬 높은 것으로 나와 있고 또 그것은 기뢰 또는 어뢰가 아니겠나 이렇게 여러 가지 추정은 할 수가 있습니다만 아직까지 명확한 물증이 제한되는 것 때문에 이런 어떤 영구미제 가능성도 있습니다마는 저희는 어떻게든 정확한 사실을 밝히기 위해서⋯⋯ 특히 중요한 것이

여러 부품들을 찾아내는 일이 중요하다고 생각합니다. 그래서 그것을 위해서 여러 가지 방법을 다 채택을 해서 노력을 하고 있습니다. 그래서 그런 노력을 통해서 이것이 영구미제가 되지 않고 명확한 원인을 밝혀낼 수 있도록 최선을 다하겠습니다.

물론 물증이 전혀 없는 것은 아니지요. 왜냐하면 현재 함정의 뒤틀림 현상이나 이런 것들이 있기 때문에 그런 것을 보면 어떠한 것이구나 하는 것은 짐작할 만한 것들은 꽤 있습니다. 그래서 그런 것과 세부적인 부품을 찾아냄으로써 명확한 물증을 잡아낼 수 있도록 최선을 다하겠습니다. (국회 국방위원회 2010-4-19: 8)

하지만 조류가 심한 침몰 현장의 해역에서 폭발물의 파편을 찾아낼 수 있을지, 찾아내더라도 천안함 침몰의 범인을 곧바로 지목할 수 있을지에 관해서는 회의적인 견해도 흘러나왔다. 침몰해역의 조류가 빨라 파편이 이미 다른 곳으로 떠내려갔을 수 있다는 점, 파편을 찾아낼 탐지 장비가 현실적인 한계를 지닌다는 점이 제약 요인으로 꼽혔다. 한 신문은 "우선 3노트(시속 약 5.6km) 정도로 빠른 침몰해역의 조류 흐름을 감안할 때 30~40m 해저의 파편이 멀리 쓸려갔을 수 있"으며, 드넓은 해역에서 작은 파편을 찾는 일은 "모래사장에서 바늘 찾기는 아니지만 결코 쉬운 작업이 아니다"라고 내다봤다(동아일보 2010-4-5: 4). 다른 신문에서는 해군 기뢰탐색함에 음파탐지기로 장착된 '사이드 스캔 소나'가 50cm 정도 크기 이상의 물체를 탐지할 수 있는 것으로 알려져, 이보다 작은 금속 파편을 확인하고 인양하는 데에는 제약이 뒤따를 것이라는 우려도 전해졌다(조선일보 2010-4-7: 3). 이처럼 침몰해역의 어딘가에 있을, 아주 작을 수도 있는 폭발 잔해 파편을 찾는 일은 낙관적이지 않았기에 사건을 영구미제의 위기에서 구하기 위해서는 "여러 가지 방법을 다 채택을 해서" "부품"을 찾아내려는 수색작업은 초미의 관심사가 되었다.

또 다른 어려움이 있었다. 어뢰나 기뢰 파편이 발견된다 해도 그것이 침몰을 일으킨 원인인지, 또 누구의 소행인지를 둘러싸고 논란이 계속될 가능성을 우려하면서, 논란의 여지없는 결정적 증거가 될 만한 어뢰나 기뢰 파편이 발견될 수 있을지가 관심사로 다루어졌다. 한 신문은 "설사 현장에서 발견한 파편이 북한 잠수함이 탑재하고 다니는 어뢰의 흔적이라 하더라도 그것은 중국 또는 러시아도 함께 사용하는 어뢰일 가능성이 높다"는 해군 관계자의 설명을 전하며, 어뢰나 기뢰 파편 자체만으로 북한 쪽에 단도직입적으로 책임을 묻기는 어려울 것이라고 내다봤다(경향신문 2010-4-12: 12). 이런 문제는 정치권과 군에서도 인식되었다. 다음은 4월 19일 국회 국방위원회에서 국회의원과 국방부 장관 사이에 오간 질의응답이다.

김영우 위원: 북한이 [어뢰나 기뢰를] 스스로 제작·제조할 수 있는 기술이 있습니까?

국방부장관 김태영: 예, 기술이 있습니다. 북한도 일부 자기들이 가지고 있는데, 물론 저희가 지금 파악하는 여러 가지, 몇 가지 타입의 어뢰와 기뢰를 가지고 있습니다. 그런데 이제 이번 같은 경우에 어떤 조사를 해 봐야겠습니다마는 거기에 나오는 그것은 가령 자국산이 아니라 하더라도 또 다른 것을 구매해서 쓸 수도 있다고 봅니다. 그래서 이것은 하여간 그런 것을 열어 놓고 저희가 조사를 하고 있습니다.

김영우 위원: 만약에 북한 스스로 자체적으로 제조한 어뢰나 기뢰가 아니고 제3국에서, 3국을 통해서 구입한, 구매한 제품일 경우 그 제품의 파편 이런 것들이 증거로 확보되었을 경우에는 그 이후에 판단하기는 좀 더 애매하겠네요? 시간도 오래 걸리고?

국방부장관 김태영: 예, 지금 말씀하신 대로 조사하고 조사결과를 판단해 내

고 하는 데에는 여러 가지 장애요인들이 많이 있습니다. 그래서 여러 가지 그 사안들을 계속 [챙겨] 제가 많은 자료를 수집하고 그런 증거자료를 많이 가지고 올 때는 보다 좀 정확한 추정이 가능할 것으로 판단합니다. (국회 국방위원회 2010-4-19: 13)

이처럼 기뢰와 어뢰의 파편이 발견되더라도 그 자체만으로 천안함 침몰을 일으킨 바로 그 '무엇' 또는 '누구'를 지목하지 못할 수 있었으므로, 사건이 영구미제로 빠져 논란이 되풀이되는 상황을 피하는 길은 침몰을 일으킨 누구 또는 무엇의 정체를 직접 입증할 증거물을 찾는 일이 더욱 중요해졌다. 모호하고 논쟁적인 증거로서 정치적 논란을 되풀이하게 할 만한 증거가 아니라, 논쟁을 종결할 수 있으며 국제사회에도 설득력을 갖춘 분명한 증거만이 "결정적 증거"의 자격을 지닐 수 있었다. 이런 결정적 증거의 발견은 수중 잔해물 수색활동에서 아주 분명하고도 이상적인 목표가 되었다. 증거물 자체가 침몰원인을 직접 지목해 영구미제의 여지를 없앨 수 있는 그런 조건을 만족할 만한 증거만이 결정적 증거가 될 수 있었다.

### 대대적이고 촘촘한 수색

회의적인 시선이 있었지만, 언론매체에서 관심의 초점은 폭발의 주체를 보여주는 직접적인 물증이 될 만한, 찾기 힘들 정도로 작디작은 단서일지라도 해저 어딘가에 있을 것으로 여겨지는 폭발물 파편에 쏠렸다. 합조단의 활동에서 폭발물 파편 물증을 찾으려는 노력은 매우 큰 비중을 차지했다. 합조단이 침몰해역에서 폭발의 증거물을 수거하기 위해서 대형 자석을 동원하거나 해저 바닥을 퍼내는 극단의 방법까지 실제 검토했을 정도로 증거 채증은 중대한 관심사였다.

다양한 방법을 검토하기 시작했다. 먼저 대형자석을 이용하는 방법을 검토했다. 그러나 어뢰가 대부분 비자성체인 알루미늄으로 되어 있어 부적절하다고 판단, 제외했다. 바다의 바닥을 퍼내는 준설방법도 고려했으나 대부분의 장비가 부산에 있고 백령도까지 옮기는 데에만 1개월 이상이 걸린다고 하여 배제했다. 또한 스웨덴 측에서 바다 밑을 얼리는 방법을 제시했으나 비용이 많이 들어 역시 제외했다. 5톤의 쌍끌이 형망어선을 활용하는 방법도 고려했으나 실효성이 없다는 판단에 따라 망설이고 있었다. (윤종성 2011: 39)

합조단이 사건 초기부터 해저에서 증거물을 찾으려는 채증 활동에 대단한 노력을 기울였음은 국회 국방위원회 회의록에도 나타났다. 4월 14일에 열린 제289회 국회 국방위원회 제1차 회의에서 황중선 합동참모본부 합동작전본부장이 보고한 국방부 현안보고에서는 최근 북한 동향, 우리의 군사 대비 태세, 함미와 함수의 인양작업, 민군 합동조사단 구성 상황과 더불어, "해상 및 해안 부유물 탐색과 수중 잔해물 탐색을 병행"하는 탐색작전의 상황이 보고되었다.

수중 잔해물 탐색은 1단계로 기뢰탐색함과 심해잠수사를 활용하여 진행 중이고 2단계는 4월 15일부터 무인탐사정을 이용하여 원점 주위를 정밀 탐색하여 잔해물을 수거하고 필요시에 쌍끌이 저인망 어선을 이용할 계획으로 있습니다. 잔해 및 부유물 관리는 일자·품목별로 분류하여 현재 2함대사에서 통합 관리하고 있습니다. (국회 국방위원회 2010-4-14: 3)

4월 15일 함미 인양 이후에는 탐색 작업이 더욱 본격적으로 진행되었다. 닷새 뒤인 4월 19일에 열린 국회 국방위 제2차 회의에서 황중선 합동작전본부장은 탐색 작업이 수중 잔해물을 중심으로 이루어지고 있으며 "폭발 원점 반경 500m 이내에 정밀 탐색과 수거 작전"이 3단계로 실시 중이라고 보고 했다.

> 잔해물에 대한 탐색은 수중 잔해물 탐색 위주로 3단계로 이루어지는데 현재 는 함미 및 함수 발견 외곽 확장구역 탐색작전을 구역별로 기뢰탐색함과 잠수사 에 의해서 실시 중이고, 폭발원점 반경 500m 이내에 정밀 탐색 및 수거 작전은 미 SALVOR함과 무인탐사정, 해양조사선을 이용하여 실시 중에 있으며, 쌍끌이 저인망 어선을 이용한 잔해물 수거 작전은 함수 선체 인양이 완료된 후에 추진할 예정입니다.(국회 국방위원회 2010·4·19 : 5)

이는 함미 인양 이후, 수중폭발의 흔적으로 해저 어딘가에 있을 폭발의 증거물을 찾아 사건의 미스터리를 곧바로 풀 수 있으리라는 기대와 요구가 더욱 커졌기 때문이었다.

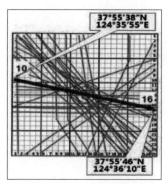

[그림 4-1] 증거물 수거 지역. 증거물 수거는 침몰해역 부근(가운데)을 쌍끌이 어선으로 촘촘하게 수색하는 방식으로 수행되었다. '1번 어뢰'는 10번 지점에서 16번 지점으로 이동하는 30번째 수거작업 때 발견되었다. (출처: 합동조사결과 보고서: 195)

증거물을 찾는 수거작업은 짧은 시기에 매우 촘촘하게 진행되었다. 3월 26일 사건발생 직후부터 12척의 군함과 5척의 해경정을 비롯해 많은 장비와 인력, 시간이 투여되어 해역 수거물 채증 활동에서 모두 431점이 수거되었다(합동조사결과 보고서: 104). 해저에 있을 잔해물의 대규모 '수거 작전'이 본격화한 것은 사실상 함미와 함수 인양이 끝난 뒤인 4월 25일 이후였다. 수거 작전 과정에, 한국 측에서는 기뢰탐색함, 구조함 등 8척과 해양연구원의 장목호, 이어도호, 미국 측에서는 구조함인 살보함Salvor이 투입되었으며, 106명의 잠수사와 무인잠수정ROV 로봇인 해미래를 이용하는 다각적인 방법으로 탐색작전이 전개되었다(합동조사결과 보고서: 108). 그렇지만 수거물의 대부분이 감정대상이 될 만한 것은 아니었다. 합조단이 수거·채증한 증거물로서 감정대상으로 선별된 것은 해역 수거물 29점, 채증물 307점, 해저 수거물 21점을 합해 모두 357점이었다.[1]

'결정적 증거'를 찾는 데에는 쌍끌이 어선과 특수제작된 그물망이 큰 역할을 했다. 가로 60m, 폭 25m, 높이 15m에 무게 5t에 달하는 그물망은 가장 촘촘한 내부 그물 끝부분의 그물코가 가로, 세로 각각 5mm 크기로 제작되었고 투망할 때에는 그물 장력으로 인해 그 크기가 불과 1mm로 줄어들어, 1mm 이상의 물건, 모래, 펄까지 수거할 수 있을 정도였다. 135t급 민간 선박 2척(대평 11, 12호)이 그물망을 이용해 수거작업을 벌였다(합동조사결과 보고서: 193). 5월 20일로 예정된 민군 합동조사단의 기자회견을 닷새 앞둔 5월 15일 오전에 합조단은 침몰해역에서 "프로펠러 2개가 달려 있는 물체"와 "모터로 추정되는 물체"를 잇따라 발견했다. 합조단 과학수사분과장이었던 윤종성은 당시의 상황을 다음과 같이 회고했다.

5월 15일 07:50분 백령도 장촌 부두에 정박해 있던 쌍끌이 어선 대평 11, 12

호가 출항하여 08::30분경 10번 격자에서 출발, 16번 격자 방향으로 30번째 수

거작업을 실시하여 09:23분경 수거작업이 종료되었고 대평 11호로 그물을 들어

---

1 조단 보고서의 내용을 종합하면, 증거물의 채증·수거·감정·판단의 절차와 각 절차를 담당한 주체는 다음과 같았다. 채증과 수거활동에는 군함 12척, 해경정 5척이 동원되었으며 합조단과 해군 구조단, 그리고 민간업체가 참여했다. 수거된 증거물은 국방부조사본부 과학수사연구소와 국립과학수사연구소에서 감정되었으며, 합조단 내 증거물판단위원회가 토의를 거쳐 증거물 채택여부를 판단했다. 『합동조사결과 보고서』에 실린 증거목록을 보면, 매우 작은 크기의 증거물까지 수거될 정도로 증거물 수집활동은 활발하게 이루어졌다.

올렸다. 09:23분경 대평 11호 선원의 "그물 속에 이상한 물체가 들어있다"는 보고가 있었고, 합조단 수사관이 살펴본 결과 프로펠러 2개가 달려 있는 물체였다. [···] 그 후 09:38분경 추가로 모터로 추정되는 물체를 발견하여 실측과 함께 사진을 촬영했고 09:40분경에는 탐색구조단장이 현장에 도착하여 어뢰 추진동력장치를 확인했다. (윤종성 2011: 42-43)

## 예측을 확인해준 "결정적 증거"

어뢰부품으로 추정된 미지의 수거물은 당일에 헬기에 실려 평택 2함대에 있는 합조단 사무실로 이송되어 감식과정을 거쳤다. 이틀 뒤인 5월 17일 오전에 합조단장 주관으로 다국적 조사인력과 정보 인력, 국내 어뢰 전문가와 과학수사 인력들이 참석한 가운데 열린 합동토의를 거쳐 이 수거물은 천안함 침몰을 일으킨 북한산 어뢰의 부품이라는 증거물로 식별되었다. 이날 합동토의에는 "외국 조사인원 대표 4명(미국 해군대령 마크 토마스, 호주 해군대령 파월, 스웨덴 위드폴름, 영국 데이비드 맨리), 다국적 연합정보TF의 어뢰전문가(알렉산더 케이시), 국방과학연구소 어뢰전문가(이재명 박사), 과학수사분과장, 총괄팀장 등"이 참석했다(합동조사결과 보고서: 195-196).

### 증거물의 상태

합조단의 감식결과를 보면, 수거된 물체 두 부분은 어뢰체 가운데 추진동력장치propulsion device를 구성하는 조종장치steering device와 추진모터propulsion motor의 부분인 것으로 확인되었다. 추진모터는 81.5kg에 달했으며, 무게 71.1kg의 조정장치는 프로펠러와 추진후부, 그리고 샤프트로 구성되었다. 추진후부에는 안쪽을 들여다볼 수 있는 정비구가 있었는데, 정비구의 덮개 안쪽에 있는 디스크에는 '1번'이라는 한글 표식이 파란색 잉크로 쓰여 있었다(합동조사결과 보고서: 198). '1번' 글씨는 수거된 어뢰부품이 북한산 어뢰임을 보여주는 중요한 증거로서 제시되었으나, 어뢰폭발 때 글씨의 잉크가 타지 않고 남아 있을 수 있느냐는 물음이 제기되면서 나중에 격렬하게 벌어진 '1번 글씨 연소 논쟁'의 대상이 되었다.

합조단의 어뢰부품 공개 이후 '1번' 글씨는 여러 언론매체에서 "결정적 증거"로 보도되었다. 기자회견을 보도한 다음날 한 신문은 합조단이 기자회견에서 공개한 어뢰부품을 제1면의 사진으로 싣고 "추진체 안쪽 청색으로 쓰여진 '1번'이란 손글씨는 정부가 북한의 소행이라고 결론내린 '스모킹 건Smoking Gun(결정적 증거)'이다"라는 설명문을 "결정적 증거"라는 제목과 함께 실었다(국민일보 2010-5-21: 1). 다른 신문들의 제1면에서도 "결정적 물증" 또는 "결정적 증거"라는 제목과 함께 '1번' 글씨를 부각하는 어뢰부품의 사진을 쉽게 볼 수 있었다(서울신문 2010-5-21: 1; 세계일보 2010-5-21: 1).

'1번 어뢰'의 표면에서는 여기저기에서 매우 복잡한 형상들이 관찰되었다. '1번 어뢰'의 여러 가지 표면 형상들을 마이크로렌즈로 근접 촬영해 많은 사진 기록을 남긴 블로거의 말을 들어보면, 어뢰 표면은 부식과 침전으로 인해 생긴 듯한 매우 복잡한 형상을 띠고 있었다(박중성 대면 인터뷰 2015-1-24). 그러나 이런 복잡한 표면 형상들은 합조단의 조사과정에서 자세히 분석되지 않았는데, 이 때문에 합조단이 미처 주목하지 못했다가 나중에 알려진 독특한 표면 형상의 사진 영상들이 잇따라 '1번 어뢰'의 증거능력과 관련한 논란의 대상이 되었다.

특히 '1번 어뢰'가 해저에 가라앉아 있었던 시간을 가늠하게 할 만한 표면 부식의 정도는 민감한 관심사가 되었으나, 이 역시도 합조단 내에서 자세하고 엄밀한 방식으로 분석되지 않았다. 합조단은 '1번 어뢰'의 부식 정도와 상태를 육안검사의 결과로 설명했다. 5월 20일 기자회견 당시에 윤덕용 합조단장은 선체와 어뢰의 부식 정도에 관한 취재기자의 질문에 대해 다음과 같이 답했다.

> 그런데 여기 가운데 축, 철 부분은 부식이 되어있는데요. 이 부식이 되어 있는 정도가 함수에서 철에서 부식이 된 정도하고 비슷합니다. 함수는 약 한 달 동안 해저에 있었고, 이것은 약 한 달 반 동안에 해저에 있어서 강철의 부식 정도가 비슷하게 나타납니다. 이런 부식 정도와 아까 설명 드린 화약에서 나온 알루미늄 등을 보아서 저희는 이것이 폭발 순간에 해저로 내려갔다고 결론을 내렸습니다. (국방부 발표자료 2010-5-20)

2011년, 한 잡지와의 인터뷰에서 그는 '1번 어뢰'의 부식 상태에 대해 합조단이 내린 판단의 근거는 전문가들의 "육안검사"와 "합의"였다고 말했다.

> 그런데 어떤 사람들은 왜 부식 정도를 정밀하게 검사를 안 하느냐, 이것과 이것이 같은 날 들어갔다는 것을 왜 증명 못하느냐 하는데 그것은 무리한 요구입니다. 부식이 되는 원리는 변형상태, 가공상태에 따라 다 다릅니다. 그래서 파손된 데는 부식이 더 되고 다른 데는 좀 덜 되었습니다. 그래서 부식 정도를 조금 더 정밀하게 확인하려면 전부 절단을 해야 돼요. 그런데 증거물을 절단해서 조사한다는 것은 문제가 있습니다. 그래서 외국전문가들도 모여서 어뢰추진체의 부식 정도와 함수의 부식 정도가 비슷하다고 생각하는지 확인을 했고, 그 사람들도 비슷하다고 합의를 한 겁니다. (홍성기 2011: 291)

합조단은 『합동조사결과 보고서』에서도 부식 정도에 관해 "어뢰 추진동력장치 철부분(고정타)과 선체 철부분의 부식 정도는 유사한 것으로 확인했"다고 짧게 언급했는데 그것은 '전문가 육안검사'의 결과였다. 그러나 보고서는 '1번' 글씨와 관련해 당시에 제기되던 의문에 답하는 듯한 대목에서 '1번' 글씨가 쓰인 지점의 부식 상태에 관해 '표면 분석'의 결과를 비교적 자세하게 실었다. 보고서는 "내부철재의 부식이 진행되어 잉크 위로 솟아오른 것이 관찰되어 '1번' 표기가 철재 부식 이전에 기재된 사실을 확인했"다고 서술했다(합동조사결과 보고서: 199). 한편, 금속 성분 분석에서는 프로펠러가 알루미늄 합금(Al 86%, Si 13%)이며 고정타 날개의 주성분이 철$_{Fe}$인 것으로 조사되었으며 어뢰에서 폭약성분이 따로 검출되지는 않았다고 합조단은 밝혔다(합동조사결과 보고서: 199).

'1번 어뢰' 표면에서는 합조단이 폭발재로 판정한 '백색 흡착물질'이 다량으로 발견되었다. 백색 흡착물질은 특히 프로펠러와 추진후부의 알루미늄 재질 부분 쪽에서 많이 관찰되었다. 합조단은 어뢰에서 채취한 백색물질과 파손된 선체에서 채취한 백색물질, 그리고 알루미늄 함유 폭약의 폭발실험에서 얻은 백색물질의 성분을 비교·분석하여 이 백색물질이 알루미늄 함유 폭약이 폭발할 때에 생성된 폭발재인 것으로 나타났다고 밝혔는데, 이 백색물질은 다음 장에서 다룰 '흡착물질 논쟁'의 대상이 되었다.

### 증거물의 일치와 식별

해저에 있다가 쌍끌이 어선의 그물에 걸려 수거된 물체가 어떠한 어뢰체에서 나온 어뢰부품인지, 또한 그것이 다름 아닌 북한산 어뢰인지는 무엇으로 입증되는가? 그 어뢰가 2010년 3월 26일 밤 9시 22분경 그 시각에 천안함을 침몰시키고 해저에 가라앉은 '바로 그 어뢰'임은 무엇으로 입증되는가? 이를 입증하는 것이 합조단의 수사 과정이었으며 그 결과가 합동조사단 기자회견의 핵심 내용이었다.

5월 15일 어뢰 추진동력장치의 수거는 합조단의 큰 성과였다. 이후 합조단은 기자회견이 예정되어 있던 5월 20일까지 분주한 시간을 보내야 했다. "[어뢰를 수거하고 나서] 이때부터 합동조사단은 활기를 띠었다. 안개 속에서 벗어나 무언가 보인다는 기대감, 그리고 성취감 등이 어우러졌다. 이미 5월 20일 언론발표를 준비하고 있던 터라 분석과 함께 발표 준비를 병행했다"(윤종성 2011: 43-44). 5월 15일 수거와 이송, 그리고 5월 20일 기자회견까지 그 기간에는 어뢰추진체를 식별하고 분석하는 일 외에도 어뢰부품에서 얻은 백색 흡착물질의 성분을 분석하는 일, 선체파손 시뮬레이션을 시행하고 해석하는 일, 또한 외국 조사원들도 참여하는 합동토의(5월 17일)를 진행하는 일, 그리고 이런 모든 내용을 종합해 기자회견 발표문을 만드는 일까지 끝내야 했으므로 쉽지 않은 일정이었을 것이다. "결정적 증거"에 대한 분석, 판단과 발표 준비는 길어야 사나흘이라는 상당히 짧은 시간에 마무리해야 하는 숨가쁜 상황에서 진행되었다. 당시 합조단 과학수사분과장의 회고는 분주했던 상황을 말해준다.

5월 15일 어뢰추진동력장치 일부가 수거되면서 최초 형상 및 흔적 분석, 폭약 성분 분석, 시뮬레이션결과 등으로 준비했던 조사활동결과 발표는 수정이 불가피해졌다. 즉, 결정적 증거물이 등장한 것이다. 박정이 장군[합동조사단 공동 단장]은 결정적 증거물에 대하여 나에게 발표하도록 임무를 부여했다.

나는 정보분과로부터 설계도를 받아 비교·분석을 하면서 크기, 모양, 지지홀이 일치한다는 점과 '1번'이라는 글자까지 2003년 포항 앞바다에서 습득한 북한 시험용 어뢰에 쓰인 '4호'라는 글자와 표기방법이 유사하다는 점을 발견했다. 박정이 장군은 꼼꼼한 스타일대로 각 분과장들로 하여금 발표준비를 하도록 하고 예행연습까지 실시했다.

　나는 치밀하면서도 감각이 있는 윤병록 감찰실장에게 어뢰추진동력장치, 폭약성분, 금속성분을 전시할 수 있도록 지시했다. 그리고 어뢰파편 조각을 수거했다는 것을 눈치 챈 기자들에게 이를 노출시키지 않으면서 서울로 이동시켜, 발표시까지 보안을 유지토록 적극적인 임무수행 의지를 갖춘 권태석 중령에게 임무를 부여했다.

　그리고 5월 19일 그동안 힘들었지만 정들었던 평택을 떠나 마지막 발표준비를 했다. (윤종성 2011: 55)


　『합동조사결과 보고서』를 보면, 수거된 물체가 북한제 어뢰임을 식별하는 데에는 "북한에서 해외에 수출하기 위해 제작한" CHT-02D 어뢰의 설계도면 정보가 결정적인 역할을 했다. 그것은 "정보 파트"가 제공한 것으로, 합조단 내부의 조사위원들한테도 "매우 조심스럽게 공개"될 정도로 공개는 제한적이었다.

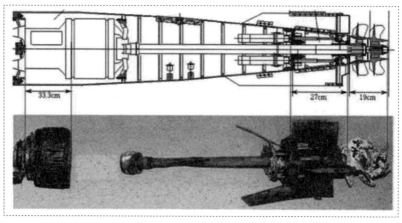

[그림 4-2] 수거된 어뢰부품(아래)과 북한 어뢰 설계도면(위). (출처: 합동조사결과 보고서: 197)

윤덕용: […] 이 설계도에 대해서도 말이 많은데 군에서도 정보 파트에서 이 자료를 가지고 있었어요. 그런데 정보 파트에서 이것을 내부에서도 매우 조심스럽게 공개했습니다. 종이에 프린트된 것을 잠깐 보여주고 금방 수거해 가더라고요.(홍성기 2011: 300)

설계도면과 실물의 측정 비교와 "일치"의 확인은 수거된 물체가 증거물로 판정되는 과정에서 중요한 요소였다. 합조단은 "정보분석분과로부터 CHT-02D 어뢰의 [설계도면] 이미지를 제공받아 10배 이상 확대하여 이미지에 기재된 어뢰 각 부분별 길이를 확인, 증거물과의 일치여부를 확인했다"(합동조사결과 보고서: 197).

〈그림 3장-8-5〉(이 책의 [그림 4-2]) 보는 바와 같이 길이는 프로펠러에서 샤프트까지 112cm, 프로펠러 19cm, 추진후부 27cm, 추진모터 33.3cm이고, 상부 고정타 33cm, 하부 고정타 45cm로 설계도면과 증거물의 길이가 정확히 일치했다. 모양면에서 프로펠러는 2중 5엽이고 고정타는 사선형이었으며, 상부 방향타는 직사각형, 하부 방향타는 P자형으로 설계도면과 증거물의 모양이 동일했고, 하부 고정타 지지홀 9개, 하부 방향타 지지홀 2개로 설계도면과 일치한다는 점을 확인했다. (합동조사결과 보고서: 197-198)

'일치$_{matching}$'는 설계도면과 수거된 어뢰추진체를 이어주는 결정적인 징검다리였으며, 쌍끌이 어선의 그물망에 걸려 올라온 어뢰추진체에 증거물의 지위를 부여하는 중요한 인증의 요소였다. 들어맞음, 일치는 '1번 어뢰' 증거물의 존재 조건이었기에 '1번 어뢰'의 증거력을 설명하는 대목에서 "일치"는 중요하게 강조되었으며, 일치하는 바가 많을수록 1번 어뢰의 증거력은 더욱 커질 수 있었다.

북한제 어뢰의 제원과 추정된 폭약의 양, 천안함의 손상 정도가 <u>일치</u>하고, 폭발지점과 어뢰 잔해 발견 위치가 <u>일치</u>하고, 또 어뢰추진체에서 발견된 페인트의 조각과 북한제 어뢰의 색이 <u>일치</u>합니다. 또한 어뢰 스크류의 검은색도 북한제 어뢰 사진과 <u>일치</u>합니다. (홍성기 2011: 306-307) [밑줄은 필자의 것]

일치의 확인을 통해서 합조단이 확인한 수거 물체의 실체는 다음과 같이 북한 CHT-02D 어뢰로 판정되었다.

북한 CHT-02D 어뢰
- 직경 21인치 (53.4cm)
- 길이 7.35m
- 폭약 250kg
- 중량 1700kg ± 10kg
- 항주거리 10-15km
- 추적방식: 음향항적·음향수동

'일치'와 더불어, 1번 어뢰의 추진후부 안쪽에 쓰인 '1번' 글씨도 수거된 어뢰추진체가 북한 어뢰임을 입증하는 근거로 제시되었다. 다음은 5월 20일 서울 국방부 대회의실에서 열린 합조단 기자회견에서 밝힌 내용이다.

5월 15일 폭발 지역 인근에서 쌍끌이 어선에 의해 수거된 어뢰의 부품들, 즉 각각 5개의 순회전 및 역회전 프로펠러, 추진모터와 조종장치는 북한이 해외로 무기를 수출하기 위해 만든 북한산 무기소개책자에 제시되어 있는 CHT-02D 어뢰의 설계 도면과 정확히 일치합니다. 이 어뢰의 후부 추진체 내부에서 발견된 "1번"이라는 한글 표기는 우리가 확보하고 있는 또 다른 북한산 어뢰의 표기방법과도 일치합니다. 러시아산 어뢰나 중국산 어뢰는 각기 그들 나라의 언어로 표기합니다. (국방부 발표자료 2010-5-20: 5)

즉, 수거된 물체가 북한군 어뢰의 잔해물이라는 것은 첫째 북한산 어뢰의 설계도면과 일치하며, 둘째 '1번' 글씨가 북한산 어뢰의 표기방법과 일치한다는 점으로 입증된다는 것이었다. 박인국 유엔 대사가 2010년 6월 10일자로 유엔 안전보장이사회 의장에게 북한 제재 결정을 요청하며 보낸 서신에서도 북한산 어뢰 설계도면의 일치와 '1번' 글씨의 존재는 '결정적 증거'로서 강조되었다 (UNSC 2010-6-4).

합조단의 기자회견에서 '1번' 글씨는 수거된 어뢰추진체가 북한산임을 보여주는 매우 중요한 근거로서 강조되었으며 이후의 여러 발표에서도 부각되었다. 그러나 '1번' 글씨가 신뢰할 만한 단서인지에 관한 논란에 휩싸인 이후에는 '부수적인 증거'로서 그 지위는 그다지 강조되지 않게 되었다. '1번 어뢰' 자체가 설계도면과 일치함을 보여줌으로써 증거물의 자격을 이미 충분히 얻을 수 있기에, '1번' 글씨 연소 논쟁의 결과가 어떤 방향으로 향하건 '1번 어뢰'의 증거물 지위에는 그다지 큰 영향이 없을 것이라는 주장이었다.

　　윤덕용: 북한이 성공은 못했지만 대륙간 탄도탄 발사 시도를 하고 미사일을 발사하는 나라입니다. 그 정도의 기술이면 이런 어뢰는 아무것도 아닙니다. 어뢰 제원에 폭약이 여기 250kg으로 나와 있는데 이것은 저희가 추정했던 250kg과도 일치하는 것이죠. 천안함을 공격한 어뢰의 성능과 북한 어뢰의 성능이 일치하

는 거죠. 그런 점에서 저는 '1번'이라는 글씨는 부수적 증거라고 봅니다. (홍성기 2011: 302-303)

합조단 분과장과 후기 합조단장을 지낸 윤종성도 퇴역 이후에 쓴 책에서 논란이 된 '흡착물질' 증거와 더불어 '1번' 글씨가 아니더라도 북한의 어뢰공격을 입증하는 다른 증거는 충분하다는 인식을 보여주었다.

설계도와 어뢰추진동력장치와 비교해보니 크기, 모양 심지어는 구멍까지 일치했다. 뒤에 논란이 되었던 흡착물질, '1번' 글씨는 차치하고라도 천안함이 침몰한 곳에서 북한의 CHT-02D 어뢰의 추진동력장치가 수거되었고 그리고 폭발지점과 가까운 곳에서 연돌, 함수절단면 등에서 어뢰에 사용되는 HMX, RDX, TNT라는 폭약이 나온 것만으로도 북한의 어뢰공격에 의해 천안함이 침몰한 것이 분명했다. (윤종성 2011: 43-44)

북한이 치밀한 사전계획과 준비를 거쳤을 것인데도 북한산임을 보여주는 손글씨를 어뢰에 남겼다는 설명은 합조단에 불신을 품고 있었던 이들한테 합조단 조사결과를 더욱 불신하게 만드는 요인이 되었다. '1번'은 천안함 조사결과를 불신하는 이들 사이에서 대중적인 풍자와 조롱의 상징물로 등장했다. 스마트폰의 겉에다 파란색 잉크로 "1번" 글씨를 쓰고서 '북한제 스마트폰'이라고 설명하는 패러디 시각물들이 널리 퍼지기도 했다. 패러디의 이면에는 '1번' 글씨가 조작된 게 아니냐는 불신이 놓여 있었다. 이런 의문에 대해 합조단은 "어뢰를 조립하고 정비와 관리를 쉽게 하도록 부호를 1번이라고 쓴 것으로 보인"다는 설명을 제시했다. 어뢰 제조 과정에서 북한 기술자들이 써놓았을 것이며 완성품은 알루미늄 외피에 싸여 이를 사용하는 북한군은 내부에 글씨가 있는지 몰랐으리라는 설명이었다(경향신문 2010-5-21: 6).

　이런 가운데, 과학적 이론과 계산의 결과로 볼 때 어뢰의 수중폭발을 겪고도 어뢰 표면 위의 '1번' 글씨가 타지 않고 남아 있는 이유가 쉽게 설명되지 않는다는 의문이 지속적으로 제기되었다. '1번' 글씨에 대한 불신은 계속 증폭되었으며, 그 불신의 근거는 대체로, (1)어뢰가 폭발했다면 그 폭발의 고열에 '1번' 글씨가 타버렸을 것이라는 추정, (2)육안으로 볼 때 어뢰가 심각한 부식 상태인데 비교적 선명한 '1번' 글씨가 부식 표면 위에 나중에 쓰였을 가능성, (3) 어뢰부품 안에서 나중에 발견된 가리비(조개) 껍데기의 존재로 볼 때 어뢰가 천안함 침몰사건발생일(3월 26일) 이전부터 해저에 존재했을 가능성 등이었다. 특히 '1번' 글씨는 어뢰가 진실한 증거물인가, 조작된 증거물인가를 가릴 기준처럼 여겨지며 큰 관심의 대상이 되었다.

　6월 이후, 재미 물리학자 이승헌이 간단한 열역학 계산식을 바탕으로 '1번' 글씨가 연소되지 않은 이유에 대해 의문을 제기하고, 뒤이어 카이스트 교수인 송태호와 합조단이 마찬가지로 계산식을 바탕으로 이런 주장을 반박하고 나서면서 과학자들이 참여하는 본격적인 '1번' 글씨 논쟁이 전개되었다. 합조단은 9월에 발간한 『합동조사결과 보고서』에서 "'1번' 글씨가 어뢰의 폭발로 150℃ 이상의 고열이 발생했음에도 잉크가 증발하거나 변색되지 않고 파란색의 형태로 남아 있는 이유", 그리고 "'1번' 표기가 철재 부식 이전에 기재된 사실"을 해명하는 데 많은 지면을 할애했다(합동조사결과 보고서: 197-201). '1번' 글씨 연소 가능성 논란과 관련해서는 "'1번' 글씨가 남아 있는 이유를 과학적으로 증명했"다며 송태호 교수의 분석결과를 인용해 소개했다. '1번 글씨 연소 논쟁'에 관해서는 다음 절에서 다루고자 한다.

### '예측된 발견'의 자신감, 미국 조사팀의 역할

합조단의 자신감은 관찰, 예측과 발견이라는 전형적인 과학 활동에서 나온 것이었다. 선체의 절단면 형상을 관찰하고 분석해 힘의 규모와 작용 방향을 추론하고, 이를 바탕으로 과학적 해석의 도구인 선체파손 시뮬레이션을 시행해 특정한 폭발 규모의 기뢰 또는 어뢰가 선체 아래에서 비접촉 수중폭발을 했을 것으로 예측했으며, 이어 예측에 들어맞는 어뢰추진체가 발견되면서, 과학적 이론과 해석을 통한 예측이 실제적인 경험 세계에서 확인되었기 때문이었다. 실제로 천안함 사건의 『합동조사결과 보고서』의 서술도 선체 조사, 시뮬레이션의 예측, 그리고 결정적 증거의 발견이라는 순서로 구성되었다.

어뢰의 공격을 입증하는 증거물을 해저에서 탐색해 수거한다는 것은 불가능하다고 여겨질 정도로 매우 어려운 과제였지만 예측할 수 있는 일이었다.

> 윤덕용: [⋯] 그래서 에클스 미 해군제독은 인양된 천안함을 딱 보고 버블의 크기와 어디서 터졌다는 것을 추측하더라고요. 어뢰를 발견하기 전에 벌써 인양된 선체모양을 보고 "버블이 여기까지 와서 밀어서 이런 모양이 형성된 거니까 버블의 크기는 이 정도일 것이다"라고 했습니다. 그래서 눌림현상을 정량적으로 분석했습니다. 미국 측 프로그램을 갖고 수중 어느 지점에서 폭발했을 때 어느 정도의 눌림현상이 일어나는지를 시뮬레이션 했습니다. 폭약의 크기, 위치, 조건을 여러 가지 다 놓고 시뮬레이션을 해보니까 가장 근접한 조건이 250kg의 TNT가 수중 6m, 가스터빈실 중앙으로부터 좌현 3m에서 일어났을 때 실제하고 거의 맞습니다. (홍성기 2011: 283)

다국적 합조단에서 어뢰 물증을 수거하고 분석해 북한 어뢰라는 결론을 내리는 과정에서 미군은 어떤 역할을 했을까? 합조단의 『합동조사결과 보고서』에는 이에 관한 자세한 기록이 없으나, 최근(2011-2014년)에 재미 원로 공학자 안수명이 미국정부에 정보공개를 청구하고 법정 소송에서 승소함에 따라 부분 공개된 미국 해군 자료에서 그 역할의 일부를 엿볼 수 있다.

에클스 중장이 합조단 활동을 마친 뒤에 작성한 13쪽 분량의 프레젠테이션 자료를 보면, 그는 선체 파손형상을 컴퓨터 시뮬레이션으로 분석하고서 수중폭발 모델링을 통해 다음과 같은 결론을 얻었다고 밝혔다.

> 분석결과는 수심 6~9m, 선체중심선에서 3m 비껴, 75번 프레임 부근에서 TNT 200~300kg에 상당하는 폭약이 비접촉 수중폭발 했음을 보여준다.
> (Eccles 2010-5-27: 9)

에클스는 이 자료에서 미국 조사팀의 결론을 이렇게 요약한 다음에 3개 면에 걸쳐 어뢰 추진동력장치에 관한 한국 쪽의 한국어 자료들을 그대로 옮겨 실었다. 여기에는 "결정적 증거"라는 제목으로 실린 "수거 및 채증 과정" 사진과 어뢰 설계도면 비교자료, "증거물은 북한에서 제조·사용 중인 어뢰임"이라는 문구와 어뢰 사진 등이 포함되었다. 이런 순서는 앞쪽에 미 해군이 직접 작성한 수중폭발 모델링의 예측이 합조단의 '1번 어뢰' 증거물 발견으로 확인되었음을 보여주는 구성이었다. 마지막 페이지에 담긴 "요약"에서도 미 해군이 관여한 "분석과 예측"이 어뢰추진체라는 "스모킹 건"의 발견을 통해 "들어맞았다matched"는 내러티브가 강조되었다. 다음은 에클스의 프레젠테이션 자료에 마지막으로 실린 '요약' 페이지의 내용이다.

〔요약 (Summary)〕
○ 먼저, 분석을 통해 다음을 예측했다:

–250 kg (+/–50 kg)의 고폭약

–용골(keel) 아래 3–6m (수심 6–9m)

–가스터빈실 아래, 대략 75번 프레임 부근

–중심선에서 대략 3m 벗어난 지점

–어뢰 가능성 가장 큼(Most likely)

–계류 감응 기뢰 가능성 있지만 매우 희박함(Possibly, but very unlikely)

○ 이후에, 수거된 어뢰 후부가 이런 분석과 일치했다

–동일한 폭약량

–침몰사건 현장에서 수거됨

○ 전문가들은 물리적 증거를 사용해 원인을 예측했다. 이후에 스모킹 건이 발견되었다. … 그리고 그것은 일치했다. (Eccles 2010-5-27: 13)

여기에서 볼 수 있듯이, 에클스는 미 해군 모델링의 예측이 천안함 사건의 해결에 중요하게 기여했음을 강조했다.

다른 자료에서는 미 해군이 어뢰추진체 부품의 분석과 판정 과정에도 기여했음을 보여주었다. 합동조사단 활동을 마치고 귀국한 미 해군 요원들은 활동 공적에 따라 여러 상을 수상했으며 이 과정에서 공적 추천과 심사 과정이 진행되었는데, 이 시기에 미군 조사팀을 이끈 에클스가 훈장 품신을 위해 쓴 어느 해군대령captain 개인의 공적서를 보면 당시 미 해군의 역할을 엿볼 수 있다.

공적서

_____의 국방공로훈장(DEFENSE MERITORIOUS SERVICE MEDAL)을 품신함

미합중국 해군 대령 _____은 천안함 침몰사건에 대한 대한민국(ROK) 조

사활동을 지원하는 다국적 합동조사단의 미국 해군 사령관 부관(Deputy to the US Flag Officer)으로서 2010년 5월 7일부터 21일까지 한국에서 복무하며 탁월한 공로를 세웠습니다. _____ 대령은 천안함이 북한 잠수함에 의해 침몰했다는 확고한 결론을 내린 다국적 조사활동의 성공에 중추적인 구실을 했습니다. 미 해군 사령관한테는 가장 신뢰할 만한 자문인으로서, 그리고 10여 일 동안 사령관을 대신해 활동하면서 대령 _____은 3성 장군을 포함해 두 명의 주요 한국 쪽 지도자들, 그리고 많은 수의 미국과 다국적의 해군, 육군 장교들과 함께하는 극도로 민감한 일일 회의에 직접 그리고 실질적으로 참여했습니다. 자신의 직급을 넘어서는 세련된 외교 능력, 전문적인 세부내용의 지식, 해군의 공학적 전문지식을 보여주며, 그는 조사활동을 성공으로 이끄는 데 중요한 전례 없는 접근 공유와 전문 정보 공유를 이루어내는 데에서 중요한 존재(critical factor)였습니다. 대령 _____은 재료과학 전문가들의 팀을 이끌면서, 합동조사단에 참여한 대한민국 국방부 조사본부(CIC)의 과학자들과 미국 전문가 팀 사이에 중요한 가교를 만드는 데에 기여했습니다. 그 업무는 폭발병기, 선체 구조, 그리고 증거의 과학적 분석을 비롯해 진행 중인 조사활동의 모든 측면을 포괄하는 데로 확장했습니다. 합동조사단에 참여한 미군 선임 장교로서 이 시기의 대부분 동안에 대령 _____은 평택에서 이루어진 미국 쪽의 모든 의사결정에 대해, 그리고 지역의 대한민국 해군과 육군 장교 지도자들, 미해군연구소 신진조사연구원프로그램의 방문자들(visiting YIPs), 다른 다국적 대표들, 주한미군과 미 제7함대의 지휘계통과 나눈 모든 접촉 커뮤니케이션에 대해서도 책임을 맡았습니다. 대령 _____은 팀을 이끌고 북방한계선(NLL) 근처 백령도에서 그리고 함선을 타고서 인양과 해저수거 현장에도 참여해 인양 과정을 지켜보았으며 인양되고 있는 함선의 구성요소들을 조사했습니다. 거기에서 그의 경험은 보고된 북한 어뢰 후부 부분의 상태가 선체 부분과 비교할 때 부식 상태와 바다 생명체 성장의 측면에서 신뢰할 만한 것임(credibility)

을 입증하는 데에 필수적인 것이었습니다. 그의 직접적인 전문가 증언 보고는 어뢰와 선체가 동일한 시기에 해저에 있었음을 보여주었으며, 그것은 폭발한 어뢰 부품이 함선 소실의 시기, 위치와 서로 연결됨을 규명하는 데 도움을 주는 주요한 발견이었습니다. 더욱이 그런 업무를 맡은 정보 장교들과 함께 일하면서, 그는 특정한 무기 디자인과 북한 출처로 알려진 도안들 간의 상호연관성을 찾아냈으며(correlated), 그 폭발량이 어뢰 파편 발견 이전의 합동조사단 예측과 연계됨을 찾아내었습니다(associated). 이후에 한국에 남아서, 대령 _____ 은 유엔사 군사 정전위원회가 조사활동 과정에 관한 독자적 평가 작업을 시작할 무렵에 군사정전위원회의 다국적 회원들한테 행한 미국의 프레젠테이션에서 주요한 전문적 브리핑 발표자가 되었습니다. 처리과정 방법론, 모델링, 시뮬레이션, 물리학, 해군공학과 증거분석에 관한 그의 설명은 빼어났으며 빈틈이 없었습니다. 뛰어난 업무수행을 통해서 대령 _____ 은 그 자신은 물론이고 미합중국 해군, 그리고 국방성에 크나큰 신뢰를 가져다주었습니다. (미 해군 공개자료, Document 9: 002797) [해군대령 이름은 볼 수 없게 검게 처리되어 공개됨. 밑줄은 필자의 것]

공적서에 나타난 미 해군 조사단 일원의 역할을 간추리면, 그는 어뢰부품과 선체 부분의 부식 상태를 비교해 그것들이 같은 시기에 해저에 있었음을 입증하는 데 도움을 주어 '증거의 신뢰성'을 확인하는 데 기여했으며, 또한 북한 무기의 설계도면과 어뢰 부분의 연관성, 그 폭발량과 시뮬레이션 예측값의 연계성을 보여주어 '증거의 연관성'을 확인하는 데 기여했다. 공적서임을 감안하더라도, 이 자료는 미 해군 조사단이 선체파손 시뮬레이션 평가와 예측 외에 어뢰부품 증거물에 대한 분석과 평가에도 상당한 정도의 역할을 했음을 보여준다.

## '1번' 글씨 연소 논쟁

'1번' 글씨는 수거된 어뢰가 북한에서 제조된 무기임을 입증하는 증거의 하나로 제시되었다. 특히 이 어뢰가 북한이 해외로 수출할 목적으로 제작한 무기 소개 자료에 실린 어뢰 설계도면과 일치한다는 점은 북한산 어뢰임을 입증하는 직접적인 증거가 되었다. 이런 점에서 보면 수거된 어뢰부품을 북한 어뢰로 식별하는 데에 '1번' 글씨가 반드시 필요한 요소는 아니었다. 합조단의 조사결과를 보면, '1번' 표기가 없더라도 북한 어뢰 설계도면과 일치한다는 점만으로도 수거된 어뢰부품을 북한 어뢰체의 것으로 지목해 논증하는 데에는 큰 차이가 없었을 것이었다. 그러므로 '1번' 글씨는 그 어뢰가 북한 어뢰임을 한눈에 보여주는 시각적인 효과의 요소였으며, 설계도면의 일치를 통한 증거물 확인을 더욱 강화해주는 증거라고 볼 수 있다. 즉 보조적인 증거였다.

수거된 어뢰가 천안함 침몰을 일으킨 무기로 판명되려면 두 가지 입증이 선행되어야 했는데, 이 두 가지는 모두 다 논쟁을 불러일으켰다. 첫째는 제시된

[그림 4-3] 어뢰 추진동력장치와 북한 경어뢰에 쓰인 '1번'과 '4호' 표기. (출처: 합동조사결과 보고서: 199)

어뢰부품이 정말 신뢰할 수 있는 증거물인가 하는 증거의 신뢰성에 관한 논란이었다. '1번' 표기가 어떻게 엄청난 폭발 환경에서도 타지 않고 남아 있느냐 하는 의문이 이런 신뢰성 논란과 관련되었다. 둘째, 수거된 어뢰부품이 천안함 침몰과 연관된 것인지를 묻는 증거의 연관성에 관한 논란이었다. 그것이 천안함을 침몰시키고 가라앉은 '바로 그 어뢰'의 부품임이 입증되느냐를 따지는 문제였다. 이와 관련해 어뢰부품의 안쪽에서 나중에 발견된 가리비의 존재, 그리고 심하게 부식된 듯한 표면 형상은 어뢰가 천안함 침몰사건 이전부터 바다속에 오랫동안 있었던 것이 아니냐는 의문을 불러일으켰다. 이 가운데 논쟁 초기에 대중적으로 가장 큰 관심을 불러일으킨 것은 현업 과학자들이 직접 논쟁의 주체로 참여한 이른바 '1번 글씨 연소 논쟁'이었다.

### 열역학 계산 논쟁

'1번' 글씨가 주는 시각적인 효과가 컸던 만큼 이 글씨를 둘러싸고 대중적인 관심도 컸다. '1번' 글씨는 합조단의 발표 직후부터 그 조사결과에 의문을 품고 있던 이들 사이에서 풍자와 조롱의 대상이 되면서 합조단 조사결과에 대한 불신을 보여주는 대표적인 상징이 되었다. 천안함을 침몰시킨 어뢰의 엄청난 폭발 이후에도 어뢰부품에 선명하게 남은 '1번' 글씨는 너무도 비현실적인 존재로 여겨졌기에, "스마트폰에 1번 글씨를 써넣으면 북한제 스마트폰이 된다"거나 "1번 글씨를 쓴 잉크 성분은 모나미 매직 성분"이라는 식으로 갖가지 불신의 풍자가 온라인과 사회연결망서비스sns를 통해 퍼졌다. 반면에 천안함 침몰이 북한의 소행임을 일찍부터 믿어 왔던 보수성향 세력에게 이런 풍자와 조롱은 눈앞에 확연히 제시된 북한 무기의 명백한 증거조차 부정하려는 의도적인 행동으로 여겨졌기에, '1번' 글씨는 곧바로 격한 논란의 대상이 되었다.

'1번' 글씨 연소 논쟁이 진지한 '과학 논쟁'으로 비화한 것은 이 논쟁의 향방에 따라 '1번 어뢰' 증거물이 진실한 것인지 아닌지가 판가름 날 수밖에 없었기 때문이었다. '1번' 글씨가 존재할 수 없는데도 존재한다면 그 글씨가 적힌 어뢰 추진동력장치 자체도 증거로서 존재할 수 없었다. 만일 그렇다면 논리적으로 보아 어뢰의 폭발이 일어난 이후에 그 잔해물에다 '1번' 글씨를 써넣은 것으로 귀결될 수 있기 때문이었다. 그러므로 '1번' 글씨의 잉크 성분이 어뢰의 수중폭발 당시에 당연히 타버리고 없어졌어야 한다는 주장은 어뢰부품의 증거물이 조작되었을 가능성을 암시하는 것이었고, 이를 반박하는 쪽은 증거물의 조작 가능성까지 제기하는 주장에는 정치적 의도가 담긴 것으로 받아들이고 있었다.

곧이어 '1번' 글씨가 어뢰폭발 이후에 남을 수 있느냐 없느냐의 판단 기준은 '1번' 글씨의 성분인 잉크가 섭씨 몇 도의 열까지 견딜 수 있느냐에 의해 정해졌다. 미국 존스홉킨스대학의 국제정치학 교수인 서재정과 버지니아대학교의 물리학 교수인 이승헌은 6월 1일 신문에 기고한 공저 칼럼에서, "통상적으로 사용되는 잉크는 크실렌, 톨루엔, 알코올로 이루어져 있다. 각 성분의 비등점은 섭씨 138.5도(크실렌), 110.6도(톨루엔), 78.4도(알코올)"라는 점을 들어, "따라서 후부 추진체에 300도의 열만 가해졌다면 잉크는 완전히 타 없어졌을 것"이라고 주장했다(서재정, 이승헌 2010-6-1[경향신문]: 35). 서재정과 이승헌은 칼럼에서 "1번' 글씨의 잉크가 당연히 타서 없어졌어야 마땅하다고 주장하며 그 근거로 두 가지를 제시했다. 첫째 "250kg의 폭약량에서 발산될 에너지량에 근거해 계산해보면, 폭발 직후 어뢰의 추진 후부의 온도는 적어도 섭씨 325도, 높게 잡으면 1000도 이상 올라갈 수 있"다는 것이고, 또한 공개된 어뢰부품이 심하게 부식된 것은 부식 방지용 페인트가 폭발 열로 타 없어졌기 때문일 터인데 보통 유성 페인트의 비등점이 섭씨 325~500도인 점에 비추어볼 때 "어뢰 뒷부분에는 적어도 섭씨 325도의 열이 가해진 것으로 추정"할 수 있다는 것이었다. 이들은 어뢰 외부의 페인트가 탔는데 내부의 "1번" 글씨 잉크가 남아 있는 상황은 "설명할 길이 없"는 증거의 모순이라고 주장했다.

> 따라서 후부 추진체에 300도의 열만 가해졌더라도 〔1번 글씨의〕 잉크는 완전히 타 없어졌을 것이다. 비등점이 이보다 높은 유성잉크나 페인트를 사용했더라도 어뢰 외부의 페인트가 타버릴 정도였다면 내부의 유성잉크나 페인트도 함께 탔을 것이다. 이런 불일치는 설명할 방법이 없다. 외부 페인트가 탔다면 "1번"도 타야 했고, "1번"이 남아 있다면 외부 페인트도 남아 있어야 한다. 그것이 과학이다. 그러나 고열에 견딜 수 있는 외부 페인트는 타버렸고, 저온에도 타는 내부 잉크는 남아 있다. (서재정, 이승헌 2010-6-1〔경향신문〕: 35)

이에 앞서, 이승헌은 최문순 국회의원(민주당)을 통해 비슷한 내용의 의문을 제기했으며 그 의문의 근거가 되는 계산 결과를 발표했다. 그것은 "250kg의 화약이 물속에서 폭발할 경우 발생하는 열의 13%만 철로 전달되어도 철의 온도는 150℃ 이상 올라가 잉크가 타버린다"는 것이었다. 최 의원의 자료를 통해 제시된 계산 과정은 다음과 같았다.+

> 어뢰폭발시 발생하는 에너지의 크기는? 미국 원자력규제위원회NRC에 의하면, 폭발시 방출되는 에너지(E)의 크기는 $E(kJ)=4500 \times W$(kg)이며 $(W)$는 화약 무게), 대략 60%의 에너지가 열$(Q)$로 변환된다. 따라서 250kg 화약이 폭발할 때 방출되는 열의 크기는 다음과 같다.
>
> $$Q(kJ)=4500 \times 0.6 \times 250 (kg)=6.81 \times 10^5 (kJ)=6.81 \times 10^3 (J) \quad [1]$$
>
> 철로 이루어진 어뢰 1700kg이 바다 온도 4℃에서 150℃까지 오르려면 얼마

나 많은 열이 필요한가? 화약 무게 250kg을 뺀 철 부분의 최대 무게는 1450kg이며, 철의 비열은 420J/kg/℃이다. 그러므로 요구되는 에너지의 크기는 다음과 같다.

$$420 \times 1450 \times 150 = 9.135 \times 107 (J) \qquad\qquad [2]$$

(프레시안 2010-5-31)

이승헌은 [1]의 어뢰폭발로 방출되는 열의 크기와 [2]의 글씨를 태울 만한 에너지의 크기를 비교해 "이는 만일 폭발시 발생하는 열의 13%만이 철로 전달되었다고 하더라도 철의 온도는 [잉크를 태울 수 있는] 150℃ 이상으로 증가하게 되며, 마커의 잉크는 타버리게 된다는 것을 의미한다"는 결론을 제시했다. 그는 계산식에서 폭발시 발생하는 열이 남김없이 모두 철로 전달된다고 가정한다면 최대 온도는 "1118.23℃"인 것으로 계산된다고 밝혔다. "폭발 직후 어뢰의 추진 후부의 온도는 쉽게 350℃ 혹은 1000℃ 이상까지도 올라가게" 된다는 게 그의 계산 결과였다.

이처럼 "결정적 증거"인 '1번 어뢰'의 증거 신뢰성을 훼손할 만한 심각한 주장이 제기되자, 민군 합동조사단은 곧바로 이를 반박해 "어뢰폭발 때 고온이 발생하지만 '1번'이 씌어 있는 어뢰 뒷부분의 추진체 내부까지는 열전도가 불가능하다"며 타지 않은 게 정상이라고 밝혔다(동아일보 2010-6-2: 6). 합조단 대변인은 그런 반박의 근거로, "1.7t 크기의 어뢰 앞부분의 폭약 250kg이 폭발하면 뒤쪽에 위치한 추진축과 프로펠러는 반작용으로 바닷물 속에서 37m 정도 튀어나간다"는 점, 바닷물의 수온이 폭발 직후 오르긴 하겠지만 비등점인 100도 이상으로 오를 수 없고, '1번' 글씨가 어뢰 안쪽에 있어서 빠른 열전달이 어렵다는 점을 들었다. 6월 초는 물론이고 6월 말까지도 합조단은 "1번 글씨의 잉크 성분을 분석하기 위해 북한을 비롯한 여러 나라의 잉크 정보를 수집하고 있다", "성분을 분석한 결과 솔벤트블루5 성분을 사용한 청색 유성

매직으로 확인되었으며 대조할 수 있는 시료를 확보 중"이라고 밝혀(동아일보 2010-6-2: 6; 조선일보 2010-6-30: 8), 결과적으로는 이런 문제제기를 예상하지 못했으며 사전에 "결정적 증거"의 증거 신뢰성 입증에 세심한 관심을 기울이지 못했음을 보여주었다.

'1번' 글씨 연소 논쟁은 8월 들어 카이스트KAIST 기계공학과 교수인 송태호가 주로 열역학의 법칙에 의존한 계산식을 전개해 어뢰폭발 때 '1번' 글씨가 연소되지 않는 게 당연함을 수치 시뮬레이션으로 증명하면서 열역학 계산식의 공방으로 이어졌다. 그는 카이스트 열전달연구실의 웹사이트 자유게시판에 논문 형식의 글을 게시해 "1번 글씨가 쓰여 있는 디스크 후면의 온도는 바닷물 온도에서 단 0.1도도 올라가지 않는다"라는 결론을 제시했다(송태호 2010-7-26). 그의 논증은 열역학 법칙의 계산식을 따른 것인데, 크게 보아 두 부분으로 전개되었다. 첫째 폭약이 폭발한 직후에 팽창하기 직전의 가스 상태, 그때의 온도와 압력을 계산했으며, 둘째 그렇게 생성된 고온과 고압의 가스 버블이 단열팽창(외부와 열교환 없이 부피가 커지는 현상)을 하며 1초 동안 열전달에 의해 어뢰 후부에 전해질 때, 그때의 온도 변화를 해석했다.

먼저, 그는 TNT 계열의 폭약 250kg이 폭발 순간에 즉시 체적 151$l$의 가스 덩어리로 변하는, 폭발 직후의 가스 온도와 압력 상태를 계산했다. 그의 해석에 따르면, 화학식 $C_6H_2(NO_2)CH_3$인 TNT 폭약은 폭발 순간에 즉시 일산화탄소, 수소, 질소 가스

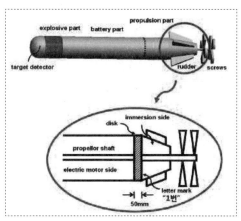

[그림 4-4] 어뢰 추진 후부 디스크의 뒷면에 쓰인 "1번" 표기의 위치. (출처: Song 2011: 938)

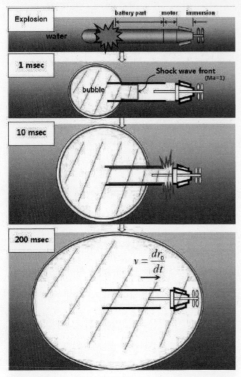

와 탄소(고체) 성분으로 바뀌는 데 이때 열역학 계산식을 이용해 "폭발 직후 가스의 온도를 구하면 3276K (3003℃)", 그리고 "그 압력은 19,900기압"이 된다. 또한 "초기의 [가스] 버블 체적 151리터를 구로 보아 반경을 계산하면 0.33미터"가 된다. 즉 폭발로 생성된 가스의 팽창 직전 상태는 '섭씨 3003도, 압력 19,900기압에 달하는 고열과 고압의 반경 0.33미터 크기 버블'인 것이다.

송태호는 고열과 고압의 가스 버블이 이후에 단열팽창을 한다는 조건에서 계산하여 "버블이 팽창하면서 급격히 온도가 떨어진다"는

[그림 4-5] 버블의 팽창과 열의 전달을 설명하는 모형(송태호). (출처: Song 2011: 941)

결과를 보여주었다. 그는 단열팽창에서 널리 쓰이는 다음의 열역학 공식을 사용했다.

$$Pv^{\gamma} = const$$

여기에서 $P$는 압력, $v$는 비체적(단위 질량의 물체가 차지하는 부피)이며, $\gamma$는 정압비열/정적비열의 값이다. 체적은 버블 반경의 3승에 비례하므로 이 식은 다시 $Pv^{3\gamma} = const$로 바꾸어 쓸 수 있는데, 바뀐 공식을 이용하면 "버블이 초기

반경 0.33미터에서 [1번 글씨가 있는 어뢰 후부] 디스크까지의 거리 5.47미터를 진행하여 반경 5.80미터가 되었을 때, 그 압력은 [⋯] 0.26기압으로 떨어"지며, 이때 버블 온도는 이상기체 상태방정식 $Pv=RT$ (R은 기체상수, T는 절대온도)를 통해 "229K (= -44℃)라는 저온"이 됨을 알 수 있다는 것이다. 엄청난 폭발이 일어나고 고온과 고압의 가스 버블이 급속 팽창했는데도 어떻게 불과 5.80m 반경 부근에 열적 손상을 전혀 끼치지 않을 수 있다는 걸까?

어떻게 이런 예측치가 나왔을까? 그것은 바닷물이 공기보다 훨씬 비중이 커서, 버블이 팽창하면서 바닷물을 밀어내는 데에 그 에너지를 다 쓰기 때문이다. 즉, 공기 중에서는 버블을 둘러싼 공기가 운동에너지를 거의 흡수하지 못하고 따라서 고속의 충격파가 멀리까지 전달되는 데 비하여, 바닷물에서는 마치 자동차 엔진에서처럼 팽창 일을 바닷물이 운동에너지로 흡수하기 때문이다. (송태호 2010-7-26: 3-4)

송태호는 먼저 열역학 계산식을 통해 폭발 순간과 직후에 일어나는 버블의 거동, 그리고 버블의 온도와 압력의 상태를 계산해 제시했으며, 이어 폭발 순간 이후 1초 동안에 일어난 열전달이 '1번' 글씨가 쓰인 어뢰 후부의 디스크 뒷면에 어떤 온도 변화를 일으킬 수 있는지 해석하는 계산 과정을 보여주었다. 그는 "한마디로 말해서, '1번' 글씨가 쓰여 있는 디스크 후면의 온도는 바닷물 온도에서 단 0.1도도 올라가지 않는다"라는 결론을 제시했다. 그는 이런 "다소 놀랍고도 평이"한 계산 결과는, 첫째 버블이 단열팽창하면서 급격히 온도가 낮아져 0.1초가 지나면 28℃까지 내려가며, 둘째 아주 짧은 시간에 일어나는 사건이라 작은 온도 변화마저도 디스크 후면까지는 전달되지 못함을 보여주는 것이라고 풀이했다. 그는 이 논문 형식의 게시물에서 "천안함과 어뢰의 잔해에 나타난 여러 가지 현상은 각각 해당 전문가 그룹에 의하여 보다 고도의 분석이 수행되어야 옳게 알려질 수 있다고 판단되며, 해당 분야의 전문지식이 부족한 자들이 섣부른 계산을 근거로 여론몰이를 할 경우, 그만큼 우리 사회가 낙후되었음을 보이는 것일 뿐"이라고 주장하고 '1번' 글씨에 관해 의혹이 터무니없음을 보여주고자 연구 작업에 나서게 되었다고 말했다(송태호 2010-7-26: 14). 어뢰 추진부에 섭씨 20도 이상의 온도 상승은 없었으며 특히 '1번' 글씨가 쓰인 디스크 후면에는 0.1도의 온도 상승도 없었다는 결론은 며칠 뒤인 8월 2일 국방부에서 열린 기자회견을 통해 발표되었다.[2] 그의 논문은 약간의 수정을 거쳐 2011년 국제 학술지에 정식 논문으로 발표되었다(Song 2011).

### 열역학 '간단한 계산', 정반대의 결론: 왜?

두 과학자는 논쟁을 벌이며 자신의 해석이 대학 물리학 또는 열역학의 기초 수준에서 풀 수 있는 문제풀이라고 주장했다. 논쟁의 과정에서 송태호는 "본 계산은 대학에서 기초적인 열전달을 배운 사람은 누구나 이해할 수 있는 정도"라고 말했고, 이승헌은 "이것은 이공계 대학교 1학년 과정인 일반물리에 나오는 사실"이라고 말했다. 너무도 기초적인 계산식과 너무도 상이한 결과를

---

2 송태호는 자신의 연구가 국방부와는 관련이 없으며 자발적인 동기에서 이루어졌음을 강조했다(송태호 대면 인터뷰 2015-3-13). 언론 인터뷰에서도 그는 이런 점을 강조했다. "사실 처음에는 '욱' 하는 마음으로 시작했다. […] 5월 말부터 1번 글씨가 조작되었다는 주장들이 마구 쏟아져 나왔다. 우선 열전달이 13%가 될지, 50%가 될지, 1%가 될지 어떻게 아나. 무슨 고구마를 굽는 것도 아니고…. 이래서는 안 되겠다 싶었다. 봄학기 강의가 끝난 6월 중순부터 온도계산을 시작해 한 달여 만에 결과를 얻었다. 나는 특별하게 이상한 사람이 아니다. 뭐가 틀린 것 같으면 '이거 틀렸는데~'라고 말하는 정도의 사람이다." "KAIST에서 발표할 수도 있었지만 KAIST 총장의 허락을 받고 하라는 얘기가 들려 안 했다. 개인적으로 고심하다 국방부에서 장소만 빌렸다. 총장에겐 발표 직전에 통보했다."(중앙선데이 2010-8-8: 4).

둘러싼 논쟁은 왜 다른 동료 과학자들에 의해 정리되지 못하고 평행선처럼 이어졌을까? 그리고 왜 같은 열역학 분야의 문제를 다루면서 서로 다른 공식을 사용해 전혀 다른 결론으로 나아갔을까?

### 갈림길: 가역 또는 비가역

두 과학자는 어뢰의 폭발과 열전달 과정을 단열팽창의 두 경우인 '가역 과정'과 '비가역 과정'으로 각각 다르게 해석함으로써 아주 다른 계산과 결론으로 나아갔다. 사실 두 가지 해석의 기본 계산식은 일반물리학 대학 교재에 등장할 정도로 열역학 분야에서는 널리 사용되는 것들이었다. '1번' 글씨 연소 논쟁은 어뢰가 수중폭발하고 그 폭발 직후에 생성된 고온과 고압의 가스 계$_{system}$가 급속 팽창하며 어떻게 열과 일의 변화를 겪으며, 그 과정에서 온도와 기압의 상태 변수가 어떤 변화를 겪는지를 해석하는 것으로, 그것은 주로 열역학 제1법칙의 공식을 계산에서 다루었다. 열역학 제1법칙은 수식 "$\Delta E_{int} = Q + W$"로 요약되는데, 이는 어느 계의 내부 에너지$_{internal\ energy}$의 변화량 $\Delta E_{int}$은 '열 $Q$에 의해 그 계의 경계를 통해 전달되는 에너지'와 '일 $W$에 의해 전달되는 에너지'를 합한 것과 같다는 의미를 표현한 것이다(Serway & Jewett 2002: 596). 그런데 열역학의 기본 공식이 실제의 열역학 과정을 정확하게 계산하기는 어려워 '근사적으로' 적용할 수밖에 없기에 열역학적 과정은 대체로 네 가지 경우로 나누어 각각의 계산 모형 체계를 갖추고 있다. 동일한 압력이 유지되면서 일어나는 정압과정, 동일한 부피가 유지되면서 일어나는 정적과정, 그리고 동일한 온도가 유지되면서 일어나는 정온과정, 그리고 열에 의한 에너지 전달 없이 일어나는 열역학 과정인 단열과정이 그것들이다.

'1번' 글씨 연소 논쟁에서는 매우 짧은 시간에 압력·부피·온도의 변화가 역동했을 어뢰의 수중폭발 과정을 근사적으로 설명하는 모델로서 단열과정의 해석이 사용되었다. 그런데 문제는 단열과정을 해석하는 데에도 아주 다른 두 가지 길이 존재한다는 데 있었다. 하나는 일($W$)이 행해지지만 열의 전달은 없어($Q=0$) 그 계의 내부 에너지 변화가 일의 양과 같은 "$\Delta E_{int}=W$"의 경우이다. 완벽한 단열이라는 이상이 현실에서는 존재하기 어렵지만, 열에 의한 에너지 전달은 상대적으로 느리기 때문에 매우 빠르게 진행되는 과정이라면 근사적으로는 단열과정으로 볼 수 있어 내연기관의 열역학을 해석할 때에도 단열과정의 모형이 사용된다. 다른 하나는 자유팽창free expansion의 경우인데, 열전달도 없을($Q=0$) 뿐 아니라 일도 행해지지 않으면서($W=0$) 계의 상태 변화가 일어나는 "$\Delta E_{int}=0$"의 경우이다. 즉 초기상태의 에너지와 최종상태의 에너지는 같은데, 이상기체의 내부 에너지는 온도에만 의존하므로 초기상태의 온도와 최종상태의 온도에는 변화가 없다($T_i=T_f$)(Serway & Jewett 2002: 597-598).

'1번' 글씨 연소 논쟁에서 이승헌은 자유팽창의 경우에 기반을 둔 계산과 해석을 전개했으며 송태호는 내연기관 단열팽창에 기반을 둔 계산과 해석을 전개했다. 이런 논쟁점은 송태호 교수가 '1번' 글씨 부근의 온도 변화에 관한 연구 결과를 약식 논문의 형식으로 발표한 직후부터 일찌감치 인식되었다. 국방부와 송태호는 8월 2일 기자들한테 '어뢰 후부 디스크에는 온도가 섭씨 0.1℃도 오르지 않았다'라는 해석 결과를 발표한 직후, 이승헌은 8월 3일 국내 언론매체 온라인판에 기고한 글에다 "송태호 교수의 버블 팽창이 가역과정이라는 가정의 맹점"이라는 제목의 계산 메모를 덧붙였는데, 거기에서 다음과 같이 주장했다(이승헌 2010-8-3[한겨레hook]).

[…] 어뢰 추진부는 폭발 후 온도가 단 0.1도도 올라가지 않았을 것이라고 주장했다. 이 주장의 핵심적 근거로서 송 교수는 세 번째 페이지에

$$Pv^\gamma=C \qquad [1]$$

라는 공식을 폭발 후 생성된 버블의 팽창에 적용했다. 이 공식은, 이상기체가, 버블 안과 밖의 압력이 언제나 동일하게 유지되면서 팽창이 비교적 천천히 일어나는 가역적인 과정을 거칠 때 적용하는 식이다.

[···] 폭발 과정은 가역적이 아닌 비가역적 과정이어서 전혀 다른 결과가 나온다. 이상기체가 진공으로 비가역적 과정을 통해 팽창될 때는 공식(1)을 따르지 않고, 팽창 전과 팽창 후의 온도가 같다. 공식으로는,

$$T_1 = T_2 \qquad\qquad [2]$$

'1번' 글씨의 연소 논쟁은 본격적으로 어떤 계산식의 적용과 해석이 적절한가의 논쟁으로 바뀌었으며, 이에 관한 논쟁은 곧바로 연구자들이 주로 사용하는 인터넷 온라인 커뮤니티에서도 이어졌다. 송태호와 국방부의 기자회견 발표가 있고서 이승헌의 반박이 나온 지 이틀 만인 8월 5일에 송 교수가 속한 한국과학기술원KAIST 열전달연구실의 온라인 게시판에서는 '가역'과 '비가역' 논란이 이어졌다(게시물 이전, 생물학연구정보센터 토론 게시판 2010-8-6).

이교수의 논지는 버블 팽창이 소위 말하는 "자유팽창"이라는 건데, 이는 버블 주변에 정말로 아무것도 없는 "진공"일 때 얘기입니다. 실제 어뢰의 버블은 "물 속"에서 발생하므로 주변의 물을 밀어내는 "일"을 하기 때문에 절대 "자유팽창"일 수 없습니다. (게시자: '연구실 졸…', 작성일 08-05 21:00)

물 속 10m의 압력은 2기압입니다.
그래서 버블 내압 20000기압 vs. 외부압 2기압의 팽창입니다.
내압과 외압의 차이가 너무나 커서 20000 vs.0기압(진공)의 자유팽창과 별로 다를 바 없다는 이야기일 뿐입니다. (게시자: '화공과', 작성일 08-05 21:57)

게시판 내의 논란은 어뢰의 수중폭발 때 유성 잉크로 쓰인 글씨가 어뢰폭발 이후에도 당연히 남는 자연적인 흔적인지 아닌지를 둘러싼 두 가지의 상반된 해석이 결국에는 '해석하려는 자연 현상이 가역 과정인가 비가역 과정인가'를 먼저 결정해야 하는 논란임을 보여주었다. 가역적 단열팽창 또는 비가역적 자유팽창의 조건에 대한 동의가 이루어진다면, 이후에는 열역학 법칙의 정해진 경로를 따라 계산을 전개하게 되므로 어느 정도의 차이에 관한 논란은 벌어지더라도 좁히기 힘든 정도의 차이로 갈라지는 논란이 이어지지는 않았을 것이기 때문이었다. 그러므로 그런 본격적인 계산 또는 수치 시뮬레이션에 앞서서 계산 대상이 어떤 계산식의 조건에 해당하는지에 대한 결정의 문제, 즉 가역적 단열팽창으로 볼 것이냐 비가역 자유팽창으로 볼 것이냐에 관한 전문가적인 해석은 중요한 갈림길이 되었다.

당시 과학기술 분야의 젊은 연구자들이 참여하는 다른 온라인 커뮤니티인 한국과학기술인연합(Scieng.net)의 게시판에서도 비슷한 논란이 벌어졌다(한국과학기술인연합 토론 게시판 2010-8-5). 이곳에서는 "비가역적 자유팽창"의 과정으로 해석한 이승헌의 주장에 무리한 점이 있다는 한 사용자의 글에 대해 여러 댓글이 논란을 벌였다. 한 사용자는 이승헌의 주장에서 기체가 팽창할 때 비압축성incompressible 액체인 물에 생성되는 엄청난 압력과 그 압력을 밀어낼 때 생기는 에너지의 손실이 고려되지 않았다는 점을 "터무니없는 실수"로 지적하기도 했으며, 다른 사용자는 송태호의 주장이 수중폭발의 복잡성을 충분히 확인하기 힘든 상황에서 폭발 현상의 단계를 나누고 '1번' 글씨 부위에 열전달이 있느냐 없느냐의 단순화한 풀이의 문제를 설정했다고 비판하기도 했다. "초기에는 자유팽창이고 추진부로 가면 단열팽창 근사가 들어맞게 될 것이므로 이 두 가지를 동시에 고려해야 할 것 같[다]"는 절충적인 해석도 제시되었다.

### 간단치 않은 계산: 가역-비가역 논쟁일 뿐인가?

계산의 결과는 왜 이토록 달랐을까? 각자의 주장과 반박을 주고받는 과정에서, 왜 이런 차이가 빚어졌는지가 드러났다. 첫째, 열역학의 법칙을 사용하면서 가역 상태를 전제로 했는지 또는 비가역 상태를 전제로 했는지에 따라 계산의 과정과 결과는 완전히 다른 길을 걸었다. 송태호는 수중폭발이 일어날 때 버블의 팽창과 수축이 되풀이되는 상태는 피스톤의 팽창과 수축을 보여주는 가역 상태라고 보았던 반면에, 이승헌은 폭발 당시의 버블 초기 압력이 2만 기압에 달하고 바닷물의 기압이 2기압에 불과하므로 버블 바깥쪽을 사실상 진공이라고 가정하고서 계산할 수 있으며 이런 경우에는 비가역 상태가 계산의 전제가 된다고 주장했다. 둘째, 두 사람은 서로 다른 유비를 사용하며 논증했다. 송태호는 어뢰 폭약의 폭발을 엔진 안에서 가스가 폭발할 때 팽창과 수축을 반복하는 기관 운동에 비유하면서 수중폭발에서 일어나는 압력과 온도의 변화가 일상 경험과 매우 다를 수 있음을 강조했다. 이승헌은 이를 공기 중의 폭발에 비유하면서 엄청난 폭발이 일어날 때 폭발열이 순식간에 전파된다는 점을 강조했다. 셋째 송태호는 버블의 거동 변화를 주시하면서 팽창, 수축하는 버블의 온도와 압력 변화를 계산하는 데 한정한 데 반해, 이승헌은 알려지지 않은 다른 상황의 가능성도 고려하며 특히 다른 부위의 페인트는 타고 없는데 '1번' 글씨만 유독 타지 않은 점을 의문의 근거로 삼았다.

열역학 제1법칙의 "간단한 문제풀이"는 논의를 거듭해도 쉽게 동의할 수 있는 결론으로 나아가지는 못했다. 이승헌과 송태호의 주장에 대해 문제점을 지적하는 견해들이 이어졌으며 무엇이 옳고 그른지를 판정하는 식으로 논의가 모아지지는 않았다. 더 자세한 조건을 고려하며 논문의 형식을 갖춰 계산한 송태호의 논증이 상대적으로 유력한 해석으로서 주목받았으나, 논의를 거듭할수록 송태호의 논증에 대해서도 유보적인 태도가 나타났다. 이승헌 교수의 해석에 대한 비판과 옹호의 견해가 맞부딪힌 온라인 연구자 커뮤니티의 회원 게시판 댓글들에서는 이승헌의 해석을 비판하면서도 송태호의 해석에서 여전히 "여러 불확실한 요인들이 있기 때문에 그냥 계산만으로는 안 되"는 난제가 있다는 견해들이 제시되었다.

폭발이 일어나면 경계부의 물이 엄청난 압력으로 밀리기 때문에 그 부위의 물에서 충격파가 생성되어 퍼져나가는 것이 첫 번째 일어나는 일이라고 생각합니다. [···] 여기에서 중요한 것은 충격파가 생겨서 이것이 매우 빠른 속도로 밖으로 퍼져나갈 것이라는 점입니다. [···] 이 충격파는 버블의 팽창과 다른 것으로서 송 교수가 고려하지 않은 것으로 보입니다. [···] 또 그 충격파가 디스크 '뒷면'에 써 있다고 하는 '1번에 얼마나 영향을 미칠 수 있겠는가를 생각해봐야 되겠지요. 그런데 그냥 머리로 생각해서 해결될 것은 아니고 [···] 또한 수치가 있다고 해도 다른 여러 불확실한 요인들이 있기 때문에 그냥 계산만으로는 안 되겠지요. 즉, 실험의 검증 없이 논란을 잠재울 결론을 내기는 힘들다는 생각이 듭니다. (한국과학기술인연합 토론 게시판 댓글 2010-8-5)

실험적 검증의 요청은 이상기체의 단열팽창에 관한 계산 자체가 자연 상황에 대한 근사적 접근이라는 시뮬레이션의 한계를 벗어날 수 없다는 인식에서 나오는 것이었다. 자신을 기계공학 전공자라고 밝힌 한 게시판 사용자가 말했듯이, "간단하고 상식적이라고 생각했던 열역학 제1법칙도 실제 문제에 적용하려면 상당한 내공이 필요한 것 같"다는 식의 반응도 일반적으로 나타났다 (생물학연구정보센터 토론 게시판 2010-8-6). 이런 반응은 열역학 제1법칙을 계산에 구사할 줄 아는 전문성의 장벽과 더불어 천안함 침몰의 실제 상황에 대한 구체적 정보의 부족에서 비롯했다. 이에 따라 실제의 어뢰부품에다 잉크로 쓴 글씨가 연소하는지 그 여부를 확인하는 실험을 군사훈련 중에 해보자는 제안도 제기되었다.

논쟁을 벌인 두 과학자의 계산과 해석의 모형을 둘 다 비판하는 다른 전문 가의 견해도 제시되었다. 대중적으로 주목을 받지는 못했지만 재미 과학자인 김광섭은 "고폭약의 과학에는 화학과 유체역학의 결합이 필요하다"며 두 가지 해석을 다 비판하는 견해를 제시했다.

> 결론적으로, 송 박사가 사용한 모형, 즉 가역적 단열 팽창의 주요 특징은 다 른 이가 제시한 모형의 특징보다는 물리학적으로 더욱 합리적인 것이다. 그렇지만 나의 견해로 볼 때, 그의 모형에 바탕을 둔 버블 온도는 디스크 뒷면에 쓰인 "1번" 글씨가 폭발의 결과로 뜨거워진 버블 안에서 연소될 것인지에 대한 물음에 답할 수 있을 정도로 충분히 믿을 만하지는 않다. 송 박사 모형의 실패는 (알루미늄 함 유 폭약 대신에) TNT 폭약을 사용한 모델을 전개했다는 점에서 기인한다. TNT 폭약을 모델에 사용한다면 버블이 폭발 동안에 어떠한 에너지도 얻지 않는다는 그릇된 가정에 이른다. 현재 모든 나라의 해군은 알루미늄 함유 폭약을 사용하는 데, 이는 알루미늄 분말이 버블 내의 폭약 분해 가스와 반응할 때 생기는 에너지 를 버블이 얻도록 함으로써 어뢰의 성능을 향상시키기 위함이다. 송 박사 접근법 의 문제는 에너지 증가에 대한 운동학적 데이터를 볼 수 없다는 점이며 또한 실험 을 통해 그런 데이터를 얻는 것도 실질적으로 불가능하다는 데 있다. (김광섭, 생 물학연구정보센터 토론 게시판 2010-9-16) [필자의 번역]

그는 알루미늄 함유 폭약의 특징이 송태호의 과학적 논증에서 충분히 다 루어지지 않았다고 지적했다. 송태호는 어뢰의 TNT 폭약이 탄두(케이싱) 안에 서 완전히 분해되며, 그렇게 생산된 폭발 에너지를 버블이 고스란히 넘겨받아서, 다른 에너지의 추가 없이 그대로 팽창한다는 가정에서 가역 단열팽창의 열역학 모형을 사용했으나, 이는 알루미늄 함유 폭약을 쓰는 어뢰의 실제적 특성과 다르다는 것이 김광섭의 주장이었다. 그는 첫째 알루미늄 폭약의 폭발열은 일반적으로 TNT 폭약보다 크며, 둘째 폭발의 속도를 지연하는 효과를 내기에 알루미늄 분말은 "버블의 고압과 고온을 더 오래 지속시켜 어뢰의 폭발 성능을 증강"하며, 셋째 알루미늄 분말의 크기가 작을수록 그 효과가 증가해 알루미늄 나노 분말을 사용하기도 하기에, 알루미늄 함유 폭약의 폭발에서는 버블 온도의 계산이 달라질 수 있음을 지적했다. 탄두의 폭약이 폭발 순간에 모두 다 분해하지 않으며 일부는 버블이 팽창하는 동안에 분해된다는 점이 송태호의 모형에서 간과되었다는 지적도 이어졌다. 그는 이런 이유 때문에 "합조단의 '시뮬레이션' 실험의 동영상은 폭발이 지속되거나 첫 폭발 이후에 폭약이 연소하는 것을 보여주는 것으로 보인다"고 해석했다([그림 5-3] 참조).

이와 함께 송태호가 사용한 공식 $PV^n = C$에서 매개변수인 γ값(정압비열/정적비열의 값)이 임의로 사용되었다는 주장이 제기되었다. 수중폭발의 진행과정에서 폭발 가스의 온도와 성분에 따라 달라져야 하는 값을 왜 고정된 값 "1.3"으로 사용했는지가 계산에서 정당화되지 못하고 있다는 문제제기였다. 김광섭은 "그것[γ 값]은 폭발가스의 온도와 성분에 따라 달라지는 값이다. 그는 계산을 수행하면서 [γ 값으로] 왜 1.3을 사용했는지 설명하지 않았다. 문제는 계산된 온도가 γ 값에 매우 민감하다는 점이다"라고 비판했다(김광섭, 생물학연구정보센터 토론 게시판 2010-9-16). 즉, 알루미늄 함유 폭약의 실제 상황이 어떠한지 알 수 없는 상황에서 여러 가지의 가정을 전제해 사용함으로써 실제 상황과 다를 수도 있는 확인하기 어려운 결과에 이르고 있다는 비판이었다(송태호는 비판을 감안해 초기 가스의 온도와 압력 조건을 '1번' 글씨가 탈 수 있다는 주장에 더 유리한 섭씨 5000도와 20만 기압까지 높게 설정하는 계산을 함께 수행했으며 거기에서도 디스크 후면에 전달되는 온도 변화는 거의 나타나지 않았다는 결론을 제시했다[Song 2011: 942]).

이런 비판과 비슷한 견해는 열역학을 다루는 국내 물리학자한테서도 들을 수 있었다. 천안함 침몰사건의 구체적 상황과 정보를 알지 못하는 통계역학 물리학자 2명은 인터뷰 전에 당시 언론보도와 논쟁 자료, 그리고 송태호의 출판 논문을 읽은 뒤에 대면 인터뷰에서 "개인적인 견해"를 제시했다. 두 학자는 송태호의 문제풀이가 더 그럴듯해 보이지만 그렇다고 해도 문제풀이의 결론이 실제 상황을 입증해주는지는 판단할 수 없다고 말했다.

결국에는 문제풀이가 단순한 게 아니고… 문제를 어떻게 내느냐에 따라서 다 다른 문제를 푼 거죠. [⋯] 그건 공대 교수가 더 잘 할 거다 생각해요. 그 상황이 뭔지 우리[물리학자]는 모르니까. 바닷물 상황이 어떻고 폭탄이 어떻고 이런 건 우리가 모르니까. [⋯] 근데 어쨌든 그런 가정에서도 [⋯] 이 분[송태호]의 경우도 그 자체로 가역 가정을 정의해서 $PV^\gamma$라고 하더라도 어떤 일이 있냐면 여기 폭탄이 있고 바깥쪽에 물이 있잖아요. 바깥쪽 물을 밀면서 온도가 확 떨어진다는 거거든요. 근데 폭탄 내부는 안쪽으로도 퍼져 나갈 거 아니에요. 그 속은 물이 안 들어 있을 거잖아요. 그러니까 거기선 훨씬 더 빨리 퍼져나갔을 거예요. 그러니까 저분 얘기 그대로 한다 하더라도, [⋯] 얘[버블]가 여기로도 퍼져 나갈 거 아니에요. 여기는 [물을 밀어내는] 일을 안 할 거예요. 그러니까 뜨거운 게 닿았을 거예요. 여기랑 여기랑 다 평형 상태가 되진 않을 거잖아요. [⋯] 실험을 해봐야 하겠지만 여기는 상당히 뜨거웠을 거예요. [⋯] 평형 상태라 같은 온도로 계산했는데 [⋯] 여기랑 여기랑 대칭적이지 않아요. 짧은 시간에 온도가 평형이 되어서 같아질 이유가 없거든요. (국내 물리학자 ㄴ 교수 대면 인터뷰 2015-8-6)

'1번' 글씨를 둘러싼 계산 논쟁은 제한된 정보를 바탕으로 과거에 단 한 번 실제로 일어났던 사건을 될수록 근사적으로 표상하려는 수치 시뮬레이션의 의의와 한계라는 성격에서 비롯했다. 시뮬레이션에 반영되지 않은 다른 구체적인 조건이 더 있을 수 있었으며, 이런 한계를 지적하는 반론이 제기된다면 논란은 계속 이어질 수밖에 없는 그런 성격의 논쟁이었다.

## 가리비 논쟁과 그 밖의 물음들

'1번 어뢰'의 증거력에 대한 물음은 '1번' 글씨 연소 논쟁 외에도 여러 가지 갈래로 제기되었다. 과학자들의 참여나 과학적 검증의 과정을 거치지 않은 여러 논란이 주로 온라인 공간에서 다루어졌다. 5월 20일 합조단의 기자회견에서 '1번' 어뢰부품 증거가 공개된 이후에 합조단의 조사결과에 의문을 제기했던 이들 사이에서 관심사가 되었던 것은 무엇보다도 공개된 어뢰부품이 천안함을 침몰시킨 '바로 그 어뢰'의 잔해임을 무엇으로 입증할 수 있느냐는 것이었다. '1번' 글씨에 대한 의문 외에도, 어뢰의 표면은 45일 동안 바닷물 속에 있었다고 보기에는 부식이 매우 심한 상태처럼 보였기에 같은 기간에 해저에 잠겨 있던 선체 함미와 함수의 부식 정도가 서로 일치하는지는 관심의 초점이 되었다. 의문을 제기하는 이들은 알루미늄 금속을 50일 동안 바다 속에 담가두었다가 꺼내어 부식 상태를 비교하는 실험을 시도할 정도로 부식 상태는 논란의 대상이었다(미디어오늘 2010-7-14: 1). 그러나 부식 논란은 제기되어도 의문을 해소하는 과정은 마련되지 못했다. 또한 어뢰 표면에서 가리비와 백색물질이 관찰되었으며, 이 밖에도 쉽게 폭발 잔재로 보기 어려운 표면 형상이 정밀 사진을 통해 공개되었으며 발견되리라고 예견되는 어뢰의 다른 파편이 발견지지 않은 점이 새로운 의문점으로 부각되었다. 이처럼 '1번 어뢰'는 결정적 증거로 제시되었으나 그 증거의 신뢰성과 연관성을 둘러싸고서 새로운 의문은 계속 제기되었다.

### 가리비, 백색물질

6월 초부터 '1번' 글씨 논쟁이 뜨겁게 진행되었으나 8월 들어 송태호의 '1번' 글씨 부근의 온도 계산에 관한 열역학적 분석결과가 발표되면서 어뢰를 둘러싼 논란은 가라앉는 듯했다. 그렇지만 전쟁기념관에 공개 전시된 어뢰추진체 부품에서 이전에 알지 못했던 특이한 형상이 뒤늦게 발견되면서 11월부터 '1번 어뢰'는 다시 논란의 대상이 되었다. 2010년 11월 3일 한국기자협회, 한국PD연합회, 전국언론노동조합이 참여한 '언론 3단체 천안함 조사결과 언론보도 김증위원회(언론검증위)'는 어뢰추진체 뒤쪽 프로펠러 중앙부에 있는 지름 2cm의 구멍 6개 중 하나의 안쪽에 조개껍질이 붙어 있음을 확인했다며 그 사진을 공개했다.

언론검증위는 "조개 끝부분에 백색물질이 꽃 피듯 생성되어 있다는 점에서 이 조개는 정부가 공개한 어뢰추진체가 천안함 공격과 무관함을 강하게 보여준다"는 주장을 제기했다(경향신문 2010-11-4: 2). 이 사진은 '가을밤'이라는 필명의 블로거인 기계설계사 박중성이 전쟁기념관 전시물을 마이크로렌즈 카메라로 근접 촬영한 것으로, 작은 조개껍질 위로 흰색 물질이 붙어 있는 형상을 비교적 자세하게 보여주었다. 백색물질은 합조단이 알루미늄 성분의 어뢰가 수중폭발 할 때 생성된 것이라며 제시한 흡착물질과 유사했기에, 시간순으로 볼 때 조개껍질이 먼저 구멍에 들어간 다음에

[그림 4-6] '1번 어뢰' 추진체의 구멍 안쪽에서 발견된 조개껍데기와 백색물질. (출처: 박중성 2010)

폭발 잔재인 흡착물질이 달라붙었다면 논리적으로 보아 '1번 어뢰'가 폭발했다는 것은 모순이 된다는 주장이었다. 이 때문에 언론검증위는 "[어뢰폭발이 있었다면] 어뢰폭발로 흡착물질이 이미 생성된 뒤에 조개가 들어갔다는 뜻인데, 그렇다면 조개 끝부분에 생성되어 있는 백색물질을 설명하지 못한다"며 백색물질은 수중폭발로 생성된 폭발재가 아니라 부유 물질이 가라앉아 생긴 침전물일 것이라고 주장했다. 다시 말해, '1번 어뢰' 증거가 천안함 침몰 때 수중폭발 하고서 남은 어뢰의 잔해물이 아니라는 주장이었다.

언론검증위가 제기한 의혹은 조개껍질 위의 백색물질에 쏠려 있었으나 같은 사진을 두고서 다른 갈래의 의혹이 함께 제기되었다. 사진 속의 조개는 어뢰부품이 발견되고 수거된 서해에서 서식하지 않으며 동해에 주로 서식하는 참가리비라는 의혹이었다. 합조단 조사위원으로 참여했던, 온라인 정치토론 커뮤니티 '서프라이즈'의 대표 신상철은 "사진을 검증하고 가리비 양식업자 의견을 구한 결과 사진 속 조개는 동해안에서 자라는 참가리비로 보인다"고 주장했다(경향신문 2010-11-4: 2). 서해에서 발견된 어뢰 잔해물에 동해에 서식하는 조개의 껍질이 붙어 있다는 것이니, 이는 결국에 '1번 어뢰' 증거가 조작되었거나 잘못 제시된 것이라는 주장이었다. 이후에 이 논란은 온라인 공간에서 백색물질의 성격 논쟁이 아니라 가리비 서식지 논쟁으로서 퍼져나갔다. 정체가 불분명한 백색물질이 왜 수중폭발 한 어뢰부품 안의 조개껍질 위에 붙어 있는지에 대한 의문보다는 동해에 있어야 할 참가리비가 왜 서해에서 발견되었느냐는 의혹은 대중적으로 더 많은 관심을 끌었다.

다음날 나온 국방부의 해명은 가리비의 서식지에 초점이 맞추어졌다. 국방부는 한국패류학회에 문제의 조개껍질 분석을 의뢰해 "부서진 조개껍데기 (2.5cm × 2.5cm)는 비단가리비 패각 중 일부인 것으로 확인"했으며 "비단가리비는 우리나라 동해, 남해, 서해 모두에 서식하는 종이며, 패각 형태로 보아 백령도 부근에서 자생하는 비단가리비 패각 중 우각에 해당하는 파편인 것 같다는 것이 한국 패류학회의 공식적인 소견"이라는 설명을 제시했다. 국방부는 "비단가리비 패각에 흡착된 물질에 대한 성분도 동시에 분석 중"이라고 밝혔으나(국방부 발표자료 2010-11-4), 그 분석결과가 이후에 따로 공개되지는 않았다. 뒤이어 국방부가 일방적으로 조개껍질과 백색물질을 파손했다는 '증거물 훼손' 주장이 제기되면서 다른 성격의 논란이 전개되었다. 합조단의 해명성 분석 과정에서 백색물질 자체가 제거됨으로써 애초에 제기된 조개껍질 위의 백색물질에 관한 물음은 더 이상 진전되기 어려웠다.

가리비와 백색물질 논란을 불러일으킨 것은 한 블로거의 사진이었다. 이 사진은 필명 '가을밤'인 블로거 박중성이 당시에 전쟁기념관에 공개 전시된 어뢰추진체를 몇 차례에 걸쳐 방문해 촬영한 것이었다.[3] 그는 합조단이 5월 20일 기자회견에서 공개한 북한 어뢰추진체를 텔레비전에서 처음 보고 의문을 품게 되어 천안함 사건의 증거에 관심을 갖게 되었으며 증거물에 관한 정밀 사진을 기록물로 남겨 왔다. 그는 자신의 증거 기록 사진이 합조단의 조사결과에 의혹을 제기하는 논란에서 사용되는 방식에 대해 불만을 나타냈다. 애초에 그는 자신이 촬영한 사진에서 조개껍질 위에 침전물처럼 붙은 백색물질의 성분과 형상에 의문을 품고서 사진을 공개했으나 논란은 엉뚱한 방향으로 흘러갔다고 주장했다. 논란의 초점이 백색물질의 성분 분석과 정체 규명에서 벗어나 조개껍질이 동해산인지 서해산인지에 맞춰지면서 애초의 중요한 관심사가 가려졌다고 그는 말했다.

---

3 전쟁기념관은 2010년 9월 15일 따로 천안함 전시관을 마련해 어뢰추진체를 전시했으나 2011년부터 모조품을 전시하고 진품은 국방부 조사본부로 옮겨졌다(연합뉴스 2010-9-15; 미디어오늘 2015-4-9).

여기 보시면, 이게 가리비 패각[이] 쪼개진 겁니다. 여기 보시면 뭉게뭉게 구름처럼 이렇게 되어 있죠. 패각 반쪽이에요. 가리비 맞아요. 요것이 [폭발 때에 날아와 붙으면] 이런 형상으로 붙을 수는 없어요. 왜냐하면 요게 지금 구름처럼 계속 응집이 된 그런 형상이거든요. 제가 보기에는. […] [폭발의] 속도로는 이런 형상으로 붙을 수는 없어요. […] [그런데] 이거 가지고 또 얘기가 어떻게 흘러갔냐면 이게 동해산 가리비 패각이다, 인터넷에서 떠드는 게, 어뢰는 서해인데 동해 게 있냐? 그리고 패각보다 구멍이 작다. […] [이런 논란이 초점이 되면서] 실제 과학 논쟁을 출발할 동기가 되는데 다 음모론에 묻힌 거예요. 그러니까 뭐 이거 가지고 왜 서해에서 발견된 어뢰 잔해에 동해산 가리비가 있느냐, 이런 식에… 그 다음 얘기는 셧다운! […] 이렇게 생긴 게 생성 프로세스는 시간이 걸리는 그런 프로세스거든요. [그런 백색물질 생성에 대한 의문은 뒤로 밀려나고] 동해산 가리비 논란에 휩싸여서 그냥 넘어간 거예요. 그러고 나서 국방부 조사본부에서 꺼내서 보니까, 꺼내서 패류협회에 문의하니까 비단가리비다, 뭐 이런 식으로 나와서, 비단가리비는 서해안, 동해안 안 가리고 다 자란다… […] 그래서 전부 출발점이 될 수 있는 것들이 다 묻혀 버린 거예요. (박중성 대면 인터뷰 2015-1-24일)

그는 '1번 어뢰'의 표면에서 관찰되는 더 많은 독특한 형상들에 관해 물음을 제기하면서 '1번 어뢰'에 대한 합조단의 조사가 "결정적 증거"에 걸맞은 수준에서 이루어지지 못했다고 비판해왔다.

## 복잡한 표면

수거된 어뢰추진체의 표면은 매끈하지 않았다. 다량의 백색물질이 알루미늄 재질 부위에 달라붙어 있었으며 철재 부위의 부식도 곳곳에서 미세하게 달라, 자세히 살핀다면 표면에서는 매우 복잡한 형상을 볼 수 있었다. 표면에서는 어뢰의 금속재와 달라 보이는 독특한 물질 형상들도 관찰되었다. 실제로 어뢰추진체의 표면을 접사 촬영한 사진에서 침몰사건이 일어난 서해가 아니라 동해에서 서식하는 붉은멍게의 유생과 닮은 형상이 발견되었다는 의혹이 제기되어 논란을 빚었다. 이에 대해 국방부는 이 형상에서 생물학적 유전 물질이 발견되지 않아 생물체로는 보이지 않는다는 반박과 해명을 제시했으며, 의문을 처음 보도했던 언론매체는 사과문을 공지해야 했다(오마이뉴스 2011-3-24; 2011-4-6).[4]

　가리비와 백색물질, 그리고 붉은멍게 형상 논란처럼 어뢰추진체의 사진들에서는 여러 가지 독특한 형상이 관찰되면서 여러 갈래의 물음이 제기되었다. 박중성은 사진들에 나타난 "생물 활동의 흔적"이나 폭발로는 잘 설명할 수 없는 "침전의 흔적"에 관심을 기울였으며, 복잡한 부식 형상도 그의 중요한 관심사였다. 여기저기에 작은 방울처럼 튄 녹색 페인트 같은 흔적도 궁금증을 불러일으켰다. 사진에서는 폭발재로 판정된 백색 흡착물질이 알루미늄 재질에서 흔히 나타날 수 있는 부식 형상과 흡사하게 보였다. 어뢰추진체는 "결정적 증거"로 제시되었지만 그 증거물의 표면에 있는 여러 특징에 대해 합조단 내에서 분석과 조사가 제대로 이루어지지 않았다는 점은 그에게 의문스러운 일이었다.

---

**4** 2011년 3월 인터넷매체 오마이뉴스는 "1번 어뢰추진체 내부에서 동해에만 서식하는 붉은 멍게로 추정되는 생물체가 발견됐다"며 신상철 전 천안함 민군 합동조사단 민간조사위원의 말을 빌려 사진과 함께 보도했다. 사진은 2010년 전쟁기념관에 전시된 어뢰추진체를 촬영했던 사진이었으며, "동해에만 살고 있는 붉은 멍게가 어뢰추진체에서 발견됐다는 것은 이 어뢰추진체가 천안함 침몰원인과 무관하다는 것을 말해주는 증거"로서 제시되었다. 국방부 조사본부는 국립수산연구소 등에 의뢰한 조사결과에서, DNA가 발견되지 않아 부착물질은 생명체 조각이 아닌 것으로 밝혀졌다고 4월 6일 발표했다. 이를 보도한 매체인 오마이뉴스는 "근거가 명확치 않은 보도"였다며 사과문을 냈다.

〔여기 사진들을 보면〕샤프트 끝인데 뭐가 있어요. 그게 녹색 페인트입니다. 페인트 방울 튄 거예요. 0.1mm 정도 되는 거예요. 요 부분, 페인트입니다. 〔…〕어뢰 여기저기에 녹색 페인트가 묻어 있어요. 〔…〕정부 1번 어뢰 발표 중에 이 녹색 페인트를 설명할 수 있는 게 하나도 없어요. 〔…〕1번 어뢰 날개 사이에 붙어 있어요. 이게 튄 거라고요, 액상으로. 〔…〕여기에 1번 글씨 바로 위에도 있어요. 방울 같은, 튄 거예요. 〔…〕이런 문제는 〔천안함 보고서에서〕한 번도 논의가 안 됐어요.(이하 박중성 대면 인터뷰 2015-1-24)

〔백색물질 있는 곳에서 알루미늄이 녹아 나온 듯한 형상의 부식 패턴도 살펴봐야 합니다.〕여기 보면 뿌리 부분인데 순서가 보면 연결돼 있어요. 〔…〕죽 보시면 점점 뿌리 쪽으로 확연히 드러나는 크렉(crack) 사이로 부식이… 이것이 보면, 피어싱 코로전(piercing corrosion)이죠. 구멍이 생기면 이렇게 파고들어가요. 크레비스 코로전(crevice corrosion)은…, 요 사이에서 녹아나오는 게 알루미늄이에요. 결국은 페인트가 이렇게 들뜨고. 〔…〕〔육안 검사로 끝내선 안 됩니다.〕여기 보시면 페인트 있고 페인트가 떠 있어요. 이건 부식이라고요. 밑에서 알루미늄 녹아나오면서.

이게 볼트인데 볼트 뒤에 보면 볼트 마킹이 있거든요. 여기 〔사진에 나타난 표식을〕대략적으로 보면, 스테인레스 A2…, 스테인레스 볼트에요. A2 하고 강도 등급 넘버가 찍히고 그 밑에는 YH 뭐라고 돼 있고요. 글자가 있지요? 대개는 제조업체인데요. YH 뭐라고 돼 있지요. 〔사진을〕잘 찍으면 볼트가 어디에서 〔제조되어〕나온 건지 알죠. V자 같기도 하고 Y자 같기도 해요…. 요것이 이제 볼트 제조업체 추적해갈 수 있는 단서인데, 이거 뭐 아무도 신경 안 쓰고 그는 "기이하고 다양한 표면의 영상들에 대해 금속재료학, 해양생물학 같은 분야의 전문가들이 분석해, 확인할 사실은 확인하면서 논쟁이 진행되어야 하는데 그런 기회 없이 논쟁만 되풀이되고 있다"고 말했다.

> 대충 보고 넘어간 거예요. [침몰원인의] 결론이 뭐든 간에 기본적으로 [짧은 조사활동과 설명이 충분하지 않은 증거 제시와 같은] 이런 식의 대응은 납득을 못하는 상황이에요. 설명이 돼야 하죠. (박중성 대면 인터뷰 2015-1-24)

어뢰 추진동력장치 부품에서 관찰되는 '백색물질'의 분포에 대한 의문도 제기되었다. 합조단 민간위원이었으며 정치포털 사이트의 대표인 신상철은 어뢰추진체에서 백색물질이 주로 알루미늄 재질의 프로펠러에 선택적으로 달라붙어 있다는 점에 주목해, 이 백색물질의 정체가 어뢰 재질인 알루미늄의 부식물일 가능성이 높다고 주장했다(신상철 대면 인터뷰 2015-8-12). 그는 백색물질이 많이 붙어 있는 어뢰추진체의 프로펠러를 단면 절단해 분석한다면 백색물질이 페인트 밑에 생성된 알루미늄 부식물이 표면으로 뚫고 나와 생성된 것인지 또는 외부에서 날아와 흡착된 것인지 확인될 수 있다며 '1번 어뢰' 표면에 대한 추가 조사와 분석이 필요하다고 말했다. 백색 흡착물질이 부식물인지 폭발재인지 그 성분 분석을 둘러싼 의문도 이런 절단면 분석을 통해 어느 정도 해소될 수 있으리라는 것이다.

## 설계도면

수거된 물체가 북한제 어뢰인 CHT-02D의 부품임을 직접 확인해주는 유일한 증거는 "군의 정보파트"가 제공한 북한 무기수출 소개 자료의 설계도면이었다. 설계도면을 바탕으로 '1번 어뢰'와 북한산 어뢰 CHT-02D가 동일함을 판정한 합조단의 조사과정은 '천안함 명예훼손 재판'에서 윤덕용 합조단장 등의 증언을 통해서 일부 알려졌다.

2010년 5월 15일 오전에 침몰해역에서 어뢰 추진동력장치로 보이는 물체 2점이 수거된 이후에, 군 인사로 이루어진 "정보 분야"에서 입수했다는 설계도면이 참조 자료로서 합조단에 제시되었다. 어뢰 설계도가 실린 무기소개 책자는 북한의 무역회사가 작성해 제3국에 제공하던 것으로 소개되었다. 영문으로 작성된 무기 소개 자료는 출력된 컬러 인쇄물로 합조단에 제공되었다(서울중앙지법 윤덕용 증인조서 2015-11-13: 7-11; 이재명 증인조서 2014-9-15: 13-16).[5] 이후에 합조단 내에서 설계도면과 '1번 어뢰'의 길이, 모양, 구조 등의 특징을 비교하며 둘의 일치여부를 판정하는 조사와 논의가 진행되었다. 윤덕용의 증언을 보면, 이렇게 여러 논의가 이루어지던 중에 적국 어뢰에 관해 많은 정보를 지닌 미국의 어뢰 전문가가 어뢰부품을 수거했다는 말을 듣고서 찾아와 논의에 참여했다. 당시에 그는 설계도면과 증거물의 일치여부를 판정할 만한 전문가로 인식되었다. 그는 북한산 어뢰 설계도면을 보고 수거된 어뢰부품과 거의 같다는 데에 동의했다(서울중앙지법 윤덕용 증인조서 2015-11-13: 27-28). 다른 자료인 『합동조사결과 보고서』를 보면, 5월 17일 오전 9-10시 "합동조사단장 주관하에 외국 조사인원 대표 4명(미국 해군대령 마크 토마스, 호주 해군중령

---

[5] 윤덕용은 다음과 같이 증언했다. "저는 컬러로 프린트가 된, 영문으로 된 내용을 봤고요. 그걸 아마 카탈로그라고 부를 겁니다. 카탈로그라는 게 결국은 그 내용에는 여러 가지 어뢰가 있는 게 아니고 이 어뢰에 대해서만 설명이 되어 있었습니다. CHT-02D, 그 어뢰에 대해서만 있는 내용의 카탈로그였습니다. 카탈로그의 뜻은 맨 마지막 장에는 이것을 구입하려면 무슨 조선인민주의, 영문으로 되어 있었는데요. '어떤 회사에, 수출 회사에 연락을 해라, 거기서 보증을 한다' 그런 내용이 있었습니다. 그런 의미에서 카탈로그였습니다"(서울중앙지법 윤덕용 증인조서 2015-11-13: 11).

파월, 스웨덴 에그니 위드홀름, 영국 데이비드 맨리), 다국적 연합정보 TF의 어뢰전문가(알렉산더 케이시), 국방과학연구소 어뢰전문가(이재명 박사), 과학수사분과장, 총괄팀장 등이 참여하여 수거된 어뢰 추진동력장치에 대한 합동토의를 실시"했던 것으로 기록되었다(합동조사결과 보고서: 196-197). 다음날인 5월 18일에는 침몰사건을 일으킨 행위자(Who)를 지목하는 정보팀(intelligence team)의 최종 보고서가 채택되었다 ([그림 2-2]의 ③, National Intelligence Support Element, ROK JIG 2010-7-30, 미 해군 자료 Document 3: 001417-001444). 이렇게 보면, 설계도면과 어뢰부품의 일치에 대한 합조단의 최종 판정은 17일 무렵에 이루어진 것으로 보인다.

설계도면은 수거된 어뢰부품의 정체가 북한산 어뢰 CHT-02D임을 입증하는 유일한 증거였으나, 그 설계도면의 출처가 충분하게 공개되지 않으면서 합조단의 결론에 비판적인 이들 사이에서는 여러 의혹이 제기되었다. 합조단과 국방부는 설계도면 정보가 담긴 매체가 북한의 수출용 무기소개 팸플릿이라고 밝혔다가 나중에 시디(CD)라고 정정해, "결정적 증거"를 확인해주는 정보 출처의 공개가 오락가락한다는 비판을 받았다. 특히 설계도면의 출처가 합조단 조사위원들한테도 충분히 공개되지 않았으며(홍성기 2011: 300), 5월 20일 "결정적 증거"를 처음 공개한 합조단의 기자회견 자리에서 언론에 공개된 설계도면이 "CHT-02D"이 아니라 북한의 다른 어뢰 "PT-97W"의 도면을 잘못 게시한 것임이 나중에 확인되면서 도면의 출처 정보에 대한 공개 요구는 커졌다.

그런데 이것이 잘못되었을 줄 누가 알았겠는가? 며칠이 지나 영국 인터넷에 그림이 잘못되었다는 글이 게재되었다. 이를 확인해보니 북한의 PT-97W 어뢰의 그림이었다. 나는 즉시 박정이 장군에게 보고하고 CHT-02D 어뢰 그림으로 교체했다. 그리고 6월 29일 언론 3단체 토론회 시 권태석 중령이 "이에 대한 질문이 있을 것 같은데 어떻게 하면 좋겠냐?"고 해서 사실대로 답변하도록 했다. […] 잘 못은 잘못이었다. 제한된 시간에 평택과 서울에서 동시에 준비를 했기 때문이기 도 했지만, 서로 정보에 대한 공유가 없어서 비롯된 일이었다. (윤종성 2011: 56)

설계도면과 '1번 어뢰'의 "정확한 일치"를 확인했다는 기자회견과 『합동조 사결과 보고서』의 발표와는 달리, "결정적 증거"의 판정 과정이 신중하고 세심 한 검토를 거쳐 이루어졌는지를 의심하게 만드는 "불일치"의 사례들도 노출되 었다. 먼저, 보고서에 실린 설계도면의 비례 척도에서 오류가 있음이 뒤늦게 발 견되었다. 앞쪽에 실린 [그림 4-3]에서 볼 수 있듯이, 설계도면 왼쪽의 어뢰 모 터부 "33.3cm" 부분보다 오른쪽의 추진체 후부 "27cm" 부분이 보고서에 실 린 설계도면에서는 더 길게 나타나 있었다. 이에 대해 민간 조사단장인 윤덕 용은 나중에 이루어진 국내 매체의 인터뷰에서 "실수"가 있었음을 인정했다.

제가 절대 컴퓨터 작업으로 설계도를 변경하지 말라고 했는데 이것을 실무자 가 컴퓨터에서 작업하면서 아래위의 크기를 변경했더라고요. 어뢰가 더 뚱뚱한 게 맞는 건데 이렇게 가늘게 줄였더라고요. 이건 실수에요. 문제되고 난 다음에 발견한 거죠. 27cm가 33cm보다 길게 나왔으니 분명 틀렸어요. 제가 문제제기를 했고 알아서 처리하라고 했는데 나중에 실수가 있었다고 하더군요. 설계도는 제 대로 된 것인데 보고서의 비례가 틀렸어요. 그렇지만 설계도와 어뢰추진체가 일치 하는 것은 분명합니다. (홍성기 2011: 301)

'천안함 명예훼손 재판'을 다루는 법원이 '1번 어뢰' 증거물 부품의 크기를 실측하는 검증 절차에서는, 합조단 보고서에 실린 설계도면의 수치와 법원이 실제 계측한 수치가 눈에 띄게 다르다는 사실이 확인되었다([표 4-1]). 비교 검

〔표 4-1〕 '1번 어뢰'의 설계도면과 법원 실측 수치 비교

| 합동조사결과 보고서 (197-198쪽)<br>설계도면의 수치 | 법원 검증조서 (2015년 10월 26일)<br>어뢰 부품에 대한 실측 수치 |
|---|---|
| "프로펠러에서 샤프트까지 112cm" | "프로펠러 끝 – 샤프트 뭉치 뒤 길이<br>125.5cm" |
| "프로펠러 19cm" | "프로펠러 전체 길이 20.4cm" |
| "추진후부 27cm" | "추진후부 길이 27cm" |
| "추진모터 33.3cm" | "모터 최장 부분 34.5cm 모터 부분<br>32.5cm" |

중에서 모터와 프로펠러 부분은 각각 1cm가량 차이가 났으며, 프로펠러에서 샤프트까지 전체 길이는 10cm 넘게 다르게 나타났다. 이런 길이의 차이에 관해, 천안함 명예훼손 재판의 증인신문에서 윤덕용은 폭발의 충격으로 어뢰부품에 축 방향으로 변형이 생기기 때문에 크기가 달라질 수 있으며 또한 어뢰가 실제 생산 과정에서 설계도면과 다소 다르게 만들어질 수 있다는 점을 들어, "일치" 여부를 판정하는 데에는 설계도면 수치의 일치여부보다 어뢰의 날개나 구멍 숫자와 같은 구조적 형상의 특징이 일치하느냐가 더욱 중요한 요인이라고 해명했다(서울중앙지법 윤덕용 증인조서 2015-11-13: 20). 그러나 합조단의 『합동조사결과 보고서』가 사전에 이런 수치의 불일치를 측정된 그대로 서술하고서 그런 불일치의 이유와 의미를 설명하지 않고서 그 대신에 실측 수치와 달리 설계도면과 '1번 어뢰'의 수치가 '일치'한다고 강조함으로써(앞 절 '증거물의 일치와 식별' 참조), 뒤늦게 드러난 수치의 불일치는 합조단의 결론에 대한 불신을 더욱 키우는 요인이 되었다.

이처럼 설계도면은 수거된 어뢰추진체를 '결정적 증거'로 만들어준 '결정적인 근거'인데도 합조단과 국방부는 합조단 바깥에서 공개적으로 검증할 기회

를 제공하지 않음으로써 여러 물음이 제기될 만한 여지를 남겼다. 보조적인 증거인 '1번' 글씨 연소 논쟁이 대중적인 관심의 초점이 된 데 비해 결정적 증거를 보증해주는 설계도면은 제대로 검증의 절차를 거치지 못했는데, 이는 증거들에 대한 관심이 선택적임을 보여준다.

### 부재한 증거

당연히 있어야 할 것이 없음으로 인해, 그런 '부재'의 이유에 대한 설명을 요구하는 물음도 있었다. 그러나 이런 '부재한 증거'는 크게 주목을 받지는 못했다. 무엇보다도, 그물코가 5mm인 그물망을 사용해 쌍끌이 어선으로 수색했는데도 어뢰추진체 외에 다른 어뢰 파편이 별달리 발견되지 못한 것은 여전히 의문으로 남았다. 또한 어뢰의 폭발 충격이 초래할 법한 어패류 집단폐사 같은 자연 생태계의 영향, 인체에 끼칠 법한 신체 손상의 영향 등이 뚜렷하게 나타나지 않았다. 한밤중의 어뢰 수중폭발로 인해 일어날 법한 수중 섬광현상이 목격되지 않은 점도, 있어야 할 법하지만 없는 부재한 증거로 자주 거론되었다. 이런 부재한 증거는 존재하지 않음의 특성 때문에 독자적인 물음의 항목을 구성하지는 못했으며 다른 의문과 의혹에 사용되는 보완적인 물음으로 주장되었다. 그러나 이런 물음들은 의문의 저변에 놓여 있으면서 다른 의문이 풀리더라도 그 해명을 좇지 못하고 여전히 의문의 자리에 머물게 하는 역할을 했다.

### 흡착물질

파손된 선체뿐 아니라 어뢰추진체에서도 발견된 백색물질은 '1번 어뢰'를 증거물로서 식별하는 데에 매우 중요한 구실을 했다. 합조단은 선체에서 채집한 백색 흡착물질과 어뢰추진체에서 채집한 백색 흡착물질의 화합물 성분이 동일하며, 이 둘의 성분 분석결과가 수조 폭발실험에서 얻은 백색 흡착물질의 것과 일치했다고 발표했다. 즉 선체와 어뢰의 백색 흡착물질은 알루미늄이 함유된 폭약의 수중폭발에 의해 생성되었다는 것이었다. 그러나 백색물질의 성분, 그리고 이를 보여주는 데이터를 둘러싸고 벌어진 '흡착물질' 논쟁은 '1번 어뢰'를 둘러싼 논쟁만큼이나 심각한 것이었다. 이 논쟁에 관해서는 다음 장에서 자세하게 다룬다.

## 증거를 중심으로 본 논쟁의 이해

지금까지 살펴보았듯이, 합조단은 '1번 어뢰'의 증거능력을 설계도면과 '1번' 글씨에서 찾아 '1번 어뢰'가 북한 어뢰의 공격을 직접 보여주는 '결정적 증거'임을 입증했으나, 논쟁이 전개될수록 '1번 어뢰'를 둘러싸고 다양한 물음이 계속 생겨났다. 공식 시나리오의 증거들과 대항 시나리오의 증거들은 저마다 어뢰 또는 기뢰의 폭발·비폭발의 시나리오와 얽히면서 경쟁관계에 놓였다. 논쟁은 '1번' 글씨, 가리비, 백색 흡착물질, 어뢰의 부식 정도와 표면 형상처럼 다양한 흔적, 단서, 증거에서 비롯했다. 논쟁은 궁극적으로 어뢰 추진동력장치라는 증거의 신뢰성과 연관성에 관한 것이었다.

그러나 물음은 제기되더라도 물음이 합리적 절차를 좇아 해소되는 과정을 거치지는 못했다. '1번' 글씨 연소 논쟁의 경우에 열역학 법칙에 기반을 둔 계산식과 수치 시뮬레이션은 초기상태와 최종상태를 어느 정도 가늠할 수 있게 했지만 '1번' 글씨의 잉크가 연소될 것이라는 주장이나 연소될 리 없다는 주장은 논쟁을 종결할 만한, 즉 결정적인 결론에 도달하기 어려웠다. 어뢰추진

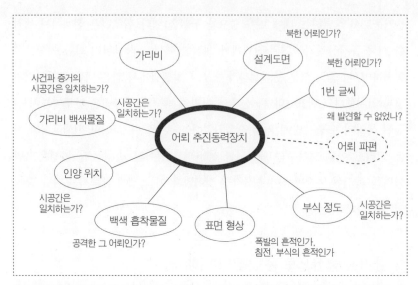

북한 어뢰인가?

북한 어뢰인가?

사건과 증거의
시공간은 일치하는가?

시공간은
일치하는가?

왜 발견할 수 없었나?

가리비

설계도면

1번 글씨

가리비 백색물질

어뢰 추진동력장치

어뢰 파편

인양 위치

부식 정도

시공간은
일치하는가?

시공간은
일치하는가?

백색 흡착물질

표면 형상

공격한 그 어뢰인가?

폭발의 흔적인가,
침전, 부식의 흔적인가

[그림 4-7] '1번 어뢰'에 부착된 증거와 물음들. 설계도면과 "1번" 글씨는 수거된 어뢰 추진동력장치가 북한산임을 입증하는 증거로 제시되었으나, 이 증거물이 천안함 침몰 사건과 동일한 시공간에 존재했던 증거물인지에 대한 물음들은 계속 제기되었다.

체의 프로펠러 뒤편 구멍에서 뒤늦게 발견된 조개껍질 위의 백색물질이 어떻게 생성된 것인지에 관한 의문은 가리비 서식지 논란과 뒤섞여 제대로 조명을 받지 못한 채 흐지부지되고 말았다. 다른 논란도 대부분 비슷했다. 왜 군함을 침몰시키는 수중폭발이 일어났는데도 주변 해역의 자연 생태계에서는 그 확연한 흔적을 보기 힘들었을까와 같은 물음은 제기될 만한 것이었지만 증거 부재의 이유를 해명하기는 힘들었다. 실체가 있는 분석 데이터와 시료의 일부가 흡착물질 성분에 관한 논란을 좀 더 구체화할 수 있었으나, 이 밖에 어뢰추진체라는 증거물과 그 주변에 놓인 다양한 물음은 대부분 충분한 해명 또는 규명의 절차를 거치지 못한 채 종결되지도 해소되지도 않은 논쟁의 상태로 이어졌다.

이런 물음들은 왜 충분히 설명되지 못한 채 논란이 종결되지도 해소되지도 않는 어정쩡한 상태로 이어졌을까? 이에 대한 설명을 구하기에 앞서, 어뢰 추진체를 둘러싸고 벌어진 증거논쟁의 다양한 지점들을 정리해보고자 한다 ([그림 4-7]). 증거 분석 이론의 관점에서 보면(Anderson, Schum, and Twining 1994 ; Haack 2014), '1번 어뢰'가 천안함을 침몰시킨 무기임을 입증하는 증거물로 인정받으려면 그 증거의 신뢰성과 연관성이 입증되어야 한다. 그것이 2010년 3월 26일 서해 백령도 인근 해상에서 일어난 천안함 침몰과 연관성이 있음이 입증되어야 하고, 연관성이 있다 해도 그 증거의 출처에 대한 신뢰성이 입증되지 못하면 증거로 승인되기 어렵기 때문이다. 이런 점에서 보면, 바다에서 건져낸 어뢰부품이 천안함 침몰이 일어났던 시간과 장소에 있었음을 어떻게 입증할 것이냐는 증거의 연관성에 관한 물음이다. 만일 어뢰 잔해물이 사건 이전에 생겼거나 다른 곳에서 떠내려와 사건과 증거물의 시간과 장소가 불일치하다면 증거의 지위를 잃을 것이기에 이는 중요한 물음이 된다.

수중폭발 사건과 어뢰 증거물의 시간과 장소가 일치하느냐를 묻는 물음은 다음과 같은 것들이었다.

- 부식 정도: 어뢰 표면의 부식 정도는 천안함 선체의 부식 정도와 일치하는가?
- 표면 형상: 어뢰 표면의 형상은 폭발의 흔적을 보여주는가?
- 흡착물질: 어뢰 표면의 흡착물질은 선체의 흡착물질과 동일한가? 그것은 폭발의 잔재물인가?
- 가리비 백색물질: 1번 어뢰부품 안에서 발견된 가리비 껍데기 위에 붙은 백색물질의 형상은 알루미늄 폭발의 산물인가? 침전물인가, 부식물인가?
- 가리비: 어뢰 안에서 발견된 가리비 껍데기는 백령도 인근에 서식하는 어패류의 것인가?
- 인양 위치: 어뢰부품은 천안함 침몰지점에서 수거되었는가?

'1번 어뢰'가 천안함 침몰과 연관성을 지니는지를 묻는 물음들과는 달리 설계도면과 '1번' 글씨에 관한 물음은 북한산 어뢰라는 증거의 식별$_{identification}$이 신뢰할 만한지, 즉 신뢰성을 묻는 것이다.

- 설계도면: 북한 수출무기 소개 자료의 정보는 어뢰가 북한산임을 입증하는가?
- '1번' 글씨: '1번' 글씨는 어뢰가 북한산임을 입증하는가?

　이런 증거의 신뢰성에 관한 물음에는 어뢰가 증거의 자격을 지니는지에 관한 의문이 섞여 있었다. '1번' 글씨 연소 논쟁은 증거조작의 가능성까지 암시하며 '결정적 증거'의 지위를 부정하는 심각한 물음이었기에 초기에 어뢰 증거논쟁은 '1번' 글씨를 중심으로 격렬하게 전개되었다. 설계도면의 출처에 관한 물음은 '1번 어뢰'가 북한산 어뢰라는 증거물 식별과정에 대한 의문으로, 이 역시 어뢰의 정체와 증거자격에 관한 물음이었다. 그러나 설계도면 출처 논란은 군사정보의 비공개 원칙을 견지한 정부와 국방부의 기밀주의라는 벽에 부딪혀 더 이상 전개되기 힘들었다. 이에 비해 '1번' 글씨는 만인에 공개된 시각적 효과와 상식적 추론 가능성에 힘입어 큰 관심사로 떠올랐다. 과학적인 답을 구하려는 열역학 법칙과 계산식이 등장하고 이어 현업 과학자들의 논쟁이 벌어지면서 '1번' 글씨 연소 문제의 풀이는 일반 대중매체에서 '1번 어뢰'를 둘러싼 대표적인 논쟁으로 다루어졌다.

　'결정적 증거'로 제시된 어뢰 추진동력장치를 구성하는 요소들에 대한 물음이 이질적이며 다양하게 제기되었으나, 앞에서 보았듯이 증거논쟁에 대한 관심은 불균등하게 쏠렸다. '1번' 글씨를 둘러싼 논쟁에 큰 관심이 쏠렸던 데 비해 '1번 어뢰'의 표면 형상을 세밀하게 조사할 필요성에 대한 관심은 적었다.

이런 관심의 불균등을 설명할 만한 이유로는 몇 가지를 생각해볼 수 있다.

먼저 '1번 어뢰'를 둘러싼 증거논쟁이 시나리오 경쟁의 맥락에서 주로 다루어졌기 때문이라는 설명을 제시할 수 있다. '1번' 글씨 연소 논쟁은 합조단이 제시한 어뢰 수중폭발 시나리오를 유지하느냐 뒤집느냐의 쟁점과도 직접 연계될 만한 논쟁이었으나, 어뢰의 표면 형상에 대한 관심은 그 시나리오와 연계되는 정도가 약했다. 합조단의 공식 시나리오를 강화하거나 전복할 수 있는 증거논쟁에는 관심이 집중했으나 시나리오와 연관성이 상대적으로 약하거나 복잡한 증거에는 대중적 관심이 상대적으로 낮았다. 가리비와 붉은멍게 서식지를 따지는 간명한 논쟁이 주목받은 데 비해, 가리비에 붙은 백색물질의 성격에 관한 복잡한 논쟁이 덜 주목받은 상황에 대해서도 이런 설명을 제시할 수 있다.

이에 더해, 어뢰 증거논쟁의 상황에는 합조단의 결론에 의문을 제기하는 이들 사이에도 폭발설과 비폭발설의 경쟁이 존재했기에 관심의 불균등을 이해하는 데에는 좀 더 복잡한 이유가 설명되어야 할 것이다. 제기된 물음들은 서로 다른 경쟁적인 시나리오와 곧 연계되었으며 시나리오 중심의 증거논쟁에서 시나리오를 강화하거나 약화하는 연관성을 지니거나 그렇지 못할 때 대중적 관심사가 되거나 그렇지 못했다. 상황은 복잡했지만, 그렇더라도 여러 갈래의 물음들 가운데 어떤 물음이 주로 드러나고 다른 어떤 물음이 가려지는 효과가 나타났다는 점은 이질적이며 다양한 물음이 제기되었던 어뢰 증거논쟁에서 볼 수 있는 특징 중 하나였다. 논쟁의 무대에서 물음 간에 '관심 자원'의 분배는 불균등하게 이루어졌다.

또한 증거의 물적 상태에 따라 관심의 변동이 나타났음을 볼 수 있었다. '1번 어뢰' 표면의 사진에 나타난 '가리비 위의 백색물질'이라는 독특한 형상에 관한 물음이 제기되자 국방부는 이것을 떼어내어 분석하고 그 결과를 발표함으로써 의문을 해명하고자 했다. 그러나 결과적으로는 그 과정에서 '1번 어뢰'

표면에서 '가리비 위의 백색물질'이라는 물적 상태는 훼손되어 더 이상 존재하지 않게 되었다. 논란은 이후에 증거 훼손 공방으로 바뀌었으며 애초에 제기된 중요한 물음은 다루어지기 어렵게 되었다.

'결정적 증거'인 어뢰 추진동력장치에는 '결정적 증거'에 걸맞게 자세하게 관찰하고 분석하여 설명해야 하는 다양하고도 이질적인 흔적, 상태, 즉 여러 물음들이 달라붙어 있었으나, 합조단의 조사결과는 이런 물음들에 답하기에는 부족한 것이었다. 이 때문에 조사결과의 공식 발표 이후에도 여러 물음은 계속되었으며 거기에서 생겨나는 물음들은 시나리오 연관성, 물적 상태에 따라 논쟁의 무대에서 관심사가 되거나 그렇지 못했다.

지금까지 '결정적 증거'로 제시된 어뢰 추진동력장치, 즉 '1번 어뢰'를 둘러싼 논쟁이 다양한 갈래로 전개되었으며 논쟁에 대한 사회적 관심이 불균등했음을 살펴보았다. 먼저 과학자들의 참여로 대중적 관심을 크게 받았던 '1번' 글씨 연소 논쟁의 과정과 그 성격을 살펴보았으며, 이에 비해 과학계의 본격 조명을 받지는 못했으나 지속적으로 물음을 불러일으킨 '1번 어뢰'의 물질상태에 관한 논란을 살펴보았다.

여러 갈래로 물음이 제기되고 합조단이 이에 사후적으로 대응하는 상황은 합조단이 '결정적 증거'인 '1번 어뢰'를 증거로서 판정하면서 세밀한 검증을 충분히 거치지 못했음을 보여주는 것이었다. 합조단장의 회고 인터뷰나 미국 해군의 공개자료를 보면, '1번 어뢰'가 지닌 확고한 증거의 자격은 그 자체가 보여주는 증거능력에서 나올 뿐 아니라 앞서 이루어진 선체 파손형상 분석과 시뮬레이션에서 도출된 수중폭발 규모나 유형의 예측을 확인해주는 물적 존재였다는 데에서도 생겨났다. '결정적 증거'가 확보되지 못할 때에 '영구미제' 사건으로 남을지 모른다는 우려가 커지는 상황에서, 그리고 파손형상 분석과 시뮬레이션을 통해 어뢰폭발 시나리오가 이미 굳어지던 상황에서 발견된 '1번 어뢰'는 합조단 내에서 다른 이질적인 요소들에 대한 다른 설명 가능성을 따져보는 과정을 건너뛰고서 비교적 손쉽게 '결정적 증거'의 지위를 획득했을 것이다.

　예측과 믿음, 그리고 이를 확인해주는 증거의 발견은 충분한 조사와 검증과정을 생략하거나 축소함으로써 결과적으로 발표 이후 나중에 새롭게 드러나는 현상에 대해 사후적으로 조사하고 해명해야 하는, '결정적 증거'의 지위로 보면 어울리지 않는 상황을 낳고 말았다. '1번 어뢰'라는 '결정적 증거'가 그 지위에 걸맞게 잠재적인 물음을 사전에 봉합하지 못함으로써 '1번 어뢰'는 공식 발표 이후에도 물음을 멈추게 하지 못한 채 논쟁에 들어서게 되었다. '1번 어뢰'의 '결정적 증거' 지위 입증은 설계도면과 '1번' 글씨만으로 어려웠으며 다른 보조적 증거인 '백색 흡착물질'의 과학적 분석결과에 의해서도 뒷받침되었다. 그러나 '백색 흡착물질' 증거는 다음 장에서 다루어질 또 다른 성격의 논쟁에 빠져들었다.

# 5장

흡착물질:
실험실의 증거 생산과
과학 활동

□

　"흡착물질" 또는 "백색물질"은 천안함의 함수와 함미, 그리고 수거된 어뢰 추진동력장치('1번 어뢰') 여러 곳에서 채취된 하얀색 물질을 가리키는 말이다. 합동조사단은 이 물질이 알루미늄 함유 어뢰가 폭발할 때 생성되어 달라붙은 물질(폭발재)이라는 뜻으로 이것을 "흡착물질"이라 불렀다. 합조단의 조사결과와는 달리 이 물질이 부식과 침전의 산물일 가능성을 제시하는 이들은 이것을 자주 "백색물질"이라 불렀다. 그러므로 "백색물질", "흡착물질", "백색 흡착물질"은 같은 대상을 가리키는 다른 표현들이었다.

　흡착물질은 "결정적 증거"인 어뢰 추진동력장치가 사건현장에서 수중폭발해 천안함을 침몰시키고 가라앉은 '바로 그 어뢰'임을 입증하는 증거물의 지위를 지녔다. 즉, '1번 어뢰'가 "결정적 증거"임을 입증하는 중요한 보조증거였다. 사건현장에서 수거된 '1번 어뢰'가 북한산 무기임이 입증된다 해도, 사건 당일에 현장에서 천안함을 침몰시킨 바로 그 어뢰인지 또는 다른 시간과 공간에서 폭발해 가라앉았다가 그곳에서 우연히 수거된 것인지를 판정하는 데에는 선체와 어뢰부품에서 수거된 백색 흡착물질들이 서로 동일한지, 또한 알루미늄 폭약의 수조 폭발실험에서 얻은 백색 흡착물질과도 동일한지를 가리는 입증 과정이 필요했다. 그러므로 "흡착물질"이 증거가 되기 위해서는 무엇보다 서로 다른 곳에서 수거된 세 가지 흡착물질의 성분이 동일하며 또한 그것이 폭발로 인해 생긴 폭발재임을 동시에 보여주어야 한다는 까다로운 입증과 검증을 거쳐야 했다.

합조단이 5월 20일 기자회견에서 '1번 어뢰'의 "결정적 증거"를 입증하는 과정에서 제시한 흡착물질 증거는 이후 세 가지 시료의 분석 데이터가 알려지면서 그 데이터 해석이 적절한지에 관한 논란에 휩싸이기 시작했다. 점차 논란은 제시된 데이터 자체가 올바른 것인지에 관한 논란, 합조단이 시료를 분석하고 해석하며 발표하는 과정에서 적절한 과학 실행을 행했는지에 관한 논란으로 비화했다. 이런 점에서 흡착물질 논쟁은 제시된 증거물에 관한 논란과 더불어 합조단의 실험실 실행이 '과학적 조사'에 걸맞게 전문가적 방법으로 적절히 수행되었는지에 관한 논란을 검증의 무대에 올려놓았다.

이 장에서는 합조단의 흡착물질 채증과 분석, 해석의 과정, 그리고 이후 소수 과학자들의 데이터 검증과 합조단 조사결과에 대한 의문 제기의 과정을 법과학적 증거와 실험실 과학 실행의 관점에서 살펴보고자 한다. 이를 통해 우리는 이 논쟁이 단지 증거 자체를 둘러싼 논란뿐만 아니라 합조단의 과학 실행에 대한 문제제기와도 연관되어 있음을 볼 수 있다.

## 합조단의 채증, 분석, 실험, 데이터

흡착물질 분석은 합조단의 조사결과에서 '과학 수사'의 면모를 가장 잘 보여주는 부분이었으며, 당시 언론매체에서도 영구미제로 빠질 수도 있었던 사건을 해결해준 열쇠로 다루었다(조선일보 2010-5-21: 2). 합조단은 사건현장에서 단서가 될 만한 수많은 흔적을 채집·채증하고, 그것이 의미 있는 분석대상인지를 감정해 평가하고, 이어 과학 실험실에 갖추어진 여러 분석장비를 이용해 채증된 물질들을 분석했다. 육안 관찰 조사나 생존자 증언 청취와 다르게, 시료의 성분과 특성을 찾아내는 실험실의 분석과, 수조에서 작은 규모로 수행된 알루미늄 폭약의 모의 폭발실험은 실험실에서 '백색 흡착물질'의 증거력을 확인해가는 과정이었다. 물질, 시료, 측정과 분석장비, 실험, 데이터는 합조단 조사활동에서 실험실의 과학 실행이 어떠했는지를 보여주는 요소들이었다.

## 채증 작업

합조단은 활동 초기부터 증거물 채증에 큰 노력을 기울였다. 『합동조사결과 보고서』를 보면, 그 활동의 초점은 크게 두 갈래로 나뉘었다. 하나는 여러 증거물에서 폭약성분을 찾아내는 작업이었으며(합동조사결과 보고서: 104-117), 다른 하나는 선체의 함미와 함수, 그리고 어뢰 추진동력장치와 폭발실험에서 수거한 '흡착물질'의 일치성 여부를 분석하는 일이었다(합동조사결과 보고서: 139-140).

합조단의 조사활동에서 증거물의 채증은 중요한 부분을 차지했다. 먼저 해역에서 잔해물의 수거작업이 진행되었다. 합조단이 3월 26일 사건발생 직후부터 12척의 군함과 5척의 해경정을 비롯해 많은 장비와 인력, 시간을 들여 해역에서 431점의 잔해물을 수거했다. 그렇지만 잔해물의 거의 대부분은 침몰원인 조사를 위한 감정의 대상이 될 만한 것이 아니었다. 폭발 원점 지역에서 채취한 토양을 비롯해 파편으로 의심되는 금속조각 그리고 폭약성분이 흡착

〔표 5-1〕 증거 채증과 수거 주체

채증과 수집: 군함 12척, 해경정 5척, 합조단, 해군 구조단, 민간업체
감성: 국방부조사본부 과학수사연구소, 국립과학수사연구소
판단: 증거물판단위원회 (3차례 토의, 증거물 채택 여부 판단)

| 흡착물질 수거 과정 |
| --- |

- 4.18. 평택 2함대로 이동한 함미의 갑판, 외부 벽면 등에서 흡착물질 채집
  4.22. 함미 5개소에서 흡착물질 채집(중앙 파단부위 중심, 76mm 함포 포신도 포함)
  4.30. 함수의 연돌과 갑판 좌현 출입문, 76mm 포신에서 흡착물질 채집
  5.15. 수거한 어뢰 추진동력장치의 모터와 프로펠러에서 흡착물질 채집
  수조폭발 모의실험에서 흡착물질 채집

(출처: 합동조사결과 보고서: 240-265)

되었을 가능성이 있는 29점만이 감정의 대상이 되었다(합동조사결과 보고서:
104). 해역 잔해물 수거와 더불어, 함미와 함수 선체에서도 본격적인 증거물의
채증 활동이 이루어져, 함미가 인양된 4월 15일부터 함수 인양일인 4월 24일
을 거쳐 5월 8일까지 선체에서 채증된 증거물은 316점에 달했다. 이를 포함해
전체 채증물은 모두 345점에 달했으며 이 가운데 307점이 감정을 받았다. 이
렇게 채증한 증거물은 금속조각, 유리섬유, 유리조각, 섬유, 스펀지, 석면, 그리
고 "디젤기관실의 뻘[펄]" 2kg, "연통 내부의 그을음"을 닦은 거즈, "절단부위
전체를 거즈로 닦아내다시피 하여" 얻은 거즈, "구조물 표면에 붙어 있는 흰색
가루" 등이었다(합동조사결과 보고서: 104-108). 채증 활동은 "폭약성분 검출 및
금속성분 분석에 필요한 증거물을 중심으로" 이루어졌다(합동조사결과 보고서:
105).

　　해저의 잔해물에 대한 대규모 '수거 작전'은 함미와 함수 인양이 끝난 뒤인
4월 25일부터 사실상 본격화했다. 수거 작전 과정에 "한국 측에서는 기뢰탐색
함, 구조함 등 8척과 해양연구원의 장목호, 이어도호를, 미국 측에서는 구조함
인 살보함Salvor을 투입했으며, 106명의 잠수사와 로봇 해미래를 이용하는 등

다각적인 방법으로 탐색작전을 전개했다"(합동조사결과 보고서: 108). 특히 합조단은 함미와 함수가 인양된 이후에는 천안함이 어뢰에 피격되었을 가능성에 더욱 주목해 해저에서 어뢰와 관련한 증거물을 찾는 데 적극 나섰다. 이렇게 수거, 채증한 증거물로서 감정대상으로 선별된 것은 해역 수거물 29점, 채증물 307점, 해저 수거물 21점 등 총 357점이었다. 합조단 보고서의 내용을 종합하면, 증거물의 채증, 수거와 감정, 판단의 절차와 각 절차를 담당한 주체와 일정은 [표 5-1-1]과 같았다.

이 가운데 백색 흡착물질은 천안함 침몰사건의 원인을 시사하는 중요한 증거로서 가장 큰 주목을 받았다. 흡착물질은 "흰색 분말 덩어리"로서(합동조사결과 보고서: 139), 파손된 천안함 함미와 함수 곳곳에서 발견되었으며 침몰 해역에서 수거한 어뢰 추진동력장치의 모터와 프로펠러에서도 다량으로 발견되었다. 알루미늄 판재 위뿐만 아니라 알루미늄 성분이 아닌 전원 케이블에서도 발견되었다. 합조단은 보고서에서 "흡착물질에 대한 분석은 5차례에 걸쳐 실시"되었다고 밝혔는데, 1차는 그 특성을 개략적으로 파악하기 위한 것이었으며, 2차와 3차는 함미와 함수 흡착물질에 대한 정밀분석이었고, 4차는 인양된 어뢰 추진동력장치의 흡착물질이 함미와 함수 흡착물질과 동일한 것인지 확인하기 위한 정밀 분석이었으며, 마지막 5차는 알루미늄이 섞인 폭약(15g)의 수조 내 폭발시험에서 얻은 흡착물질을 분석해 선체와 어뢰 흡착물질과 비교하기 위한 것이었다(합동조사결과 보고서: 240). 흡착물질 분석작업은 합조단 내 폭발유형 분과에서 이루어졌으며 주로 국방과학연구소ADD 소속 연구원들이 분석작업에 참여했다(서울중앙지법 이근득 증인조서 2015-9-4: 2, 29).

이런 일정은 합동조사단의 최종 조사결과 발표가 5월 20일에 있었다는 점을 감안하면 채증과 분석작업이 상당히 빠르게 진행되었음을 보여준다. 특히 폭발유형 분과에서 수행한 모의폭발 수조실험의 일시가 구체적으로 제시되지 않았으나, 어뢰 추진동력장치(5월 15일 수거)의 흡착물질에 대한 '4차' 분석 이후에 폭발시험 흡착물질에 대한 분석이 '최종 5차'로 시행되었다는 『합동조사결과 보고서』의 설명으로 미루어볼 때(합동조사결과 보고서: 240), 폭발시험은 최종 발표일(5월 20일) 며칠 전인 5월 15일과 19일 사이에 이루어졌을 가능성이 크다. 이런 상황은 곧 합조단 실험실의 연구자들한테 가해진 시간의 압박이 매우 컸을 것임을 말해준다. 보고서의 설명이 그 시기를 명시하지 않았으므로 폭발실험이 5월 15일 이전에 이루어졌다고 추정해보더라도, 여전히 그것이 시간의 압박 속에서 진행되었음을 알 수 있다. 합조단 조사위원의 증언에 의하면, 폭발실험은 함미와 함수에서 채취한 흡착물질이 폭발재일 가능성을 확인하기 위해서 설계되고 시행되었는데(서울중앙지법 이근득 증인조서 2015-9-4: 6),[1] 이렇게 보면 폭발실험의 시행과 그 흡착물질의 분석은, 일러야 함수 흡착물질 채취일인 4월 30일 이후 5월에 들어서야 이루어졌다.

### 실험과 분석: 세 물질 성분의 '일치'

흡착물질 분석은 합조단이 발표한 증거들 중에서 과학적 분석장비와 방법을 가장 적극적으로 사용해 합조단의 실험실 과학 활동을 부각하여 보여주는 결과물이었다. 보고서를 보면, 성분 분석에 주사 전자현미경SEM[2], 에너지 분광

---

[1] "문: 위와 같은 실험을 하게 된 경위는 어떻게 되는가요.
답: 앞서서 함미, 함수에서 채취된 물질하고 그 물질에서 나온 물질이 혹시 폭발재는 아닌가, 저희가 여러 가지 각도로 생각을 했습니다만 이게 녹 성분이 아닐까 아니면 해저 광물류가 아닐까 그걸 분석을 했는데 그건 아니다라는 결론이 났습니다. 아까 말씀드렸듯이 완전한 비결정질 물질이라서 그런 물질은 해저나 일반 녹에서 나타나지 않거든요. 혹시 폭발물질로 해서 후에 나온 폭발재가 아닌가 해서 그걸 입증하기 위한 실험을 해보았습니다. 확인하기 위한 실험이었습니다" (서울중앙지법 이근득 증인조서 2015-9-4: 6).

[2] Scanning Electron Microscope. 전자현미경은 가시광선 대신에 전자빔을 사용해 시료 물체의 확대상을 만드

기EDS, 엑스선 회절기XRD가 주로 사용되었으며, 이와 함께 탄소-수소-질소-황 원소분석기CHNS-EA[3]와 열분해특성 분석기TGA[4]가 사용되었다. 또한 합조단은 선체 흡착물질과 어뢰 흡착물질이 실제로 알루미늄 함유 폭약의 수중폭발에서 유래한 것인지를 확인하기 위한 비교분석용 시료를 얻고자, 작은 수조 안에서 모의 폭발시험을 수행했다.

합조단의 증거 입증은 (1)서로 다른 곳에서 채집한 물질 시료의 성분이 개별 원소 수준에서 일치하는지 분석하고, (2)그것이 수중폭발이라는 동일 기원에서 유래했는지를 밝히는 방식으로 이루어졌다. 합조단은 선체의 함미, 함수, 연돌에서 각각 채집한 백색 분말 물질들이 모두 동일한 알루미늄 산화물AlxOy이며, 뒤이어 '1번 어뢰'에서 채집한 백색 분말 물질도 동일한 알루미늄 산화물인 것으로 분석되었는데, 이런 결과는 선체와 어뢰라는 서로 다른 곳에서 채집된 시료들이 동일한 기원에서 유래했음을 말해준다는 결론을 제시했다. 범죄 과학수사에서 사용하는 증거의 지위로 보면, 예컨대 범죄 현장에서 채집한 물질과 범죄 용의자의 몸에서 채집한 물질의 일치는 곧 범죄 행위와 용의자를 연결해주는 증거로 받아들여질 수 있다. 더욱이 합조단의 감식identification 결과로

---

는 장치이다. 전자현미경의 한 종류인 주사 전자현미경은 미세한 전자선을 주사(scanning)해 시료 표면에서 발생하는 이차전자, 반사전자 등의 신호를 검출해 시료 물체의 확대상을 모니터에 나타낸다. 현미경의 내부는 진공 상태이어야 한다 (정석균, 전정범 2009; McMullan 2006).

3 Carbon Hydrogen Nitrogen Sulfur-Elemental Analyzer. "미지의 시료 내에 존재하는 CHN-S 및 O(산소)의 함량을 정량 분석하는 기기이다. CHN-S 분석의 경우, 시료는 약 1030℃인 연소관에서 순간 연소되어 분석에 용이한 기체로 전환되고 전환된 기체는 열전도 검출기(TCD)에 의해 전기신호로 정량적으로 변환된다. 원소분석기는 넓은 범위 내에 있는 미량의 시료(mg)를 분석할 수 있다." 설명문의 출처는 서울대학교 기초과학공동기기원 원소분석 기기이용 안내 자료. http://irf.snu.ac.kr/brochure_irf/data/05_EA.pdf

4 Thermal Gravity Analyzer. 상온~1200℃에서 열로 인한 시료의 화학적, 물리적 변화로 생기는 무게 변동을 시간과 온도에 따라 관찰하는 장비이다. 다음 자료를 참조했다. 전북테크노파크컨텍센터, "TGA(열중량분석기)". http://jbcc.or.kr/index.php/file/download/file_no/1129/mod/attach

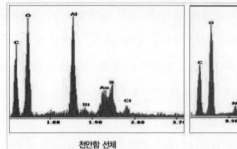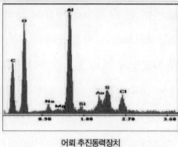

|천안함 선체|어뢰 추진동력장치|

[그림 5-1] 선체와 어뢰 흡착물질의 에너지 분광 분석결과.　　　　　　　　　　(출처: 합동조사결과 보고서: 139)

제시된 알루미늄 산화물 성분은 알루미늄이 함유된 폭약이 수중에서 폭발할 때 고온과 고압 환경에서 알루미늄이 급속히 산화하여 생성되는 폭발의 결과물, 즉 폭발재로 해석되었다.

먼저, 선체와 어뢰 흡착물질 시료의 일치match를 보여주는 분석결과로서 합조단은 에너지 분광EDS과 엑스선 회절XRD의 데이터를 제시했다. 두 데이터가 보여주는 그림에서 두 물질 성분은 거의 일치했다([그림 5-1]). 에너지 분광 데이터에서는 알루미늄Al, 산소O, 탄소C, 황S, 금Au, 염소Cl 등의 원소들이 흡착물질 시료를 이루는 주요 성분임을 보여주었는데, 그 원소별로 서로 다른 에너지의 세기가 두 시료 데이터에서 비슷한 분포로 나타났다. 엑스선 회절 분석의 데이터도 마찬가지였다. 엑스선을 쪼였을 때에 흡착물질을 이루는 광물의 결정 구조에 따라 다르게 나타나는 회절 각도와 세기는 선체와 어뢰 흡착물질 시료에서 비슷하게 나타났다([그림 5-2]). 이처럼 두 종류의 데이터에 나타난 패턴의 유사함은 두 시료물질이 일치함을 보여주는 강한 근거가 되었다.

합조단은 흡착물질을 이루는 원소 성분을 보여주는 에너지 분광 분석을 바탕으로 "모든 시료는 탄소, 산소, 나트륨, 마그네슘, 알루미늄, 규소, 황, 염소

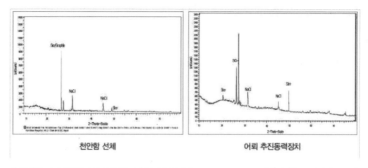

| 천안함 선체 | 어뢰 추진동력장치 |

[그림 5–2] 선체와 어뢰 흡착물질에 대한 엑스선 회절 분석결과.　　　　　　(출처: 합동조사결과 보고서: 140)

등의 원소성분으로 구성되어 있음을 알 수 있었고, 이들 원소성분을 고려하면 흡착물질은 알루미늄 산화물$_{AlxOy}$과 염(NaCl, MgCl$_2$ 등) 그리고 황 또는 황화합물 등으로 구성되어 있다"라는 결론을 얻었다고 밝혔다(합동조사결과 보고서: 244). 그런데 에너지 분광 데이터에서는 가장 많은 양으로 나타났던 알루미늄 성분의 존재가 두 시료의 엑스선 회절 데이터에서는 모두 다 나타나지 않았다([그림 5-2]). 이 점은 합조단이 주목하여 강조한 시료 데이터의 특징이었다. 합조단은 알루미늄 산화물이 에너지 분광 데이터에서는 주요한 신호로 나타나지만 결정 구조를 보여주는 엑스선 회절 데이터에서는 나타나지 않은 점에 근거를 두어, 알루미늄 산화물이 흡착물질을 이루는 주요 성분이지만 결정질이 아니라 비결정질이라는 결론을 얻었다(합동조사결과 보고서: 245). 이런 분석결과는 함미나 함수 선체, 그리고 어뢰 추진동력장치에서 채집한 흡착물질에서 거의 일치했다고 합조단은 밝혔다.

　　결과를 종합적으로 정리해 보면, 어뢰의 프로펠러와 모터의 흡착물질은 동일한 물질로서 주성분은 비결정성 알루미늄 산화물이고, 그 외 소량의 황 또는 황

화합물과 소금과 규사로 구성되어 있는 혼합물질로 분석되었다. (합동조사결과
보고서: 255)

여기에서 "비결정질"의 성질은 매우 중요하게 다루어졌다. 알루미늄 성분
이 비결정질이라 해도 엑스선 회절 분석 데이터에서 '펑퍼짐한 피크broad peak' 신
호를 보여주는데, 천안함 선체와 어뢰 흡착물질에서는 그런 펑퍼짐한 피크 신
호조차 나타나지 않는 "완전한 비결정질"의 특성을 보여준다는 것이었다. 흡착
물질을 분석했던 합조단 조사위원은 '천안함 명예훼손 재판'에서 한 증언에서
이런 "완전한 비결정질"이 흡착물질의 존재를 특별하게 만들어주는 성질로서
인식되었음을 강조했다.

[검사가, 증인에게]
문: 그래서 선체와 어뢰추진체[의 흡착물질]가 성분이 유사했다는 것인가요.
답: 예. 우선 특징적인 게 저런 물질을 구성비로 만들 수도 있습니다만 저게
완전한 비결정질이라는 게 여기서 특징입니다. 이 물질은 세상에 없는 물질입니다.
문: 비결정질이라는 것이 왜 중요한 것인지, 그리고 왜 이것이 특별한 물질인
지 이런 것들에 대해서 조금 부연설명을 해 주시겠습니까.
답: 일반적인 비결정질 물질들은 XRD를 찍으면 브로드한 피크를 나타내요.
그것도 그게 그 자신의 물질이라는 걸 입증해 주는 피크를 나타내줘요. 그런데 이
와 같이 퍼펙트한, 완전히 비결정질은 이 자체만 보면 이게 뭔지를 모를 정도로 결
정이 없어요. 아무 어떤 피크가 안 보여요. 이런 물질은 세상에 거의 없어요. (서
울중앙지법 이근득 증인조서 2015-9-4: 5)

이처럼, 합조단은 선체와 어뢰 흡착물질의 에너지 분광과 엑스선 회절 분

석을 통해 데이터의 '일치'를 확인하고서 두 물질의 주성분이 비결정질의 알루미늄 산화물이라는 감식결과를 얻어냈다. 이는 사건현장인 선체의 흡착물질과 사건현장 부근에서 수거된 어뢰 추진동력장치의 흡착물질이 '동일한 기원'에서 유래한 것임을 강하게 보여주었다. 그러나 그 '동일한 기원'의 정체가 무엇인지는 확실하게 단언할 수 없었다. 바닷물에 잠겨 있다가 인양된 선체 함미와 함수, 그리고 어뢰부품에서 채집된 '하얀 분말 덩어리'의 생성 원인이 부식인지 폭발인지 또는 다른 무엇인지를 확실하게 가리키는 것은 두 시료의 일치와 성분 식별만으로는 불충분했다. 무엇보다 이를 보증해줄 수 있는 참조기준reference standard이 필요했다. "침몰해역에서 나온 어뢰부품이 북의 것이 맞는다 할지라도 천안함 침몰과 연결 짓지 못한다면 '천안함 사건과 무관한 북 어뢰부품이 우연히 해역으로 흘러 왔거나 북에 뒤집어씌우기 위해 의도적으로 가져다 놓은 것 아니냐'는 반론에 부딪힐" 우려가, 어뢰폭발설을 지지하는 이들 사이에서도 있었기 때문이었다(조선일보 2010-5-21: 2).

수조 모의폭발 실험이 그런 참조기준의 역할을 해주었다. 폭발실험은 "선체 및 어뢰의 흡착물질이 알루미늄 첨가 수중폭약의 폭발재임을 확인하기 위하여 수중폭발 실험을 통하여 획득한 폭발재 성분을 흡착물질의 성분과 비교 분석"하려는 목적에서 수행되었다(합동조사결과 보고서: 255). 모의실험이기는 하지만 실제로 알루미늄 함유 폭약을 해수에서 폭발시켰을 때 선체와 어뢰 흡착물질과 유사한 물질이 생성된다면, 이는 다른 선행 연구 사례나 근거를 참조하지 않더라도 선체와 어뢰 흡착물질이 폭발의 산물임을 곧바로 입증해줄 만한 기준이 될 수 있었다. 합조단 보고서에 간략하게 서술된 모의폭발 수조실험의 과정은 다음과 같았다.

소규모 수중폭발 실험에 사용된 수조의 재원은 길이 2m, 폭 1.5m, 높이

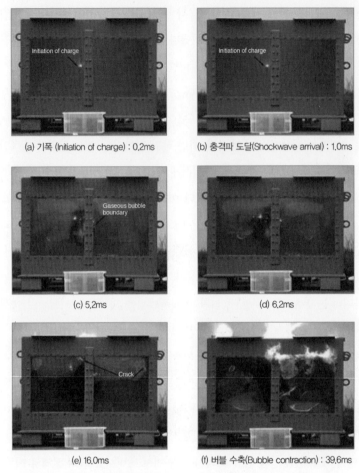

| | |
|---|---|
| (a) 기폭 (Initiation of charge) : 0.2ms | (b) 충격파 도달(Shockwave arrival) : 1.0ms |
| (c) 5.2ms | (d) 6.2ms |
| (e) 16.0ms | (f) 버블 수축(Bubble contraction) : 39.6ms |

[그림 5-3] 소형 수조 시험에서 고속촬영된 영상들 (5,000frames/sec). (출처: 합동조사결과 보고서: 224)

1.5m이었고 앞면에 폴리카보네이트 투명창을 설치했다. 수조에는 4.5톤의 해수를 채웠고, 수조 상단에는 폭발재가 흡착될 수 있도록 알루미늄 판재를 거치했으며, HBX-3 (TNT 29%, RDX 36%, Al 35%) 화약 15g을 수조 중앙에 위치시켜 기폭시켰다. 폭발과정을 고속카메라로 촬영하여 충격파의 전파과정과 기포의 성장-수축-상승과정을 살펴볼 수 있었으며, 폭발실험 후 상부 알루미늄 판에 미

량(수mg)의 폭발재가 흡착되어 이를 분석했다. 흡착된 폭발재가 미량이었기 때문에 많은 시료량이 소요되는 X선 회절 분석 시에는 알루미늄 판재에 흡착되어 있는 상태로 분석했으며, EDS 분석 시에는 소량의 흡착물질은 별도로 채집하여 분석했다. (합동조사결과 보고서: 256)[5]

이렇게 해서 얻은 폭발실험 흡착물질은 에너지 분광 데이터로 볼 때 선체와 어뢰 흡착물질과 거의 일치하는 것으로 나타났다([그림 5-4]의 위쪽). 합조단은 "EDS 분석을 통해 소규모 수중폭발 실험으로 얻은 폭발재의 원소성분을 분석한 결과, 폭발재는 탄소, 산소, 나트륨, 마그네슘, 알루미늄, 황, 염소 등의 원소성분으로 구성되어 있음을 알 수 있었고, 이 결과는 그림과 같으며 선체 및 어뢰의 흡착물질 성분과 동일했"다고 밝혔다(합동조사결과 보고서: 256-257).

그런데 엑스선 회절 분석에서는 나중에 큰 논란을 불러일으킨 문제의 데이터가 제시되었다. 합조단이 『합동조사결과 보고서』를 펴내기 넉 달가량 이전인 5월 20일의 기자회견 때 제시한 자료에서, 폭발실험의 흡착물질이 에너지 분광 데이터에서는 선체와 어뢰 흡착물질과 거의 일치하는 결과를 보여주었으나, 엑스선 회절 데이터에서는 '비결정질'인 선체와 어뢰 흡착물질의 경우와 달리 알루미늄 성분의 '결정' 구조를 확연히 보여주는 신호가 나타났기 때

---

5  한편 윤덕용 당시 민간 합조단장은 '천안함 명예훼손 재판'의 법정 증언에서 선체와 어뢰 흡착물질에 대한 설명을 하고나서 수중폭발 시험이 추진된 경위를 다음과 같이 설명했다. "[…] 이런 흡착물은 결국 밖에서 지나가다가 달라붙어서 이런 모양이 된 거지, 화학반응이 생겨서 이런 흡착물이 생길 수가 없습니다. 그리고 이것은 수중폭발시험을 한 것인데요. […] 그런데 사실은 그때 시험을 한 주 원인은 영국 대표들하고 화약 전문가가 있었기 때문에 보통 화약약품에는 황을 안 쓰는데 이상한 것 같다. 그래서 [그것이] 수중폭발실험을 한 이유 중의 하나였[…]습니다. 그런데 여기 보시면 선체의 흡착물질, 어뢰부품의 흡착물질, 수조폭발재가 조성이 거의 비슷하고요. 약간씩 물론 다를 수는 있습니다 […]" (서울중앙지법 윤덕용 증인조서 2015-10-12: 15).

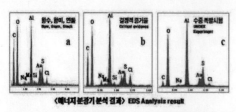

《에너지분광기 분석 결과》 EDS Analysis result

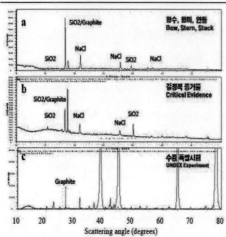

[그림 5-4] 선체(a), 어뢰(b), 폭발실험(c)에서 얻은 흡착물질에 대한 EDS(위)와 XRD(아래) 데이터. 국회 특위 위원에 제출된 합조단 자료이며, Lee, Seung-hun 2010[v.1]에서 재인용했다. [표 5-2]는 이 시료 데이터들의 관계를 단순화하여 표현한 것이다.

문이었다. 당시의 합조단 자료인 [그림 5-4]를 보면, 그림 위쪽의 에너지 분광 데이터에서는 선체의 함수, 함미, 연돌에서 채집된 흡착물질과 '결정적 증거물'인 어뢰에서 채집된 흡착물질, 그리고 수중폭발실험에서 얻은 흡착물질의 데이터가 거의 같은 패턴으로 사실상 일치함을 보여주었다. 그러나 그림 아래쪽의 엑스선 회절 데이터들에서는 선체(함수, 함미, 연돌)의 흡착물질과 '결정적 증거물'인 어뢰 추진동력장치의 흡착물질이 사실상 일치함을 보여준 데 비해, 폭발실험의 흡착물질의 데이터는 이것들과 매우 다른 모양을 나타냈다. 세 곳에서 얻은 세 물질이 동일한 물질이라는 결론의 근거로 제시된 자료인데, 엑스선 회절 데이터는 서로 다름을 보여주어 무언가 해명이 필요한 문제가 되었다.

5월 20일 기자회견 발표 이후 흡착물질 분석 데이터를 둘러싸고 '과학 논쟁'이 벌어졌으며, 논란을 어느 정도 거친 이후인 9월에 출간된 『합동조사결과보고서』에서 합조단은 흡착물질 논란의 쟁점이 된 부분을 보완하는 설명과 자료를 비교적 자세하게 실었다. 이 보고서에서 흡착물질과 관련한 서술과 편집에서 몇 가지 특징을 살펴볼 수 있다. 먼저, 수거된 어뢰 추진동력장치가 천안함을 공격한 바로 그 어뢰임을 입증하는 증거인 흡착물질에 관한 중요한 서

〔표 5-2〕 제시된 흡착물질 데이터의 비교

설명의 편의를 위해 세 시료의 두 종류 데이터의 복잡한 관계를 단순화한 표. 합조단이 제시한 데이터([그림 5-4])에서 EDS 데이터는 세 시료가 거의 동일했으나 XRD 데이터에서는 폭발실험 시료만이 눈에 띄게 달랐다.

술이 최종 조사결과 보고서에서는 매우 간략하게 다루어졌다는 점이다. 보고서에서 "흡착물질 분석" 부분은 1.5개 면 (합동조사결과 보고서: 139-140)에 불과할 정도로 간략했다. 대부분의 분석결과는 본문이 아니라 부록에서 "부록 V_흡착물질 분석결과"이라는 제목으로 24개 면에 걸쳐 자세히 다루어졌다 (합동조사결과 보고서: 240-263). 특히나 흡착물질이 폭발재임을 입증하는 데 매우 중요한 구실을 했던 폭발실험 흡착물질에 대한 비교 분석은 보고서의 본문에서 전혀 언급되지 않았다. 이와 더불어 보고서의 부록이 5월 20일 합조단 기자회견 이후에 전개된 흡착물질 논쟁을 의식해 합조단 바깥에서 제기된 의문들을 해명하는 데에 역점을 두는 서술구조를 취했다는 점도 눈에 띄는 특징이었다. 합조단은 "부록 V"에서 폭발실험 흡착물질의 엑스선 회절 데이터에서 알루미늄의 결정질 신호가 강하게 나타난 이유를 다른 보강 데이터를 통해 해명했으며, 흡착물질이 알루미늄 산화물임을 보여주는 근거로서 에너지 분광 데이터 외에 열처리 분석 데이터 등을 새롭게 제시했다.

## 법과학과 개별성의 입증

법과학이 과학적 분석 방법을 사용해 사건현장에 있는 단서를 조사해 범죄자를 지목하는 방법론을 다루는 분야라는 점에서 보면, 법과학의 과학 실행은 일반적인 과학 실행과는 다른 특징을 지닌다. 일반적인 실험 과학은 시간과 장소의 차이와는 무관하게 재현할 수 있는 현상을 다루며 일반화generalization를 추구하는 데 비해, 법과학은 시간과 장소의 고유성 혹은 유일성uniqueness에서 벗어날 수 없으며 범죄 행위자를 지목하는 개별화individualization로 나아간다는 점에서 서로 구분된다. 지금도 과학수사의 교본에서 자주 인용되는 것처럼, "모든 법과학의 진정한 목적은 개별성individuality을 입증하는 것이며, 또는 현재 과학의 상태가 허용하는 한에서 그것에 가깝게 접근하는 것이다. *수사학은 개별화의 과학이다(Criminalistics is the science of individualization)*" (Kirk 1963: 230, 이탤릭체는 원저자의 것), 동정 또는 감식identification이 식물학이나 동물학에서 생물종, 화학에서 화합물, 광물학에서 광물의 정체identity를 밝히는 작업이지만, 수사과학forensic sciences에서 증거물의 동정이나 식별은 그 자체로 종국적인 목적이 되지 못하며 증거물이 어떤 개별자에 고유한 것인지 그 유일성을 밝히는 개별화가 진정한 목적이 된다.

"개별성의 과학science of individuality"인 법과학에서(Kirk 1963: 236), 개별화를 추구하는 과정은 대체로 범행 현장, 희생자, 범행자를 연결할 수 있는 증거물을 비교하여 그 연결성을 입증하는 '일치'를 확인하는 것이다. "이미 알고 있는 것"과 "문제시되는 것"을 비교해 연결link과 일치match를 입증하는 것은 중요한 절차로 다루어진다.

법과학의 감식 작업에는 두 가지 기본 단계가 관련되어 있다. 첫 번째 단계는 이미 알고 있는 출처에서 나온 표본과 문제의 증거물을 비교해, 둘이 일치한다고 말할 수 있을 정도로 유사한지 판단하는 것이다. 두 번째 단계는 그렇게 보고된 일치의 의미, 즉 문제시되는 것과 알고 있는 것이 동일 출처에서 유래했을 확률은 어느 정도 되는지를 평가하는 것이다. (Saks and Koehler 2008: 199).

증거 입증은 우연의 일치일 가능성이나 다른 가능성을 배제할 수 있는 수준에서 이루어져야 한다.

> 어떤 흔적$_{impression}$의 개별화는 어떻게 입증되는가. 첫째 상응하는 개별 특성들의 일치를 찾아야 하며, 이때에 그런 개별 특성들은 단순한 우연의 일치로 일어났을 가능성(또는 개연성[probability])을 배제할 수 있을 정도의 수$_{number}$와 의미 $_{significance}$를 지녀야 한다. 둘째, 개별화의 입증에서는 설명할 수 없는 다른 차이가 존재하지 않음을 입증해야 한다. (Tuthill & George 2002, Champod 2009에서 재인용)

법과학에서 논의되는 과학적 수사 방법론의 관점에서 보면, 천안함 사건에서 수거된 흡착물질의 성분과 일치를 확인하고 또한 그 물질이 무엇인지 식별한 것은 증거물을 매개로 희생자와 범행자, 그리고 사건현장을 연결하는 개별화의 과정으로 이해된다. 여기에서 희생자는 천안함 선체이며, 범행자는 수거된 어뢰이며, 범행 현장은 폭약에 의한 수중폭발의 현장으로 볼 수 있다. 희생자와 범행자에서 채집된 백색 분말의 흡착물질은 성분 분석에서 동일한 물질인 것으로 확인되었다. 그러므로 어뢰와 천안함 선체를 연결하는 증거물의 일치가 형성된다. 그러나 이런 일치의 관계가 어떤 의미인지가 분명하지 않다면, 흡착물질의 증거능력은 취약할 수밖에 없다. 일치가 의미를 지니려면 다른 가

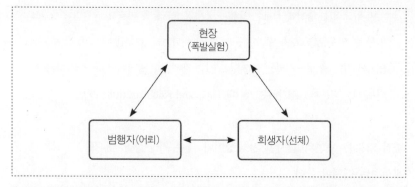

[그림 5-5] 증거의 일치. 범죄수사에서 개별 범행자를 식별하는 데에는 사건 현장과 범행자, 희생자를 연결할 수 있는, 지문, DNA, 신발흔과 같은 증거물이 필요하다. 천안함 침몰 사건의 경우에 "흡착물질"의 일치성이 이 셋을 연결하는 증거로 제시되었다.

능성이 배제된 채 천안함 침몰원인을 보여주는 어떤 특징이 이 흡착물질에 확실하게 부여되어야 하는 것이다. 특히 흡착물질이 알루미늄과 산소 원소가 다량 함유된 알루미늄 산화물로 불렸지만, 그 화합물이 무엇인지 분명하게 동정하지 못한 채 'Al$_x$O$_y$'로 명명되었기 때문에 이 물질의 유래 또는 기원을 분명하게 보여주는 설명이 추가로 필요했다. 그래야만 범행 현장과 범행자, 희생자의 연결이 비로소 입증될 수 있었다.

이런 관점에서 보면, 폭발실험은 선체와 어뢰의 흡착물질이 보여준 일치가 어떤 '의미'인지를 찾는 과정에서 나온 것이었다. 폭발실험에서 얻은 흡착물질은 '알루미늄 함유 폭약이 수중폭발 해 생성된 물질'임을 직접 지시할 수 있기에, 이 물질이 선체와 어뢰의 흡착물질과 일치한다면 '알루미늄 함유 어뢰의 수중폭발'이라는 범행 현장이 사실상 재현되는 것이기도 했다. 수조 폭발실험과 거기에서 얻은 흡착물질은 범행현장과 희생자, 법행자의 연결과 일치를 굳건하게 만들어주는 연결고리가 될 수 있었으며, 또한 분명하게 명명되지 못한 채 "알루미늄 산화물"로 불렸던 'Al$_x$O$_y$'의 정체가 '어뢰의 수중폭발에 의해 생성된 폭발재'임을 확인해주는 참조기준이 될 수 있었다.

삼각의 일치는 증거의 지위를 강화해주는 구실을 한다. 그러나 이와 동시에, 삼각의 일치에는 그 연결 가운데 하나라도 깨어진다면 증거의 지위가 흔들리는 취약성이 내재해 있다. 그러므로 과학적 분석 데이터에 의해 굳건해 보인 흡착물질의 삼각 일치와 연결에 논란을 불러일으킬 만한 취약점이 드러날 때, '흡착물질'의 증거능력은 검증의 대상이 될 수 있었다. 다음 절에서 살펴보겠지만, 개인 과학자가 시뮬레이션과 유사재현 실험을 통해 합조단의 데이터가 올바른 것인가에 관한 의문을 제기하고, 다른 개인 과학자들이 선체와 어뢰 흡착물질의 데이터에 대한 다른 해석을 제시하면서 선체와 어뢰, 폭발실험의 흡착물질이 이룬 '삼각 일치'의 관계는 논쟁의 무대에 올려졌다.

## '과학적 증거'에 대한 '과학적 반박'

흡착물질 논쟁은 합조단이 제시한 흡착물질의 에너지 분광EDS과 엑스선 회절XRD의 분석 데이터를 중심으로 전개되었다. EDS와 XRD 데이터가 어떻게 산출되며 어떤 의미를 지니는지의 지식은 지질학, 재료물리학, 공학을 비롯해 물질 시료의 화학적 분석작업에 익숙한 분야의 연구자가 아니라면 접근하기가 쉽지 않은 것이었다. 반면에 합조단과 다른 해석을 제시한 개별 과학자들인 이승헌, 양판석, 정기영이 처음에 의문을 갖게 된 계기와 관련해 말했듯이, EDS와 XRD 분석장비를 자주 다루며 이런 데이터의 해석에 익숙한 이 분야 연구자들인 이들한테 합조단의 EDS와 XRD 데이터는 추가 설명 없이 그 자체만으로 충분히 이해되지 않는 것으로 받아들여졌다. 흡착물질 논쟁의 성격을 이해하려면 EDS와 XRD 데이터의 성격을 먼저 이해해야 한다.

## EDS, XRD 데이터의 성격

EDS와 XRD는 물질의 화학적 분석작업에 자주 쓰는 실험실의 과학 장비이다. 분석하려는 물질 시료에 전자빔이나 엑스선을 쏘면 시료의 원소나 화합물에서는 저마다 다른 신호가 나오는데 그 신호를 측정하면 물질의 원소 성분들을 찾아낼 수 있거나 결정성의 정도를 가릴 수 있다. EDS는 시료에 전자빔을 쏠 때 시료에서 원소마다 서로 다른 크기의 에너지를 지닌 엑스선이 방출된다는 원리에 기초해 시료 안의 원소 성분과 그 함량을 식별해준다. XRD는 시료에 엑스선을 쏠 때 결정 구조를 지닌 화합물의 성분이 고유한 회절 각도에서 피크 신호를 보여주기 때문에 그 시료에서 결정 구조를 지닌 화합물을 찾아내거나 어느 성분의 결정성이 어느 정도인지를 파악하는 데에 주로 쓰인다.

EDS 데이터는 여러 과정을 거쳐 생산된다.[6] 먼저, 전자빔을 쏠 때 원자핵 둘레를 도는 궤도전자 중에서 핵에 가장 가까운 전자가 전자빔의 영향으로 궤도에서 떨어져나가면 바깥쪽 궤도전자가 그 빈자리를 채우려고 이동할 때 방출되는 엑스선 에너지로 측정된다. 이런 '특성 엑스선characteristic X-ray'의 에너지는 고유한 원소마다 다르게 생성되는데 그것을 정확히 측정한다면 그 엑스선을 방출한 것이 어떤 원소인지 식별할 수 있다는 것이다. 현재 널리 쓰이는 EDS의 엑스선 검출 장치는 1968년에 처음 제시된 기본 원리를 대체로 따르

---

6 EDS 기술의 발전과 현황에 관한 개관 자료로서 미국 현미경학회(Microscopy Society of America)의 학술 저널인 Microscopy and Microanalysis 15(6) (2009)에 실린, EDS 40년 기념 특집을 참조하라. 특집에 실린 글은 다음과 같다. Guest Editors, "Introduction: 40 Years of EDS": 475 ; Klaus Keil, Ray Fitzgerald, and Kurt F.J. Heinrich, "Celebrating 40 Years of Energy Dispersive X-Ray Spectrometry in Electron Probe Microanalysis: A Historical and Nostalgic Look Back into the Beginnings": 476-483 ; Jon MaCarthy, John Friel, and Patrick Camus, "Impact of 40 Years of Technology Advances on EDS System Performance": 484-490 ; Frederick H. Schamber, "35 Years of EDS Software": 491-504.

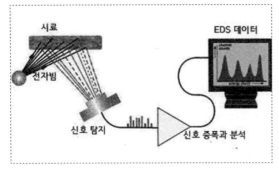

[그림 5-6] EDS 데이터의 생산 과정. 전자현미경 장비에다 추가 기능을 부착해 사용할 수 있는 EDS 측정 장비에서, 전자빔이 시료에 조사되면 시료 표면의 원자들에서 저마다 다른 엑스선 에너지 신호가 방출되는데 이 신호를 검출해 증폭하면 시료 물질에 든 원소 성분과 그 함량을 파악할 수 있다. (원그림 출처: http://www.machinerylubrication.com/Read/602/xrf-oil-analysis(그림 변형))

고 있다(Keil, Fitzgerald and Heinrich 2009). 즉, 원소에서 방출된 엑스선 광자는 반도체 검출기에 이온화를 일으켜 전하를 만들어내는데 전하 펄스의 잡음noise을 줄이고 신호를 증폭하는 단계를 거쳐, 에너지 스펙트럼이라는 결과물이 생산된다. 이와 같이 EDS는 엑스선을 전하 펄스로 바꾸는 검출 과정, 잡음을 줄이고 신호를 증폭하는 과정, 그리고 신호를 분석해 스펙트럼 데이터로 바꾸는 과정으로 구성된다.

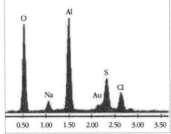
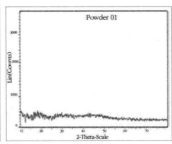

[그림 5-7] EDS 데이터와 XRD 데이터의 예. EDS 데이터에서 가로축은 방출된 엑스선 광자의 에너지 크기를 전자볼트(eV) 단위로 보여주며 세로축은 검출된 에너지의 계수(count), 즉 에너지의 세기를 보여준다. XRD 데이터에서 가로축은 입사한 X선이 시료에서 회절해 나올 때의 회절 각도를 나타내며, 가로축은 회절된 에너지의 계수, 즉 세기를 나타낸다. (출처: 합동조사결과 보고서: 241)

이제 최종적으로 제시된 스펙트럼 데이터에서 가로 축은 방출된 엑스선 광자의 에너지 크기를 전자볼트(eV) 단위로 보여주며 세로 축은 검출된 에너지의 계수count, 즉 에너지의 세기를 보여준다. 스펙트럼에 나타난 신호의 피크가 어떤 원소의 것인지를 식별해 시료의 구성 원소를 분석할 수 있다. 예컨대 합조단이 제시한 [그림 5-7]의 왼쪽은 "에너지 분광기 분석을 통하여 흡착물질이 산소, 나트륨, 알루미늄, 황, 염소 등의 원소성분으로 구성되어 있음"을 보여준다(합동조사결과 보고서: 240-241).

EDS 데이터를 생산하고 해석할 때 유의해야 하는 몇 가지 특징이 있다. 첫째 EDS는 전자의 궤도이동에서 방출되는 특성 엑스선의 에너지를 측정하기 때문에, 원자번호가 11(나트륨, Na) 이하인 원소의 신호는 부정확하게 나타날 수 있으며, 특히 원자번호 1~3인 수소H, 헬륨He, 리튬Li 같은 원소는 검출할 수 없다는 한계가 있다. 검출 영역의 한계는 나중에 흡착물질의 EDS 데이터를 해석하면서 다량으로 검출된 산소O의 신호가 물H2O 성분을 의미하는지 또는 알루미늄 산화물AlxOy 성분을 의미하는지를 둘러싸고 벌어진 논쟁과 관련이 있다. 둘째 EDS 분석을 하기 위해서는 흔히 분석대상으로 적합한 시료를 준비하는 절차가 선행한다. 분석대상인 물질의 성분 신호를 정확하게 검출하기 위해서는 시료의 표면이 거칠어서는 안 된다. 또한 수분을 제거하는 건조 과정을 거쳐야 한다. 그리고 시료가 전도성이 없는 물질이라면 엑스선 에너지의 방출을 일으키는 전자가 시료에 쉽게 흐를 수 있도록 하기 위하여 시료를 전도성 물질로 코팅한다. 코팅 물질로는 흔히 탄소C 또는 더러 금Au이 쓰이며 코팅 작업은 진공 상태에서 이루어진다. EDS의 시료를 준비하는 이런 실험실의 절차를 거치는 동안에 흡착물질에 붙은 수분이 다 제거되는가 아닌가는 흡착물질 논쟁에서 또 다른 쟁점이었다. 셋째 EDS 데이터는 본래 시료 안에 어떤 원소가 어느 정도로 들어 있는지를 보여주는 정성적인 분석에 주로 사용된다.

물론 EDS가 정성적 분석이 아닌 정량
적인 분석 방법으로 사용되기도 하지
만 이때에는 훨씬 더 주의 깊은 분석작
업이 시행되어야 한다. 그만큼 EDS는
대체로 짧은 시간에 시료의 구성 원소
를 거의 대부분 식별해준다는 점에서
장점을 지니지만, 민감한 시료에 대한
정밀한 정량적 분석에서는 최선의 분
석 방법으로 꼽히지 않는 편이다.

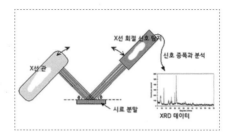

[그림 5-8] XRD 데이터의 생산 과정. 시료에 입사한 엑스선
이 시료 안 원자, 분자의 배열 양식인 결정 구조를 거쳐 회절
될 때 나오는 회절 각도를 검출한다. 고유한 회절 각도를 식
별해 시료 안의 결정질의 원자, 분자를 찾아내며, 그 결정성의
배열 정도를 볼 수 있다. (원그림 출처: http://pruffle.mit.edu/
atomiccontrol/education/xray/xray_diff.php(그림변형))

EDS 데이터가 시료물질을 구성하는 원소와 그 함량을 보여주는 데 비해,
XRD는 시료물질 안의 원자가 얼마나 규칙적으로 정렬되어 있는지 그 배열
양식을 보여준다. 엑스선 회절 분석에서, 매우 짧은 파장의 전자기파인 엑스선
을 시료에 쏘면 엑스선이 시료를 구성하는 화합물의 원자에 부딪혀 반사된다.
엑스선의 파동이 특정한 원자 배열의 규칙성 때문에 간섭을 일으킬 때 특정
한 회절 각도로 엑스선 회절 신호가 만들어진다. 엑스선의 파장이 0.1nm이며
규칙적으로 배열된 원자 간의 공간이 0.1nm 정도로 알려져, 원리적으로 이런
회절 현상이 가능하다. 회절 패턴은 복잡하지만 회절 엑스선이 감광필름에 남
긴 다양한 점들의 위치와 세기를 분석하면 분석대상 물질의 결정 구조를 추론
할 수 있다(Serway & Jewett 2002: 1026). 합조단의 『합동조사결과 보고서』는
"X선 회절 피크는 결정격자의 면간 거리[…]에 의존한다. 따라서 각 결정마다
각자 고유의 X선 회절 피크를 지니며 비결정에선 X선 회절 피크가 나타나지
않는다"라고 설명했다(합동조사결과 보고서: 241). 예컨대 합조단이 제시한 "시
료1"의 엑스선 회절 분석 데이터인 [그림 5-7]의 오른쪽에서는 "X선 회절피크
가 관찰되지 않으므로 흡착물질에는 결정질이 존재하지 않음을 알 수 있다"는

결론이 도출될 수 있다(합동조사결과 보고서: 241-242). 제시된 엑스선 회절 분석 데이터에서 가로 축은 회절 각도를 나타내며 세로축은 회절의 세기를 나타낸다.

XRD 분석 데이터에서, 특정한 원자 배열에서 뚜렷한 피크 신호가 나타나면 분석대상의 물질은 원자 배열이 정렬된 '결정질' 구조를 지닌 것으로 파악되며, 피크 신호가 나타나지 않으면 '비결정질' 구조를 지닌 것으로 이해된다. 이런 결정질과 비결정질은 흡착물질 논쟁에서 중요한 논란의 요소였다. 합조단은 흡착물질이 "완전한 비결정질"을 보여주는 이례적인 성질에 주목하여 흡착물질이 어뢰의 수중폭발로 생성된 폭발재임이 분명하다는 논증을 폈다. 반면에 합조단의 조사결과에 의문을 제기한 물리학자 이승헌은 아무런 엑스선 회절 신호를 만들지 않는 완전한 비결정질의 구조는 존재하기 힘들다는 다른 견해를 제시하면서 비결정질 논란을 불러일으켰다.

엑스선은 물질 표면 아래 수백 마이크로미터까지 뚫고 들어가 안쪽의 회절 신호도 만들어내기에 산화한 표면과 그렇지 않은 표면 안쪽을 지닌 물질에서 결정성과 비결정성은 '있다', '없다' 중 하나로 명료하게 판정할 수 없는 '정도'의 문제로 나타나는데 합조단의 데이터와 설명에서는 이런 특성이 세심하게 반영되지 않은 듯이 비쳤기 때문이었다. 이승헌은 EDS 데이터에서 알루미늄 성분이 다량 검출되었는데, 아무리 비결정질이라 해도 XRD 데이터에서 그 성분이 평퍼짐한 신호로 나타나게 마련인데도 그런 신호의 흔적을 찾아보기 힘들다는 점에서 합조단의 데이터에 의문을 품으며 흡착물질에 관심을 기울이기 시작했다.

## 이승헌의 검증: 결정질과 비결정질의 문제

이승헌은 합조단의 조사결과 발표가 있은 지 열흘가량 지난 5월 29일에 합조단이 국회 특위 위원들에게 공개한 흡착물질 분석 데이터를 보고 "첫눈에 무언가 이상하다는 생각"을 하면서 이 문제에 관심을 갖기 시작했다고 회고했다. "회절 분석으로 박사학위를 받았고, 지금까지 20년 동안 이 분야에서 연구활동"을 해온 그에게 먼저 눈에 띈 이상한 점은 (1)폭발실험에서 나온 샘플의 데이터에서 결정의 정도가 아주 큼을 뜻하는 높은 피크$_{peak}$ 신호가 나타났으나 선체와 어뢰의 샘플 데이터에서는 그런 신호가 전혀 없었으며, (2)어뢰와 선체 샘플의 EDS 데이터에서 알루미늄과 산소의 신호가 매우 크게 나타났는데도 그 XRD 데이터에서는 알루미늄 종류와 관련된 신호가 없었다는 것이었다. 즉, "한 화학물질의 씨그널이 어떤 분석에서는 보이고 다른 분석에서는 보이지 않는 것이 이상했다"는 것이다. 데이터의 시각물에서 발견한 이상한 점은 이후에 그가 흡착물질 문제에 매달리게 한 동기가 되었다(이승헌 2010[창비] 26-31). 합조단은 5월 20일 기자회견에서 선체와 어뢰 흡착물질의 엑스선 회절 데이터에서 알루미늄 신호가 나타나지 않은 것은 폭약재가 "비결정성"이기 때문이라고 밝힌 바 있었지만(프레시안 2010-5-20), 이승헌은 그 신호가 아예 나타나지 않는 것은 이상한 일이라는 의문을 굽히지 않았다.

그는 과학논문 출판이라는 일상적 과학 활동을 중심으로 논증을 전개했으며, 다른 한편으로는 언론매체를 통해 합조단의 흡착물질 분석에 대한 의문을 제기했다. 며칠 뒤인 6월 3일 그는 물리학 중심의 국제적 공개학술 데이터베이스인 아카이브(arXiv.org)에 자신의 주장을 간추린 논문을 게재했다. 그는 "합조단 조사결과의 흡착물질 부분에 대한 견해"라는 제목의 이 영어 논문 (제1판, [v1])을 일부 수정해 6월 6일에 제2판([v2])을 공개했으며, 이후 자신의 실험실에서 행한 알루미늄 융용-냉각 실험의 결과를 포함하여 제목을 '천안함 보고서의 결정적 증거는 조작되었는가?'로 바꾼 제3판([v3])을 6월 11일에 게재했다. 그는 이어 6월 28일에 캐나다 매니토바대학교의 지구광물학자 양판석과 함께 공저 논문의 형식으로 제4판([v4])을 게재했다.

### XRD 데이터에 대한 의문

이승헌은 제1판과 제2판 논문에서 세 가지 시료의 데이터가 불일치$_{discrepancy}$ 또는 자기모순$_{self-contradiction}$을 보여준다고 주장했다. 합조단 폭발실험에서 얻은 시료[AM-Ⅲ]의 엑스선 회절 데이터는 "결정질" 알루미늄의 존재를 확연히 보여주지만, 선체 흡착물질[AM-Ⅰ]과 어뢰 흡착물질[AM-Ⅱ]의 엑스선 데이터에선 그런 신호가 거의 없었다는 점이 의문의 출발점이었다. 이렇게 데이터의 신호 패턴이 서로 다른데도, 합조단은 세 시료 성분의 "일치"를 주장하면서 이런 차이에 대해거끔 아무런 과학적 설명을 제시하지 않았다는 것이다. 그는 세 가지 시료 각각의 두 가지 분석 데이터, 즉 여섯 개의 데이터 간의 관계를 고려하여 몇 가지 가능성을 제시하면서 세 시료가 동일한 폭발재 성분이라는 합조단의 결론에는 "과학적으로 설명할 수 없는" 논리적 모순이 존재한다고 주장했다.

구체적인 의문으로서, 그는 엑스선 회절 데이터에 나타나는 신호 패턴의 문제를 제기했다. 합조단의 결론대로 세 시료가 산화 알루미늄이 "비결정질"이라 해도 알루미늄 성분이 엑스선 회절 데이터에서 결정질일 때 나타나는 뾰족한 피크는 아니더라도 '펑퍼짐한 피크'로는 그 성분의 고유한 신호가 나타나야 하는데도, 합조단의 엑스선 회절 데이터에서는 그런 신호를 거의 찾아볼 수 없다는 게 그가 품은 의문의 출발점이었다. 그는 엑스선을 물질을 조사할 때, 그 물질에서 나오는 회절 신호의 일반적인 원리라고 볼 때, 결정성의 정도에 따라 피크의 모양이 달라져야지 결정질일 때 신호가 나타나고 비결정질일 때에는 신호가 전혀 없는 그런 것은 아니라는 점을 자기 주장의 근거로 삼았다.

논문에서 그는 결정학 연구자들이 웹에서 사용하는 결정학 시뮬레이션인 '풀프로프(FullProf, https://www.ill.eu/sites/fullprof/)'를 이용

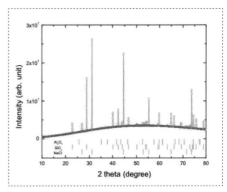

[그림 5-9] 연구자 공유 시뮬레이션 'FullProf'를 이용해 결정질 SiO₂, NaCl과 비결정질 Al₂O₃의 혼합물에 대해 구한 엑스선 회절 데이터(이승헌). 시뮬레이션 데이터에서는 비결정질이라 해도 평퍼짐한 피크가 나타난다.(Lee 2010[v1])

해 합조단의 EDS 데이터에 표상된 물질에 대한 XRD 시뮬레이션의 데이터를 얻어 제시했다([그림 5-9]). 결정질 산화규소($SiO_2$), 결정질 염화나트륨(NaCl), 그리고 비결정질 알루미늄 산화물($Al_2O_3$)이 섞인 혼합물에 대한 XRD 데이터였는데, 여기에서 결정질들은 바늘처럼 뾰족한 신호를 보여준 데 비해 비결정질 알루미늄 산화물은 본래 결정질일 때에 뾰족하게 솟아올라야 할 곳(가로 축의 각도 50도 부근)을 정점으로 하여 평퍼짐한 피크의 패턴을 보여주었다(Lee 2010[v1]: 6-7). 이런 시뮬레이션 데이터를 근거로 한 그의 주장은 결정질 알루미늄이 폭발에 의해 알루미늄 산화물로 바뀔 때에 비결정질이 된다 해도 100% 비결정질이 되긴 힘들며, 설사 100% 비결정질이 된다 해도 평퍼짐한 피크 신호는 나타나야 한다는 것으로 요약되었다.

이승헌: 간단히 설명하자면, 폭약에는 상당량의 결정질 알루미늄이 들어가는데 이 알루미늄이 폭발 후 온도가 올라간 후 냉각이 되면 어떤 물질이 되는지가 중요한 핵심 문제 중의 하나다.

합조단은 그 결정질 알루미늄이 폭발 과정에서 100% 비결정질 산화알루미

늄이 되어 엑스레이에 보이지 않는다고 주장한다. 그러나 산화알루미늄은 비결정
질화 되는 게 아주 어려워서 100% 비결정질화 되었다는 것은 믿기 어렵다. 알루
미늄의 일부만 비결정질물로 산화되면 나머지 결정질 알루미늄에서 나오는 뾰족
한 피크가 엑스레이 회절에서 나와야 한다.

만일 100% 비결정질화가 되었다고 하더라도, 엑스레이 회절에서 신호가 보이
지 않는다는 것은 사실이 아니다. 결정질 물질에서 나오는 뾰족한 피크는 아니지
만 넓은 피크가 특정한 위치에서 보여야 한다. 천안함 선체 외 어뢰추진체에서 나
온 흡착물의 에너지 분광 데이터와 엑스레이 데이터는 서로 상충하며, 이 불일치
는 과학적으로 설명할 수 없다. (프레시안 2010-6-7)

위의 인터뷰에서, 이승헌은 "알루미늄이 폭발 후 온도가 올라간 후 냉각이
되면 어떤 물질이 되는지가 중요한 핵심 문제 중 하나"라고 말했는데, 실제로
그는 이 문제를 검증하려는 유사재현 실험에 나섰다. "아무리 생각해도 합조단
의 흡착물질 EDS 데이터와 XRD 데이터 중 무엇인가는 조작되었다는 심증이
굳어갔다. 그것 말고는 그 데이터들 간의 불일치를 설명할 길이 없었다"(이승헌
2010[창비]: 62). 그의 회고록에 의하면, 그는 6월 7일 무렵에 "알루미늄을 용융
점(660도) 이상으로 온도를 높였다가 급랭각하면 어떻게 되는지 실험하면, 폭
발과정에서 폭발물에 있는 알루미늄이 어떻게 되는지, 실제 폭발 때와 아주
똑같지는 않지만 대략 어떤 화학물질들이 어떤 형식으로 나오는지 알 수 있
을 거란 생각"을 떠올리고는 그날 저녁에 바로 실험을 수행했다(이승헌 2010[창
비]: 66).

그는 열처리를 하지 않은 알루미늄 분말과 섭씨 1100도에서 40분 동안 열
처리한 다음에 2초 이내에 물에 넣어 급랭시켜 얻은 알루미늄 분말, 각각에 대
해 EDS와 XRD 분석을 시행해서 데이터를 얻었다.

열처리로 녹였다 냉각시킨 알루미늄의 분말에서는 40%가량이 알루미늄 산화물이 되었으며 거기에서 "결정질"의 피크 신호가 검출되었다.

> 두 쌤플에 대해 EDS와 XRD 실험을 했다. 열처리를 하지 않은 첫 번째 쌤플의 EDS데이터에서는 산소 씨그널이 나오지 않았고, XRD데이터에서는 예상대로 결정질 알루미늄 피크들만 나오고 결정질 알루미늄 산화물 피크는 나오지 않았다. 열처리를 한 두번째 쌤플의 EDS데이터에서는 산소 씨그널이 나왔다. 산화 알루미늄이 형성되었다는 증거인 것이다. 그리고 XRD데이터에서는 결정질의 알루미늄과 결정질의 알루미늄 산화물($Al_2O_3$)이 둘 다 나왔다. 열처리 후 알루미늄 일부가 산화되었다는 것이다. 정량적으로 분석해보니 40% 정도의 알루미늄이 응용과정에서 산화되었다. (이승헌 2010〔창비〕: 67)

개인 과학자의 유사재현 실험이라는 한계가 있었지만, 알루미늄 시료를 녹였다가 냉각했을 때에 100% 알루미늄 산화물이 되거나 비결정질이 되는 것이 아니라는 실험 결과는 합조단의 조사결과에 대한 그의 의문을 더욱 강화했다.
　그는 유사재현 실험의 결과를 담아 수정한 제3판 논문을 "천안함 보고서의 결정적 증거는 조작되었는가?"라는 제목으로 공개했다. 증거조작 의혹까지 제기하게 했던 그의 유사재현 실험 결과는 어떤 의미를 지니는 걸까? 그는 융용-냉각 시료의 EDS와 XRD 데이터를 합조단 폭발실험 시료의 데이터와 비교했다. 먼저, EDS 데이터의 비교에서 "알루미늄과 산소 신호의 상대적인 비를 제외하고는" 둘 간의 신호 패턴이 "어느 정도 일치consistent" 또는 "유사한similar" 것으로 나타났다고 그는 해석했다 ('알루미늄과 산소의 비'는 이후에 양판석의 EDS 데이터 분석에서 중요한 쟁점이 되었는데 이는 다음 소절에서 다룬다). XRD 데이터의 유사성은 더욱 컸다. 유사재현 실험 시료의 XRD 데이터에서는 합조단이

〔표 5-3〕 이승헌의 유사재현 실험과 해석

| | 실험에서 얻은 백색물질 | | 어뢰 백색물질 B | 선체 백색물질 A |
|---|---|---|---|---|
| | 이승헌 용용냉각 D | 합조단 수조폭발 C | | |
| XRD | | | | |
| EDS | | | | |
| 해석 주장 | 유사재현 실험으로 얻은 D의 데이터와 비교할 때, C의 XRD 데이터는 어느 정도 정확한 것으로 검증되며 EDS도 일부 차이를 빼고 대체로 일치한다. 비결정질인 A와 B는 D, C와 다른 물질인데, 그런데도 EDS 데이터가 동일한 것은 그 데이터에 조작 가능성이 있기 때문이다. | | | |

처음 공개했던 폭발실험 시료의 원 데이터에 나타난 것과 마찬가지로 알루미늄의 결정성, 그리고 알루미늄 산화물의 결정성이 확연하게 나타났다. 즉, 이승헌 실험의 결론은 "달리 말해 [합조단 폭발실험 시료의 XRD 데이터가 보여주는 대로] AM-Ⅲ 시료는 폭발재explosive-turned material"로 판단된다는 것이었다(Lee 2010[v3]). 이 실험은 동일 조건이 아니었지만 유사재현 실험을 통해 합조단의 데이터를 합조단 바깥의 제3자 실험실에서 검증하려 한 첫 번째 시도라는 의미로 평가될 만했다.

합조단 폭발실험 시료의 원 데이터가 자신의 유사재현 실험 데이터와 유사함을 확인하면서, 이승헌은 이런 실험 데이터와 확연히 다른 선체와 어뢰 시료의 데이터를 의문의 대상으로 지목했다. 검증하려는 제3자 연구자한테 자신이 직접 수행한 유사재현 실험의 데이터는 일종의 '참조기준'이 되었다. 그가 직접 얻은 XRD 데이터와는 달리 어뢰와 선체 시료의 XRD 데이터에서 알루미늄의 결정질 신호가 전혀 검출되지 않은 점은, 이미 그의 제1, 2차 논문에서도 지적했듯이 의문스러운 것이었다. 그는 합조단이 제시한 어뢰와 선체 흡착물질과 폭발실험 흡착물질의 데이터에 나타난 XRD의 확연한 차이는 그것들이 확연히 다른 물질임을 말해준다고 추론했다. 이제 설명되어야 할 수수께끼는 어뢰와 선체의 EDS 데이터였다. 그가 수행한 XRD의 유사재현 실험 결과를 바탕으로 합조단의 데이터를 보면, 셋은 서로 다른 물질임이 분명한데도 EDS 데이터에서는 합조단의 자료가 모두 동일한 패턴을 보여주었다. 이런 불일치 또는 모순에 대해 이승헌이 내린 결론은 어뢰와 선체 시료의 EDS 데이터가 조작되었을 가능성이었다.

> 천안함 선체와 어뢰에서 나온 첫 번째와 두 번째 시료는 마찬가지로 알루미늄과 알루미늄 산화물에서 뽀족한 브래그 피크(Bragg peak)를 보여주었어야 했다. 그러나 그렇지 않았다. 그러면 폭발실험 시료에서 관찰되는 것처럼 알루미늄 신호가 강하게 나타나는 EDS 데이터는 어떻게 설명할 수 있는가? 알루미늄 신호가 실재적인 것이 아니라 수작업으로 기입되었다는 것만이 유일한 설명이 된다. 달리 말해 첫 번째와 두 번째 흡착물질의 EDS 데이터는 조작되었다. (Lee 2010[v3]: 5-6) [필자의 번역]

유사재현 실험을 통한 검증은 폭발실험 흡착물질의 데이터와 다른 선체와 어뢰 흡착물질의 EDS 데이터가 조작되었을 가능성을 제기하는 근거가 되었다. 그러나 합조단은 이런 유사재현 실험의 결과를 인정하지 않았다. 합조단은 폭발실험 시료에서 결정질 신호가 검출된 것은 폭발실험 수조의 덮개로 쓴 알루미늄 판재에 달라붙은 채로 그 미량의 시료를 분석하는 바람에 판재의 알루미늄 성분에서 나온 결정질 신호가 섞여 나왔을 뿐이라는 해명을 제시했다. 합조단은 9월에 출간한 『합동조사결과 보고서』의 부록에서 많은 지면을 할애해 이 문제를 해명했으나, 이는 실험 설계와 분석 실행의 적절성을 둘러싼 또 다른 논란을 불렀다.

### EDS 데이터에 대한 의문

이승헌이 유사재현 실험에서 XRD 데이터에 대해서는 분명하게 판단한 반면에 EDS 데이터에 대해서는 판단을 유보했던 부분, 즉 EDS 데이터에 나타난 "알루미늄과 산소의 비"가 지닌 특별한 의미가 무엇인지는 다른 연구자에 의해서 해석되었다. 이 문제는 "흡착물질" 논쟁에서 아주 다른 쟁점을 만들어냈다. 캐나다 매니토바대학교 지질학과 분석실장 양판석은 합조단의 EDS 데이터에 나타난 "알루미늄과 산소의 비"로 볼 때에 그 흡착물질은 알루미늄 산화물보다는 알루미늄 수산화물(수소 하나와 산소 하나가 결합한 형태의 화합물, OH⁻)에 가깝다는 주장을 제기하고 나섰다. 이런 주장은 선체와 어뢰 흡착물질과 폭발실험 흡착물질 데이터 간 관계에 관한 논란에서 새로운 쟁점을 만들어냈다. 뒤이어 이승헌은 앞서 발표한 자신의 제3판 논문에다 양판석의 분석과 주장을 담아 두 사람의 공저 논문으로 제4판 논문을 작성해 6월 28일 같은 온라인 학술논문 데이터베이스에 공개했다(Lee & Yang 2010[v4]). 엑스선 회절 전문가인 이승헌과 광물 분석 전문가인 양판석이 협력 연구를 함으로써, 세 시료의 여섯 가지 데이터 중에서 혼란과 모순을 일으키는 원인으로 '폭발실험 흡착물질의 EDS 데이터'가 새롭게 지목되었다. 제4판 논문은 선체와 어뢰 흡착물질의 EDS 데이터가 조작되었을 가능성이 있다는 이전의 주장을 포기하고 그 대신에, 폭발실험 흡착물질의 EDS 데이터가 조작되었을 가능성을 제기했다.

　2013년에 이승헌은 그간 부분적으로 이루어졌던 논의와 추론을 종합하면서 합조단 폭발실험 시료의 EDS 데이터가 조작되었을 가능성을 제기하는 논문을 서재정과 함께 저술해 정식 학술지에 발표했다(Lee & Suh 2013). 이들은 이 논문에서 합조단 조사결과의 의문점들을 정리하면서, 특히 2010년 유사재현 실험 때에 XRD 데이터에 관심을 기울이다보니 소홀히 다루었던 EDS 데이터를 비교하면서 합조단 데이터가 의도적으로 조작되었을 가능성을 주장했다. 그는 (1)합조단의 폭발실험 시료의 EDS 데이터를 (2)자신의 유사재현 실험에서 직접 얻은 시료의 EDS 데이터, 그리고 (3)연구용 EDS 시뮬레이션 소프트웨어인 "NIST DTSA Ⅱ"(http://www.cstl.nist.gov/div837/837.02/dtsa2/index.html)에서 얻은 알루미늄 산화물($Al_2O_3$)과 알루미늄 황산염수화물

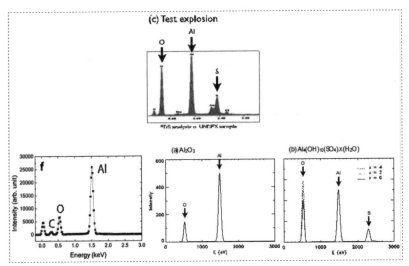

[그림 5-10] 합조단 폭발실험 시료의 EDS 데이터에 대한 이승헌의 비교 검증. 이승헌은 폭발실험 시료의 데이터(맨위)를 자신의 알루미늄 융용-냉각 실험에서 얻은 알루미늄 산화물 데이터(아래 맨왼쪽), 그리고 EDS 시뮬레이션 프로그램에서 얻은 알루미늄 산화물 데이터(아래 가운데), 알루미늄 황산염 수화물 데이터(아래 맨오른쪽)와 비교한 뒤, 폭발실험 시료의 데이터가 폭발재인 알루미늄 산화물의 것과 다르며, 오히려 알루미늄 황산염 수화물의 것과 유사하다는 점에서 조작된 것으로 보인다는 결론을 제시했다. (Lee & Suh 2013, 그림 재구성)

$(Al_4(OH)_{10}(SO_4)xH_2O)$의 EDS 데이터와 비교했다([그림 5-10]). 자신의 2010년 실험과 분석, 그리고 같은 해 10월과 11월에 양판석과 정기영이 어뢰와 선체 흡착물질을 알루미늄 수산화물의 일종으로 판단했던 분석결과를 종합할 때, 비결정질 알루미늄 산화물을 보여주는 합조단 폭발실험 시료의 EDS 데이터는 조작되었다고 볼 수밖에 없다는 강한 주장을 공저자들은 제시했다.

> 실험에서 중대한 실수가 있었거나 그 데이터가 합조단의 결론에 맞추기 위해서 의도적으로 만들어지지 않았다면, 실험에서 [합조단] 폭발실험의 EDS 데이터가 그림 2 (c) [그림 5-10에서 맨위]와 같은 데이터가 되는 것은 과학적으로 불가능하다. […] 유일하게 설명해줄 수 있는 한 가지는 합조단의 시험 폭발 EDS 데이터가 조작되었을 게 틀림없다는 것이다. (Lee & Suh 2013: 22) [필자의 번역]

EDS 데이터에 관한 의문은 선체와 어뢰 흡착물질 시료가 국내외에 있는 지질학자 두 명의 실험실에 각각 건네져 직접 분석되고 합조단의 결론과 다른 해석의 결과들이 제시되면서 본격적인 '과학 논쟁'의 무대에 올려졌다.

### 양판석, 정기영의 검증: 산소와 황의 문제

어뢰와 선체 흡착물질 시료의 EDS 데이터에 대해, 관련 데이터를 일상적으로 다루는 전문연구자가 공개적으로 의문을 제기한 것은 이승헌의 의문 제기가 있고 나서 얼마 지나지 않은 6월 18일 무렵이었다. 양판석은 지질학 연구와 관련한 인터넷 네트워크인 '코리어스(Korearth, http://korearth.net)'의 게시판에 "민군조사단의 천안함 EDS 분석결과와 지질학"이라는 제목의 글을 올려, 합조단의 EDS 데이터에 나타난 "알루미늄과 산소의 비"에 의문을 제기했다(양판석 2010-6-18). 합조단이 밝힌 대로 그 물질이 산화 알루미늄이라면 알루미늄과 산소의 비율이 3:2 정도로 나타나야 하는데도, 합조단의 EDS 데이터를 보면 산소가 알루미늄과 거의 비슷한 비율로 나타났다. 따라서 "주어진 자료만 가지고 무엇인지 정확히 알 수는 없지만 [데이터가 보여주는 물질이] 산화 알루미늄이 아니란 것은 매우 타당해" 보인다는 주장이었다. 그러면서 그는 EDS 데이터가 표상하는 물질로서, 풍화의 대표적 산물인 "깁사이트 혹은 알루미늄 하이드로옥사이드(gibbsite, Al(OH)$_3$)"를 지목했다. 점토광물인 깁사이트의 화학조성(65.36wt% Al$_2$O$_3$, 34.64wt% H$_2$O, wt는 분자량 단위)은 합조단이 제시한 채취물의 화학조성(45-55wt% Al$_x$O$_y$, 36-42wt% H$_2$O, [표 5-4])에 가까운 것으로 나타났다.

EDS 데이터를 둘러싼 논란은 상당히 많은 양으로 검출된 산소 성분의 신호가 알루미늄 산화물에 붙은 "습기"에서 유래한 것인지 또는 물 분자로 따로 존재하지 않지만 가열하면 물 분자로 탈수되는 "구조수"에서 유래한 것인지를 묻는 문제로 변환되었다. 양판석은 6월 30일 게시판에 올린 "천안함 EDS 분석자료에 대한 반박-양판석"이라는 제목의 글에서 '물의 정체'가 흡착물질 EDS 데이터에서 가장 큰 쟁점이라고 정리했다.

〔표 5-4〕 합조단이 제시한 어뢰와 선체 흡착물질의 성분.

| 검출 물질 Extracted | 함량(%) Content | 비고 Notes | 검출 물질 Extracted | 함량(%) Content | 비고 Notes |
|---|---|---|---|---|---|
| 알루미늄 산화물(Al$_x$O$_y$) | 45~55 | 비결정 Amorphous | 황 Sulfur | 3.5~4.5 | |
| 탄소(C) | 0.6~3.0 | 일부 흑연 Graphite | 수분 등 Moisture etc. | 36~42 | |

Table I: The substance analysis results obtained from the EDS data, and reported in Ref. [1].

합조단은 EDS 데이터를 바탕으로 흡착물질이 알루미늄 산화물과 수분, 황, 그리고 미량의 탄소로 구성되어 있다고 해석했다. (출처: 국회에 제출된 합조단의 자료, Lee 2010[v.4]: 13에서 재인용)

합조단은 EDS 분석결과에 나타나는 약 40퍼센트의 물이 제가 주장하는 것처럼 알루미늄 수산화물(깁사이트)에 포함된 구조수가 아니라 산화알루미늄(강옥)의 표면에 묻어 있는 습기라는 주장을 하고 있습니다. 그들의 EDS 분석결과표는 산화알루미늄이 약 50퍼센트, 습기가 약 40퍼센트, 나머지 탄소, 소금, 황, 규소 등등 불순물이 약 10퍼센트라고 보고 있습니다. 문제는 이 물의 정체가 구조수냐 아니면 습기냐입니다. (양판석 2010-6-30)

양판석은 광물에 대한 EDS 분석장비와 측정 실행의 특성에 근거를 두어, 제시된 "수분"이 알루미늄 산화물에 붙은 수분이 아니라 광물에 함유된 성분이라고 주장했다. EDS 분석 실험을 하려면 시료에다 금이나 탄소 코팅을 하는데 수분이 있다면 이 과정에서 사라지며, 게다가 이후에 시료를 진공에 두어 측정해야 하는데다가 전자빔을 쏘아 시료의 원소에서 방출되는 에너지를 측정하는 원리 때문에 시료에 열이 발생해 습기는 모두 증발하므로 그 수분 성분이 EDS 데이터에 반영될 가능성이 거의 없다는 것이 그 주장의 근거였다. 그러므로 만일 산소 성분이 EDS 데이터에서 측정되었다면 그것은 "물 분자"가 아니라 시료물질을 이루는 "구조수"로 보아야 한다는 게 그의 추론이자 주장이었다. 그는 "EDS 광물 분석 후 물로 추정되는 것이 나오면 그건 '함수 광물이다'라고 하지 '습기다'라고 하지 않음은 지질학 상식 중에도 상식에 속한다"라며 산소가 시료의 내부 성분이지 시료에 붙은 수분이 아님을 강조했다 (양판석 2010-6-30).

지질학 연구자들의 온라인 커뮤니티인 코리어스에 글을 올리던 양판석은 이용자가 훨씬 더 많은 생물학 연구자들의 온라인 커뮤니티인 생물학연구정보센터(BRIC, 브릭)에도 글을 올리기 시작했다. 이 무렵에는 브릭에서도 천안함 침몰사건에 대한 합조단의 조사결과를 둘러싸고 과학적 논란을 다루는 글들이 자유게시판에 오르던 중이었다. 양판석은 7월 11일 코리어스와 브릭의 자유게시판에 "천안함 흡착물 EDS 논쟁을 마치며"라는 제목으로 올린 글에서, 합조단의 EDS 데이터에 대해 그동안 자신이 벌인 논쟁을 종합해 정리했다(양판석 2010-7-11). 그는 이 글에서 자신이 합조단의 데이터에 의문을 품을 수밖에 없는 이유를 두 가지로 압축했다. 하나는 합조단의 EDS 데이터에서 산소 대 알루미늄의 비가 "0.9:1"일 정도로 산소가 많이 검출되었는데, 산화 알루미늄의 데이터에서 이렇게 많은 산소량이 나타난다면 그것은 "비정상적인" 데이터라는 주장을 굽히지 않았다. 두 번째로 그는 "과다한 산소"의 출처가 여전히 모호하다는 점을 지적했다. 합조단은 그 출처가 시료 안에 있던 "습기"라고 설명했으나 양판석은 EDS 분석 실험에서는 필연적으로 수분이 증발하기에 산소가 수분으로 존재할 수 없다는 이전의 추론을 다시 확인했다. 그는 합조단이 제시한 물질이 산화 알루미늄이 아니라 수산화 알루미늄일 수밖에 없다는 게 합리적 결론이라고 주장했다.

XRD 데이터를 중심으로 한 이승헌의 분석에서 막연한 의문의 대상이 되었던 EDS 데이터는 양판석의 의문 제기 이후에 본격적인 논쟁의 대상이 되었다. 산화 알루미늄의 EDS 데이터로 보기에는 거기에 산소 성분이 지나치게 많았으며, 산소 성분을 시료에 붙은 습기로 보기에는 EDS 분석장비와 측정 실행의 특성에 비추어볼 때 쉽게 설명되지 않았기 때문이었다. 같은 시료와 데이터를 말하고 있었으나 그 데이터가 과연 어떤 물질을 표상하는지를 두고서 서로 다른 견해가 제시되는 데이터 해석의 논란이었다.

"흡착물질" 논쟁은 합조단 바깥에서 제3자 연구자들이 실제의 증거물인 물질 시료를 직접 분석할 수 있게 되면서 비로소 실체가 있는 실질적인 문제가 되었다. 합조단이 5월 20일 천안함 사건 조사결과를 발표한 직후 6월부터 물리학자 이승헌과 지질학자 양판석이 잇따라 합조단 데이터의 모순과 의문을 지적하면서 시작된 흡착물질 논란은 이제 실제 시료와 그 해석에 대한 검증의 단계로 넘어갔다. 합조단이 분석과정에 합조단 전문가도 입회한다는 조건으로 민주노동당의 이정희 국회의원실에 제공한 선체와 어뢰 흡착물질 시료의 일부가 천안함 조사결과 언론보도 검증위원회(언론검증위)를 거쳐 양판석에 분석 의뢰 형식으로 건네졌으며,[7] 시사주간지 《한겨레21》과 한국방송공사(KBS)의 시사프로그램 《추적 60분》이 언론검증위를 통해 얻은 시료 일부가 안동대학교 지구환경과학과 교수 정기영의 분석에 맡겨졌다. 양판석의 분석결과는 10월 12일 언론검증위를 통해 발표되었으며 정기영의 분석결과는 11월 17일 《한겨레21》과 《추적 60분》을 통해 보도되었다(한겨레21 2010-11-22: 14-18; KBS 추적 60분 2010-11-17).

독립적으로 이루어진 두 연구자의 분석결과는 대동소이했다. 흡착물질 시료가 알루미늄 폭약의 폭발에 의해 고온과 고압의 조건에서 생성된 알루미늄산화물이라고 보기는 힘들며 섭씨 100도 이하 온도에서 알루미늄과 황이 결합해 만들어진 것으로 보인다는 게 두 과학자가 제시한 유사한 결론의 뼈대였다. 양판석은 시료를 "비결정성 바스알루미나이트 $Al_4(OH)_{10}(SO_4)4H_2O$"라고 규명했으며, 정기영은 "비결정성 알루미늄 황산염 수화물 $2Al_2O_3 \cdot SO_3 \cdot 9-10H_2O$ 또는 $Al_4(SO_4)(OH)_{10}4 - 5H_2O$"로 판정했다. 분석결과가 공개된 이후에 두 연구자는 두 가지 화학식과 명명이 서로 다르지만 사실상 동일한 결론

---

7 합조단은 2010년 6월 22일과 28일 민주노동당 이정희 의원실에 선체 흡착물질과 어뢰 흡착물질 시료를 제공하면서 시료 분석 전과정에 합조단 전문가가 입회한다는 다음과 같은 서면 약속을 어겼다며 항의했다. "3. 흡착물질 시료분석은 민주노동당이 주관하여 실시하며, 분석결과의 신뢰성과 투명성 보장을 위해 합동조사단 전문가가 위 시료분석의 전 과정에 입회한다(봉인된 시료의 개봉은 양측 입회하에 실시)"(서울중앙지법 공판조서 2010-10-12).

이라는 점을 인정했다(한겨레21 2010-11-22).[8] 무엇보다 새로운 쟁점으로, 황 (S)이 합조단의 EDS 데이터에서 주요 성분으로 검출되었는데도 알루미늄 산화물에 가려져 그다지 주목을 받지 못했다가 양판석과 정기영의 시료 분석을 거치면서 시료의 정체를 규명하는 데에 중요한 원소로서 떠올랐다.

### 양판석의 물질 동정

양판석은 9월 24일부터 10월 7일까지 어뢰 프로펠러와 모터, 선체의 제어기와 연돌에서 채취한 시료 4점에 대해 엑스선 회절XRD, 에너지 분광EDS, 적외선 분광FT-IR, 전자현미분석EMP, 레이저 라만분광 기법을 사용해 분석작업을 벌였으며 주사전자현미경SEM 관찰을 수행했다. 그는 이를 통해 상당한 양으로 검출된 황이 알루미늄과 별개로 존재하는 게 아니라 알루미늄-황 화합물을 이루고 있다는 결론을 얻었다고 밝혔다.

> 엑스선 지도에서 알루미늄과 황이 서로 균질한 분포 양상을 보인다는 것은 이들이 독립적인 물질을 구성하는 게 아니라 서로 결합되어 하나의 알루미늄 황 화합물을 구성함을 지시한다. (양판석 2010-10-12)

시료별로 10건의 전자현미분석을 실시한 결과도 황이 시료의 정체를 규명하

---

8 양판석의 "비결정질 바스 알루미나이트"와 정기영의 "비결정질 알루미늄 황산염 수화물"은 사실상 동일한 결론으로 받아들여진다. 한겨레21 보도에서, 정기영은 "바스알루미나이트는 광물이고 광물은 결정질이므로 '비결정질 바스알루미나이트'라고 명명할 수 없다"는 점에서 이름이 달라졌을 뿐이라며 "흡착물질이 바스알루미나이트의 화학식과 거의 흡사한 알루미늄황산염수화물인 점은 분명하다"고 말했다. 양판석은 "광물의 이름을 사용하려면 결정질이어야 한다는 지적은 맞지만, 비결정질 바스알루미나이트란 말이 문헌에 등장한다"며 "사실 이름은 중요하지 않다"고 말했다(한겨레21 2010-11-22: 17).

는 데에 중요한 존재임을 확인해주었다. "검출된 주요 성분인 알루미늄과 황의 양은 바스알루미나이트(Basaluminite or Felsobanyaite, $Al_4(OH)_{10}(SO_4)4H_2O$)의 이론적인 알루미늄의 양($43.94$ wt% $Al_2O_3$)과 황($17.25$ wt% SO3)의 양과 매우 유사"한 것으로 나타났다는 것이다(양판석 2010-10-12).

양판석은 10월 27일에 공개한 '2차 분석 보고서'에서 1차 분석결과를 다시 확인해주는 후속 분석결과를 좀 더 자세하게 밝혔다(양판석 2010-10-27). "[전자현미분석을 통해] 분자식 계산 결과 다수의 분석결과가 알루미늄과 황의 비율이 바스알루미나이트의 4 : 1과 일치함을 보여준다", "4개 시료에 대한 마이크로 라만 분석도 침전물이 바스알루미나이트임을 보여준다"와 같은 결론은 1차 분석의 결과를 더욱 굳혀 주었다.

이와 더불어 2차 보고서에서 그는 바스알루미나이트가 천안함 침몰해역에서 어떻게 형성될 수 있었는지 그 기원과 생성과정을 설명하는 가설 하나를 제시했다. 이런 가설의 추론은 "[1차 분석] 그 후 이루어진 세부 검사결과 지방족 탄화수소[$CH_2$]가 모든 시료에서 검출됨을 확인"하면서 나왔다. 그는 1차 보고서에서도 "특이한 점은 제어기[에서 채취한] 흡착물에 $CH_2$가 나타나며 나머지 3개 흡착물에도 양은 더 적지만 $CH_2$가 검출된다"는 관찰 사실을 별다른 해석 없이 남겼는데(양판석 2010-10-12), 2차 보고서에서 지방족 탄화수소 $CH_2$는 바스알루미나이트의 기원과 생성과정을 설명하는 데 필요한 요소로 해석되었다. "지방족 탄화수소는 디젤연료의 상당부분을(약 70%) 차지하며 천안함과 함께 침몰한 연료탱크에서 유출된 경유[의 성분으]로 추정"되기 때문이었다(양판석 2010-10-27). 그가 제시한 가설은 다음과 같았다.

천안함 선체 및 어뢰 파편에서 발견한 백색 물질은 바스알루미나이트(Basaluminite or Felsobanyaite, $Al_4(OH)_{10}(SO_4)4H_2O$)이다. 산성 광산 폐수,

석회암 동굴, 화산, 유전지역 등 지질 환경에서 생성되는 바스알루미나이트는 모두 sulfide(황화물)가 sulfate(황산염)로 산화될 때 생성되는 황산성 수용액과 그로 인한 알루미늄이 많은 지질물질(고령토, 장석, 이암, 셰일, 화산재)의 용해와 연관되어 있다. 유전지대의 경유 석유를 분해하는 혐기성 박테리아의 활동으로 생성된 황화수소가 상승하면서 지표수를 만날 때 산화되어 황산성 수용액을 만들고 이것이 알루미늄이 풍부한 토양을 용해해서 바스알루미나이트를 생성시킨다. 천안함의 경우 침몰한 연료탱크가 유전지대의 역할을, 침몰해역의 부유성 점토광물이 유전지대 상부의 알루미늄이 풍부한 토양의 역할을 한 것으로 비유할 수 있다. (양판석 2010-10-27)

그러나 이런 과감한 가설은 해수에서 바스알루미나이트가 자연적으로 생성되는 과정을 여러 우연성의 결합으로 설명하는 것이어서 쉽게 수용되기는 어려운 것이었다. 양판석의 분석은 시료물질이 폭발재로 지목된 알루미늄 산화물이 아니라 알루미늄 수산화물임을 세밀한 데이터를 바탕으로 제시해 주목받았으나, 여기에서 더 나아가 그 물질 생성의 기원을 "가설" 수준 이상으로 설명하기는 쉽지 않았다.

### 정기영의 물질 동정

각기 다른 경로로《한겨레21》과《추적60분》의 분석 의뢰를 받은 정기영은 양판석과 마찬가지로 다양한 분석장비를 이용해 시료의 정체를 규명했다. 그가 주목한 것은 '황'의 존재였다. EDS 데이터에서 황 성분이 뚜렷하게 검출되었으며 해수에서 유래한 물질을 분석할 때에 당연히 황의 존재에 대한 설명이 제시되어야 했는데도, 합조단의 조사결과에서 황의 존재는 별달리 설명되지 않았기 때문이었다. 이런 의문에 대한 견해를 언론사에 밝혔던 것이 인연이 되

[표 5-5] 선체와 어뢰 흡착물질에 관한 두 가지 해석

| | | 양판석 / 정기영 | | 합조단 | |
|---|---|---|---|---|---|
| | | 선체 물질 A | 어뢰 물질 B | 선체 물질 A | 어뢰 물질 B |
| XRD | | | | | |
| EDS | | | | | |
| 해석 주장 | | 산소의 원소비, 황의 원소비로 볼 때, 구조수를 지닌 알루미늄 수산화물의 일종이다. | | 산소의 높은 비율은 시료의 미세 기공에 있는 수분일 뿐이며, 시료는 알루미늄 산화물이다. | |

어 흡착물질 분석 의뢰를 받은 그는 주사 전자현미경 SEM, 전계방출 주사 전자현미경FESEM, 단면 주사 전자현미경 관찰과 더불어, 엑스선 회절, 전자현미화학분석EPMA, 투과 전자현미경TEM을 사용해 EDS 화학조성 및 전자회절ED 구조분석, 원소 분석EA을 시행했으며, 황의 기원을 알아보기 위한 황의 안정동위원소 분석, 그리고 시료를 섭씨 1200℃까지 가열하면서 물질 변화를 살피는 열처리 분석을 시행했다(정기영 2010-11-8 ; 2010-11-10). 정기영은 열 가지의 분석을 토대로 다음과 같은 해석을 제시했다.

2.1. 흡착물질의 본질

○ 이상의 다양한 미시화학적(EPMA, TEM-EDS), 미시구조적(TEM-ED), 거시화학적(EA, TG), 거시구조적(XRD) 분석결과를 종합하면 소량의 광

물들이 섞여 있기는 하나, 대부분 비정질 알루미늄 황산염 수화물(Amorphous Aluminum Sulfate hydroxide Hydrate, AASH)로 판단된다.

○ 전자현미화학분석과 원소분석결과로부터 분석된 3개 시료의 AASH 화학 조성은

$2Al_2O_3 \cdot SO_3 \cdot 9{-}10H_2O$ 또는 $Al_4(SO_4)(OH)_{10}4{-}5H_2O$이다.

○ 광물은 결정질이어야 하나, 흡착물질은 비정질이므로 비록 화학조성이 유사하지만 basaluminite라는 광물명을 사용해서는 안 된다. (정기영 2010-11-10)


이런 결론은 흡착물질이 폭발재인 알루미늄 산화물이라는 합조단의 해석과 매우 달랐다.

그러나 그는 흡착물질의 기원과 생성과정은 주어진 시료만의 분석으로는 알기 힘든 열린 물음으로 남겨두었다. 그는 시료에서 관찰된 여러 특징으로 볼 때 그것이 고온과 고압의 폭발 당시에 생성된 물질로 단언하기에도, 그렇다고 확연한 부식작용의 산물로 보기에도 어려운 대목들이 있다는 해석을 제시했다.


○ 흡착물질의 미세조직으로 미루어, 흡착물 덩어리들이 어딘가에서 떨어져 고체 상태로 날아와 들러 붙은 것은 아니다. [⋯] 방사상으로 성장한 듯한 일관된 조직은 부식작용으로 설명하기 어렵다.

○ 또한 폭발과정에서 생긴다고 알려진 알루미늄 산화물 등의 극미립 고체 입자들이 집적된 조직도 발견하지 못했다. [⋯]

○ 흡착물질 덩어리의 거시적 및 미시적 조직은 흡착물질의 원인물질이 용해된 상태로 존재하다가 침전하면서 순차적으로 성장했음을 일관하여 지시한다.

(정기영 2010-11-10)

그가 어뢰와 선체에서 분리되어 실험실에 옮겨진 일정량의 시료만의 분석
으로 내릴 수 있는 결론은 그 시료물질이 알루미늄 수산화물의 일종이라는 것
이었지만, 중간반응 산물인 알루미늄 산화물이 어뢰폭발로 인해 먼저 생성되
고 최종 반응 산물로서 알루미늄 수화물(분자 안에 물 분자를 포함하는 화합물)이
생성되었을 가능성도 완전히 배제할 수는 없다는 게 그의 신중한 해석이었다.

합조단은 보고서에서 기존 학설에 고착되어 알루미늄 산화물이 Al 연소의 최
종 산물이라고 규정하고 있다. 그러나 아직 설명할 수는 없지만, 만약 폭발과정에
서 알루미늄 산화물은 중간반응산물이고, 해수와의 반응에 의한 최종 반응산물은
AAAH[비결정성 알루미늄 황산염 수화물]일 가능성도 있다. (정기영 2010-11-10)

그는 비결정질의 알루미늄 황산염 수화물이 어떤 환경에서 어떤 과정을
거쳐 생성되었는지를 설명하기 위해서는 선체와 어뢰의 흡착물질 시료의 분석
으로는 부족하며, 그렇기에 더 많은 정보를 얻어 "이의 확인을 위하여 폭발실
험 과정에 얻어진 흡착물질에 대한 확인이 필수적이다"라는 견해를 제시했다.
흡착물질이 무엇인지를 밝히는 데에서 더 나아가 그 물질이 어떻게 생성되었
는지 그 기원을 설명하려면, 합조단이 공개하지 않은 폭발실험 흡착물질 시료
에 대한 분석과 비교가 함께 이루어져야 했다.

## 파장과 쟁점의 명료화

국방부와 합조단은 흡착물질 분석결과에 대한 이승헌과 양판석의 의문

제기 이후인 9월에 『합동조사결과 보고서』를 출판했다. 합조단은 이 최종 보고서에 의문과 논란의 대상이 되었던 점에 대해 설명하는 몇 가지 다른 실험 데이터를 실어 흡착물질의 증거능력을 보강하고자 했다. 그러나 이런 보강 논증이 논쟁을 종결하는 데로 나아가지는 못했다. 오히려 보고서 이후에 양판석과 정기영에 의해 각자 독립적으로 제기된 '산소'와 '황' 성분의 문제는 흡착물질의 정체를 파악하기 위해서 풀어야 하는 새롭게 중요한 요소가 되었다.

## 합조단의 보강 논증, 종결되지 않는 논쟁

먼저 합조단은 흡착물질을 비결정성 알루미늄 산화물이라고 발표한 것과 달리 모의 폭발실험에서 얻은 물질의 XRD 데이터에서 결정질 알루미늄의 피크 신호가 강하게 나타난 것과 관련해, 보고서에 자세한 해명을 실었다. 합조단은 "XRD 분석 시 소량의 폭발재가 알루미늄 판재에 흡착된 상태로 분석되었기 때문에 알루미늄 결정 피크만 크게 나타나고 다른 성분들은 미약하게 나타났다"는 점을 다시 확인했다. 합조단은 이런 해명의 진실성을 입증하고자, 이미 공개된 XRD 데이터에서 알루미늄 판재만의 XRD 데이터를 제거하는 방식으로, 즉 알루미늄 판재의 XRD 데이터를 일종의 '배경잡음'으로 보아 제거하는 방식으로 두 데이터를 비교할 때 "알루미늄 산화물의 결정은 거의 보이지 않았다"라는 해석을 제시했다.

알루미늄판재에 흡착된 폭발재의 XRD 분석 데이터와 알루미늄 판재만의 XRD 분석 데이터를 비교했다. XRD 분석 데이터의 결정피크를 확대하여 보아도 알루미늄 산화물의 결정은 거의 보이지 않았다. 이는 대부분의 알루미늄 산화물이 X선 회절분석에는 나타나지 않는 비결정성이기 때문이다. [···] 이러한 분석을

〔표 5-6〕 합조단의 흡착물질 분석 결과

| 시료 | EDS | XRD |
|---|---|---|
| A.<br>선체(함미,<br>함수, 연돌)<br>흡착물질 | 원소 성분은 산소, 나트륨, 알루미늄, 황, 염소 등 원소 성분<br>→알루미늄 산화물($Al_xO_y$) 그리고, 염($NaCl$, $MgCl_2$) 황/황화합물 | -회절피크 없음. 결정질 존재하지 않음<br>-규소, 흑연, 소금 등 결정 검출. 주성분은 비결정성 물질 |
| B.<br>어뢰 추진동력<br>장치 흡착물질 | 탄소, 산소, 나트륨, 마그네슘, 알루미늄, 규소, 황, 염소 등 원소 성분<br>→(A)와 동일하게 주성분은 알루미늄 산화물 | 규소, 소금 등 결정 검출. 산화알루미늄의 결정피크가 매우 미약하게 관찰됨<br>→(A)와 동일하게 대부분 비결정성 물질 |
| C.<br>폭발실험<br>흡착물질 | 탄소, 산소, 나트륨, 알루미늄, 황, 염소 등의 원소 성분<br>→(A)(B)와 동일 | 알루미늄 판재에 흡착된 상태로 분석. 알루미늄 결정피크만 크게 나타나고 다른 성분은 미약. 알루미늄 산화물 결정피크 거의 보이지 않음<br>→(A)(B)와 동일하게 비결정성 물질 |

"이러한 분석을 통하여 폭발재의 성분이 천안함 선체와 어뢰의 흡착물질의 성분과 같은 비결정성 알루미늄 산화물임을 알 수 있다. 단, 폭약재의 구성 성분비는 수중폭약의 성분비, 화약량, 폭발조건 등에 따라 다소 다를 수 있다."

(출처: 합동조사결과 보고서: 240-265)

통하여 폭발재의 성분이 천안함 선체와 어뢰의 흡착물질의 성분과 같은 비결정성 알루미늄 산화물임을 알 수 있다. (합동조사결과 보고서: 257-258)

합조단은 이승헌이 합조단 폭발실험 흡착물질의 시료가 완전한 비결정성일 가능성을 반박하는 근거로 제시했던 그의 유사재현 실험에 대해서는 '실험조건'이 달라 그 자체를 인정할 수 없다는 태도를 견지했다. 천안함 침몰을 일으킨 수중폭발이 섭씨 3000℃ 이상 고온과, 20만 기압 이상 고압의 상태에서 일어났으며 이것이 수십만 분의 1초 만에 급격히 냉각하는 과정을 거쳤을 것으로 보이는데, 이런 조건을 구현한 합조단의 폭발실험과는 달리 이승헌의 실험은 섭씨 1100℃에서 가열해 녹인 알루미늄을 물에 2초 간 냉각하는 방식으로 이루어져 천안함 사건에 참조할 만한 실험 결과가 아니라는 것이었다(서울중앙지법 이근득 증인조서 2015-9-4: 12-13).

이와 함께, 합조단은 이승헌의 주장을 반박하면서 폭발실험 흡착물질이 비결정질임을 입증하는 다른 분석 근거를 제시했다. 흡착물질을 분석한 합조단 조사위원 이근득은 흡착물질 논쟁에 제기된 2010년 11, 12월 무렵에 알루미늄 판재에서 떼어낸 폭발실험 흡착물질에 대해 "마이크로-엑스선 회절 분석(micro-XRD)"을 독자적으로 시행했으며, 이 분석에서도 알루미늄 산화물의 비결정질이 다시 확인되었다고 증언했다. 그는 증언에서 알루미늄 함유 폭약이 수중에서 폭발했을 때에 비결정질의 알루미늄 산화물이 생성된다는 선행연구나 보고가 없음을 인정하면서, 그렇더라도 마이크로-엑스선 회절 분석의 결과는 합조단의 흡착물질 분석결과를 뒷받침할 근거가 될 수 있다고 주장했다.

[변호인 문, 증인 답]

문: 다른 학자들이 이게 전부 100% 비결정질화 된다는 이 견해에 대해서 선뜻 동의를 못하는 것이라고 생각이 되는데, 이 부분에 대해서 어떻게 검토를 하셨나요?

답: 알루미늄 판재에 소량이 붙어 있기 때문에 알루미늄 판재를 조그맣게 절편해서 XRD 장비에 올려놓고 찍은 겁니다. 그래서 알루미늄 판재에 나와 있는 피크가 쭉쭉 나온 거고요. 이거 때문에 여러 분들한테 어떻게 보면 혼이 났는데. 저희가 장비가 들어올 때 그 무렵에 micro-XRD 장비가 갓 들어왔어요. micro-XRD라는 거는 알갱이 하나가지고도 XRD를 찍을 수 있는 장비입니다. 일반적인 장비보다 고가지요. (증인이 제출한 '수중 폭발시시험 폭발재 micro-XRD 분석'을 제시하고) 이게 팬 굵기가 0.6mm예요. 가운데 알갱이 하얀 거 하나 보이시

지요. 그렇게 작아요. 이 입자들이. 수조에서 걷은 알갱이를 여기다 올려놓고 찍은 거예요. 피크가 하나도 없어요. 결정질이 하나도 없다는 얘기입니다. 이게 증거인데 왜 자꾸 이런 문헌이 있냐 없냐를 말씀하시는지. 만약에 이 시료가 필요하다면 한 알갱이들이 있을 수 있어요. 그러니까 수조실험에서도 이런 게 나왔다는데. (서울중앙지법 이근득 증인조서 2015-9-4: 46-47)

그러나 그의 증언에서 확인했듯이 이런 분석결과는 여러 시료에서 얻어지지 못했으며 "하나의 알갱이"에서 얻어진 것이었기에 그 비결정성이 폭발실험 흡착물질에 전반적으로 나타나는 특성인지를 확인하는 작업이 필요했으나 후속 결과가 더 없었다.[9]

알루미늄 산화물의 EDS 데이터에 비정상적일 정도로 산소 성분이 과다하다는 반론에 대해서, 합조단은 흡착물질의 내부 기공들에 붙은 "수분" 때문에 산소의 비율이 이렇게 높게 나타났다고 해명했다. 이런 해명의 진실성을 입증하고자, 합조단은 흡착물질 시료에 대해 '열분해 특성' 실험을 수행했으며 그 데이터를 『합동조사결과 보고서』의 부록에 상당히 자세하게 제시했다. 몇 가지의 온도 구간(30~200℃, 30~400℃, 30~600℃, 30~900℃)을 나눈 뒤 구간

---

[9] 이근득 증인에 대한 변호인 신문에서 다음과 같은 문답이 이루어졌다.
"문: 이거를[마이크로-엑스선 회절 분석을] 여러 군데서 해 보았느냐고 여쭤보는 겁니다. […] 이 알갱이가 한 개 발견된 것인가요, 아니면 여러 개를 찍어보셨나요.
답: 그중에서 하나를 긁어서 찍어본 겁니다.
문: 하나를 긁어서 찍어본 것을 하나에서도 잘못 볼 수 있으니까 다른 알갱이를 또 거기서 보시고 이렇게 여러 번 해 보시지는 않았나요.
답: 저거를 동시에 할 수 있거든요. EDS까지 함께할 수 있어요. 이 성분이 알루미늄 있다, 없다가 함께 나와버리면 이게 같은 맥락입니다.
문: 그러니까 한 알갱이로 한 번만 현미경으로 보셨다는 것이지요.
답: 예" (서울중앙지법 이근득 증인조서 2015-10-12: 28-29).

별로 흡착물질 시료를 1분에 섭씨 10℃ 상승의 속도로 가열한 다음에 그 시료를 EDS로 분석해 물질의 변화를 측정하는 방식이었다(합동조사결과 보고서: 259-260). 합조단은 열분해 특성 실험에서 열처리 온도가 높아질수록 산소량이 줄어드는 특성이 관찰되었다고 밝혔다. 합조단 보고서는 30~200℃로 열처리 한 시료에서는 산소 대 알루미늄의 성분비에 변화가 거의 나타나지 않았고 이보다 더 높은 열처리 시료에서 산소량의 감소가 나타났는데, 이런 현상은 미세기공에 갇혀 있거나 흡착물질과 결합되어 있던 수분이 증발했기 때문이라는 해석을 제시했다.

> 원시료와 30~200℃ 열처리 시료의 산소/알루미늄 성분비가 거의 변화가 없는 것으로 나타나는데 이는 원시료의 EDS 분석 시 시료 처리과정 및 시험 중 진공상태에서 수분이 증발되었음을 의미한다. TGA 분석상으로는 30~200℃ 온도 구간에서 흡착물질의 전체 수분 중에 50% 정도가 증발되는 것으로 알 수 있다. 이후 열처리 온도가 높을수록 산소량이 감소하는데 이때는 미세기공 〔…〕 에 갇혀 있는 수분이나 흡착물질과 강력하게 결합되어 있는 수분이 증발하기 때문인 것으로 판단된다.
> 일반적으로, 불균일한 입도를 갖는 미세입자들의 혼합물에 대한 EDS 분석으로는 정량적인 원소 성분비 분석이 불가한 것으로 알려져 있다. 따라서 〔보고서에 실린〕〈표 부록 Ⅴ-6-1〉은 온도 변화에 따른 산소와 알루미늄의 성분비 변화에 대한 정성적 분석결과를 나타낸 것이다. (합동조사결과 보고서: 259-260)

산소 성분이 알루미늄 산화물의 미세기공에 갇혀 있는 수분의 것일 뿐 화학적으로 결합한 구조수가 아니라는 해명은 합조단의 공식 해명이 되었다. 이를 입증하는 다른 관찰 자료도 제시되었다. 흡착물질 시료를 매우 얇게 잘라

| | | 선체 백색물질 A | 어뢰 백색물질 B | 모의실험으로 얻은 백색물질 | |
|---|---|---|---|---|---|
| | | | | 합조단 수조 폭발실험 C | 이승헌 융용냉각 실험 D |
| 제시된 데이터 | XRD | | | | |
| | EDS | | | | |
| XRD 논란 비결정성 | 이승헌 | D의 데이터와 비교할 때 C의 XRD 데이터는 결정질 지닌 폭발재로서 일치한다. 이와 달리 비결정질인 A/B는 C와 다른 물질이다. | | | |
| | 합조단 | C의 데이터가 A/B와 다른 것은 C를 실험장치의 결정질인 알루미늄 판재에 붙은 채로 함께 분석했기 때문이다. 이런 요인을 제외하면 비결정질이 맞다. | | | |
| EDS 논란 산소와 황 | 양판석 정기영 | 알루미늄과 산소의 원소비, 산소와 황의 원소비는 A와 B가 알루미늄 수산화물임을 말해준다.<br>백색 흡착물질의 원소 함량에 대한 정량분석이 필요하다. | | | |
| | 합조단 | 산소의 원소비가 높은 것은 시료에 수분이 함유되어 있었기 때문일 뿐, 폭발재인 알루미늄 산화물이다.<br>백색 흡착물질에 대해 정량분석이 불가하다. | | | |

투과전자현미경(TEM)으로 관찰하자 시료에서 기포가 나오는 현상이 관찰되었는데, 흡착물질을 분석한 합조단의 조사위원 이근득은 이는 시료의 미세기공에 갇혀 있던 수분들이 비로소 밖으로 빠져나오는 현상이라고 증언했다.

　　답: 〔…〕 이게 템(TEM) 사진이라고 전자투과현미경입니다. 저 밑에 바가 있지요. 100나노일 겁니다. 이게. 이 사이즈가 수백나노 되는 파티클(particle)을 100

나노 정도 두께로 얇게 시편을 썹니다. 장비를 가지고. 그래서 이거를 전자현미경에 올려놓는 거예요. 그런데 이전의 것들은 파트클들이 이렇게 동그란 형상을 가지고 있다고 가정하면 이거는 옆으로 절편이 되어서 잘려져 있는 거예요. 시간을 두니까 이렇게 버블이 나오고 난리가 납니다. 템을 찍어도 똑같이 EDS가 나옵니다. 여기를 보면 황, 산소, 팍팍 줄어듭니다. 이 얘기가 무엇이냐 하면 수분 날아가고 황 날아가고 이럽니다 지금. 황산이 되니까 황산염인지 황인지 뭐가 지금 날아가고 있어요. 계속. 고진공에서. 그 시편을 얇게 다 써니까. 무슨 의미냐 하면 여기서도 이제야 수분이 날아가는 거예요. 저렇게 마이크로 토밍을 해야 수분이 쉽게 날아간다는 거예요. 그전에는 잘 안날아가다가. 그리고 이것들이 화학적 결합을 않고 그냥 쉽게 쉽게 나간다는 거는 물리적 결합이라는 증거가 되고요. (서울중앙지법 이근득 증인조서 2015-9-4: 44-45)

그러나 이런 열처리 분석과 투과전자현미경 관찰이라는 추가 자료도 EDS 데이터에 나타난 '과다한 산소' 신호가 미세기공에 갇혀 있는 수분 때문임을 입증하는 결정적인 근거가 되지는 못했다. 합조단은 흡착물질에 열을 가하면 비결정질 알루미늄 산화물에 붙어 있던 수분과 황이 날아가면서 결국에 폭발재인 결정질 알루미늄 산화물이 되기 때문에 산소와 황은 흡착물질에서 화학적으로 결합한 성분이 아니라 물리적으로 갇혀 있던 성분으로 볼 수 있다는 논증을 전개했으나, 열을 가하면 일반적으로 약한 화학적 결합을 이룬 성분부터 기체가 되어 빠져나온다는 반론을 넘어서기는 쉽지 않았다. 더욱이 알루미늄 수산화물에 열처리를 하더라도 그것을 이루는 성분인 산소와 황이 열처리 과정에서 분리된 기체가 되어 빠져나갈 테고 그러면서 알루미늄 수산화물은 알루미늄 산화물이 된다는 설명도 충분히 가능하기 때문이었다. 실제로 이승헌은 합조단의 열처리 분석결과가 『합동조사결과 보고서』에 실려 발표된 이후에 수산화알루미늄(Al$_2$(OH)$_3$) 물질에 합조단 실험과 같은 방식으로 열처리를 가할 때에 점차 산소와 황이 빠져나가면서 그것이 알루미늄 산화물이 되어가는 과정을 재현함으로써, 합조단의 열처리 설명이 오히려 흡착물질이 폭발재가 아닌 수산화 알루미늄임을 입증해준다고 주장했다(한겨레21 2010-10-11). 또한 투과전자현미경에서 관찰된 현상도 논란을 잠재울 만한 결정적인 입증이 되지 못했다. 투과전자현미경에 사용되는 전자빔의 에너지는 시료를 가열하는 효과를 일으키므로 열처리의 경우와 마찬가지로 전자빔으로 가열된 시료에서 약한 화학적 결합을 이룬 성분이 기체로 빠져나갈 수 있기 때문이었다.

> 전자빔을 사용하는 분석방법에서 분석지역이 가열되면 휘발성이 높은 원소들은 시간이 경과함에 따라 점점 소실되어 급기야 아예 검출되지 않는 것은 잘 알려진 사실입니다. 전자빔 에너지의 80% 이상이 엑스선 발생(에 사용되는 것)이 아닌 시료를 가열하는 데 소모되고 조건에 따라 수배도(sic, 수백 도)까지 가열될 수 있습니다. 따라서 [···] 투과현미경 관찰시 물/황 소실은 전자빔에의한 가열로 일어난 일종의 해프닝이라 간주합니다. (양판석 2015-10-2)

이처럼 합조단이 새로운 분석 데이터와 관찰 사실을 제시하며 해명과 반박에 나섰지만, 그것이 논란을 잠재울 만큼 결정적이지는 못했다. 합조단은 의문의 대상이 된 기존의 데이터를 대체하는 다른 재실험이나 재분석에 나서는 방식이 아니라 원래 데이터를 유지하면서 그것의 진실성을 입증하는 새로운 데이터와 보강 근거를 제시하는 방식으로 해명하거나 반박했다. 예컨대, 폭발실험에서 얻은 흡착물질을 알루미늄 판재에 붙은 채로 분석해 논란이 빚어졌으나, 합조단은 논란의 여지를 없애는 방식으로 폭발실험 시료를 다시 얻어 분석하기보다는 알루미늄 판재만의 XRD 데이터를 얻어 기존의 데이터를 보정

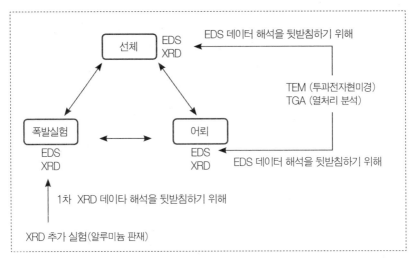

[그림 5-11] 흡착물질이 폭발재임을 입증하는 여러 분석 데이터들의 관계. 기본 분석 자료로서 EDS와 XRD 데이터가 제시되었으며 합조단의 데이터 해석을 뒷받침하는 데에 TEM, TGA 등의 새로운 데이터들이 사용되었다.

함으로써 기존의 분석을 정당화했다. EDS 데이터의 문제에서도 논란의 여지 없이 충분히 습기를 제거한 알루미늄 산화물만의 신호를 얻는 방법을 실행하기보다는, 기존 데이터를 유지하면서 흡착물질 시료에 대한 열처리 분석과 투과전자현미경 관찰이라는 새로운 데이터와 자료를 얻어 기존 해석을 보강하는 방법을 사용했다. 이런 '방어적인 해명'의 방식은 보강을 위한 분석 데이터를 더 많이 생산하여 더 많은 복잡한 논의를 낳았으며 애초의 데이터에 대한 의문을 해소하지는 못했다.

**시료물질의 명명과 그 기원의 문제**

또한 "알루미늄 산화물"이라는 물질의 정체는 여전히 모호했다. 합조단이 사용한 용어인 "알루미늄 산화물"은 흔히 쓰는 용어인 "산화알루미늄($Al_2O_3$)"

과는 다른 것이었으며, 합조단조차 흡착물질의 정체를 정확하게 규명하지는 못했다. 합조단에서 흡착물질 분석을 맡았던 조사위원 이근득은 "알루미늄 산화물"과 "산화 알루미늄"은 "뉘앙스가 다르다"고 강조했다.

이근득: [··] 화약이 터지면서 다양한 가스로 분해되는데 일산화탄소($CO$), 이산화탄소($CO_2$), 물($H_2O$/증기)) 같은 가스들이 알루미늄과 반응해 알루미늄 산화물이 된다. 우리는 이를 산화알루미늄($Al_2O_3$)이라고 표기하지 않았다. 알루미늄 산화물과 산화알루미늄은 뉘앙스가 다르다. 알루미늄 산화물은 알루미늄과 산소가 어떤 비율로 존재하는지 명확하지 않다는 의미다. 그걸 자꾸 오해해서 따로 듣는다. (중앙SUNDAY 2010-8-22: 10)

합조단이 흡착물질을 미지수 x와 y를 사용하는 화학조성식 "$Al_xO_y$"로 표기하고 이를 "알루미늄 산화물"이라는 유연한 범주의 이름으로 부르는 데에는 이처럼 "알루미늄과 산소가 어떤 비율로 존재하는지 명확하지 않"다는 점 외에도 몇 가지 이유가 더 있었다. 먼저 합조단은 황 또는 화합물이 흡착물질 안에서 어떤 방식으로 결합해 있는지에 대한 판단을 내리지 않고 유보했다.

저희는 황화합물이라고 해서 황산염인지도 정확히 몰라요. 황화합물이 있는데 그게 물리적[으로 결합하고 있는 것]인지 화학적으로 결합하고 있는지 잘 모르겠다. 그래서 그냥 이 물질 명명을 못하겠다고 얘기했습니다. (서울중앙지법 이근득 증인조서 2015-9-4: 56)

[나중에] 국과수[국립과학수사연구원]에서도 이거를[흡착물질 분석을] 시도를 했어요. [국과수가] 학교[연구실]에다 시료를 뿌렸어요. 거기에서도 모르겠다고

했답니다. 이 물질을 분석하고 이게 뭔지 모르겠다. 이게 뭔지 알아야 논문을 낼 거 아닙니까? 뭔지 알아야. (서울중앙지법 이근득 증인조서 2015-9-4: 61)

게다가 알루미늄 함유 어뢰의 수중폭발로 생성되는 알루미늄 산화물이 "비결정질"임을 보여주는 선행연구의 보고 사례는 없었다(서울중앙지법 이근득 증인조서 2015-9-4: 46).

이런 불확실성이 있었지만, 다른 한편에서 백색 흡착물질은 합조단이 주목할 수밖에 없었을 만큼 독특한 특징을 지닌 존재였다. 먼저 합조단이 판단하기에, 짧게는 20일, 길게는 50일가량의 단기간에 부식으로 생성되었다고 보기에는 너무 많은 양의 백색 흡착물질이 함미와 함수, 어뢰 추진동력장치에서 동시에 발견되었다. 그리고 선체와 어뢰에서 채취한 백색 흡착물질에서 "완전한 비결정질"의 특성이 나타난 것도 합조단에 주목의 대상이 되었다.

이런 가운데, 합조단은 "흰색 분말 덩어리"를 특정되지 않는 화학조성식인 "알루미늄 산화물($Al_xO_y$)"로 명명함으로써, 산소의 성분비와 황 성분에 대해 유연한 해석의 태도를 견지할 수 있었다. 하지만 그런 해석의 유연성은 선체와 어뢰 여기저기에서 다량으로 발견된 백색물질의 정체가 무엇인지 가려내는 동정identification 논의에는 걸림돌이 되었다. 난해한 물질로 등장했던 "흰색 분말 덩어리"가 과연 어떤 물질인지를 판정하는 데에 주로 에너지 분광과 엑스선 회절 분석에 의존하는 짧은 조사활동으로는 충분하지 않았으나, 천안함 침몰원인과 관련해 "결론을 낼 수 있을 만큼 정확하고 충분한 조사"가 이루어졌다고 판단된 시점에서 흡착물질 분석작업은 종결되었다.

홍성기: 흡착물에 포함된 수분의 산소도 조성비율에 영향을 끼치겠군요.
윤덕용: 네. 수분이 좀 들어갔을 수도 있는데, 그렇게 포함된 물이 어떤 형태

의 물이냐에 대해서는 쉽게 알 수가 없거든요. 에너지분광기(EDS)에 의한 분석으로는 여기에 이런 원소들이 있다는 정도이고, 엑스선회절기검사(XRD)로는 시료가 결정구조냐 아니냐만 나오지요.

홍성기: 흡착물의 정확한 화학성분을 규명하기가 어렵나요?

윤덕용: 정밀한 다른 검사를 통해서 지금보다 한걸음 더 나갈 수는 있습니다. 근데 사실 저희가 주장했던 것은 결론을 낼 수 있을 만큼은 정확하고 충분하게 조사를 했다는 것입니다. 흡착물을 좀 더 면밀하게 분석하려면 오랜 시간이 걸릴 수도 있고 또 그렇게까지 할 필요가 없거든요. (홍성기 2011: 280)

9월에 합조단의 최종 보고서인 『합동조사결과 보고서』가 출판되고 뒤이어 10월과 11월에 양판석과 정기영의 흡착물질 시료 분석결과가 공개되면서 흡착물질의 동정은 합조단 조사위원과 독립적 전문연구자 사이에서 확연히 다르게 나타났다. x, y의 미지수를 사용하여 산소 일정량과 황 성분을 알루미늄 산화물과는 화학적으로 결합하지 않은 다른 물질의 성분으로 판단한 합조단의 결론과 달리, 양판석과 정기영은 두드러지게 검출된 산소와 황 성분이 화학조성식 안에서 알루미늄과 결합해 하나의 물질 조성을 이룬다고 해석했다.

합조단: 비결정질 알루미늄 산화물
$Al_xO_y$

양판석: 비결정질 바스알루미나이트
$Al_4(OH)_{10}(SO_4)4H_2O$

정기영: 비결정질 알루미늄 황산염 수화물
$2Al_2O_3 \cdot SO_3 \cdot 9\text{-}10H_2O$ 또는 $Al_4(SO_4)(OH)_{10}4\text{-}5H_2O$

이런 화학식들은 시료에서 검출된 여러 가지 원소 가운데 무엇을 시료의 내부 성분으로 삼을 수 있느냐에 따라 달라졌으며, 특히 알루미늄과 더불어 뚜렷하게 큰 함량을 차지한 산소와 황을 어떻게 해석해야 하느냐가 중요한 문제였음을 보여주었다. 합조단은 시료가 알루미늄과 산소로 이루어진 알루미늄 산화물과 그 밖의 물질, 즉 수분과 황 또는 황화합물로 이루어졌다고 보았으며, 양판석과 정기영은 수분의 독립적 존재 가능성을 인정하지 않아 시료가 알루미늄, 산소, 황, 수소의 결합, 즉 알루미늄 수산화물이라고 동정했다.

---

합조단: $Al_xO_y$, $H_2O$, $SO_4$
　　　　{알루미늄, 산소}, {수소, 산소}, {황, 산소}

양판석: $Al_4(OH)_{10}(SO_4)4H_2O$
　　　　{알루미늄, 산소, 수소, 황}

정기영: $2Al_2O_3 \cdot SO_3 \cdot 9\text{-}10H_2O$ / $Al_4(SO_4)(OH)_{10}4\text{-}5H_2O$
　　　　{알루미늄, 산소, 수소, 황}

---

또한 합조단은 산소의 많은 양이 "알루미늄 산화물"의 외부에 있는 수분임을 입증하기 위해서 열처리 실험을 수행하고서 이에 대한 데이터를 『합동조사결과 보고서』에서 상당히 자세하게 기술했으나, 앞에서 살펴보았듯이 이런 열처리 데이터가 알루미늄 산화물임을 입증하는 결정적인 근거로 받아들여지기는 쉽지 않았다. 이후에 11월에 보고된 정기영의 분석 과정에서도 동일한 열분석(온도가 변할 때 나타나는 물질의 성질 변화를 분석한다) 실험이 이루어졌는데, 그 실험 결과가 시료를 알루미늄 수산화물의 일종으로 동정하는 것을 제약하는 요인이 되지는 않았다.

## 1.10. TG-DTG-DTA 열분석[10]

○ 연돌시료의 경우, TG와 DTG 피크를 분석하면 500℃까지 약 37%의
중량감소가 있으며, 500℃-1300℃ 사이에 약 16%의 중량 감소가 있다.
이는 흡착물질을 $2Al_2O_3 \cdot SO_3 \cdot 9\text{-}10H_2O$로 할 경우, 37%는 이론적인
$9H_2O$의 함량(36.3%) 및 이론적인 $SO_3$의 함량(17.9%)와 거의 정확히
일치한다. 또한 500℃까지 관찰되는 두 개의 DTG 피크 중에서 앞의 피크
는 $H_2O$의 탈수, 뒤의 피크는 OH의 탈수로 인한 것으로 판단된다. 한편
1200℃ 부근에서 중량감소 없이 관찰되는 강한 흡열 DTA 피크는 비정질
$Al_2O_3$가 결정질 $Al_2O_3$로 변하기 때문으로 해석된다.

○ 기타 다른 시료들도 유사한 경향을 보이며 일부 시료의 경우, 광물질 불순
물이 많아서 정밀한 해석이 어렵다. (정기영 2010-11-10)


정기영은 여러 분석의 결과를 바탕으로 "소량의 광물들이 섞여 있기는 하
나, 대부분 비정질 알루미늄 황산염 수화물"이라는 최종의 판단을 제시했다.
열처리 분석의 의미와 관련해, 그는 열을 가하면 약하게 결합한 원소들부터
결합에서 떨어져 나오는데, 약한 황과 산소, 수소의 결합이 당연히 끊어져 기
체로 날아가기 때문에 열처리 실험 데이터를 알루미늄 산화물이라고 판단하
는 근거로 삼을 수는 없다고 말했다(정기영 대면 인터뷰 2015-8-7).

'황'의 문제는 흡착물질 논쟁을 거치면서 더욱 부각되었다. 합조단이 열분

---

[10] 열분석(Thermal Analysis, TA)은 온도가 변화할 때에 나타나는 물질의 성질 변화를 분석하는 여러 기법들을
말한다. 열분석에는 열중량 측정(Thermogravimetry: TG), 열중량 분석(Thermogravimetric analysis: TGA),
시차열/열중량 측정(Diffrencial thermogravimetry: DTG), 시차열 분석(Differential thermal analysis:
DTA), 열기계분석(Thermo mechanical analysis: TMA) 등 여러 장비와 기법들이 사용된다. 분석장비에 관
해 이해하고자 인터넷 검색으로 접근할 수 있는 분석기기 공급업체들의 홍보용 자료들을 참조했다.

석을 비롯해 보강 논증 성격의 측정과 실험을 행하여 9월에 『합동조사결과
보고서』를 발간한 이후인 10월과 11월에 독립적으로 이루어진 양판석과 정
기영의 분석에서 황 성분은 중요하게 다루어졌으며 쉽게 결합하는 황의 성질
로 미루어 시료가 알루미늄-산소-수소-황의 화학조성을 지니는 것으로 판단
되었다. 황이 산소와 결합한다는 점을 고려하면 이런 화학조성은 산소 성분비
의 문제도 함께 해결해주는 것이었다. 이에 비해 합조단은 꽤 많은 양으로 검
출된 황 성분이 왜 시료에 존재하는지에 관한 설명을 보고서에 충분히 담지
못하면서, 흡착물질 시료의 정체에 관해 분명한 설명을 제시하기 어려운 처
지가 되었다.

> 홍성기: 그런데 흡착물의 성분과 관련하여 지금 논란이 되고 있는 점이 흡착
> 물에 황이 포함되어 있다는 점입니다. 합조단에서는 합착물이 알루미늄 산화물이
> 라고 발표했는데, 그때는 황 이야기가 없었거든요. [···]
> 윤덕용: [···] 그래서 제가 그때 그것을 확인하려면 아예 바닷물을 놓고 황이
> 없는 폭약으로 폭발실험을 해보라고 제안한 겁니다. 그런데 수중폭발에서 발생한
> 흡착물을 수거해서 분석을 해보니까 황이 나왔습니다. 양이 많아요. 즉 함수 선체
> 와 어뢰에서 발견된 흡착물이 폭발에서 생성될 수 있다는 점을 증명한 것입니다.
> 그런데 폭발하는 순간에 어떻게 이렇게 많은 양이 들어갔을까 하는 점은 아직도
> 의문입니다. 이와 관련하여 어떤 데이터도 없습니다. 왜냐하면 이런 흡착물 분석
> 과 폭발실험을 한 것도 처음입니다. [···] (홍성기 2011: 293-294)

합조단장 윤덕용의 설명은 합조단 내에서도 시료에 다량의 황 성분이 담긴
이유를 설명하는 문제가 간단하지 않았음을 보여주었다. 그는 황과 결합한 알
루미늄 산화물에 대해 "세계 최초로 관찰된 새로운 현상", "몇 년을 두고 연구

할 과제"라고 말했다.

> 윤덕용: [··] "폭발하면 일정 정도의 산화물이 형성되면서 바닷물이라면 황
> 이 포함될 수 있다"는 것은 세계 최초로 관찰된 새로운 현상이에요. [··] 이론적으
> 로 가능성이 있어요. 폭발이 일어나면 조그만 산화물들이 빨리 움직이면서 짧은
> 시간이지만 바닷물하고 접촉할 여지는 많죠. 그래서 폭발 생성물이 바다 속을 지
> 나가면서 황을 흡수한 것 같아요. 그런데 그 메커니즘은 아직 이론적으로 설명된
> 것도 없고 실험적으로도 규명하기가 매우 어려워요. 왜냐하면 폭발을 이렇게 재
> 연한다는 게 굉장히 어렵거든요. [··] 저는 박사과정에 있는 한 학생보고 이것을
> 연구하라고 제안했죠. 몇 년을 두고 연구할 과제다. 틀림없는 것은 이 결과가 사실
> 이라는 것이죠. (홍성기 2011: 294-295)

이런 설명은 흡착물질 증거가 합조단 내에서 충분히 검증되지 못한 채로 최종
조사결과로 발표되었음을 시사해, 윤 단장의 이런 진술은 이후에 합조단의 분
석결과를 반박하는 주장에서 비판의 논거로 자주 인용되었다.

흡착물질 시료에 황 성분이 포함된 것과 관련해, "폭발 생성물이 바다 속
을 지나가면서 황을 흡수한 것 같"다는 그의 해석은 알루미늄 함유 어뢰가 수
중에서 폭발할 때 알루미늄 산화물이 생성될 수밖에 없다는 믿음에 기초를
두고 있었다. 달리 말해, 폭발의 순간에 알루미늄 산화물이 곧 생성되었으며,
이후에 수분과 황 또는 황화합물을 흡수하면서 흡착물질의 시료와 같은 최종
산물이 생성되었다는 해석이었다. 이를 그림으로 나타내면 오른쪽에 있는 도
식으로 표시할 수 있다.

그런데 이런 해석은 실험실의 분석장비 위에 올려진 시료물질 자체의 동정
보다는 쉽게 입증하기 힘든 그 시료의 기원을 설명하는 데에 초점을 맞춘 것

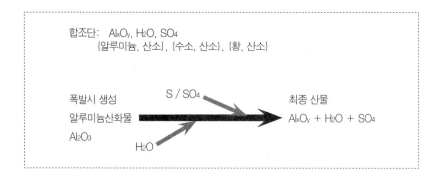

합조단:  Al$_x$O$_y$, H$_2$O, SO$_4$
　　　　{알루미늄, 산소}, {수소, 산소}, {황, 산소}

폭발시 생성　　　　　S / SO$_4$　　　　　　최종 산물
알루미늄산화물　━━━━━━━━━▶　Al$_x$O$_y$ + H$_2$O + SO$_4$
Al$_2$O$_3$　　　　　　H$_2$O

이기에, '시료는 어떤 물질인가'라는 물질 자체의 동정 문제와 관련한 논의에 혼란을 불러일으킬 만했다. 정기영의 분석과 해석에서도 보았듯이(앞의 소절 '정기영의 물질 동정'), 흡착물질 시료가 중간반응을 거쳐 생성된 최종 산물이라 해도 그 물질이 무엇이냐의 문제는 먼저 최종 산물에 대한 분석에서 논의되어야 하기 때문이었다. 합조단의 분석에서 흡착물질 시료의 화학조성식은 분명하게 제시되지 못했으며, "세계 최초로 관찰된 새로운 현상"이라는 그 특별한 성격이 그 존재양식의 불확실함을 드러내었다.

　게다가 합조단이 그런 불확실함을 제거하는 데에 의지했던 근거는, 흡착물질 분석을 통해 입증하고자 했던 '1번 어뢰의 폭발'이었다. 즉, 위 그림에 표현한 합조단의 인식에서는, (1)'1번 어뢰'의 폭발이 있었다, (2)그렇기에 폭발재인 알루미늄 산화물이 생성되었을 것이다, (3)따라서 최종 산물의 화학조성은 알루미늄 산화물을 중심으로 이해될 수 있었다. 이런 논증의 방식에서는, 흡착물질 증거가 설명하고자 하는 '1번 어뢰의 폭발'에 의해서 흡착물질의 정체가 다시 설명되는 설명의 순환을 엿볼 수 있다. 알루미늄 함유 어뢰가 수중폭발 할 때 흡착물질과 같은 폭발재 물질이 생성된다는 선행연구 사례나 경험적 연구가 제시되지 않은 상황에서, 유일한 참조기준이 될 만한 합조단 폭발실험의 데이터조차 논란을 잠재우지 못하면서 "흰색 분말 덩어리"의 명명과 그 생성 기원에 관한 논란은 반박과 비판을 되풀이하며 계속되었다.

논쟁의 과정에서 더 많은 과학 분석장비가 더 많은 데이터를 만들어내면서([그림 5-11]), 흡착물질 증거는 '1번 어뢰'의 "결정적 증거" 능력을 입증하는 명료한 과학적 분석의 근거가 아니라 세 가지 시료에서 나온 여러 갈래의 데이터 간의 관계에서 표상되고 따져지는 복잡한 대상물이 되었다. 국방부와 합조단이 9월에 최종 보고서를 발간한 뒤에도 흡착물질의 정체와 화학조성에 관한 의문이 잇따르면서 이에 대한 해명이 필요했으나, 합조단 조직이 공식 해체된 이후에 국방부는 의문들에 대해 일일이 새로운 해명을 하기는 어려웠고[11] 논란은 진전하기보다 되풀이되었다. 이런 가운데 흡착물질이 폭발재임을 입증하는 근거가 된 "비결정질 알루미늄 산화물"이 해수의 부식 환경에서도 생성될 수 있다는 미국 조사팀의 견해가 2010년 흡착물질 논쟁 당시에 합조단 내부에서도 이미 제시되었다는 사실이 2014년에 뒤늦게 알려졌다.

---

[11] 합조단의 공식 해체 이후에는, 여러 논란에 대해 국방부가 해명의 주체가 되었다. 해명은 새롭게 제기된 의문에 대해 구체적으로 검증하기보다는 합조단의 기존 결론을 다시 확인하는 수준에서 이루어졌다. 다음은 그런 해명의 예이다.

"셋째, 흡착물질 관련, 여러 학자들이 물질의 성분에 대하여 각각 상이한 주장을 하고 있으나, 보다 중요한 것은 흡착물질이 7.8km나 멀리 떨어져 발견된 함미·함수·연돌·어뢰추진동력장치 등에서 각각 발견되었고, 분석결과 발견된 여러 가지 물질들의 구조 및 성분이 동일하다는 것은 어느 순간 4개 물체가 같은 장소에 있었다는 명확한 증거이며, 이는 어뢰에 의한 외부 폭발로 천안함이 침몰되었음을 입증하는 것임.

○ 결론적으로 합동조사단이 짧은 2개월 동안 천안함의 침몰원인에 한정하여 조사한 결과, 천안함이 북한의 CHT-02D어뢰공격으로 수중비접촉 폭발에 의해 침몰한 것은 결코 부인할 수 없는 명확한 사실임. 따라서 KBS추적 60분 측이 인터뷰시 '천안함이 북한의 어뢰공격으로 침몰했다'는 것을 인정했듯이, 공개적으로 먼저 천안함의 침몰원인을 인정하고 원인과 관계없는 지엽적인 논란은 과학자나 연구자의 몫으로 돌리는 것이 바람직함"(국방부 발표자료 2010-11-18, "'KBS 추적 60분' 보도 관련 국방부 입장").

## 미국 조사팀의 관심과 변화

다국적 민군 합동조사단에 참여했던 미국 조사팀이 흡착물질 분석 데이터에 대해 보여준 태도에도 견해의 차이가 존재했다. 미국 조사팀 대표인 토머스 에클스가 흡착물질에 대해 보여준 태도는 6월 무렵에 뚜렷하게 변화했다. 이 시기에 태도의 변화에 영향을 끼쳤을 법한 전자우편 서신이 그에게 도착했다. 발신자의 이름이 가려진 채 공개된 6월 11일자 전자우편에서는 "한국 쪽의 물질 분석에 관한 논의"라는 제목의 초고draft paper가 에클스에게 전해졌는데, 그 내용은 6월 14일 유엔 안전보장이사회에서 합조단이 행할 천안함 조사결과 브리핑에서 흡착물질 증거를 부각할 필요가 없다는 의견을 담고 있었다. 발신자가 전자우편에서 "분말"[흡착물질 분말] 문제와 관련해 "한국 쪽과 전화통화를 했"다는 상황보고와 함께 전한 "논의" 초고의 전문은 다음과 같다.

> 한국 쪽의 물질 분석에 관한 논의
>
> 쟁점:
>
> 침몰한 한국 천안함 선체의 표면과 인양된 어뢰 동체 부품에 붙어 있던 (deposited) 물질이 수중 폭약의 폭발에 의해서만 생성될 수 있음을 보여준다는 한국 쪽의 증거 제시에서 그 타당성은 어떠한가.
>
> 배경:
>
> 한국 쪽이 침몰한 천안함 선체 부분과 인양한 어뢰 동체 부품의 여러 표면들에서 채집한 물질에 대해 분석을 수행했으며 거기에서 발견된 사항들은 천안함과 어뢰가 함께 존재했고 서로 관련된 상황에서 폭약이 폭발했음을 입증하는 근거로 사용되고 있다.
>
> 이런 논증의 주된 요점은 이렇다. 물에 잠겼던 선박의 금속, 비금속, 유기물 표

면과 식별된 공격 무기 부품에서 채집한 물질은 SEM(주사전자현미경), EDS(에너지분광기), XRD(엑스선회절)로 분석해볼 때 주로(largely) 비결정질 알루미늄 산화물(amorphous aluminum oxide)로 구성되어 있다. 한국 쪽은 이런 발견을 바탕으로 더 나아가 비결정질 알루미늄 산화물이 자연적으로는 형성되지 않으며, 일반적으로 수중(민물이건 바닷물이건) 또는 대기중의 알루미늄 부식에서 기인하지 않음을 주장했다. 그보다 비결정질 알루미늄 산화물의 존재는 탄두 폭발 동안에 급속한 산화가 일어나고 이어 알루미늄 산화물의 결정화를 막는 급속 냉각이 일어나면서 생긴 산물임이 틀림없다는 특성을 제시된 데이터가 보여준다는 것이다.

이런 점에서, 선체와 인양된 어뢰 동체의 표면에 붙어 있는 물질은 바로 폭약의 수중폭발로 인해서만 생길 수 있는 산물이며 소금물에서 알루미늄이 부식해 생긴 것은 아닐 것이라는 결론이 도출되었다.

논의:

물에 잠겼던 표면(금속, 비금속, 유기물 표면)에서 채집한 물질에 많은 비결정질 알루미늄 산화물이 존재한다는 것이 오로지 폭약의 수중폭발에서 기인한 것으로 볼 수 있다는 한국 쪽의 단언(assertion)은 타당성이 검증된 바 없으며(has never been validated) 결정적인(conclusive) 것으로 여겨질 수 없다. 아무리 비결정질 알루미늄 산화물이 표면 물질에 존재한다고 해서, 그 존재가 수중폭발에서 기인했다고만 볼 수 있음을 의미하지는 않는다. 사실 비결정질 알루미늄 산화물은 노출된 알루미늄에서 산화 과정의 일부로서 처음 형성된다. 비록 한국 조사팀이 확인했듯이 비결정질 알루미늄 산화물이 금속과 유기물에서도 발견되었다 하더라도 그 출처(source)가 밝혀지지 않았으며, 어떠한 결론이건 그 타당성을 검증하려면 더 많은 조사가 필요할 것이다. 한국 쪽이 물이 채워진 상자에서 어떤 식으로 수행한 간단한 시험은 그들의 논증을 훼손하고 있다(undermine). 그들의 요약 보고서에 따르면 알루미늄 판재에서 채집한 물질이 실제 분석에서 결정질 알루미늄 산화물과 미량의 비결정질 알루미늄 산화물의 존재를 보여주었기 때문이다. 더욱이 금속과 유기물을 이 시험에 포함하지 않았다.

결론:

이런 점으로 볼 때, 발견된 비결정질 알루미늄 산화물의 화학분석결과를 수중 무기 폭발의 존재를 입증하는 방법으로 사용하는 것은 실증적이지 (substantiated) 않을 것이다. (미 해군 공개자료 Document 8: 002625-2626, 에클스 수신 편지 2010-6-11) 〔필자의 번역〕

미 해군의 서신 자료는 흡착물질 증거가 한국 조사팀의 주도로 생산되었으며, 미 해군 내에 이와 다른 견해가 존재했음을 보여주었다.

에클스는 이런 "논의"의 평가에 대해 수긍하면서도 흡착물질 증거가 없더라도 다국적 합동조사단의 기존 결론에는 변함이 없을 것임에 동의를 구했다.

알았습니다. 말씀하신 내용은 제가 알기로 한국 쪽이 5월 20일 기자회견에서 말했던 것과 모순되는군요. 나는 당시에 한국 쪽이 알루미늄과 철재 선박 물질이 둘 다 물에 접촉할 수 있는 수조에서 폭발시험을 행했다고 말했던 걸로 알고 있습니다.

또한 그 문서(the paper, 앞 편지의 "한국 쪽의 물질 분석에 관한 논의" 초고를 의미하는 것으로 여겨진다 ― 필자)는 그 이론이 타당성을 검증받지 않았다고 말하지만, 또한 한국 합조단의 과학 논증에 대해 대항이론(counter-theory)을 제시하지도, 뒷받침(support)을 제공하지도 않는 것입니다.

결국에, 비결정질 알루미늄 산화물 이론이 없더라도 수거한 어뢰 후부가 천안함을 침몰시킨 무기에서 나온 것이라는 결론을 확실하게(with confidence) 내리는 데 필요한 모든 증거는 여전히 존재한다는 데 우리가 동의하지 않는지요? (미 해군 공개자료 Document 8 : 002625, 에클스 발신 편지 2010-6-12)

에클스에게 한국 쪽이 제시한 흡착물질 증거에 대해 사실상 거리두기를 할 것을 요청했던 글의 발신자는 에클스의 답장에 대해 자신이 그렇게 판단한 과정과 이유를 자세하게 적어 다시 답장을 보냈다.

에클스 준장께

저는 한국 합조단의 보고서에 대해 이중 점검(double check)을 했으며, 소규모 수중폭발 실험 또는 수조실험에서 "흡착물질"을 포집하는 용도로 4장짜리 알루미늄의 2개 층만이 사용되었음을 확인할 수 있었습니다. 보고서는 "백색물질"이 이 판재를 통해서만 수집되었다고 말해줍니다.

우리는 현재 그것이 침몰했던 물체의 여러 물질에서 발견된 비결정질 알루미늄 산화물(AAO)의 출처가 무엇인지 설명하는 데 도움이 된다고 말할 만한 아무런 근거를 갖고 있지 못합니다. 미래의 연구과제로 이 문제를 생각한다면, 대형 폭약의 수중폭발이 아니라 다른 원인으로 침몰했다가 인양된 파손 선체 표면에서 "백색물질"을 찾아내는 것이, 그리고 동일한 AAO가 존재하는지를 확인하는 것이 관심사가 될 것입니다. 만일 [침몰원인이 수중폭발이 아닌 경우의 선박에서] 그게 [AAO] 존재한다면 그것[AAO]과 폭약의 연결고리 가능성은 사라집니다. 만일 존재하지 않는다면, 그러면 이런 연결고리를 말해줄 무언가가 존재할 수도 있을 겁니다.

AAO 증거의 위험성(criticality)과 관련해 _____가 _____에게 제시했고 제가 어제 [전자우편에서] 말씀 드렸듯이, 이처럼 검증되지 않은 증거의 사용은 국제 무대를 위한 것이라기보다는 국내 소비 용도에 더 가깝습니다(more for home consumption than for the international arena). 선체 손상은 우리가 이끌어낸 폭약 규모와 기하학(선체 파손 형상 분석)에서만이 나올 수 있습니다. 그리고 어뢰 후부의 존재와 사고 해역 바닥에 계류기뢰 장치가 전혀 존재하지 않는다는 사실이 그것(그런 결론)을 확고하게 해줍니다. (미 해군 공개자료 Document 8: 002624, 에클스 수신 편지 2010-6-12)

발신자는 흡착물질 증거의 사용이 더 넓은 국제사회에서 검증될 수 있는 "국제 무대용"이 아니라 한국사회에서나 통용될 수 있는 "국내 소비용"에 가깝다고 냉소할 정도로 흡착물질 증거에 대해 불신을 드러냈다. 에클스는 다시 답장에서 "기본 입장에 동의하지만 한국 쪽이 앞으로도 계속 비결정질 알루미늄 산화물(AAO) 이론을 국제사회의 청중한테 사용할 것으로 보인다"면서 "지금까지 언론은 이 문제를 알지 못하고 있다"고 말했다(미 해군 공개자료 Document 8: 002624, 에클스 발신 편지 2010-6-12).

이후에 에클스는 흡착물질 증거 없이도 합조단의 기존 결론에 필요한 증거는 충분히 유지되며, 따라서 굳이 흡착물질 증거를 부각할 필요가 없다는 견해를 좀 더 분명하게 견지했다. 한국 쪽이 작성한 최종 조사결과 보고서의 초고를 두고서 다국적 합조단 위원들 간에 전자우편을 통해 의견을 주고받던 6월 하순 무렵, 에클스는 흡착물질을 중요한 증거로 다루지 않았다. 그는 이 무렵에 미군 관계자한테 보낸 전자우편에서 "제 말의 요점은 한국 보고서가 우리가 수행한 바 그대로 결론을 유지하고 있다는 점이고, 또 화학적 잔유물 현상chemical residue phenomena에 대한 고려들이 결론에서 그 기초가 되는 건 아니라는 점입니다. (달리 말해서 그것이 없다 해도 여전히 같은 결론이 유지될 것입니다)"라고 말했다(미 해군 공개자료 Document 8: 002722, 에클스 발신 편지 2010-6-29).

에클스는 7월 13일 최종 보고서 초안의 서술과 편집 방향과 관련해 자신의 의견을 담아 한국 쪽의 "장군"한테 보낸 서신에서, 흡착물질 증거를 다루는 부분을 최종 보고서의 본문에서 모두 빼거나 부록 쪽으로 옮겨야 한다는 권고를 한국 쪽에 전했다. 그는 "알루미늄 산화물의 비결정질 형태"가 해수 부식 환경에서도 나타날 수 있으며, 한국팀의 모의 폭발실험이 불충분하다는 평가가 있다고 전하면서 흡착물질 증거를 본문에서 자세히 다룬 초안에 대해서는 "그런 접근에 동의할 수 없다"는 상당히 강한 반대의 의견을 한국 쪽에 전했다.

넷째, [보고서 초안에서] 알루미늄 산화물(백색 분말)에 관한 논의가 천안함이 북한 어뢰에 피격되었음을 입증하는 데 필수적인 게 아니며, 그리고 (2)절은 그 과학적 타당성에 관해 많은 의문을 불러일으킵니다. 나의 부식 분야 전문가들은 한국팀이 수행한 실험이 의문을 해소하는 데 충분하다고 믿지 않습니다. 그들은 알루미늄 산화물의 비결정질 형태가 보통의 해수 부식 환경에서도 존재할 수 있다는 반대 증거(countering evidence)가 존재한다고 믿고 있습니다. 저는 이 절을 모두 없애거나 부록 쪽으로 밀어내야 한다고 권고합니다. 만일 사건 전체가 이 증거에 의존하는 것처럼 비친다면 여러분은 신뢰(credibility)를 잃게 될 것이며, 저는 그런 접근에 동의할 수 없습니다. (미 해군 공개자료 Document 6: 002211-002212, 에클스 발신 편지 2010-7-13)

9월에 발행된 『합동조사결과 보고서』의 본문에서 흡착물질 증거는 매우 간략하게 서술되었으며, 흡착물질 증거를 둘러싸고 제기되었던 의문들에 대해 해명하는 자세한 설명과 자료들은 부록 쪽에 실렸다. 흡착물질 증거에 대한 미국 조사팀의 태도는 한국 쪽이 수행한 흡착물질 분석에 대한 신뢰가 다국적 조사팀들 사이에서 그다지 높지 않았음을 보여주었다.

## 논쟁의 소강

"흡착물질" 논쟁은 폭발실험, 관찰과 측정 실험 장비, 이미지, 데이터처럼 과학 활동을 가장 잘 보여주는 증거 결과물이 과학적 분석에 기반을 둔 반론에 직면하면서 오히려 합조단의 과학 실행에 의문을 불러일으킨 논쟁이 되었다. 과학자들이 논란에 직접 참여해 문제제기의 주체가 되면서 '과학수사의 개가'로 받아들여진 흡착물질 증거는 논란에 휩싸였다. 국내 언론매체들뿐 아니라 국제 과학저널인 《네이처》가 이승헌과 양판석이 제기한 흡착물질 데이터에 대한 의문을 보도하면서 (Nature 2010-7-15),[12] "흡착물질" 논쟁은 군건했던 합조단의 과학적 증거에 다른 과학적 설명이 가능함을 보여주면서 증거를 둘러싼 논쟁의 무대를 여는 계기가 되었다.

흡착물질과 관련한 신문과 인터넷매체의 보도 추이를 살펴보면, 흡착물질 증거논쟁은 6월 초 이승헌의 약식 논문이 공개학술 데이터베이스에 처음 게재되고 이어 유사재현 실험의 결과가 전해지면서 사회적 관심사로 떠올랐다. 이승헌과 양판석의 의문 제기 이후에 흡착물질 증거를 "논란", "의문"이라는 단어와 함께 다룬 언론매체의 보도 비율은 상당한 정도로 늘어났다([표 5-8]).[13]

---

[12] 네이처의 뉴스 보도 이후에, 김광섭 박사는 합조단의 조사결과와 이승헌의 분석결과에 대해 모두 사건을 충분히 설명하기에는 충분히 기술적으로 신뢰할 만하지 않다면서 추가적인 화학적, 물리적 분석이 수행되어야 한다는 견해를 독자편지를 통해 밝혔으며,(KS Kim 2010[Nature 466: 815]) 네이처에 관련 보도가 늘어나자 영국 주재 한국대사관 쪽은 합조단의 조사결과에 대한 논란의 해명 자료로서 합조단의 공식 보고서를 참조해 줄 것을 요청하는 독자편지를 네이처에 실었다(CK Ho 2010[Nature 467: 531]).

[13] 검색한 12개 일간신문은 경향신문, 국민일보, 내일신문, 동아일보, 문화일보, 서울신문, 세계일보, 아시아투데이, 조선일보, 중앙일보(중앙선데이), 한겨례, 한국일보이며, 인터넷매체 기준으로 검색한 6곳은 노컷뉴스, 데일리안, 미디어오늘, 오마이뉴스, 쿠키뉴스, 프레시안이다 (검색일 2014년 12월 15일). 일간신문은 스크랩서비스업체인 아이서퍼(http://www.eyesurfer.com)에서 최종판 신문 기준으로, 인터넷매체는 뉴스 포털 네이버(http://news.naver.com)에서 최신순 기준으로 검색했다. 흡착물질에 관한 보도 전체는 "천안함 흡착물질"이

〔표 5-8〕흡착물질 관련 보도 추이(2010.3.26~2011.3.31)

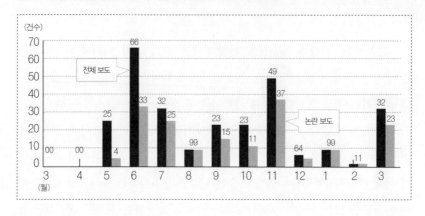

천안함 침몰원인을 둘러싸고 논쟁을 벌일 수 있는 정치적 여건도 넓어졌다. 흡착물질 논쟁은 경색된 남북관계 정국에서 위축되어 있던 야당 정치권에서도 큰 관심을 끌었으며, 7월에는 야당이 국정조사 요구서를 제출했다. 언론단체로 구성된 언론보도 검증위원회는 10월 12일 흡착물질을 비롯해 합조단의 조사 결과에 대한 여러 의문점들을 조사와 분석을 거쳐 정리해 발표했다. 양판석의 흡착물질 분석결과가 이 과정에서 발표되었다.

그러나 흡착물질을 중심으로 한 천안함 '과학 논쟁'은 11월 이후에 새로운 국면을 맞았다. 11월 23일에 인천 옹진군 연평면의 대연평도에 북한이 포격을 가해 한국 군인 2명, 민간인 2명이 사망한 연평도 포격 사건이 발생해 남북한의 긴장이 더욱 높아진 가운데, 이전에 사회적 관심사로 커지던 '흡착물질' 논쟁은 급격히 소강상태로 빠져들었다. 천안함 사건 1주기를 기념해 언론매체에서 기획 보도가 늘어난 2011년 3월 무렵 이전까지 천안함 '과학 논쟁'을 대표

라는 주제어로 검색했으며, 흡착물질을 논란 또는 의문이라는 단어와 함께 다룬 보도는 "천안함 흡착물질 논란" 또는 "천안함 흡착물질 의문"이라는 주제어로 검색했다.

하던 흡착물질 증거에 관한 관심은 크게 줄어들었다.

# 실험, 검증, 재현의 과학 활동

『합동조사결과 보고서』가 보여주듯이, 합조단의 조사활동에서 많은 부분이 '과학적 분석'으로 이루어져 있다. 그러므로 조사결과 보고서를 이해하고 조사결과를 둘러싼 논란을 이해하는 데에는 합조단의 조사과정에서 '과학 활동', '과학 실행'이 어떻게 이루어졌는지를 살펴보는 것이 도움을 줄 수 있다. 합조단이 과학적 방법을 거쳐 제시한 증거와 데이터, 해석과 결론은 이런 점에서 자연스럽게 과학자들의 검증 대상이 되었다. 천안함 사건의 증거논쟁 과정에서는 데이터를 생산하는 실험실의 과학 실행이 제대로 이루어졌는지에 관한 논란이 함께 벌어졌다.

## 흡착물질 분석과 실험실 과학 실행

앞에서도 살펴보았듯이, 양판석이 합조단의 분석에 의문을 제기한 데에는 EDS 데이터에 나타난 '알루미늄과 산소의 비율'이 흔히 알려진 산화 알루미늄의 것과 매우 달랐다는 점 외에도, 광물을 분광기에서 분석할 때 사실상 표준으로 행해지는 실험실 실행에 비추어볼 때 합조단의 해명이 모호했기 때문이었다. 그는 2010년 6월 30일 온라인 게시판에 올린 "천안함 EDS 분석자료에 대한 반박"과 며칠 뒤인 7월 11일 게시판에 올린 "천안함 흡착물질 EDS 논쟁을 마치며"라는 제목의 글에서 에너지 분광 분석을 위한 시료 준비와 분석 조건에 관한 문제를 집중적으로 지적했다(양판석 2010-6-30 ; 2010-7-11).

이 글에서 양판석은 시료의 데이터를 보면 산소 비율이 매우 높기에 시료는 산화 알루미늄이 아니라 깁사이트일 가능성이 높다는 6월 18일 자신의 주장에 대해 합조단이 반박하자, 이를 다시 반박하며 EDS 분석 실험의 방법을 자세하게 언급했다. 합조단은 시료 데이터에 나타난 높은 산소 비율은 알루미늄 산화물질 내부의 미세기공에 붙은 습기($H_2O$) 때문이라는 해명을 내놓았다. 이에 대해 양판석은 주사 전자현미경SEM을 이용하는 EDS 장치의 특성을 고려한다면 합조단의 해명은 이해할 수 없다고 반박했다. 그는 에너지 분광 분석을 실행할 때에 시료 준비 과정에서 시료의 수분이 사라질 수밖에 없는 이유를 설명했다.

　　지질학에서 보통 젖은 시료는 말리고 나서 EDS 분석을 합니다. 다들 잘 아시다시피 탄소 코팅과 SEM(주사전자현미경) 분석이 진공에서 이루어지기 때문입니다. 습기가 있어도 코팅 과정에서 그리고 분석 과정에서 모두 사라져 SEM에 붙어 있는 EDS로는 습기 측정 불가능입니다. (양판석 2010-6-30)

에너지 분광기는 주사 전자현미경이 전자빔을 시료 표면에 쏘아 시료의 원소 성분에서 나오는 고유한 엑스선 에너지의 세기를 검출하는 장치인데, 이때에 시료가 놓이는 공간에는 전자 산란을 막기 위해 고진공high vacuum 환경이 필요하게 된다.[14] 분석기를 사용할 때 건조한 시료를 써야 하는 이유는 만일 시료에 물기가 남아 있다면 나중에 빠져나오면서 엑스선 에너지를 교란할 수 있기 때

---

**14** 이처럼 주사 전자현미경에서는 고진공 환경이 필요한데, 살아 있는 생물체를 주자 전자현미경으로 관찰하기 힘든 이유도 이런 고진공 환경 때문이다. 고진공 문제를 다룬 다음의 연구 사례를 보라. Yasuharu Takaku et al., "A 'NanoSuit' surface shield successfully protects organisms in high vacuum: observations on living organisms in an FE-SEM," Proceedings of the Royal Society B 282: 20142857. http://dx.doi.org/10.1098/rspb.2014.2857

문이다.

　　물기 있는 시료는 오븐에서 혹은 자연건조 시키는 것은 상식 중에 상식입니다. 설령 완전 건조되지 않는다 해도 나머지 수분은 진공에서 사라지게 되어 있습니다. 수분이 있는 시료를 바로 분석기에 넣지 못하는 이유는 계속 증발하는 수분 때문에 진공(상태)을 원하는 시간 내에 얻지 못하기 때문입니다. 수분이 과다한 시료의 경우 진공이 몇 시간이 지나도 얻어지지 않게 되고 진공이 원하는 상태에 도달하지 못하면 전자빔의 주사로 발생된 엑스선이 증발되는 분자들과 충돌로 소멸되므로 원만한 분석을 할 수 없는 지경에 다다릅니다. 그러므로 어떤 에너지 분광 결과를 얻었다는 것은 시료에 흡착된 수분이 없었다는 말과 동일합니다. 시료에 흡착된 수분이 없는데도 수산기나 물이 검출된다는 것은 해당 물질의 내부 구조에 수산기나 물 분자가 있다는 이야기입니다. (양판석 전자우편 인터뷰 2015-3-21)

　　"흡착물질" 논쟁에서는 시료 분석 데이터를 둘러싸고 서로 다른 해석이 충돌했으나, 이처럼 흡착물질 시료의 분석 데이터를 생산하고 해석하는 과정에 이루어진 합조단의 실험실 안 과학 실행의 적절성에 관한 논란도 함께 불거졌다. EDS 분석 장치와 그 시료의 특성에 관한 논란 이외에도 여러 가지 문제들이 논쟁 과정에서 지적되었다. 앞에서도 다뤘지만 다시 정리하면, 합조단이 알루미늄 성분의 시료를 얻고자 모의 폭발실험을 시행하면서 폭발 실험용 수조의 덮개를 알루미늄 판재로 사용했으며 소량의 흡착물질을 판재에 붙인 채로 XRD 분석에 사용한 점은 실험의 설계와 분석 방법의 적절성 논란을 빚었다. 또한 합조단은 흡착물질의 EDS 데이터에서 산소 성분이 다량으로 검출된 것이 알루미늄 산화물 내부의 미세기공에 갇힌 수분 때문임을 입증하고자 흡착물질에 대한 열처리 분석TGA을 시행했는데, 이는 흡착물질에서 물과 황이 알루미늄과 화학적 결합을 하고 있더라도 가열될 때에 그 결합이 깨져 시료 밖으로 빠져나올 수 있다는 반론을 잠재울 수 없었다. 마찬가지로, 투과전자현미경TEM에서 얇게 자른 흡착물질 시료에 전자빔을 조사할 때 시료 내부의 미세기공에 물리적으로 갇혀 있거나 결합한 산소와 황이 방출되었다는 합조단의 논증은, 전자빔의 에너지가 시료 표면에 가열 효과를 일으켜 화학적 결합을 깨뜨렸기 때문이라는 반론에 부딪힐 수밖에 없었다.

무엇보다도 "백색 흡착물질"이 무엇인지를 규명하기 위해서 우선적으로 필요한 시료 성분의 정량적 분석작업이 이루어지지 않은 점은 합조단의 물질 분석 과정에서 줄곧 지적되는 문제가 되었다. 서로 독립적으로 이루어진 정기영과 양판석의 분석에서는, 시료를 이루는 모든 성분의 함량을 파악하고 또한 혼합된 다른 물질을 식별하여 가려내며 분석대상 물질의 성분 함량을 추적하여 그 성분으로 이루어진 물질의 화학조성을 추론해가는 과정을 살펴볼 수 있었는데, 이런 과정이 합조단의 물질 분석에서는 충분히 설명되지 않았기 때문이었다. 정기영과 양판석은 합조단이 흡착물질에서 알루미늄, 황, 산소가 결합한 화학식을 추론하지 못하고 알루미늄 산화물 중심으로 흡착물질 성분을 해석한 것은 원소의 정량 분석작업이 제대로 수행되지 않았기 때문이라고 비판했다. 이에 대해 합조단은 단일물질이 아닌 혼합물질에서는 오차의 가능성이 있기 때문에 정량 분석은 의미가 없고 또한 불가능하다는 견해를 유지하며 정량 분석 기법을 시행하지 않았다.

[변호인 문, 증인 답]

문: […] 양판석 박사가 […] 보내준 자료에 의하면 "이근득 박사의 EDS 결과는 표준화 및 각종 보정과정을 거치지 않아 각 원소의 절대 양과 비율을 정확

히 알 수 없어 각 피크의 겉보기 상대값만 가지고 여러 물질 간 속칭 '눈대중비교'
만 할 수 있다'면서 "각 원소의 절대치를 알지 못하는 분석방법을 사용했으니 흡
착물을 $Al_xO_y$라고 모호하게 명명하게 될 것이라고 추측한다'라고 주장을 하면서
증인이 사용한 실험방법은 "정량화 과정을 거치지 않았으므로 그 범위 및 비율을
알 수 없고 따라서 $Al_xO_y$의 과학적 의미도 없다" 이렇게 주장합니다. 이러한 견해
에 대해서 증인은 어떤 입장을 가지고 있나요.

답: 그분이 $Al_xO_y$의 비율을 가지고 계속 주장을 하셨는데요. 그 기재[sic, 기
저]에는 뭐가 깔려 있느냐면 미국 표준연구소에서 제기한 그 프로그램에 의해서
피크비가 정확하게 나온다는 거였는데 거기에는 단서조항이 있습니다. 단일물질
이어야 되고 입자가 평탄해야 되고 그리고 혼합물일 때는 그런 걸 못한다는 게 있
어요. 그분도 분석을 해서 제기를 했지만 9가지 이상의 물질이 혼합되어 있다고
하는데 각각의 성분을 어떻게 분석을 하냐 이거지요. 거기서도 그런 제한을 걸었
는데. (서울중앙지법 이근득 증인조서 2015-10-12: 2)

물론 여기에서는 대학교와 연구기관에서 이루어지는 과학 활동과는 다른
법과학 실험실 현장의 특성과 여건도 고려되어야 한다. 특히 대학교 실험실에
서 가르치는 표준적인 과학 실행을 주어진 시간 안에 과제를 해결해야 하는
현실의 법과학적 실행 현장에 그대로 적용하기는 쉽지 않은 일일 것이다. 흡착
물질 분석을 주관했던 합조단 조사위원은 알루미늄 산화물의 결정 구조 여부
를 확인하는 XRD 분석을 알루미늄 판재 위에서 시행한 점이 법과학적 조사
현장에서 불가피했다며 다음과 같이 말했다.

표준방법으로는 학교에서 하는 방법이 맞습니다. 그런데 어떤 일들을 분석할
때 시료양이 내가 실험을 할수록 충분한 경우는 그렇게 많지는 않아요. 저희쪽에

는 군사적으로 예를 들어 사고가 나서 분석을 하다 보면 어디 조그만 판에 붙어 있는 시료를 찍어야 될 경우가 있어요. 아주 굉장히 미량의, 그러면 그걸 긁어내는 순간 다 훼손이 되고 없어져버려요. 그대로 올려놓는 수밖에 없어요.(서울중앙지법 이근득 증인조서 2015-9-4: 49)

그때는 방법이 없었어요. 그때는 저렇게 얇은 거는 따로 채취할 수가 없어서 그대로 찍은 겁니다.(서울중앙지법 이근득 증인조서 2015-9-4: 52)

합조단의 시뮬레이션 작업을 살펴본 앞의 3장에서도 보았듯이 조사기구 안에서 분석과 해석의 과제를 주어진 시간 안에 마쳐야 하는 조직 내부의 여건도 분석작업의 방식에 중요한 영향을 끼칠 수 있었다. 그러나 공식 조사기구 내에서 법과학적 실행이 겪는 여러 현장 환경과 여건에도 불구하고 과학적 분석 장치와 방법을 사용해 생산하는 "과학적이고 객관적인" 결과물이 조사기구 바깥에서도 권위를 인정받기 위해서는 결과물을 도출하기까지 수행되는 실험실 과학 실행도 역시 검증의 대상이 될 수밖에 없었다. 실험실 과학 실행에 관한 논란은 '흡착물질' 논쟁에서 두드러진 특징 중 하나가 되었다.

### 데이터 검증, 실험 재현성, 그리고 법과학적 논쟁

'흡착물질' 논쟁에 담긴 법과학적 증거논쟁의 성격을 이해하는 데에는 과학자사회에서 일어나는 일반적인 과학 논쟁의 사례와 비교하는 것도 도움이 될 수 있다. 그런 사례로서 최근에 연구논문의 데이터 검증과 실험 재현성을 둘러싸고 벌어진 이른바 "STAP 세포 논란"의 전개과정을 살펴보고자 한다.

2014년 6월 미국과학진흥협회AAAS 본부에서 30여 개 과학 학술지를 대표하는 학술지 편집위원들과 연구비 지원기관 대표들, 그리고 과학계 지도자들이 모여 의생명과학 연구 방식에 관한 원칙과 가이드라인을 논의했다. 그해 초에 논문 발표 직후부터 논문 조작과 연구부정 의혹을 받으며 논란을 빚었던 이른바 "자극에 의한 다분화능 획득Stimulus-Triggered Acquisition of Pluripotency 세포", 즉 STAP 세포에 관한 연구진실성 논란이 해당 논문의 철회 조처로 일단락되면서([Retracted] Obokata et al. 2014a; 2014b), 뒤이어 학술지 편집위원와 연구비 지원기관 등이 학술지 논문 심사 시스템의 허점을 보완하는 후속 조처로서 그해 11월에 연구결과의 재현성을 강화하는 새로운 방침을 발표했다. 과학자사회에 영향력이 큰 두 과학저널《네이처》와《사이언스》는 이런 방침을 알리는 공동사설을 내어 재현성, 투명성, 독립적 검증이 연구 재현성을 높이는 과학적 방법의 시금석임을 다시 확인했다.

> (실험의) 재현성, 엄격성, 투명성, 그리고 독립적 검증은 과학적 방법의 시금석이다. 당연한 말이지만, 어느 결과가 재현된다는 것만으로 그것이 옳은 것은 아니며, 재현되지 않는다는 것만으로 그것이 그른 것은 아니다. 하지만 투명하고 엄격한 접근법은 거의 언제나 재현성의 문제에 빛을 비추어줄 것이다. 이런 빛 덕분에, 반론을 통한 진로수정이나 결과 데이터의 객관적 검토뿐 아니라 독립적 검증을 통해서 과학은 전진할 수 있다. (Science 346(2014): 679; Nature 515(2014): 7)[15]

STAP 세포 논문이 연구부정 의혹을 불러일으킨 데에는 논문에서 영상

---

[15] 실험실의 과학 실행에서 재현성, 투명성, 독립적 검증을 강조하는 과학자사회의 논의와 관심은 다음의 자료에서도 볼 수 있다. The Academy of Medical Sciences, Reproducibility and Reliability of Biomedical Research: Improving Research Practice, Symposium Report, October 2015. http://www.acmedsci.ac.uk/policy/policy-projects/reproducibility-and-reliability-of-biomedical-research/

데이터를 조작했을 것으로 보이는 흔적들이 발견된 데다, 체세포를 약산성 용액에 담갔다가 배양 처리를 하면 매우 뛰어난 분화 능력을 갖춘 줄기세포를 간편하게 만들 수 있다는 논문의 실험 결과가 다른 실험실들에서는 잘 재현되지 않는다는 의문이 여러 개별 과학자들에 의해 꾸준히 제기된 것이 그 계기가 되었다. 재현 실험은 지구촌의 여러 실험실에서 독자적으로 시행되어 그 결과가 인터넷 공간에서 공유되었다.[16] 이어 문제 논문의 주요 저자들이 속한 연구기관인 일본 이화학연구소RIKEN가 신속하게 조사위원회를 구성해 연구진 실성 조사를 벌였으며, 결국에 STAP 줄기세포가 논문에 제시된 방법에 따라 재현하기 어렵고 논문에 실린 STAP 세포의 데이터가 다른 배아 줄기세포의 것이었다는 조사결과를 발표했다(이화학연구소 2014-12-26). STAP 세포 논란은 대략 반 년 만에 문제의 논문이 철회되면서 사실상 종결되었다(Nature 511[2014]: 5-6). 논란이 종결의 국면으로 나아갈 수 있었던 데에는, 첫째 논문이 제시한 새로운 줄기세포의 재현성을 일정한 지식과 장비를 갖춘 실험실이라면 어디에서나 검증할 수 있으며, 둘째 그렇기 때문에 서로 조직이나 인맥으로 연결되지 않은 다수의 제3자들이 독자적으로 재현 실험을 시도할 수 있었고, 셋째 그렇게 진행된 재현 실험의 결과가 인터넷 공간에서 공유될 수 있었다는 점이 영향을 끼쳤다.

"흡착물질" 논쟁에서는 의문이 제기되어도 충분하게 반박되지 못했으며 그렇다고 공식적 설명인 합조단의 조사결과가 수정되지도 않은 채 반복적인

---

**16** 줄기세포 연구자이자 과학 블로거인 미국 캘리포니아대학교의 교수 폴 크뇌플러(Paul Knoepfler)는 자신의 블로그에서 STAP 세포를 재현하는 다중참여(crowdsourcing) 검증에 여러 연구자들이 참여해줄 것을 촉구했으며, 이후에 여러 실험실 연구자들이 이 블로그에 부정적인 재현 실험 결과를 보고했다 (관련 블로그 http://www.ipscell.com/stap-new-data/). 네이처 뉴스도 STAP 세포의 재현성 문제를 따로 취재해 보도했다 (Nature 2014-2-17).

논란의 국면이 지속되었다. 이처럼 문제는 해결되지 않은 채 논쟁의 전개가 답보 상태로 지속되는 데에는 논란의 대상인 "흡착물질" 자체의 특성도 일정한 역할을 했다. 제3자 실험실에서 독립적으로 확인할 수 있는 보편적 현상의 재현성이 연구논문의 진실성을 검증하는 잣대가 되는 일반 과학의 활동과 달리, 단 한 번 일어난 과거 사건의 고유한 단서 또는 증거를 다루어야 하기에 재현성 검증이 쉽지 않다는 점은 법과학적 과학 활동의 특징을 보여주었다. "과학적 데이터는 재현성 때문에 검증 가능하다. 합조단이 '결정적 증거'로 내민 흡착물질 데이터는 철저한 과학적 검증이 가능하다"라는 신념이 부각되었지만(이승헌 2010[창비]: 68), 이런 낙관적 신념대로 '흡착물질' 논쟁이 전개되지는 못했다.

과학논문을 검증하는 시금석인 재현성은 왜 '흡착물질' 논쟁에서 그리 힘을 발휘하지 못한 것일까? 이런 물음에 대해서는 실험실에서 다루는 증거물의 특성이 서로 다르다는 점이 먼저 설명되어야 한다. 사건현장에서 채집해 과거 사건을 재구성하는 데 쓰이는 단서 또는 증거가 유일무이한 고유 물질일 수밖에 없으며, 그래서 공적 조사기구의 실험실 바깥에서는 그 증거의 재현 실험이 권위를 갖추고서 시행되기에 한계를 지닐 수밖에 없었다. 연구자의 실험실에 흡착물질 시료 자체가 없다면 연구자는 자신 있는 결론을 제시할 만큼의 충분한 검증 활동을 하기가 어려웠다. 그 시료물질과 실험 장비를 보유한 사람만이 흡착물질에 대한 직접적인 분석, 검증, 해석의 실행을 할 수 있었으며, 그래서 이들은 흡착물질 증거논쟁에서 가장 강한 해석의 권위와 발언권을 지닐 수 있었다.

이런 점에서 보면, 선체와 어뢰의 흡착물질 시료가 합조단 바깥의 실험실로 전해진 것은 흡착물질 논쟁을 새로운 국면으로 들어가게 했던 중요한 사건이었다. 합조단만이 다룰 수 있었던 선체와 어뢰 흡착물질을 국회의원실과 언론단체를 거쳐 건네받은 개인 과학자들은 자신의 전문지식과 실험실 실행에 따라 실험실의 분석장비를 사용하여 시료를 여러 기법으로 직접 분석했으며, 여기에서 자신의 해석과 결론을 얻을 수 있었다. 이런 직접 분석의 경험을 바탕으로, 개인 과학자들은 흡착물질에 관해 자신의 전문가적 견해를 제시할 수 있었으며 합조단의 결론과 분석 과정을 평가하며 비평할 수 있었다.

이처럼 증거물 접근의 제한성은 법과학적 증거논쟁에서 매우 큰 영향을 끼치는 중요한 요인이었다. 다른 측면에서 보면 증거물 접근의 제한성은 재현성의 확인을 어렵게 하기에, 이런 특성은 "흡착물질" 논쟁이 일반적인 과학 활동의 논쟁과는 달리 논쟁의 완화 또는 해소를 위한 검증과 재현으로 쉽게 나아갈 수 없게 하는 요인이었다.

법과학적 증거논쟁이 지닌 이런 제한성에도 불구하고 흡착물질 분석 데이터와 폭발실험 설계를 둘러싼 논란은 지속되었다. 특히 선체와 어뢰 흡착물질과 달리 그 시료가 합조단 바깥에 전해지지 않은 폭발실험 흡착물질도 마찬가지로 주요한 쟁점이 될 수 있었던 이유는 어떻게 설명할 수 있을까? 여기에서는 분석 실행의 결과물이 "백색 흡착물질"의 정체를 결정하는 중대하고도 민감한 데이터인데도 그 데이터의 생산과 해석이 중대성과 민감성에 비해 충분하지 못했기 때문이라는 설명이 가능하다.

사실, 폭발실험 흡착물질의 분석결과는 선체와 어뢰 흡착물질의 정체를 확인해주는 참조기준의 역할을 했다. 합조단은 선체와 어뢰 흡착물질이 황화합물과 수분이 혼합된 알루미늄 산화물이라고 규명하면서도 그것이 명확한 화학식으로 표현하기 어려운 "세상에 없던 물질"이라고 밝힌 바 있다. 어뢰의 폭발로 생성되는 이런 비결정질 폭발재에 대해 학계의 선행연구 사례는 합조단 보고서에서 제시되지 않았다. 미국 조사팀은 "비결정질 알루미늄 산화물"이 해수 부식 환경에서도 생성될 수 있다는 견해를 제시했다. 그렇다면 이 물질이 알루미늄 함유 폭약의 수중폭발로 인해 생성된 폭발재임을 입증하는 데에는 잘 설계된 모의 폭발실험이 훌륭한 경험적 확인 방법이 될 것이었다. 폭발실험의 결과는 백색 흡착물질이 폭발재임을 직접 지시해줄 수 있는 근거가 될 수 있었다.

그렇기에 중요한 근거가 될 폭발실험은 과학자사회에서 널리 받아들여질 만한 과학적인 방법으로 설계되고 실행되었어야 하며, 거기에서 채집된 물질에 대한 분석은 과학자사회에서 폭넓은 동의를 받을 수 있는 방법으로 실행되었어야 했다. 그런데 폭발실험 흡착물질에 관한 논쟁을 되돌아보면, 우리는 그 논란이 바로 실험 설계와 분석 실행의 지점에서 비롯했음을 볼 수 있었다. 이렇게 보면, "흡착물질" 논쟁은 선체와 어뢰 흡착물질이 과연 무엇인지에 관한 논란이지만 또한 폭발실험 흡착물질을 생산하고 분석한 과정에서 나타난 합조단의 과학 실행에 대한 논란이었다고 해석할 수 있다.


이 장에서는 흡착물질이 북한 어뢰폭발과 천안함 침몰의 시공간적 일치를 보여줌으로써 '1번 어뢰'의 공격이 천안함 침몰원인이었음을 입증하는 증거의 지위를 지니며, 또한 그런 증거의 지위는 선체와 어뢰 흡착물질, 그리고 폭발실험 흡착물질이 일치함이 입증될 때 유지될 수 있음을 살펴보았다. 그러나 앞에서 살펴보았듯이 합조단이 행한 '삼각 일치'의 입증 과정은 법과학과 일상적 과학 실행의 측면에서 볼 때에 논쟁을 불러일으킬 만한 여러 요인을 안고 있었다. 합조단의 XRD 데이터와 EDS 데이터가 오히려 설명되어야 하는 논란의 대상이 되면서, 이와 함께 그 데이터의 생산과 해석 과정도 추가로 해명되어야 하는 대상이 되었다.

흡착물질 데이터를 중심으로 한 논쟁의 전개를 정리하면서 다음과 같은 몇 가지 쟁점을 확인할 수 있었다. 첫째, "비결정질임"을 입증해야 하는 폭발실험 흡착물질의 XRD 데이터에서 합조단은 왜 결정질 신호 잡음을 일으킬 수 있는 알루미늄 재질을 실험용 수조의 판재로 사용했는가, 논란을 피할 대안의 방법은 왜 시도되지 못했는가. 둘째, 흡착물질의 성분을 규명하면서 합조단은 왜 데이터에 나타난 산소와 황의 비율을 만족시키는 화학조성의 모형 대신에 알루미늄 산화물을 흡착물질 기원의 중심에 두면서 수분과 황이 섞인 혼합물이라는 훨씬 복잡한 설명의 방식을 선택했는가. 이런 문제가 주요 쟁점이 되었다. 결국에 합조단이 제시한 EDS 데이터와 XRD 데이터는 그 자체로서 증거의 지위를 스스로 보여주지 못했다. 합조단은 제기된 의문을 반박하면서 애초에 제시한 데이터의 정당성을 입증하기 위해서 또 다른 보강 실험과 관찰을 추가로 수행해 새로운 데이터를 제시해야 했음을 논쟁 과정에서 볼 수 있었다.

합조단 조사위원의 설명과 논쟁 참여 과학자들의 설명을 종합하면, "흡착물질" 논쟁에는 흡착물질을 바라보는 방식에 뚜렷한 차이가 존재했음을 볼 수 있었다. 합조단은 흡착물질이 "세상에 없는" "완전한 비결정질"이며 다른 물질과 뒤섞인 혼합물이기에 그 성분비를 특정할 수 없는 "알루미늄 산화물$Al_xO_y$"로 유연하게 명명했는데, 그것은 데이터가 표상하는 물질의 정체를 알루미늄 산화물의 생성 기원을 중심으로 바라보는 해석으로 비추어졌다. 합조단이나 양판석, 정기영의 분석에서 나열된 원소 성분은 거의 동일했으나 원소들의 화학조성에 대한 해석은 서로 다르게 이루어졌다. 합조단은 어뢰 수중폭발의 산물인 알루미늄 산화물에 수분, 황이 혼합된 것이 흡착물질이라고 해석했으며, 양판석과 정기영은 그 자체로는 폭발의 산물이라고 보기 힘든 알루미늄-산소-황이 결합한 알루미늄 수산화물이 흡착물질이라고 해석했다.

'흡착물질' 논쟁은 논란의 대상이 된 데이터와 실험, 해석, 결론이 합조단의 조사활동에서 어떠한 과정을 거쳐, 어떠한 추론을 거쳐 실행되었는지 그 일부를 보여주는 계기가 되었다. 그 과정과 추론은 과학적인 데이터와 그래프를 통해 나타난 것과는 달리 명료하지 않았으며, "흰색 분말 덩어리"인 흡착물질의 정체에 관해 합조단 내에서도 고민과 논의, 심지어 미국 조사팀이 보여주었듯이 상당한 이견이 존재했음을 알 수 있었다. 논쟁의 과정을 거치며 이런 쟁점들은 더욱 구체화했다. 그런 점에서 보면 흡착물질 '과학 논쟁'은 사회적 논란과 갈등을 줄일 수 있는 논쟁 완화 또는 해소의 지점, 즉 쟁점을 발견하는 과정이기도 했다.

6장

oooooooooooo

지진파:
방법론의 선택과 배제,
정당화의 문제

□

절단면의 분석과 선체파손의 시뮬레이션 해석이 수중폭발 시나리오에서 중심적인 자리에 놓인 데 비해 수중폭발의 유형을 밝히는 또 다른 근거 자료인 지진파는 『합동조사결과 보고서』에서 별다른 의미를 차지하지 못했다. 보고서에서 지진파 분석에 관한 자료가 빈약한 것은 합조단의 조사활동에서 지진파 연구가 제 역할을 하지 못했기 때문이었다. 한국에서는 북한의 핵실험을 감시하는 법지진학 성격의 연구가 한국지질자원연구원 등을 중심으로 이루어져 왔으며 이와 관련한 연구 논문도 나오고 있었으나(예컨대 Shin et al. 2009), 수중의 인공폭발에 관한 지진파 전문가는 없었다. 게다가 이 분야의 연구에서도 '얕은 바다'에서 일어난 수중폭발의 선행연구는 거의 없었기에 천안함 침몰 사건을 기존의 수중폭발 해석으로 접근하는 데에는 여러 난점이 있었다.

공중음파와 지진파는 천안함 침몰 당시, 사건이 남긴 신호로서 중요한 증거물이었으나 특히 지진파는 합조단의 조사활동에서 중요한 증거로 사용되지 않았다. 한국지질자원연구원과 기상청이 각각 관측한 지진파 기록이 알려진 것도 침몰사건이 발생하고 나서 며칠 뒤였다. 이 때문에 국방부가 지진파 기록을 소홀하게 다룬다는 비판까지 언론매체에서 제기되기도 했다(한국일보 2010-4-3: 1). 지진파 분석은 오히려 합조단 바깥에서 더 활발하게 이루어졌으며 그 연구들에서 합조단의 조사결과와 다른 해석과 결론이 제시되면서 천안함 침몰원인을 둘러싼 새로운 논쟁이 촉발되었다.

이 장에서는 지진파를 수중폭발을 추적하는 데 주요한 자료로 사용하는 법지진학forensic seismology의 연구 사례를 통해 지진파가 어떠한 방식으로 다루어지는지를 살펴보며, 이어 지진파 증거가 합조단은 물론이고 독자적으로 연구를 수행한 다른 과학자들에 의해 어떻게 다루어졌는지를 살펴본다. 이를 통해 수중폭발 순간의 진동을 기록한 지진파와 공중음파가 천안함 침몰원인을 추론하는 과정에서 연구자들에 따라 어떻게 다르게 사용되었는지를 볼 수 있을 것이다. 또한 수중폭발 사건을 해석할 때 중요한 값이 되는 버블 주기bubble period에 대한 태도가 어떻게 달랐는지, 즉 지진파에 대한 관심사가 어떻게 달랐는지를 짚어보는 것은 지진파 논쟁을 이해하는 데 도움을 준다.

## 법지진학

인공폭발이 지각에 남긴 진동의 기록인 지진파를 분석함으로써 목격할 수 없었던 사건의 과정을 재구성 하는 법지진학은 육상과 수중 인공폭발의 실제 사건 사례들을 다루면서 체계화되었다. 천안함 침몰 당시에도 지진파와 공중음파라는 폭발 진동의 기록들이 사건을 규명하는 데 필요한 단서로 확보되었으며, 합조단은 조사활동에서 이런 기록 자료들을 사건 해석에 사용했다. 그러나 합조단이 지진파와 공중음파를 다루는 방법은 법지진학의 전통적인 방법론과는 상당한 차이를 보여주었는데, 이런 차이가 지진파 논쟁의 씨앗이 되었다. 먼저 법지진학의 연구 방법과 응용 사례를 간략하게 살펴본다.

### 법지진학과 지진파

지진파 데이터는 본래 지진의 규모와 진원을 조사하거나 지구 내부의 구조를 연구하는 데 주로 쓰이지만, 자연지진과 다른 인공지진을 일으킨 큰 폭발의 원점과 규모, 유형을 조사하는 데에도 쓰인다. "법지진학"으로 불리는 이 연구 분야는 그동안 포괄적 핵실험 금지조약Comprehensive Nuclear-Test-Ban Treaty·CTBT의 이행 여부를 감시하는 기술로서, 방사성 핵종 감시 기술 분야와 더불어 발전해왔다. 포괄적 핵실험 금지조약을 뒷받침하는 기술 시스템은 국제적 감시 체제International Monitoring System·IMS, 협의와 확인Consultation and Clarification, 현장 사찰On-Site Inspection, 신뢰 구축 조처Confidence Building Measures로 구성되어 있는데, 이 가운데 국제 감시 체제는 오스트리아 빈의 국제데이터센터IDC에 기록을 전송하는 세계 300여 곳 관측소들의 연결망으로 이루어져 있다. 이 연결망은 지진 관측소를 중심으로, 수중음향 관측소, 초저주파 공중음파 관측소와 방사능 핵종 관측소를 연결하는 체제로 이루어졌다.

지진파 관측과 분석은 핵실험 금지조약을 유지하는 데 중요한 감시 수단으로 발전해왔다. 지하나 수중의 핵실험 때 발생하는 지진파에는 자연지진과는 구분되는 파형의 특징이 나타나므로, 지진파를 분석하면 인공지진을 일으킨 폭발의 지점과 크기를 추론할 수 있다. 초기에는 먼 거리에서 온 지진파형을 분석해서 이런 파형을 일으킨 근원을 추적하는 것이 쉽지만은 않았으나, 점차 그 응용 분야가 확대되면서 지하폭발뿐 아니라 수중폭발로 인한 지진파를 분석하는 데에도 사용되었다(Bowers & Selby 2009). 대규모 폭발원의 수

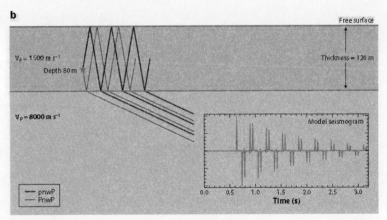

[그림 6-1] 수중폭발 사건과 지진파. (출처: Bowers & Selby 2009: 225)

중폭발은 충격파와 더불어 폭발가스가 급격히 팽창, 수축하는 이른바 버블 펄스bubble pulse를 일으키며 폭발 에너지를 발산하는데, 그런 수중폭발 에너지가 암석에 부딪혀 육지의 지진파로 전달되기 때문에 그 파형을 분석하면 수중폭발의 유형을 추적할 수 있다.

지진파는 수중에서 일어난 폭발에 의해 야기된 수중 진동이 지각을 통해 지진관측소의 기록계에 기록된 것이므로, 지진파를 분석해 거꾸로 수중음파를 찾아내고 다시 이를 통해 수중폭발 사건의 성격을 추적할 수 있다는 것이 이 분야의 이론적 원리였다. [그림 6-1]은 수중폭발이 지진파에 기록되는 과정을 보여준다. 수중에서 일어난 폭발이 여러 파형을 만드는 데 수중에서 1초당 1500m의 속도로 전파되는 파형은 지각을 통해 1초당 8000m의 속도로 전달되어서 인근의 지진계에 기록된다.

이때에 지진파에 담긴 수중음파에서는 수중폭발 때 생성되는 폭발가스의 팽창과 수축의 운동인 버블 펄스의 주파수, 즉 버블 주기를 찾아낼 수 있으며, 버블 주기는 폭발량, 폭발수심과 일정한 상관관계를 지니기 때문에 수중폭발의 성격을 밝히는 데 중요한 단서가 될 수 있다. 버블 주기와 폭약량, 폭발수심의 관계에 관해서는 1917년 레일리, 1948년 코올, 1963년 윌리스 등의 실험과 연구를 바탕으로 이후에 지속적으로 경험적 지식이 축적되어 왔다. 근래에는 이 분야의 연구자들 사이에서 비교적 간편한 근사식의 모델이 개발되어 사용되는데, 레일리-윌리스 공식으로 불리는 그 경험식은 아래 [1]과 같다. 이 공식은 『합동조사결과 보고서』에서도 제시된 바 있다.

$$P = 2.11\ [\ W^{1/3}\ /\ Z_0^{5/6}\ ] \qquad\qquad [1]$$

여기에서 P는 버블 주기, W는 폭약량charge weight, $Z_0$은 폭발수심(depth, 깊이 + 10.1m)을 의미한다. 즉, 우리가 버블 주기 P를 안다면 폭약량 W와 폭발수심 $Z_0$ 사이의 일정한 관계식을 얻을 수 있으며, 이 관계식에 의해 폭약량 W와 폭발수심 $Z_0$ 가운데 어느 하나의 값을 알면 다른 값도 구할 수 있다. 그러나 법지진학에서 지진파 기록을 분석해 버블 주기와 폭약량, 폭발수심을 찾아가는 방법론은 여러 가지 실험과 관찰이라는 경험적 연구를 통해 다듬어진 경험식을 사용하기 때문에, 이것을 다양한 조건과 환경을 지닌 현실의 사례에 그대로 기계적으로 적용하기 어렵다는 한계도 있다.

### 쿠르스크 호 폭발 사건

법지진학이 수중폭발 사건을 추적하는 데 기여한 성공 사례로는 2000년 8월 러시아 핵잠수함 쿠르스크Kursk 호 침몰사건에 관한 지진파 분석이 대표적으로 꼽힌다. 쿠르스크 호는 러시아 북부함대 내에서 가장 현대적인 오스카급 핵잠수함이었는데, 해군 훈련에 참여하던 중인 8월 12일에 북극해에 속한 바렌츠 해Barents Sea의 깊은 바다에서 실종 사고를 당했다(Koper et al. 2001: 37). 사고는 8월 14일 언론매체의 보도를 통해 알려지기 시작했는데, 8월 17일 무렵에는 쿠르스크 호 사고와 관련해 근처의 지진 관측망에서 135초가량의 간격을 두고 관측된 두 건의 지진파 기록이 탐지되었다는 보도가 나왔다. 그러나 사고의 원인이 곧바로 규명되지 못하고 정보가 부족한 상황에서 러시아 정치권과 언론매체에서는 갖가지 사건 시나리오들이 제시되었다. 한 쪽에서는 정체를 확인할 수 없는 외국 군함과 충돌했을 것이라는 충돌설 등이 제기되었으며, 다른 한편에서는 내부 폭발설이 제기되고 있었다(Barany 2004).

당시에 러시아 정부의 비공개 정책으로 별달리 알려진 단서가 없는 상황에서 인근 나라의 관측소들에 포착된 지진파 기록은 사건을 해석하는 데 중요한 증거 또는 단서가 되었다. 먼저 두 번의 수중폭발 신호가 식별되었다. 2001년 1월 몇몇 지진파 연구자들은 학술지에 낸 지진파 분석 연구 보고서에서 첫 번째 지진파 기록이 있고 나서 135초가량 지나 두 번째 지진파 기록이 나타났으며 그 두 번째 사건의 규모는 첫 번째 사건에 비해 250배가량 큰 규모임이 식별되었다고 밝혔다(Bowers & Selby 2009: 223). 사고 해역에서 470km가량 떨어진 노르웨이 북부관측소ARCES에 기록된 두 차례 지진파의 요동 신호는 쿠르스크 호가 지진 규모 1.5의 작은 폭발과 규모 3.5의 큰 폭발이 연속한 사고를 겪었음을 보여주었다. 두 차례의 지진 요동은 135.8초 차이로 이어졌는데, 노르웨이 관측소에 기록된 지진파의 P파와 S파 파형을 비교 분석한 결과는 두 인공지진의 요동이 비슷하기는 하지만 동일하지 않은 원인에서 비롯했으며 파형 확산의 특성도 그러함을 보여주는 것이었다.

사건을 해석하는 데에 버블 주기는 중요한 값이었다. 쿠르스크 호 사건의 경우에, 연구자들은 당시에 사건 부근의 관측소에 기록된 지진파([그림 6-2]의 왼쪽)를 사용하여 일정한 시간 구간time window의 지진파 데이터를 주파수별로 나

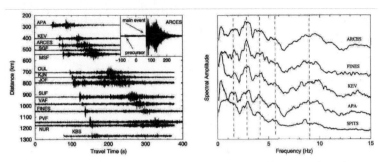

[그림 6-2] 쿠르스크 호 폭발 당시에 여러 지진계에 기록된 지진파 파형들(왼쪽)과 일정 시간대의 지진파를 분석한 주파수별 진폭의 스펙트럼(오른쪽). (출처: Koper et al. 2001)

타내는 진폭의 스펙트럼([그림 6-2]의 오른쪽)을 구했으며, 여기에서 폭발가스에 의해 생성된 버블 펄스가 지진파 기록에 남긴 신호를 찾아냈다. 그림 오른쪽에서 수직 점선으로 표시된 이런 신호의 피크들은 버블 펄스의 존재를 보여주는 것으로 해석되었다(Koper & Wallace 2001).

    쿠르스크의 주된 사건이 하나의 폭발원에 의해 일어났음을 보여주는 가장 명확한 지진파 증거는 "버블 펄스"의 관측이다. 수중에서 발생한 폭발은 수면 위로 빠르게 상승하는 뜨거운 가스의 버블을 생성한다. 이 가스 버블은 버블을 둘러싼 정수압hydrostatic pressure에 반응해 진동하며, 이 진동은 폭발유형, 폭발량, 그리고 폭발수심과 상관관계를 보이는 주파수를 지닌다. 버블 진동은 버블 펄스라 불리며, 그것은 지진 기록에 차별적인 특징distinctive signature을 만들어낸다. (Koper & Wallace 2001)

연구자들은 주파수별 진폭의 스펙트럼으로 변환한 자료에서 관측값

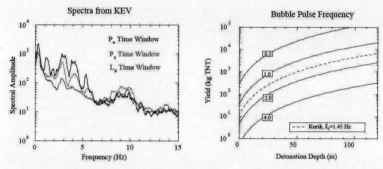

[그림 6-3] 쿠르스크 호 사건 당시 지진파의 분석 스펙트럼(왼쪽), 버블 펄스 주파수에 따른 폭발수심과 폭발량의 일정한 관계(오른쪽). (출처: Wallace et al., LA-UR-00-4261)

observation으로서 두 번째 폭발 사건의 버블 펄스 주파수[1] "1.45Hz"를 식별해낼 수 있었다. 이 값은 폭발 규모를 추산하는 데 사용되었다. 연구진은 [그림 6-3]의 오른쪽 그래프에 나타난 레일리-윌리스 공식($P = 2.11 \ [ \ W^{1/3} \ / \ Z_0^{5/6} \ ]$)의 관계식을 적용해 관측된 버블 펄스 주파수의 값과 가정된 폭발수심에 걸맞은 폭발량을 추산할 수 있었다.

수중폭발에서 지배적인 버블 펄스 주파수, 즉 $f_b$는 폭약량과 폭발수심에 매우 의존적이다. 우리는 쿠르스크 호의 주된 사건의 $f_b$로서 1.45Hz를 관측해냈으며, 이런 관측값은 만일 폭발이 수심 80-100m에서 일어났다면 폭약량은 3000-4500kg TNT로 추산됨을 보여준다. (Wallace et al. LA-UR-00-4261).

연구자들은 지진파에서 버블 펄스 신호를 찾아냄으로써 쿠르스크 호 침

---

1  버블 펄스 주파수는 주기적인 현상인 버블 펄스가 1초에 몇 번 일어났는지를 나타내는데 1.45 Hz(헤르츠)는 1초에 1.45번의 퍼블 펄스가 일어남을 뜻한다. 버블 주기는 버블이 한 차례 팽창, 수축하는 데 걸리는 시간을 나타내며 초(sec) 단위로 표시된다. 주파수와 주기는 역수 관계에 있다.

몰사건이 충격이나 충돌이 아니라 폭발에 의한 것이라는 추론을 도출했으며, 135초 앞서 일어난 작은 사건은 방출 에너지의 규모가 이전의 다른 경험적 연구들에 비추어볼 때 250배가량 적은 것으로 판단했다. 뒤이어 일어난 큰 사건은 5000km 멀리 떨어진 지진계에도 기록되었는데 그 방출 에너지가 $3-7\times10^3$kg TNT에 상응하는 것으로 계산되었다(Wallace et al. LA-UR-00-4261).

수중폭발은 상당히 유효하게 지진 신호를 먼 곳까지 전달한다는 것이 지난 수십 년 동안 알려져 왔다. 1971년 7월 북극해에서 터진 10t 규모의 화학 폭발은 원거리 지진 $P$파를 생성해 브라질과 오스트레일리아에서도 검출되었다. 그러므로 IMS(국제감시체제) 지진 관측망의 데이터는 수중음파 관측망에 닿는 길이 차단된 지역에서 수중에서 터진 소규모의 폭발을 탐지하고 규명하는 데 사용될 수 있다. (Koper et al. 2001)

이처럼 지진파 분석을 통해 쿠르스크 호 사건은 충돌이 아니라 두 차례에 걸친 폭발에 의해 일어났음이 규명되었고, 이 지진파 분석의 사례는 심해에서 일어난 "잠수함의 파멸적 운명"을 추적한 방법론으로서 "법지진학"의 가능성을 보여준 것으로 평가되었다(Science 291[2001]: 243; Science News 2001-1-27). 사고가 난 지 2년이 지난 2002년 7월 러시아 정부는 보고서를 공개하지 않은 채 언론보도를 통해 쿠르스크 호 사고에 대한 조사결과의 개요를 발표했다. 그것은 충돌설이나 기뢰 폭발설을 부정하고 잠수함에 탑재된 어뢰 내부의 과산화수소 연료가 불안정한 상태에서 폭발했으며 연료 폭발이 뒤이어 잠수함에 탑재된 어뢰의 폭발을 일으켰다는 조사결과였는데(BBC News 2002-7-1), 이는 사전에 이루어진 법지진학의 분석결과와 대체로 상응했다.

# 천안함 지진파와 공중음파 다루기

천안함 침몰 당시에 사건 부근에 있는 여러 지진파 관측소와 공중음파 관측소에는 사건과 관련한 신호가 관측되었다. 사건과 관련해 3성분(3-component) 지진파 신호는 최소 5곳 이상에서 기록되었는데, 사건현장에서 5.39km 떨어진 한국지질자원연구원KIGAM의 백령도 지진-음파 관측소BRDAR를 비롯해 기상청KMA의 백령도 관측소BAR, 덕적도 관측소DEI, 강화 관측소GAHB, 가장 멀리 186km 떨어진 국제지진관측기구Incorporated Research Institutions for Seismology·IRIS의 인천 관측소INCN가 그런 곳이었다. 지진파를 통해서 수중의 자연지진과 인공지진을 구분하고 인공지진의 원천을 규명하는 연구는 그동안 지진파와 수중폭발 분야에서 오랜 동안 경험적인 연구를 통해서 체계화해왔다. 수중폭발과 버블 펄스로 인한 진동과 폭발의 반향파를 비롯해 갖가지 파형들이 수중을 거쳐 결국에 해저 지각을 통해 육상에 있는 지진계에 기록되며, 그렇게 기록된 지진파의 파형을 분석하면 거기에서 수중폭발의 성격을 규명할 수 있는 단서를 찾아낼 수 있었다.

천안함 침몰 당시에는 지진파와 더불어 초저주파 음파infrasound도 백령도 관측소의 11개 지점에서 관측되었다. 기록된 공중음파 신호에서는 신호의 피크가 1.1초 간격을 보이는 독특한 파형이 나타났다([그림 6-4]). 이 관측소에 포착된 공중음파는 20Hz 이하의 저주파수 음파인데, 그것은 고주파수 음파와 비교해 에너지 감쇠 효과가 적어 장거리 전파가 가능하다는 특징을 지닌다. 초저주파 음파를 일으키는 음원으로는, 지구물리학적 자연 현상으로 대규모 지진, 지진해일, 화산폭발, 운석폭발 등이 있으며, 인공적으로는 대기권과 지하의 핵실험, 대규모 지표 폭발, 대형 폭발사고, 로켓 발사 같은 현상들이 지목되어 왔다. 국내에서는 1999년 이래 7개의 배열식 상시 지진-음파 관측소가 지질

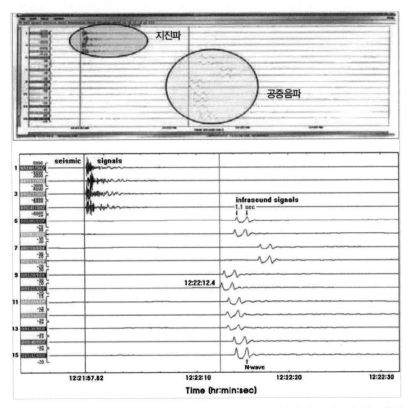

[그림 6-4] 한국지질자원연구원 관측소에 기록된 지진파와 공중음파. 아래는 위의 자료를 좀 더 자세하게 보여준다.
(출처: 합동조사결과 보고서, SG Kim & Gitterman 2013)

자원연구원에 의해 운영되어 왔다(제일영 등 2010).

### 합조단의 해석

『합동조사결과 보고서』에서 지진파는 사건발생 시각을 확인하는 데 사용된
것을 빼고는 천안함 침몰사건의 성격을 규명하는 데 그다지 중요한 증거로 다루

어지지 않았다. 사건 초기의 언론보도를 보면, 지진파는 명쾌한 결론을 제시하는 증거로 인식되지 못했으나 대체로 인공폭발이 있었음을 말해주는 증거로 받아들여졌다(경향신문 2010 4-2: 5; 한겨레 2010-4-3: 3). 그러나 보고서에서 지진파와 공중음파는 다른 증거에 비해 매우 간략하게 다루어졌다. 지진파와 공중음파를 서술한 대목은 다음의 인용문이 거의 전부인 점을 감안하면, 합조단의 조사활동에서 지진파와 공중음파가 중요하게 분석되지 않았음을 알 수 있다.

미국 조사팀은 천안함을 절단시킨 어뢰의 폭약량과 폭발 위치를 분석하기 위하여 폭발 당시 [한국지질자원연구원의] 지진연구센터에서 감지한 지진파 및 공중음파를 분석했다. 〈그림 3장-5-2〉에 제시된 바와 같이 백령도의 4개의 지진감시소에서는 진도 1.5의 지진파를 감지했고, 11개의 음파감지소에서는 1.1초 간격으로 2개의 음향 파동주기가 포함된 공중음파를 감지했다. 수중에서 폭약이 폭발할 때 2개의 음향파동이 발생하는데 첫 번째 파동은 폭약이 폭발 시 발생하며, 두 번째 파동은 버블 팽창 순간에 발생하는 것으로 음파간격 1.1초는 수중폭발 시 발생하는 버블 주기를 나타낸다. 이러한 측정 데이터를 근거로 Willis의 공식을 적용하여 버블 주기에 해당되는 폭약량과 수심을 분석한 결과는 〈그림 3장-5-3〉(이 책 [그림 6-4])와 같다. (합동조사결과 보고서: 133-134)[2]

2 『합동조사결과 보고서』에 실린 〈그림 3장-5-3〉(이 책의 [그림 6-5])에는 폭약량을 둘러싸고 혼선을 일으킬 만한 요소도 있다. 합조단은 미국 조사팀이 천안함을 침몰시킨 폭발의 폭약량을 "250 ± 50kg (200-300kg)"으로 예측했으며 미국 쪽의 이런 초기 분석이 합조단의 시뮬레이션에서 해석된 "고폭약 250kg, TNT 환산 360kg"과 맞아떨어진다고 밝힌 바 있다. 이런 예측을 보여주는 그림이 이 논문에 인용된 [그림 3-3]과 [그림 6-5]이다. 그런데 그림 아래쪽에 실린 레일리-윌리스 공식은 통상적으로 TNT 폭약량(W)을 쓴다는 점에서 볼 때 그림에 표시된 폭약량 "250kg"은 TNT 환산 폭약량임을 알 수 있다. "고성능폭약 250kg, TNT 환산 폭약 360kg"을 결과물로 제시한 합조단의 보고서에 "TNT 250kg"을 나타내는 그림이 실린 것은 혼선을 일으킬 만한 요인이 되었다. 폭약량 수치들에 관한 여러 설명을 정리하면 [표 6-1]과 같다.

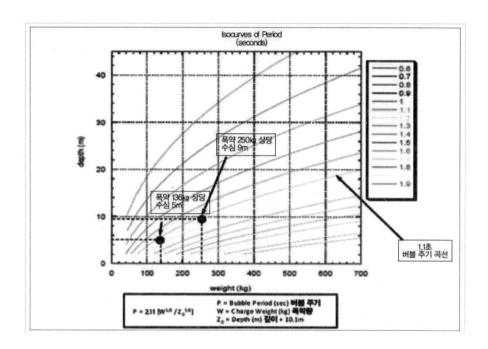

[그림 6-5] 버블 주기에 따른 폭발량과 폭발수심의 일정한 관계. 버블 주기(곡선)를 안다면 폭발량(가로축)과 폭발수심(세로축)의 관계식을 그래프로 그릴 수 있다. 그림에서는 폭약 250kg 상당의 폭발이 수심 9m에서 일어날 때, 폭약 136kg 상당의 폭발이 수심 5m에서 일어날 때에 버블 주기 1.1초가 관측될 수 있음을 보여준다. 수면에 물체가 없는 자유표면 조건에서 레일리–윌리스 공식을 나타내는 그래프이다. (출처: 합동조사결과 보고서: 134)

[표 6-1] 천안함 침몰원인인 수중폭발 어뢰의 폭약량

| 폭약량 | 250 (±50)kg | 250kg | 250kg | 360kg | 250-360kg | 200-360kg |
|---|---|---|---|---|---|---|
| 종류 | TNT | TNT | 고성능폭약 | TNT | TNT | TNT |
| 출처 | 『합동조사결과 보고서』, 136쪽 (미조사팀의 시뮬레이션, 이 책 [그림 3-3]) | 『합동조사결과 보고서』, 134쪽 그림 (이 책 [그림 6-5]) | 『합동조사결과 보고서』, 29쪽 ('1번 어뢰'의 폭약 중량 제원) | 『합동조사결과 보고서』, 175쪽 (합조단 시뮬레이션) | 『합동조사결과 보고서』, 28쪽 | 국방부 자료 (이 책 소절 '방법론 정당화의 문제'), (윤종성 2011: 109-110) |

『합동조사결과 보고서』의 설명은 다음과 같다.
 - "폭발위치는 가스터빈실 중앙으로부터 좌현 3m, 수심 6~9m 정도이며, 무기체계는 북한에서 제조한 고성능폭약 250kg 규모의 CHT-02D 어뢰로 확인되었다" (29쪽).
 - "(시뮬레이션 결과에서) TNT 폭약 360kg이 수심 7m에서 폭발한 경우 천안함의 실제 손상상태와 정성적으로 매우 유사한 손상결과를 얻을 수 있음을 확인했다" (175쪽).
 - "TNT 360kg은 고성능폭약 250kg의 위력에 포함되는 폭발력임" (150쪽).

합조단 보고서는 천안함 침몰 당시의 수중폭발 순간에 나타난 버블 주기를 공중음파 파형에 나타나는 두 차례 피크의 간격인 1.1초에서 직접 얻었으며, 이런 버블 주기의 값을 윌리스 공식에 적용해 버블 주기에 해당하는 폭약량과 폭발수심을 분석했다고 설명했다. 이 서술에서 눈에 띄는 점은 폭발가스인 버블이 한 차례 팽창과 수축 운동을 하는 데 걸리는 시간인 버블 주기의 값이 법지진학에서 사용하는 지진파가 아니라 공중음파에서 도출되었다는 점이었다.

버블 주기를 공중음파에서 구하는 방법론은 합조단 조사위원들 사이에서도 공유되었던 것으로 보인다. 그것은 지진파와 공중음파를 비교할 때 공중음파가 수중 사건을 더 정확하게 보여주는 기록이라는 인식에서 비롯했다. 윤덕용 합조단 조사단장은 합조단 활동 이후인 2011년에 한 잡지와 한 인터뷰에서 이런 인식을 보여주었다. 그는 공중음파에 나타난 1.1초가 버블 주기를 가리키며 그 값은 "1.1초의 팽창·수축 사이클이 발생하려면 역시 [수심이] 한 6m에서 TNT 250kg 정도의 폭발이 일어나야 한다는 것"을 의미한다고 설명했다([그림 6-4]).

홍성기: 그렇군요. 지진파는 천안함 사건의 원인규명에 어떤 역할을 했습니까?

윤덕용: 우리나라에서는 북한의 핵실험 탐지 때문에 지질연구소[한국지질자원연구원]가 굉장히 정확한 탐지·분석 능력을 갖고 있습니다. 이들 전문가들의 이야기가 폭발의 크기를 추정하는 데 지진파는 별로 신뢰성이 없고 공중음파가 더 정확하다고 합니다. 이 공중음파가 1.1초 사이에 2회 감지 됐다는 거죠. 처음에 폭발이 일어날 때 폭음이 생기는 거고요. 버블이 팽창했다 수축할 때 압력이 급격히 올라가면 다시 폭음이 생깁니다. 그 사이가 1.1초인데, 수중폭파에서 발생하는 버블의 사이클 문제는 이론적으로 다 정리가 돼 있어요. 그래서 1.1초의 팽창·수

축 사이클이 발생하려면 역시 한 6m에서 TNT 250kg 정도의 폭발이 일어나야 한다는 것이죠. 미군 팀에서는 이것을 하루아침에 계산을 하더라고요. 공중음파의 사이클을 보고 폭약의 양과 폭발 위치 등을 거의 비슷하게 추정했습니다. (홍성기 2011: 285-286)

이처럼 "폭발의 크기를 추정하는 데 지진파는 별로 신뢰성이 없고 공중음파가 더 정확하다"는 외부 전문가의 견해가 수용되어, 합조단에서는 공중음파 파형에서 얻은 '1.1초'를 버블 주기의 값으로 결정했다. 합조단은 버블 주기 값을 중요하게 다루면서도 지진파와 공중음파 분석하여 버블 주기 값을 얻는 과정을 직접 거치거나 파형 기록들을 통해 수중폭발 당시의 상황을 추적하는 데에는 큰 관심을 기울이지 않았다.

### 합조단 바깥의 지진파 연구

지각으로 전해진 지진파를 분석해 수중에서 일어난 폭발 사건을 추적하려는 연구는 합조단 바깥 연구자들에 의해 더 활발하게 이루어졌다. 여러 시도들이 침몰사건이 있고 얼마 뒤부터 나타났다. 합조단에 참여하지 않은 한국지질자원연구원 지진연구센터가 버블 주기를 이용해 계산한 폭발량 추정 결과를 발표하고 관측된 지진파가 인공폭발을 보여주는 증거의 가치를 지닌다는 견해들이 제시된 이후에도(서울신문 2010-4-2: 2), 지진파를 이용해 폭발의 성격과 규모를 추정하려는 여러 개인 연구자들의 분석결과가 언론에 잇따라 보도되었다.

국방과학연구소 수중음향실장을 지낸 한양대 해양환경과학과 명예교수 나정열은 충격파와 버블 펄스의 간격이 0.5초로 나타났다며 "이를 수중음파 측정 공식에 대입해" 볼 때 폭발지점이 수심 34-35m라는 결과를 얻었다고 밝혔다(동아일보 2010-4-17: 2). 숭실대학교 소리공학연구소 교수 배명진은 기뢰 폭발음 파형과 천안함 폭발음 파형을 비교 분석했다면서 천안함 폭발음이 기뢰의 폭발음에 가깝다는 견해를 제시했다(세계일보 2010-4-3: 4). 그는 이후에 공개된 천안함 폭발 당시의 지진파형을 분석해 비접촉 수중폭발보다는 TNT 260kg 규모의 폭발 위력을 지닌 직격 어뢰에 의한 폭발일 가능성을 제시하기도 했다. '버블제트 어뢰'가 침몰원인이라면 선체 폭발음 전에 수중폭발음이 나타나야 하는데 폭발과 동시에 8.45Hz 주파수의 선체 폭발음이 바로 나타났다는 점이 그 근거라고 그는 주장했다(조선일보 2010-4-17: 3). 지진파에 대한 좀 더 면밀한 분석의 결과물은 합조단의 조사결과가 발표된 이후에 합조단 바깥의 개별 연구자들이 학술지에 정식 연구논문들을 발표하면서 잇따랐다.

### 홍태경, 수중폭발 사건의 확인

지진파가 자세하게 분석된 것은 지진파 연구자인 연세대학교 교수(지구시스템과학과) 홍태경이 백령도 지진관측소를 비롯해 사고 해역 인근의 관측소 세 곳에 기록된 지진파를 분석해 미국지진학회 학술지에 논문을 발표한 2011년이 처음이었다. 그는 《미국지진학회지Bulletin of the Seismological Society of America》의 2011년 8월호에 천안함 침몰 인근의 관측소 세 곳에서 관측된 지진파 데이터를 해석해 합조단의 조사결과와 거의 일치하는 결과를 발표했다(Hong 2011). 이 연구에서 그는 백령도, 덕적도, 강화도에 있는 기상청 지진관측소에 기록된 데이터를 사용했으며, 지진파에서 인공지진의 파형을 찾아내는 방법을 사용해 지진파를 일으킨 사건의 지점과 규모 등에 관한 합조단의 결과를 다시 확인하면서 이를 좀 더 정교하게 수정했다.

먼저, 그는 실체파(Pn파)로 본 지진 규모가 1.46임을 밝히고서 이는 합조단이 밝힌 지진 규모인 1.5와 사실상 일치함을 보여주었으며, $P$파와 $S$파의 도달 시간 차이와 각 파의 고유 속도를 계산해 얻은 사건 시각이 "12:21:56.4 UTC"(한국시 오후 9시 21분 56.4초)로 나타났다고 밝혔다. 백령도 관측소의 자료를 분석해 얻은 사건 지점은 "37.915° $N$, 124.617° $E$"로 계산되었다. 특히 이 논문에서는 고주파 영역에서 $P$파와 $S$파의 진폭비가 상대적으로 높게 나타나는 인공지진의 주요한 특성이 확인되었으며, 첫 번째 $P$파가 도착하고서 31.9초 뒤에 나타난 334m/s 속도의 음향파acoustic wave가 식별되었다고 보고했다. 그는 논문의 결론에서 "음향파 관측과 높은 $P/S$ 진폭비는 수중폭발이 있었음을 보여준다"며 "[사고 지점의] 수심은 44m로 계산된다"는 해석을 제시했다.

홍태경의 연구 논문은 사건 당시에 관측된 지진파 기록에서 천안함 침몰의 원인이 수중폭발임을 충분히 유추할 수 있음을 보여준 것으로, 합조단의 발표 내용을 뒷받침했다. 언론매체들은 "'천안함 침몰원인은 폭발'…지진파 분석 논문" 등의 제목으로 논문을 보도했는데, 한 신문은 '천안함 폭침'을 미국지진학회도 인정했다는 제목으로 보도하기도 했다(중앙일보 2011-9-8: 12).

### 김소구, 법지진학을 통한 기뢰설

법지진학의 방법을 사용하여 지진파 기록을 분석함으로써 수중폭발 사건의 성격을 추론하는 연구는 김소구 등에 의해 본격적으로 이루어졌다. 여러 권의 지진학 교재를 저술한 전 한양대 교수이며 민간연구소(한국지진연구소) 소장인 김소구는 천안함 침몰사건과 관련한 지진파와 공중음파 기록을 구해 해외 연구자들과 교류하며 천안함 사건의 지진파를 분석해 그 결과를 2012년에 지구물리학 학술지 《순수 및 응용 지구물리(Pure and Applied

Geophysics》에 발표했다(Kim & Gitterman 2012).[3] 이 논문의 공저자인 이스라엘 지구물리학연구소Geophysical Institute of Israel의 예핌 기터만Yefim Gitterman은 2000년 러시아 핵잠수함 쿠르스크 호 폭발 사건에 관한 지진파 분석 논문을 발표한 바 있었다(Gitterman 2002).

논문의 분석에서는 한국지질자원연구원의 백령도 관측소, 기상청의 백령도, 덕적도, 강화 관측소, 그리고 국제지진관측망 IRIS의 인천 관측소에 기록된 지진파 기록이 사용되었다. 논문 저자들은 법지진학의 방법을 사용해 지진파를 분석해보니, 천안함 침몰 당시에 관측된 지진파는 TNT 폭약량 136kg이 수중폭발 했을 때의 파형을 보여준다는 결론을 제시했다. 이런 폭약량은 합조단이 제시한 북한산 어뢰의 폭약량에 비해 훨씬 적은 규모였다. 이들은 한국 해군이 1970년대에 설치했다가 다 회수하지 못한 육상조정기뢰Land Control Mine·LCM[4]의 폭약량이 관측된 지진파에 들어맞는다고 주장하며 합조단의 북한 어뢰폭발설을 반박했다.

김소구 등은 법지진학에서 수중 사건의 지진파를 분석하는 방법을 사용해 먼저 지진파 기록을 주파수별로 나타나는 진폭의 스펙트럼 자료로 변환하고서 거기에서 버블 펄스가 존재함을 확인하는 방식으로 지진파를 통해 수중폭발 사건을 추적했다. 버블 펄스 주파수는 1.01Hz였으며, 이는 버블이 팽창

---

3  논문은 온라인판에 먼저 발표되었으며 인쇄본은 2013년에 발간되었다.

4  육상조정기뢰(LCM)는 한국 해군본부가 1970년대에 대잠수함 무기인 폭뢰(MK-6)를 개조해 서북 도서 지역의 해저에 설치한 전기식 조정 기뢰이다. 도전선으로 연결된 육상 조종반에서 원격으로 기뢰를 폭발시킬 수 있다. 1985년 말에 해군은 '불필요 판단'에 따라 도전선을 제거하는 작업을 했으나 기뢰 본체는 해저에 남아 있다가 2008년 일부가 회수되었다. 합조단은 천안함 침몰사건의 원인으로 육상조정기뢰의 폭발 가능성을 조사했으나 "설치된 후 30년이 지난 사건발생 시점에서 자연 기폭될 가능성이 없으며, 설사 폭발되더라도 폭약량이 작아(136kg) 47m의 깊은 수심에서는 선체를 절단시킬 수 있는 폭발력이 없"다는 점에서 그 가능성을 배제했다. (합동조사결과 보고서: 87-93).

했다가 수축하는 데 걸리는 시간인 버블 주기가 합조단이 밝힌 "1.1초"와 다른 "0.990초"임을 보여주었다. 두 저자는 경계요소방법boundary element method·BEM의 시뮬레이션을 사용하여 폭약량이 TNT 136kg 또는 250kg일 때, 그리고 폭발수심이 7, 8, 9m일 경우로 나누어 버블 주기 0.990초의 수중폭발 가능성을 따져보았으며, 여기에서 버블 주기 0.990초가 구현되는 가장 근사한 조건으로 '폭약량 TNT 136kg, 폭발수심 8m'를 얻을 수 있었다고 밝혔다.

> 0.990초 진동 시간의 관측값은 추정 폭약량 136kg TNT가 수심 8m 부근에서 지진 규모 2.04로 폭발했을 경우에 코울의 방법(Cole's method)에 의한 버블 펄스 주기인 0.967초에 상응한다. 이는 이전부터 이 지역에 존재하는 육상조정기뢰(LCM)의 TNT 폭약량과는 조화를 이루지만, 다국적 민군 합동조사단(MCMJIG)이 제시한 북한 어뢰 CHT-02D의 폭약량 250kg은 이 경우의 진동 시간이 1.1초를 훨씬 넘어서기 때문에 지진파뿐 아니라 코울 방법에 의한 분석적 규명에도 맞지 않는다. (Kim & Gitterman 2012: 558-559) 〔필자의 번역〕

김소구는 2013년 12월 선체와 버블의 상호작용을 다루는 선박공학 시뮬레이션을 추가로 수행하여 폭발수심 8m와 좌현 5m의 지점에서 TNT 136kg의 폭약량이 폭발했을 때 관측된 지진파의 버블 주기에서 가장 적은 오차가 나타났다는 결론의 또 다른 논문을 국제학술지에 출판했다(SG Kim 2013). 이 논문에서 그는 별도의 시뮬레이션을 수행해 천안함 프로펠러의 휜 모양이 폭발이 아니라 좌초에 의해 생길 수 있음을 보였으며, 소금물에 전류를 흘리면 떨어져 있는 전등을 켤 수 있음을 보여주는 약식 실험을 수행해 자신이 추론하는 사건의 시나리오를 적극 개진했다. 즉, 천안함이 백령도에 가까이 항해하던 중에 단단한 규조토 해저 바닥에 걸렸다가 빠져나오는 과정에서 프로펠러 날개가 휘었으며 선체에 달린 부식방지장치ICCP의 전류가 해수를 통해 기뢰의 뇌관에 흘러들어 폭발이 일어났으리라는 '좌초 후 기뢰 폭발'이 그가 제안하는 시나리오였다.

그는 비슷한 시기에 예핌 기터만과 포르투갈 알가르브대학의 로드리게즈Orlando Camargo Rodriguez와 함께 저술한 세 번째 논문에서는, 수중폭발 때 에너지가 급속히 퍼지며 생기는 여러 파 가운데 수면을 따라 전파되는 이른바 '표면반사파'의 요소를 지진파에서 식별해내어, 폭발수심 8m, 폭약량 TNT 136kg의 수중폭발이 있었다는 이전 결론을 다시 확인했다고 밝혔다(SG Kim, Gitterman, and Rodriguez 2013; 2014).

이들의 논문은 지진파가 사건발생 시각과 폭발의 규모를 규명하는 증거물일 뿐 아니라 수중폭발 사건의 성격을 밝히는 데에도 중요한 증거물이 될 수 있음을 보여주었다. 더욱이 합조단이 따로 분석하지 않은 지진파 기록을 법지진학의 방법으로 분석해 기뢰설의 근거를 제시했다는 점에서 주목을 받았다. 이들의 논문은 '1번 어뢰' 증거물의 등장 이후에 사실상 사라졌던 기뢰 폭발설에 대한 관심을 다시 불러일으키는 계기가 되었다.

국방부는 지진파 분석 논문이 언론매체에 보도되자(한겨레 2012-8.27) 이에 대해 "[기뢰 폭발] 가능성이 낮다"고 강하게 반박했다. 아군이 설치한 육상조종기뢰가 폭발할 가능성이 없을 뿐만 아니라 김 박사가 계산한 버블주기 계산식을 수심이 낮은 백령도 지역인데다 수면 근처에서 폭발한 경우에 적용할수 없다는 것이 반박의 요지였다. 특히 육상에서 기폭 장치를 조종하는 육상조종기뢰가 기폭하려면 최소 0.45암페어(A)의 전류가 공급되어야 하지만, 이미 도전선이 끊긴 상태에서 바닷물 속에서 발생할 수 있는 수준의 전류로는 기폭이 불가능하다는 점, 육상조종기뢰는 TNT 폭약성분으로만 제조되었으나 천안함 선체에서 TNT, RDX, HMX가 혼합된 고성능 폭약성분이 검출되었다는 점 등을 들어 육상조정기뢰의 폭발 가능성은 희박하다며 김소구 등의 결론를 비판했다(국방부 발표자료 2012-8-29). 천안함 지진파의 분석 방법론을 비판한 의견도 제시되었다. 재미 과학자인 김광섭은 김소구와 기타만의 첫 번째 논문과는 다른 계산 방법과 계산값을 제시하며 김소구 등의 논문을 비평한 논문 "Comment"를 같은 지구물리학 학술지에 냈으며(KS Kim 2013), 김소구와 기타만은 이 비평 논문의 견해를 반박하며 원논문의 정당성을 논증하는 논문 "Reply"를 같은 학술지에 발표했다(Kim & Gitterman 2013).

### 김황수, 음향학적 해석과 잠수함충돌설

지진파 기록은 수중폭발 사건을 보여주는 증거로 받아들여졌으나, 이와는 다르게 지진파에서 폭발 아닌 충돌의 흔적을 찾을 수 있다는 연구결과도 발표되었다. 경상대학교 물리학과의 명예교수인 김황수는 영국 케임브리지대학의 연구원 마우로 카레스타Mauro Caresta와 함께 천안함 침몰 당시에 관측된 지진파 기록을 분석하여 거기에서 관찰되는 독특한 주파수의 패턴을 수중음향학의 방법으로 분석해 "큰 잠수함이 충돌했을 때 나오는 음향의 진동 주파수와 흡사하다"는 요지의 연구 결과를 2014년 11월 온라인 국제 학술지에 발표했다(Kim &.Caresta 2014). 이런 결과는 지진파 기록에서 수중폭발이 있었음이 분명하다는 어뢰설 또는 기뢰설 쪽의 분석결과와 확연하게 다르게, 비폭발의 충돌이 침몰사건의 원인일 가능성을 제시했다. 비폭발의 시나리오에서 지진파는 다루기에 까다로운 증거였으나, 이 논문은 그런 지진파 기록으로도 비폭발 충돌설을 뒷받침할 수 있음을 보임으로써 비폭발의 시나리오에 힘을 실어주는 연구로 받아들여졌다.

김황수 등은 기존의 지진파 연구 논문에서 밝힌 천안함 지진파의 주파수 스펙트럼에서 8.5Hz주파수대에 강한 피크의 진폭이 나타나며 이어 2배, 3배식으로 정수배인 17Hz, 34Hz 식의 주파수대에서 강한 피크 진폭이 나타난 다는 점에 주목했다. 이들은 이렇게 연속된 피크 값이 일종의 "조화 주파수"를 이룬다고 해석했다. 이런 조화 주파수는 악기 같은 조형물, 즉 튜브형의 금속 조형물이 수중에서 진동할 때 생길 수 있으므로, 그런 주파수를 만들어낸 잠수함 충돌의 가능성이 있다는 게 연구자들의 주장이었다. 저자들은 논문에서 "관측된 지진파의 주파수들은 약 113m 길이를 갖는 큰 잠수함의 자연 진동수들과 일치하는 결과를 보여준다"면서 "이런 결과는 천안함 침몰이 어뢰나 기뢰에 의한 수중폭발보다는 큰 잠수함과 충돌해 빚어진 사고일 가능성을 보여준다"는 결론을 제시했다.

그러나 지진파 분석에 근거를 둔 잠수함 충돌설은 폭발설 지지자들에 의해 비판을 받았다. 지진파 파형에 수중폭발의 특성이 나타난다는 점, 폭발이 있었음을 보여주는 공중음파가 관측되었다는 점, 대형 잠수함이 사고 해역처럼 얕은 바다를 자유롭게 운행하기 어렵다는 점, 그리고 순간적이고 강력한 외부 힘이 가해졌음을 보여준다고 해석된 천안함 선체의 파손형상을 쉽게 설명하지 못한다는 점 등이 잠수함 충돌설의 약점으로 지적되었다. 김황수는 절단면 형상, 폭약성분 미량 검출, 북한 어뢰 추진동력장치 같은 수중폭발의 증거도 그대로 믿기 어렵다며 충분한 정보 공개와 재조사가 필요하다고 주장했다(한겨레 사이언스온 2014-11-28).

## 논란의 돌출, 버블 주기

법지진학의 논문들이 출판되면서 버블 펄스의 주기가 합조단 안의 "1.1초"와 합조단 바깥의 "0.990초"로 왜 다르게 산출되었는지에 관심이 일었으며, 뒤늦게 이 문제가 일부 언론매체들에서 제기되었다(뉴스타파 2015-3-25; 한겨레 사이언스온 2015-3-25). 앞 절에서 살펴보았듯이, 버블 주기 값이 서로 다른 이유는 버블 주기를 구할 때에 합조단과 지진학자들이 사용한 증거물의 원 자료가 달랐기 때문이었다. 합조단은 '1.1초'라는 버블 주기 값을 공중음파 기록에 나타난 독특한 파형에서 직접 구했으며, 김소구 등은 지진파 기록을 주파수별 진폭의 분포를 보여주는 스펙트럼 자료로 변환한 다음에 거기에서 구했다.

## 합조단과 버블 주기

법지진학의 방법론에서 보았듯이 버블 주기를 구하는 방법으로는 일정한 시간 구간의 지진파 데이터를 주파수별 진폭의 스펙트럼으로 변환하고서 거기에서 주파수 피크의 패턴을 살펴 버블 펄스의 신호를 식별하는 방식이 주로 사용되었다. 버블 펄스가 1초 동안 진동하는 횟수인 주파수는 버블이 한 차례 팽창했다가 수축하는 데 걸리는 시간인 주기로 변환되며, 그 주파수 또는 주기는 폭약량과 폭발수심의 관계식에 따라 달라진다는 것이 레일리-윌리스 경험식에서 밝혀졌기에, 버블 주기를 안다면 폭약량과 폭발수심을 추적하는 데 중요한 근거를 얻게 되는 셈이다.

합조단의 천안함 침몰사건 조사과정에서는 버블 주기가 법지진학의 방법론에서 사용하는 지진파 대신에 공중음파의 기록에서 도출해 제시되었으며, 그 값이 폭약량과 폭발수심을 찾는 데 사용되는 기본 관계식에 곧바로 적용되었다. 이는 합조단 조사위원들이 나중에 밝힌 여러 발언에서 확인되듯이, 조사위원들은 공중음파에 기록된 1.1초 간격의 피크 신호 2개가 각각 충격파와 버블 효과에 의한 것이라고 해석했기 때문이었다. 즉 첫 번째 폭발음은 충격파를 가리키며, 두 번째는 버블의 의한 효과를 가리키기에 두 간격의 시간이 버블 주기라는 것이다. 다음은 합조단 과학수사 분과장을 지낸 윤종성의 회고록에 실린 설명이다.

지진파 및 공중음파 분석결과 4개소에서 진도 1.5의 지진파를 탐지했고, 11 개소에서 1.1초 간격으로 2회의 공중음파를 감지했는데, 이는 충격파와 버블효과 현상과 일치했다. (윤종성 2011: 109)

합조단 폭발유형분석 분과장이던 이재명은 천안함 명예훼손 재판에서 증인으로 출석하여 1.1초의 차이를 다음과 같은 해석했다.

〔검사 문, 증인 답〕
문: 2번의 폭발음 즉 어뢰폭발과 버블붕괴로 인한 수중폭발의 시간적 차이가 1.1초 차이라는 것은 어떤 의미인가요.
답: 수중에서 어뢰가 폭발하게 되면 폭발음이 발생하면서 가스버블이 발생하는데 이 가스버블이 상당히 큰 압력으로 인하여 밖의 수압과 동등한 압력이 될 때까지 팽창하고 관성에 의해서 그것보다 조금 더 크게 팽창하다가 주변의 강한 수압 때문에 다시 수축하게 되는데 그 압력이 수백기압 정도로 상당히 크고 그러면서 다시 내부와 외부의 압력의 차이에 의해서 다시 팽창하게 되는데 그때 폭발음이 발생할 수 있고 이런 소리와 버블들이 수면으로 올라오면서 또 다른 물체에 부딪히면 버블이 붕괴되고 버블제트(워터제트)가 생기게 됩니다. (서울중앙지법 이재명 증인조서 2014-9-15: 4-5)

그는 공중음파에 기록된 첫 번째 폭발음이 어뢰폭발 순간의 폭발음이며, 이후에 폭발가스 버블이 팽창, 수축했다가 다시 팽창할 때 폭발음이 발생할 수 있다고 해석했다. 그는 또한 이런 1.1초의 간격이 수심 6-9m에서 250kg의 폭약이 폭발하는 경우에 나타나는 것으로 확인되었는지를 되묻는 검사의 물음에 대해, 그것은 미국 측이 먼저 분석한 자료이며 합조단 폭발유형 분과가 그 결과에 의거해 폭약량과 폭발수심 값을 산출하고 다시 이것을 바탕으로 본격적인 선체파손 시뮬레이션이 시행되었다고 답변했다. 이는 "1.1초"의 버블 주기가 미국 측의 초기 시뮬레이션과 한국 쪽의 상세 시뮬레이션에서 모두 중요한 값으로 사용되었음을 보여준다.

> 문: 이러한 분석결과에 의거하여 폭발유형분과에서는 선체구조분과에 시뮬레이션 실험조건(폭약량, 수심 등)을 알려준 것인가요.
> 답: 예. 폭발유형분과에서 천안함의 폭발부위를 수학적으로 모델링하여 시간상 전체적으로는 하지 못하고 중요한 부위에 대하여 몇 종류의 폭약을 각 수심별로 터뜨리는 컴퓨터 시뮬레이션을 실시하여 그 결과 천안함의 파괴된 부분과 유사하게 되는 몇 가지 경우를 선체구조분과에 제공했습니다. (서울중앙지법 이재명 증인조서 2014-9-15: 4-5)

다른 합조단 조사위원도 공중음파에 기록된 두 번째 신호를 마찬가지로 버블이 팽창, 수축했다가 다시 팽창할 때 나는 폭발음으로 설명했다.

> 〔검사 문, 증인 답〕
> 문: 이는 먼저 어뢰가 폭발한 이후 버블이 붕괴되면서 나는 폭발이 있었기 때문에 2번 폭발음이 들렸다고 판단한 것인가요.
> 답: 두 번으로 판단한 것은 맞는데, 버블 붕괴라고 보기는 어려운 것이 수중 폭발이 일어나게 되면 1차 적으로 폭발원점에서 굉장히 강력한 가스구가 형성되고, 그것이 물을 밀어내고 주위에 있는 물이 다시 강하게 압력을 주기 때문에 확

줄어듭니다. 그런데 줄어드는 것이 임계치를 넘어가면 다시 팽창하게 됩니다. 그래서 그 다시 팽창할 때 한 번 더 폭발음이 났다고 판단되고, 그 폭발음이 팽창하면서 구가 위로 떠오르면서 수면에 올라오게 되면 버블은 깨지는 상태가 되는 것입니다. 그래서 두 번째 폭발음은 두 번째 팽창할 때 난 폭발음으로 보아지고[보이고] 그것이 붕괴할 때 난 폭발음으로 보기는 어렵다고 판단합니다. (서울중앙지법 김인주 증인조서 2014-6-23: 5)

이처럼 합조단 내에서는 [그림 6-5]의 공중음파 신호infrasound signals에서 1.1초 간격으로 나타나는 폭발음 신호가 수중폭발 순간의 충격파, 그리고 두 번째 버블의 팽창 때 생성된 폭발음인 것으로 인식되었다.[5] 그러나 수중에서 일어난 사건이 수면 바깥의 공중음파 신호로 변환되는 과정에 대한 자세한 설명의 근거가 제시되지 않으면서, 이에 대한 다른 해석도 제기되었다. 김소구 등은 2012년의 논문에서 공중음파 파형에 대한 다른 해석을 제시했는데, 그는 공중음파 기록이 전형적인 N자 형의 파형을 띠는데 그것은 충격파가 음속 돌파를 하면서 생기는 소닉붐sonic boom을 보여준다고 주장했다(Kim & Gitterman 2012).

### 버블 주기와 공중음파

버블 주기 '1.1초'의 값이 처음 등장한 곳은 합조단 내부가 아니었다. 당시

---

[5] 다소 다른 표현의 설명도 볼 수 있다. 합조단장을 지낸 윤덕용은 인터뷰에서 두 번째 폭음이 버블의 수축 때에 발생한다고 설명했다. 그는 "처음에 폭발이 일어날 때 폭음이 생기는 거고요, 버블이 팽창했다 수축할 때 압력이 급격히 올라가면 다시 폭음이 생깁니다. 그 사이가 1.1초"라고 말했다 (홍성기 2011: 285-286).

에 버블 주기 값은 한국지질자원연구원 내 지진연구센터에 의해 제시되었고 그 값이 폭약량과 폭발수심을 구하는 합조단의 계산식과 시뮬레이션에 그대로 적용되었다. 이런 해명은 당시 지진연구센터장인 이희일의 다음과 같은 설명과 일치한다.

당시에 공중음파 기록에서 버블주기 1.1초를 구해 합조단에 제시했다. 지진파는 매우 복잡한 지질의 매질을 통해 전해지는 데 비해서 공중음파는 균일한 매질인 대기를 통해서 전달되기 때문에 그렇게 기록된 공중음파 기록이 지진파보다 더 정확하다고 판단하여 공중음파에 나타난 두 개의 피크의 시간 간격, 즉 1.1초를 버블 주기로 보았다. (이희일 대면 인터뷰 2015-3-13, 수기 정리)

당시에 지질자원연구원의 지진연구센터는 합조단의 조사활동에 참여하지 않았지만 연구센터가 운영하는 백령도 관측소에 기록된 지진파와 공중음파 기록을 정부 당국에 보고했다. 당시 지진연구센터장인 이희일은 다음과 같이 그때의 상황을 전했다.

천안함 침몰 사고 당일에 백령도 관측소에 지진파 기록이 관측된 게 있어 〔정부 당국에〕 보고했다. 당시에 파형의 특성을 살펴보니 대기중 폭발은 분명 아니었고 수중폭발이 있었음이 틀림없다고 보았으며 경험식을 이용해 계산하여 폭약량 규모를 180kg으로 추산했다. 며칠 뒤에 공중음파 기록을 분석해 버블 주기를 1.1초로 파악하고서 다시 계산해 여러 경우에 나타날 수 있는 폭발수심과 폭약량을 제시했다. 당시에, 수심 10m에서 터진 것이라면 폭발 규모는 TNT 260kg일 것으로 추산해 보고했다. 그것은 정밀한 계산을 거쳐 나온 건 아니었고 잠정적으로

참고수치로 제시한 것이었다. (이희일 대면 인터뷰 2015-3-13, 수기 정리)[6]

이희일은 지진파보다는 공중음파가 버블 주기 값을 구할 때에 더 신뢰할 수 있는 데이터라고 보았으며 당시의 계산 결과는 잠정적인 참조수치였다고 강조했다.

그러나 수중폭발 사건의 경우에 공중음파 기록에서 버블 주기를 도출한 선행연구 사례가 없었다는 점에서 합조단이 사용한 버블주기 값 '1.1초'는 논란의 대상이 되었다. 앞에서 살펴본 바와 같이 러시아 핵잠수함 쿠르스크 호의 침몰사건 때에 관측된 지진파 기록에서 버블 주기를 도출하여 폭약량과 폭발수심, 그리고 당시 사건의 성격을 분석한 선행연구 사례가 있었지만 공중음파에서 버블 주기를 구한 사례는 찾아보기 어려웠다. 지진학자 김소구는 오스트레일리아 국방과학 연구소가 펴낸 수중폭발에 의한 선박 침몰 연구 보고서(Reid 1996)를 근거로 제시하며 "수중폭발 에너지의 53%가 충격파로 소진되며, 나머지 47%가 버블로 가는데, 그 47%도 버블의 팽창과 수축에 대부분 소진되기 때문에 공중음파에서 버블 주기를 찾는 것은 가능하지 않은 방법이며 선례도 없다"라고 비판했다(김소구 전화 인터뷰 2015-3-18, 수기 정리). 반면에 이런 비판을 반박하는 쪽은 버블 펄스의 에너지가 수중에서 대부분 소진되더라도 버블 펄스에 의한 수면의 요동이 공중음파를 통해 포착되며 그 신호의 간격이 버블 주기를 보여준다고 주장했다(이희일 대면 인터뷰 2015-3-13, 수기 정리).

---

**6** 이런 설명은 당시 언론보도의 내용과도 일치한다 (2장 1절 참조). "[한국지질자원]연구원은 지진파(규모 1.5)로 계산한 폭발력은 TNT 약 180kg, 기뢰 또는 어뢰가 천안함 아래 수심 10m 지점에서 폭발했다는 가정 아래 공중음과 규모로 계산한 폭발력은 TNT 260kg급에 해당한다는 분석을 사건발생 5시간 뒤 군과 국가기관에 보냈던 것으로 나타났다. 수심이 깊어질수록 외부로 전달되는 폭발 위력은 약해지기 때문에 어뢰나 기뢰가 수심 20m에서 폭발했을 경우 폭발력은 TNT 710kg으로 커진다고 연구원측은 밝혔다" (조선일보 2010-4-12: 6).

공중음파에서 버블 주기를 구하는 것이 선행연구 사례는 없다 해도 의미 있는 시도인지를 따지는 방법론의 타당성과 유효성에 관한 검토는 이 분야의 연구자들 사이에서 토론의 대상이 될 만한 주제였다. 그러나 방법론에 대한 검증 토론은 이루어지지 않은 채 '지진파' 논쟁이 지속되었다.

## 수중폭발 연구의 갈래와 지진파

천안함 침몰 당시에 일어난 수중 사건을 해석하는 데에 법지진학과 선체 내충격 분석은 서로 다른 접근법이었다. 2장에서 살펴본 선체파손의 시뮬레이션 연구는 수중폭발로 인해 물속에서 일어나는 충격파와 버블 펄스의 역동이 사건의 결과물로 남은 선체 파손형상과 일치하는지를 살펴 수중 사건을 추적하며, 이 장의 앞쪽에서 다룬 법지진학의 방법은 지진파의 파형을 분석해 수중폭발의 규모와 위치를 추적한다. 이 절에서는 두 갈래 연구 분야의 관심사와 방법이 서로 어떻게 다른지, 그래서 지진파 증거를 다루는 태도가 어떻게 다른지를 이해하고자 한다. 먼저, 법지진학과 다른 선체 내충격 연구의 분과적 특징을 보여주는 사례로서, 수중폭발이 선체에 끼치는 영향에 대한 연구 방법론을 정리한 오스트레일리아 국방부 발간 자료(Reid 1996)를 살펴본다.

### 수중폭발과 선체 내충격 연구

폭발은 폭약이 매우 높은 온도와 압력 상태의 기체로 변환하는 물질 내 화학반응으로서 극도의 속도로 엄청난 열을 발산하는 과정이다. 폭발이 물속에서 일어날 때에는 매질인 물에 일어나는 변화를 이해하기 위해 유체역학 hydrodynamics의 지식이 더 요구된다. 또한 물에서 일어나는 압력 변화, 즉 파형은 중요한 관찰 대상이 되며 수중음파의 속도에 영향을 끼치는 온도, 밀도도 고려해야 하는 요소가 된다(Cole 1948: 3-4).

수중폭발은 국방 기술 분야의 선박 공학에서 중요한 연구 주제이다. 함정을 설계할 때에 예상되는 적의 수중폭발 공격에 대한 함정의 취약성vulnerability을 평가하는 일은 함정의 생존성survivability을 확보하는 데에 꼭 필요하기 때문이다. 그래서 함정의 내충격을 강화하기 위해 수중폭발 충격이 선체의 어느 부위에 얼마나 어떻게 영향을 끼치는지를 이해하려는 '충격응답 시뮬레이션' 연구는 여기에서 필수로 꼽히고 있다(이상갑 & 정정훈 2002). 수중폭발로 일어나는 충격파와 폭발가스 구체gas sphere, 즉 버블의 맥동 운동이 어떠한지, 그리고 폭발 에너지가 어떻게 확산하는지는 선체 내충격을 평가하는 데에 중요한 관심사이다. 국내에서 함정 내충격 분야의 연구자들이 발표한 2002년의 글은 수중폭발 현상이 무엇이며 그것이 왜 선체 내충격 연구에서 중요한지를 보여준다.

충격파가 전파해 가는 동안 폭발 시 생성되어 주위 수압에 대해 주기적인 팽창·수축의 맥동pulsating 운동과 부력에 의해 수직상승migration 하는 가스구체는 맥동운동의 각 주기마다 최소크기가 되는 시점에서 붕괴되며 이때 가스구체 압력파bubble pulse를 반복적으로 발생시킨다. 가스구체의 맥동주기가 통상 함정의 선체 거더hull girder 상하방향의 저차 고유주기와 비슷하기 때문에 가스구체 압력파는 함정의 선체 거더 상하방향의 보 거동 운동 즉, 휘핑whipping 을 유발시키며, 심한 경우 과도한 휘핑 굽힘모멘트로 인하여 [···] 함정의 선체는 종강도를 상실할 수 있다. [···] 수중폭발 직후 발생한 충격파가 먼저 수면에 도달하여 스프레이 돔spray dome이 형성되고, 이어서 가스구체 압력파가 수면에 도달하면 스프레이 돔을 관통하는 물기둥plume이 형성된다. (이상갑 & 정정훈 2002: 84)

에너지의 측면에서 보면, 폭발 에너지가 충격파와 버블 펄스 운동을 통해 어떻게 분배되어 확산하는지도 중요한 문제로 다루어진다.

수중폭발로 방출되는 전체 에너지로 볼 때, 대략 53%는 충격파로 가며, 47% 는 가스 버블의 맥동 운동pulsation으로 간다. 충격파 에너지 가운데에서 20%는 초 기 확산 동안에 소실되며 나머지 33%가 파괴 에너지로 사용될 수 있다. 버블의 맥동 운동에서, 폭발 에너지의 13%는 첫 번째 버블 팽창/수축 시기 중에 방사된 다. 17%는 첫 번째 버블이 최소화할 때 압력 펄스로서 소실되며, 나머지 에너지 (17%)는 대체로 두 번째 맥동 운동으로 넘겨진다. (Reid 1996: 4-5)

레이드는 선체에 직접 충격 손상shock damage을 가하는 "두 가지의 손상 메커 니즘"으로 버블 펄스와 그 붕괴collapse를 꼽았다(Reid 1996: 1, 4-5, 7). 그의 공 개된 보고서를 보면, 버블 펄스 자체는 선체에 손상을 가할 정도가 아니지만 버블 펄스가 급속히 상승하는 경로에 선체 가 놓이거나 버블 펄스 주파수가 선체 진동 의 자연 주파수와 일치할 때에는 선체에 구 멍, 변형, 파열을 일으키거나 선체의 상하운 동인 휘핑whipping을 일으켜 심각한 손상을 초 래할 수 있다. 버블이 선체에 도달할 때 일어 나는 버블의 붕괴는 직후에 "130-170m/s" 의 속도로 선체에 구멍을 낼 정도로 강한 워 터제트water jet를 일으킨다. 또한 충격파는 폭발 순간에 압력이 피크로 상승하며 버블 펄스보 다 빠르게 확산하고 직후에 지수함수적으로

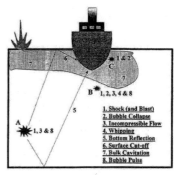

[그림 6-6] 폭발 지점에 따른 선체 충격의 차이. (Reid 1996 :8). 폭발(Burst)이 일어나면 충격파는 직 접 또는 해수면이나 해저 바닥과 매질에 반사되어 선체에 도달하며 광역 공동화 현상을 일으킬 수 있 고, 버블은 맥동 운동을 하며 붕괴해 선체에 영향을 끼칠 수 있다. 수중폭발은 해수면에 초기에 스프레 이 돔 효과를 만들며 이후에 워터제트가 솟구쳐 오 른다.

수압hydrostatic pressure 수준까지 붕괴하는 속성을 지니는데, 특히 수면에 부딪친 압축 충격파가 반사되어 생기는 인장파tensile wave는 후속 압축파의 효과를 없앰으로써 순간적으로 압력을 떨어뜨리고, 그럼으로써 커다란 공동화 현상bulk cavitation을 일으킬 수 있다(Reid 1996: 11-12). 광역 공동화 현상이 일어나면 선체와 유체의 분리가 발생하기 때문에 선체 내충격 영향에 대한 해석도 달라져야 한다(이상갑 등 2003). 이처럼 충격파와 버블의 거동은 선박에 끼치는 수중폭발의 영향을 해석하고자 할 때에 중요하게 다루어지는 요소들이다.

충격파와 버블의 거동은 폭발량과 폭발 지점에 따라 다양하게 나타나기 때문에, 수중폭발 충격에 의한 선체파손의 시뮬레이션은 폭발량과 폭발지점을 어떻게 설정하느냐에 따라 크게 달라진다. 레이드가 제시한 그림([그림 6-6])에서는, 선박 아래에서 폭발이 일어났을 때에(B) 버블 붕괴와 버블 맥동에 의한 손상, 바로 옆에서 폭발했을 때에(C) 선체에 구멍이 뚫릴 수 있는 손상, 먼 거리에서 폭발했을 때에(A) 충격파의 전반적인 영향, 물의 흐름이 가하는 충격, 국지적인 공동화 현상 등이 선박의 여러 부분들에 다른 영향을 줄 수 있음을 볼 수 있다.

미국 해군 해상전센터NSWC 소속 수중폭발연구부UERC의 연구자 펴낸 다른 보고서도 수중폭발과 선체 내충격 연구가 충격파, 버블 펄스와 그 붕괴의 거동, 즉 유체를 통해 전달되는 폭발 충격의 물리학을 어떻게 해석하느냐에 초점을 맞추고 있음을 보여준다(Costanzo 2010). 이 보고서는 이 분야의 관심사를 폭발 단계, 충격파의 생성과 영향, 광역 공동화 현상의 하중 효과loading effect, 팽창/수축 하는 가스 버블의 효과, 해수면에서 관찰되는 효과 등의 측면에서 다루었다. 수중폭발 현상에 대한 이해를 요약한 보고서를 보면, 충격파와 버블 효과는 해수면, 해저 바닥, 바닷물의 환경에서 복잡한 상호작용을 하면서 선체에 영향을 끼칠 수 있다.

국내에서도 국방 분야 연구개발로서, 함정에 끼치는 수중폭발 충격에 관한 연구가 1990년대부터 시작되었고 2000년대 들어 여러 결과물이 발표되었다.[7] 2002년 발표된 글에 따르면, 국내에서는 1990년대 초반부터 함정의 수중폭발 충격응답 해석에 관한 기본 이론의 정립, 자체 시뮬레이션 코드code의 개발, 상용 시뮬레이션 코드의 활용 기술 개발 같은 연구가 수행되었으며, 2000년대에 들어서 당시에 함정의 수중폭발 충격응답 시뮬레이션으로 국제적으로 널리 사용되는 코드인 "USA-NASTRAN 코드"와 "LS-DYNA/USA 코드"를 활용하는 기술 개발의 경험이 쌓이기 시작했다. LS-DYNA 시뮬레이션 코드는 합조단의 『합동조사결과 보고서』에 실린 선체 시뮬레이션에서 중요하게 사용되었다.

이상에서 보았듯이, 수중폭발과 선체 내충격의 연구 분야에서 버블 펄스와 그 주기가 선체에 끼치는 영향은 중요한 관심사이지만 버블 주기 값을 어떻게 구할 것이냐의 문제는 관심사에서 벗어나 있었다. 폭발량과 폭발지점의 값이 주어지면, 그것이 특정한 조건에서 충격파와 버블의 거동을 어떻게 만들어내어 선체에 전반적으로 또는 국지적으로 어떠한 손상을 끼치는지를 시뮬레이션을 통해 계산하고 평가하는 것이 이 분야 연구의 목표임을 여러 연구물에서 볼 수 있다. 합조단에서 선체구조 분과가 폭발유형 분과에게서 폭약량과

---

7  수중폭발과 선체 내충격 연구를 담은 논문들의 현황은 학술데이터베이스에서 검색할 수 있다. 몇 가지 사례는 다음과 같다. 정정훈, "수중폭발에 의한 함정의 손상", 《대한조선학회지》 47(4) (2010): 16-18 ; 이웅섭, "함정의 수중폭발에 의한 침몰사례", 《대한조선학회지》 47(4) (2010): 3-6 ; 이상갑, 권정일, 정정훈, "수중폭발 충격파와 가스구체 압력파를 함께 고려한 구조물의 동적응답해석", 《대한조선학회논문집》 44(2) (2007): 148-153 ; 권정일, 정정훈, 이상갑, "해석모델링 방법에 따른 선체거더의 수중폭발 휘핑응답 비교", 《대한조선학회논문집》 42(6) (2005) : 631-635 ; 권정일, 정정훈, 이상갑, "휘핑계수-수중폭발 가스구체 압력파 크기의 척도", 《대한조선학회논문집》 42(6) (2005): 637-643 ; 이상갑, 정정훈, "수중폭발 충격응답 시뮬레이션 기술현황 및 발전방향", 《대한조선학회지》 39(2) (2002): 83-89.

폭발수심의 후보 조건들을 건네받고서 각 조건이 선체에 어떤 영향을 끼치는 지를 시뮬레이션 하는 작업에 힘을 기울였으며 폭약량과 폭발수심이라는 시 뮬레이션의 입력 조건이 어떻게 산출되었는지 그 과정에 관해 관심을 기울이 지 않은 것은 이 때문이었다.

### 지진파에 대한 태도

합조단의 조사활동에서 가장 확실한 증거는 눈으로 확인되는 천안함 함 미와 함수의 파손형상이었고, 이런 파손의 결과를 초래한 수중폭발의 원점과 그 폭발 조건을 찾는 것이 조사활동의 주요한 목표가 되었다. 천안함 선체파 손의 형상을 구현하려는 시뮬레이션은 이를 보여주는 확실한 도구였다(3장 참 조). 합조단 내에서 수중폭발을 다루는 전문가들은 대부분 선체 내충격 연구 분야의 공학자들이었으며, 이들은 법지진학 분야에서 행하듯이 지진파를 수 중 사건 분석의 자료로 다루지는 않았다.

〔검사 문, 증인 답〕

문: 증인이 어뢰에 의한 폭발의 근거로 보았던 것은 〔…〕 폭발음이 1~2회 정 도 있었던 것과 공중파에 의해서 1.1초간의 간격이 있었던 것, 그 다음 지진파 등 을 근거로 판단했던 것인가요.

답: 지진파는 제외를 했습니다. 왜냐하면 지진파를 분석해서 어떤 재래식 고 폭 화약이 터진 것을 분석하게 되면 오차가 상당히 큽니다. 그리고 지각으로 전파 되기 때문에 서해에서 그런 실험을 해서 데이터를 얻은 적도 없고 〔…〕. (서울중앙 지법 황을하 증인조서 2014-9-29: 3-4)

그는 폭약량, 폭발수심을 해석하는 데 사용하는 경험식인 레일리-윌리스 공식이 수백 번의 실험에 의해서 얻어진 "실험식"일 뿐이기 때문에 실제 상황에서 "오차범위는 항상 존재"하며, "지진파에 의해서 측정하면 그 오차가 상당히 크기 때문에" 지진파의 사용은 적절하지 않는 것으로 생각한다고 밝혔다(서울중앙지법 황을하 증인조서 2014-9-29: 3-4).

합조단은 지진파 대신에 공중음파의 데이터에서 얻은 버블 주기를 중요한 값으로 인용했는데, 사실 공중음파에서 찾은 버블 주기가 적절한 값으로 받아들여질 수 있는지에 관해서는 엇갈린 견해가 나타났다. 합조단 조사단장을 지낸 윤덕용은 2011년 인터뷰에서 전문가들 사이에서는 폭발의 크기를 추정하는 데 지진파는 별로 신뢰성이 없고 공중음파가 정확하다는 지질자원연구원의 견해를 전했다(홍성기 2011: 285-286). 그러나 다른 조사위원은 법정 증언에서 눈으로 확인된 천안함 선체 파손형상을 만든 수중폭발의 조건, 즉 어떤 폭발량과 폭발수심이 실제와 유사한 파손을 일으키는지를 평가하는 시뮬레이션이 조사활동에서 중심적이었으며 버블 주기는 "빠른 시간 내에 분석할 수 있도록 바운더리를 좁혀[주는]" 단초 정도로서 쓰였을 뿐이라며 그 의미를 축소해 평가했다.

답: 정리해서 말씀드리면 1차적으로 천안함 사건에서 추측들이 무성합니다. 그런데 비록 정확하지는 않지만 유일한 계측치가 버블주기입니다. 그래서 과학자라면 누구나 그것을 가지고 처음에 연구를 시작할 것이고, 저희는 1.1초가 가장 이상적인 버블주기는 아니지만, 그것을 버블주기로 보고 러프(Rough)하게 우리가 어느 영역을 집중적으로 분석하고 시뮬레이션 할 것인지를 정했습니다. 그래서

미국 측에서 디포메이션 모델[8]로 한 것과 휘핑 코드로 돌린 것과 저희들이 'LS-Dyna'로[9] 해서 함 전체로 분석한 것과 일치했습니다. [⋯] 그렇게 해서 미국 측에서 이런 휘핑 모드는 배가 세로 방향으로 출렁거렸을 때 용골이 화약이 얼마나 터졌을 경우 실제 관측한 것과 동일한 현상이 일어나는지 계속 계산을 해서 휘핑한 것과 여러 가지를 종합적으로 하여 미국 측에서 결론을 내렸습니다. 그리고 한국 측에서는 미국 측과 다른 것은 절단면의 파단 부분이 어떻게 되어 있느냐와 외력이 어디에서 왔느냐였고, 그랬을 때 전단파괴와 취성파괴가 딱 겹치는 부분이 함의 용골 센터에서부터 좌현쪽의 1.9m 떨어진 곳이었습니다. 그래서 거기부터 여러 가지를 분석해서 3m, 6~9m에서 터졌을 것이라는 결론을 내린 것입니다. 그런 결론을 내리기 위한 단초가 1.1초를 기준해서 우리가 빠른 시간 내에 분석할 수 있도록 바운더리를 좁혀 놓았[습니]다. 절대 1.1초라는 버블주기로 수심이나 폭약량을 산출한 것이 아니고, 그렇게 할 수도 없습니다. 실제 파단된 형상과 여러 가지 데미지에 대한 종합적인 결론으로 해서 결론이 나온 것이지 1.1초를 가지고 할 수는 없는 것입니다. (서울중앙지법 황을하 증인조서 2014-9-29: 17-18) [밑줄은 필자의 것]

위의 증언들은 합조단 내에서 지진파와 공중음파 같은 수중폭발의 기록물과 시뮬레이션 간의 관계가 어떻게 인식되었는지를 보여준다. 사실, 버블 주기

---

8 "디포메이션이란 소성 변형을 일으킨 디싱(Dishing) 현상이 폭약량 얼마에, 깊이 얼마에서 터졌을 때 그런 동일한 현상이 나타나는지에 대한 것으로, 미국이 3D스캔으로 스캔해서 소프트웨어적으로 전산계산을 해서 나타난 것과 오버랩 시키면서 계속했습니다." (황을하 증인조서: 17)

9 "'LS-Dyna'란 일반적으로 공학용어에서 많이 사용하는 프로그램 이름으로, 모델명이 있듯이 프로그램용어로 유체역학적으로 어떤 현상을 해석하는 다이나 코드라고 하는데, 그것은 김학준 연구원이 전문적으로 했습니다." (황을하 증인조서: 18)

〔표 6-2〕 합조단과 감소구 해석의 실행 과정 비교

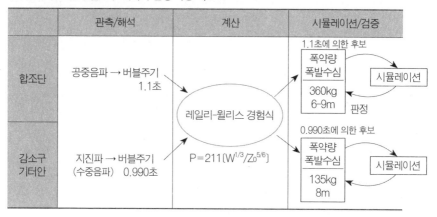

를 먼저 구하고, 버블 주기에 의거해 레일리-윌리스 경험식에서 폭발량과 폭발 수심의 후보 조건들을 탐색하고, 다시 이것들을 시뮬레이션을 통해서 검증, 평가함으로써 오차율이 가장 적은 특정한 폭발량과 폭발수심의 조건을 찾아가는 과정은 법지진학에서도 볼 수 있었다(앞쪽의 소절 '쿠르스크 호 폭발 사건' 참조). 김소구 등의 연구에서도 지진파의 파형 분석을 통해서 관측값인 버블 주기 0.990초가 먼저 도출되었으며, 0.990초의 버블 주기를 초래하는 폭발량과 폭발수심의 후보 조건들을 찾아 시뮬레이션을 통해서 특정한 폭발량과 폭발수심 조건을 검증하고 평가하는 과정이 수행되었다. 합조단 조사위원들은 지진연구센터가 제공한 공중음파의 버블 주기 값을 바탕으로 레일리-윌리스 경험식을 사용해 폭발량과 폭발수심의 후보 범위를 좁히고서 이를 바탕으로 시뮬레이션 작업을 벌여 폭발량과 폭발수심의 특정한 값을 결정했다([표 6-2]).

두 접근법에서 상이한 결과의 차이를 보여준 것은 합조단의 선체 내충격 시뮬레이션 연구와 합조단 바깥의 전통적인 법지진학 연구가 보여주는 분과적 관심사의 차이 때문이었다. 김소구와 기터만의 논문은 버블 주기 0.990초를 구하는 방법론을 자세하게 서술했던 데 비해, 합조단의 보고서는 버블 주기 1.1초가 공중음파에서 어떻게 도출될 수 있는지에 관한 방법론을 제시하지 않은 채 합조단 바깥에서 제공된 버블 주기 "1.1초" 값을 선체파손 시뮬레이션에 그대로 적용했다.[10]

천안함의 수중폭발 사건을 해석하는 데에 합조단의 조사활동에서 지진파가 사실상 "배제"된 것과는 달리, 합조단 바깥의 지진학자들한테 지진파는 수중폭발 순간에 충격파와 버블의 맥동이 일으킨 수중음파를 추적해 자구물리학적 사건을 재구성하는 중심적인 단서 자료로 다루어졌다.

> 버블 주기라는 건 물속에서 생기거든. 밖에서 생기는 게 아니고. 물속에서 터지고 나서 [나타나는 건] 딱 두 가지 현상이야. 하나는 버블이고 하나는 반향. [···] 그 버블 주기를 통상적으로 전문으로 찾는 건 뭐냐면 수중음파로 찾아. 수중음파로 찾는 데 두 가지 방법이 있어. 하나는 음파탐지기를 물속에다 넣는다고. 그게 뭐냐면 저 굉장히 하이 프로퀀시[고주파]를 잡는. 그런 [것은] 해양에서 많이 쓰는 거야. 수중음향학 계통에서 말이야. 그런 방법으로 해서 수중음파를 잡아서 거기에서 버블 주기를 계산하는 방법이 하나 있고. 두 번째는 지진파로 잡는다 말이야. 수중음파가 지진파로 바뀌는 거야. 이게. 연속으로서 수중음파에서 생긴 게 육지를 거쳐서 [···] 오는 놈이 지진계에 잡히는 거지.(김소구 대면 인터뷰 2014-8-29)

---

**10** 선체 내충격 시뮬레이션 작업을 행한 합조단 조사위원은 다음과 같이 말했다.

[변호인 문, 증인 답]

"문: 증인은 지질연구원[한국지질자원연구원]에서 측량한 것이나 기상청에서 [···] 측량했던 자료들도 시뮬레이션할 때 고려했나요.

답: 전혀 고려하지 않았습니다. 버블의 주기만을 고려해서 폭약량을 좁혀 나갔습니다." (서울중앙지법 정정훈 증인조서 2014-4-28: 47)

수중폭발 현장 인근의 관측소에 포착된 지진파 파형을 분석하면 거기에서 수중음파를 찾아낼 수 있고, 이를 통해 버블의 맥동으로 나타난 수중폭발 사건을 해석할 수 있으며, 여러 단계를 거쳐 폭약량과 폭발수심, 그리고 폭발의 성격을 보여주는 단서를 얻을 수 있다는 것이다. 특히 지진학들이 보기에는, 얕은 바다에서 일어난 천안함 사건의 지진파 기록물은 선행연구들에서는 얻을 수 없는 '천해淺海 수중폭발' 사례를 경험적으로 분석할 수 있는 수 있는, 법지진학적 연구의 기회를 주는 것이기도 했다(김소구 대면 인터뷰 2014-8-29)[11]

합조단 내에서는 지진파가 수중폭발 사건을 보여주는 자료로 분석되지 않았으며, 선행연구 사례의 인용 없이 버블 주기를 공중음파에서 구해 선체파손 시뮬레이션에 적용하고, 그렇게 사용된 버블 주기도 시뮬레이션의 결과물에 비추어 중요한 요소로 인식되지 않았다. 이런 상황은 합조단 내의 전문가 인력 구성과도 관련되어 있었다. 합조단 내에 수중폭발 사건의 지진파나 공중음파 데이터를 세심하게 다룰 전문가 인력은 없었다. 버블 주기 '1.1초'는 합조단 바깥의 전문가 의견으로 합조단에 제공되었다. 이렇게 제공된 버블 주기 '1.1초'는 합조단 내에서 전문가의 검증, 평가 과정 없이 받아들여졌으며, 이후에 미국과 한국 쪽의 선체파손 연구 전문가들에 의해 폭발량과 폭발수심을 추적하는 시뮬레이션 작업에 사용되었다. 합조단 바깥의 지진파 전문가가 보기에, 합조단의 조사활동에서 수중폭발 사건의 기록물인 지진파가 제대로 분석되지 않은 것은 "과학"이 공학과 정치에 밀려났기 때문인 것으로 비쳤다.

---

11 김소구 대면 인터뷰 2014-8-29. 그는 천안함 사건의 지진파에 대한 분석이 이전에 경험적으로 연구된 적이 없는 '얕은 바다의 수중폭발 사례'에 대한 "가치 있는 연구" "세계에서 연구된 적 없는 일"이라는 점에서도, 선박공학자가 아니라 지진파 전문연구자에 의해 다루어졌어야 한다고 강조하면서, 이런 점이 자신이 천안함 지진파 연구에 나선 동기였다고 말했다.

우리가 해결하려면, 정말 과학적으로 [···] 처음에 과학이 먼저 나서야 돼 이
게, 그 다음에 공학, 그 다음에 정치나 사회적인 게 세 번째로 나와야 해. 그런데
지금 거꾸로 나왔다고. 정치가 먼저 나오고, 그 다음에 공학이 나오고 과학이 맨
끝에 왔다고. [···] 과학적인 증명이다 이렇게 결론을 내기 위해서 과학을 이용한
거지. (김소구 대면 인터뷰 2014-8-29)

왜 합조단 안에서 지진파가 소홀하게 다루어졌을까? 그리고 지진파는 어
떻게 합조단 바깥에서 더 활발하게 연구될 수 있었을까? 김소구는 지진파가
합조단의 관심사가 아니었으며 그 데이터는 합조단 바깥에 있는 데이터였기
때문일 것으로 추정했다.

지진 데이터만 [합조단 또는 국방부가] 손을 못 댔어. 다른 건 손 못 대게 한
다고. 항로니. 그때 교신일지, 그 당시에 간단한 정보, 배의 인원 어떻게 배치되었
고 각각의 개인의 정보도 이런 것도 다 비밀로 했고 말이야. 단지 동떨어진 거, 단
지 아이솔레이트(isolate) 된 거, 그게 지진 데이터라고, 오직. 그래서 [합조단 또는
국방부가] 손을 못 대. 손 못 대는 데이터라고 이게. [···] 좋은 의도로 해석하면 지
진파에 대해서 모르는 거고 나쁜 의도로 생각하면 뺀 거라고 이건. 복잡하게 원
인규명을 하다 보면 골치 아프고 시간이 오래 걸리고 문제가 있다 이거야. (김소구
대면 인터뷰 2014-8-29)

지진파는 합조단의 조사활동에서 침몰 시각과 인공폭발 규모를 밝히는 구
실 외에는 별다른 용도로 다루어지지 못한 채 사실상 배제되거나 관심사가 되
지 못했으며, 오히려 지진파에 대한 관심은 합조단 바깥에서 일어나면서 합조
단이 미처 파악하지 못한 다른 결과물을 만들어내었다. 천안함 선체의 파손형

상 자체가 명백하게 '비접촉 수중폭발'을 입증한다고 여겨지던 상황에서 지진파는 수중폭발 사건을 추적하는 데 중요한 단서로서 그 의미가 부각되지 못했는데, 이는 합조단이 지진파 기록을 분석할 전문 인력을 갖추지 못했던 상황과 관련된 것이었다.

## 방법론 정당화의 문제

이상의 논의를 통해, 지진파를 둘러싼 논쟁은 '증거해석과 분석에 사용한 과학적 방법론이 어떻게 정당화될 수 있는가'와 관련한 문제로 다시 요약할 수 있다. 공중음파 자료에서 버블 주기를 구하는 것이 더 나은 방법론인가의 문제는 전문가사회에서 그것이 얼마나 정당화되느냐의 문제로 바라볼 수 있다. 이런 점에서 볼 때, 합조단의 버블 주기 값이 지닌 정당화의 근거는 상당히 취약한 것일 수밖에 없었다. 합조단 단장이 주장한 대로 공중음파가 버블 주기를 찾는 더욱 정확한 방법론이었다 하더라도, 그런 방법론은 전문가사회에서 먼저 정당성을 획득했어야 하는데도 이를 정당화해줄 선행연구 사례들은 제시되지 못했다. 특히 공중음파의 선택이 지진파의 배제와 동시에 이루어졌다는 점은 그 방법론의 정당성을 더욱 흔드는 요소였다. 선행연구들에서 지진파에서 수중음파의 성분을 식별해 버블 주기를 구할 수 있음이 알려져 있었으며, 법지진학의 그런 방법론이 쿠르스크 호 폭발 사건의 연구에서 비교적 성공적으로 적용된 전례가 있었는데도, 지진파 자료를 배제한 채 공중음파 자료에서 버블 주기를 구한 것은 과학자사회에서 일상적으로 행해지는 과학 실행으로 볼 때 과학적 논증으로 쉽게 설득력을 얻기 어려웠다.

증거론의 측면에서 볼 때에도, 공중음파에서 버블 주기 구하기는 정당성을 쉽게 얻기 힘들었다. 증거법 연구에 의하면, 과학 이론이나 방법론이 법정에서 증거로서 채택되기 위해서는 그것이 관련 과학자사회에서 "일반적 승인 general acceptance"을 받는 것이어야 하는데, 공중음파에서 버블 주기를 찾는 방법론은 관련 연구자들 사이에서 과학 이론으로서 검증되고 증명되는 과정을 거치지 않았기 때문이다. 이런 점에서 폭약량과 폭발수심을 구하는 과정에서 출발점이 되었던 값인 버블 주기가 논쟁에 휩싸인 것은 합조단이 제시한 버블 주기 "1.1초"의 산출 과정에 담긴 취약한 방법론적 정당화의 문제에서 기인한 것으로 이해된다.

합조단의 버블 주기가 방법론의 정당화에서 취약성을 지니게 된 데에는 법지진학적 접근법에 익숙한 전문인력이 합조단의 조사활동에 참여하지 않았다는 점도 한 가지 요인이 되었다. 합조단 조사기구에 선체 내충격 연구 전문가들은 여럿 참여했으나 지진파와 공중음파를 세심하고 민감하게 다룰 수 있는 전문 인력의 참여가 이루어지지 못했다(2장 소절 '다국적 민군 합동조사단의 구성' 참조). 확정된 버블 주기 값을 도구로 활용하여 실재에 근접하는 시뮬레이션의 결과를 산출하는 것을 목표로 삼는 연구 분야의 조사위원들한테, 버블 주기를 구하는 적절한 방법론은 중요한 관심사나 과제가 아니었다. 이런 점에서 보면, 선체 내충격 연구 분야의 공학자가 아니라 지진파 파형을 분석하는 법지진학자가 합조단의 조사위원에 주요한 인력으로서 참여했다면 버블 주기를 구하는 방법의 사용과 검증과정은 다르게 전개되었을 것이다.

논쟁의 과정에서 국방부와 합조단 조사위원의 논증은 공중음파를 이용해 버블 주기를 구하는 방법론을 정당화하기보다는 그 의미를 점점 더 낮추어 평가하는 쪽으로 변화했다. 앞에서 살펴본 바와 같이, 합조단 조사위원은 법정 증언에서 버블 주기가 선체파손 시뮬레이션에서 폭발량과 폭발수심을 구하는 데 후보 조건을 좁혀주는 정도의 역할을 했을 뿐이라며 그 의미를 제한했다. 버블 주기의 방법론이 논란의 대상이 되자, 국방부는 버블 주기가 폭발량과 폭발수심을 찾는 컴퓨터 시뮬레이션의 결과를 나중에 확인해주는 보완적인 역할을 했을 뿐이라고 밝혔다. 다음은 언론매체의 질의와 이에 대한 국방부의 답변이다.

질의: 버블주기 1.1초를 이용해 어떠한 분석/계산 작업이 진행된 것이지요?

답변: 버블주기 1.1초로부터 분석/계산을 시작한 것이 아니라, 우선 선체 절단면 분석 및 폭발유형 시뮬레이션이 수행되었고, 폭발위치와 폭약량은 좌현 3m, 폭발수심 6~9m, 폭약량 TNT 200~360kg인 것으로 분석되었습니다. 이 분석 결과는 '공중음파로부터 얻은 음파 간격 1.1초를 제1 버블주기로 사용하여 보정된 버블주기 경험식으로부터 계산된 폭약량 및 폭발수심'과 잘 일치하는 것이 확인되었습니다. (한겨레 사이언스온 2015-4-2)

국방부는 또한 "공중음파에서 버블주기를 얻어냈다는 것은 지질자원연구원 연구자의 의견"이라고 해명했는데, 이는 버블 주기 1.1초가 합조단 내부의 조사활동에서 얻어진 것이 아님을 다시 확인하면서 그것을 "의견"으로 평가하는 태도를 취하고 있음을 보여준다. 국방부의 이런 해명은 『합동조사결과 보고서』나 합조단장의 기존 설명에서 차지하는 버블 주기 1.1초의 역할과도 달라, 합조단이 사용한 버블 주기의 실제 역할을 더욱 모호하게 만드는 것이었다.

천안함 침몰사건 당시의 진동 기록을 담은 지진파는 왜 천안함 조사과정에서 주목을 받지 못했을까? 지금까지 살펴보았듯이 법지진학에서 지진파를 분석해 수중폭발 사건을 추적하는 방법론이 해당 분야의 학계에서 이미 상당한 정도로 체계화했다는 점을 고려한다면, 이런 물음은 '지진파는 왜 배제되었는가'로 바꾸어 제기할 수 있다. 이는 법지진학의 방법론으로 지진파를 분석해 합조단과는 다른 결론을 제시한 연구논문이 발표되고, 이어 지진파 '과학 논쟁'이 전개되면서 더욱 뚜렷해졌다. 그 과정에서 합조단이 지진파를 다뤘던 태도와 방식이 새롭게 주목받았다. 무엇보다 합조단이 지진파 분석에 소홀했다는 점이 나타났다. 수중폭발 사건 당시에 관측된 지진파를 분석함으로써 수중 사건의 과정을 추적하고자 했던 법지진학의 과거 사례와 비교할 때, 천안함 사건 당시에 여러 관측소에서 포착된 지진파 데이터를 유용한 증거로서 다루어 정밀하게 분석하려고 시도하지 않았다는 점은 천안함 사건 조사과정에 나타난 대표적인 특징 중의 하나가 되었다.

이 장에서는 지진파 증거가 합조단에서 소홀하게 다루어진 배경을 합조단의 인력 구성에서 비롯한 분과적 관심사의 불균등 문제로 이해하고자 했다. 합조단의 조사위원에는 선체파손 시뮬레이션의 관점에서 수중폭발 현상을 다루는 데 익숙한 전문가들이 대부분이었으며, 지진파나 공중음파의 파형을 세심하게 다룰 수 있는 전문가의 참여는 합조단의 전문가 네트워크에서 찾아보기 힘들었다. 이로 인해 지진파와 공중음파는 수중폭발 사건의 과정을 규명하기 위한 분석의 대상이기보다는 시뮬레이션에 사용되는 재료의 의미로 인식될 수 있었다. 그러므로 합조단의 인적 구성의 한계는 증거해석을 둘러싼 논쟁의 배경이 되었다. 한 가지 증거물에 대해 서로 다른 분과들이 다른 관심과 접근방법을 나타낼 수 있을 때에 중요한 증거물의 의미를 충분히 해석하여 대변하기 위해서는 관련된 분과적 지식과 전문가 인력이 증거해석 활동에서 충분히 교류할 수 있도록 조사기구를 구성할 필요성이 있음을 지진파 논쟁 사례에서 볼 수 있다.

또한 우리는 지진파 논쟁의 배경에 근원적으로 '방법론의 정당화'를 둘러싼 문제가 놓여 있음을 살펴보았다. 합조단은 지진파 기록을 중요한 증거로서 다루지 못하여 합조단의 『합동조사결과 보고서』 안에서 지진파 증거물에 대한 합리적인 수준의 분석과 설명을 생략함으로써, 결과적으로 합조단의 조사 결과에 대한 다른 결론의 반박과 논란이 뒤따를 수 있는 길을 열어두었다. 무엇보다도 폭발량과 폭발수심을 결정하는 컴퓨터 시뮬레이션의 해석 작업에 필요한 값인 버블 주기를 공중음파에서 구하면서 선행연구 전거의 제시나 방법론적 정당화의 과정이 필요했으나 이런 절차가 생략됨으로써, 합조단이 지진파와 버블 주기를 다루는 과학 실행의 방식은 후속 논쟁을 불러일으킬 수 있었다.

# 7장

○○○○○○○○○○○

# 한국사회에서
# '과학 논쟁',
# 정치, 민주주의

□

　우리는 3장부터 6장까지 천안함 침몰사건을 둘러싼 "과학 논쟁"을 다루면
서 사건의 주요한 증거물인 선체 파손형상과 시뮬레이션, '1번 어뢰', 백색 흡착
물질, 그리고 지진파를 중심으로 논란의 쟁점이 무엇이었으며 그것이 왜 쟁점
으로 제기되었는지, 어떻게 다루어졌는지를 살펴보았다. 이 장에서는 앞 장들
에서 분석의 대상으로 삼은 "과학 논쟁"의 틀에서 벗어나서, 합조단의 공식 시
나리오 이후에 전개된 천안함 사건 논쟁이 놓인 더 넓은, 더 현실적인 장에서
지금까지 다루어온 '과학 논쟁'을 다시 바라보고자 한다.

　이는 이 책의 중요한 물음 중 하나인 "왜 진실을 찾는 과학 연구가 논쟁의
해결점을 제시하지 못했는가", "천안함 '과학 논쟁'은 왜 해소되지도 진전하지
도 않는 상황에 빠졌는가", "그런 상황에서 벗어나서 논쟁적 상황을 완화하거
나 해소하는 길을 찾는다면 그것은 어떻게 가능할까"에 대한 답을 모색하는
과정이다. 이런 주제를 다루는 이 장의 연구를 위해서 "과학 논쟁"의 당사자들

인 합조단 조사위원들과 과학자들, 그리고 그 논쟁에 다른 방식으로 참여했거나 논쟁을 지켜본 온라인 공간의 필자, 과학자, 변호사 등 행위자들을 인터뷰하거나 그들이 남긴 법정 증언이나 온라인과 오프라인의 관련 글과 자료를 분석함으로써, 증거논쟁의 과학적 언어와는 구분되는 일상적 언어를 통해 논쟁에 대한 그들의 인식과 태도, 그리고 행위자들이 자신과 타자를 바라보는 시선을 살펴보고자 한다.

## 인식의 틀: 법정의 장, 과학 공론장

합조단이 여러 가지 증거물과 함께 과학적 조사활동의 결과로서 제시한 공식적 결론은 이후에 여러 갈래로 "과학적 반박"에 직면해야 했다. 천안함 '과학 논쟁'은 증거의 해석을 둘러싸고 벌어졌으나 그것은 또한 합동조사단의 과학 실행이 적절했는지를 둘러싼 논란이기도 했다. 이런 반론에 대응하는 방식, 즉 한국사회에서 천안함 '과학 논쟁'이 전개되는 과정을 이해하고자 할 때 몇 가지 특징을 짚어낼 수 있다. 그 중 하나는, 제기된 과학적 의문들이 대부분 일정한 형식과 합의를 갖춘다면 재조사나 재실험, 재분석을 통해서 검증될 수 있는 것들이라는 점이다. 컴퓨터 시뮬레이션의 모사 과정이 적절했는지의 문제, '1번 어뢰'의 부식 상태는 어느 정도이며 '1번' 글씨는 연소되지 않는가의 문제, 백색 흡착물질의 정체는 무엇이며 수조 폭발실험에서 흡착물질 시료의 에너지 분광 데이터는 어뢰와 선체 백색 흡착물질과 동일할 것인가의 문제, 그리고 버블 주기 값은 무엇이 더 정확한지의 문제는 해당 분야의 전문가그룹의 자문과 토의, 또는 실험과 분석을 통해서 의견의 수렴 과정을 거칠 수 있는 것들이다. 그러나 실제로 반박과 반론은 제기되어도 검증과 해명의 과정은 적절하게 이루어지지 않음으로써 의문은 사라지지 않은 채 논쟁은 답보 상태에서 되풀이되는 모습을 보였다.

여기에서는 앞의 3~6장에서 주로 증거의 관점에서 다룬 서로 다른 "과학 논쟁들"을 종합하여 이해하는 데 도움을 줄 수 있는 틀을 제안하고자 한다. 그 것은 논쟁의 전개를 두 개의 장場, field과 두 개의 프레임frame으로 바라보는 방식 인데, 먼저 두 개의 장은 사회를 무대로 펼쳐진 법정의 장과 자유로운 탐구를 지향하는 과학 활동의 공론장이다. 천안함 '과학 논쟁'이 주로 증거물을 중심 으로 한 법과학 논쟁으로 전개되었으며 그 과학 활동의 중심 물음은 '누가 행 했는가Who-dun-it'라는 전형적인 법과학 논쟁의 쟁점을 다루고 있다는 점에서, 합 조단의 과학 활동이 이런 사회 법정의 장에서 어떻게 다루어졌는지를 살펴보 고자 한다. 또한 합조단의 조사결과에 의문을 제기한 여러 과학자들은 자신들 의 논쟁 참여를 일상적인 과학 활동이 확장된 자유로운 진리 탐구의 활동으 로 인식했으며, 합조단도 역시 조사결과를 과학 활동의 산물로 인식하고 부각 했다는 점에서 보면, 과학 활동 공론의 장이 천안함 논쟁의 역동적 전개를 이 끄는 중요한 요소였다고 여겨진다.

이와 함께 프레임은 어떤 실재에 관해 개인이나 집단이 인지하고 행위 하며 소통하는 방식에 영향을 끼치는 인식의 틀을 의미하는데(Chong & Druckman 2007), 여기에서는 각 장에서 논쟁 참여자들이 증거를 해석하고 시나리오를 구성하며 이를 지지하거나 설득하고자 했던 인식의 틀을 다루고 자 한다. 지금까지 논의에서 보았듯이 그것은 크게 보아 '국가안보' 프레임과 '표현자유' 프레임으로 구분할 수 있다. 국가안보 프레임은 남북분단의 군사적, 정치적 대립과 긴장의 상황에서 자연스럽게 등장하는 인식과 태도를 설명할 수 있으며, 표현자유 프레임은 표현과 연구의 자유와 정보공개를 요구하며 합 조단의 조사결과에 의문을 품으며 대안의 설명을 찾고자 했던 이들이 지지하 거나 설득하고자 하는 인식과 태도를 설명할 수 있다.

먼저, 천안함 사건의 원인을 둘러싸고 우리 사회 전체가 법정의 구실을 한다는 은유적 의미에서 '사회라는 법정'의 장에서 천안함 논쟁을 바라볼 수 있다. 현실의 실제 형사 재판 법정에서는 피고를 기소하여 그 소를 유지하는 원고인 검사와, 피소된 피고인과 그를 변호하는 변호인, 그리고 소의 당사자인 원고인과 피고인의 다툼에 대해 판단을 내리는 판사와 배심원이 있게 마련이다. 현실 법정에서 원고인 검사는 피고인의 위법 행위를 입증하는 증거를 제시하며 피고인과 변호인은 제시된 증거의 효력에 의문을 제기하거나 경우에 따라서는 다른 증거를 제시하며 원고인의 피고 위법성 논증을 반박할 수 있다.

천안함 사건 논쟁은 합조단이 관련 증거를 제시하며 사건을 일으킨 행위자로서 북한을 지목하고, 이어 그 조사결과와 증거를 둘러싸고 논란이 벌어졌다는 점에서 이런 법정 논쟁의 틀과 유사한 형식을 보였다. 이때에 합조단의 조사결과가 유효함을 판정하는 판사와 배심원의 구실은 국제사회와 시민사회가 맡게 된다. 그런데 이처럼 법정 논쟁의 틀에서는 원고인과 피고인이라는 대립하는 두 진영으로 나뉠 수밖에 없다. 원고인 격인 합조단이 제시한 증거물과 조사결과에 대해 의문을 제기하는 논쟁 당사자들은 이런 프레임 속에서 자신의 의도와는 달리 손쉽게 피고인 또는 그의 변호인으로 간주될 수 있다. 합조단의 조사결과를 지지하는 쪽은 이에 의문을 제기하며 반박 논증을 행하는 이들에게 "왜 피고인 격인 북한을 변호하는가"라는 물음을 던질 수 있으며, 이런 상황은 조사결과의 합리성 또는 설명능력에 대해 문제를 제기한 본래의 취지보다도 의문을 제기하는 이가 과연 피고인 또는 변호인인가 아닌가라는 새로운 물음을 두고서 다른 논란을 파생할 수 있다.

둘째, 이와는 다른 모형을 취하는 논쟁 전개의 장으로서, 한 사회에서 관심사와 쟁점이 되는 논증에 대해 그 합리성의 결핍 여부를 따지는 것 자체를 목적으로 삼는 자유로운 공론장public sphere을 생각할 수 있다(장명학 2003). 이런 틀에서 천안함 사건 논쟁의 목표는 합리적인 진실 찾기이며 그것이 누가 누구를 변호하는지는 중요하지 않을 수 있다. 다만 이 경우에 진실 찾기의 합리적 논증을 제시할 수 있는 사람만이 이런 공론장, 또는 공개토론장forum에 적극 참여할 수 있으므로, 여기에서는 전문지식을 갖춘 전문가의 논증이 서로 경합하며 합리성을 겨루는 방식이 중요하게 다루어질 수 있다.

사회 법정의 장에서 논쟁의 주된 물음이 "인간행위자와 비인간행위자를 포함해 누가 사건을 일으켰는가"가 되는 반면에, 과학 공론장 틀에서 그것은 과학적이고 합리적인 분석과 해석은 무엇인가"가 될 것이다. 또한 사회 법정의 장에서 논쟁은 여러 가지 증거들을 다루며 증거 간에 경중을 따지는 종합적 판단을 행한다고 보면, 과학 공론장에 참여하는 전문가들의 논쟁은 특정한 분석의 대상을 두고서 전개되는 분석적이며 분과적인 것이 될 수 있다.

## 사회라는 법정: '과학 논쟁'과 분단 이데올로기

천안함 논쟁의 장을 '사회 법정'이라는 은유적 모형의 틀에서 바라보면 천안함 '과학 논쟁'이 한국사회가 처한 분단체제 또는 안보 이데올로기와 결속되어 있음을 좀 더 명료하게 관찰할 수 있다. 이 절에서는 그런 해석의 틀을 제안하기 위해서 먼저 법과 과학/기술의 관계에 관한 기존의 논의를 종합하여 법정에서 과학/기술이 어떻게 다루어지는지를 살펴보고, 뒤이어 이런 논의를 사회라는 더 큰 틀의 법정으로 확장할 수 있음을 보여줄 것이다. 천안함 사건 논쟁이 법과학 논쟁의 성격을 띠고 있으며 실제로 합조단의 조사활동이 법과학의 중심 물음인 '행위자는 누구인가'에 초점을 맞춘 법과학적 실행에 바탕을 두었다는 점을 고려할 때, 이런 해석의 틀은 논쟁의 복잡성 속에서 법과학적 쟁점을 좀 더 간결하게 이해하는 데에 유용한 틀을 제시할 수 있을 것이다.

## 법정의 과학/기술

재서너프Jasanoff는 근대성을 떠받치는 중추적 제도로서 법과 과학 둘 간의 관계 그리고 법에서 사용되는 과학/기술의 성격을 실제 소송 사례들을 통해 자세하게 보여주었다(Jasanoff 2011). 천안함 '과학 논쟁'을 다루는 이 책의 주제와 관련하여, 그의 논의에서 주목할 만한 몇 가지를 정리해보자. 먼저, 그는 법과 과학이 각기 다른 체제를 이루고 있음을 강조했다. '정의justice'를 추구하는 법의 관점에서 '좋은 과학'이 곧 과학자사회에서 통용되는 '좋은 과학'과 일치하는 것은 아니다. 원고인과 피고인 간의 논쟁에서 배심원과 재판관 앞에 논증의 증거 또는 근거로 제시되는 법정의 과학은, 과학자사회 안의 일상적 과학 실행으로서 연구실과 실험실에서 행해지는 일반 과학과는 다르다. 법정에서 최선의 관심은 무엇이 좋은 과학이냐를 판정하는 것이 아니라 무엇을 증거로 채택할 수 있는지 그 여부이기 때문이다. 둘째, 그는 법정에서 전문가 증언이 그대로 인용되는 것이 아니라 그 신뢰성을 판단하는 절차가 법 체제 안에 제도로서 발전해왔음을 강조하여 보여준다. 그것은 전문가 증언의 참 또는 거짓을 판단하고자 하는 것이 아니며, 그 증언의 연관성과 신뢰성을 판단하는 것이다. 셋째, 그는 주류 과학이 법적 분쟁을 해결할 수 있다는 통념은 현실과 다름을 보여준다. "견해의 불일치는 과학에 고유한 것이며, 지식에 관한 주장이 법정의 검증을 거쳐야 할 경우 그것은 과학자 공동체 내부에서는 종종 열린 결론 상태로 남는다"(재너서프 2011: 292). "불확실하며 유동적인 지식들이 다투는" 법정에서 법과 과학은 상호작용을 하면서 서로 구축하고 탈구축하는 과정을 거친다. 그러므로 분쟁, 갈등의 과정에서 과학/기술 이외에 합리성과 민주적 참여를 적절히 구성하는 일은 중요해진다고 그는 주장한다(재너서프 2011: 312-314).

여기에서 법정에 사용되는 과학과 연구실에서 행해지는 과학이 다르다는 점은 무척 중요한데, 재서너프는 무엇보다 두 체제의 "과학적 사실scientific facts"은 생산 과정과 의미의 측면에서 다르다고 강조한다(Jasanoff 2006: 333-334). 연구실과 실험실에서 과학적 사실은 보편타당성을 지닌 것으로서 생산되며 새로운 지식의 개척 또는 향후 연구의 토대 마련에 기여함을 목적으로 삼는 데 비해서, 법에서 과학적 사실은 곧 증거로서 그 의미를 지닌다. 법에서 과학적 사실은 특정한 사건과 관련된 것이어야 비로소 의미를 지니며specificity of facts 과거에 일어났던 특정 사건을 재구성하거나 그 사건의 밑바탕을 이루는 세부사항을 채우는 데 기여한다. 그리고 법과 과학에서 과학적 사실에 요구되는 확실성의 정도도 다른데, 법정의 과학에서는 연구 논문에 요구되는 견고함의 기준 standards of robustness에 이르지 않더라도, 예컨대 민사사건에서 원고나 피고가 제시하는 주장의 개연성이 그렇지 않을 가능성보다 더 큼을 보여주는 정도이거나, 형사사건에서 피고인이 합리적 의심을 설득할 수 있을 정도로도, 증거는 충분한 것으로 받아들여질 수 있다.

유무죄를 따지는 재판에서 증거로서 제시된 과학적 사실에 인간적 오류 가능성이 담겨 있는지를 살피는 일은 중요하다. 이 때문에 과학/기술의 결과물 자체에 대해 진위를 판정하기 어려울 때에 그 결과물을 생산하기까지 인간 행위자인 전문가의 과학 실행이 얼마나 신뢰할 만한 것인지를 살피는 과정은 법정 논쟁에서 중요한 절차로서 제도화되었다. 증거법학에서 과학 전문가의 증언을 증거로서 채택할 것인지를 판단할 때 자주 다루어지는 기준은, 70년 동안 증거허용성 판단의 기준으로 널리 거론되었던 1923년의 프라이 기준Frye standard, 그리고 1993년 미국 최고법원이 민사사건 판결에서 채택한 도버트 기준Daubert standard '이다(재너서프 2011: 106-111).

1993년 원고 도버트와 피고 제약사 간의 소송사건에 대한 미국 최고법원

Supreme Court 판결에서 법원은 과학적 증거의 채택과 관련해 새로운 기준을 구체적으로 제시했다. 그 요지는 과학계의 일반적 승인general acceptance을 기준으로 과학계에 판단을 위임했던 프라이 기준과는 달리, 재판관의 재량권을 넓게 인정하여 "이떠한, 모든 과학적 증언이나 증거가 허용될 때 그것이 관련된relevant 것이며 신뢰할 수 있는reliable 것임"이 재판관에 의해 인정되어야 한다는 것이었다. 여기에서 증거 신뢰성은 과학적 타당성에 기반을 두되 재판관이 "전문가가 생산하는 결론"이 아니라 "전문가의 원리와 방법"에 초점을 두어 판단해야 함이 강조되었다. 그 구체적인 기준은 (1)이론이나 기법이 검증될 수 있는지(검증되었는지), (2)이론이나 기법이 동료심사와 출판을 거쳤는지, (3)특정한 과학적 기법에 대해 이미 알려진 또는 잠재적인 오류율rate of error은 있는지, (4)기법의 실행을 제어하는 기준들이 존재하며 유지되는지 (5)과학적 기법이 관련 과학계 내에서 어느 정도 수용되는지 등이었다. 미국 법원의 당사자주의 체제adversary system와 관련해서, 법원은 "활발한 교차심문vigorous cross-examination, 반대 증거의 현출presentation of contrary evidence, 입증책임에 대한 자세한 지시careful instruction on the burden of proof가 불확실하지만 허용될 수 있는 증거를 공격하는 적절한 전통적 수단이 된다"라고 밝혀 법정의 증거 공방을 권장했다(National Research Council 2009: 9-10).

흥미로운 점은, 과학적 사실의 증거허용성을 따지는 이런 법의 소송절차에서는 과학기술학에서 논의되는 구성주의의 관점을 일견 발견할 수 있다는 것이다. 재서너프는 소송절차에서 사실이 구성되며 해체되고 변화하는 과정을 살필 때에 구성주의적 관점이 유용한 도구가 됨을 강조했는데(재너서프 2011: 9), 물화된 대상물로 제시되는 과학적 사실이 이전 단계에서 어떻게 만들어졌는지를 살펴 증거 허용성을 판단하는 절차는 이런 구성주의와 유사한 접근에 바탕을 둔 것으로 이해될 수 있다. 재서너프가 그의 책에서 보여주는 바와 같이(재너서프 2011: 49-52), 현실의 법정에서는 과학, 특히 주류 과학에 대한 과도한 신뢰를 보여주는 여러 사례가 있지만 이상적인 법정에서는 제시된 과학적 사실의 참 또는 거짓을 직접 판정하기보다 참이라고 제시된 논증을 따져보는 소송절차를 갖추고 있다는 점이 여기에서 주목할 만하다.

증거 또는 과학적 사실로서 제시된 논증을 살피는 소송절차는 그 사실의 생산 과정에 어떤 이해관계나 인간적 요소가 개입해 있는지를 살피며, 과학적 사실을 증언하는 전문가는 신뢰할 만한지를 살피거나 전문가 주장에 담긴 가치, 편견, 가정을 명료하게 가려내려는 과정을 보장하고자 한다. 이는 과학적 사실을 절대적 법칙과 원리에 의해 진공에서 생산된 결과물이라고 받아들이기보다는 그것이 특정한 맥락에서 구성되었음을 전제로 삼고 있음을 보여준다. 이런 절차는 상충하는 결과물이 제시되어 당사자들이 논쟁하는 법정의 공간에서는, 논쟁의 자율적인 생성과 전개를 방임적으로 허용하는 과학자사회와 달리 재판을 무한정 지체할 수 없고 될수록 신속하게 종결해야 하는 현실적인 한계 속에서, 무엇이 증거의 자격을 지니는지, 무엇이 더 신뢰할 만한 것인지를 따지는 절차로서 발전해왔다.

이와 유사한 인식은 법과학을 직접 실행하는 분야에서도 볼 수 있다. 법과학은 단지 첨단기술의 개발과 응용의 측면에만 관심을 두는 게 아니라 법과학적 실행 자체의 신뢰성을 높이려는 데 관심을 기울여 왔다. 미국 의회의 의뢰를 받아 미국립과학아카데미NAS 소속 위원회가 2009년에 발표한 법과학 실태조사와 발전방안 보고서인 『미국 법과학의 강화 방안: 발전의 길Strengthening Forensic Science in the United States: A Path Forward』은 DNA 분석 기술을 비롯해 수십 년 동안 법과학이 법정의 증거물 생산에서 이룬 성과를 평가하면서도 잘못된 판결의 근거가 될 수 있었던 불완전한 시험과 분석, 부정확하거나 과장된 전문가 증언 같은 법과학의 문제를 지적했다(National Research Council 2009). 보고서에서 지적된 문제점들은 법과학계 내에 펀딩, 분석장비, 전문인력 숙련도 등에서 불균등이 존재하며, 실행원칙과 절차들이 서로 달라 의무적인 표준화 standardization, 자격증certification 인증accreditation의 통일성이 부족하고, 서로 성격이 다른 법과학 분과들이 폭넓게 존재하며, DNA 분석 기법 이외의 다른 기법들에서는 여전히 증거해석의 확실성과 관련해 여러 문제가 드러나고 있으며, 잠재적인 편견과 주관적인 해석을 제거할 엄정한 프로토콜protocol의 개발이 필요하다는 점들이었다. 이처럼 법과학의 현황에 대한 진단에서 많은 경우에 증거 분석을 행하는 표준적인 절차와 전문적인 숙련도, 증거의 생산에 주관적 해석이 개입할 가능성의 경계 같은 문제가 중요하게 여겨짐을 볼 수 있다. 이런 점은 보고서에 실린 다음과 같은 구절에서도 잘 드러난다.

형사 재판에서 법이 법과학적 증거forensic evidence를 허용하고 의존하는 데에는 두 가지의 매우 중요한 물음이 놓여 있다. (1)특정한 법과학 분과는 증거를 정확하게 분석하고 보고할 수 있게 하는 신뢰할 만한 과학적 방법론에 얼마나 기반을 두고 있는가, (2)특정한 법과학 분과의 실행자는 오류, 편향에 오염될 수 있고, 건전한 실행 절차sound operational procedures나 견고한 수행 기준robust performance standards의 부재로 인해 오염될 수 있는 인간 해석에 얼마나 의지하고 있는가. 이 물음들은 중요하다. 그러므로 전문가가 법과학 증거에 관해 증언할 만한 자격을 갖추었는가, 그 증거가 뒷받침하고자 하는 진실에 대해 사실확인자fact-finder가 신뢰할 만큼 충분히 믿음직한가는 매우 중요한 문제가 된다. 불행하게도 이런 중요한 물음들은 형사 재판에 현출되는 법과학 증거의 허용성에 관해 사법적 판단을 할 때에 늘 만족스러운 답을 제공하는 것은 아니다. (National Research Council 2009: 9)

2009년 보고서에 나타나는 인식의 배경에는 DNA 증거를 이용해 무고하게 유죄 판결을 받은 이들의 무죄를 입증하려는 이른바 "무죄 프로젝트Innocence

Project"가 2006년 초까지 172명의 무죄를 입증하면서 법과학적 증거에 대한 반성이 일어난 것과 관련이 있었다(Giannelli 2006; Jasanoff 2006: 331). 증거, 또는 "과학적 사실"의 생산자인 법과학에는 재판에서 허용되는 증거의 생산이 중요한 문제가 되었다. 견실한 증거의 생산에는 법과학 분석 기법의 발전과 더불어 인간적 요소에 대한 평가와 관리도 중요해졌다. DNA 프로파일링 기법은 엄정한 증거 생산의 요구가 높아지고 그 기법 자체에 대한 논란을 겪으면서 기술의 정교화 노력과 더불어 측정 오차의 문제를 정량화하는 방법 등을 통해 점차 객관성을 높여 나갔다(Dersen 2000). 그러나 다른 한편에서 재서너프는 DNA 프로파일링이 법과학에서 표준화되어 이제는 법정에서 높은 신뢰도를 유지하며 널리 쓰이지만, 여전히 DNA 프로파일링과 진실truth을 등치로 보는 것은 위험할 수 있다고 경고했다(Jasanoff 2006: 339). 기술의 표준화는 향상되었지만, 분석을 시행하는 인간행위자들의 오류 가능성이나 조직 문화의 압박과 같은 인간적, 시스템적 요소들로 인해, DNA 데이터의 생산과 분석 과정은 여전히 위험 평가의 대상이 되기 때문이다. DNA 프로파일링 기술은 안정화했다고 평가할 수 있지만, 경험적empirical, 윤리적인ethical 측면에서 여전히 비판적으로 살펴야 하는 대상이 된다는 것이다(Jasanoff 2006: 339).

법정에 제출되는 과학과 기술의 증거는 그 과학적, 기술적 요소뿐 아니라 그것이 생산되는 과정의 실행적 요소에 대한 검증을 거침으로써 증거로서 그 연관성과 신뢰성을 획득할 수 있다. 과학적 증거의 생산 과정에 대한 충분한 공방은 제시된 증거물이 증거로 허용될 만한 것인지, 증거는 얼마나 어떤 증거력을 지니는지를 판단하는 데에 필요하기에 증거의 신뢰성을 따지는 자연스러운 과정으로 인식된다. 특히 증거가 누구에 의해 어떤 과정을 거쳐 생산되었는지는 증거의 허용성을 따지는 데에 중요한 물음이 되었다. 이상적인 법정의 과학/기술 모형에서 출발해, 이제 천안함 "과학 논쟁"이 전개된 더 큰 장인 '사회라는 법정'에서 증거는 어떻게 제출되고 다루어졌는지를 살펴보고자 한다.

## 확장된 모형: 사회 법정의 논쟁

천안함 침몰원인을 둘러싼 사회적 논쟁은 법정에서 증거의 신뢰성과 연관성을 따지는 법정 다툼과 유사한 성격을 띠며, 사회라는 법정의 은유적 공간에서 법정 논쟁을 닮은 증거논쟁으로 전개되었다. 앞서 2장에서 살펴보았듯이, 사회라는 법정에서 분단체제는 논쟁의 프레임을 구성하는 데에 일찌감치 중요한 요소가 되었다. 천안함 침몰사건이 남한과 북한의 군사적 대치와 긴장이 고조된 서해 북방한계선(NLL) 부근의 해상에서 일어났으며, 이에 따라 사건 직후에 자연스럽게 군은 북한 잠수함(정)의 기뢰 또는 어뢰의 공격을 의심해 군사적 대응에 나섰고, 정치권은 북한 연루설에 대한 믿음을 쉽게 결집할 정도로, 침몰원인을 둘러싼 논쟁은 초기부터 분단체제라는 틀 안에서 전개되었다. 남한과 북한이 대치하는 분단체제는 원고인과 피고인으로 나뉘어 대립하는 은유적 공간인 '사회라는 법정'의 성격을 규정하고 강화하는 요인이 되었다.

사회 법정의 장에서, 합조단의 과학은 과거 사건을 재구성하는 증거를 채집하고 분류하며 분석하고 번역하는 과학수사 활동으로서 모습을 드러내었으며 그 활동은 증거와 보고서로 물화되어 나타났다. 과학 활동은 과거를 재구성하는 사건의 시나리오 안에서 시나리오와 증거의 관계, 증거와 증거의 관계를 번역함으로써 증거에 의미를 부여했다. 일반 과학자사회에서 실험은 장치, 도구, 기법, 숙련 등을 이용해 자연의 배경잡음을 없애거나 줄여 유의미한 신호를 가려내는 활동이며, 실험에서 얻어진 무엇을 과학적 사실, 즉 증거로 인정할 것이냐를 두고서 복잡한 논증 구성의 과정을 거치고서 그 실험은 종결되지만(Galison 1987), 법과학에서 과학수사 활동은 충분히 증거의 가치가 입증될 수 있다면 "결정적 증거"의 발견으로도 종결될 수 있는 것이었다. 합조단의 조사활동은 5월 15일 어뢰추진체가 발견되고 그것이 "결정적 증거물"의 지위를 얻으면서 사실상 종결되었다.

> 홍성기: 그러던 중에 어뢰잔해물이 발견되었군요?
>
> 윤덕용: 그렇습니다. 5월 15일 어뢰추진체가 발견된 것이죠. 이것이 발견되니까 외국 사람들이 "이걸로 끝났다" 그러더라고요. 우리는 그동안 기뢰와 어뢰의 가능성 중에서 고민을 했는데 어뢰추진체가 발견되니까 "조사 끝났다 집에 가도 되겠다" 이런 이야기들이 나온 것이죠. 그 사람들과 2주 단위로 계약을 하면서 계속 연장해 왔는데 이제 집에 가도 되겠다는 말이 나온 겁니다. (홍성기 2011: 287)

"결정적 증거"의 종결성에 대한 이런 인식은 합조단 과학수사 분과장을 지낸 윤종성의 회고에서도 나타났다.

> 사실 그때는 모든 게 끝났다고 생각했어요. 그거 건졌을 때 다 끝난 줄 알았어요. 미국 (조사팀)은 그런 경우를 많이 봤잖아요. 우리는 그런 경우가 처음이고. (…) (미국 조사팀장인 에클스는) 해군 전문가죠. 엠아이티(MIT, 미국 매사추세츠공과대학교) 나온 친구예요. 그 친구들은 이거 어뢰폭발이다, 북한 소행이다, 이런 거를 (어뢰 추진동력장치 부품을) 건져 올리니까 금방 알더라고. 우린 그런 경험이 없으니까… (윤종성 대면 인터뷰 2015-11-10)

그러나 "결정적 증거"의 발견 이후에 그 증거의 신뢰성과 연관성을 강화하는 논증의 구성 과정은 논쟁을 종결하기에 충분하지 못했다. 앞 장들에서 이미 살펴보았듯이, 제시된 증거가 충분하고 적절한 검증과정을 거쳤는지에 관한 물음들이 자연스럽게 제기되었다. 흡착물질의 분석결과는 '1번 어뢰'와 선체, 그리고 수조 폭발실험에서 나온 백색물질의 동일성을 자명하게 입증하는가, '1번 어뢰'의 표면 물질과 그 부식 상태의 분석은 충분했는가, 지진파 기록은 왜 소홀히 다루어졌으며 폭발량과 폭발수심을 추정하는 데 중요한 값인 버블 주기는 왜 선행연구의 방법론과 달리 지진파 아닌 공중음파에서 도출되었는가, 또한 폭발 시나리오에서 설명하기에 까다로웠던 프로펠러의 휜 형상 같은 다른 증거는 충분히 해명되었는가와 같은 물음은 계속 제기되었다. 합조단에서 증거 논증의 구성 과정이 시간에 쫓겼던 상황은, 합조단 조사위원이 5월 20일의 합조단 기자회견을 앞두고 시간에 쫓겨 컴퓨터 시뮬레이션 작업을 완결적으로 끝내지 못했다고 증언한 데에서도 엿볼 수 있었다 (3장 참조). 그러나 합조단은 5월 20일 조사결과 발표 또는 9월 최종 보고서 발간이 곧 이런 사회 법정의 논쟁 종결을 의미한다고 여겼으며, 이런 인식은 의문을 제기하는 이들이 합조단 발표 이후에도 검증과 논쟁이 계속된다고 여기던 것과는 큰 차이를 보여주었다.

> 홍성기: 국제심포지엄을 조직해서 시시비비를 가리면 어떨까요?
> 윤덕용: 글쎄요, 저의 경험상 그런 심포지엄에서도 일리가 있건 없건 의혹제기가 계속되면 결론은 '아직도 논란이 계속된다'는 것입니다. 바로 〈추적 60분〉의 KBS 기자들과의 토론회가 그랬습니다. 그들은 논란의 여지가 많다, 이렇게 논란의 여지가 많은데도 불구하고 결론을 내버렸다고 말합니다. 그리고 다시 조사해야 한다, 이렇게 갑니다. (홍성기 2011: 308-309)

합조단은 조사결과 중에서 일부 미흡한 점이 발견된다 해도, 또는 개별 증

거에 대한 의문과 의혹이 제기된다 해도, '누가 사건을 일으켰는가'에 대한 법
과학적 조사의 결론이 뒤바뀔 수 없다는 강한 태도를 견지했다.

홍성기: 사실 합조단은 천안함 사건에 대해 최종적 결론을 내리는 기관이지
토론기관은 아닙니다. 각종 의혹 제기자와 토론을 하게 되면 의혹이 해소되지 않
았는데도 결론을 내버렸다는 비난을 피할 수 없지요. 그래서 광우병 때나 천안함
때나 각종 끝장 토론이 끝장을 본 경우는 없는 겁니다.

윤덕용: 조금의 실수는 있었지만 천안함 폭침의 결론은 너무나 확실하기 때
문에 시간이 가면 갈수록 우리에게 유리하지 불리하지는 않다고 봅니다. (홍성기
2011: 309)

이런 인식은 "결정적 증거"에 대한 믿음에서 비롯했다. 합조단 조사위원에게 '1
번 어뢰'와 같은 물질 증거의 결정성은 "결정적 증거" 이외의 부분에서 제기되
는 여러 과학적인 논란보다도 앞서는 것으로 인식되었다. 윤종성은 "증거"와
"과학적 분석"을 구분하면서 "과학적 접근이라는 게 하나의 보조인 거지 증거
를 뛰어넘을 수는 없다"며 증거의 우월성을 다음과 같이 강조했다.

저희는 증거 위주로 해요, 에비던스(evidence). 에비던스를 가지고 한다고요.
그러니까 법정에서도 그 증거를 가지고 하는 거잖아요, 과학적 분석이라는 건 뭐
랄까 보조 수단의 역할을 한다고 봐야죠. 예를 들어 우리가 시뮬레이션을 하잖아
요. 그러면 대략 그 시뮬레이션을 해보니까 어떤 폭발량에 어떤 거리 떨어져가지
고 천안함 같은 손상이 오겠는가 이런 거는 우리 선체구조, 폭발유형 분과에서 주
로 했죠. 어쨌든 그런 손상이 오려면 6 내지 9 미터, 좌현 3 미터에서, TNT 200
내지 360 정도의 규모 폭발량이면 그 정도 손상을 가져올 것이다…; 이게 참고자

료란 말입니다. 보조자료죠. 근데 논쟁이 어떻게 되었냐면 이게 증거처럼 논쟁이 되는 거예요, 과학자들 사이에. 맞네 안 맞네… […] 이게 [보고서에서] 많이 다루어졌다고 해도 증거가 아니라 보조 수단인데 이걸 가지고 공격하고 그런단 말입니다, 과학자들이. 제가 볼 때엔 그건 의미가 없어요. 직접적인 에비던스는 폭약성분 있잖아요. HMX, RDX, TNT, 또 거기에서 어뢰추진체가 발견되었잖아요. 그게 증거지. 이건[시뮬레이션은] 하나의 보조 수단인데 이걸 가지고 논쟁을… 저는 이 사람들이 주객을 구분을 못 하는구나 그런 선입견을 가지고 있는 것이죠. […] 과학적 접근이라는 게 하나의 보조인 거지 증거를 뛰어넘을 수 없다는 걸 제가 설명을 드리는 거예요. […] 바다 거기에서 북한 것이 나왔고 폭약성분이 발견되었고, 그러면 증거가… 수사하는 입장에서는 이거는 충분히 재판에 가지고 가도 유죄판결이 가능하다는 확신을 할 수 있는 거거든요. (윤종성 대면 인터뷰 2015-11-10)

천안함 침몰원인을 둘러싼 법과학 논쟁에서는 '누가 사건을 일으켰나'의 물음이 제일의 관심사가 되었으며, 그 물음에 직접 답하는 "결정적 증거"가 강조되었다. 이런 법과학의 사회적 논쟁의 장에서, 증거물을 보유하고 분석한 조사주체의 종합적인 공식 시나리오에 대해 제기되는 의문과 의혹은 '부분적인 시나리오 또는 그림'이라는 한계 때문에 비판을 받아야 했다. 법과학 논쟁에서는, 부족한 증거해석을 바탕으로 의문을 제기하는 쪽은 공식 시나리오를 대체할 만한 종합적인 시나리오의 설명을 제시해야 하는 부담을 떠안아야 했다.

이때에 즉시 떠오르는 질문은 '대체 당신들이 말하는 바가 무엇이냐?'는 것이다. 즉 어뢰폭발이 있었다는 것인지, 없었다는 것인지, 어뢰폭발에 의해 배가 파괴된다는 것인지, 안 된다는 것인지, 배는 무엇 때문에 침몰했는지에 대해서 당신들의 주장이 무엇이냐는 것이다. 그들은 그들의 설명논리를 갖고 있지도 않고, 예측

논리는 더더욱 갖고 있지 않다. 과학은 반드시 설명과 예측기능을 갖고 있어야 하므로, 그들의 주장이 과학이기 위해서는 그들이 비판하는 논지에 대해 'A도 아니고, A가 아닌 것도 아니'라는 식의 무조건적인 흠집 내기는 과학이 아니라는 것이다. 즉, A가 아니라면 B임을 보여야 하는 것이다. (송태호 2010〔시대정신〕: 212)

의문이나 의혹을 제기하는 쪽에서 보면, 개별 과학자들이 이질적인 증거들을 포괄적으로 만족시키는 종합적인 시나리오를 제시하기는 쉬운 일이 아니었다. 접근할 수 있는 정보가 부족하고 직접 분석할 수 있는 증거물을 보유하지 못한 상태에서, 개별 과학자들이 일부의 증거를 바탕으로 대안의 시나리오를 제시하는 것은 격렬한 논쟁의 장에서 상당히 모험적일 수밖에 없는 일이었다. 특히 일반적인 과학 활동이 행해지는 실험실에서는 일정한 실험 조건과 장비를 갖춘다면, 검증 대상이 되는 연구의 결론을 재현하는 것이 대체로 가능하며 실제로 이런 재현 실험이 통상적인 과학 활동에서 다른 동료 전문가의 연구결과를 검증하는 합당한 방법 또는 수단이 된다. 그러나 법과학 논쟁에서는 사건 또는 사고 현장에서 채집한 물질 증거와 그에 대한 분석과 번역 작업이 공인된 조사기구 주체에 의해 독점되며 외부의 접근은 제한되기 때문에 조사기구 바깥의 개별 전문가들이 의문의 제기를 넘어서서 대안의 설명을 제시하기는 어렵다. 논쟁 과정에서 과학적인 형식을 띠고서 합조단의 공식 시나리오에 대해 의문을 제기할 수 있었던 소수 과학자들은 흡착물질 시료나 지진파와 같은 증거물을 '손에 넣을 수' 있었기에, 그래서 분석장비와 도구가 있는 자신의 연구실로 그 증거물을 가져올 수 있었기에 논쟁에 참여할 수 있었다.

저 같은 경우는 물질을 일단 확보했잖아요. 일단은 그 물질[이] 그 어쨌든 국회의원실 통해서 어떻게 왔다는 거고. 일단 거기까지는 내가 뭐 책임 있는 게 아니잖아요. 거기 샘플링이 잘못 되었어도 내가 한 게 아니잖아요. 어차피 그거까지는. 거기에서 떼어 왔다는 거 그 구체적인 물질 자체를 확보를 했다는 거고…. 그러고 어쩌 보면 이 물질을 갖다가 여러 가지 분석할 수 있는 장비가 있고. 또 아주 특수한 이런 샘플, 다루기 어려운 샘플이죠. 탁 하면 부서지는데. [제가] 이런 민감한 샘플을, 유사한 샘플을 많이 다루어봤기 때문에…. 또 이런 분석할 때 시행착오를 많이 겪어봤고. 또 단시간에 누구도 어떻게 이의제기가 거의 없을 만큼 완벽한 자료를 제시할 만큼 여러 가지 노하우가 축적된 상태에서 나름대로 어느 정도는 자신감이 있었기 때문에 [제가 맡아서] 했던 거 같아요. […] 극미립인데다가 비정질인데다가 다공성이고 잘 부스러지고 그런 시료를 분석하려면 여러 가지 노하우가 있는데 […]. (정기영 대면 인터뷰 2015-8-7)

아이솔레이트(isolate) 된 거 말이야. 완전히 [군 또는 합조단과] 무관한 거, 독립적인 데이터, 그게 지진데이터라고. 그래서 손을 못 대. 손 못 대는 데이터라고. […] 지진파 데이터는 지인을 통해서 얻었어. […] 데이터를 얻기 어려웠는데 […] 지금은 접근 힘들 거야. (김소구 대면 인터뷰 2014-8-29)

고유한 과거 사건을 지시하는 증거물이 연구자의 손에 있느냐에 따라 증거해석의 권한과 역량이 달라지는 이런 법과학적 성격의 논쟁에서, 합조단 바깥에 있는 개인 과학자들이 논쟁에 참여하기는 현실적으로 어려운 일이었다.

직접 분석한 일부의 증거에서 공식적인 시나리오와는 다른 해석과 결과를 발견한다고 해도, 이들이 사건을 재구성해 제시하는 시나리오는 여전히 부분적일 수밖에 없었다. 이질적인 다른 증거들은 더 많았기에, 특정 증거물에 대한 특정한 분석과 해석, 추론을 넘어서서 '사건의 실체'를 담아내는 종합적인 시나리오를 제시하기는 더욱 쉽지 않기 때문이었다. 법과학적 논쟁에서 개별 과학자들이 제기할 수 있는 설명의 한계는, 은유의 공간이 아닌 현실의 법정에서도 나타났다. 합조단의 민간인 조사위원이던 신상철에 대한 명예훼손 피소 사건을 맡은 공동변호인단의 변호사 이강훈은 법정에서 합조단이라는 공적 조사기구와 국방부를 상대로 개인이 "모자이크"처럼 연결된 증거들을 논쟁에서 다루는 일의 어려움을 이렇게 말했다.

> 근데 이게[이 재판이] 원래 사건 자체가 정부가 발표한 거에 대한 거고, 정부가 공식적으로 국내외적으로 발표한 부분에 대해서 하는 것이기 때문에, 피고인이 [합조단의] 증명까지 깬다? 그건 굉장히 어렵잖아요, 기본적으로. 피고인이 가지고 있는 수단이 뭐가 있습니까. 그러니까 한 사람 한 사람 들여다보면 합조단에서 [재판의 증인으로 출석해] 불려나온 과학자들의 전문성이나 연구범위가 일정한 한계가 있고 그래서 이게 마치 모자이크 같이 되어 있다. 그럼 저 모자이크와 모자이크를 조각을 연결을 하고 있었는데 그 연결은 과연 합당한 것인지 그런 부분과 관련된 것은[것을] 결국 가늠해 보려면 실제 현상 하고 맞춰봐서 실제 설명할 수 있느냐 그런 것들이잖아요…. (이강훈 대면 인터뷰 2015-8-25)

분과별로 조사 대상과 기능이 분화된 합조단 내에서 증거 분석의 결과로 제출된 여러 과학 연구물들의 관계를 추적하는 일은 현실의 법정에서 쉽지 않은 일이었다.

> 그게[5년 정도 지난 시점에서 사실 규명이] 쉽지 않다…. 작은 사건이면 그게 어느 정도 가능할 수도 있겠죠. 근데 이거는 사실은 어떻게 보면 개인이 아니고 국가적인 수준에서, 차원에서 자원들이 동원되어서 조사해야 하는 그런 부분이기 때문에. 물론 부분 부분적으로는 큰 예산 들지 않고도 조사가 부분 부분은 가능

할 거예요. 필요한 부분에서 부분 부분, 누가 설계를 잘 하면 처음부터 끝까지 다시 다 조사하는 게 아니라. 거기 했던 거를 가지고서 이런 거 저런 거 의문 나는 거 하면 비용이 덜 들 수는 있겠죠. 그러나 어차피 사람을 동원해야 하고 시간이 들어가야 하고. 분야도 굉장히 넓어요. 금속학자도 들어가야 하고 기계공학 하시는 분도 들어가야 하고 선박건조 관련된 분도 들어가고 폭발 관련된 분도 들어가고 물리학 하시는 분도 들어가야 하고, 수중폭발은 그건 또 특수해서 실무적인 경험도 있어야 하고. 다양한 부분이⋯. (이강훈 대면 인터뷰 2015-8-25)

변호사 이강훈은 법정에서 진행된 과학자들의 논쟁을 지켜보면서 법정의 "사실관계 규명"과 일반 과학 활동 간에는 거리가 있다는 점, 그리고 합조단의 과학 활동이 상당히 칸막이처럼 나뉜 분과별로 진행되었다는 점을 그 특징으로 느꼈다며 다음과 같이 말했다.

그러니까 원래 논문이나 과학적인 연구가 갖고 있는 게 너무 범위를 넓힐 수 없으니까 일정한 전제나 가정들 두지 않습니까. 그래서 [합조단의 조사활동의 많은 부분도] 그 안에서 움직이고 있어서. 그래서 사실관계 규명하는 데에 그런 전제가 부적절한 게 있을 수 있다 그런 것 느꼈고. [⋯] 또 본인이 전문적이지 않은 영역에 있는 연구도 있어요. 그런 것들에 대해서 본인이 알고 있는 걸 연구하다 보니 나머지 것은 싹 비워놓고 [자기 분야 아닌] 다른 것은 그냥 받아들이는 거예요. [⋯] 전반적으로 그런 경향들이 있었어요. 그러니까 예를 들어 협업이 있었기 때문에 그럴 수 있는데. 뭐 예를 들어 [어뢰 폭약량 TNT] 360킬로그램[값]은 어디에서 왔나 그러면[질문하면] 다른 합조단 다른 데에서 줘서 했다. 뭐 그런 식의 답변 있잖아요. 그게 왜 맞는지 생각해보고 답을 안 하고 합조단의 다른 분과에서 이거 해보라 하니까 해보고 저거 해보라 해보고, 물론 그렇게 할 수는 있어요.

통합적으로 결론 내면 되니까. 할 수 있는데 시뮬레이션 하는 사람들이 모든 결론에 대해서 책임을 져야 하는 것도 아니고. 근데 질문을 날카롭게 들어가기 시작하면 다른 영역에 있는 분들한테, 본인이 명확하게 답하지 못하는 이유를 돌리는데 또 거기에 가면 또 다른 영역으로 [이유를 돌리고]. 그런 식으로 돌고 돌고. (이강훈 대면 인터뷰 2015-8-25)

법정에서 "결정적 증거"가 사건의 시나리오를 지배할 수 있으며 다른 증거들이 저항하지 않게 순응하게 만들 정도로 신뢰성과 연관성을 견실하게 유지한다면, 증거논쟁은 종결의 국면을 향해 나아갈 수 있을 것이다. 그러나 현실의 천안함 증거논쟁에서 "결정적 증거"는 사회 법정의 장에서 증거를 둘러싼 "과학 논쟁"을 종결하는 데 결정적인 역할을 하지는 못했다. "결정적 증거"가 논쟁을 종결할 능력을 지니려면 다른 시나리오에도 포섭될 수 있는 까다롭고 이질적인 증거를 자신의 시나리오 안에 대체로 순응하도록 해야 하며, 이에 저항하는 증거가 있다면 조사기구는 특별히 세세한 설명과 해명의 과정을 거쳐야 했으나, 합조단은 "결정적 증거"의 발표 이후에 사회 법정의 장이 폐쇄되었다고 인식했다. "결정적 증거"인 '1번 어뢰'의 증거 신뢰성을 위협하는 설계도의 일치성과 원본 정보, 백색 흡착물질의 일치성, 부식의 상태 등에 관해 계속되는 반론을 잠재우지 못하면서, 합조단이 사회 법정의 장을 닫아버리고 조사기구를 해체한 것은 오히려 논란을 지속하게 하는 요인 중 하나가 되었다.

예를 들어 그 합조단이 소규모라도 해서 유지가 되고 [했으면 다를 텐데]…. 근데 그게 지금 없잖아요. 그건 비상설로 해가지고 종료가 되어가지고 마무리가 되었기 때문에 [논란을 확인하고 해소하는 식으로 진전하지 못하는] 그러한 한계는 있겠죠. 그렇잖아요? 국가기관이라는 게 무한정할 수 있는 게 아니잖아요. 거

가에 다 예산이 따르고 하는 건데. […] 나는 [지금 천안함 논쟁이] 굉장히 소모
적이라고 생각해요. 근데 지금은 뭐 어떻게 할 수가 없는 것이지. 저도 뭐 개인으
로, 거기 있던 사람들 다 개인으로 돌아간 건데, 그렇잖아요. (윤종성 대면 인터뷰
2015-11-10)

사회 법정의 장에서 전개되는 논쟁이 규범적인 합리적 의사소통의 절차에
서 벗어나 제대로 진행되지 못한 데에는, 군함의 침몰사건을 다루는 사회 법정
의 장이 분단체제라는 한국사회의 상황과 쉽게 결부되었기 때문이었다.

여기에서 문제는 한국적 특수성이 중요한데. 그거[조사기구가 주도할 수밖에
없는 법과학적 조사활동의 특징]를 말씀하시는 게 그게 민주사회에서는 그게 적
용이 되겠지요. 서구 이론에 맞을 수도 있고 모든 기관들이 페어(fair) 하게 정직
한 마음으로 모든 기관들, 모든 사람들이 페어 하게 진실을 위해서 가는 거라고 생
각하면 그리고 각각 이익이 있다 해도 정보가 공개되고 자유롭게 토론이 가능한 사
회이면 그게 가능하겠죠. 근데 우리 사회는 분단체제여서 그게 일그러지는 거라
고요. 그래서 제가 말씀하는 게 언론인이 해야 되는 것은 그것까지 봐야 하는 거
죠. 국가기관이 공식화되었다고 하는데 공식화된 기관의 편협성이라든지 미리 재
단되었다든지 그런 걸 먼저 얘기해야 한다고요. (이승헌 대면 인터뷰 2015-7-23)

'누가 피고인가'가 초점이 되는 사회 법정의 장에서, 남북 분단체제는 합조
단의 조사결과에 의문을 제기하는 다른 대안의 설명을 억제하는 국가안보 프
레임의 배경이 되었다. 사회 법정은 합조단의 조사결과 발표와 함께 닫혀 버렸
으며, 의문을 다루는 논증은 주변화 했고, 합조단의 공식 해체 이후에는 더 이
상 책임 있게 논쟁을 진행할 합조단 주체는 존재하지 않게 되었다.

## 국가안보 프레임과 논쟁 억제 효과

남한과 북한이 군사적으로 대치하는 분단체제는 사회적 논쟁을 다루는 사회 법정의 장에서 천안함 사건 논쟁을 지배하는 주요한 특징 가운데 하나가 되었다. 이명박 정부도 분단체제의 특수성에서 기인할 수 있는 조사활동의 잠재적 편향을 의식하여 국제사회에 "객관적이고 과학적인" 조사기구의 성격을 표방하며 '다국적 민군 합동조사'의 형식으로 조사단을 구성했다. 그러나 은유적 공간인 사회 법정의 장에서 벌어진 논쟁은 분단체제의 한국사회에서 역시 은유적인 존재인 원고인과 피고인이 극심하게 대립하는 구도로서 전개되었으며, 이런 구도는 이를 반영하는 현실 정치 집단인 보수 세력과 진보 세력 간의 대립과 겹쳐 강화되었다.

합조단의 조사결과에 의문을 제기했던 과학자들은 자신들의 연구 동기를 "합리적 의심"을 제기하기 위한 것이거나 "과학적으로 가치 있는 연구"를 행한 것이라고 밝혔으나, 결과적으로는 합조단을 옹호하는 보수성향 세력에 의해 "종북", "친북", "빨갱이"로 비난받았으며, 일부 과학자는 연구결과를 발표한 이후에 합조단의 결론을 지지하는 익명의 시민들한테서 오는 비난을 감수해야 했다고 말했다. 논쟁이 치열해질수록 의문 제기의 정치적 의도를 의심받았다. 이런 비난은 논쟁에 참여한 과학자로부터도 나왔다.

그들의 주장은 과학적 학술논문이기는커녕 과학적 비판으로서도 낙제점에 가까운 오류를 구구절절이 포함하고 있음에도 불구하고, 그들이 지향하는 바는 매우 일관되며 뚜렷한 방향감각에서 조금도 벗어나지 않는다. 그것은, 어떻게 해서든지 천안함 폭침이 북한의 소행이라는 결론을 저지하려는 의도인 것이다. 사실상 그들의 주장은 무늬만 과학일 뿐, 과학으로서의 기능도 갖추지 못했고, 변칙적인 경로로 표출된 유사과학으로서 그 내용은 기만적 정치행위에 불과하다. 즉, 이 같은 엉터리 과학도 정치적 선동을 위해서는 얼마든지 활용할 수 있다는 볼셰비즘의 한 행태라고 밖에 할 수 없다. 그들은 구태여 필요치 않은 일본 기자회견 등을 자청하면서 센세이션을 최대화했고, 이러한 점은 궁극적으로 그들이 지향하는 목적이 결코 학문적인 것이 아님을 드러내고 있다. 그뿐 아니라 그들은 북한과 러시아에 북한의 면책논리를 훌륭하게 제공했다. (송태호 2010〔시대정신〕: 213-214)

이는 의문을 제기하는 과학자들이 자신은 과학 활동의 공론장에서 발언하고 있다고 여긴다 하더라도, 천안함 "과학 논쟁"이 이미 사회라는 법정의 장에서 원고인과 피고인의 구도로 전개되었음을 보여준다. 논쟁의 참여자는 원고인석이나 피고인석에 서서 발언하는 것으로 비추어졌다. 원고인과 피고인을 구분하는 논쟁의 장에서, 특히 그 피고인이 북한으로 지목된 현실 사회 논쟁의 장에서, 합조단의 조사결과에 대한 의문 제기는 곧 피고인 격인 북한을 변호하는 행위로 쉽게 비판을 받을 수 있었다. 인터뷰에 참여한 한 연구자는 직장이나 연구 활동에서 실제적인 불이익을 받지는 않았지만 심리적으로 큰 압박을 감당해야 했다고 말했다. 그런 압박은 논쟁의 장 바깥에 관전자로 있을 때에는 별다르게 의식되지 못하다가 자신이 실질적인 논쟁 참여자가 되었음을 의식하는 순간에 "엄청난 부담"으로 다가왔다고 했다.

부담스러웠죠. 엄청나게 부담스럽죠. 그 당시에는 뭐 남북관계 걸려 있는 거니까 이건 살벌한 거 아닙니까. 〔…〕 예를 들면 그럴 수 있잖아요 〔…〕 제 아파트 앞에서 〔보수단체 회원들이 와서〕 뭘 하지 말라는 보장 있나요? 있을 수 있잖아요. 그 당시 분위기에서는. 엄청나게 부담스러웠죠. 그래서 저는 사실은… 기자가 찾아왔을 때도 〔기자가〕 익명으로 해도 된다고 그러더라고요. 그래서 익명으로 〔분석

결과를 발표]하려고 그랬죠, 처음에는. 물론 다른 데에서는 익명으로 한다고 그래도[분석결과를 익명으로 발표해도 된다며 시료 분석을 요청해도] 안 해주더래요. [⋯] 아마 그 합조단 보고서를 봤으면, 분석을 많이 해본 사람은 다 이걸 느낄 거예요. 이게 뭔가 좀 부실하다 다 느낄 거예요. 그러니까 척 보면 당연히 이제 [자신이 행할 분석의 결과가 합조단의 분석결과와는] 다를 가능성이 높으니까 아마 손사래를 쳤겠죠. 저도 뭐 익명으로⋯ 억수로 부담스럽더라고요. [⋯] 당장 그 기자분이 찾아오는 순간⋯ 일단 그럴 수 있잖아요. 추적 다 해가지고 도청도 될 수 있고 감청도 될 수 있고 그런 거 아니에요. 실제 그런 게 아니라 그럴 수도 있다는 거를 갑자기 막 느꼈죠. 워낙 [시료 분석이] 정치화되고 하기 때문에. (정기영 대면 인터뷰 2015-8-7)

그는 분석을 행한 이삼 주 동안 실험실의 학생이나 학교 동료, 그리고 가족한테도 이런 작업을 알리지 않은 채, 의뢰자와 분석자 간에만 소통하는 "기밀"을 유지한 채 "극도로 긴장한" 상황에서 작업에 집중했다고 말했다.

다들 그냥 신문 보고 그냥 [논쟁이] 왔다갔다 그러는 걸 보려고 그러고 있지. 실제로 참여해가지고 얽혀 들어가는 거는 극도로 다 싫어하죠, 전부. 근데 막상 이제⋯ 그걸 하게 되면서부터는 이제 엄청난 스트레스죠. 가족들한테 얘기 안 했죠. 아무한테도 얘기 안 했죠. 왜냐하면 이게 엄청난, 그 극도의 그 어떤 뭡니까? 기밀이라고 해야 하나? 그런 거 아니겠어요? 예를 들면 내가 이걸 한다고 떠벌리고 있으면 무슨 일이 생길 줄 알아요. 안 그래요? 내가 한다고 어디다 얘기합니까? 그리고 그런 얘기 누구한테 들어가면 누구 찾아오지 말란 보장 있어요? 그렇잖습니까. 그러니까 이걸 내가 하고 있다는 게 어디에도 알려지지 않도록 극도로 신경을 쓴 거예요. [⋯] 그 10월 중순 경부터 시작했거든요. 그래가지고 11월 초에

다 끝났거든요. 거의 이삼 주 동안 아무한테도 이걸 얘기를 안 했죠. 집에 사람(한테)도 안 했어요. [···] 그래서 그거 하면서 내가 이걸 맡은 이상 누구도 이의를 제기할 수 없을 정도로 해야 된다, 이거는. 누구도 내가 낸 데이터를 가지고 이의를 제기할 수 없을 정도로 해야 된다. 그런 생각이 들더라고요. 그래서 (시료를) 받자마자 해가지고 거의 한 이 주 동안 집중적으로 분석을 했는데 새벽 다섯 시에 나왔어요, 학교에. 밤 열두시에 집에 들어갔어요. 토요일도 그랬거든요, 일요일도 그랬거든요. (정기영 대면 인터뷰 2015-8-7)

천안함 사건 논쟁에 직접 참여하지 않은 국내 대학교의 물리학 교수 (ㄱ)과 (ㄴ)은 그 논쟁의 내용에 깊은 관심을 갖지 않았던 과학자였다. 이들은 자신이 분단체제 탓에 천안함 사건 논쟁의 참여를 꺼린다는 생각을 "의식적으로는" 하지 않았지만 그로 인한 불이익을 받을 가능성이 "무의식중에" 논쟁 참여를 억제하는 효과를 발휘했을 가능성에 대해서는 공감했다.

[물리학 교수 (ㄴ)] 두 가지 다 생각이 드는데요. 하나는 내가 생각 안하고 의식은 안 했지만 불이익, 그게 무의식중에 작용했을 가능성 있고요. 다른 거 하나는, 오히려 군대 간 사람이 편지도 많이 쓰고 하잖아요. 그런 식으로 저도 외국에 있을 때가 오히려 한국에 정치 관심 더 많았어요. 근데 한국에 살면서는 오히려 그런 거에 대해서는 무감각하다고 할까 그런 게 작아요. [···] 은연중에 그런 무의식이라도 그런 게 있었을 가능성도 있죠. 특히 4대강 (사업 논란) 이런 거 보면 교수들이 적극적으로 4대강 (사업을) 해야 한다고 한 사람들 중에 토목 관련된 분들이 많잖아요. 근데 그 사람들이 분명 이익이 있잖아요. 큰 프로젝트 있고 그러면. 그러니까 얘기할 때 보면 다른 건 다 합리적이다가 그런 거 나오면 아 이거 해야 한다고 막···; 그 문제에 관한 한 비합리적이 되는 거예요. 말이 안 되는 소리를 하

는 거예요. 다른 건 다 제대로 판단하다가. 근데 제가 이해할 수 있는 유일한 거는 이 사람이 무의식적으로 이거 되면 내가 큰 프로젝트 할 수 있다 이런 거에 의해서 제대로 판단이 안 될 수 있다고 생각하는데. 마찬가지로 문제제기 안 하는 이런 거가 그런 거(이해관계)에 연관될 수도 있겠다 생각하는데. 그렇다고 제가 의식적으로 일부러 피해 받을까봐 (천안함 논쟁 참여를) 안 했다 그런 의식이 들진 않는데… 분위기나 여러 가지(로 볼 때) 그럴 수 있었겠다(는) 그런 생각이 들어요.

(물리학 교수 (ㄱ)) 뭔가 모르겠지만 불이익이 있다라고 생각하고 그 다음에 합리적인 이유를 찾으려고… 그럴 가능성 있어요. [···] 제가 유럽 어느 나라에 있을 때 그때 그 나라 사람이 저한테 북핵 문제에 대해서 북한외교관이 강연하다고 저 보고 같이 구경 한번 가보자는 거예요. 북한외교관이 와서 북핵 문제에 대해 강연한다고 해서 궁금하지 않느냐고 가자고 하더라고. 처음에는 갈까 하다가 저도 모르게 셀프 스크린을 하게 되더라고요. 괜히 거기 갔다가… 그게 우리나라에서 냉전 시대를 계속 겪었던 사람들이라면 이게 무의식적으로는 남아 있을 수밖에 없는 거예요. 근데 스웨덴 그 친구는 이해를 못하더라고요, 왜 안 가는지. (그런 잠재 의식이) 있을 수밖에 없죠.

(물리학 교수 (ㄱ)) 어쩌면 이 문제에 대한 답을 추구하는 과정을 시작조차 하지 않을 그런 여지는 있지요. (논쟁에 참여할 경우에) 이거 어떻게 결론이 나도, 어떻게 얘기해도, 곤란하니까 아예 (논쟁 참여를) 시작도 하지 말자… (물리학 교수 ㄱ, ㄴ 대면 인터뷰 2015-8-6)

분단체제의 국가안보 프레임과 연계된 군사기밀주의는 논쟁의 장에서 제기되는 의문 또는 의혹이 해결의 방향으로 나아가게 하는 데 걸림돌이 되었다.

이런 상황은 현실의 법정에서도 마찬가지였다. 변호사 이강훈은 현실의 형사 재판 법정에서 펼쳐지는 증거논쟁이 새로운 사실의 규명보다 기존 논쟁 내용을 정리하는 수준에 그치는 한계를 지녔다고 말했다.

> [재판에 필요한 정보 공개가] 아주 잘 안 되고 있잖아요. 합조단이 지금 하고 있는, 지금은 국방부 조사본부죠. 이거[2010년 9월에 발간된 합동조사결과 보고서] 보고 재판하라는 거예요. 그거에요. [관련 자료를] 많이 줘도 논란만 일으킬 거니까. 검찰도 더 낼 생각이 없어요. 이거 보고 재판해달라는 거예요. 하나도 안 내놓으니까. 뭐가 있는지 목록도 안 내놓잖아요. 작성된 문서가 있을 거 아니에요. 문서 목록이 있어야지, 증거 신청을 하는데. 할 필요 없다, 옛날에 다 냈다, 그러고 있어요. 그러고 또 재판부는 또 거기에 맞게 재판해주어야 되는 거 아니에요? 그러니까 이게 논쟁과 공방은 있으나 규명을 하기에는 적절하지 않은 시스템이다‥; 정부가 안 내놓겠다고 하면 그걸 강제할 수 있는 장치가 없다는 거예요. 증인들의 이야기를 들어서 어느 정도 증거 판단 할 수는 있지만 거기에서 한발 더 들어갈 수 없는 거죠. 로 데이터(raw data)를 못 보고 있으니까. 그게 군사적 기밀과 연관되어 있다 [그런 거죠]. (이강훈 대면 인터뷰 2015-8-25)

커뮤니케이션의 프레임 이론에 의하면, 프레임은 진공 상태에서 형성되는 게 아니라 이전부터 유지되던 집단의 기억을 불러내어 문화적으로 쉽게 수용되게 하는 과정을 거친다(Chong & Druckman 2007: 110-111). 이런 관점에서 보면, 남북 대치와 국가안보의 집단 기억은 한국사회에서 쉽게 불러내어 동원할 수 있는 프레임의 자원이 될 수 있었으며, 이런 프레임으로 짜인 논쟁의 장은 합조단이 조사결과 발표 이후에 그 논증을 유지하는 것을 훨씬 수월하게 만들어주었다. 반면에 합조단의 증거에 대해 반론을 제기한다는 것은 개인 차원에서 힘겨운 일이었으며, 또한 국가안보의 프레임을 갖춘 사회 법정의 장에서 표현의 자유라는 프레임을 부각하며 등장하더라도 쉽지 않은 일이었다. 실제로 합조단 조사결과가 공식 발표된 이후에는 국가안보 프레임에서 합조단의 결론과 다른 대안의 주장이나 의혹 제기에는 "음모론"이라는 비판이 강화되었다.

### 논쟁의 주변화: '괴담', '음모론'

천안함 침몰사건 조사결과에 관한 의문과 의혹은 점차 '음모론conspiracy theory'의 범주로 불렸다. 의문과 의혹을 바라보는 보수성향 언론매체의 보도 태도를 보면, 의혹과 의문들은 초기에 대체로 "괴담"과 "유언비어"로 불리었으나 5월 20일 합조단의 조사결과가 공식 발표된 이후에는 "음모론"이라는 이름으로 자주 불리었다. 4월 26일 보도된 "아메바처럼 증식하는 인터넷 '괴담'" 제목의 기사는 내부 폭발, 암초에 걸린 좌초, 선체 노후로 인한 피로파괴 같은 가설들이 함미 인양 이후에 설득력을 잃었으며, 이후에는 '1차 피로파괴 후 2차 좌초'라는 주장도 등장한다면서 "객관적 사실과 증언이 나오면 또 다른 논리와 정황을 꿰맞추는 이른바 '괴담怪談' 수준의 얘기"가 이어지고 있다고 전했다. 또 다른 "괴담"으로서 "한·미 군사훈련 중 미군의 오폭誤爆" "미군 잠수함과 천안함의 충돌" 같은 주장들이 여의도 증권가를 중심으로 떠돌고 있다고도 전했다 (조선일보 2010-4-27: 4).

괴담은 정신병리적이거나 정치적인 것으로 비추어졌다. "제 정신을 가진 사람이라면 믿을 수 없는 헛소문임을 알아채지만, 일단 믿으면 제정신을 잃게 만드는 게 괴담의 속성"이었고 (문화일보 2010-4-27: 30), "편향된 확신으로 가득 찬 사람들의 상당수는 어떤 물증이 나와도 생각을 바꾸지 않을 것 같"은데, 그것은 "그 뿌리가 친북親北 또는 종북從北에 닿아 있기 때문이 아닌가 의심"하는 사설도 실렸다(동아일보 2010-4-28: 35). 당시에 대검찰청은 "입증되지 않은, 근거 없는 유언비어로 허위의 내용이나 타인의 명예를 훼손하는 내용을 인터 넷 댓글 등을 통해 확산시켜 국민 불안을 초래하고 국론까지 분열시키는 경우가 있다"며 일선 검찰청에 우선적으로 엄정 대처하라는 지시를 내렸다(한겨레 2010-4-29: 10).

'괴담'이라는 용어는 함미와 함수가 인양되어 천안함의 파손 상태가 눈으로 확인되면서 더욱 힘을 얻었다. 함미와 함수 인양 이후에 그동안 제기된 갖가지 시나리오들 가운데 수중폭발설의 가능성이 크게 부각되면서, 이와는 달리 상대적으로 설득력이 위축된 기존의 피로파괴설이나 좌초설, 그리고 새롭게 등장한 미군 오폭설이나 잠수함 충돌설 같은 주장들에 이런 '괴담'이란 이름이 붙었다.

'괴담'은 개별 시나리오, 또는 개별 주장을 가리키는 경우가 많았는데, 5월 20일 합조단 조사결과 발표 이후에는 갖가지 괴담들을 포괄하는 용어로서 '음모론'이란 말이 자주 등장했다. '음모론'은 천안함 사건을 전하는 합조단의 공식적 설명에서 벗어나는 주장이나 시나리오 같은 대항적 설명을 가리키는 말로 통용되었다. 합조단의 공식 조사결과에 의혹을 제기했던 이승헌, 서재정은 "음모론자"로 불렸으며(조선일보 2010-7-9: 30), '음모론자들'이 북한을 두둔할수록 오히려 북한은 더 어려운 처지에 놓일 것이라며 '음모론자'를 역설적으로 비판한 "음모론의 역설" 제목의 칼럼에서는 의혹 제기가 북한 변론의 의도를 감추고 있는 것으로 인식되었다(조선일보 2010-9-27: 30). "어뢰추진체는 오래 전부터 바닷속에 있었거나 누군가 조작한 것이 아니냐는 말을 하고 싶었던" 것인 양 의문을 제기하는 이들의 물음이 북한의 연평도 포격 사건 이후에 주춤해진 것은 "잠시 숨은 천안함 음모론"의 모습으로 비추어졌다(조선일보

2010-12-14: 38). 천안함 사건 조사결과에 대한 의문과 의혹을 정신병리적인 음모론으로 바라본 한 언론매체의 칼럼은 합조단의 공식 조사결과에서 벗어나 의혹이나 의문을 제기하는 이들이 "천안함 폭침이 북한 소행이라는 명백한 물적 증거 앞에서도 딴소리하는 사람들"이며 "믿음에 반하는 명백한 증거 앞에서 자신의 태도를 바꾸기는커녕 흔들리는 신앙을 확신하기 위한 새로운 이론을 꾸미거나 근거를 만들어내는 성향"을 지닌 "인지認知부조화"의 사례라고 지적했다(동아일보 2010-5-29: 27).

　'음모론'은 합조단의 조사결과에 대해 제기되는 물음 또는 의혹을 대표하는 용어로 사용되었다. 합리적 의문 또는 물음과 자기 신념에 매몰된 음모론은 어떻게 구분될 수 있는지에 관한 논의는 찾아보기 힘들었다. 그럼으로써 합조단 조사결과의 공식적 설명과 이에 물음을 던지는 대항적 설명으로 천안함 논쟁을 바라보는 관점에서는, 민주주의 사회에서 제기될 수 있는 의혹과 물음의 내용과 맥락이 사라져버리는 결과를 낳을 수 있었다. 괴담들을 통합하는 범주로서 음모론은 다양한 요소들의 맥락을 생략시킴으로써 비정상적인 무엇, 또는 그런 대상물이 되었다. 9·11테러 공격 사건 이후에 음모론 논란을 겪은 미국 사례에서는, 거대 권력에 의한 진실의 은닉을 주장하는 음모론에 대한 무분별한 비판이 종종 부적절한 주장의 사례를 부각함으로써 의혹을 제기하는 주장 전체를 음모론으로 몰아 비판하면서 의혹의 제기를 억압하는 수단으로 사용될 수 있으며, 이때에 음모론을 정신병리로 이해하면서 표현의 자유에 대한 억압을 정당화하는 데에도 사용된다는 분석이 제기된 바 있는데 deHaven-Smith 2013), 천안함 사건 논쟁에서 사용되는 '음모론' 담론의 용도는 이와 닮은 것이었다.

# 과학자와 공론장: 논쟁 속의 과학 활동

천안함 사건 논쟁에 나타난 특징 중 하나는 합조단의 조사활동이 '과학활동'으로 강조되었으나, 이에 의문을 제기하는 "과학적인 대안의 설명" 또는 "과학적인 문제제기"에 대한 관심은 높지 않았다는 점이었다. 사회라는 법정에서 사건의 원인을 추적하는 증거물 수거와 분석·해석·판단을 실행해 침몰원인을 밝히는 과정에서 '과학적 조사'는 조사의 객관성을 보증하는 중요한 도구가 되었다. 이에 대한 소수 과학자들의 중요한 반론도 '과학적' 분석에 의거해 제기되었다. 주요한 증거인 흡착물질, 지진파, "1번" 글씨에 관한 논쟁은 합조단의 조사결과 보고서에 못잖게 분석과 관측 장비, 표준적인 해석 도구, 이론과 수식을 동원해 이루어졌으며, 그 결과는 여러 편의 과학논문으로 동료심사peer-review 체제를 갖춘 국제 학술지들에 정식으로 발표되었다. 합조단의 과학자와 이에 의문을 제기하는 과학자는 모두 다 과학적이고 객관적인 과학 활동을 강조했으며, 합리성에 기초한 해석과 결론을 강조했다. 합조단의 다국적과 민군 구성은 조사와 해석이 군의 선입견 없는 개방적인 합리성에 의존하고 있음을 강조하는 틀로 제시되었다. 이런 점에서 우리는 천안함 논쟁이 법정의 장과 더불어 '과학 활동'의 장에서 전개되었음을 인식할 수 있다. 또한 그런 '과학 활동'의 모습을 들여다볼 때 천안함 논쟁의 복잡성을 이루는 요소들과, 그리고 비인간행위자들을 좀 더 긴밀하게 인식할 수 있게 되며, 그럼으로써 논쟁의 구조와 성격을 좀 더 자세히 들여다 볼 수 있을 것이다. 여기에서는 먼저 과학 활동과 공론장의 이상적인 규범적 모형으로서 머튼의 과학 규범과 하버마스의 담론적 공론장 개념을 정리하고서, 이를 바탕으로 천안함 논쟁에서 전개된 과학 활동과 공론장의 현실적 모습을 되돌아보고자 한다.

## 과학 활동과 담론적 공론장

과학사회학자 머튼은 과학을 (1)지식을 인증하는 독특한 방법들의 집합, (2)그런 방법을 적용해서 얻은 축적된 지식, (3)과학적인 활동을 지배하는 문화적 가치value와 습속mores, 또는 (4)이런 것들의 조합이라고 정의하면서, 이 가운데 "과학의 문화적 구조"를 이루는 "과학에 대한 표준화한 사회적 정서standardized social sentiments toward science" 또는 "과학의 에토스ethos of science"를 네 가지로 정의했다. 즉 보편주의universalism, 공유주의communism, 공평무사disinterestedness, 그리고 조직적 회의주의organized skepticism가 그것들이다(Merton 1973[1942]: 267-278).

그는 다른 전문직업 제도에 비해 차별적으로 강조되는 과학의 에토스를 "과학인에 속박적인 것으로 여겨지며 정서적 색채를 띤 가치와 규범복합체affectively toned complex of values and norms"로 정의했다. 그것은 제도적, 문화적 차원에서 과학과 과학자의 정체성을 보여주는 것으로 여겨지는 가치와 규범, 정서이자 "요구demand"(p. 272), "실천practice"(p.273), "특성character"(p.274), "윤리ethic"(p.273), "책임의무imperative"(p.274), "위임의무mandate"(p.277) 등과 관련한 '태도'로서 제시되었다.

보편주의는 진리주장truth-claim의 수용 여부가 "인종, 국적, 종교, 계급과 같은 인격적 특성"과 무관하게 "미리 설정된 비인격적 기준preestablished impersonal criteria"에 종속되어 이루어져야 한다고 보며 객관성과 연구능력을 기준으로 삼아 판단하는 태도이다. 공유주의는 역사적으로 축적된 지식의 토대에서 생성되는 새로운 과학이 과학자사회 협동의 산물이며 그 공동체에 귀속된다고 여기는 태도로서, 이를 좇아 과학의 지적 재산권은 최소화하며 대신에 발견자의 업적에 대한 인정recognition과 존경esteem을 통해 개인의 지적 재산이 보상된다.

공평무사는 연구진실성integrity과 책임성accountability의 규범으로서, 머튼은 과학 업적의 우선권을 선취하려는 치열한 경쟁이 벌어지는 장에서 동료들의 엄격한 치안활동rigorous policing과 제도적 통제institutional control에 의해 공평무사가 유지
될 수 있음을 강조했다. "공평무사의 요구는 과학의 공공성과 검증가능성public
and testable character에 확고한 기초를 두고 있으며, 이런 환경이 과학인의 연구진실성
에 기여해왔다고 여겨진다"(Merton 1973[1942]: 276). 조직적 회의주의는 "방
법론적인, 그리고 제도적인 위임의무a methodological and an institutional mandate"로서, "경험적,
논리적 기준에 따른 판단의 일시적 유보와 신념에 대한 공평한 조사"가 때로
는 다른 제도와 갈등을 일으킬 수 있지만, 그렇더라도 "자연과 사회에 관해 가
능성을 포함해 사실에 물음을 제기하는" 태도이다(Merton 1973[1942]: 277).

머튼은 이런 규범들이 과학과 과학자한테 저절로 생성되어 유지되는 본래
적인 성격을 띠는 것이 아니라고 보았다. 그는 규범들이 과학 내부에서 이상적
인 가치와 태도로 지향되고 과학 외부에서 과학의 정체성을 보여주는 특성으
로 이해되지만 규범을 훼손하는 여러 요인에 의해 언제든지 일탈하거나 남용
또는 오용될 수 있음을 강조했다.

예컨대 보편주의는 역사의 사례에서 특히 국가 간 분쟁이 일어나는 상황
에서 민족중심 특정주의ethnocentric particularism에 종속되어 훼손되었던 것처럼 사회
구조의 일부인 과학은 '더 큰 문화a larger culture'의 저항을 받을 때에 심각한 압박
을 받을 수 있었다. 비슷한 방식으로 공유주의는 자본주의 경제에서 자주 특
허와 사적재산권과 갈등을 일으키고, 공평무사의 규범은 이해관계의 목적을
위해서 과학의 권위를 내세우는 이들에 의해 오용될 수 있으며, 조직적 회의주
의는 다른 제도인 종교, 경제, 정치의 저항에 직면할 수 있었다.

그러므로 머튼의 규범은 과학 내부에서 저절로 생겨나는 고유한 특성이라
기보다 과학의 제도가 유지되기 위해서 지켜지고 보호되어야 하는 지향 또는
가치로 이해됨이 타당할 것이다. 규범의 일탈, 남용, 오용은 "[과학적] 신념을
파괴하는 행위breach of faith"로 인식되며(Merton 1973[1942]: 272), 이에 맞섬으로

써 규범은 "재확인된다reaffirmed."

머튼이 주장한 이런 과학의 규범은 민주주의에 친화적인 것으로 강조되었다. 그는 공평무사의 규범과 관련하여 일반인 사이에서 과학이 받는 "명성"과 "높은 윤리적 지위"가 이해관계의 목적으로 이용될 가능성을 언급하며, 과학을 가장한 주장이 전체주의에서 사용될 수 있음을 경계했다.

> 그렇지만 그[과학] 권위는 이해관계의 목적interested purposes에 사용될 수 있고 사용되는데, 그것은 바로 일반인이 그런 권위를 내세울 만한 참된 주장과 가짜 주장을 구분할 수 없기 때문이다. 인종, 경제, 역사에 관해 전체주의 대변자들이 제시하는 과학을 가장한 발표들은 훈련 받지 않은 일반인한테는 신문이 팽창우주와 파동역학에 관해 보도하는 것과 같은 정도로 받아들여진다. 두 사례에서 모두 그것들은 거리의 사람들에 의해 검증될 수 없으며, 두 사례에서 모두 그것들은 상식에 거스른다. 어쨌든 신화는 일반 대중한테 신뢰받는 과학 이론보다 더 그럴듯하게 보일 것이며 확실히 더 잘 이해된다. 신화가 상식의 경험과 문화적 편견에 더 가깝기 때문이다. 그러므로 부분적으로는 과학적 성취의 결과로서, 대개의 사람들은 겉으로 과학적 용어를 사용해 표현되는 새로운 신비주의에 말려들기 쉽게 된다. 차용된 과학 권위borrowed authority of science는 비과학적인 독트린에 신망을 선사해준다. (Merton 1973[1942]: 277)

이런 "전문가 권위의 남용"은 자격 갖춘 동료들이 행사하는 제어control의 구조가 효과적으로 작동하지 못할 때에 일어날 수 있으며, 특히 전체주의 사회에서 그런 일이 일어날 수 있었다. 머튼의 지적은 이 글을 쓴 1940년대 초와 그 이전의 상황을 의식한 것으로 해석되는데, 그는 "현대의 전체주의 사회에서, 반합리주의와 제도적 통제의 중앙집중화는 둘 다 과학 활동에 제공되는 활동의 폭을 제한하는 데 기여한다"고 말했다(Merton 1973[1942]: 278). 과학의 규범과 관련해 머튼이 밝힌 이런 인식은 그가 근대적 합리성의 에토스를 공유하며 상호영향을 끼쳤던 청교도와 과학의 관계와 유사하게(Merton 1993[1970]), 차별 없이 보편성을 추구하며 동료 전문가의 심사와 반박의 가능성을 열어두는 과학의 에토스가 민주주의의 에토스와 친화성을 이루며 상호영향의 관계에 있다는 인식을 보여주는 것으로 풀이된다(Kalleberg 2010).

규범으로서의 '과학의 에토스'는 합조단의 과학 활동에서도, 합조단의 결론에 의문을 제기하는 과학자들의 과학 활동에서도, 마찬가지로 강조되었다. 합조단의 천안함 조사결과 보고서가 보여주듯이, 천안함 침몰원인의 조사 과정에서 많은 부분은 '객관적이고 과학적인' 분석결과를 담고 있다. 과학 연구 활동은 일반적으로 여러 단계들을 거치는데, 대체로 문제 설정define a problem or question, 문헌 조사review literature, 가설 설정develop a hypothesis, 실험 또는 검증 설계design experiments or other tests, 데이터의 수집과 기록collect and record data, 데이터의 분석과 해석analyze and interpret data, 연구 결과의 확산disseminate research result이라는 일련의 과정을 거치며 이루어진다. 그러나 이런 과정만으로 과학 활동이 종결되지는 않는데, "프로토콜의 계획과 설계의 각 단계들에서는 데이터와 최종 결과의 질quality, 진실성integrity, 그리고 객관성objectivity을 확인하는 작업이 필수적이기 때문이다"(Shamoo & Resnik 2003: 26-39). 과학 활동은 이런 전체의 과정을 포괄하는 것으로서, 공식적인 종결 선언 없이 필요한 때에 다른 연구자의 연구물에서 인용됨으로써 다시 이어진다.

실험실에서 실험이 종결되고, 논문을 통해서 연구 내용이 발표된 이후에, 과학자사회에서 일어나는 검증, 반론, 동의의 과정은 객관성과 합리성에 기반을 두고서 개방적으로 이루어지는데, 이런 의사소통행위의 이상적인 모형은 하버마스의 공론장public sphere 개념에서 발견할 수 있다. 하버마스는 민주주의에 대한 규범적 모형인 자유주의적 관점liberal view과 공화주의적 관점republican view을 비판하면서 그 둘의 장점을 취하여 개방적이고 합리적인 공론장의 역할을 강조되는 절차주의적 관점precedualist view을 제시했다(Habermas 1994).

그의 절차주의적 관점은 담론이론을 중심으로 민주주의의 규범을 제시한 것으로, 그것은 시장-사회에서 개인의 사적 이해와 권리를 보장하는 정치를 강조하는 자유주의 규범보다는 강화되고, 윤리적 준거를 지향하는 개인들 간의 의사소통적 숙의를 거쳐 의견과 의지를 형성함으로써 정치를 실천하는 공화주의적, 특히 공동체주의적 규범보다는 약화된 것이었다. 담론이론은 제3의 규범인 절차주의적 관점에서 중요한데, 이를 통해 하버마스는 의사소통적 권력과 시민사회의 공론장이 강조되는 숙의 민주주의의 모형을 제시했다.

하버마스는 "토론과 결정의 이상적 절차"를 통해서 자유주의적 민주주의와 공화주의적 민주주의의 긴장 관계가 해소된다고 주장한다(장명학 2003: 26). 무엇보다 공정한 절차에서는 "담론의 규칙과 논증의 형태"가 중시된다. 여기에서 그 규칙과 형태는 "첫째, 원칙적으로 누구도 배제되지 않는 담론 참여의 개방적 기회가 주어지며, 둘째, 모든 참여자들은 자신의 입장을 표명하고 이의를 제기할 수 있으며, 셋째, 담론참여자들은 그 누구도 내적인 그리고 외적인 강제로부터 방해받지 않으며, 넷째, 토론은 일반적으로 합리적인 동의를 목표로 한다 등"으로 요약될 수 있다(장명학 2003: 27). 이런 일반적인 규칙 외에도 하버마스는 공론장의 기반을 강화하는 여러 규칙들을 특별히 강조했는데, 공론장을 성립하게 하는 규범적인 원리로서 "중립성 명제"는 그중 하나이다. 하버마스가 인용한 정치철학자 라모어(Larmore, 1990)는 중립성의 논증규칙이 지닌 중요성을 강조한다.

두 사람이 비록 특정한 사항에 대해서는 의견불일치를 보이고 있지만 그럼에도 불구하고 그들이 해결하려고 하는 더 일반적인 문제에 관해 계속하여 대화하기를 원한다면, 각자는 다른 사람이 거부하는 믿음을 버려야 한다. 이것은 (1) 반박된 믿음의 진리를 다른 사람에게 확신시켜 줄 자신의 다른 믿음에 기초하여 논쟁을 새롭게 구성하기 위해서이며, (2) 동의의 가능성이 더 높을 것으로 보이는 (문제의) 다른 측면으로 이동하기 위해서이다. 불일치에 직면해서도 대화를 계속하려는 사람은 논쟁을 해결하거나 또는 비켜가려는 기대를 품고 중립적 근거로 후퇴해야 할 것이다. (Larmore 1990: 347, 하버마스 2007: 418에서 재인용)

이와 함께 동의의 질을 결정하는 문제도 중요한데, 이를 위해 의사소통 실천의 규칙으로서 "특정 주제와 제안에 대한 동의는 제안, 정보, 근거들을 어느 정도 합리적으로 가공할 수 있는 논쟁이 어느 정도 충실하고 충분하게 진행된 이후에 그 결과로서만 형성"되어야 한다는 점이 강조된다(하버마스 2007: 481).

하버마스의 공론장은 제도나 조직, 체제로 개념화할 수 없으며 "개방적이고 삼투가능하고 변화가능한 지평"을 특징으로 지니는 "의견들의 소통을 위한 네트워크" 또는 "의사소통행위 속에서 산출되는 사회적 공간"으로서(하버마스 2007: 478-479), 숙의 민주주의의 근간이 된다. 하버마스의 논의에서 합리적 의사소통의 공간으로서 공론장을 유지하기 위해서는 공론장 내부의 장벽과 권력구조도 파악되어야 한다. 매체를 통해 확장되며 일반인을 지향하는 "일반화된 공론장"은 "조밀한 맥락"에서 벗어나 더욱 추상적인 것이 되며, 거기에서는 하위영역 간의 경계가 희미해지는 탈분화de-differentiation와 일반화의 속성이 두드러지게 나타난다.

[…] 그것이 이러한 물리적 현존과 분리되어, 흩어져 있는 독자, 청중, 구경꾼들이 매체를 통해 가상적으로 현존하는 것으로 확장될수록, 단순 상호작용의 공

간구조가 공론장으로 일반화되면서 나타나는 추상성은 더 분명해진다.

이런 식으로 일반화된 의사소통 구조는 단순 상호작용의 조밀한 맥락이나 특정한 인물 또는 결정과 관련된 의무 등으로부터 분리된 내용과 태도표명으로 좁혀진다. 다른 한편, 맥락의 일반화, 융합, 늘어나는 익명성은 높은 정도의 해명을 필요로 하며 동시에 이 해명은 전문언어와 특수한 코드 없이 이루어져야 한다. (하버마스 2007: 480)

이처럼 하버마스의 공론장에서 일반화된 의사소통 구조는 '조밀한 맥락과 특정한 행위의무에서 분리된 내용과 태도표명'으로 요약할 수 있는데, 이에 따라 공중은 '결정의 부담'에서 면제되고 어떻게 "공적 의견"과 "광범위한 동의"를 형성하느냐의 문제는 의사소통의 과정에서 중요하게 다루어진다. "동의"는 논쟁이 어느 정도 충실하고 충분하게 진행된 이후에 그 결과로서만 형성된다고 강조하는 하버마스는 "그러므로 공적 의사소통의 성공여부를 가늠하는 척도는 […] 질적 조건을 갖춘 공적 의견이 등장하기 위해 충족해야 할 형식적 기준"이라는 견해를 견지했다(하버마스 2007: 481).

공론장에서 벌어지는 "영향력"을 둘러싼 투쟁에서 이미 영향력을 갖춘 집단으로서 참여하는 전문가 행위자들의 역할도 주목해야 하는 관심사이다. 공론장에서는 검증된 공직자나 기성 정당처럼 이미 유명한 집단의 영향력도 등장하며 성직자의 권위나 과학자의 평판, 스타의 유명도와 같은 평판도 가세하여 '영향력을 둘러싼 투쟁'이 일어난다(하버마스 2007: 482-484). 하버마스는 대중매체에 의해 통합된 '공중'이 민족구성원 전체를 포괄하는 것으로서 추상화할수록 "무대에 등장하는 배우의 역할은 객석의 관람자의 역할과 더욱 분명하게 분화한다"고 지적한다(하버마스 2007: 496). "주최자와 연사와 청중의 분화, 경기장과 관중석의 분화, 무대와 객석의 분화"가 일어나고, 영향력을 갖춘

행위자들은 무대 위의 배우와 같은 역할로 부각된다(하버마스 2007: 483).

공론장에서 차등적 영향력의 기회를 지니는 활동가들은 의사소통을 통해 정치적 영향력을 행사하고자 하며, 자율적 공론장에서 시민 공중은 이해가능하고 일반적인 관심을 끄는 제안을 통해서 설득되어야 하기에, 결국에 영향력은 일반 공중의 동의에 기초해 이루어진다. 하버마스는 무대 위의 배우에 대한 공중의 '예/아니오'의 입장 표명은 설득 과정을 반영하는 것인지 아니면 숨겨진 권력게임을 반영하는 것인지를 따지는 물음이 가능하며, 행위자들이 공론장의 유지와 재생산에 참여하는 행위자인지, 사회적 권력을 갖춘 거대 이익집단인지를 구별하는 것이 이런 물음과 관련됨을 강조한다(하버마스 2007: 482-484).

하버마스의 공론장은 규칙과 규범에 의해서 지켜지는 것으로서, 머튼의 과학 규범이 그런 것처럼 규칙과 규범이 지켜지지 않을 때에 그 구조와 기능은 현실에서 흐트러지고 왜곡되는 그런 것으로 이해되어야 한다. 이런 규범적 모형은 현실 사회를 비판적으로 분석하는 사회학적 연구에서 준거의 틀로서 그 의미를 지닐 수 있다. 이렇게 볼 때, 중립성 명제나 개방성이 훼손되는 정도에 따라서, 의사소통적 행위에 참여하는 전문가의 역할에 따라서, 충분한 정보가 공유되는 정도에 따라서, 현실 논쟁이 전개되는 공론장에서는 규범적 공론장이 매개하는 생활세계와 체계 간의 교량이 튼튼해질 수도 허술해질 수도 있다. 숙의 민주주의는 공론장의 건강성에 의해 좌우된다.

### 사회 논쟁 속의 과학 활동

합조단의 공식 시나리오에 의문을 제기하는 이들 사이에서, 공식 시나리오가 서로 이질적인 여러 증거들에 대해서 충분히 합리적인 설명을 제공하는

가를 따지는 것은 당연한 과학 활동으로서 인식되었다. 천안함 사건 논쟁은 과학적 쟁점이 연관된 논쟁이었지만, 과학자들의 문제제기는 전문가 공론의 장에서 대체로 학술논문의 출판이라는 형식을 띠고서 전개되었으며 시료 분석, 실험, 데이터, 이론, 수식에 대한 전문가적 해석이 논쟁의 중심에 있었다. 논쟁에 참여한 과학자들은 논쟁 참여의 동기 또는 계기가 과학자로서 자신의 전공 분야 지식이 정치적인, 사회적인 요인에 의해서 오용되는 것을 막기 위함이었다고 말한다. 일례로서, 지진파를 분석한 김소구는 심해 수중폭발을 중심으로 이루어진 기존의 선행 연구들에서 다루어지지 않은 얕은 바다 속의 수중폭발 사건 자체가 지진파 연구자한테 귀중한 탐구의 주제이자 기회가 된다는 점에 주목해, 천안함 지진파에 대한 연구를 시작했다고 말했다. 그는 합조단 내에서 중요한 연구 자료인 지진파 데이터가 관련 전문지식에 의해 제대로 다루어지지 않았다고 비판했다.

> 이건 연구할 만한 가치가 있는 거야. [깊은 바닷속의 수중폭발 연구는 기존에 있었지만] 얕은 데서 수중폭발이 벌어졌다 그건 세계에 없는 일이야. [⋯] 그런 원인 분석하고 그다음에 해결책을 이런 걸 총체적으로 한번 해볼 만한 가치가 있다⋯. 그런 게 역사에 몇 개나 있어? 별로 없는 일이야. [⋯] 그런데 지금 거꾸로 나왔다고. 정치가 먼저 나오고, 그다음에 공학이 나오고 과학이 맨 끝에 왔다고. 과학이 끝에 와서 과학적인 증명이다 이거야 이렇게 결론을 내기 위해서 과학을 이용한 거지. (김소구 대면 인터뷰 2014-8-28)

각 분야의 전문지식을 갖춘 논쟁 참여 과학자들에게는 합조단의 과학 실행이 전문직업인의 것과 다름을 보여주는 요소로서 인식되었다. 이런 점은 이들이 논쟁에 발을 내딛게 한 동기 또는 계기가 되었다. 엑스선 회절 분석 장치와 시료의 결정성-비결정성 신호 특성에 익숙한 이승헌은 합조단이 제시한 흡착물질의 엑스선 회절 데이터에서 모순적인 듯한 점을 접하고서, 그리고 갖가지 광물의 분석 장치와 그 원소 성분의 분석에 익숙한 양판석은 "알루미늄 산화물"로 불린 백색 흡착물질의 에너지 분광 데이터에서 쉽게 설득되지 않은 '알루미늄과 산소의 비율'을 발견하면서 천안함 사건의 증거물에 관심을 갖게 되었다 (4장 참조). 마찬가지로 갖가지 광물 분석의 경험을 갖춘 전문가인 정기영은 합조단이 제시한 흡착물질 데이터에서 특히 황(S)의 존재가 적절히 해명되지 않은 채 합조단이 흡착물질을 "알루미늄 산화물"로 규명한 데 대해 의문을 품으면서 이 문제에 관심을 갖기 시작했다.

그 (합조단의 최종 조사결과) 보고서를 보면 알루미늄이 크게 나오더라 이거죠. 알루미늄이 피크 크게 나온다, 나왔기 때문에 이건 알루미늄 산화물이다, 이게 그 결과(결론) 아니에요? 예? 그래 되어 있잖아요. 보고서 읽어보시면, 알루미늄 나왔다 그러면서 그래서 이게 알루미늄 산화물이다, 알루미늄 산화물이 있기 때문에 알루미늄 산화물은 폭발시에 생긴다, 그래서 이거는 폭발재다…; 이렇게 되는 거예요. 근데 알루미늄이 다양한 형태로 있을 수 있거든요. 여러 가지 생각할 수 있잖아요. 단순히 생각해도 알루미늄 화합물이, 예를 들면 $Al_2O_3$도 물론 있을 수 있겠죠. $AlOH_3$도 있을 수 있어요. 이건 알루미늄 수산화물이에요. 또 이런 것도 있을 수 있어요, $AlOOH$… 이런 식으로. 많지. 광물에 뭐 여러 가지 종류가 수천 종이 있는데 알루미늄 광물도 수십 가지 있죠. 많아요. 근데 알루미늄 나왔으니까 이거다, 느닷없이 이거에요. 알루미늄이 분석되었다, 그래서 이거다… (합조단은 알루미늄 산화물은 통칭으로 쓴 용어라고 해명하는데) 그건 억지죠. 이게 뭐 산화물이에요? 이게 수산화물이죠, 다르지. […] 그리고 또 중요한 게 제가 그 패턴을 봤을 때, 중요한 건 황이거든요. 황이 항상 보면 이렇게 (상당량으로] 나와요. 제일 저는 궁금했던 게 이 황이에요, 황. 착 봤을 때 누구라도 그걸 느낄 거예요. 착 봤을 때 중요한 게 황이에요. 적은 양도 아니거든요. 상당히 많이 들어 있는 건데, 황에 대한 해석을 [합조단 보고서는] 전혀 안 하고… 거의 이걸 언급을 안 하더라고. 아예 무시하는지 어떤지는 잘 몰라도, 언급을 안 하고. 그리고 또 이런 얘기를 하려면 정량 분석을 해야 하는데 정량 분석 자료가 없어요. 시료에 알루미늄이 몇 퍼센트가 있느냐 황이 몇 퍼센트, 그런 데이터가 없어요. [⋯] 어떤 시료가 있으면… [원소 정량 분석은] 기본적인 거잖아요. (정기영 대면 인터뷰 2015-8-7)

논쟁의 장에서 자신의 전공 분야 지식이 오도된다고 느낀 연구자도 논쟁에 참여했다. 송태호는 논쟁적인 연구에 나선 동기와 관련해 자신의 전공인 기계공학과 열전달 분야 지식이 대중적 논란에서 오용되는 것을 보고서 사실과 다른 지식의 오도를 막기 위해 두 달 간의 수치 시뮬레이션의 계산 작업을 벌이게 되었다고 말했다.

저는 늦게 거기에 대해서 [논쟁에 참여했어요] [⋯] [언론에 보도된 것] 그걸 보고 나서요. 왜냐면 그 분[이승헌]은 순수물리학 한 분이거든요. 저희는 기계공학과에서 열전달이라는 걸⋯; 어디서 많이 하냐면 보일러라든가 산업용 로[furnace] 같은 거, 그리고 이제 자동차 같은 데 보면 라디에이터도 많이 있고 에어컨도 있고 다 있잖아요. 그런 데 보면 뜨거운 유체를 식히고 덮이고 하는 것들이 많잖아요. 그런 것들이 모두 열전달 쪽에서 하는 일인데⋯ 관련된 사업 분야는 굉장히 많아요. 기계공학과 하고 화공과, 이런 데에서 주로 하는 엔지니어링 디서플린[discipline]입니다. [⋯] 근데 이 분이 막 얘기해놔서. [⋯] 열전달을 모르고서 하는 말이지 싶어서 계산을 시작한 거예요. 맞나, 그리고 시작해보니까 잘못 계산한 거예요. 아, 사람들이 이것 때문에 굉장히 많이 오도되겠구나. 그래서 이제 막 아무렇게나 얘기하면 안 된다는 걸 제가 얘기한 거죠. 이건 안 탄다. 다른 건 몰라도. 정치적인 여러 가지 파장이라든가 그런 건 몰라도 어쨌든 사실에 입각해서 맞는 거 가지고 판단해야지 틀린 얘기를 기초로 하면 우리가 우매한 거 밖에 아니잖아요.(송태호 대면 인터뷰 2015-3-13)

"과학 논쟁"에 참여한 과학자들은 정상적인 과학 연구에서 일상적으로 행해지는 과학 실행의 중요함을 강조했다. 분석장비를 다루고, 시료를 준비하며, 데이터를 생산하고 해석하고, 그 결과를 발표하며, 또한 그 이후에 검증과 논란을 거치며 그런 단계들은 이들한테 중요한 가치로 강조되었다. 논쟁의 과정에서는 '무엇이 사건의 실체인가'가 역시 초점이 되었으나 합조단이 결론에 도달하는 데에 거친 "과학 활동"의 구체적인 모습이 알려지면서, 합조단의 과학 실행이 적절했느냐의 문제는 또 다른 쟁점이 되었다. 그것은 조사와 분석, 그리고 해석과 판단을 거쳐 『합동조사결과 보고서』를 완성해가는 과정에서 연구실과 실험실의 실행에서, 그리고 보고서 작성의 실행에서 나타난 문제들이었다. 합조단의 결론, 즉 사건의 종합적인 공식 시나리오에서는 직접 볼 수 없지만, 에너지 확산과 엑스선 회절 데이터의 생산과 분석, 버블주기 도출 기법, 시뮬레이션의 재현과 발표, '1번 어뢰'의 부식 상태와 표현 형상에 대한 분석이 증거, 또는 과학적 사실을 산출할 정도로 적절하게 충분히 이루어져 보고서에 담겼느냐의 문제가 중요해졌다.

근데 그것도 문제가, 왜 [폭발실험 수조의 덮개 판재] 재질을 알루미늄으로 했느냐 이거에요. [⋯] [알루미늄이 함유된 백색 흡착물질을 얻으려는 실험에서] 왜 알루미늄으로 해요. [알루미늄과 확연히 구분되는] 철판으로 해야지. 그건 말이 안 되죠. 그건 실험의 기본이죠. 알루미늄 판을 덮어놓고 했다는 게. 그게 말이 됩니까. (정기영 대면 인터뷰 2015-8-7)

문제는, 제가 말씀 드리려고 하는 건…, 이게 알루미늄 판재라고 합시다. 샘플 시료가 [여기에 붙어] 있어요. 어떻게 자르겠어요? 어떤 톱으로 자를 거 아니에요. 그러면 될 거 아냐, 시료로. 알루미늄이 막 들어가는데, 시료를… 그러면 시료를 이상하게 만드는데 [원자 수준으로 정밀하게 관측을 하려는 건데] …그건 말이 안 되지. [일상적인 실험실 실행에서는] 그렇게 안 하죠. (이승헌 대면 인터뷰 2015-7-23)

그러니까 문제를 풀자가 아니고 문제를 해결해서 빨리 완료하자, 끝내자 […] 거기에 중점을 둔 거야. 원인을 규명하는 것보다. 그러다보니까 뭐 여기저기… 빈 부분이 많은 거지. […] 공중파 초저주파도 1.1초, [이게] 버블 주기다? 이것도 생각 안 해보고 얘기한 거야. 누구 얘기 듣고, 맞겠다[고 생각한 거지]…. 그게 왜 1.1초인지 증명해봐야지. 증명 안 했잖아. 그냥 1.1초라는 게…. (김소구 대면 인터뷰 2014-8-28)

이처럼 각 분과의 실험실과 연구실에서 행해지는 일상적인 과학 실행에 대한 엄격한 태도의 요구는 합조단에 의문을 제기하는 과학자들한테서 두드러지게 발견할 수 있었다. 이들은 이런 일상적인 과학 활동의 측면에서 볼 때 합조단의 과학 실행이 미흡했거나 많은 부분을 해명하지 않고 있다고 비판했다. 이승헌은 일상적인 과학 실행의 성격을 다음과 같이 강조했다.

[실험실 실행의 노하우 또는 암묵지가 왜 중요한지와 관련해] 위에 있는 사람

한테 배우든지 교수한테 배우든지 배우는 거죠 그리고 그 사람들이 아주 새로운 걸 기발한 걸로 해서 더 좋은 데이터를 내면 더 좋은 거죠. 그런데 좋은 데이터를 내면 다른 사람들이 비슷한 실험을 다 하거든요, 다른 데에서. 좋은 데이터가 있으면. 그래서 리프로듀서빌리티(reproducibility), 재현성이 있는지를 체크한다고요. 만일 재현성이 없으면 어떻게 되느냐⋯ 그러면 그 사람 매장 당하거든요. 그런 사건들이 있었어요. 쇤(Jan Hendrik Schön) 스캔들이 있었고 황우석 스캔들이 있었고, 최근에 일본 리켄(RIKEN) 스캔들이 있었고, 그러니까 과학계에서는 만일 그랬으면 완전히 매장당해요, 그게 끝이야. 과학자로서 한 번 신뢰성을 잃으면. 만일 실력이 없었다⋯; 뭐 알루미늄 판재를 정말 짜개서 정말 했다 합시다. 그러면 실력이 없었구먼, 그러면 다시 해 (이런 지적을 받을 수 있죠). 그러면 다시 해야지. 다시 하면⋯ 이제 배웠어 그러니까 다음부터는 그러지마, 한 번 실수는 넘어가죠. 그런데 합조단은 계속 (문제없다고 하잖아요). (이승헌 대면 인터뷰 2015-7-23)

합조단의 공식 설명과는 다른 대안의 설명을 제시했던 과학자들은 전문가 공론장의 논쟁에서 자기 분야의 전문지식과 암묵지를 바탕으로 참여했기에 그런 논쟁은 한편으로 분과적인 성격으로 진행되었다. 해당 분과의 규모가 작은 분야에서는 그만큼 전문가는 적었다. 예컨대 지진파 기록을 둘러싼 기뢰설과 어뢰설의 논란은 지진파 전문가, 특히 수중폭발에 의한 지진파 신호를 다룰 줄 아는 전문가가 아니라면 쉽게 접근하기 어려웠기에 논쟁의 확장은 제한적이었다. 또한 논란이 되는 고유한 증거물 시료의 물리적 제한성 때문에 전문가의 참여가 제한되었다. 흡착물질에 대한 에너지 분광과 엑스선 회절 분석은 지질학과 물리학에서 비교적 일반적인 분석장비를 이용하는 것이었지만, 분석해야 하는 증거물 시료를 누구나 사용할 수 있는 것이 아니었다. 이로 인해 지진파 논쟁, 흡착물질 논쟁은 분과별로, 그리고 증거물을 보유한 소수만이 주로 참여한 채로 진행되는 모습을 띠었다.

　분과별로 진행된 논쟁에서 천안함의 침몰을 일으킨 사건의 시나리오가 논쟁 참여 과학자들 사이에서 수렴적이지 못했으며 때로는 대립적이었다. 김소구의 지진파 분석은 해군이 설치했다가 버려둔 육상조종기뢰LCM의 폭발설이라는 결론으로 나아갔으며, 김황수의 지진파 분석은 상당한 규모를 갖춘 잠수함의 충돌설이라는 아주 다른 결론으로 나아갔다. 흡착물질 논쟁에 참여한 과학자들의 일부는 특정한 사건 시나리오를 제시하지 않았지만 폭발이 있었다는 결론에 회의적인 태도를 보여주거나, 어떤 이는 일부 증거를 바탕으로 전체 시나리오를 구성하는 시도 자체에 대해 유보적이었다. 송태호의 '1번' 글씨 연소 문제 풀이는 합조단의 어뢰폭발설이 가능한 시나리오임을 강하게 뒷받침해주는 것이었다.

　이처럼 분과적 논쟁에 참여한 과학자들은 사건의 시나리오에 관해서는 자주 아주 다른 태도를 보여주었다. 천안함 '과학 논쟁'은 합조단의 결론을 지지하는 쪽과 비판하는 쪽으로 나뉘었으며, 이와 동시에 합조단의 보고서를 비판하는 과학자들 사이에서도 다시 폭발설을 지지하는 쪽과 비폭발설을 지지하는 쪽으로 나뉘었다. 폭발설과 비폭발설 간에는 교류 없이 상대의 논증을 더 중요한 증거가 소홀히 다루어진 해석이라며 비판하는 갈등의 관계도 형성되었다.

　분과적인 '과학 논쟁'이 전문가 공론의 장을 넘어서서 사회로 확장할 때에는 또 다른 변화를 겪었다. '과학 논쟁'은 사회 안에서 진행되었으며, 그 논쟁 자체가 전문가들의 관심사를 넘어서 일반 사회구성원들의 관심 대상이었기에 과학자들의 '과학 논쟁'은 곧이어 일반인의 대중적 언어로 옮겨져 전달되었다. 전문가 공론장에 참여한 과학자들은 종종 '정치와 무관한 순수 과학 연구의 결과'임을 강조했으나, 연구물이 학술논문의 장에서 나와 사회적 논쟁의 장에 들어설 때에는 다시 과학적, 군사적, 정치적 판단을 거치며 사회 구성원들에 의해 수용되거나 거부되었다.

사회적 논쟁의 장에서 과학자들의 연구 결과물이 쉽게, 곧바로 수용되지 못한 것은 합조단을 비롯해 논쟁 참여 과학자들이 저마다 '과학'에 기대어 자기 논증의 정당성을 강화했으나 이런 '과학'의 강조가 논쟁의 경쟁자들한테서도 모두 나타났기 때문이었다. 합조단을 비롯해 논쟁에 참여한 이들은 모두 자신들이 순수한 과학적 태도와 방법을 견지한다고 주장했으며 논쟁의 상대방이 과학을 정치적으로 오용했다고 비판하는 대칭성을 보여주었다. 그러니 논쟁의 장에서 하나의 과학 연구물이 절대적 확실성을 지닌 것으로 받아들여지지는 않았다.

이런 불신은 과학 연구물이 분과적 분석의 결과에서 벗어나 어뢰폭발설, 기뢰 폭발설, 좌초 후 충돌설처럼 종합적인 사건의 실체를 시나리오로 구성하고자 할 때에, 특히 커졌다. 논쟁에 참여했으나 시나리오의 추론을 경계한 정기영은 "과학에서 의심의 여지없다는 표현은 잘 쓰지 않는 법인데 과학자가 그런 표현을 쓰는 걸 보고 실망했다"고 말했고 논쟁에 참여하지 않은 다른 과학자는 "과학이 그래도 객관적인 목소리를 낼 수 있다는 점에서는 중요하지만 과학이 모든 현실 문제를 풀 수 있다고 믿는 게 흔한 오해이고 사실 과학이 실체적 진실을 밝히는 데 할 수 있는 역할은 제한되어 있다"며 천안함 사건 논쟁에서 개별 과학자의 과학 활동이 제한적인 역할을 할 수밖에 없다는 인식을 보여주었다 (물리학 교수 ㄱ, ㄴ 대면 인터뷰 2015-8-6).

[물리학 교수 (ㄴ)] 어떤 의미에서 [개별 과학자의] 과학이 할 수 있는 역할이 광장히 제한돼 있는 거고 그렇기 때문에 더욱 광장히 기본적인 거만 얘기해야지, 저런 문제처럼 복잡한 게 끼어 있는 거에 대해서는 얼마나 과학적일 거냐, 그게 의심스럽고. 오히려 효용은 과학 수식을 보여주고서 일반을 설득하는 역할 이런 건

될 수 있을지 몰라도 실체적 진실에 부합하는 얘기는 못하게 되는 경우는 많지 않느냐 하는 생각이 들거든요. 특히 이런 정치랑 관련된 문제의 경우는 […] 그런 식의 피어리뷰[peer-review] 외국잡지 논문도 그런 식이 상당히 있을 수 있거든요. 그러니까 그냥 실험을 통해서 하더라도, 동료 실험하는 것만 봐도 자기가 이거 생각하는 거 있잖아요, 실험에서 그 결과가 나오면 실험 끝이에요. 결과가 안 나오면 실험을 또 해요. 어떤 결과가 나오면 실험이 끝이에요. 근데 원하는 결과가 안 나오면 뭐가 틀렸나 찾는 거거든요. […] 그러니까 그런 과학적으로 이렇게… 어떤 복잡한 문제의 경우에는 진실을 찾는 데는 아주 큰 도움이 안 되지 않느냐 그런 생각이 많이 들어요. (물리학 교수 ㄱ, ㄴ 대면 인터뷰 2015-8-6)

'과학'이, '과학 활동'이, 언제나 어떤 조건에서나 제시된 현실 문제를 능숙하게 풀어주는 좋은 도구로 사용될 수는 없다. 과학의 결과물은 동료 전문가 집단에서 공개적으로 검증되고 토론되고 그 타당성을 인정받으면서, 전문가 공론의 장에서 점차 과학적 사실로서 그 지위를 굳혀 나갈 수 있다. 그러나 사실, 천안함 '과학 논쟁'에서 과학자들이 상상했던 전문가의 과학 활동 공론장은 이상적이고 가상적인 것이었다. 합조단의 조사결과 보고서가 담은 과학 활동의 결과물에 대해 현실의 공론장에서 한 과학자가 과학적 반론을 제기한다고 해서 그것이 그 분야 전문가들 사이에 활발한 논란을 불러일으키고, 이를 통해서 합리성의 경쟁을 통한 검증을 거치는 그런 것이 아니었다. 대부분의 경우에 소수 과학자가 과학적 연구 결과를 발표하며 문제를 제기하면 그 내용의 일부가 부각되어 사회 전반의 논쟁으로 전해져 화제와 논란이 한 차례 증폭되고는 더 이상 논란이 진전되지 않은 채 논쟁은 유보되거나 잠복하는 상황으로 귀결되었다. 이런 점은 지진파, 흡착물질, '1번' 글씨를 둘러싼 논쟁에서 공통적으로 찾아볼 수 있었다.

이런 점에서 본다면, 논쟁은 '사건의 실체'를 다투는 사회적인 법정의 장에서 중대한 영향을 끼쳤다고 보기는 어려웠다. 소수 과학자들의 적극적인 논쟁 참여의 의미는 사건의 실체에 대한 실질적 접근을 얼마나 이루었느냐는 것보다 오히려 합조단의 최종결과 보고서에 가려져 있던 과학 실행의 문제를 공론의 장에 올리는 계기를 마련했다는 점에 있었다.

소수 과학자들의 논쟁 참여는 "블랙박스" 안에 봉합된 합조단의 '과학적 조사활동'이 실제 어떤 것이었는지 그 과정을 보여주어 공론장의 관심사가 되게 하는 데에 큰 역할을 했다. 합조단의 보고서에서 결론을 강화하는 증거의 연결망에 등록된 많은 요소들, 즉 분석장비, 시료, 실험, 분석, 그래프, 시뮬레이션, 이론, 수치, 수식이 그저 순수하고 정밀하게 '과학적 사실'을 표상하는 그런 것만은 아니며 적합한 과학 실행을 통해 얻어졌는가를 따지는 논쟁의 장에 들어설 수 있는 것들임을 보여주었다. 논쟁의 과정은 자연스럽게 '블랙박스' 안에 가려진 과학 실행의 구체적인 모습을 드러내어 주었다. 이를 통해 얻어진 논쟁의 경험은 조사기구의 법과학적 실행과 그 결과물이 사후에 논란의 여지를 줄이기 위해서는 조사기구에서 이루어지는 과학 활동이 자율적이고 적절한 실행들로 보장되어야 한다는 인식을 제공했다. 법과학적 증거논쟁에서 갈등과 대립을 해소할 가능성은, 일상적인 과학 실행이 적절하게 이루어질 수 있도록 하는 조건들, 예컨대 제3자 기구의 독립적 조사활동을 보장하거나 정치적 프레임에 휩쓸리지 않도록 경계하는 것과 같은 조건들에 의존할 때 전망할 수 있다는 제안이 나오는 것도 이런 이유 때문일 것이다.

[물리학 교수 (ㄱ)] [과학이 현실 문제를 푸는 데에 제한적인 역할을 하겠지만] 천안함 문제도 정말로 과학적으로 의미 있는 질문이 되어버리면 아마 이 부분에서도 답을 찾을 거예요. 그런데 지금은 과학적으로 정말로 의미 있는 질문이라

고 생각들을 안 하는 거죠. [⋯] 뭔가 질문이 있으면 그거를 정부나 그런 데서 제3자한테, 뭔가 바이어스[bias]가 그나마 적은 집단한테 의견을 구하는 게 그게 맞긴 한 거 같은데 우리나라는 그런 거 같지는 않고.

[물리학 교수 (ㄴ)] 근데 토론이 과학적 토론이 되어야 된다는 겁니다. 약간 정치와 연관되면⋯ 현 정권도 굉장히 그걸 잘 하는 것 같은데 프레임을 다른 걸로 가버려요. 본질은 계속 객관적인 과학적 토론이 되어야 하는데 거기에서 다른 프레임의 문제로, 그러니까 지엽적인 프레임으로⋯. (물리학 교수 ㄱ, ㄴ 대면 인터뷰 2015-8-6)

## 시나리오 중심적 논쟁의 한계

증거는 하나이지만 여러 시나리오에 대한 여러 태도가 합조단의 결론뿐 아니라 논쟁 참여 과학자들 사이에서 다르게 나타나면서, '문제 해결자'로서 과학 연구가 지닌 권위는 천안함 사건 논쟁에서 크게 부각되지 못했다. 예컨대 지진파 하나의 증거를 둘러싸고서도 합조단은 어뢰폭발설, 김소구는 기뢰폭발설, 그리고 김황수는 잠수함 충돌설이라는 서로 확연히 다른 시나리오를 제시함으로써, 일반인의 눈으로 보기에 과학 활동은 누가 행하더라도 언제나 동일한 답을 내는 게 아니라 연구자에 따라 다른 답을 낼 수도 있는 것으로서 비추어졌다. 이는 지진파를 다루는 과학 연구의 방법이 경험적 방정식(경험식)을 사용하는 수치 연산의 근사적 접근이며 또한 사용된 방법들이 다른 데에서 비롯했는데, 서로 다른 결과물은 확연히 다른 시나리오를 도출하는 데 그 기반이 되었다.

시나리오가 중심이 되어 이끄는 논쟁은 손쉽게 불신의 대상이 되었다. '1

번 어뢰'와 천안함 선체의 부분 형상을 고해상도 사진으로 기록해온 '가을밤' 필명의 블로거인 박중성은 합조단의 공식 시나리오는 물론이고 대항적 시나리오도 함께 비판하며 시나리오 경쟁이 오히려 논쟁을 흐트러뜨렸다는 시각을 보여주었다. 그는 합조단이 불충분하게 다룬 증거물에 대해 전문가들의 자세한 조사와 분석이 시나리오의 구성에 앞서서 먼저 시행되어야 한다고 주장했다.

결론적으로 지금 뭔가 결론을 내리고 뭐 이게 문제다 하면 다 그냥 삐딱선(직접 증거에서 멀어지는 추론)을 타는 거예요. 왜냐면 데이터가 충분하지 않은 데 거기에다 가정을 해서 '이거다' 제시하면 바보 되는 거예요. 더 나가면 안 되는 거예요. 지금 상황에서는 밝혀진 건 수중폭발 흔적이, 그 손상 흔적이 있는 천안함, 그거 외에는 뭐가 폭발했는지 아무것도 모른다는 거예요. 1번 어뢰 같은 경우에는 아까 얘기한 여러 가지 문제들, 증거로서 효력이 상당히 의문시되고. 이걸 완전히 일목요연하게 배격하려면 글쎄 나 같은 사람이 감당할 수 있는 문제가 아니에요. 국회 같은 데서 학계 같은데서 하든지 나서서 실제로 보고. [⋯] 내가 주장한다고 끝나는 게 아니에요. 다른 사람들이 봐야 해. 아까 말한 [1번 어뢰' 표면 위의] 이상한 물질들, 과연 이것이 그 증거물로서 타당한 흔적들인가. 그거 학계가 해야 하는데. [시나리오 중심으로 주장하다가 음모론으로 비판받으면서] 거기서 다 올스톱 상태니까. 뭔가 제시하면 [음모론으로] 몰려버리고. (박중성 대면 인터뷰 2015-1-24)

사건의 실체는 무엇인가, 또는 어떤 시나리오를 옹호하는가와 같은 물음은 연구자한테도 부담스러운 일이었다. 사건 또는 사고의 여러 정황이나 상황을 충분히 알지 못하는데도, 제한된 단서와 증거의 분석결과만으로 사건의 전체 그림을 구성하도록 요구받는 것은 큰 부담이었다. 사실 과거에 일어난 고유한 사건의 종합적 재구성을 이질적인 여러 증거와 정보를 보유한 조직적인 조사기구가 아니라면, 개인 과학자가 확실한 근거를 갖추어 제시하기는 쉬운 일이 아니었다. 그런 상황에서 시나리오를 제시해야 하는 논쟁에 참여하는 것은 "비용"과 "부담"이 큰 일로 여겨졌다.

[나의 분석결과가 어떤 시나리오를 지지하는지 또는 배격하는지] 항상 다 묻죠. 물으면 나는 항상 그 증거, 스텝-바이-스텝(step-by-step) 증거에 의해서 얘기를 해야지 [하고 답해줍니다]. [···] 항상 [언론사 기자들한테] 선택을 강요받아요. [···] 산화알루미늄은 아니고 저온성 흡착물질이기 때문에, 이거는 이제 알루미늄 어뢰폭발설을 부인하는 겁니까? [이렇게 묻죠.] 아시죠? 그럼 제가 뭔 얘기를 합니까? 난 대답을 안 했죠. 개인적으로는 아직 미결이고, 미제인데. 더 해야 할 게 있다는 거죠. 더 해야 할 건, 이거잖아요 알루미늄산화물이 아니라, 제 결과는 OH도 들어가고 $SO_4$도 있고 화합물 아닙니까? 이건 물론 고온에서는 생길 수 없잖아요. [···] 알루미늄산화물로 보고된 것은 그냥 육상에서 폭발했을 때 그런 거예요. 알루미늄 여기 갖다놓고 불을 붙이면 탈 거 아니에요. 그러면 알루미늄산화물 생기죠. [···] 근데 이건 바다 아닙니까, 바다. 물이 풍부한 바다에서··; 상황이 다른 거예요. 공기 하고, 물속에서 폭발하는 거고. 그러면 거기에 대해서는 뭐 자료가 없다라는 거예요. [현재로선] 알 수 없다는 거예요. (정기영 대면 인터뷰 2015-8-7)

[물리학 교수 (ㄱ)] 정치적으로 민감한 문제라 아마 아무도 그런 관심을 갖기가 어렵지만 이게 보통 과학자들이 하는 그런 표준적인 연구 그런 상황이라면 과학자들이 이런 것들을 계속 실험하면서 이 가정 중에 어떤 게 맞고 다음은 뭐가 맞고 하면서 단계별로 체계적으로 하거든요. 근데 지금 이런 문제는 아마 어느

누구도 발을 디디는 것아… 꺼릴 가능성이 있지요.

[물리학 교수 (ㄴ)] 한편으로는 왜 과학자들이 그런 논란이 있는데 전공자들이 말을 안 하고 가만있었느냐 그런 식으로 생각할 수 있는데 근데 과학 하는 사람들도 힘들어요. 왜냐면 모든 문제가 다 그래요. 뭐 자동차 사고 나면 맨날 전공하는 사람도 누가 누구 친 건지 모르잖아요. […] 사실은 어떤 의미에서는 제가 생각할 때 논문이라는 것도 요 조건에서는 이렇다 저 조건에서는 이렇다 이런 게 수없이 많은 거고. 정말 어떤 사람들은 이 문제의 경우는 이 조건에 가깝다 진짜 실험도 해보고 이렇게 해서 이건 이거더라 이 정도 되는 거지. 실생활에 이거뿐 아니라 웬만한 거가 다 그렇게 어렵기 때문에 저런 문제 나왔을 때 물리학자나 뭐 이런 사람들이 아 이건 이거다 그런 걸 얘기하는 거가 코스트(cost)는 아주 크고 뭐 혜택은 없는 거예요. […] 내가 생각하지 못했던 거를 [다른 학자들이 문제제기 해서] 얘기하고. 뭐 심한 거는 정치적인 거 때문에 쓴 거 아니냐 이런 얘기가 나오니까. 과학자들 입장에서 이런 거에 끼어 들어가는 게 비용에 비해서 할 수 있다는 자신도 없고, 또 어느 정도 내가 잘 계산한다 해도 이게 명확하게 다 해결되는 게 아니니까…; 웬만해선 안 끼어들려고 하는 거죠. (물리학 교수 ㄱ, ㄴ 대면 인터뷰 2015-8-6)

이런 점에서, 천안함 논쟁을 주도했던 시나리오 중심적인 논의는 논쟁의 진전을 이루는 데에 어떤 경우에는 장애물로서 등장했다. 진실 찾기 담론이 보여주는 진실 찾기의 경로는 어떠한 확정된 결론도 내릴 수 없는 상태에서 증거의 조각들을 모으면서 점점 더 구체적인 진실의 시나리오로 나아가는 그런 모습이 아니었다. 많은 경우에, 각자가 이미 지지하는 시나리오를 바탕으로 새로운 증거를 자신의 시나리오 안으로 끌어들이거나, 또는 일단 어떤 시나리오를 지지하기 시작하면 그 시나리오를 보강하는 증거를 찾아 모으면서 여러 종류의 증거들 가운데 특정한 것을 선별적으로 포섭하거나 배격하는 모습도 나타났다.

증거를 둘러싼 '과학 논쟁'은 종종 "그래서 결국에 당신이 지지하는 시나리오는 무엇인가"라는 물음으로 나아갔으며, 이런 분위기에서 논쟁은 시나리오에 저항하는 증거물에는 소홀한 채 기존 시나리오의 논증을 강화하는 데에 더욱 관심을 기울일 수밖에 없었다. 더욱이 이런 분위기는 음모론과 이데올로기의 비판과도 겹쳐 나타나곤 했다. 서로 다른 많은 증거들이 존재하는 상황에서 특정한 증거들을 중심으로 제시한 시나리오 중심의 논증에 대해, 공식 시나리오를 지지하는 이들은 종종 이런 특정 증거의 시나리오가 '피고인'을 일부러 두둔하는 변론이라고 공격했으며, 정치적 성향을 숨긴 채 과학적 논증을 제시하는 '음모론'이라는 비판을 가하기도 했다. 시나리오 경쟁이 타당한 의문 제기를 음모론으로 만들고, 이런 음모론 담론이 '진짜 전문가들'의 참여를 위축시켰다는 인식도 있었다(박중성 대면 인터뷰 2015-1-24).

일상적인 과학 활동으로서 전문가 과학자들의 공론장은 논쟁 당사자인 합조단 조사기구가 2010년 6월 말에 공식 해체되면서 더욱 어려움에 처했다. 소수 과학자들의 문제제기에 대해서 대응해야 하는 합조단이 존재하지 않는 상황에서, 합조단의 결론에 대한 문제제기에 대해 정부 주체인 국방부도 적극적인 해명에 나서지 않게 되었다. 당시 합조단 조사위원은 대형 사건에 대한 조사활동이 사후의 사회적 논란을 불러일으키지 않도록 충분한 시간과 여건에서 제대로 이루어졌어야 한다는 아쉬움을 나타냈다.

[합조단 조사결과에 대한 의문이 제기되더라도] 근데 지금은 뭐 어떻게 할 수가 없는 것이지. [합조단이 공식 해체된 이후에] 저도 뭐 개인으로, 거기 있던 사

람들[조사위원들] 다 개인으로 돌아간 건데. 그렇잖아요. [⋯] 그게 천안함뿐 아
니라 세월호도 그렇고. 우리 지금 국가 모든 게 그렇잖아요. 예를 들어서 조사위
원회를 만들어서 몇 년 씩 끌고 가고⋯ 우리 대한민국 시스템이 그렇지 않잖아요.
[외국의 사례에 관련해] 그건 외국의 모델이지. 현실이라는 게 있잖아요. 그건 이
제 우리가 앞으로⋯ 아까 제가 말씀드렸다시피 사건사고만 나면 국회에다가 언론
에다가 학계에다가 막 뒤범벅이 되는 것부터 정리를 해야 할 것 같아요. 천안함만
문제가 아니라 세월호도 그렇고 다 마찬가지죠. 그리고 일단 결과 나온 걸 가지고
거기에서 이제 뭐 시행착오가 있었는지 뭐 잘못된 게 없었는지 뭐 그렇게 되어야
지 제대로 조사가 되고 제대로 확인이 되고, 또 그리고 길게 뭔가 외국처럼 이렇게
위원회 구성이 되고 그렇지. 우리처럼 냄비 끓는 것처럼 막 할 때만 막 그렇고⋯
그건 정부도 마찬가지고 국회도 마찬가지고 언론도 마찬가지고, 우리 사회 어떤
문화랄까 분위기가 그런 거 아니에요? 순간 막 하다가 그냥 잊어버리고. 뭐. 좋은
기억도 아픈 기억도 다 마찬가지에요. 그건 이제 우리가 좀 성숙한 국가가 되어가
지고 그렇게 지향이 되면 바람직하겠죠. (윤종성 대면 인터뷰 2015-11-10)

　　'과학 논쟁'을 통해 논란의 초점이 된 합조단 과학 실행의 부적합성 여부에
대한 규명 또는 이에 대한 해명의 과정도 없이, 한국사회에서 천안함 침몰사
건의 논쟁은 있는 듯 없는 듯한, 그러면서도 여전히 사회적 갈등의 뿌리 깊은
잠복으로 이어졌다. 천안함 '과학 논쟁'에 참여한 과학자들의 여러 연구물들
이 합조단 해체 이후에 잇따라 발표되었으나 논의는 진전하지 못한 채 언제나
2010년 당시의 논쟁 주변에 머물러 있을 뿐이라며 논쟁에 참여했던 과학자는
답답한 상황을 토로했다.

　　천안함 사건도 어떤 과학적인 사실이잖아요. 어떻게 했는지 그거는 사실이

니까, 팩트(fact), 에비던스(evidence)가 있는데 그걸 찾는 건데, 그걸 밝히는 건데. 그러니까 과학논문을 쓸 때에는 기존에 있는 학설들 연구들이 어떻게 있고 거기에 대해서 이제 논쟁거리가 생기면 여러 사람이 달려들어서 각자 연구를 해가지고 누가 어떤 게 맞고 아니면 새로운 디스커버리(discovery)도 나오고, 그러니까 여러 사람 나와서 조금씩 조금씩이라도 진일보를 하잖아요. 논쟁거리가 있으면 토론을 해가지고 완전히 못 풀더라도 조금씩 한걸음씩 나가는데, 천안함…, 이건 한국사회 특수성이에요. 현 한국사회의 문제점이 뭐냐 하면 이건 전혀 나가질 않는 거예요.. 사실, 진실이 있으면 진실을 향해서 대부분의 과학적인 활동은… 어떤 논쟁거리가 있으면 [···] 그 진실을 향해서 모든 사람들이 컨트리뷰션(contribution) 하는데 그 컨트리뷰션이 어떤 것은 옳았고 어떤 것은 틀렸고 이런 것들이 실험을 통해서 검증을 통해서 그게 검증이 되고 그래서 잘못된 것은 그냥 저절로 없어지거든요. 그래서 조금씩 한걸음씩 나간다고요. 그런데 다른 논쟁이 들어오면, 나아간 게 잘못된 길이었으면 방향을 다시 트는 거지만. 그게 맞았으면 거기서부터 시작을 해요. 그게 한국에 대해서 답답한 게 [···] 이건 한국뿐이에요. 진실이 여기에 있는데 많은 과학자들 나오고 상식인들이 나와서 겨우 접근을 했는데 계속 정부는 원점에서 똑같은 논리로만 얘기를 하는 거예요. 근데 그거를 언론에서도 그 말을 계속하고 이걸 논쟁거리인양 이 사람이 이렇게 했고 저 사람은 이렇게 했고 계속 똑같은 얘기를 하는 거예요. [···] 거의 5년 반이 지났는데 지금 이런 상황이 계속되는 거야. 제자리걸음이야. (이승헌 대면 인터뷰 2015-7-23)

3장~6장에서 살펴보았듯이 천안함 침몰원인과 관련한 학술적인 과학논문들이 잇따라 10편가량 발표되면서 논란을 줄일 수 있는 논쟁 지점들의 윤곽도 드러났다. 논쟁 참여 과학자들은 그동안 논쟁의 결과물을 바탕으로 공식적인 제3자 기구에 의한 재조사, 또는 종합적인 학술토론의 개최 등을 통해서 소모적인 논란이 해소되어야 한다고 요구했다.

## 과학과 사회 논쟁들 비교

이상에서 살펴본 바와 같이 천안함 '과학 논쟁'은 "누가/무엇이 사건을 일으켰는가"에 집중되었고 또한 법과학적 논쟁의 성격으로 인해 그런 프레임의 주도로 진행되었다. 한국사회에서 '과학 논쟁'은 여러 사회적 쟁점에 부수적으로 또는 주도적으로 결부되어 전개되었는데, 몇 가지 대표적인 유형의 논쟁들을 함께 살펴본다면 천안함 '과학 논쟁'의 성격을 이해하는 데에 도움을 얻을수 있다. 우리는 여기에서 천안함 '과학 논쟁'과 비교할 만한 대상으로서 과학자사회 또는 과학자가 적극적으로 참여했던 '과학 논쟁'으로 '제로존 이론' 논쟁, 미국산 쇠고기 수입을 둘러싼 '광우병' 논쟁을 살펴보고, 또한 과학자의 참여가 적극적이지는 않았지만 천안함 사건 논쟁과 비슷하게 분단체제라는 사회적 맥락에서 전개된 '평화의 댐' 논쟁을 살펴보고자 한다.

먼저 각 논쟁을 간략하게 살펴보자. 제로존 이론 논쟁은 "모든 차원을 하나로 통합하고 모든 과학언어를 數로 통일하여 바벨탑 이전의 세계를 복원하는" 이른바 제로존 이론을 창안했다고 주장하는 "재야과학자"의 주장과 이론이 2007년 한 월간지에 실린 것이 계기가 되어 촉발된 논쟁이었다(김찬주 2011). 물리학자들이 보기에는 학술적 과학 언어의 형식을 빌린 터무니없는 주장이었지만, 일부 주류 과학자들도 이 제로존 이론을 지지하고 나서면서 문제는 점차 심각해졌다. 급기야 한국표준과학연구원과 한국물리학회가 나서이 문제를 검토한 뒤에 "제로존 이론은 과학 이론이 아니다"라는 결론을 발표하기에 이르렀다(김희원 2007). 이후에도 제로존 이론은 여러 논란을 불러일으켰다.

미국산 쇠고기 수입 정책을 둘러싼 광우병 논쟁은 2008년 이명박 정부가 미국산 쇠고기 개방을 넓히는 대미 협상 결과를 발표한 이후 광우병 발생국 인 미국산 쇠고기의 수입 완화를 우려하는 '광우병 공포'가 퍼지면서 이른바 '촛불 시위'를 중심으로 확산했다(하대청 2012; 김종영 2011; 오철우 2009). 이에 정부와 보수성향의 언론매체들은 정부 출연 연구기관 소속 연구자들을 비롯 해 일부 과학자들의 전문가 권위를 빌어 "광우병 괴담"이 근거 없는 정치적 주 장일 뿐임을 부각했으며, 이에 대항해 일부 과학자와 의료인들은 미국산 쇠고 기의 안전성에 의문을 제기하면서 논란이 더욱 커졌다. 논쟁의 양쪽에서 전문 가들의 참여는 모두 두드러진 것이었으나, '동원된 전문성'에 관한 논란도 함께 제기되었다. 광우병 논란은 현재적 위험에 관한 것이라기보다는 확률적 위험, 미래의 잠재적 위험에 관한 것이었다.

평화의 댐 논쟁은 북한이 건설하는 금강산댐이 수도권에 가할 수도 있는 수공水攻에 대비하고 홍수 예방을 위해 강원도 화천군의 북한강에 1987년 착 공해 2005년 완공한 평화의 댐을 둘러싼 논란을 말한다(홍성욱 2010b; 김종 욱 2011). 당시 전두환 정부가 북한 금강산댐이 가할 수 있는 잠재적 위험성을 과장하여 댐 건설에 나섰다는 비판을 받았으며, 댐 건설을 정치적으로 이용했 다는 의심을 받아 당시와 이후에 여러 논란을 빚었다. "북한이 금강산댐을 지 어 수공을 가하면 서울은 물바다가 된다"라고 밝혀 큰 파장을 일으킨 1986년 당시 서울대학교 교수 선우중호를 비롯해 일부 과학자들이 정부의 과장된 정 책 추진을 정당화하는 데 앞장서 과학자의 사회적 책임과 관련한 논란을 빚기 도 했다.

위의 제로존 이론 논쟁, 광우병 논쟁, 평화의 댐 논쟁과 천안함 사건 논쟁 을 논쟁에서 주요하게 제기되는 물음과 논쟁에 참여한 주요 행위자, 그리고 논 쟁이 벌어지는 장場 또는 프레임의 측면에서 비교해보자. 제로존 이론 논쟁은

〔표 7-1〕 과학사회논쟁 비교

| | 물음 | 행위자 | 논쟁의 프레임 | 증거를 다루는 방식 |
|---|---|---|---|---|
| 제로존 논쟁 | 제로존 이론은 과학인가? 〔현재〕 | 재야과학자, 직업과학자 | 이론 논쟁 (이론은 참인가) | 학문체계 내의 적합성, 설명가능성 |
| 광우병 논쟁 | 얼마나 위험할 것인가? 〔미래〕 | 정책추진 정부, 과학자, 시민/네티즌 | 정책논쟁 (정책은 적절한가) | 가치/위험 평가 (evaluation, risk assessment) |
| 평화의 댐 논쟁 | 얼마나 위험할 것인가? 〔미래〕 | 정책추진 정부, 과학자, 시민단체 | 정책논쟁 (정책은 적절한가) | 가치/위험 평가 (evaluation, risk assessment) |
| 천안함 논쟁 | 누가/무엇이 사건을 일으켰는가? 〔과거〕 | 합동조사단, 과학자, 정치인, 국제사회, 시민/네티즌 | 법정논쟁 (누가/무엇이 피고인가) | 개별화/감식 (individualization, identification) |

아마추어 과학자가 창안했다는 이론이 과연 과학의 영역에서 다루어질 수 있는 과학적 이론인지가 주요한 물음으로 제기되었다. 재야과학자와 직업과학자가 대립했으며 논쟁은 주로 제시된 학설이 기존의 이론과 지식 체계에 들어맞는지 그 학설의 적합성을 따지는 방식으로 진행되었다. 미국산 쇠고기 수입 완화 정책에서 촉발된 광우병 논쟁은 광우병 발생국에서 수입되는 쇠고기가 미래에 얼마나 큰 위험을 초래할 것인지를 두고서 정책을 추진하는 정부와 이를 뒷받침하는 과학자, 그리고 이에 반발한 시민 주권자와 이들과 연대한 일부 과학자들이 대립했다. 궁극적으로 광우병 논쟁은 새롭게 도입되는 정책의 적절성을 두고서 벌어진 정책 논쟁이었으며 정책의 유지 또는 정책의 수정을 목표로 논쟁이 진행되었다. 평화의 댐 논쟁은 북한의 금강산댐에 대비해 대북한의 안보의식을 확산하면서 추진한 대규모 댐 건설 정책이 적절한 것인지를 둘러싸고 이 정책의 유지 또는 수정을 목표로 전개된 정책 논쟁이었다. 주요한 물

음은 광우병 논쟁과 비슷하게 정책 추진자들이 강조하듯이 북한 금강산댐의 위협이 장래에 우리 사회에 얼마나 위험할 것인지를 둘러싸고서 서로 다른 해석들이 대립했다.

이와 비교해 천안함 사건 논쟁은 현재나 미래의 시제가 아니라 이미 일어났던 과거의 사건을 추적하면서 누가 또는 무엇이 침몰을 일으켰는지를 주요한 물음으로 제기한다는 점에서 다른 특징을 지니고 있다. 과거 사건의 원인 하나를 지목하는 것이 중요한 관심사였다. 논쟁은 공식 조사기관의 발표 이후에 원고인과 피고인이 확연히 구분됨으로써 조사결과에 대한 반박 또는 의문의 제기는 쉽게 피고인을 변호하는 행위로 해석되어, 논쟁의 활성화를 저해하는 제약 요인이 되었다.

환경 논쟁과 과학의 역할의 문제를 다루면서 과학사회학자 대니얼 새러위츠Daniel Sarewitz는 환경 논쟁에서 드러나야 하는 "가치와 이해관계 논란value and interest disputes"을 숨기거나 위장하는 데에 과학화된scientized 논쟁이 사용된다는 점을 비판적으로 지적했다(Sarewitz 2004). "환경 논쟁이 높은 수준으로 과학화할 이유가 없다"는 견해를 견지하는 그는 "논쟁 자체가 존재하는 것은 곧 가치와 이해관계를 둘러싼 갈등이 존재한다는 것"이라며 이 때문에 "과학으로 인해 감춰지는 가치 논란을 [오히려] 정치적 과정의 앞쪽 순서로 가져오는 일이 그 논쟁을 성공적인 민주적인 활동으로 전환하는 데에 중요한 요소가 될 수 있다"며 '가치' 중심의 주장을 폈다. 그는 "가치 논란이 공개적으로 이루어지고 그 사회적 의미가 탐구되며 적절한 목표를 찾고 나서 그 이후에 특정한 논쟁과 관련되는 과학의 자원들이 배치될 때에 과학의 사회적 가치 자체도 증대될 수 있다"라고 주장했다(Sarewitz 2004: 399). 여기에서 새러위츠는 정책의 의사결정에 영향을 끼치는 위험평가risk assessment 또는 가치평가evaluation의 과학이 환경 논쟁에서 행하는 역할에 관해 이야기하고 있는데, 이와는 달리 과거의 사건 또는 사고를 재구성하는 시나리오의 요소인 증거를 생산하는 법과학적 논쟁에서 과학의 역할은 이와 다르게 논의할 수 있다.

가치평가의 논쟁이 주로 정책적 의사결정에 관한 논쟁이라면, 법과학적 논쟁은 누가/무엇이 행했는가를 중심으로 한 과거 사건/사고의 재구성 과정에서 증거의 신뢰성과 연관성과 관련하여 벌어지는 논쟁이다. 무엇이 증거가 되는데에는 두 가지 단계를 밟는다. "식별의 법과학forensic identification science에는 두 가지 기본적인 단계가 관여하는데, 첫 번째 단계는 증거로 보이는 것을 이미 알려진 것에서 나온 견본exemplar과 비교하여 그 둘이 일치한다고 말할 수 있을 정도로 아주 유사한지를 판단하는 것이며, 두 번째 단계는 그렇게 보고된 일치의 의미를 평가하는 것이다"(Saks & Koehler 2008: 199). 즉 증거의 자격은 신뢰성과 연관성이 입증됨으로써 성립될 수 있다. 개별을 식별하는 법과학에 관한 논쟁은 증거의 신뢰성과 연관성에 관한 논쟁에 집중하므로, 이때에는 "과학적 사실"로서 특정한 증거를 지목한 "과학 실행"이 논쟁에서 중심적인 위치에 놓이게 된다. 왜냐하면 제시된 증거는 사건/사고를 구성하는 데 중심적인 요소가 되며, 그것은 과학 활동을 통해서 생산되기 때문이다.

따라서 법과학 논쟁에서, 특히 증거의 신뢰성을 따지는 단계에서 특정 증거를 지목한 "과학 실행"을 둘러싼 "과학 논쟁"은 매우 중요한 위치를 차지하며 과학 실행의 절차와 방법이 전문가사회에서 신뢰할 수 있을 정도로 적절히 수행되었는지가 중요한 물음이 된다. 이렇게 볼 때에, 환경 논쟁과 같은 가치평가나 위험평가가 중요하게 부각되는 논쟁들에서는 지나친 과학화와 과학 쟁점의 부각이 가치와 이해관계 논생의 측면을 경시하거나 가림으로써 논쟁의 정치성을 제대로 인식하기 어렵게 하는 효과를 낼 수 있지만, 증거의 신뢰성을 따지는 법과학적 논쟁에서는 특정 증거를 지목해 제시한 과학 실행을 전문가사회에서 과학적으로 평가하는 활동이 '과학 논쟁'의 중심이자 대상으로서 중요한 위치를 지닌다고 말할 수 있다.

## 논쟁 해소를 위한 접근: 과학, 진리/진실, 민주주의

대부분 논쟁에서 주장의 정당성을 강조하는 표현으로 자주 사용되는 어구인 "과학적 진실"은 천안함 '과학 논쟁'에서도 강조되었다. 특히 합조단 『합동조사결과 보고서』의 많은 부분이 과학적 분석의 결과물로 채워졌으며, 다국적 민군 합조단을 구성하는 과정에서 "과학적이고 객관적인" 조사기구의 성격이 제1의 특징으로 강조되었기에 '과학적 진실'은 논쟁에서 먼저 차지하고자 하는 어구로 자주 사용되었다. 어두운 바닷속에서 건져 올린 합조단의 '과학적 진실'과, 합조단 조사결과에 의혹과 의문을 제기하는 '과학적 진실'은 같은 이름을 썼지만 그 얼굴은 서로 달랐다. 하나의 과학적 진실은 하나의 결론으로 나아가지 못했으며, 현실에서 진실은 하나로 수렴되지 못한 채 천안함 침몰의 진실/진리truth는 논쟁적인 시나리오만큼이나 다양하게 확장해 나가면서 저마다 논쟁의 장에서 자연과 진실의 대변자임을 강조했다. 논쟁의 전체 지형에서, 여러 개의 진실은 곧 파편적인 진실을 보여줄 뿐이었다.

머튼은 과학의 에토스가 민주주의에 친화적이며, 그 규범이 민주주의 사회에서 지켜질 수 있음을 주장했다. 그러나 민주주의 사회에서도 과학이 사회적 논쟁에 참여하거나 관여할 때 논쟁을 푸는 공익적 도구로 사용되기 위해서는 몇 가지의 조건이 갖추어져야 한다. 이런 조건이 필요한 이유는 민주주의 사회의 열린 토론에서도 과학은 종종 논쟁의 해결사라기보다는 논쟁을 더욱 복잡하게 만드는 요인이 되기도 하기 때문이다. 새러위츠는 환경 논쟁과 과학 전문가의 역할에 관한 그간의 연구를 종합하면서 기후변화, 핵폐기물 처분, 멸종위기종과 생물다양성, 대기와 수질 오염 같은 환경 문제와 관련한 사회 논쟁에서, 과학이 정치적 논쟁을 해결하고 효과적인 의사결정을 이루어내는 데 도움을 주기보다 종종 정치적 논쟁을 키우고 정체를 만드는 결과를 초래하기도 한다고 지적했다(Sarewitz 2004). "과학적 사실"은 가치 논란이나 경쟁적 이해관계를 극복하지 못하거나 강화하기도 하며, 과학 지식은 정치적 맥락에서 독립하지 못하며, 특히 서로 다른 이해관계자들은 맥락에 따라 타당성이 검증되는 서로 다른 지식 체제를 갖추어 경쟁하곤 한다는 것이다.

환경 논쟁과는 그 성격이 다르지만 옳은 과학적 사실을 식별하기 어려운 상황은 법정에서도 벌어지는데, 재서너프는 원고와 피고 당사자들이 과학 전문가를 통해 제시하는 주장들이 모두 다 '과학적 사실'에 기반을 두는 경우는 흔하기에 법적 다툼이 '과학적 사실'의 경쟁을 통해서 곧바로 해결되기는 어렵다는 점을 지적한 바 있다(재너서프 2011). 그러므로 과학이 사회 논쟁의 잠재적 요인을 될수록 줄이면서 사회 논쟁의 갈등을 푸는 데 유용하게 사용되기 위해서는 과학이 논쟁 해결에 기여할 수 있도록 하는 조건이 무엇일지에 관심을 기울이는 일이 먼저 필요하다.

### 과학적 사실과 증거허용성, 사후검증

법과학의 실험실에서 나온 결과물은 '과학적 사실'로서 과거의 사건을 재구성해주는 증거의 지위를 얻는다. 과학적 사실은 실험실에서 저절로 탄생하는가? 이미 많은 과학기술학의 연구들에서, 과학적 사실은 인간행위자와 비인간행위자 간의 상호작용, 그리고 협상과 합의의 과정을 거쳐 생성된다는 점이 지적되었다. 과학논문에 실린 어떤 진술이 '사실'이 되는 것은 다른 연구자들에 의해 인용되면서 '약한 수사'에서 '강한 수사'로, '무른 사실'에서 '굳은 사실'로 변화하는 집합적 과정의 결과이며, 그렇게 사실로서 받아들여지면 사실이 구성되는 과정에 놓였던 역사적, 사회적 배경은 잊히고 '사실'은 물화된다 (Latour 1987; Latour & Woolgar 1986[1979]). 다른 시각에서는 과학적 사실 이란 이질적 요소들이 결합하여 생성, 변화하는 것이며 사유의 변덕caprice을 줄 이고 사유의 제약constraint은 늘려가는 것으로 이해된다(Fleck 197). 또 다른 시 각에서는 과학적 사실을 생산하는 실험의 종결이 놀라운 한 순간에 이루어지 는 게 아니라 장치, 도구, 기법, 숙련이 관여하는 설득 논증의 집합물assembly로서 이해되기도 한다(Galison 1987). 이런 이해들은 모두 다 '과학적 사실'과 '객관 성'이 어떤 과정의 원인이 아니라 과정의 결과물로서 얻어진다는 점을 강조하 여 보여준다.

이런 과정은 과학적 사실, 즉 증거의 법적 지위가 그 자체로 주어지는 것이 아니라 사건 또는 사고의 시나리오 안에서 다른 증거와 맺는 연관성이 올바르 게 해석되고 설명될 때에 비로소 폭넓게 인정을 받음을 보여준다. 법정의 과학 에서 증거허용성을 따지는 과정은 과학적 사실, 즉 증거의 이런 특성을 보여준 다. 법정에서 전문가 증인 신문을 통해서 증거의 신뢰성을 따지는 과정은, 과 학자의 논문 발표 이전의 전문가 동료심사와 발표 이후에 더 넓은 전문가 청중 의 검증을 받는 과정과도 유사한데, 이는 곧 과학기술학이 체계화한 '과학적 사실의 구성주의적 관점'을 보여준다. 법정의 증거라는 과학적 사실도 마찬가 지로 과학자사회에서 통용되는 과학적 사실의 생산 과정에 비추어 신뢰할 수 있는 과정과 방법, 실행을 통해 생산될 때에 신뢰를 얻을 수 있다. 천안함 논쟁 의 과정에서도 충분히 확인할 수 있었듯이, 과학적 분석과 해석 과정을 거쳐 서 제시된 증거를 둘러싸고 벌어진 논쟁은 증거물의 생산 과정이 적절한 방법 을 사용했는지에 관한 것이었다.

그러나 과학의 중립성과 객관성은 절대적이지 않으며 과학자들이 동의하 는 정도의 중립적인 방법과 객관적인 결과가 존재할 뿐이라는 인식에 바탕을 둘 때(홍성욱 2004: 105-141), 과학적 객관성은 모든 과학 활동에서 저절로 생기는 것이 아니라 과학자사회에서 언제든지 개입하고 검증할 수 있는 토대에서 보장될 수 있는 것으로 이해된다. 이런 점에서 규범으로서 객관성과 독립성을 갖춘 과학 활동이 가능하기 위해서는, 무엇보다 그런 활동을 가능하게 하는 과학 활동의 시공간이 마련되어야 한다고 주장할 수 있다. 과학 활동이 논쟁의 여지를 줄이고 논쟁을 푸는 데 기여하도록 하려면 과학의 실행이 신뢰를 받는 조건이 마련되어야 한다. 과학의 결과물은 적절한 방법과 절차를 사용하여 산출되어야 한다. 이미 살펴보았듯이, 여러 천안함 '과학 논쟁들'은 제시된 과학의 결과물을 생산하고 해석하고 발표하는 과정이 적절했는지를 둘러싸고 전개되었다. 합조단이 제시한 흡착물질에 대한 실험 분석 과정과 데이터의 해석을 둘러싼 논쟁도 사실상 이런 과학 실행 방식에 관한 것임을 볼 때에 적절한 방법의 사용은 논쟁을 다루는 과학의 활동에서 중요한 요소이다.

또한 과학 활동이 될수록 가치와 이해관계에서 벗어나 자유로운 결론을 내릴 수 있는 조건이 마련되어야 한다. 연구자가 속한 조직의 압력이 증거의 생산에 영향을 끼칠 수 있기에, 조직은 해당 과학 활동의 이해관계에서 될수록 독립적이어야 한다. 뒤의 소절에서 좀 더 자세히 살펴보겠지만, 미국 군함 아이오와 호의 포탑 폭발 참사에서 애초에 해군의 자체 조사결과가 불신을 받으면서 독립적인 조사기구의 후속 조사가 벌어지고 이에 따라 애초의 결론과는 다른 참사의 원인이 제시되었던 조사과정은 과학 활동이 적절한 전문 인력에 의해서 적절한 조직의 틀 안에서 적절한 방법을 찾아 수행되지 못할 때에 오용의 가능성을 지니며, 거꾸로 적절히 행해질 때에 이에 대한 검증의 도구가 될 수 있음을 보여준다. 그 과정은 이해관계에서 독립한 제3의 조사기구가 폭넓은 신뢰를 받을 수 있는 과학 활동의 가능성을 보여주었다.

증거가 과학적 사실을 입증하더라도, 그 증거와 주장의 수위가 불균형을 이룰 때에는 비판과 불신의 대상이 되곤 한다. 미국 항공우주국NASA 소속 연구진이 2010년 12월 과학저널《사이언스》에 논문으로 발표했던 "인Phosphorus 대신에 비소Arsenic를 사용해 성장하는 박테리아"의 발견 성과(Wolf-Simon et al. 2011)는 증거와 결론의 불균형 논란을 보여주는 최근 사례가 될 만하다. 연구진은 당시에 비소 농도가 높은 호수에서 채집한 박테리아가 독극 물질로 잘 알려진 비소의 농도가 높은 배양액에서도 성장을 지속하는 놀라운 특성을 발견했다. 이들은 더 나아가 이 미생물 종이 생명의 기본물질인 DNA를 구성하는 인·당·염기 중에서 인 대신에 비소를 사용되는 새로운 생물체라는 해석을 제시했다. 이 논문이 발표되기 며칠 전에 미국 항공우주국은 "기자회견을 열어 외계생명체의 증거 탐색에 영향을 끼칠 만한 우주생물학적 발견을 밝힐 예정"이라고 공지해 '과학의 과장hype' 논란을 빚었다. 게다가 이 논문도 발견한 증거물을 지나치게 확대 해석했다는 비판에 직면했다. 비소 환경을 견디는 극한 미생물을 발견했다는 의미를 넘어서서 DNA의 구성 성분 자체를 달리하는, 지구상에서 찾기 힘든 놀라운 생물종을 발견한 성과로는 받아들이기 힘들다는 것이 비판자들이 제기한 주장의 요지였다. 이런 논란이 확산되며 커지자 급기야 논문을 게재했던《사이언스》는 2011년 6월에 이 논문의 연구 방법과 해석에 문제를 제기하는 과학자 견해의 글 8편과 논문 저자들의 해명을 담은 1편의 글을 함께 게재하여 논란의 상황을 상세하게 전했다(http://bit.ly/2bGNi9t). 이런 논란의 사례는 발견된 증거가 과학적 주장의 전개에서 얼마나 적절하게 사용되었느냐의 논의가 과학자사회에서 책임 있는 과학자의 규범적인 과학 활동으로 인식됨을 보여준다.

그러므로 '과학적 사실'의 생산에서는 증거가 보여주는 바를 어떻게 해석하느냐에 따라서, 또는 증거가 지닌 입증 능력의 차이에 따라서, 과학적 추론과 그 주장의 강도는 다르게 제기되어야 하는 것이다. 만일 증거의 해석자가 약한 증거를 제시하면서 이에 걸맞지 않는 강한 결론을 추론하여 주장한다면 그는 과학자사회의 합리적 의사소통에서 벗어나는 어떤 '동기'를 지녔을 것이라는 의심을 받을 수 있게 된다. 유종성(You 2015)은 천안함 논쟁에서 이명박 정부가 "약한 증거"를 기반으로 북한 어뢰공격을 단정하는 "강한 결론"을 제시했다고 지적하며, 이런 '약한 증거와 강한 결론'의 불균형이 이후에 불가피하게 정부의 강경한 대응과 비판자 억압이라는 돌이킬 수 없는 선택으로 나아가게 된 배경이 되었다고 주장했다. 그의 해석에 의하면 이런 약한 증거와 강한 결론이 딜레마의 출발점이 된 것이다.

정부가 북한 어뢰공격을 뒷받침하는 완벽한 증거를 확보했다면, 비판자들을 억압할 필요가 없었을 것이다. 정부가 (비록 북한을 범인으로 완전하게 증명할 수는 없다 해도) 북한 어뢰공격을 뒷받침하는 개연적인 증거가 있다고 선언했다면, 한국 대중은 정부의 정치적 동기에 의문을 품지는 않았을 것이다. 이명박 대통령은 증거가 약한데도 일단 북한을 범인으로 단언하고 그 공격에 대해 북한 정권에 사과를 요구하는 것을 선택하자마자 돌아올 수 없는 길로 나서게 되었음을 알게 되었다. 정부가 국내와 국외의 장에서 직면한 여러 가지의 딜레마들은 정부의 입장을 경직되게 했다. 이명박 정부 내의 온건 세력은 대통령 임기의 나머지 기간에 힘을 얻을 수 없었다. 한국에서 표현의 자유와 시민권리에 대한 부정적인 결과는 불가피했다. (You 2015: 206) 〔필자의 번역〕

'과학적 사실'이 곧바로 하나의 진실을 온전히 증명하는 것이 아닐 뿐더러, 과학 활동이 언제나 과학적 사실을 확인하여 논쟁을 올바른 방향으로 종결하는 데 기여하는 것은 아니다. 그렇기 때문에 논쟁에서 과학의 적절한 사용에 관해 늘 관심을 기울여야 한다는 점도 중요하다(Sarewitz 2004). 과학적 사실을 담은 논문의 발표 이후에 그 논문의 진실성을 언제라도 검증하는 데에 과학이 사용되듯이, 법정 다툼에서도 증거의 신뢰성을 따지는 증거의 검증에도 과학은 사용된다. 이렇게 보면, 천안함 논쟁의 과정에 참여해 합조단이 제시한 증거와 해석에 대해 과학적 반론을 제기한 소수 과학자들의 활동은 이런 사후 동료심사 또는 검증에 준하는 정상적인 과학 활동이었다. 과학 활동의 산물은 이런 과정을 거치면서 검증되며, 점차 더 자주 인용되면서 '약한 수사'에서 '강한 수사'로, '진술'에서 '사실'로 그 지위를 굳혀 간다.

시나리오나 가설적 추론의 영향에서 벗어나려는 의식적인 노력도 과학적 사실의 객관성을 확보하는 데에 필요하다. 일부의 단서를 바탕으로 과거 사건의 시나리오를 추리하는 가설적 추론은 귀납적으로는 생각하기 힘든 사건의 시나리오를 상상함으로써 새로운 단서를 찾아나가는 데 기여한다는 점에서, 수사와 조사과정에서 유용한 추론의 도구로 사용된다. 그러나 이런 효용에는 비용이 뒤따른다. 쉽고 이해하기 쉬운 자료를 사건 규명에서 우선적으로 선택하거나 기존의 인지를 유지하고자 모순되는 정보를 부정하는 인지 능력의 불완전성은 인간의 내적 한계에서 비롯하는 자연스러운 현상으로, 그런 오류에 빠질 때에 중요한 단서를 놓칠 우려가 제기되기 때문이다(박노섭 등 2013: 130-132; Nuzzo 2015). 이런 점에서 보면, 천안함 침몰사건 직후에 충분한 증거가 없는 상황에서 과감하게 전개된 일부 언론매체과 정치인들의 시나리오 구체화, 풍부화는 "결정적 증거"의 확보 이전에 '북한 어뢰의 공격'이라는 조사결과를 사실상 예견하듯이 보여주면서 확증 오류의 위험에 취약한 환경을 만들 수 있는 것으로 비추어졌다.

시나리오나 가설적 추론이 낳을 수 있는 확증 오류와 "터널 비전"의 부작용을 인식하면서 이런 오류의 위험을 줄이려는 인간적, 제도적, 조직적 노력이 필요하다는 점은 과학수사의 교재에서도 자주 지적되고 있다(박노섭 등 2013:

130-137). 조사활동이 진공의 상태에서 이루어질 수 없으며 현실의 역사적, 사회적 맥락에서 이루어지기 때문에, 조사활동은 군사적 정보 판단의 도움도 받아야 하고 또한 정치적 고려도 무시할 수 없는 것이다. 그러므로 객관적 조사활동에서 자연스럽게 스며드는 이런 요인들을 미리 인식하고서 객관성을 위협하는 요인을 적절히 통제하려는 노력은 필요한 것이다. 그 중의 하나로서 대형사건의 조사기구를 구성할 때에 자율적 활동을 보장하는 조직의 독립성을 보장하는 것이다.

## 민주주의와 공론장의 조건들

정치학자 유종성은 천안함이 북한 어뢰에 피격되었다는 합조단의 발표에 대해 제기되는 논쟁적인 반론이 이명박 정부에서 표현의 자유를 억누르는 명예훼손 기소와 인터넷 규제에 의해 억압되었으며, 그 배경에는 "정부에 의한 진리/진실의 독점"이라는 권위주의적 인식이 자리잡고 있었다고 해석했다(You 2015). 머튼도 말했듯이, 공평무사의 규범을 지니는 과학은 종종 그 공평무사의 이미지와 권위가 오용될 수 있는 정치 체제에서 오히려 과학의 권위를 남용하는 데 사용될 수 있고, 그렇기 때문에 과학의 규범이 지켜질 수 있는 정치적 환경은 중요하다.

그런데 여기에서 과학 활동의 책임성과 그 결과에 대한 자유로운 사후검증, 공론장의 열린 토론과 정보 공유처럼, 논쟁에서 과학 활동이 제대로 역할을 할 수 있도록 보장하는 조건들 못잖게, 진리의 개념 자체에도 인식의 전환이 필요하다. 과학적 진리/진실truth는 종종 민주주의 체제와 함께 논의되는데, 이는 진리의 유일성, 실재성에 대한 인식이 깨지면서 사실과 진리는 청중, 해석공동체, 공론장에서 설득력을 얻거나 타당성을 인정받는 과정을 거치며 군어지는 것으로 이해되기 때문이다. 이는 진리가 구성되고 형성되는 과정을 보여준다. "절차주의적 민주주의procedural democracy"를 옹호하는 하버마스는 '상호이해를 지향하는 의사소통' 행위에서 사실에 대한 서술에는 비판 가능한 타당성 주장이 함께 실리며, 이때에 타당성은 '우리에게 입증된 타당성'으로 이해된다고 주장했다. 인식이론-과학이론적 문제를 다루면서 진리의 개념을 "합리적 수락가능성"으로 설명한 찰스 퍼스Charles S. Peirce의 철학에 의지하여, 하버마스는 진리를 "사회적 공간과 역사적 시간의 측면에서 이상적으로 확장된" 타당성 주장, "판단 능력을 갖춘 해석자 청중의 의사소통 조건 속에서 비판가능한" 타당성 주장을 입증하는 것이라고 보았다. 그에 의하면 "한 논자가 제기한 진리주장이 정당하려면, 그는 가능한 모든 반대자의 반론으로부터 그 진리주장을 근거에 의거하여 방어할 수 있어야 한다. 그리고 궁극적으로는 해석공동체 전체의 합리적 동기에서 나온 동의를 얻을 수 있어야 한다"(하버마스 2007: 43). 이런 점에서 하버마스의 의사소통 행위 이론에서 "사실성과 타당성의 긴장"은 의사소통의 전제이자 중심 개념이 된다.

사회적 통합을 위해서는 그 조건으로서 사실성과 타당성의 긴장을 명시적인 폭력 없이 안정화해야 하는데, 하버마스는 때로는 합리적 의사소통을 통해 합의에 이르는 길과는 다르게 안정화를 취하는 길도 있음을, 권위에 의한 "사실성과 타당성의 융합" 사례를 들어 설명했다. "사실적인 것의 힘을 부여받으면서 일종의 타당성을 주장"하는, 고대 권위주의 사회의 모형인 "응결된 신념복합체"가 그런 예이다(하버마스 2007: 55). 고대 사회에 대한 연구를 바탕으로 제시된 이 모형에서, 사실성과 타당성의 융합은 사람들의 마음속에 공포와 열망의 양가적 감정을 일으키는 "신성한 객체"의 지위에서 비롯하는데, "위압적으로 대립하면서 양가감정을 유발하는 권위의 양식 속에서" 폭력적 보복의 위협과 사람들을 결속시키는 확신의 힘은 "동일한 신화적 기원"에서 생겨난다

(하버마스 2007: 55). 하버마스는 이처럼 타당성 차원의 통제를 통해 의견 차이의 위험을 관리한 고대 권위주의 체제가 사라지고 현대 사회에서는 사회통합의 요구를 충족하는 데 필요한 타당성의 권위가 개인의 자유와 권리를 법으로 보장하는 근대법의 핵심에 구현되었다고 파악했다(하버마스 2007: 59-60).

열린 토론과 정보 공유라는 이상적인 조건은 방향을 정해두지 않는 합리적 의사소통의 공론장에서 중요한 요건이다. 이런 공론장의 의사소통 규칙에 대한 인식은 논쟁의 장에서 형성되는 프레임을 자각하고서 그것의 구속적인 한계를 넘어서는 데 기여한다. 정치학자 대니스 총Dennis Chong과 제임스 드럭먼James N. Druckman은 사람들의 의견이 정치적 과정의 바깥에 놓여 있을 때 어떤 쟁점이 어떻게 표출되느냐에 의해 임의적으로 쉽게 형성되는 그런 취약성을 지니고 있다고 보았다(Chong and Druckman, 2007). 그러면서 저자들은 숙의deliberation, 토의discussion, 정보접근exposure to information, 그리고 양의성과 불확실성 줄이기를 통해서 공론적 견해의 질을 높일 수 있다고 주장했다. 이런 과정을 통해 "쟁점을 잘 이해하는 사람은 자기 견해를 뒷받침하는 참조기준의 프레임을 더 쉽게 세울 것이며 그래서 쟁점의 프레임을 다른 사람들이 어떻게 짜느냐에 의해 휘둘리는 일이 줄어들 것"이라는 견해이다(Chong & Druckman 2007: 121-122).

하버마스가 진리의 개념을 "타당성의 입증과 동의"로 설명하면서 그것이 어떻게 이루어지는지를 민주주의와 권위주의를 대비해 보여주었다면, 과학철학자 샌드라 하딩Sandra Harding은 과학과 민주주의의 이상이 연결된 "인지 민주주의cognitive democracy"의 여러 요소들, 즉 "보편성", "하나의 참된 과학" 같은 이상이 사회적, 정치적 욕망과 우려와 연결되어 만들어내는 긍정적 효과와 부정적 영향을 논했다(하딩 2012). 그가 말하는 "인지 민주주의"는 과학의 기술적, 인지적 요소들이 자연의 질서를 나타내는 표상이면서 또한 사회적, 정치적 우선순

위, 의미, 이상을 담은 표상임을 말해준다. 하딩은 이런 이상이 권위주의를 갖출 때에 부정적인 영향을 끼친다고 보는데, 특히 "보편성"의 이상은 근대 시기에 문명화한 문화가 세상에 대해 유일하게 참된 설명을 제공한다는 주장을 정당화하면서 그런 권위주의를 사회적 이상으로 끌어올린다고 주장했다. 이런 점에서 "보편성의 이상은 정치적으로 전혀 중립적이지 않다"(하딩 2012: 230-231). 즉, 과학의 이상에는 사회적 이상이 투영되어, 그것이 정치적 정당화로 이어지는 과정을 보여준다는 것이다. "내가 말하려는 바는 […] 자연에 대한 과학적 사고와 과학에 대한 기술적, 대중적 사고 속에 코드화된 사회적 이상이 외부의 정치적 실천 ─바람직한 정치적 실천을 포함해서─ 에 대한 정당화를 제공해 준다는 것이다"(하딩 2012: 216). 물론 이런 과학과 사회/정치의 이상이 연결됨으로써 그것이 정치적으로, 과학적으로 긍정적인 결과를 만들기도, 부정적인 영향을 초래하기도 한다.

과학과 진리, 민주주의의 관계를 논의한 과학철학자 키처Philip Kitcher는 순수하고 자유로운 연구의 개념을 반박하면서 사회의 자산으로서 과학 연구 의제가 숙의를 통해 선정되는 "계몽된 민주주의enlightened democracy"의 개념을 다루었다(Kitcher 2001). 그가 제안하는 연구 의제의 숙의 모형은 이상적인 형식을 취하는데, 그것은 관련된 전문가들의 정보에 의해, 상대적으로 폭넓은 이해관계 집단을 모두 비례적으로 대표하며 미래 세대의 이해관계까지 배려하는 충직한 숙의자들에 의해 이루어진다. 그는 이를 통하여 연구 의제의 선정에서 생기는 문제들, 즉 사회 구성원 일부의 이해관계가 체계적으로 무시되는 부적합한 대표성Inadequate Representation의 문제, 인식론적으로 중요한 물음이 다수의 외면에 의해 체계적으로 저평가되는 무지한 폭정Tyranny of the Ignorant의 문제, 이상적인 숙의를 거치지 못해 선정 이유의 서술이 잘못되는 그릇된 인식False Consciousness의 문제, 그리고 일반적인 원칙이나 가치가 특정 하위집단에만 쏠리는 협애한 적용

Parochial Application의 문제를 바로잡을 수 있다고 주장한다(Kitcher 2001: 117-135).
키처의 모형에는 현실성에 대한 의문이 제기될 만하지만, 그것은 역시 과학의
지식 생산 과정이 민주주의와 밀접한 연관성을 지니고 있다는 믿음을 보여주
는 제안이다.

라투르는 근대주의적 헌법체제를 비판하면서 새로운 민주주의 정치체제
를 제안했다. 그에 의하면, "근대주의자"는 자연과 사회, 과학과 정치, 인간과
비인간의 이분법을 겉으로 내세우면서도 실제로는 기술과학을 통해 인간-비
인간이 결합된 무수한 혼종과 이질적 연결망을 양산하는 모순적인 체제에서
살고 있다. 그러므로 이런 이분법에 기초한 근대적 헌법체제를 넘어서서 자연
과 사회, 인간과 비인간의 이분법을 무너뜨리는 새로운 정치와 민주주의의 길
로 나아가야 한다고 그는 제안한다(김환석 2011; 라투르 2009). 이는 순수한 과
학, 순수한 사회, 순수한 정치라는 개념을 부정하는 것으로, 자연과 과학은 현
실에 놓인 그대로 사회적, 정치적 요소와 더불어 다루어질 때에 이분법의 체
제에서 벗어나 온전한 의미를 얻는다는 것으로 해석될 수 있다. 이런 민주주의
의 상은 넓은 의미에서 볼 때 앞에서 다룬 하딩의 논의와도 유사한 맥락에서
이해될 수 있다.

지금까지 사실, 진리, 과학이 누구도 개입할 수 없는 사회적, 정치적 중립성
의 개념에 격리되어 있는 것이 아니라, 사실, 진리, 과학을 어떻게 올바른 실행
을 통해 추구해나갈 것인지, 그런 추구가 민주주의 문제와 어떻게 연관되는지
와 관련해 여러 논의가 이루어져 왔음을 살펴보았다. 과학, 진리로 나아가는
합리적 의사소통에서도, 과학과 사회의 상을 함께 읽어내는 과학기술학, 과학
철학의 접근에서도, 과학 연구의 자유와 사회의 조화를 찾아가는 접근에서도
민주주의와 과학은 동떨어져 있지 않음을 확인할 수 있었다. 여러 갈래의 논
의이지만 거기에서는 사실 공통적인 전제를 엿볼 수 있다. 이런 논의들은 사실

과 진리, 과학의 담론과 실행이 권위나 권력에 의해 오용되거나 남용되는 것을 경계하며 사회의 중요한 자산으로서 적절히 사용될 수 있도록 하는 문제는 민주주의 사회의 관심 대상이 됨을 말해준다.

앞의 논의로 돌아가서, 합조단이 짧은 조사활동 기간에 여러 증거들에 대한 충분한 과학적 설명을 확보하지 못한 상태에서 증거에 비해 강한 결론을 제시한 데에서 논란의 출발점을 찾는 관점에서 본다면, 천안함 사건 논쟁의 과정에서도 과학의 이상적인 이미지가 사회적인 이상과 결합하여 정치적 정당화에 사용되지는 않았는지 살피며 경계하는 일은 중요한 과제가 될 것이다. 천안함 사건 논쟁의 과정은 이데올로기의 억압적 기제를 사용한 과거의 권위주의적인 지배 방식이 과학과 기술의 시대에 이르러 과학과 기술의 "객관성"을 사용하는 새로운 과학기술 정치를 보여주는 것은 아닌지를 묻는 물음은 정당하게 제기될 만한 것이며(김수철 2011), 이런 물음을 의식할 때 법과학적 조사활동에서 과학과 기술의 "객관성"을 높여주는 사회적, 정치적 조건에 관해 관심을 기울이는 것은 민주주의와 연관된 문제가 된다.

### 대형 사건·사고 조사활동의 사례들

앞의 논의는 사회적 관심사가 되는 대형 사건과 사고의 조사활동이 논쟁을 수렴하면서 종결로 나아가는 데 도움을 줄 수 있는 조건들을 주로 규범적인 수준에서 다루었다. 규범적 조건은 현실의 상황을 되돌아보며 그 미흡함 또는 결핍을 비평하는 데 도움을 주지만, 한편으로는 현실에서 구현하기 어려운 이상적인 모형에 기반을 둔다는 점에서 한계를 지닌다. 그러므로 여기에서는 현실 사회에 큰 충격을 던져준 대형 사건과 사고에 관한 대규모 조사활동이 사회적 논쟁의 상황 속에서 어떻게 전개되었는지를 보여주는 몇 가지 실제

사례를 살펴보고자 한다. 사건과 사고의 실체가 무엇이었는지에 관한 논쟁의 자세한 내용은 다루지 못하지만, 사회적 논쟁 속에서 조사활동이 어떤 형식과 조건에서 어떻게 전개되었는지를 중심으로 살피고 그것이 앞에서 다룬 규범적 조건을 고려할 때에 어떻게 참조될 만한지를 간략히 논할 것이다.

여기에서 사례로는 미국의 9·11테러 사건과 미국의 군함 아이오와 호 선상 폭발 사건, 그리고 미국의 우주왕복선 챌린저 호 폭발 사건에 대한 조사과정을 다룬다. 이들은 천안함 침몰사건 논쟁의 과정에서도 다국적 민군 합조단의 조사활동과 비교되어 종종 언급된 사례이었거니와 대규모 사건의 처리과정을 보여주는 근래의 주요 사례이기도 하기 때문이다. 이에 더해 사회적 관심사가 되었던 과학자의 연구부정에 관한 조사 사례로서 일본 이화학연구소 RIKEN의 연구진실성 조사활동을 살펴본다. 네 가지 사례에서 조사활동의 성격은 서로 확연히 다른데, 한 번의 조사로 끝난 우주왕복선 챌린저 호 사건과 재조사가 이루어진 군함 아이오와 호 사건의 경우에 조사활동은 과학과 기술의 전문지식을 활용해 폭발 원인을 규명하는 데 초점을 두었으며, 9·11테러 사건의 경우에 조사활동은 테러 공격의 대상이 된 미국 국가 체제를 포괄적으로 점검했으며, 이화학연구소 연구원의 연구부정 사건의 경우에 조사활동은 일상적 과학 실행의 연구진실성을 조사하는 과학자사회 내부의 활동이 주된 것이었다.

먼저, 9·11테러 사건에 대응한 미국의 포괄적 조사기구인 "9·11 위원회9·11 Commission"의 사례를 보자. 2001년 9월 11일 민항 여객기 4대가 비행 중에 각각 피랍되어 두 대는 미국 뉴욕 맨해튼에 있는 세계무역센터WTC의 고층 건물에, 한 대는 국방부의 펜타곤 건물에 충돌하는 테러 사건이 일어났다. 나머지 한 대는 펜실베이니아 주 지역에 떨어졌다. 이 참사로 2,750명이 사망했다(Utley 2012: 1-9). 함께 사망한 납치범들은 급진 이슬람단체이자 국제테러조직인 알

카에다AI Qaeda 소속의 19명인 것으로 곧 지목되었다. 이후에 희생자 유족들을 중심으로 9·11 참사의 원인과 정부 대응에 대한 조사기구를 설립해야 한다는 요구가 커졌으며, 의회와 부시 행정부 간에 독립적 조사기구 설립을 위한 협의가 지속되었다.

이런 요구가 커지면서 부시 행정부는 2002년 11월 "독립적인 위원회"를 요구하는 의회의 안에 동의했다(The New York Times·NYT 2002-11-15). 9·11 위원회는 모두 10인의 위원으로 구성되며 위원장은 대통령이 지명할 수 있게 했다. 위원회는 "테러 공격과 관련한 사실과 주변상황"에 대한 조사를 목적으로 출범해 테러 사건에 관한 사실 확인뿐 아니라 정보기관, 법집행 기관, 외교와 이민 문제, 국경 통제, 테러 조직으로의 자산 이동, 의회 감시 역할, 민항 여객기 등의 문제를 포괄적으로 다루는 것을 활동 임무로 삼았다.

9·11 위원회 보고서를 보면, 위원회는 공화당과 민주당이 임명하는 각 5인이 위원으로 참여했으며, 조사활동을 지원하는 80여 명 인력의 사무국 Commission Staff이 함께 구성되었다. 위원회는 250만 쪽의 문서를 검토했으며 전·현직 행정부 관료를 포함해 10개 나라에 걸쳐 1,200명 넘는 인물을 인터뷰했다. 국가적 위기에 대응하는 위원회는 "우리 활동의 목적은 9·11을 둘러싼 사건들을 될수록 가장 충분하게 설명하는 것이며 거기에서 교훈이 무엇인지를 찾는 것"이라며 충분한 설명과 사후 대책 마련이 중요한 임무임을 밝혔다.

"독립성", "투명성"은 조사 위원회가 갖추어야 할 중요한 요건으로 강조되었다. 위원회는 보고서에서 "우리는 독립적이고 불편부당하며 철저하고 비당파적이고자" 노력하고 "처음부터 우리는 조사 내용의 많은 부분을 될수록 미국 국민과 공유하고자 했다. 이를 위해 우리는 열아홉 차례의 청문회를 열어 증인 160명으로부터 공개 증언을 들었다"는 점을 강조했다(The 9·11 Commission 2004: xv). 보고서는 테러 사건의 발생 과정을 전형적인 보고서에서 보기 힘든 독특한 문체로 상세하게 묘사했으며, 사건의 배경이 되는 아랍 이슬람단체의 역사와 동향에 관한 정보, 그리고 사건발생 과정에 드러난 국가 위기관리와 정보 시스템의 문제를 점검하고서 테러 공격에 대응하는 정책 권고안을 제시했다. 위원회는 2004년 7월 최종 보고서를 내고 8월에 해체되었다.

9·11 위원회와 그 보고서는 '독립성'과 '비당파성'이 중요함을 강조했지만 일부에서는 그것이 제대로 지켜지는지는 민감한 경계의 대상이 되었다. 조사 위원의 "독립성"에 대한 의문은 조사기구의 신뢰도를 훼손할 수 있는 불안정한 요인이었다. 9·11 위원회의 부위원장으로 지명된 전 상원의원 조지 미첼George Michell은 자신의 법률사무소와 관련되는 잠재적 이해관계 충돌의 문제를 의식해 사임했으며, 대통령에 의해 위원장으로 지명된 전 국무장관 헨리 키신저Henry Kissinger는 자신이 관여한 조직, 활동과 관련한 '이해관계 충돌'의 문제가 제기되고 독립적 조사 위원으로서 자질에 대한 의문이 일자(NYT 2002-11-29), 취임 몇 주 만에 사임 의사를 밝히고 위원회에서 물러났다(CNN 2002-12-13). 몇 년이 지난 뒤에도, 9·11 위원회 사무총장인 필립 젤리코프Philip Zelikow가 독립성을 훼손하고서 백악관과 밀접한 관계를 유지했다는 비판이 제기될 정도로(NYT 2008-2-4) '독립성'은 중요한 요소로 여겨졌다.

9·11 위원회는 '독립성'과 '비당파성'을 부각하며 '충분한 설명'을 목표로 삼아 논쟁적 상황을 완화하는 데 기여했지만, 다른 한편에서는 여전히 테러 사건의 발생과 정부 대응 과정이 충분히 설명되지 못했다는 비판과 함께, 공식적 설명official story과 다른 대안의 설명들이 지속적으로 제시되었다. 9·11 위원회의 사례는 매우 민감한 사회적, 정치적 관심사와 관련한 논쟁의 상황을 해소하는 것이 쉽지 않음을 보여주었다.

9·11 테러 사건과 관련해 '음모론' 논란이 지속되었다는 점은 이런 불안정성을 보여주었다. 예컨대 다음의 공방을 볼 수 있다. 법률학자 선스타인Sunstein

과 버뮬Vermeule은 9·11테러 사건과 관련하여 '미국정부 관리가 테러 사건의 계획을 사전에 알았으며 의도적으로 테러를 막지 않았다'는 식의 '음모론'이 상당한 정도로 퍼져 있다면서, 음모론은 정보 고립의 사회적 연결망에서 생성되어 확산되는 "절름발이 인식론crippled epistemology"이므로, 이에 대해 정부는 극단주의적 핵심 그룹에 "인지적 다양성cognitive diversity"을 제공하여 음모론의 "인식론적 복합체epistemological complexes"를 완화하거나 깨는 "인지적 침윤cognitive infiltration"의 전술로 대응해야 한다는 처방책을 제시했다(Sunstein & Vermeule 2009. 이런 주장을 반박하면서, 철학자 헤이건Hagen은 앞 논문의 저자들이 제시하는 '음모론'의 정의가 부정확하며, 특히 9·11 사건과 관련해 제기되는 설들을 세세히 따져 보거나 명백한 오류임을 입증하지 않으면서, 이를 뭉뚱그려 음모론이라는 틀 안에 넣음으로써 음모론을 비합리적인 것으로, 인지적 침윤의 표적으로 삼는 주장을 정당화한다고 비판했다(Hagen 2011).

챌린저 호 폭발 사고의 조사기구인 "로저스 위원회Rogers Commission"는 포괄적인 문제를 다룬 9·11 위원회와 달리, 우주선 폭발을 일으킨 기술적 원인과 그 배경을 규명하는 데 초점을 맞춘 1차 조사기구였다. 몇 차례 발사 일정이 연기된 우주왕복선 챌린저 호는 1986년 1월 28일 텔레비전으로 생중계 되는 가운데 발사되었으나 1분여 만에 화염에 휩싸이며 공중에서 폭발해 승무원 7명이 사망하는 참사가 발생했다. 며칠 뒤인 2월 초에 레이건 대통령은 폭발의 원인규명과 재발 방지를 위한 대책을 마련하기 위해 챌린저 호와는 무관한 인사들이 참여하는 "독립적 위원회"를 구성했다(The Rogers Commission 1986; NYT 1986-6-10). 전 법무장관 윌리엄 로저스William P. Rogers가 위원장을 맡고 우주선 전문가 6인이 참여했으며 49명의 사무국 인력을 갖춘 로저스 위원회는 2월 6일 정식 출범해 넉 달 남짓 활동하며 160명 넘게 인터뷰하고 35차례의 조사회의를 열었으며 모두 12만 2,000쪽에 달하는 6,300건의 문서를 남겼다. 사흘간의 공개 청문회가 열려 따로 2,800쪽 분량의 문서를 남겼다(The Rogers Commission 1986: Appendix A).

위원회는 출범 초기에 미국 항공우주국NASA 내부에서 이루어지는 원인 조사활동과 협력하는 포괄적 성격의 조사기구로 활동할 예정이었으나, 초기 조사에서 "NASA의 의사결정 과정에 문제가 있었을 가능성"이 포착되면서 로저스 위원장은 위원회의 활동 방향을 독립적인 폭발 원인 조사활동을 강화하는 쪽으로 변경했다(The Rogers Commission 1986: Appendix A). 그 계기는 언론매체의 폭로성 보도가 제공했다. 《뉴욕타임스》는 익명의 취재원과 NASA 내부 자료를 인용해 고체연료 로켓추진체SRB의 연결부에서 연소 가스의 누출을 막아주는 'O'자 형의 링O-ring 부품에 있는 결함이 사고의 원인일 가능성이 있으며 이런 부품 문제는 NASA 내부에서 이전부터 알려져 있었다고 보도해 파문을 일으켰다(NYT 1986-2-9). 직후에 로저스 위원회는 비공개 조사회의에서 발사 결정을 앞두고서 NASA의 마샬우주비행센터와 고체연료 로켓모터SRM와 O-링 부품을 제공하는 기업체 티오콜Morton Thiokol 간에 이루어진 회의에서 티오콜 소속 전문가 연구원이 낮은 온도의 날씨에 우주선을 발사하는 데 대한 우려와 반대 의견을 제시했으나 받아들여지지 않았다는 증언을 확보했다. 위원회는 발사 의사결정의 과정에 문제가 있었을 가능성을 공개하고서 이 과정에 관련된 인물은 누구도 NASA 내부 조사팀에 참여시키지 말 것을 NASA에 요청하는 성명을 발표했다.

이는 챌린저 호 조사활동에서 중요한 '전환점'이 되었다. 이후에 로저스 위원회는 O-링의 문제와 발사 의사결정 과정에 집중해 조사활동을 벌였다(Vaughan 1996: 7-11; The Rogers Commission 1986: Appendix A). 로저스 위원회는 자료, 동영상, 파편의 분석을 종합해 탄성력의 문제를 지닌 O-링 부품이 사고의 직접적인 주요 원인이며, 또한 1977년부터 O-링의 문제를 알고도 우주왕복선의 비행을 계속하며 해결책을 모색해왔던 NASA 조직 내부의 문제가 이런 기술적 실패의 배경이 되었고, NASA의 의사결정 과정에도 문제가 드러났다는 결론을 내렸다. 위원회는 그해 6월에 이런 내용을 담은 조사결과 보고서를 대통령에 제출했다. 이처럼 로저스 위원회는 폭발 원인에 대해 NASA 내부 조사팀과는 별개로 독립적인 조사활동을 강화하면서 NASA 부품의 기술적인 문제와 NASA 내부의 의사결정 문제에 접근할 수 있었다.

1989년 4월에 발생한 미국 군함 아이오와Iowa 호의 선상 폭발 사건에 대한 조사과정은 해군 당국의 자체 조사결과가 의문을 증폭시키면서 의회의 요청에 의해 독립적인 조사활동이 이루어지고, 독립적인 과학자 집단이 새로운 사고원인 가능성을 제시하면서 재조사가 이루어져 결국에 논쟁의 종결적 상황으로 나아가게 한 사례로 자주 인용되었다.

제2차 세계대전에 참전했을 정도로 오래 되었으나 정비와 개조 작업을 거쳐 재활용된 전투함 아이오와 호에서는 사고 당일 해상 군사훈련 도중에 거대 포탑에 장약된 화약이 터져 해군 장병 47명이 숨진 참사가 발생했다. 이 참사는 "1972년 20명이 숨진 이래 최대의 총기 폭발"로 불릴 정도로 사회에 큰 충격을 주었다(NYT 1989-4-20). 해군은 다음날 임시 조사단을 보내 조사했으며 이후에 해군수사국이 나서 사고원인을 조사했다. 해군은 그해 9월 조사결과를 발표하면서 폭발의 "가장 유력한 원인most likely cause"으로서 "[포를 발사하기 위해 포신에 장약하는] 화약자루들powder bags 사이에 [누군가] 일부러 넣어둔 기폭 장치"를 지목했다. 주요 증거로는 포에서 흔히 볼 수 없는 미량 화학물질이 폭발한 16인치 포신 안에서 발견된 점이 제시되었다. 해군 조사단은 당시 폭발로 숨진 하사관이 동성애자였으며 군내 동성애 문제로 자살 충동을 일으켜 그가 일으킨 의도적 폭발 사고일 가능성이 있다는 정황증거circumstantial evidence를 함께 밝혔다(NYT 1989-9-7). 공식 조사결과 발표 이전부터 이런 조사 내용은 익명의 취재원을 통해 언론에 보도되었다(NYT 1989-7-19).

포탑 자체의 결함이나 관리의 문제는 없었으며 한 병사의 의도적인 자살 충동이 폭발사건의 원인이라는 해군의 조사결과는 널리 동의를 얻지 못했다. 특히 의회의 반응은 좋지 않았다. 의회 조사관들과 유족들이 자체 조사를 통해 밝힌 의문점을 제시하면서 논란은 커졌으며(NYT 1989-11-5), 하원은 11월과 12월에 해군 조사 보고서를 검토하는 청문회를 열었다(US Government Printing Office 1990). 이와 별개로 의회는 회계감사원GAO에 해군 조사 보고서에 대해 검토할 것을 요청했으며, 회계감사원은 보고서의 기술적인 내용에 대한 검토를 샌디아국립연구소Sandia National Laboratory에 의뢰했다. 물리학자 리처드 슈워벨Richard Schwoebel을 비롯한 샌디아연구소 소속 연구진은 기폭장치가 없더라도 포신에 화약자루들을 넣어 장약하는 과정에서 점화가 발생할 수 있는 결함을 발견해 보고했다.

의회의 청문회가 열리고 폭발 원인에 대한 다른 설명이 제시되며 의문이 커지고, 특히 샌디아연구소 연구진과 해군이 함께 시행한 시험에서 포신 내 화약자루의 점화 가능성이 확인되자, 해군은 1990년 5월에 해군과 독립적 과학자들이 참여하는 재조사를 시작한다고 밝혔다(NYT 1990-5-25). 회계감사원은 1990년 1월에 해군 조사 보고서에 대한 검토 결과 보고서를 의회에 제출했다(GAO 1991). 해군은 1991년 8월 1차 조사결과를 번복하는 결론을 발표했으며 1차 조사과정에서 있었던 문제에 대해 사과했다(NYT 1991-8-8).

이런 과정은 이해관계에서 벗어난 독립적인 연구자들이 조사활동에서 '객관성'을 높이는 데에 효과적임을 보여주는 사례로 받아들여진다. 해군 조사 보고서의 문제점을 찾아내고 재조사에 참여했던 샌디아국립연구소 소속 과학자 리처드 슈워벨은 나중에 자신의 경험담을 기록한 책에서 "매우 중대한 사건"을 조사할 때 조사의 객관성을 높이는 데 필수적인 조건들을 지적했다

(Schwoebel 1999: 227-229). 그는 조사팀의 인적 구성이 가장 중요하다고 꼽으면서, 그것이 "조사가 자가평가self-assessment가 될지 독립적 평가independent assessment가 될지를 결정"하는 요건이라고 강조했다. 그는 자가평가 팀이 조사를 수행할 경우에는 조직 내부의 관리 과정, 조직 역량, 전문지식 등이 비판의 대상이 되기 어려워 "주관성"이 들어설 수 있다고 경계했다. 그는 또한 조사팀의 주관성이 '상층 관리자top management'에게서 나올 수 있음을 지적하면서 "관리자는 그들의 중대한 실행에 있는 결함이나 결점에 관해 논하는 것을 바라지 않는다는 암묵적 메시지를 전달할 수 있으며, 사건 이후에 이런 메시지는 더 낮은 관리자에게 비판에 맞서 조직을 보호하도록 압력으로 작용할 수 있다"고 주장하면서 미 해군의 조사 사례가 이런 실패 사례의 하나라고 비판했다. 그는 중대 사건의 조사가 객관성을 유지하려면 "세세한 근원적 쟁점을 유능하게 다룰 줄 아는 독립적 그룹에 의해" 수행되어야 하며 조사팀의 평가 과제를 명시해 조사팀이 다룰 수 없는 범위까지 평가 활동을 확장하는 것을 막아야 한다고 강조했다.

마지막 사례로서, 2014년 일본 이화학연구소 발생생물학센터CDB 소속 연구원의 연구진실성 논란은 앞의 5장 소절 '데이터 검증, 실험 재현성, 그리고 법과학적 논쟁'에서 실험 재현성의 문제를 중심으로 다룬 바 있기에, 여기에서는 연구진실성 논란이 논쟁의 종결적 상황으로 나아갈 수 있게 했던 요인을 다시 정리하고자 한다.

2014년 1월 말 이화학연구소의 주임연구원인 오보카타 하루코小保方晴子를 비롯해 이화학연구소와 미국 하버드대학교 의대 연구진 등이 분화된 체세포에 약산성의 일정한 자극을 주어 처리하면 분화능력이 매우 뛰어난 유사 배아 줄기세포, 즉 STAP 세포를 얻을 수 있다는 마우스 실험 결과를 과학저널 《네이처》에 발표한 직후부터 온라인 공간을 중심으로 연구자들 사이에서는 논문의 이미지 데이터 조작, 오보카타의 박사학위 논문 표절 의혹 등이 제기되었다. 게다가 논문에 보고된 기법을 따라 실험해도 STAP 세포를 재현하기 어렵다는 의문과 의혹이 점차 강하게 일었다. 이화학연구소는 논란이 일고 불과 열흘 남짓 만인 2월 15일에 이런 의문과 의혹에 대해 외부 전문가들이 참여하는 조사위원회를 구성해 검증 작업을 시작했다고 발표했다. 이어 4월 1일 이화학연구소는 '연구논문의 의혹에 관한 조사보고서'를 발표해 의혹이 제기된 6건 중 2건에서 실수로 보기 힘든 연구부정이 인정된다고 밝혔으며, 또한 연구부정 의혹과는 별개로 STAP 세포가 재현되는지에 대한 검증을 지속하겠다는 계획을 발표했다(이화학연구소 2014-4-1).

연구부정이 '있었는지'를 확인하는 것보다 STAP 세포 현상이 실제로 '없는지'를 확인하는 실험 재현성의 문제는 더욱 까다로워 논쟁을 지속시킬 수 있었기에 재현성의 문제는 더 긴 시간에 걸쳐 세심하게 다루어졌다. 그해 12월 이화학연구소는 2차 조사결과를 발표했는데, 자세히 공개된 주요 내용은 STAP 세포가 다른 배아 줄기세포에 오염된 배양세포에서 유래했다는 점, 주요 저자인 오보카타의 연구부정 2건이 추가로 드러났다는 점, 다른 연구자 2명에게도 연구감독 소홀의 책임이 있다는 점 등이었다(이화학연구소 2014-12-26). 연구부정과 실험 재현성 문제에 대한 조사활동과 그 결과가 마무리됨으로써 논쟁은 사실상 종결적 국면에 진입할 수 있었다.

앞의 5장 4절에서도 논의했듯이, 이처럼 사회적 관심이 집중한 논란을 비교적 명료하게 종결적 국면으로 이끌 수 있었던 데에는 어느 실험실이나 논문에 보편적인 자연 현상으로서 보고된 결과물을 재현 검증하는 데에 나설 수 있었으며 이를 온라인 공간에서 함께 논의할 수 있었다는 점이 중요한 역할을 했다. 또한 이와 함께 검증하고 확인할 수 있는 의문과 의혹이 제기되자 이화학연구소가 신속하게 외부 전문가가 참여하는 조사위원회를 구성했으며, 역시 제3자가 검증할 수 있는 조사활동의 결과물을 온라인에 공개하고, 성격이 다른 연구부정과 재현성의 문제에 대해 다르게 접근해 해법을 찾았다는 점도 논쟁의 종결적 상황을 만드는 데 기여했다.

논쟁적 상황에서 대형 사건과 사고가 처리되는 과정을 보여주는 몇 가지 사례들에서 일반화할 만한 어떤 요소를 찾는 것은 어려운 일이다. 논쟁적 상황은 쟁점의 사회적, 정치적 민감도나 복잡성에 따라 다르고, 사건과 사고가 사회에 던진 충격의 성격이 공포인지, 상실인지, 분개인지에 따라 다르며, 정보 접근성에 따라 다를 것이므로, 각각의 논쟁적 상황은 그것에 맞춘 관찰과 분석과 함께 이해되어야 할 것이다. 이런 한계를 고려하며 보더라도, 사회적 쟁점이 된 사안에 대해 모든 조사기구가 "객관성"에 대한 사회적 승인을 받기 위해서 "독립성"을 강조한 점이 두드러졌다. 조사기구의 독립성을 보장하는 데에는 독립적인 인적 구성에 관심을 기울이고 외부 인사의 실질적 참여를 보장하며 조사활동의 결과물인 증거에 대한 사후 검증을 할 수 있게 하며 사건과 사고의 성격에 맞춘 전문지식을 동원하는 것이 중요한 요소로 부각되었다. 이는 과학 활동의 무대가 어떤 조건의 틀 안에 마련되느냐에 따라서 그 결과물의 '객관성'이 달라질 수 있으므로, 과학 활동이 독립적으로 수행될 수 있도록 요건을 갖추는 데에 많은 사회적, 정치적 관심이 기울여져야 함을 보여주는 것이다.

다른 과학 논쟁도 논쟁의 내부를 들여다보면 마찬가지로 드러나겠지만, 천안함 '과학 논쟁'에서도 많은 이질적인 요소들이 얽혀 논쟁의 역동성을 만들어 냈다. 한국사회의 분단체제 이데올로기, 과학은 하나의 진실을 밝혀줄 것이라는 과학주의적 믿음, 반대로 과학에 대한 인상비평식의 회의와 냉소, 사회 논쟁과 갈등을 푸는 데 관여한 전문가와 전문지식에 대한 믿음 또는 불신, 시나리오와 증거의 관계, 증거를 다루는 방법의 적절성, 사회 논쟁에 나타난 과학 활동과 과학자사회 과학 활동의 차이와 비교 문제, 논쟁에서 사용되고 다루어진 과학과 진실의 담론 등은 천안함 '과학 논쟁'에서 쉽게 볼 수 있는 것들이었다. 천안함 '과학 논쟁'이 어떤 요소와 어떤 힘에 의해서 어떤 상호작용을 일으키며 전개되었는지, 그 논쟁의 동역학dynamics은 어떠한 것인지는 사회 전체가 참여하는 거대 논쟁의 풍경에서 '과학 논쟁'이 어떻게 참여하며 전체 논쟁에 어떤 영향을 끼치는지, 더 나아가 '과학 논쟁'은 민주주의에 어떻게 기여할 수 있는지와 관련해 중요한 관심사가 될 만한 것이다.

지금까지 천안함 사건의 증거를 둘러싸고 전개된 합조단의 과학 활동과 논쟁 참여 과학자들의 과학 활동을 중심으로 "과학 논쟁"을 불러일으킨 지점이 어디인지, 왜 논쟁을 부르는 불충분한 설명이 제시되었는지 등을 살펴보았다. '과학 논쟁'에서 여러 과학 실행들이 실험실에서 증거로 물화되어 제시된 과학 활동의 기성물ready-made science, 즉 "과학적 사실" 또는 "블랙박스"의 안을 들여다볼 수 있게 하는 방법론적 도구가 되었다는 점은 다시 한 번 더 중요하게 지적되어야 한다. 그러므로 천안함 '과학 논쟁'의 내부를 들여다보고자 한다면, 논쟁의 대상이 된 과학 실행들이 실제로 어떻게 행해졌는지 그 방법과 과정을 살피는, 즉 증거 또는 "과학적 사실"의 생산 과정을 살피는 일은 중요하다.

천안함 사건 논쟁은, 한 사회가 지닌 전문지식을 대표해 합리적 설명을 제시할 과제를 안은 공적 조사기구가 충분한 조사활동 기간을 보장받지 못하고서, 일부 분석의 실행에서는 의문의 여지를 남긴 채 조사결과를 제시했을 때 조사기구 바깥의 다른 전문지식에 의해 문제제기의 대상이 됨으로써 큰 논란을 빚을 수 있음을 보여주었다. 특히 대부분의 문제제기는 합조단이 행한 과학적 조사의 실행 방식에 대한 물음이었으며, 과학자사회의 일반적인 실험실에서 다른 전문가 동료들도 승인할 수 있는 방법으로 증거 또는 "과학적 사실"을 생산했는가, 과학적 방법의 한계 내에서 해석을 추구했는가와 같은 일상적인 과학 실행의 문제와 관련되었으며, 또한 증거의 신뢰성과 연관성을 충분하게 입증했는가, 증거물에 대한 반박에 합리적으로 대응했는가와 같은 법정 증거논쟁과 관련된 문제였다.

그러나 논쟁은 현실에서 사회 구성원의 동의를 확장하는 건설적인 방식으로 구현되지 못했다. 일부 과학자들이 더 많은 설명을 구하면서 제기한 대안의 해석들은 합조단의 응답을 받지 못했으며, 분단체제 이데올로기가 지배적인 한국사회의 법과학 논쟁에서 의문을 제기하는 자가 곧 사건의 용의자를 변호하는 위치에 선 것으로 해석되는 구도가 만들어지면서 위축되었다.

이와 더불어 앞에서 우리는 논쟁 가능성이 위축된 데에는 이런 이데올로기의 구도 외에도 다른 요인들이 작용했음을 볼 수 있었다. 합조단의 조사결과는 침몰사건을 밝히는 공식적 설명이 되었으며 이에 문제를 제기하는 대안의 설명은 각자 분과적인 해석에 집중함으로써 서로 경쟁적이거나 모순적인 설명으로 나아가는 모습도 나타났다. 자유로운 공론장의 토론과 합리적 의사소통은 충분하게 이루어지지 못했다. 과학적 문제제기는 곧바로 특정 시나리오를 완결적으로 설명하기를 요구받았으며, 국지적이며 부분적인 성격의 과학적 문제제기는 과거 사건을 총체적으로 종합하여 설명할 수 없었기에 그 설명력의 한계를 지닐 수밖에 없었다. 서로 다른 시나리오와 연결된 과학적 연구결과들은 '모든 증거를 설명하는 단일한 시나리오를 제시할 수 있는가'라는 물음에 답하기 어려웠기에, 증거와 정보를 보유한 공식 조사기구 바깥의 과학적 토론은 그것만으로 논쟁의 종결로 나아가기는 어려웠다. 과거 사건을 재구성하는 법과학적 논쟁에서 증거물과 그 번역이 공식 조사기구에 독점적으로 위임됨에 따라, 일반 과학 활동에서 그런 것처럼 실험실의 재현 검증이 쉽게 이루어질 수 없었다는 점은 이런 논쟁의 소강상태에 기여하는 요인이 되었다.

이 장에서는 사건/사고 조사기구의 법과학적 활동이 사회에 합리적 설명을 충분히 제공하여 논쟁적 상황을 완화하거나 해소하는 데에 기여하기 위해 그 과학적 조사활동에 필요한 조건들을 살펴보았다. 대형 사건/사고의 조사활동 사례에서도 보았듯이, 조사기구의 구성과 그 활동에서 독립성을 보장하는 것은 조사결과에 민감하게 반응하는 사회구성원들 사이에서 논쟁적 상황을 해소하는 데 필수적인 '객관성'을 높일 수 있는 가장 중요한 조건이 된다. 또한 '객관성'은 다른 억압적 기제 없이 자유롭게 반박과 해명을 행할 수 있는 과학 활동의 공론장이 보장될 때 자연적으로 성장할 수 있으며, 정보와 증거에 대한 접근이 제한될 때에 논쟁적 상황은 오히려 악화할 수 있는 것이다.

과학의 전문성이 개입된 사회적 논쟁에서는 무엇보다 과학의 전문성이 독점적이며 배타적인 해석에 사용되지 않고 여러 이해관계를 대변하면서 실행될 수 있도록 보장하는 절차가 필요해진다. 그렇지 못할 때에 '과학적 조사', '과학적 사실'은 겉으로 표방된 과학의 역할에 사실상 장애가 되는 다른 요인의 숨은 역할을 식별하지 못하게 하는 효과를 만들 수 있다. 이런 점에서 보면, 사회적 쟁점을 다루는 '과학 논쟁'의 문제는 달리 말해 민주주의의 문제로 이해할 수 있다. 이런 시각을 확장하면, '과학 논쟁'은 과학적인 논쟁이면서 동시에 사회적인 논쟁, 정치적인 논쟁, 그리고 민주주의와 연계된 논쟁으로 이해할 수 있다. 과학기술학은 '과학 논쟁'의 직접적인 해결책을 제시할 수 없겠지만, '과학 논쟁'이 놓인 더 큰 사회, 더 넓은 맥락의 성격을 보여줌으로써 논쟁의 갈등을 완화하거나 해소하는 길을 찾는 데 도움을 줄 수 있을 것이다.

# 8장

○○○○○○○○○○○○

# 맺음말

□

## 요약과 정리

지금까지 이 책에서 우리는 천안함 '과학 논쟁'에 법과학적 성격이 강하게 자리 잡고 있으며, 따라서 시나리오와 증거의 관계와 그 구성성이 천안함 사건 논쟁의 연구에서 중요한 요소임을 살펴보았다. 쟁점별 세부 내용을 들여다봄으로써 특히 시나리오보다는 증거와 그 구성 과정에 될수록 깊은 관심을 기울임으로써, 사건의 원인과 책임을 규명하는 조사활동의 내부에 좀 더 가까이 접근해 '과학 논쟁'을 다시 바라보고자 했다. 그럼으로써 우리는 더 넓은 맥락의 정치적-사회적 요소도 '과학적 조사'의 권위를 강화하는 과학 외부의 요소임을 이해할 수 있었다. 이는 증거와 정보를 배타적으로 보유하는 공적 조사기구의 역할이 중요해지는 사건과 사고의 법과학적 조사활동에서 '독립성'의 요건이 '객관성'을 높이는 데 중요함을 말해주는데, 이 책에서는 이런 요건이 민주주의적 과제와 연계된 것임을 논증했다. 법과학적 조사기구와 결과물의 '독립성'과 '객관성'을 어떻게 보호할 것이냐는 그 사회의 민주주의적 과제와 연관되는 문제가 된다.

천안함 '과학 논쟁'은 과학자들 간에, 과학자와 합조단 간에 오간 논쟁에 국한되지 않았다. 천안함 침몰사건은 신문과 방송은 물론이고 온라인 토론 공간, 국회의사당, 국제사회에서 중대한 관심사였으므로, '과학 논쟁'은 더 큰 논쟁의 장 안에 놓여 있었다. 2장에서는 이 논문의 주제인 '과학 논쟁'을 둘러싼 더 넓은 맥락을 이해하기 위해, 먼저 천안함 침몰사건이 발생한 이후에 전개된 다양한 논쟁의 장을 개관했다. 언론매체, 군, 합조단, 국회, 국제사회, 그리고 온라인 토론 공간은 저마다 다른 장의 특성을 보여주면서 천안함 사건을 다루었다.

먼저 적극적인 행위자로 참여한 언론매체들이 천안함 사건을 전하는 뉴스 보도의 프레임을 이해하기 위해 이 책에서는 종합 일간신문 6종의 보도를 중심으로 사건발생 직후부터 합조단 조사결과가 발표되기까지 전개된 상황을 살펴보았다. 여기에서 눈에 띄는 점으로, 언론보도에서는 무엇이 또는 누가 천안함 침몰의 원인인지를 추적하는 가설적 추론의 태도가 두드러지게 나타났으며 언론매체들이 별다른 증거가 없던 초기 상황에서도 사건의 시나리오를 경쟁적으로 제시하는 데 적극적이었음을 볼 수 있었다. 이런 특징은 국가안보의 프레임을 부각한 매체들에서 상대적으로 더 두드러지게 나타났다.

또한 군은 사건 초기부터 북한군의 공격 가능성을 높게 보는 군사적 판단을 하고 있었으나, 정부는 이런 군사적 판단의 틀에서 벗어나 조사기구를 전문가들의 다국적 민군 합동조사단이라는 형식으로 구성해 '객관적이고 과학적인' 조사활동의 성격을 강화하고 부각하고자 했다. 다국적 민군 합조단의 구성은 여러 시나리오가 등장하던 초기의 혼란스러운 상황에서 조사기구의 공적 권위가 구축되는 과정을 보여주었으며, 구성 이후에는 침몰원인에 관한 논의가 합조단을 중심으로 전개되는 구도가 형성되었다. 이 책은 합조단의 최종 조사결과 보고서가 조사활동의 과학성을 보여주는 데에 중점을 두었음을 살펴보았다.

이와 함께 정치의 장인 국회에서도 언론의 보도 프레임과 비슷한 반응을 볼 수 있었는데, 특히 보수성향의 의원들한테서 사건 시나리오의 가설적 추론에 대한 관심이 높게 나타났다. 정치의 장에서는 조사결과에 따른 정치적인 후속 대응 조처에 대한 관심이 높았으며, 천안함 사건이 초당적인 대응의 사례로서 미국의 9·11테러 사건과 자주 비교되었음을 볼 수 있었다. 합조단의 조사결과 발표와 정부의 '5·24 조처' 이후 '북한 어뢰의 공격'이라는 공식 시나리오는 견고한 지위를 얻었다. 그러나 이후에도 증거 중심의 논쟁이 온라인의 토론 공간과 과학자들 사이에서 지속되었다. 2장에서는 천안함 침몰원인을 둘러싼 '과학 논쟁'이 증거에 대한 과학적인 분석과 해석을 중심으로 삼으면서도 그것이 군사적인, 정치적인, 더 넓은 맥락에 놓여 있었다는 의미에서 과학적, 군사적, 정치적 성격을 띠고 있었음을 보여주고자 했다.

3장부터 6장까지는 주요 논쟁의 쟁점으로서 천안함 선체파손의 형상과 컴퓨터 시뮬레이션, '결정적 증거'로서 제시된 어뢰 추진동력장치와 '1번' 글씨, '백색 흡착물질', 그리고 수중폭발 사건을 추적하는 데 사용된 지진파와 공중음파 기록을 둘러싼 논쟁들을 다루었다.

논쟁의 전개과정을 돌아보면, 사건 직후에 경쟁적인 지위를 누리던 여러 시나리오들 가운데 외부 폭발설이 지배적인 지위를 얻은 시점은 천안함의 함미가 인양되어 파손된 절단면이 공개된 4월 중순이었다. 선체의 파손형상이 눈앞에 드러나면서 선체에 가해졌을 파괴적인 힘의 성격과 작용에 대한 추론이 구체화했다. 3장에서는 천안함의 파손형상 자체가 합조단이 외부 폭발설, 특히 어뢰폭발설로 나아가는 데 가장 중요한 구실을 했으며, 이런 판단의 과정에서 수중폭발과 선체파손을 다루는 컴퓨터 시뮬레이션 작업이 중요한 도구가 되었음을 살펴보았다. 파손형상은 세밀하게 측정되어 컴퓨터 시뮬레이션을 위한 수치로 변환되었으며, 미국 조사팀과 한국 합조단은 시뮬레이션을 통해서 파손형상을 초래했을 폭발량과 폭발수심의 조건을 찾아나갔다.

그러나 합조단의 컴퓨터 시뮬레이션은 표상representation과 발표presentation의 측면에서 볼 때 몇 가지 문제를 드러냈다. 먼저 합조단의 시뮬레이션은 수중폭발의 조건에서 천안함 파손형태를 상당한 정도로 구현했으나 함미, 함수, 가스터빈실로 동강 나고 용골이 절단된 실제의 파손 상태를 다 구현하지는 못했다. 시뮬레이션이 충분하지 않았던 배경에는, 당시에 미국 조사팀과 폭발유형분과, 선체구조분과로 이어지는 시뮬레이션 작업의 흐름이 매우 짧은 시간에 이루어져야만 했던 상황이 있었다. 이처럼 시뮬레이션 분석은 최종적으로 완료되지 못했으나, 발표의 단계에서 시뮬레이션의 결과는 어뢰의 수중폭발에 의한 천안함의 파손을 과학적으로 온전히 보여주는 시각적인 근거로 자주 부각되어 제시되었다.

『천안함 피격 사건 합동조사결과 보고서』에서 선체 파손형상과 컴퓨터 시뮬레이션의 서술은 상당히 많은 분량을 차지했다. 이에 비하면, 천안함 프로펠러의 휜 형상에 대한 시뮬레이션의 결과물은 보고서에서 매우 간략히 다루어졌다. 프로펠러 날개들이 독특하게 휜 현상은 어뢰폭발설로 쉽게 설명하기 까다로운 증거였으며, 당시에 어뢰폭발설로 기울었던 합조단에서 주변적인 증거로 다루어졌다. 이 때문에 비폭발설을 지지하는 이들 사이에서는 좌초의 증거로도 제시되던 프로펠러의 휜 형상은 합조단의 활동 기간 후기에 이르러서야 분석과 연구의 대상으로서 다루어졌다. 합조단은 이미 굳어진 어뢰폭발설에 맞추어 프로펠러 날개 변형의 원인을 시뮬레이션 해석으로 추적했으며, 이 과정에서 여러 논란을 빚으면서 그 변형의 원인을 수정해야 했다. 어뢰폭발의 시나리오 안에서 까다로운 증거물인 '프로펠러의 휜 형상'에 대한 분석과 시뮬레이션이 합조단 보고서에서 소홀하게 다루어진 것은, 중심적 또는 주변적 증거물에 대한 합조단의 관심과 발표가 선택적임을 보여주었다.

4장에서는 어뢰 추진동력장치('1번 어뢰')가 어떻게 "결정적 증거"의 지위를 얻을 수 있었는지, 그리고 "결정적 증거"가 왜 지속적인 논란의 대상이 되었는지를 살펴보았다. '1번 어뢰'가 "결정적 증거"임을 뒷받침한 것은, '1번 어뢰'의 형상과 크기가 북한 수출무기 소개 자료에 실린 설계도면의 것과 일치한다는 합조단의 판단과 '1번 어뢰'에 쓰인, 북한식 표기로 여겨지는 "1번" 글씨, 그리고 백색 흡착물질의 과학적 분석 데이터들이었다.

논란은 이런 보조증거들이 '1번 어뢰'가 천안함을 침몰시키고 가라앉은 '바로 그 어뢰'의 부품인가라는, 즉 "결정적 증거"의 신뢰성과 연관성에 관해 제기되었다. 가장 중요한 증거물인 '1번 어뢰'가 논쟁의 중심에 선 이유는 무엇보다도 '결정적 증거'의 지위에 걸맞게 '1번 어뢰'의 물적 상태에 대한 분석이 합조단 조사활동에서 상세하게 이루어지지 않았기 때문이었다. '1번 어뢰' 물증에 대해서는 설계도면과 외형의 '일치', '1번' 글씨 확인, 육안검사에 의한 부식 검사에 그쳐, 심층적이며 과학적인 분석이 이루어지지 못했다. 이처럼 '1번 어뢰'가 논쟁을 종결할 만한 '결정적 증거'에 걸맞지 않게 그 자신이 논란의 대상이 된 데에는, 5월 15일 발견 이후 닷새 만인 합조단의 조사결과 발표에서 공개되어 사후 논란이 될 만한 요소들을 사전에 검증하는 과정을 충분히 거치지 못한 상황이 놓여 있었다.

'1번 어뢰'의 증거 신뢰성과 관련해 '1번' 글씨 연소 논쟁은 크나큰 사회적 관심을 불러일으켰다. 이 논쟁이 관심을 끈 요인 중 하나는 열역학 법칙과 계산식에 기반을 둔 수치적 시뮬레이션numerical simulation이 실제 사건발생의 상황을 과학적으로 설명할 수 있다는 믿음에서 비롯했다. 책에서는 그 논쟁의 과정을 자세히 살핌으로써 계산 논쟁 자체가 실제 사건의 상황을 이해하는 데에는 도움을 줄 수 있지만 과거 사건을 재구성하는 데 명료한 하나의 답을 제공하기는 어렵다는 점을 살펴볼 수 있었다. '1번' 글씨 논쟁의 결론이 '1번 어뢰'의 증거력을 보증하는 데 끼치는 영향도 제한적이었다.

'1번 어뢰'를 둘러싼 증거논쟁에서 더욱 지속적으로 제기된 물음은 언론과 대중의 관심사였던 '1번' 글씨 바깥에 놓여 있었다. '1번 어뢰'의 표면에서 관찰되는 갖가지 형상, 부식 상태와 정도, 백색 흡착물질, 침전 물질 형상들은 합조단의 조사결과에서 자세히 다루어지지 않았기에 여러 의문과 추측을 낳는 논란의 진원지가 되어 새로운 의문과 논란이 잇따랐다. 지속적으로 새로운 물음이 제기되는 이런 논쟁의 전개 양상은 '1번 어뢰'라는 존재 자체가 '1번' 글씨와 설계도면 증거로 다 설명하지 못하는 이질적이고도 다양한 사실 조각들이 달라붙어 있는 물적 존재임을 보여주었다.

5장에서 보았듯이, '백색 흡착물질'은 합조단 조사결과에서 과학적 요소를 가장 부각할 만한 증거로 제시되었으며, 실제로 이와 관련한 논쟁도 가장 과학적인 요소를 풍부하게 드러내며 진행되었다. 흡착물질 증거의 '과학성'은 선체, 어뢰, 폭발실험 수조라는 다른 곳에서 채취한 세 가지 시료의 성분이 모두 일치하는 '삼각의 일치'를 과학적 분석 데이터를 기반으로 입증하고 그런 일치를 통해 '1번 어뢰'를 '결정적 증거'로 지목할 수 있었다는 점에서 부각되었다. 그러나 삼각 일치의 관계는 별문제 없이 유지되다가 '흡착물질' 논쟁이 전개되면서 그 취약성을 드러냈다.

우리는 '백색 흡착물질' 논쟁의 과정을 자세히 따라감으로써 그것이 결국에는 합조단 실험실의 과학 실행이 적절했는지에 관한 논란에 닿아 있음을 볼 수 있었다. 논쟁의 초기에 합조단이 흡착물질을 폭발재인 '알루미늄 산화물 $Al_xO_y$'로 규정하면서 해석의 근거가 된 흡착물질 시료의 에너지 분광과 엑스선 회절 데이터를 공개했을 때, 처음 제기된 의문은 주로 데이터의 해석에 관한 것이었다. 그러나 논쟁이 진행되면서, 특히 합조단이 보유한 일부의 흡착물질 시료가 국회의원실과 언론단체를 거쳐 독립적인 두 과학자에 건네지고 그것이 두 과학자가 각자 수행한 분석의 결과에서 합조단의 결론과 달리 알루미늄 수산화물로 판정된 이후에, 합조단의 실험실 과학 실행이 적절했느냐의 문제가 논쟁에서 점차 중심적인 쟁점으로 부각되었다. 합조단 바깥에서 알루미늄 산화물이 생성되는 과정을 확인하고자 수행한 유사재현 실험 이후에 합조단 폭발실험의 설계와 그 실험에서 얻어진 시료의 분석 방법이 적절했는지의 문제도 논쟁에서 부각되었다.

제기된 의문과 의혹에 대한 합조단의 대응에서는 '방어적인 해명'의 태도를 볼 수 있었다. 합조단은 백색 흡착물질이 알루미늄 함유 어뢰가 수중에서 폭발할 때 고온, 고압과 순간적인 급랭의 환경에서 만들어진 "비결정질 알루미늄 산화물"이라고 밝혔으나, 이를 뒷받침하는 선행연구나 보고의 사례는 제시되지 못했다. 합조단은 '1번 어뢰'가 '결정적 증거'임을 입증하는 흡착물질 증거의 자격에 대한 논란이 일자, 시료에 대한 열처리 실험, 투과전자현미경을 이용한 관찰, 마이크로-엑스선 회절 방법의 추가 분석 등을 시행하여 의문과 의혹을 반박하고 기존 데이터와 해석의 정당성을 강화했다. 논란이 된 데이터와 해석을 뒷받침하는 새로운 데이터가 생산되면서 논란은 더욱 세밀해지고 복잡해졌으나, 합조단은 애초에 논란을 불러일으켰던 폭발실험을 다시 설계해 시행하거나 시료 데이터를 다시 생산하고 해석하여 검증하는 방법을 택하지는 않았다. 이런 점에서 흡착물질 논란에 대한 합조단의 대응은 '방어적 해명'이었다.

합조단이 흡착물질의 정체를 규명하면서 화학조성식을 특정하지 않은 채 통칭하여 "알루미늄 산화물$_{AlxOy}$"로 부른 유연한 명명의 방식도 논쟁의 과정에서 주목을 받았다. 이 책에서는 합조단 위원들의 증언과 인터뷰 보도를 살펴봄으로써 이런 유연한 명명의 방식이 어뢰폭발로 생성되었을 '알루미늄 산화물'이 흡착물질 생성의 기원이라고 확신하는 믿음과 판단에 닿아 있을 가능성을 보여주었다. 하지만 나중에 공개된 미 해군 자료에서 미국 조사팀이 '비결정질 알루미늄 산화물'이 해수 부식 환경에서도 생성될 수 있음을 지적하며 합조단의 분석결과에 회의적인 태도를 나타낸 데에서 볼 수 있듯이, 합조단의 해석이 조사기구 내에서도 논란의 여지없이 명료했던 것은 아니었다.

지진파 기록은 일반적으로 수중폭발 사건에서 중요한 증거물이 된다. 그러나 6장에서 살펴보았듯이, 천안함 침몰사건의 조사과정에서 지진파는 별다른 주목을 받지 못했다. 합조단은 지진파가 수중폭발 사건을 부정확하게 보여주는 자료라며 지진파를 증거물로 다루는 데에 소극적인 태도를 보여주었다. 이런 태도는 합조단이 법지진학 분야에서 제시된 수중폭발 해석 방법론에 관심을 두지 않았으며 그 대신에 지진파와 함께 기록된 공중음파 데이터를 수중폭발과 선체파손의 시뮬레이션에서 활용했던 데에서 찾아볼 수 있었다. 이는 데이터의 분석 과정에서 방법론 사용의 정당성과 관련한 쟁점을 만들어냈다.

지진파와 관련한 논쟁은 주로 어뢰폭발설과 기뢰 폭발설 사이에서 벌어졌다. 관측된 지진파의 파형은 수중폭발이 있었음을 보여주는 것으로 해석되었기에 그 데이터를 통해 폭발의 규모(폭약량)와 위치(폭발수심)를 얼마나 정확하게 지목할 수 있느냐가 쟁점이 되었다. 기존의 법지진학 분야에서는 수중폭발의 규모와 위치를 추론할 때 수중폭발 순간에 폭발가스, 즉 버블이 한 번 팽창했다가 수축하는 시간인 버블 주기를 매우 중요한 값으로 사용해 왔다. 이와 비교해 합조단은 공중음파 기록에 나타난 두 차례 폭음 신호의 간격인 1.1초를 버블 주기로 보아 시뮬레이션 연구에 사용했는데, 그 값은 조사기구에 참여하지 않은 한국지질자원연구원 쪽이 제공한 것이었다. 버블 주기의 두 값은 뒤늦게 논란이 됐는데, 지진파 기록에서 합조단의 1.1초와는 다른 0.990초의 버블 주기를 도출해 폭발의 규모와 위치를 추적한 국내외 지진학자들의 논문이 국제학술지에 발표된 것이 계기가 되었다.

버블 주기가 2개의 다른 값으로 제시된 데에는 분석자들이 공중음파와 지진파라는 서로 다른 관측 데이터를 사용해 버블 주기를 구했기 때문임이 논쟁 과정에서 명료해졌다. 그러면서 버블 주기를 구하는 방법론의 정당성이 쟁점이 되었다. 합조단과 지질자원연구원 소속 과학자는 수중폭발 사건이 지진파보다는 공중음파 기록에 더 정확히 반영될 수 있기에 버블 주기를 공중음파에서 구하는 방법론이 타당하다고 주장했다. 그러나 공중음파에서 버블 주기를 구하는 방법론을 정당화하는 선행연구의 근거는 제시되지 않아 논란이 이어졌다. 이처럼 버블 주기를 구하면서 기존의 지진파 방법론이 배제되고 공중음파 방법론이 선택된 것과 관련해, 전문가 인적 구성에서 설명하고자 했다. 합조단에서 수중폭발을 해석하는 전문가들로는 버블 주기를 인용해 선체파손 시뮬레이션을 해석하는 공학자들이 참여했는데, 이들에게 버블 주기는 '구해야 하는 값'이 아니라 수중폭발 시뮬레이션에 사용하는 '제시된 값'이었기에 버블 주기를 구하는 방법론이나 지진파 분석은 세심한 관심의 대상이 되지 못했다.

이상의 논의를 통해서, 천안함 '과학 논쟁'을 종합하면서 몇 가지 특징을 지적할 수 있다. 먼저, 증거 중심의 관점에서 쟁점을 살펴봄으로써 천안함 '과학 논쟁'이 증거물을 중심으로 서로 다른 성격을 띠며 전개되었음을 이해할 수 있었다. 시각적으로 가장 강력한 증거물로 제시된 선체의 파손형상과 컴퓨터 시뮬레이션에서, 시뮬레이션의 표상은 실제 상황을 충분히 보여주었는지, 그 결과물의 발표에서 시각적 효과는 적절히 사용되었는지의 논란을 불러일으켰다. '1번 어뢰'를 둘러싼 논쟁에서는 이질적이고 다양한 요소들을 지녀 복잡한 증거물인 '1번 어뢰'가 '결정적 증거'라는 지위를 얻기까지 충분한 검증이 시행되었는지의 문제가 제기되었고, 흡착물질을 둘러싼 논쟁에서는 실험실 내에서 행해지는 일상적인 과학 실행에 비추어 합조단의 조사과정은 적절했느냐의 문제가 제기되었으며, 지진파와 공중음파를 둘러싼 논쟁에서는 버블 주기를 구할 때에 사용되는 기존의 지진파 방법론 대신에 새로운 공중음파 방법론이 선택된 것은 방법론의 정당화 문제를 불러일으키는 것이었다.

둘째, 합조단의 조사결과가 논쟁의 종결로 나아가지 못했으며 오히려 논란의 대상이 되는 상황은 합조단과 논쟁 참여 과학자들이 서로 다르게 인식하고 행한 '과학 실행'의 차이에서 비롯했다는 점이 지적되어야 한다. 앞에서 요약했듯이, 이런 점은 컴퓨터 시뮬레이션, '1번 어뢰', 백색 흡착물질, 지진파와 공중음파를 다루는 방식과 태도의 차이에서 볼 수 있었다. '백색 흡착물질'이 알루미늄 함유 어뢰의 수중폭발에 의해 생성된 폭발재임을 입증한 합조단의 자료와 설명은 논쟁 참여 과학자들이 지적하는 실험실 연구의 암묵지 또는 일반적 과학 실행과는 대비를 이루었다. 예컨대 광물을 분석할 때 물기를 충분히 제거하는 시료 준비 과정이 있었느냐가 논란이 되었으며, 알루미늄 함유 어뢰의 수중폭발로 인해 "비결정질 알루미늄 산화물"이 생성됨을 보여준 선행연구 사례는 제시되었는가, 알루미늄 판재를 사용한 모의 폭발실험의 설계와 분석 과정은 적절했는가와 같은 문제도 중요한 쟁점이 되었다. 선행연구의 근거가 제시되지 않고 또한 새로운 방법론과 해석을 정당화하는 과정을 생략한 채 논증을 전개해 논란을 일으킨 예는 지진파와 버블 주기 논란에서도 볼 수 있었다. 천안함 '과학 논쟁'은 그것이 천안함 침몰원인을 둘러싼 증거논쟁이면서 또한 합조단이 제시한 데이터 생산과 분석, 해석, 계산의 과학 실행들이 충분하고 적절했느냐와 관련된 논란임을 보여주었다.

셋째, '과학 논쟁'은 논쟁적 상황을 완화하거나 해소하고자 할 때에 먼저

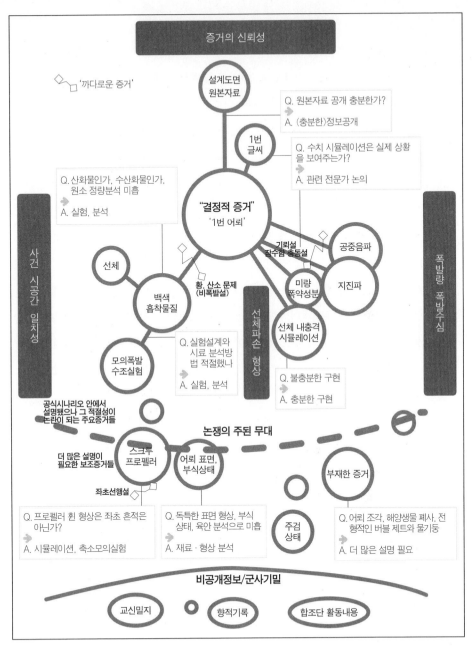

증거의 신뢰성

◇─□ '까다로운 증거'

설계도면
원본자료

Q. 원본자료 공개 충분한가?
A. (충분한)정보공개

1번
글씨

Q. 수치 시뮬레이션은 실제 상황
을 보여주는가?
A. 관련 전문가 논의

Q. 산화물인가, 수산화물인가,
원소 정량분석 미흡
A. 실험, 분석

"결정적 증거"
'1번 어뢰'

기뢰설
잠수함 충돌설

공중음파

미량
폭약성분

지진파

선체

백색
흡착물질

황, 산소 문제
(비폭발설)

선체 내충격
시뮬레이션

사
건
시
공
간
일
치
성

선
체
파
손
형
상

폭
발
량
폭
발
수
심

모의폭발
수조실험

Q. 실험설계와
시료 분석방
법 적절했나
A. 실험, 분석

Q. 불충분한 구현
A. 충분한 구현

공식시나리오 안에서
설명됐으나 그 적절성이
논란이 되는 주요증거들

논쟁의 주된 무대

더 많은 설명이
필요한 보조증거들

스크루
프로펠러

어뢰 표면,
부식상태

부재한 증거

좌초선행설◇─□

주검
상태

Q. 프로펠러 휜 형상은 좌초 흔적은
아닌가?
A. 시뮬레이션, 축소모의실험

Q. 독특한 표면 형상, 부식
상태, 육안 분석으로 미흡
A. 재료·형상 분석

Q. 어뢰 조각, 해양생물 폐사, 전
형적인 버블 제트와 물기둥
A. 더 많은 설명 필요

비공개정보/군사기밀

교신밀지          항적기록          합조단 활동내용

[그림 8–1] 천안함 "과학 논쟁"에 나타난 증거 논쟁 종합. 논쟁의 주된 무대는 민군 합동조사단이 제시한 '북한 어뢰에 의한 피격' 시나리오를 중심으로 형성되었다. 이런 시나리오에 쉽게 결합하지 못하거나 다른 시나리오에 의해 설명될 수 있는 '까다로운 증거'는 논쟁에서 중요한 쟁점이 되었다. 사각 상자 안에는 논쟁을 통해 제시된 주요한 물음(Q)과 그 물음을 푸는 데 도움이 될 수 있는 검증 방안(A)을 정리했다.

풀어야 하는 논란의 지점이 어디인지를 드러내는 과정이기도 했다. 천안함 사건의 증거논쟁은 시간이 흐를수록 점점 더 복잡해졌다. 많은 증거가 존재하는 데다 이전에 소홀히 다뤘거나 몰랐던 새로운 증거가 생겨나면서 시나리오를 중심으로 증거들은 지지되거나 반박되고 선택되거나 배제되며 복잡함을 더해 주었다. 그러나 다른 측면에서 본다면, '과학 논쟁'은 합조단의 보고서에서 설명이 불충분했거나 미흡했던 부분이 무엇인지를 부각해 조명하는 계기가 되었다. 무엇이 논란의 지점인지가 명확해지면서 합조단 보고서의 '과학적 설명'을 검증해 논쟁적 상황을 완화하거나 해소할 수 있는 방안을 찾는 데 중요한 도움을 얻을 수 있는 기회도 생겨났다.

예컨대 '백색 흡착물질' 논쟁을 완화하거나 해소하기 위해 논쟁 당사자들이 인정할 수 있는 독립적인 전문가들로 검증 그룹을 구성해, 수조 모의폭발 실험을 다시 설계해 수행하고, 선체, 어뢰, 폭발실험의 흡착물질 시료를 다시 분석하고 그 해석을 토론함으로써 논쟁 당사자들의 주장을 검증할 수 있다. 마찬가지로 합조단 보고서에서는 미처 세밀하게 다루어지지 못해 여러 의문과 논란의 대상이 된 어뢰 추진동력장치 표면의 복잡한 부식 상태와 여러 생물학적 흔적에 대해 폭넓은 동의와 인정을 받는 전문가들이 참여해 검증 작업을 한다면, 이는 논쟁적 상황의 완화 또는 해소에 기여할 수 있다. 버블 주기 값을 기존의 법지진학 방법론을 좇아서 지진파에서 구하고, 이를 바탕으로 컴퓨터 시뮬레이션 작업을 충분한 시간에 수행할 때에 나타날 수 있는 결과물을 확인하며 그 의미를 해석하는 과정도 마찬가지로 사회적 갈등을 일으키는 논쟁적 상황을 완화 또는 해소로 이끄는 데 도움이 될 것이다. 논란의 지점을 드러낸 "과학 논쟁"은 이런 사회적 합의와 조건이 갖춰질 때에 논쟁적 상황을 완화하거나 해소하는 데에도 기여할 수 있을 것이다.

이어, 7장에서는 천안함 '과학 논쟁'이 한국사회에서 어떤 모습으로 전개되고 어떻게 다루어졌는지를 '과학 논쟁'보다 더 큰 틀과 더 넓은 맥락에서 조망하고자 했다. '과학 논쟁'을 멀리서 바라본다면 그것은 법정에서 증거와 시나리오를 둘러싸고 벌어지는 논쟁처럼 보이며, 과학자사회에서 과학들이 데이터를 생산하고 해석하여 논문을 발표하고 논쟁을 벌이는 과학 활동과도 닮은 것이었다. 증거를 통한 과거 사건의 구성이라는 성격은 법과학적 요소를 논쟁에 불러들였으며, 과학자사회의 과학 활동이라는 성격은 연구실이나 실험실에서 행해지는 전문가적 과학 실행의 문제를 논쟁에서 볼 수 있게 했다. 이런 점에 눈을 돌려, 이 책에서는 '법정의 장'과 '과학 공론장'이라는 두 가지의 은유적인 틀을 통해서 천안함 "과학 논쟁"을 다시 짚어보는 작업을 시도했다. 여기에서는 법정의 장과 과학 공론장에 관한 의사소통과 민주주의의 규범적인 논의들을 두루 살펴봄으로써 천안함 '과학 논쟁'이 이런 규범적인 틀에서 얼마나 떨어져 어떻게 전개되어 왔는지를 되돌아보고자 했다. 특히 한국사회라는 국지적 맥락의 특성이 논쟁에 어떤 영향을 끼쳤는지는 이 책의 주요한 관심사로 다루어졌는데, 논쟁의 전개과정에서 국가안보의 프레임이 부각되었다는 두드러진 특징은 한국사회의 분단체제 이데올로기가 '과학 논쟁'에 중요한 영향을 끼치는 요인이었음을 보여주는 것이었다.

## '더 넓은 맥락'과 '과학 논쟁'

지금까지 천안함 침몰원인을 둘러싸고 전개된 '과학 논쟁'의 전경을 시나리오가 아니라 증거와 과학 실행을 중심으로 접근해 살펴보았다. 그것은 증거가 '사실'로 발표되기 이전에 어떻게 분석되고 해석되었는지 그 이면의 과정을 살피는 것이었고, 증거가 과거 사건/사고의 원인과 과정을 설명하는 시나리오에 어떻게 담기는지 그 과정을 살피는 것이었다. 우리는 논쟁을 인간행위자 간의 공방을 중심으로 바라보는 대신에 비인간행위자인 증거물에도 세심한 관심을 기울여 그것을 중심으로 펼쳐진 논쟁에 될수록 가까이 접근하고자 함으로써 인간행위자 중심으로 논쟁을 바라보던 시선에서는 명료하게 보이지 않았던 논쟁의 성격과 구조를 조금 더 이해할 수 있었다.

첫째, 증거 중심의 논쟁 분석은 어떤 증거가 부각되고 어떤 증거가 소홀히 다루어지거나 배제되었는지를 좀 더 선명하게 보여주었다. 그런 점을 가장 두드러지게 보여준 예는 '1번 어뢰'였다. '1번 어뢰' 표면에 달라붙어 있는 이질적이며 독특한 여러 형상과 상태들이 어뢰폭발 시나리오에 의문을 품는 다른 해석과 주장의 근거가 되었으나 이것들은 합조단의 조사과정에서 주목의 대상이 되지 않았다. 『합동조사결과 보고서』는 '1번 어뢰'에서 공식 시나리오를 입증하는 중요한 근거로 '1번' 글씨와 '백색 흡착물질'을 제시했으나 이질적인 해석을 불러일으킬 수 있는 어뢰 표면의 다른 요소들에 대해서는 별다른 관심을 보이지 못했다. 또한 지진파 기록이나 프로펠러의 휜 형상은 자세한 분석의 대상으로 주목받지 못했거나 뒤늦게 어뢰폭발 시나리오 내에서 분석되었다. 설명이 필요한 단서가 증거에서 배제되거나 소홀히 다루어진 사례들은 합조단 조사활동에서 침몰원인을 추적하면서 충분한 증거 조사가 이루어지기 이전에 어뢰폭발 시나리오가 조사활동에서 주도적인 역할을 했을 가능성을 시사한다. 사건의 시나리오를 구하는 가설적 추론은 조사와 수사 과정에서 유용하지만 때로는 증거 선택과 배제의 판단에 부정적인 영향을 줄 수 있음은 앞에서 살펴보았다.

둘째, 증거 중심의 논쟁 분석을 통해 증거가 생성되기까지 그 과정을 비교적 자세히 살펴볼 수 있었다. 제시된 진리주장이 기성사실로 받아들여질 때 실험실의 맥락은 라투르가 말했듯이 "블랙박스" 안으로 사라져 보이지 않고, 기성사실은 콜린스가 말했듯이 본래부터 거기에 있는 "병 속의 배"로 인식되곤 한다. 그러므로 증거가 생성되기까지 그 과정을 살핀다면 '블랙박스' 안이나 '병 속의 배'라는 겉에 보이는 '과학적 사실'의 이면으로 사라진 실험실의 과학 실행에 접근할 수 있고 그럼으로써 인간행위자와 비인간행위자의 관계를 살필 수 있다. 이런 접근을 통해, 우리는 '과학적 사실'로서 증거를 제시한 합조단이 '과학 논쟁'의 여지를 남긴 데에는 이런 과학 실행의 문제가 놓여 있었음을 이해할 수 있었다. 합조단의 『합동조사결과 보고서』를 둘러싼 '과학 논쟁'의 뿌리는 합조단의 조사과정에서 보여준 과학 실행이 적절했는지, 충분했는지에 관한 논란에 닿아 있었다. 합조단과 그 비판자들은 동일한 과학 실행을 하고서 다르게 해석한 것이 아니라 그들의 과학 실행은 서로 달랐다.

'과학 논쟁'에 대한 앞의 두 가지 관찰을 바탕으로 이제는 더 넓은 맥락에서 '과학 논쟁'을 다시 조망하면서 다음과 같은 질문을 던질 수 있다. '과학적이고 객관적인 조사활동'을 강조한 합조단의 과학 실행이 적절했는지, 충분했는지가 논란의 대상이 되었는데도 적극적인 검증의 절차 없이 합조단의 조사결과가 '방어적 해명'을 통해 지속되었던 것은 어떻게 설명할 수 있을까? 논문에서는 이런 물음에 대한 설명을 천안함 침몰의 원인과 책임을 규명하는 법과학적 조사활동에서 '과학적 조사'가 놓인 자리의 특별함에서 찾을 수 있었다. 2장에서 언론과 정치의 장에 나타난 인식에서 보았듯이, 그리고 4장에서 '1번 어뢰'가 북한산 어뢰로 판정되는 과정에서 보았듯이, '과학적 조사'가 군사적 지식, 정보, 경험을 바탕으로 하는 '군사적 판단'과 결합할 때에 비로소 천안함 침몰의 원인은 확정될 수 있었다. 이런 점은 원인규명에서 실험실의 '과학적 조사'가 홀로 존재하지 않으며 과학 활동 바깥의 요소와 결합하여 종합될 때에 과학적 조사의 결과물이 시나리오의 의미를 획득할 수 있으며 또는 그것에 의해 영향을 받을 수 있음을 보여준다. '과학적 조사'는 조사기구 내에서 실행되며, 천안함 침몰사건의 경우에 '과학적 조사'는 국가안보 프레임과 국방부 조직의 영향을 크게 받아 '군사적 판단'이 주도할 수 있는 합조단이라는 조사기구 내에서 실행되었다.

2장에서 살펴보고 7장에서 논의했듯이, 침몰원인의 조사활동은 큰 틀에서 볼 때에 남북 대치의 분단체제와 국가안보 프레임 안에서 이루어졌다. 이런 구조에서 '과학적 조사'의 결과물은 공식 조사기구인 합조단의 발표 이후에 기성사실이라는 '블랙박스'가 되었다. 또한 조사활동 중에 획득하거나 생산된 자료를 공개하지 않는 군사기밀이라는 보호물, 정부의 '5·24 조처'와 유엔 안전보장이사회의 의장 성명을 통해 이미 행해진 정치적 조처라는 보호물, 그로 인해 되돌리기 어려울 정도로 이전과는 달라진 정치적 상황이라는 보호물 등으로 인해 그 '블랙박스'는 더욱 강화되는 효과가 조성되었다. 이는 '과학적 조사'의 결과물이 어떻게 생산되었는지 그 이면의 과정을 이해하는 것을 더욱 어렵게 하는 일종의 '블랙박스의 보호 외투'와 같은 구실을 한다. 소수의 개인 과학자들이 촉발한 '과학 논쟁'은 증거 중심의 논쟁을 일으킴으로써 이중으로 강화된 블랙박스의 보호물 너머로 나아가 블랙박스 안을 일부 엿볼 수 있게 하는 계기를 마련했다.

사회적 관심의 대상이 된 과거 사건과 사고에 대응하고 대처할 때, 원인과 책임 규명에서 주요 역할을 하는 '과학적 조사'는 그 사회 안에서 어떻게 자리를 잡아야 '객관적 조사결과'의 산출이라는 자기역할을 다할 수 있을까? 앞의 2장에서는, 천안함 침몰사건의 대응과 대처라는 인식의 지형 내에서 사건의 원인을 규명하는 "과학적 조사"의 역할이 어떤 자리를 차지하고 있었는지를 보여주는 인식의 사례를 일종의 개념도로 단순화하여 제안한 바 있다([그림 2-1] 또는 [그림 8-2]). 이 그림은 원인규명에 조심스런 태도를 보인 당시 정부를 비판하며 국가안보 차원의 대처를 강조했던 일부 언론매체에 나타난 인식의 틀을 표현한 것이었다. 그림은 '저기에 있을 진실/실체'에 다가가는 과정

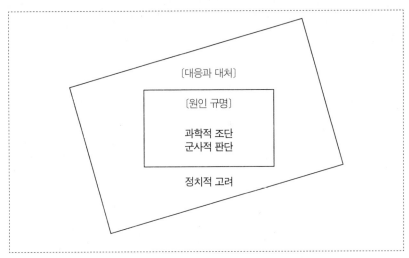

[그림 8-2] ([그림2-1]과 동일) 천안함 침몰 사건의 대응에서 "과학적 조사"가 차지하는 자리에 대한 당시 인식의 예. 군사적 판단과 과학적 조사는 결합하여 원인 규명에 참여하나 정치적 요소는 여기에서 배제되어야 한다는 인식을 보여준다.

에서 '과학적 조사', '군사적 판단', 그리고 '정치적 고려'가 서로 어떤 관계를 이루어야 하는 것으로 당시에 인식되었는지를 보여주었는데, 사건의 실체를 규명하는 데에는 '군사적 판단'이 주축이 되고 '과학적 조사'가 참여하여 둘이 나란히 나아가는 관계가 요구되는 데 반해 '정치적 고려', '정치적 계산'은 진실규명의 경로에서 배제되어야 한다는 인식을 보여주었다. 침몰원인은 '정치적 고려'를 배제한 '군사적 판단'과 '과학적 조사'를 통해 규명될 수 있는 그런 것이었다. 물론 일부 언론매체의 인식 틀을 표현한 이 그림에서 '정치적 고려'의 주체는 이명박 대통령과 정부 당국과 같은 현실 정치세력으로 제한되는 것으로 여겨지기에, 그것은 한국사회 구성원들이 두루 관여한다는 '정치적 고려'와 같은 표현의 의미와는 다르게 쓰인 것으로 이해된다.

이제 3장~6장에서 증거와 과학 실행의 쟁점을 살펴보고, 7장에서 과학/기술과 민주주의에 관한 논의와 사건/사고 조사활동의 사례들을 살펴보고서,

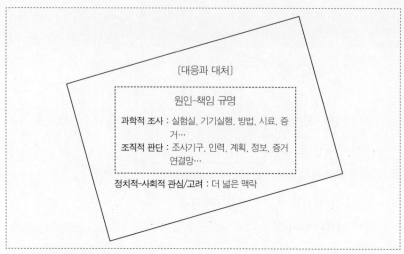

[그림 8-3] 대형 사건/사고에 대한 대응과 대처에서, '과학적 조사'가 차지하는 자리. 그림은 과학적 조사의 객관성이 정치적-사회적 관심/고려에서 벗어날 수 없기에, 과학적 조사의 객관성과 신뢰성을 높이려면 이를 위한 정치적, 사회적 관심이 필요함을 보여준다.

우리는 그 그림을 일부 변경해 다르게 그릴 수 있다.([그림 8-3]). 먼저, 원인과 책임을 규명하는 공적 조사기구의 '과학적 조사'는 '정치적 고려'와 단절해 동떨어진 자리에 놓이는 게 아니라, 현실에서 그것은 더 넓은 맥락 안에 놓여 조사기구의 구성과 활동에 영향을 끼치는 '사회적-정치적 관심/고려'와 상호관계를 맺고 있는 것으로 이해된다. 민감한 사건/사고에 직면해 한 사회가 어떠한 반응과 대응을 보이는지, 그 '사회적-정치적 관심/고려'는 어떠한지는 조사기구의 구성과 활동과 서로 영향을 주고받는 더 넓은 맥락을 이루고 있는 것이다.

다시 그린 그림에서, 과학 실행을 통해 증거를 수집하고 해석하는 '과학적 조사'는 사건과 사고의 성격에 걸맞은 지식, 정보, 경험의 전문인력으로 구성된 조사기구 안에서 "조직적 판단"을 통해 사건 또는 사고의 원인과 책임을 규명하는 일에 참여한다. 이 그림에서 일부러 점선으로 표현한 것처럼, 과학적 조사와 조직적 판단을 수행하는 조사기구의 형식과 내용이 실제로는 그 사회가 사건과 사고의 충격을 어떻게 받아들이느냐에 따라, 그 사회의 정치적 대응과 대처가 어떻게 이루어지느냐에 따라 달라질 수 있음은 중요하게 언급되어야 한다. 사건과 사고의 성격을 그 사회가 어떻게 인식하고 대처하느냐를 보여주는 "정치적-사회적 관심/고려"가 조사기구의 "과학적 조사"에 영향을 주는 더 넓은 맥락으로서 이해될 수 있다. [그림 8-3]의 표현은, 현실에서 실제로는 정치적-사회적 관심/고려의 영향을 받을 수밖에 없고 그래서 조사결과의 '객관성'은 늘 발표 이후에 검증되고 평가될 수밖에 없는데도 '과학적 조사'가 어떤 맥락에서나 늘 강건한 객관성을 유지하기에 그 결과가 검증과정 없이 수용될 수 있다는 인식을 보여준다. 이와 비교해 새로 그린 [그림 8-3]의 표현은, '과학적 조사'의 객관성은 정치적-사회적 관심/고려의 영향을 받을 수밖에 없기에 사회적으로 민감한 사건/사고의 원인과 책임을 규명하는 조사기구의 '과학적 조사'가 객관성과 신뢰성을 갖춘 조사결과를 산출하도록 하려면 그런 객관성과 신뢰성의 조건에 정치적, 사회적 관심과 고려가 기울여져야 함을 강조하여 보여준다.

천안함 침몰사건이나, 9·11테러 사건, 챌린저 호 폭발 사건, 아이오와 호 선상 폭발 사건 등의 사례를 통해서, 조사기구가 어떻게 구성되며 조사결과는 사회에 어떻게 수용되는가, 조사활동 이후에 논쟁적 상황은 어떻게 전개되는가의 측면에서 보더라도, [그림 8-3]의 인식 틀은 대체로 유지될 수 있다. 더 넓은 맥락은 사건 또는 사고의 성격을 규정하는 데 영향을 주며, '과학적 조사'의 조사결과는 사후에 더 넓은 맥락 안에서 이루어질 수 있는 논쟁적 상황의 전개에 영향을 끼친다. 이런 인식에서 볼 때에, '과학적 조사'의 결과물은 '과학적 조사'가 행해졌다는 것만으로 설명될 수 없으며, 조사활동은 독립적이었는지 그리고 '과학적 조사'와 증거의 생산은 어떻게 행해졌는지의 문제와 연계해 살펴야 함을 이해할 수 있다. 특히나 과거의 시간과 공간에서 단 한 번 일어났으며 이후에 다시는 그대로 재현할 수 없는 사건과 사고의 원인을 조사하면서 그 현장과 증거, 정보를 배타적으로 다룰 수 있는 공적 조사기구를 어떻게 구성하고 어떻게 운영할지는, 이후에 과학적 조사활동의 '객관성'에 대한 신뢰를 얼마나 높일 수 있느냐의 문제를 결정하는 요건이 된다.

대형 사건과 사고의 원인과 책임을 규명하는 조사활동에서 '과학적 조사'가 제 구실을 하게 하는, 즉 조사활동의 결과물이 그 사회 안에서 '객관성'을 인정받는 데에는 일정한 요건이 필요하다. 먼저, 여러 차례 강조되었듯이 조사결과의 '객관성'을 높이기 위해서는 조사기구의 '독립성'의 요건이 사회적, 정치적 관심사로 다루어져야 한다. 조사기구를 구성하는 과정에서 사람들의 대표성representation을 고려해야 하는데, 이는 달리 표현하여 사물의 대표성, 즉 사물의 표상representation을 제대로 구현할 전문인력의 구성이 중요한 관심사로 부각되어야 한다. 인간행위자의 대표성과 비인간행위자의 표상이 제대로 이루어지는 라투르 식의 민주공화국, 즉 "사물정치Dingpolitik"의 개념은 여기에 닿아 있다고 말할 수 있다 (1장 소절 '과학, 정치, 이데올로기'). 또한 사건과 사고의 경위를 이야기하는 시나리오가 주도하는 상황은 경계되어야 한다. 천안함 침몰사건뿐 아니라 여러 사건과 사고의 사례에서 시나리오는 조사활동에서 새로운 단서와 증거를 찾는 데에 필요한 요소이지만, 증거가 불충분한 상황에서 시나리오가 조사활동을 주도할 때에는 충분한 조사를 저해하며 심지어 지지하는 시나리오의 설명을 위해 특정한 증거가 충분히 조사, 분석, 해석되지 않은 채 선택되거나 배제되는 결과를 초래할 수 있기 때문이다.

이와 함께, 사후 검증의 문이 열려 있어야 한다. 법정의 증거나 실험실의 연구결과가 공개 이후에도 검증의 대상이 되듯이, 조사기구 안에 제3자의 독립적인 검토 또는 검증 절차를 두거나 조사결과 발표 이후에 타당한 검증의 절차를 열어두어야 한다. 조사결과에 대해, 검증 가능한 의문이 사회적 쟁점으로 제기될 때에 이에 대해 설명이나 해명, 또는 필요한 경우에 검증과 재조사를 거칠 수 있어야 한다. 조사결과의 '객관성'은 이런 과정을 통해서 높아지고 공고해진다. 이와 관련해, 천안함 침몰사건의 경우에는 소수 과학자들이 참여한 '과학 논쟁'의 과정에서 쟁점이 명료해졌으며 무엇을 어떻게 검증할지의 문제가 쟁점별로 비교적 구체화했으므로 논쟁적 상황과 갈등을 완화하거나 해소하기 위해서 검증이나 재조사의 가능성이 진지하게 검토될 필요가 있다. 이는 사회적 물음에 합리적 설명을 제공함으로써 합조단 조사활동의 객관성을 높이는 과정으로도 이해될 수 있다.

천안함 침몰사건의 경우에 공적 조사기구의 '과학적 조사'는 논쟁적 상황을 해소하는 데 크게 기여하지 못했으며 오히려 그 조사기구의 과학 실행과 그 결과물이 논쟁의 대상이 되었다. 사건과 사고의 원인과 책임을 규명하는 법과학적 실행과, 증거와 시나리오의 판단에서 증거를 생산하는 과학과 기술의 유용함은 사회적 논란과 논쟁을 완화하며 해소하기도 하지만 오히려 사회적 논쟁을 유발할 수도 있음을 천안함 사건을 비롯해 여러 사례에서 볼 수 있었다. 이런 점에서 사회적, 정치적 관심사가 된 사건과 사고의 원인과 책임을 과학적 조사와 증거 분석을 통하여 규명하는 공적 조사기구에서 '과학적 조사'가 전문성과 더불어 객관성과 독립성을 견지할 수 있도록 하는 문제는 사회적, 정치적 관심사가 되어야 한다. 과학과 기술과 관련한 정책의 의사결정에 전문가뿐 아니라 시민의 참여를 넓히자는 논의가 민주주의의 관점에서 다루어지듯이, 사건과 사고의 원인과 책임을 규명하는 법과학적 조사활동과 사후 관리의 틀을 어떻게 구성할지의 논의도 민주주의의 관점에서 진지하게 다루어져야 한다.

천안함 '과학 논쟁'은 한 사회에 정치적이고 사회적인 관심을 불러일으키는 민감한 사건과 사고에 대응하고 대처하는 과정에 과학/기술의 전문지식과 인력이 참여하는 방식과 과학적 조사, 조직적 판단, 사회적-정치적 관심 간의 복잡하고 역동적인 관계를 한국사회라는 맥락에서 보여주는 사례이다. 이 논쟁에서 보았듯이, 과학적 사실의 '객관성'은 과학 실행 그 자체의 결과물에서 곧바로 나오는 게 아니라 개방적이고 투명하며 이해관계에서 독립적인 조사활동을 거쳐 나온다. 또한 조사활동에 사용된 전문적인 과학적 방법론과 과학 실행은 조사기구 울타리 바깥에 있는 전문가집단의 동의와 설득을 얻어가는 과정을 통해 누적되며 단단해질 수 있다. 독립적이고 투명한 조사활동의 조건을 갖추려는 정치적, 사회적 관심이 높은 사회에서, 조사결과의 객관성와 신뢰성은 더욱 높아질 수 있다. 단 하나의 사실과 객관성을 단박에 얻을 수 없다면 그것에 좀 더 가까이 다가가기 위해, 과학적 사실에 대한 믿음만큼이나 그 조사활동이 행해지고 사실을 생산하는, 지루할 수도 난해할 수도 있는 과학 실행의 과정에 대한 사회적, 정치적 관심도 높아져야 한다.

# | 참고문헌 |

■ 1차 자료

〔인터뷰 자료〕

김소구 한국지진연구소 소장, 전 한양대학교 교수 (대면 2014년 8월 29일 녹음과 수기, 전화 2015년 3월 18일 수기)

박중성 기계설계사, 필명 '가을밤' 블로거 (대면 2015년 1월 24일 녹음과 수기)

송태호 한국과학기술원(KAIST) 기계공학과 교수 (대면 2015년 3월 13일 녹음과 수기)

신상철 합동조사단 민간위원, 서프라이즈 대표 (대면 2015년 8월 12일 녹음과 수기)

안수명 재미 기업인, 공학자 (서신 2015년 11월 12일 전자우편)

양판석 캐나다 매니토바대학교 지질학과 분석실장 (서신 2015년 3월 21일 전자우편)

윤종성 합동조사단 과학수사분과장, 후기 합동조사단 공동단장, 현 성신여자대학교 교양교육대학 교수 (대면 2015년 11월10일 녹음과 수기)

이강훈 변호사, 법무법인 덕수 (대면 2015년 8월 25일 녹음과 수기)

이승헌 미국 버지니아대학교 물리학 교수 (대면 2015년 7월 23일 녹음)

이희일 한국지질자원연구원 지진연구센터 전 센터장, 현 책임연구원 (대면 2015년 3월 15일 수기)

정기영 안동대학교 지구환경과학과 교수 (대면 2015년 8월 7일 녹음과 수기)

연구자 ㄱ (국내 대학 물리학 교수, 대면 2015년 8월 6일 녹음과 수기)

연구자 ㄴ (국내 대학 물리학 교수, 대면 2015년 8월 6일 녹음과 수기)

연구자 ㄷ (온라인 연구자 커뮤니티의 사용자, 해외 거주 의공학 연구원, 이메일)

> [* 책에 인용된 대면 인터뷰는 녹음 기록을 글로 옮긴 것이다. 가독성을 위해 녹취문 가운데 중복 표현, 비문 등은 의미를 훼손하지 않는 수준에서 최소로 다듬었음을 밝힌다. 인용문 중의 격쇠 괄호 안은 필자의 첨언이며 […]는 일부 내용의 생략을 의미한다. -필자]

〔관찰과 경험〕

해군 제2함대의 천안함 전시물 견학 [2015년 2월 27일]

국립과학수사연구원의 언론인 연수 프로그램 참여 [2015년 4월 28-30일, 한국언론진흥재단 지원]

에너지 분광기(EDS) 실험실 견학 [2015년 8월 7일, 안동대학교 실험실]

신상철 명예훼손 피소 사건 공판 방청 [2015년 7월 22일, 11월 13일, 11월 23일, 서울중앙지방법원]

[민군 합동조사단 조사결과 보고서]

대한민국 국방부. 2010.『천안함 피격 사건 합동조사결과 보고서』. 명진출판. http://www.mndcic.mil.
    kr/user/cic/mycodyimages/report_kor_1.pdf ; http://www.mndcic.mil.kr/user/cic/mycodyimages/
    report_kor_2.pdf

Ministry of National Defense Republic of Korea. 2010. *Joint Investigation Report: On the Attack against
    ROK Ship Cheonan*. http://www.mndcic.mil.kr/user/cic/mycodyimages/report_eng_1.pdf ; http://
    www.mndcic.mil.kr/user/cic/mycodyimages/report_eng_2.pdf ; http://www.mndcic.mil.kr/user/
    cic/mycodyimages/report_eng_3.pdf

대한민국정부 편집부 엮음. 2011.『천안함 피격사건 백서』. 대한민국정부.


[국방부 자료]

        [아래 자료의 대부분은 대한민국 국방부의 인터넷 홈페이지 [http://www.mnd.go.kr]에 있는
        보도자료 게시판에서 수집한 것이다. 동영상과 책자는 예외.]


국방부. 2010. 언론 브리핑 속기록 자료
        3월 28일 오전 10시30분.
        3월 28일 오후 4시.
        3월 29일 오전 10시30분.
        3월 29일 오후 5시.
        3월 30일 오전 10시30분.
        3월 30일 오후 4시30분.
        4월 1일 오전 10시30분.
        4월 1일 오후 4시
        4월 2일 오전 10시30분.
        4월 4일 오후 4시.
        4월 5일 오후 3시.
        4월 8일 오후 3시.
        4월 9일 오후 3시
        4월 11일 오후 3시
        4월 12일 오후 3시.
        4월 13일 오후 3시.

4월 14일 오전 10시30분.

4월 16일 오전 10시30분.

국방부. 2010년 4월 1일. "천안함 침몰관련 국방부 입장".

국방부. 2010년 4월 5일. "천안함 관련 설명자료(2)".

국방부. 2010년 4월 25일. "함수인양에 따른 현장조사 결과발표."

국방부. 2010년 4월 25일. "천안함 관련". 윤덕용 민군 합동조사단장 발표와 질문/답변.

국방부. 2010년 5월 10일. "천안함 침몰원인 보도 관련 설명자료".

국방부. 2010년 5월 20일. "천안함 침몰사건 조사결과".

국방부. 2010년 6월 8일. "한국 기자협회 제기 천안함 의문점 답변자료".

국방부. 2010년 11월 4일. "'어뢰추진체 내부 조개껍질' 관련 의혹에 대한 국방부 입장".

국방부. 2010년 11월 18일. "입장자료- 「KBS 추적 60분」보도 관련 국방부 입장".

국방부. 2010년. "천안함 폭발 시뮬레이션 영상"(동영상, 등록일 9월 13일). https://youtu.be/
iCpPUqVt3ls

국방부. 2012년 8월 29일. "한겨레신문(8.27, 1면·면) '천안함, 기뢰폭발로 침몰 가능성' 보도 관련 입장"


[국회 회의록]

제289회 국회 본회의 제1차 회의록, 2010년 4월 2일

제289회 국회 국방위원회 회의록

제1호, 2010년 4월 14일

제2호, 2010년 4월 19일

제3호, 2010년 4월 30일

제290회 국회 천안함침몰사건진상조사특별위원회 회의록

제1호, 2010년 5월 24일

제2호, 2010년 5월 28일

제291회 국회 천안함침몰사건진상조사특별위원회 회의록

제3호, 2010년 6월 11일

제4호, 2010년 6월 25일


[법정 증언]

서울중앙지방법원 사건 2010고합1201 공판조서

박정수 증인 신문조서. 2014년 1월 13일.

정정훈 증인 신문조서. 2014년 4월 28일.

김인주 증인 신문조서. 2014년 6월 23일.

이재명 증인신문조서. 2014년 9월 15일.

황을하 증인 신문조서. 2014년 9월 29일.

노인식 증인 신문조서. 2015년 6월 8일

서재정 증인 신문조서. 2015년 7월 22일

이승헌 증인 신문조서. 2015년 7월 22일

이근득 증인 신문조서. 2015년 9월 14일.

이근득 증인 신문조서, 2015년 10월 12일

윤덕용 증인 신문조서. 2015년 10월 12일.

윤덕용 증인 신문조서. 2015년 11월 13일.

법원 검증조서. 2015년 10월 26일.

[미국 해군 자료]

미국 해군 정보공개자료 (안수명의 정보공개청구에 의함, 참조 http://ahntime.com)

Document 1.

Document 2.

Document 3.

Document 4.

Document 5.

Document 6.

Document 7.

Document 8.

Document 9.

Document 10.

Eccles, Thomas. May 27, 2010. "Loss of ROKS CHEONAN: US Support to the Republic of Korea Joint Investigative Group, 12 April through 24 May 2010." [in form of presentation file].

Multi-National Intelligence Support Element, ROK JIG. 2010. "Republic of Korea Ship(ROKS) Cheonan(PCC 772) Sinking Overview Brief." 30 July. [in form of presentation file].

[과학논문과 보고서]

Hong, Tae-Kyung. 2011. "Seismic investigation of the 26 March 2010 sinking of the South Korean naval vessel Cheonanham." *Bulletin of the Seismological Society of America* 101(4): 1554-1562.

Kim, Hwang Su and Mauro Caresta. 2014."What Really Caused the ROKS Cheonan Warship Sinking?" *Advances in Acoustics and Vibration* Volume 2014, Article ID 514346, 10 pages. Published online. http://www.hindawi.com/journals/aav/2014/514346/

518 천안함의 과학 블랙박스를 열다

Kim, Kwang Sup. 2013. "Comment on Underwater Explosion (UWE) Analysis of the ROKS Cheonan Incident by S.G. Kim and Y. Kitterman." *Pure and Applied Geophysics* 170(3): 473-478.

Kim, So Gu and Yefim Gitterman. 2012[2013]. "Underwater Explosion (UWE) Analysis of the ROKS Cheonan Incident." *Pure and Applied Geophysics* 170: 547-560. Published On-line: 10 August 2012.

Kim, So Gu and Yefim Gitterman. 2013. "Reply to Comment on 'Underwater Explosion (UWE) Analysis of the ROKS Cheonan Incident' by K. S. Kim. *Pure and Applied Geophysics* 170(3): 479-484.

Kim, So Gu, Yefim Gitterman, and Orlando Camargo Rodriguez. 2013. "Estimation of depth and charge weight for a shallow underwater explosion using cut off frequencies and ray-trace modeling." *Science Research* 1(6): 75-78.

Kim, So Gu. 2013. "Forensic Seismology and Boundary Element Method Application vis-a-vis ROKS Cheonan Underwater Explosion." *Journal of Marine Science and Application* 12: 422-433.

Kim, So Gu, Yefim Gitterman, and Orlando Camargo Rodriguez. 2014. "Estimating depth and explosive charge weight for an extremely shallow underwater explosion of the ROKS Cheonan sinking in the Yellow Sea." *Methods in Oceanography* 11: 29-38.

Lee, Seung-Hun. 2010[v1/v2]. "Comments on the Section 'Adsorbed Material Analysis' of the CheonAn Report made by the South Korean Civil and Military Joint Investigation Group (CIV-MIL JIG)." aXiv.org. [v1] Thu, 3 Jun 2010 ; [v2] Sun, 6 Jun 2010. http://arxiv.org/vc/arxiv/papers/1006/1006.0680v1.pdf ; http://arxiv.org/vc/arxiv/papers/1006/1006.0680v2.pdf

Lee, Seung-Hun. 2010[v3]. "Was the 'Critical Evidence' presented in the South Korean Official Cheonan Report Fabricated?" aXiv.org. [v3] Fri, 11 Jun 2010. http://arxiv.org/ftp/arxiv/papers/1006/1006.0680.pdf

Lee, Seung-Hun and Panseok Yang. 2010. "Was the 'Critical Evidence' presented in the South Korean Official Cheonan Report Fabricated?" aXiv.org. [v4] Mon, 28 Jun 2010. http://arxiv.org/ftp/arxiv/papers/1006/1006.0680.pdf

Lee, Seung-Hun and Jae-Jung Suh. 2013. "South Korean Government's Failure to Link the Cheonan's Sinking to North Korea: Incorrect Inference and Fabrication of Scientific Data." *The International Journal of Science in Society* 4(1): 15-24.

Song, Tae-Ho. 2011. "Thermal analysis on the letter mark spot of the corvette Cheonan-hit torpedo." *Journal of Mechanical Science and Technology* 25(4): 937-943.


송태호. 2010년 7월 26일. "천안함 어뢰 '1번' 글씨 부위 온도 계산 보고서". KAIST 열전달연구실 온라인 게시판. http://htl.kaist.ac.kr/bbs/board.php?bo_table=bbs04&wr_id=16

송태호. 2010년 8월 6일. "천안함 어뢰 '1번' 글씨 부위 온도계산 [Review]". KAIST 열전달연구실 온라인 게시판. http://htl.kaist.ac.kr/bbs/board.php?bo_table=bbs04&wr_id=17

송태호. 2010년 8월 13일. "천안함 어뢰 '1번' 글씨 부위 온도계산 [Review 2호]". KAIST 열전달연구실 온라인 게시판. http://htl.kaist.ac.kr/bbs/board.php?bo_table=bbs04&wr_id=18

양판석. 2010년 10월 12일. "천안함 및 어뢰 흡착물의 분석결과"(1차 보고서). http://media.nodong.org/bbs/download.php?table=bbs_42&idxno=32613_2&file_extension=pdf&filename=%BE%E7%C6%C7%BC%AE%B9%DA%BB%E7%C8%AD%C7%D0%BA%D0%BC%AE%B0%E1%B0%FA.pdf

양판석. 2010년 10월 27일. "천안함 침전물 2차분석결과 및 해석."(2차 보고서). http://www.ibric.org/myboard/view.php?Board=scicafe000692&filename=0007811_1.pdf&id=7811&fidx=1

정기영. 2010년 11월 8일. "KBS 제공 시료 분석결과 요약".

정기영. 2010년 11월 10일. "한겨레21 제공 시료 분석결과 요약".


[그 밖의 1차 자료]

강춘. 2010. 『강호룡 기자가 살펴본 천안함 피격사건의 진실』(웹툰). 국방부. http://cheonan46.go.kr/category/Story, 천안함 이야기/웹툰

강태호 등. 2010. 『천안함을 묻는다: 의문과 쟁점』. 창비.

권정일, 정정훈, 이상갑. 2005. "해석모델링 방법에 따른 선체거더의 수중폭발 휘핑응답 비교".《대한조선학회논문집》42(6): 631-635.

권정일, 정정훈, 이상갑. 2005. "휘핑계수-수중폭발 가스구체 압력파 크기의 척도".《대한조선학회논문집》42(6): 637-643.

김보근 등. 2010. 『봉인된 천안함의 진실: 20개의 키워드로 읽는 천안함 사건』. 한겨레신문사.

김찬주. 2011. "재야과학자들, 그리고 과학과 비과학의 경계".《물리학과 첨단과학》7-8월호: 32-34.

김희원. 2007. "제로존 이론은 과학적 범주 벗어난 주장".《과학과 기술》10월호: 30-33.

문화연대 외 주최 토론회. 2010년 4월 13일. 『천안함 참사 관련 정부의 정보통제와 언론보도의 문제점』.

생물학연구정보센터(BRIC) '과학의 눈으로 바라본 천안함 사고 원인' 게시판. 2010년 9월 16일. "김광섭박사-Dr. Song's method fails to calculate the bubble temperature accurately." (게시자 天安) http://bric.postech.ac.kr/scicafe/read.php?Board=scicafe000692&id=4241 [이 글은 본래 김광섭이 카이스트 열전달연구실 게시판에 게시했으나, 게시판 운영정책에 따라 삭제되기에 앞서 BRIC의 게시판으로 옮긴 것이다.]

생물학연구정보센터(BRIC) '과학의 눈으로 바라본 천안함 사고 원인' 토론방 게시판. 2010년 8월 6일. "버블의 가역 vs 비가역에 대해…". http://bric.postech.ac.kr/scicafe/read.php?Board=scicafe000692&id=2021 [이 글은 본래 카이스트 열전달연구실 게시판에 게시되었으나, 게시판 운영정책에 따라 삭제되기에 앞서 BRIC의 게시판으로 옮겨진 것이다.]

서재정, 이승헌. 2010. "결성석 승거, 결정적 의문 -천안함 민군합동조사단 보고에 부쳐".《창작과비평》149호: 294-317.

서재정, 이승헌. 2010. "'1번'에 대한 과학적 의혹을 제기한다". 경향신문 6월 1일. 35면.

송태호. 2010. "천안함, 과학인가 정치인가?"《시대정신》겨울호: 196-216.

신상철. 2012. 『천안함은 좌초입니다: 천안함 조사위원으로 참여한 선박전문가 신상철의 비망기』. 책보세.

신형철, 김규성, 김재현, 전재황. 2004. "수중 폭발 충격을 받는 잠수함 액화 산소 탱크의 구조-유체 연성 해석". 대한기계학회 2004년 추계학술대회논문집. 419-424쪽.

안수명. 2012년 7월 5일. "미 잠수함 전문가 '나는 왜 천안함에 의문 갖는가.'" 한겨레 온라인판. http://www.hani.co.kr/arti/politics/defense/541136.html

양판석. 2010년 6월 18일. "민군조사단의 천안함 EDS 분석결과와 지질학". 코리어스 자유게시판. http://korearth.net/bbs/board.php?bo_table=free_board&wr_id=297&page=2.

양판석. 2010년 6월 30일. "천안함 EDS 분석자료에 대한 반박 -양판석". 코리어스 자유게시판. http://korearth.net/bbs/board.php?bo_table=free_board&wr_id=302&page=2.

양판석. 2010년 7월 3일. "천안함 흡착물과 지질학, 그리고 나의 소설". 코리어스 자유게시판. http://korearth.net/bbs/board.php?bo_table=free_board&wr_id=307&page=2.

양판석. 2010년 7월 11일. "천안함 흡착물 EDS 논쟁을 마치며 -양판석", 코리어스 자유게시판. http://korearth.net/bbs/board.php?bo_table=free_board&wr_id=313&page=1.

양판석. 2015년 10월 2일. "천안함 재판관련 이근득 박사의 증언에 대한 양판석의 반박". 개인 서신]

윤종성. 2011. 『천안함 사건의 진실』. 한국과미국.

이명박 대통령 라디오 연설. 2010년 4월 5일. http://www.ktv.go.kr/other_pages/radio_speech/radio_speech_view_kor.jsp?cid=333475&gotoPage=7.

이상갑, 권정일, 정정훈. 2003. "캐비테이션을 고려한 부유구조물의 3차원 수중폭발 충격응답 해석", 《대한조선학회논문집》40(6): 1-11.

이상갑, 권정일, 정정훈. 2007. "수중폭발 충격파와 가스구체 압력파를 함께 고려한 구조물의 동적응답 해석".《대한조선학회논문집》44(2): 148-153.

이상갑, 정정훈. 2002. "수중폭발 충격응답 시뮬레이션 기술현황 및 발전방향".《대한조선학회지》39: 83-89.

이승헌. 2010년 8월 3일. "천안함 진실은 상식인들의 집단 이성이 풀 수 있다". 한겨레 온라인매체 hook. http://hook.hani.co.kr/blog/archives/9910. [글이 실린 사이트의 폐쇄로 인해 2015년 1월 22일 현재 접근 불능. 복사본을 다른 곳에서 볼 수 있다. http://goo.gl/zMmzVt]

이승헌. 2010. 『과학의 양심 천안함을 추적하다: 물리학자 이승헌의 사건 리포트』. 창비.

이용섭. 2010. "함정의 수중폭발에 의한 침몰사례".《대한조선학회지》47(4): 3-6.

정석균, 전정범. 2009. "주사전자현미경의 기본원리와 응용, prat 1".《공업화학전망》23(6): 39-46.

정정훈. 2010. "수중폭발에 의한 함정의 손상".《대한조선학회지》47(4):.16-18.

제일영 이희일 전정수 신인철 지헌철. 2010. "국내 인프라사운드 관측기술의 최신 연구 동향".《지구물리와 물리탐사》13(3): 286-294.

참여연대. 2010년 5월 25일. "천안함 조사결과 발표로 해명되지 않는 8가지 의문점"; "천안함 조사과정의 6가지 문제점". http://www.peoplepower21.org/Peace/582641.

참여연대. 2010년 10월 21일. "천안함 관련 국방부 24대 말 바꾸기". http://www.peoplepower21.org/PSPD_press/785591.

천안함 조사결과 언론보도 검증위원회(한국기자협회, 한국PD연합회, 전국언론노동조합). 2010

년 10월 12일. 『천안함 종합 보고서: 더 이상 '버블제트'는 없다』. http://media.nodong.org/bbs/download.php?table=bbs_42&idxno=32613&file_extension=pdf&filename=%BE%F0%B7%D0%B0%CB%C1%F5%C0%A7%C1%BE%C7%D5%BA%B8%B0%ED%BC%AD20101012(%C3%D6%C1%BE).pdf

한국과학기술인연합(scieng.net) 시사이슈 토론방 게시판. 2010년 8월 5일. "이승헌 교수 반박기사 의 문점(계산추가)" (게시자 Salomon_s house). http://www.scieng.net/zero/view.php?id=discuss2&page=1&category=&sn=off&ss=on&sc=on&keyword=&select_arrange=headnum&desc=asc&no=1183 (2015년 1월 22일 접근) [이 글이 실린 사이트의 개편으로 과거의 여러 게시물이 검색되지 않으며 여기에 인용된 게시물도 2015년 12월 30일 현재 검색되지 않는다.]

홍성기. 2011. "인터뷰: 전 천안함 민군합동조사단 단장 윤덕용 교수".《시대정신》봄호: 269-310.


BBC News. 2002, 1 July. "Final Report Blames Fuel Kursk Disaster." http://news.bbc.co.uk/2/hi/europe/2078927.stm.

Bowers, David and Neil D. Selby. 2009. "Forensic Seismology and the Comprehensive Nuclear-Test-Ban Treaty." *Annual Review of Earth and Planetary Sciences* 37: 209-36.

Carpenter, E. W. 1966. "Teleseismic Signals Calculated for Underground, Underwater, and Atmospheric Explosions." *Geophysics* 32(1): 17-32.

Cole, Robert H. 1948. *Underwater Explosions*. Princeton: Princeton University Press.

Committee on Modeling and Simulation for Defense Transformation, National Research Council. 2006. *Defense Modeling, Simulation, and Analysis: Meeting the Challenge*. The National Academies Press. http://www.nap.edu/catalog/11726.html.

Costanzo, Frederick A. 2010. "Underwater Explosion Phenomena and Shock Physics." In Tom Proulx ed. *Proceedings of the 28th IMAC, A Conference on Structural Dynamics*. Pp. 917-938.

Choo Kyu ho. 2010. "Investigation of warship sinking," Nature 467: 531.

European Union. 2010, 20 May. "Statement by High Representative Catherine Ashton on the publication of the report on the sinking of the Republica of Korea Ship 'Cheonan."

GAO (U.S. General Accounting Office). 1991. *Report to Congressional Requesters: BATTLESHIPS- Issues Arising From the Explosion Aboard the U.S.S. Iowa*. http://archive.gao.gov/d21t9/143037.pdf.

Gitterman, Yefim. 2002. "Implications of the Dead Sea Experiment Results for Analysis of Seismic Recordings of the Submarine Kursk Explosions." *Seismological Research Letters* 73(1): 14-24.

Gregg, Donald P. 2010, 31 August. "Testing North Korean Waters." *The New York Times* http://www.nytimes.com/2010/09/01/opinion/01iht-edgregg.html?_r=0

Holden, Constance. 2001. "Eavesdropping on Doomed Sub." *Science* 291: 243.

Keil, Klaus and Ray Fitzgerald and Kurt F.J. Heinrich. 2009. "Celebrating 40 Years of Energy Dispersive X-Ray Spectrometry in Electron Probe Microanalysis: A Historic and Nostalgic Look Back into the Beginnings." *Microscopy and Microanalysis* 15(6): 476-483.

Kim, Kwang Sup. 2010. "Concerns regarding sinking of South Korean warship." *Nature* 466: 815.

Koper, Keith D., Terry C. Wallace, Steven R. Taylor, Hans E. Hartse. 2001. "Forensic seismology and the sinking of the Kursk." *Eos, Transactions American Geophysical Union* 82(4): 37–46.

McCarthy, John and John Friel and Patrick Camus. 2009. "Impact of 40 Years of Technology Advances on EDS System Performance." *Microscopy and Microanalysis* 15(6): 484–490.

McMullan, D. 2006. "Scanning Electron Microscopy 1928-1965." *Scanning* 17(3): 175-185.

Ministry of Foreign Affairs of Japan. 2010. "Press Conference by the Deputy Press Secretary, 27 May 2010". http://www.mofa.go.jp/announce/press/2010/5/0527_01.html.

National Research Council (Committee on Identifying the Needs of the Forensic Sciences Community). 2009. *Strengthening Forensic Science in the United States: A Path Forward.* The National Academies Press. http://www.nap.edu/catalog/12589.html

Nature (Editorials). 2014. "Journals unite for reproducibility." *Nature* 515: 7.

Nature (Editorials). 2014. "STAP retracted." *Nature* 511: 5-6.

Nature News (Cyranoski, David). 2010. "Questions raised over Korean torpedo claims." *Nature* 466: 302-303.

Nature News (Cyranoski, David). 2010, 8 July. "Controversy over South Korea's sunken ship." *Nature.* Published online. http://www.nature.com/news/2010/100708/full/news.2010.343.html

Nature News (Cyranoski, David). 2014, 17 February. "Acid-bath stem-cell study under investigation." *Nature.* Published online. http://www.nature.com/ne,ws/acid-bath-stem-cell-study-under-investigation-1.14738

Perkins, Sid. 2001. "Explosions, Not a Collision, Sank the Kursk." *Science News* 159(Jan. 27): 53.

Pezzo, Edoardo Del, Anna Esposito, Flora Giudicepietro, Maria Marinaro, Marcello Martini and Silvia Scarpetta. 2003. "Discrimination of Earthquakes and Underwater Explosions Using Neural Networks." *Bulletin of the Seismological Society of America* 93(1): 215-223.

Reaves, Marshall Louis et al. 2012. "Absence of Detectable Arsenate in DNA from Arsenate-Grown GFAJ-1 Cells." *Science* 337: 470-473.

Reid, Warren D. 1996. *The Response of Surface Ships to Underwater Explosions.* Aeronautical and Maritime Research Laboratory, Department of Defence, Australia.

Schamber, Frederick H. 2009. "35 Years of EDS Software." *Microscopy and Microanalysis* 15(6): 491-504.

Science (Editorial, Marcia McNutt). 2014. "Journals unite for reproducibility." *Science* 346: 679.

Serway, Raymond A. & John W. Jewett, Jr. 2002. *Principles of Physics.* 3rd ed., Harcourt College Publisher.

Shin, Jin Soo, Dong-Hoon Sheen and Geunyoung Kim. 2010. "Regional observations of the second North Korean nuclear test on 2009 May 25." *Geophysical Journal International* 180: 243-250.

Takaku, Yasuharu et al. 2014. "A 'NanoSuit' surface shield successfully protects organisms in high vacuum: observations on living organisms in an FE-SEM." *Proceedings of the Royal Society B* 282: 20142857. http://dx.doi.org/10.1098/rspb.2014.2857

The Academy of Medical Sciences, UK. 2015. *Reproducibility and Reliability of Biomedical Research: Improving Research Practice.* Symposium Report. http://www.acmedsci.ac.uk/policy/policy-projects/reproducibility-and-reliability-of-biomedical-research/

The 9/11 Commission (The National Commission on Terrorist Attacks Upon the United States). 2004. *The 9/11 Commission Report.* http://www.9-11commission.gov/report/911Report.pdf.

The Rogers Commission (Presidential Commission on the Space Shuttle Challenger Accident), *Report of the Presidential Commission on the Space Shuttle Challenger Accident.* (6 June 1986). http://history.nasa.gov/rogersrep/genindex.htm.

The White House (United States of America). 2010, 19 May. "Statement by the Press Secretary on the Republic of Korea Navy ship the Cheonan." https://www.whitehouse.gov/the-press-office/statement-press-secretary-republic-korea-navy-ship-cheonan.

United Nations Security Council. 2010, 9 July. "Statement by the President of the Security Council."

United Nations Security Council. 2010, 4 June. "Letter dated 4 June 2010 from the Permanent Representative of the Republic of Korea to the United Nations addressed to th President of the Security Council."

United Nations Security Council. 2010, 8 June. "Letter dated 8 June 2010 from the Permanent Representative of the Democratic People's Republic of Korea to the United Nations addressed to th President of the Security Council."

U.S. Government Printing Office. 1990. *Review of the Department of the Navy's Investigation into the Gun Turret Explosion Aboard the U.S.S. "Iowa", Hear-ings before the Committee on Armed Services United States Senate, One Hundred First Congress, First Session, Nov. 16; Dec. 11, 1989; May 25, 1990.* https://ia700407.us.archive.org/0/items/reviewofdepartme00unit/reviewofdepartme00unit.pdf

Wallace, Terry C., Keith D. Koper, Mark Tinker, Steven R.Taylor, Hans E. Hartse. "Seismic Analysis of the 12 August 2000 Kursk Submarine Disaster in the Barents Sea." Los Alamos National Laboratory LA-UR-00-4261. no date. Available at the LANL Research Library website. http://lib-www.lanl.gov/la-pubs/00818342.pdf

Wolfe-Simon, Felisa et al. 2011. "A Bacterium That Can Grow by Using Arsenic Instead of Phosphorus." *Science* 332: 1163-1166.

[Retracted] Haruko Obokata et al. 2014. "Stimulus-triggered fate conversion of somatic cells into pluripotency." *Nature* 505: 641-647 ; Haruko Obokata et al.. 2014. "Bidirectional developmental potential in reprogrammed cells with acquired pluripotency." *Nature* 505: 676-680.

이화학연구소(理化学研究所). 2014. "研究論文(STAP細胞) の疑義に関する調査報告について(その 2)". 4月 1日. http://www.riken.jp/pr/topics/2014/20140401_2/.

이화학연구소(理化学研究所). 2014. "STAP細胞論文に関する調査結果について". 12月 26日. http://www.riken.jp/pr/topics/2014/20141226_1/.

[언론보도 자료]

조선일보. 2010년 3월 27일. "함정 내부폭발이나 기뢰 충돌 가능성…교전은 아닌 듯". 2면.

동아일보. 2010년 3월 29일. "얕은 수심…강한 폭발…'외부요인이라면 기뢰일 확률 높아'". 2면.

조선일보. 2010년 3월 29일. "'기뢰 폭발 가능성' 집중 조사". 1면.

조선일보. 2010년 3월 29일. "기뢰에 맞으면 충격파로 붕 떠…/ 50cm쯤 떠올랐다는 증언 뒷받침". 4면.

중앙일보. 2010년 3월 29일. "천안함 침몰, 외부 충격? 내부 폭발? / 휘어진 철판 방향이 사건 규명 열 쇠". 4-5면.

한국일보. 2010년 3월 29일. "기뢰 등 외부충격 가능성이 높다". 1면.

한국일보. 2010년 3월 29일. "전문가들이 본 사고 원인- 기뢰와 충돌? 스크루 부분서 폭발…음향감응 식 기뢰라면 가능". 3면.

동아일보. 2010년 3월 30일. "'北기뢰 원인설' 엇갈린 분석- '흘러온 기뢰일수도' '레이더에 잡혔을 것'". 5면.

조선일보. 2010년 3월 30일. "기뢰, 수중에서 터지면 '버블 제트' 효과, 배 직접 타격 때보다 엄청난 위력 발휘". 4면.

조선일보. 2010년 3월 30일. "北 해상저격부대 소행 가능성 제기- 고위 탈북자들 '기뢰 매단 2인용 잠 수 어뢰정 타고 침투 땐 감지 안 돼". 5면.

한국일보. 2010년 3월 30일. "조선·군함 전문가들 진단/ '강력한 외부 충격에 무게/ 기뢰·어뢰 단언 은 어려워'". 5면.

미디어오늘. 2010년 3월 31일. "KBS 수중암초 보도, 미스터리 풀까". 5면.

조선일보. 2010년 3월 31일. "'침몰 전후 北 잠수정이 움직였다". 1면.

중앙일보. 2010년 3월 31일. "본지, 전문가 21명 긴급 설문조사- 전문가 57% '천안함 침몰, 기뢰나 어 뢰 때문인 듯' '고의적이든 우발적이든 북한과 관련 있다' 52%". 10면.

한겨레. 2010년 3월 31일. "천안함-2함대 '교신일지 공개'가 의혹 풀 열쇠 -군 지나친 '비밀주의' 비판". 3면.

경향신문. 2010년 4월 1일. "함수·함미 절단면 매끈…'피로 파괴' 새롭게 부상". 5면.

한겨레. 2010년 4월 1일. "천안함 칼로 자른 듯 두 동강 '금속 피로 따른 파괴 가능성'". 4면.

경향신문. 2010년 4월 1일. "의혹 키우는 기밀주의". 1면.

조선일보. 2010년 4월 1일. "'천안함 절단면 칼로 자른 듯 깨끗'/ '어뢰·기뢰 수중폭발설' 힘 받아". 4면.

조선일보. 2010년 4월 1일. "北 반잠수정, 수심 20~30m에서 어뢰 공격 가능". 4면.

경향신문. 2010년 4월 2일. "'지진파' 원인 규명 단서될까". 5면.

국민일보. 2010년 4월 3일. "국방장관 '어뢰 공격' 첫 언급…파편 발견이 관건/ 침몰원인 규명 새국면". 3면.

조선일보. 2010년 4월 3일. "'어뢰에 의한 피격'이라면…명백하게 '의도된 공격'". 3면.

중앙일보. 2010년 4월 3일. "폭발에 의한 '인공지진' 분명/ 백령도서 이런 관측은 처음". 6면.

한겨레. 2010년 4월 3일. "'폭발이냐 암초냐' 지진파가 답해줄까". 3면.

한국일보. 2010년 4월 3일. "軍, 지진파 보고받고 닷새간 묵살". 1면.

한국일보. 2010년 4월 3일. "北, 사거리 15km 호밍어뢰? '자폭용' 인간어뢰 등 보유". 2면.

중앙선데이[SUNDAY]. 2010년 4월 4일. "정부는 말 바꾸고 네티즌은 음모론 '불신의 바다'". 5면.

경향신문. 2010년 4월 5일. "천안함 진상조사 신뢰 확보가 관건이다". 31면.

동아일보. 2010년 4월 5일. "빠른 조류에 파편 쓸려갈 수도…어뢰 증거찾기 쉽지 않아". 4면.

동아일보. 2010년 4월 5일. "폭발 2초만에 두동강…암초 충돌음 없어". 4면.

동아일보. 2010년 4월 5일. "오로지 眞實 위에서 대응해야 국제 신뢰 얻는다". 35면.

조선일보. 2010년 4월 5일. "기뢰가 원인이라면 '우연에 우연' 겹쳐야?…가능성 희박". 6면.

중앙일보. 2010년 4월 5일. "5.4 cm 그물눈과 국가의 진로". 34면.

조선일보. 2010년 4월 5일. "北잠수정 침투 탐지율 50%로 안 돼 -김장수 前국방장관 밝혀". 제6면.

조선일보. 2010년 4월 6일. "바다밑 철제 파편 30여개 위치 확인". 4면.

조선일보. 2010년 4월 6일. "대한민국 신뢰가 천안함 진상 조사에 달려 있다". 39면.

문화일보. 2010년 4월 7일. "손톱만한 파편이라도 건져내겠다". 5면.

서울신문. 2010년 4월 7일. "원인 밝혀줄 열쇠 금속파편 찾아라". 3면.

조선일보. 2010년 4월 7일. "어뢰였다면 스크루 파편 남아있을 가능성". 3면.

중앙일보. 2010년 4월 7일. "'천안함 철판 찢어지면서 떨어져 나가' / 어뢰나 기뢰에 의한 피격 가능성 커지는데…". 4-5면.

중앙일보. 2010년 4월 7일. "군사기밀 유출은 또 다른 안보 위험으로 직결된다". 38면.

경향신문. 2010년 4월 8일. "'물기둥 · 화약냄새 · 어뢰탐지 없었다'…2차례 꽝음 왜? -생존 승조원들 증언 불구 침몰원인 여전히 미궁". 3면.

오마이뉴스. 2010년 4월 8일. "故 한주호 준위 '제3임무설'? 대체 무엇이 진실이냐 -대정부질문". 온라인 http://www.ohmynews.com/NWS_Web/view/at_pg.aspx?CNTN_CD=A0001360787

미디어오늘. 2010년 4월 9일. "KBS '고 한주호 준위 '제3 장소'에서 사망' /국방부 '명백한 오보…UDT 동지회 장소 착각". 온라인 http://www.mediatoday.co.kr/news/articleView.html?idxno=87327

중앙일보. 2010년 4월 10일. "절단면 매끈하면 어뢰 · 기뢰 수중폭발…뜯겼다면 충돌 폭발". 2-3면.

경향신문. 2010년 4월 12일. "'천안함' 피격 결론 나도 영구 미제 가능성". 12면.

조선일보. 2010년 4월 12일. "220km 떨어진 철원서도 음파/ 北 어뢰라면 重어뢰로 추정". 6면.

한겨레. 2010년 4월 12일. "백령도 바다에 30년전 기뢰 100여개 있다". 9면.

경향신문. 2010년 4월 16일. "어뢰 의한 충격에 무게…일부선 '아직 단정 일러'". 3면.

조선일보. 2010년 4월 16일. "내부 폭발, 피로 파괴, 암초 충돌 아닌 걸로 '최종확인'". 4면.

조선일보. 2010년 4월 16일. "'배에 큰 구멍 안 뚫려…직접 타격 아닌 버블제트' -해군 · 군함 전문가들에게 물어보니…". 5면.

중앙일보. 2010년 4월 16일. "절단면 너덜너덜, 나머지는 말끔…어뢰 폭발 가능성". 3면.

한겨레. 2010년 4월 16일. "절단면 빼고 파손흔적 없어…'외부충격 받은 듯' -인양된 함미로 추정한 사고원인". 5면.

경향신문. 2010년 4월 26일. "비접촉 폭발물 '어뢰나 기뢰'에 무게". 9면.

조선일보. 2010년 4월 26일. "아메바처럼 증식하는 '인터넷 괴담'". 4면.

조선일보. 2010년 4월 26일. "혐의자는 北 重어뢰…파편 찾는 게 관건". 5면.

한국일보. 2010년 4월 26일. "남은 과제는 '폭발 물질 파편 찾기'". 5면.

문화일보. 2010년 4월 26일. "오후여담- 인터넷 괴담". 30면.

동아일보. 2010년 4월 28일. "보고 싶은 것만 보고, 믿고 싶은 것만 믿나". 35면.

한겨레. 2010년 4월 29일. "정부가 부정확한 정보로 의혹 키웠는데- - 검찰 '인터넷 유언비어 처벌' 으름장". 10면.

프레시안. 2010년 5월 20일. "[합조단 일문일답] '130톤급 잠수정 침투해 중어뢰 발사". 온라인 http://www.pressian.com/news/article.html?no=3061

조선일보. 2010년 5월 21일. "'발견된 어뢰가 천안함 공격' 어떻게 확인했나/ 천안함 선체 곳곳서 수거한 산화물, 어뢰 프로펠러에 묻은 것과 '일치'". 2면.

연합뉴스. 2010년 5월 24일. "하토야마 '독자적 대북제재 검토'(종합)". http://news.naver.com/main/read.nhn?mode=LSD&mid=shm&sid1=100&oid=001&aid=0003292284

동아일보 2010년 5월 27일. "美하원 대북규탄 결의안 '411 대 3' 통과." 1면

동아일보. 2010년 5월 29일. "認知不조화의 포로들". 27면.

프레시안. 2010년 5월 31일. "美 물리학자 '어뢰 폭발했다면 '1번' 글씨 타버려'". 온라인 http://www.pressian.com/news/article.html?no=60732

조선일보. 2010년 6월 24일. "국민 70% 넘게 '北이 천안함 공격' 지목하는데… -행안부 20000명 여론조사". 10면.

조선일보. 2010년 6월 30일. "어뢰추진체 '1번' 글씨 왜 안지워졌나/ '폭발 때 뒤로 밀려 고온 영향 안받아'". 8면.

조선일보. 2010년 7월 9일. "음모론자들의 외국 회견". 30면.

한겨레21. 2010년 7월 19일, "또 하나의 의혹 스크루 '면밀하게 조사하지 못했다'". 제44-47면.

한겨레. 2010년 7월 27일. "러, 천안함 침몰 원인 '기뢰' 추정". 1면.

중앙선데이. 2010년 8월 22일. "이슈토론 중앙SUNDAY vs 국방부 천안함 합조단/ 쟁점(1) 어뢰 '1번' 글씨와 알루미늄 산화물". 10면.

조선일보. 2010년 9월 8일. "'천안함, 정부 조사 믿는다' 10명 중 3명 -서울대 통일평화硏 조사". 4면.

조선일보. 2010년 9월 27일. "천안함 음모론의 逆說". 30면.

한겨레21. 2010년 10월 11일. "아무리 물을 타도 국방부 실험은 틀렸다". 14-16면.

프레시안. 2010년 10월 12일. "천안함 흡착물, 폭발과 무관한 바스알루미나이트- 지질학자 양판석 박사 '상온·저온서 나오는 수산화물일 뿐'". 온라인 http://www.pressian.com/news/article.html?no=61232

조선일보. 2010년 10월 20일. "국민 69% '천안함은 北소행'". 6면.

경향신문. 2010년 11월 4일. "어뢰추진체 속 백색침전물 붙은 조개, 천안함 공격과 무관하단 또다른 증거". 2면.

KBS (추적 60분). 2010년 11월 17일. "의문의 천안함, 논쟁은 끝났나?". http://www.kbs.co.kr/end_program/2tv/sisa/chu60_old/vod/1684615_879.html.

한겨레21. 2010년 11월 22일. "천안함 흡착물은 '알루미늄황산염수화물', 폭발재가 아니다". 14-18면.

조선일보. 2010년 12월 14일. "잠시 숨은 천안함 음모론". 38면.

동아일보. 2011년 3월 24일. "국민 80% '천안함 폭침사건은 北 소행'". 5면.

오마이뉴스. 2011년 3월 24일. "가리비 나왔던 '1번' 어뢰추진체 이번엔 동해에만 사는 붉은 멍게 발견". 온라인 http://www.ohmynews.com/NWS_Web/View/at_pg.aspx?CNTN_CD=A0001541412.

프레시안. 2011년 9월 21일. "'그래도 정부의 '천안함 발표' 못 믿겠다' 우세". 온라인 http://www.pressian.com/news/article.html?no=62675.

한겨레. 2012년 8월 27일. "'천안함, 기뢰 폭발로 침몰 가능성' 국제 학술지에 실려". 1면.

한겨레 사이언스온. 2014년 11월 28일. "'천안함 지진파 기록에 '잠수함 충돌' 단서 있다' -학술논문". 온라인 http://scienceon.hani.co.kr/218305.

뉴스타파. 2015년 3월 25일. "[천안함 5년②] 엉터리 근거로 어뢰 공격 단정한 합조단". 온라인 http://newstapa.org/24323.

한겨레 사이언스온. 2015년 3월 25일. "천안함 과학논문들로 돌아본, 합조단 조사결과 쟁점". 온라인 http://scienceon.hani.co.kr/250458.

뉴스타파. 2015년 3월 25일. "정부 천안함 조사, 47.2%가 불신". 온라인 http://newstapa.org/24294.

한겨레 사이언스온, "자료: 천안함 과학논쟁 질의에 대한 국방부 답변", 2015년 4월 2일. http://scienceon.hani.co.kr/252804.


The New York Times. 1986, 9 February. "NASA Had Warning of a Disaster Risk Posed by Booster." http://www.nytimes.com/1986/02/09/us/nasa-had-warning-of-a-disaster-risk-posed-by-booster.html?pagewanted=all.

The New York Times. 1986, 10 June. "The Shuttle Findings: A Long Series of Failures; Key Portions of Commission Report on Challenger Accident." http://www.nytimes.com/1986/06/10/science/shuttle-findings-long-series-failures-key-portions-commission-report-challenger.html?pagewanted=1.

The New York Times. 1989, 20 April. "Explosion and Fire Kill at Least 47 on Navy Warship." http://www.nytimes.com/1989/04/20/us/explosion-and-fire-kill-at-least-47-on-navy-warship.html.

The New York Times. July 19, 1989. "Navy's Evidence Suggests Sailor Set Off Ship Blast to Kill Himself." http://www.nytimes.com/1989/07/19/us/navy-s-evidence-suggests-sailor-set-off-ship-blast-to-kill-himself.html.

*The New York Times*. 1989, 7 September. "Fatal Blast Aboard Battleship Iowa Was Probably Intentional, Investigation Finds." http://www.nytimes.com/1989/09/07/us/fatal-blast-aboard-battleship-iowa-was-probably-intentional-investigation-finds.html.

*The New York Times*. 1989, 5 November. "Navy Finding on Iowa Blast Is Drawing Criticism." http://www.nytimes.com/1989/11/05/us/navy-finding-on-iowa-blast-is-drawing-criticism.html.

*The New York Times*. 1990, 25 May. "Navy Reopens Iowa Blast Inquiry After Ignition in Gunpowder Test." http://www.nytimes.com/1990/05/25/us/navy-reopens-iowa-blast-inquiry-after-ignition-in-gunpowder-test.html.

*The New York Times*. 1991, 8 August. "New Data on Iowa Blast Bolster Accident Theory," http://www.nytimes.com/1991/08/08/us/new-data-on-iowa-blast-bolster-accident-theory.html.

*The New York Times*. 2002, 15 November. "White House Gives Way On a Sept. 11 Commission; Congress Is Set to Create It." http://www.nytimes.com/2002/11/15/us/threats-responses-inquiry-white-house-gives-way-sept-11-commission-congress-set.html.

*The New York Times*. 2002, 29 November. "The Kissinger Commission." http://www.nytimes.com/2002/11/29/opinion/the-kissinger-commission.html.

*CNN*. 2002, 13 December. "Kissinger resigns as head of 9/11 commission." http://edition.cnn.com/2002/ALLPOLITICS/12/13/kissinger.resigns/.

*The New York Times*. 2008, 4 February. "Tragicomic Tale of the 9/11 Report." http://www.nytimes.com/2008/02/04/books/04thom.html.

■ 2차 문헌

김광현. 2010. 『이데올로기: 문화 해부학 또는 하이퍼코드의 문제 제기』. 열린책들.

김도훈. 2010. "미국 증거법상 컴퓨터 애니메이션과 시뮬레이션에 관한 논의". 《원광법학》 26(1): 295-319.

김병선. 2012. "간첩사건의 행위자 네트워크". 《경제와 사회》 94: 80-117.

김상균, 한희정. 2014. "천안함 침몰 사건과 미디어 통제: 탐사보도 프로그램 생산자 연구". 《한국언론정보학회》 66: 242-272.

김상균. 2015. 『보수언론의 천안함 침몰 사건의 보도에 관한 사례연구: 원인 프레임의 심층 분석을 중심으로』. 성균관대학교 대학원 박사학위 논문.

김수철. 2011. "과학적 증거물로서 디지털 이미지: 위험의 시각화에서 디지털 영상기술의 역할과 위치". 《한국언론정보학보》 54: 98-117.

김종영. 2011. "대항지식의 구성: 미 쇠고기 수입반대 촛불운동에서의 전문가들의 혼성적 연대와 대항논리의 형성". 『한국사회학』 45(1): 109-152.

김종욱. 2011. "냉전의 '이종적 연결망'으로서 '평화의 댐' 사건: 행위자-연결망 이론을 통한 경험적 추적".《동향과 전망》83: 79-112.

김환석. 2011. "행위자-연결망 이론에서 보는 과학기술과 민주주의,"《동향과 전망》83: 11-46.

김환석, 김동광, 조혜선, 박진희, 박희제. 2010.『한국의 과학자사회: 역사, 구조, 사회화』. 궁리.

라트르, 브뤼노. 2009.『우리는 결코 근대인이었던 적이 없다』. 홍철기 옮김. 갈무리.

라투르, 브뤼노. 2011.『브뤼노 라트르의 과학인문학 편지』. 이세진 옮김. 사월의책.

르블, 올리비에. 1994.『언어와 이데올로기』. 홍재성 옮김. 역사비평사.

박노섭, 이동희, 이윤, 장윤식. 2013.『범죄수사학』. 경찰대학 출판부.

박순성. 2013. "천안함 사건의 행위자-네트워크와 분단체제의 불안정성."《북한연구학회보》17(1): 317-354.

박희제. 2011. "과학기사 속의 과학자와 과학의 정치화 -2008년 광우병 논쟁 사례".《담론 201》14(2): 27-51.

백선기, 이금아. 2011. "'천안함 침몰' 사건의 보도 경향과 이데올로기적 의미".《언론학연구》15(1): 93-135.

브라이언트, 제닝스 & 메리 베스 올리버. 2010.『미디어 효과이론』제3판. 김춘식 옮김. 나남출판.

서이종. 2005.『과학사회논쟁과 한국사회』. 집문당.

송위진, 이은경, 송성수, 김병윤. 2003.『한국 과학자사회의 특성분석』. 과학기술정책연구원.

오철우. 2009. "촛불 정국에 나타난 과학 담론의 사용". 당대비평 기획위원회 엮음.『그대는 왜 촛불을 끄셨나요』. 산책자. 149-178쪽.

유세경, 정지인, 이석. 2010. "미국과 중국 일간지의 '천안함 침몰 사건' 뉴스 보도 비교 분석".《미디어, 젠더&문화》16: 105-141.

윤종성. 2014. "천안함 침몰원인에 관한 증거위주의 실증적 연구".《사회과학연구》30(3): 99-129.

이관수. 2002.『몬테 칼로 방법의 초기 역사』. 서울대학교 과학사 및 과학철학 협동과정 박사학위 논문.

이상률, 이준웅. 2010. "프레임 경쟁에 따른 언론의 보도 전략: 언론의 기사근거 제공과 익명 정보원의 사용".《한국언론학보》58(3): 378-407.

이진우. 1993.『탈이데올로기시대의 정치철학』. 문예출판사.

임양준. 2013. "한국 신문의 천안함 사태에 대한 프레임 비교 분석 : 조선일보, 한국일보, 한겨레 사설과 칼럼을 중심으로".《사회과학연구》52(1): 251-285.

장명학. 2003. "하버마스의 공론장 이론과 토의민주주의".《한국정치연구》12(2): 1-35.

재서너프, 쉴라. 2011.『법정에 선 과학』. 박상준 옮김. 동아시아.

지마, 페터. 1996.『이데올로기와 이론』. 허창운, 김태환 옮김. 문학과지성사.

지젝, 슬라보예. 2002.『이데올로기라는 숭고한 대상』. 이수련 옮김. 인간사랑.

퍼트넘, 힐러리. 1998.『과학주의 철학을 넘어서』. 철학과현실사.

프리켈, 스콧 & 켈리 무어 엮음. 2013.『새로운 정치사회학을 향하여: 제도, 연결망, 그리고 권력』. 김동광, 김명진, 김병윤 옮김. 갈무리.

핀치, 트레버, 위비 바이커. 1999. "자전거의 변천과정에 대한 사회구성주의적 해석". 송성수 편저. 『과학 기술은 사회적으로 어떻게 구성되는가』. 새물결. 39-80쪽.

칼롱, 미셸, 존 로. 2009. "어떤 항공기 프로젝트의 출생과 죽음". 위키 바이커 외 지음, 송성수 편저. 『과학 기술은 사회적으로 어떻게 구성되는가』. 새물결. 242-283쪽.

칼롱, 미셸. 2010. "번역의 사회학의 몇 가지 요소들 - 가리비와 생브리외 만의 어부들 길들이기." 브루노 라투르 외 지음, 홍성욱 엮음. 『인간 · 사물 · 동맹 - 행위자네트워크 이론과 테크노사이언스』. 이음. 57-94쪽.

하대청. 2012. 『위험의 지구화, 지구화의 위험 -한국의 '광우병' 논쟁 연구』, 서울대학교 대학원 박사학위 논문.

하딩, 샌드라. 2012. "과학철학은 민주주의의 이상을 코드화해야 하는가?". 대니얼 리 클라인맨 엮음. 『과학, 기술, 민주주의』. 김명진 등 옮김. 갈무리. 206-238쪽.

하버마스, 위르겐. 2006. 『의사소통행위이론』 1, 2. 장춘익 옮김. 나남출판.

하버마스, 위르겐. 2007. 『사실성과 타당성: 담론적 법이론과 민주적 법치국가 이론』. 한상진 박영도 옮김. 나남.

해킹, 이언. 2005. 『표상하기와 개입하기』. 이상원 옮김. 한울아카데미.

홍민. 2011. "행위자-연결망 이론과 분단 연구: 분단 번역의 정치와 '일상으로의 전환'". 《동향과 전망》 83: 47-78.

홍성욱. 2004. 『과학은 얼마나』. 서울대학교출판부.

홍성욱. 2010a. "7가지 테제로 이해하는 ANT". 브루노 라투르 외 지음, 홍성욱 엮음. 『인간 · 사물 · 동맹: 행위자네트워크이론과 테크노사이언스』. 이음. 15-35면.

홍성욱. 2010b. "과학기술자의 사회적 책임: '평화의 댐' 논쟁을 중심으로". 임종태, 홍성욱, 정세권. 『한국의 과학문화와 시민사회』. 한국학술정보. 139-162쪽.


Albæk, Erik, Peter Munk Christiansen, and Lise Togeby. 2003. "Experts in the Mass Media: Researchers as Sources in Danish Daily Newspapers, 1961-2001." *J&MC Quarterly* 80(4): 937-948.

Albæk, Erik. 2011. "The interaction between experts and journalists in news journalism," *Journalism* 12(3): 335-348.

Anderson, Terence, David Schum, and William Twining. 2005. *Analysis of Evidence*. 2nd ed. Cambridge University Press.

Barany, Zoltan. 2004. "The Tragedy of the Kursk: Crisis Management in Putin's Russia." *Government and Opposition* 39(3): 476-503.

Bell, Andrew, John Swenson-Wright, Karin Tybjerg eds. 2008. *Evidence*. Cambridge University Press.

Bennett, Robert B., Jordan H. Leibman, and Richard Fetter. 1999. "Seeing is believing; or is it? An empirical study of computer simulations as evidence." *Scholarship and Professional Work- Business*. Paper 63.

Bloor, David. 1991[1976]. *Knowledge and Social Imagery*. The University of Chicago Press.

Champod, Christophe. 2009. "Identification and Individualization." Wiley *Encyclopedia of Forensic Science.*

Chong, Dennis and James N. Druckman. 2007. "Framing theory". *Annual Review of Political Science* 10: 103-126.

Collin, Finn. 2011. *Science Studies as Naturalized Philosophy.* Springer.

Collins, Harry M. 1981. "Introduction: Stages in the Empirical Programme of Relativism." *Social Studies of Science* 11(1). Special Issue: 'Knowledge and Controversy Studies of Modern Natural Science': 3-10

Collins, Harry M. 1981. "Son of Seven Sexes: The Social Destruction of a Physical Phenomenon." Social Studies of Science, vol. 11, no. 1. Special Issue: 'Knowledge and Controversy Studies of Modern Natural Science': 33-62.

Collins, Harry M. 1991. "Captives and Victims: Comment on Scott, Richards, and Martin." *Science, Technology, & Human Values* 16(2): 249-251.

Collins, Harry. M. 1992[1985]. *Changing Order: Replication and Induction in Scientific Practice.* The University of Chicago Press.

deHaven-Smith, Lance. 2013. *Conspiracy Theory in America.* The University of Texas Press.

Dersen, Linda. 2000. "Toward a Sociology of Measurment: The Meaning of Measurement Error in the Case of DNA Profiling." *Social Studies of Science* 30: 803-845.

Druckman, J. N. 2001. "The Implications of Framing Effects for Citizen Competence." *Political Behavior* 23(3): 225-256.

Entman, R. M. 1991. "Framing U.S. coverage of international news: Contrasts in narratives of KAL and Iran Air incident." *Journal of Communication* 41: 6-39.

Entman, Robert M. 1993. "Framing: Toward Clarification of a Fractured Paradigm," *Journal of Communication* 43(4): 51-58.

Findley, Keith A. & Michael S. Scott. 2006. "The Multiple Dimensions of Tunnel Vision in Criminal Cases". *Legal Studies Research Paper Series* (Paper No. 1023). Wisconsin Law School. Pp. 396-397.

Fleck, Ludwik. 1979. *Genesis and Development of a Scientific Fact.* The University of Chicago Press.

Fluri, Philipp and Miroslav Hadžić. 2004. *Sourcebook on Security Sector Reform: Collection of Papers.* Belgrade: Geneva Centre for the Democratic Control of Armed Forces, Centre for Civil-Military Relations.

Franklin, Allan. 1981. "What makes a good experiment?" *British Journal for the Philosophy of Science* 32: 367-374.

Fraser, Jim. 2010. *Forensic Science: A Very Short Indroduction.* Oxford University Press.

Frigg, Roman & Julian Reiss. 2009. "The Philosophy of Simulation: Hot New Issues or Same Old Stew?" *Synthese* 169: 593-613.

Galison, Peter. 1987. *How Experiments End.* The University of Chicago Press.

Galison, Peter. 1996. "Computer Simulation and the Trading Zone." In P. Galison & D. Stump eds. *Disunity of Science: Boundaries, Contexts, and Power*. California: Stanford University Press. Pp. 118–157.

Giannelli, Paul C. 2006. "Forensic Science." *Journal of Law, Medicine & Ethics* 34(2): 310–319.

Goffman, Erving. 1974. *Frame Analysis: An Essay on the Organization of Experience*. Northeastern University Press.

Goldsman, David, Richard E. Nance, and James R. Wilson. 2010. "A Brief History of Simulation Revisited." In B. Johansson, S. Jain, J. Montoya-Torres, J. Hugan, and E. Yücesan eds. *Proceedings of the 2010 Winter Simulation Conference* (Dec. 2010): 567–574.

Grinnell, Frederick. 2009. *Everyday Practice of Science: Where Intuition and Passion Meet Objectivity and Logic*. Oxford University Press.

Haack, Susan. 2014. *Evidence Matters: Science, Proof, and Truth in the Law*. Cambridge University Press.

Hacking, Ian. 1992. "The Self-Vindication of the Laboratory Sciences." In Andrew Pickering ed. *Science as Practice and Culture*. The University of Chicago Press. Pp. 29–64.

Habermas, Jürgen. 1994. "Three Normative Models of Democracy," Constellations vol. 1 (1): 1–10.

Hagen, Kurtis. 2011. "Conspiracy Theories and Stylized Facts," *The Journal for Peace and Justice Studies* 21(2): 3–22.

Humphreys, Paul. 2009. "The Philosophical Novelty of Computer Simulation Methods." *Synthese* 169: 615–626.

Humphreys, Paul and Cyrille Imbert eds. 2012. *Models, Simulations, and Representations. Routledge*.

Jasanoff, Sheila. 1987. "Contested Boundaries in Policy-Relevant Science." *Social Studies of Science* 17: 195–230.

Jasanoff, Sheila. 1992. "What Judges Should Know about the Sociology of Science." *Jurimetrics Journal* 32: 345–359.

Jasanoff, Sheila. 1996. "Beyond Epistemology: Relativism and Engagement in Politics of Science." *Social Studies of Science* 26: 393–418.

Jasanoff, Sheila. 1997. *Science at the Bar: Law, Science, and Technology in America*. Harvard University Press.

Jasanoff, Sheila. 2006. "Just Evidence: The Limits of Science in the Legal Process," *Journal of Law, Medicine & Ethics* 34(2): 328–341.

Jasanoff, Sheila, Gerald E. Markle, James C. Petersen, and Trevor Pinch. 1995. *Handbook of Science and Technology Studies*. Sage Publications Inc.

Kalleberg, Ragnvald. 2010. "The Ethos of Science and the Ethos of Democracy". In Craig J. Calhoun ed. *Robert K. Merton: Sociology of Science and Sociology as Science*. Columbia University Press. Pp. 182–213.

Kirk, Paul L. 1963. "The Ontogeny of Criminalistics." *Journal of Criminal Law, Criminology and Police*

*Science* 54: 235-238.

Kitcher, Philip. 2001. *Science, Truth, and Democracy.* Oxford University Press.

Knorr-Cetina, Karin D. 1981. *The Manufacture of Knowledge: An Essay on the Constructivist and Contextual Nature of Science.* Pergamon International Library.

Latour, Bruno. 1987. *Science in Action: How to Follow Scientists and Engineers through Society.* Harvard University Press.

Latour, Bruno. 2004. "Why Has Critique Run out of Steam? From Matters of Fact to Matters of Concern." *Critical Inquiry* 30: 225-248.

Latour, Bruno. 2005. "From Realpolitik to Dingpolitik: or How to Make Things Public." In Bruno Latour and Peter Weibel eds. *Making Things Public: Atmospheres of Democracy.* ZKM & The MIT Press. Pp. 14-41.

Latour, Bruno. 2007. *Reassembling the Social: An Introduction to Actor-Network-Theory.* Oxford University Press.

Latour, Bruno and Steve Woolgar. 1986[1979]. *Laboratory Life: The Construction of Scientific Facts.* Princeton University Press.

Law, John and Michel Callon. 1988. "Engineering and Sociology in a Military Aircraft Project: A Network Analysis of Technological Change." *Social Problems* 35(3): 284-297.

Martin, Brian and Evelleen Richards. 1995. "Scientific Knowledge, Controversy, and Public Decision-making." In Sheila Jasanoff, Gerald E. Markle, James C. Petersen, and Trevor Pinch eds., *Handbook of Science and Technology Studies.* Sage Publications Inc.

Martin, Brian, Evelleen Richards, and Pam Scott. 1991. "Who's a Captive? Who's a Victim? Response to Collins' Method Talk." *Science, Technology, & Human Values.* 16(2): 252-255.

Merton, Robert K. 1942. "The Normative Structure of Science". In R. K. Merton. 1973. *The Sociology of Science: Theoretical and Empirical Investigations.* The University of Chicago Press. Pp. 267-278.

Merton, Robert K. 1993[1970]. *Science, Technology and Society in Seventeenth Century England.* Howard Fertig.

Morande, Dean A. 2007. "A Class of Their Own: Model Procedural Rules and Evidentiary Evaluation of Computer-Generated 'Animations'." *University of Miami Law Review* 1069: 1069-1133.

Nelkin, Dorothy. 1975. "The Political Impact of Technical Expertise." *Social Studies of Science* 5: 35-54.

Nuzzo, Regina. 2015. "How scientists fool themselves – and how they can stop," *Nature* 526: 182-185.

Pan, Zhongdang & Gerald M. Kosicki. 1993. "Framing analysis: An approach to news discourse." *Political Communication* 10(1): 55-75.

Pickering, Andrew. 2005. "From Science as Knowledge to Science as Practice." In A. Pickering ed. *Science as Practice and Culture.* The University of Chicago Press. Pp. 1-26.

Pyrek, Kelly M. 2007. *Forensic Science under Siege: The Callenges of Forensic Laboratories and the Medico-Legal Investigation System.* Elsevier Academic Press.

Saks, Michael J. and Jonathan J. Koehler. 2008. "The Individualization Fallacy in Forensic Science Evidence." *Vanderbilt Law Review* 61(1): 199-219.

Sarewitz, Daniel. 2004. "How science makes environmental controversies worse." *Environmental Science & Policy* 7: 385-403.

Schum, David A, 1994. *Evidential Foundations of Probabilistic Reasoning*. John Wiley & Sons.

Schwoebel, Richard L. 1999. *Explosion Aboard the Iowa*. Naval Institute Press.

Scott, Pam, Evelleen Richards and Brian Martin. 1990. "Captives of Controversy: The Myth of the Neutral Social Researcher in Contemporary Scientific Controversies." *Science, Technology, & Human Values* 15(4): 474-494.

Shamoo, Adil E. and David B. Resnik. 2003. *Responsible Conduct of Research*. Oxford University Press.

Shapin, Steven & Simon Schaffer. 1985. *Leviathan and the Air-Pump: Hobbes, Boyle, and the Experimental Life*. Princeton University Press.

Stauffer, Eric. 2006. "Can Trance Evidence Be Individualized?: A Brief Review of the Basic Principles of Individualization and Identification." Presented at the 58th Annual Meeting of the American Academy of Forensic Sciences, Feb. 23. http://www.swissforensic.org/presentations/assets/individualization.pdf.

Sundberg, Mikaela. 2010. "Cultures of simulations vs. cultures of calculations? The development of simulation practices in meteorology and astrophysics." *Studies in History and Philosophy of Modern Physics* 41: 273-281.

Sunstein, Cass R., Adrian Vermeule. 2009. "Conspiracy Theories: Causes and Cures." *The Journal of Political Philosophy* 17(2): 202-227.

Truscott, Peter. 2002. *KURSK: Russia's Lost Pride*. Simon & Schuster Uk Ltd.

Turkle, Sherry. 2009. *Simulation and Its Discontents*. The MIT Press.

Utley, Rachel E. 2012. "Introduction." In Rachel E. Utley ed. *9/11 Ten Years After: Perspectives and Problems*. Ashgate Publishing Group. Pp. 1-9.

Van Gorp, Baldwin. 2007. "The Constructionist Approach to Framing: Bringing Culture Back In," *Journal of Communication* 57: 60-78.

Vaughan, Diane. 1996. *The Challenger Launch Decision: Risky Technology, Culture, and Deviance at NASA*. The University of Chicago Press.

You, Jong-sung. 2015. "The *Cheonan* Incident and the Declining Freedom of Expression in South Korea." *Asian Perspective* 39: 195-219.

**오철우** (한겨레신문사 기자, 과학기술학 박사)

1990년 서울대학교 영문학과를 졸업하고 그해 말 한겨레신문사에 입사했다. 편집부, 사회부, 씨네21부, 문화부 등을 거쳤으며 과학 담당 기자로 일하고 있다. 여러 필자들과 함께 한겨레 과학웹진 '사이언스온 (scienceon.hani.co.kr)'을 운영하며, 웹진과 지면에 글을 쓰고 있다. 2001년《한겨레》에 보도한 과학기사 "김치는 살아 있다—젖산균이 지배하는 신비한 미생물의 세계"가 고등학교 국정 국어(하) 교과서(7차 교육과정)에 실렸다. 2009년에 교육과학기술부의 '대한민국 과학문화상(인쇄매체 부문)'과 과학기술인연합의 '과학기자상'을, 2012년에 생화학분자생물학회의 '올해의 생명과학보도상'을 받았다. 서울대학교 자연과학대학원 과학사 및 과학철학 협동과정에서 2006년 석사과정을 졸업하고, 2016년 박사과정을 졸업했다(학위논문「천안함 '과학 논쟁'의 성격과 구조」). 옮긴 책으로『온도계의 철학』,『과학의 언어』,『과학의 수사학』,『기후 변화, 돌이킬 수 없는가』 등이 있고, 지은 책으로『갈릴레오의 두 우주 체계에 관한 대화』가 있으며,『인문학의 창으로 본 과학』,『GMO 논쟁상자를 다시 열다』를 기획(공저)했다.

# 천안함의 과학 블랙박스를 열다

ⓒ 오철우, 2016. Printed in Seoul, Korea

| | |
|---|---|
| 초판 1쇄 찍은날 | 2016년 10월 24일 |
| 초판 1쇄 펴낸날 | 2016년 10월 31일 |
| 지은이 | 오철우 |
| 펴낸이 | 한성봉 |
| 편집 | 박소현·안상준·이지경·박연준 |
| 디자인 | 유지연 |
| 본문 디자인 | 김경주 |
| 마케팅 | 박신용 |
| 경영지원 | 국지연 |
| 펴낸곳 | 도서출판 동아시아 |
| 등록 | 1998년 3월 5일 제301-2008-043호 |
| 주소 | 서울시 중구 퇴계로 20길 31[남산동 2가 18-9번지] |
| 페이스북 | www.facebook.com/dongasiabooks |
| 전자우편 | dongasiabook@naver.com |
| 블로그 | blog.naver.com/dongasia1998 |
| 트위터 | www.twitter.com/dongasiabooks |
| 전화 | 02) 757-9724, 5 |
| 팩스 | 02) 757-9726 |
| | |
| ISBN | 978-89-6262-163-1 93400 |

이 도서의 국립중앙도서관 출판예정도서목록(CIP)은
서지정보유통지원시스템 홈페이지(http://seoji.nl.go.kr)와
국가자료공동목록시스템(http://www.nl.go.kr/kolisnet)에서
이용하실 수 있습니다. (CIP제어번호: CIP2016025515)